外辐射源雷达目标探测工程及应用

刘春恒　周　峰　刘　阳　王常龙
闫　涛　王　兴　李　雪　侯进永　著
陈建峰　韩兴斌　冯　静

電子工業出版社
Publishing House of Electronics Industry
北京·BEIJING

内容简介

外辐射源雷达是一种采用第三方辐射源，在接收端同时接收直达波信号与目标回波信号，进而构建目标检测的新体制雷达系统。本书系统地介绍了外辐射源雷达工程的相关处理方法及应用实例。全书共10章。第1章介绍了外辐射源雷达的定义、发展历史和研究现状。第2章介绍了外辐射源雷达的基本技术，包括外辐射源雷达方程、信号特性分析和信号处理流程。第3章介绍了外辐射源雷达场景下典型目标的电磁散射机理与电磁散射特性。第4章介绍了目标散射中心提取与目标电磁散射特征反演。第5章～第7章介绍了外辐射源雷达参考信号提纯、杂波抑制、信号合成与增强，以及目标检测、定位与跟踪等重要的数字信号处理方法。第8章介绍了电波传播对外辐射源雷达探测性能的影响。第9章介绍了基于卫星外辐射源的目标探测定位技术。第10章对全书进行了总结，并对外辐射源雷达未来的发展进行了展望。

本书既可以作为高等院校本科生、研究生学习外辐射源雷达技术的教材和教师教学的参考书，也可以作为从事外辐射源雷达技术研究和应用工作的科技人员的参考书。

图书在版编目（CIP）数据

外辐射源雷达目标探测工程及应用 / 刘春恒等著. 北京 : 电子工业出版社, 2024. 7. -- ISBN 978-7-121-48450-6

Ⅰ. TN959.1

中国国家版本馆CIP数据核字第20243FD579号

责任编辑：张正梅
印　　刷：天津画中画印刷有限公司
装　　订：天津画中画印刷有限公司
出版发行：电子工业出版社
　　　　　北京市海淀区万寿路173信箱　邮编 100036
开　　本：787×1 092　1/16　印张：20.5　字数：459千字
版　　次：2024年7月第1版
印　　次：2024年7月第1次印刷
定　　价：139.00元

凡所购买电子工业出版社图书有缺损问题，请向购买书店调换。若书店售缺，请与本社发行部联系，联系及邮购电话：（010）88254888，88258888。

质量投诉请发邮件至 zlts@phei.com.cn，盗版侵权举报请发邮件至 dbqq@phei.com.cn。

本书咨询联系方式：zhangzm@phei.com.cn。

前言

PREFACE

雷达是一种用于测量目标距离、速度和方向的电子设备，在现代战争、天气预报、民用航空等领域已经得到广泛应用。尤其是在现代战场中，雷达装备往往决定了作战方对整个战场信息的掌控能力，是决定能否取胜的核心因素之一。然而，随着现代军事科技的不断进步，电磁环境日益复杂，各类新型电子对抗技术，特别是反辐射武器的出现，给传统雷达带来了巨大的挑战。

外辐射源雷达是一种采用第三方辐射源，在接收端同时接收直达波信号与目标回波信号，进而实现目标检测的新体制雷达系统。其具有收发端分置、接收端无源工作的特点，因此具有较好的抗干扰、抗反辐射武器、抗隐身目标和抗低空突防等优势，是应对静默电子战、低零功率作战等新作战环境的重要手段之一。但是，外辐射源雷达相关技术存在以下难题。

首先，目标结构复杂，边界条件多样，与空间环境电磁耦合严重，导致目标电磁散射机理复杂，难以高效、精确地求解多尺度电大尺寸目标的电磁散射特性。在当前作战环境中，可用的外辐射源频段跨度极大，从较低频段的 FM 广播信号到 Ku/Ka 频段的卫星信号，多尺度目标的电磁散射特性随频率的电磁改变而产生极大的差异，再加上收发分离的几何结构特点，使目标散射特性分析维度极大增加，难以建立统一适用的目标电磁散射特性表征分析理论。

其次，目标散射信号受杂波影响大，目标信号与杂波能量差异较大，杂波难以抑制。为了保证目标的全天时、全天候应用，外辐射源雷达通常采用民用通信信号。这些信号较宽的发射波束使不同地形地貌的雷达杂波更加复杂，极易掩盖目标。同时，这些杂波也会影响直达波信号的接收，降低相参积累增益。通信系统独特的用频规划和信号帧结构等设置，也加大了目标检测的难度。例如，我国地面数字电视辐射源通常在不同站点同时发射完全相同的信号。这样的模式设置不仅会进一步提高杂波的复杂度，而且会产生大量虚假目标，影响目标检测结果。

再次，电磁散射信号极其微弱，难增强合成，难积累。外辐射源本身通常不是为目标检测而设置的，较大的覆盖范围与较低的发射能量使目标回波信噪比极低。虽然电磁空间存在大量辐射源，但是这些辐射源信号特性各异，难以有效地增强合成和提高增益。同时，由于目标回波信噪比极低，外辐射源雷达往往需要更长的积累时间，高速运动目标会使长积累时间的回波产生极大的差异，从而导致目标能量分散，目标检测难度提高。

最后，目标信号传播环境复杂，难以精确地建模。由于电离层的非线性和时空变化性质，目标电离层的分析需要充分考虑不同时段和不同位置的电离层参数的变化，同时需要对大气层中的干扰因素进行充分的分析和消除，以获得准确的电离层数据。回波信号非常微弱，因此需要对电离层中的噪声进行充分的分析和消除，以保证目标信号的准确性和可靠性。

本书主要针对以上难点和挑战，全面介绍和深入研究相关的技术细节。首先介绍了外辐射源雷达的发展历史和现状。然后介绍了外辐射源雷达的基本理论与方法。接着详细介绍了外辐射源雷达典型目标的电磁散射模型。之后详细地介绍了参考信号提纯、杂波抑制、相参积累、信号合成与增强等数字信号处理理论及方法。最后介绍了外辐射源雷达电波传播对外辐射源雷达探测性能的影响，并详细介绍了基于卫星外辐射源的目标探测定位技术。作者希望本书对外辐射源雷达相关技术的研究，能提高我国在新作战环境下的电子作战能力和作战效能，为相关设备的研制提供理论和技术基础。

由于个人能力有限，书中难免有疏漏之处，恳请各位读者批评指正。

刘春恒

2024 年 3 月

目录

CONTENTS

第1章 绪　论

1.1 外辐射源雷达概述

1.1.1 外辐射源雷达与外辐射源双站雷达

外辐射源雷达也称无源雷达，是指本身不发射电磁波信号，而是依靠空间中存在的电磁波实现对目标的探测、定位与跟踪等功能的雷达探测系统。与有源雷达不同，无源雷达没有配备发射端，而是依靠外部辐射源，如广播发射台、地面数字电视塔等。其目标检测是通过将来自发射端的直达波信号与从目标反射的回波信号进行比较而实现的。因此，无源雷达通常至少配备两个接收通道：参考通道和回波通道。参考通道用来接收辐射源的直达波信号，通过将一根定向天线指向发射端或通过数字方式创建指向发射端的波束实现信号接收。另一根天线或由数字方式形成的波束朝向所要监视的目标区域，是回波信号的来源。

双站雷达是一种在空间上处于不同位置的雷达收发系统分别进行发射和接收工作所形成的雷达工作体制。该系统的发射端和接收端相互分离并间隔一定的距离，因此发射端、接收端和目标三者形成了一个空间三角形。外辐射源雷达原理简图如图 1-1 所示。

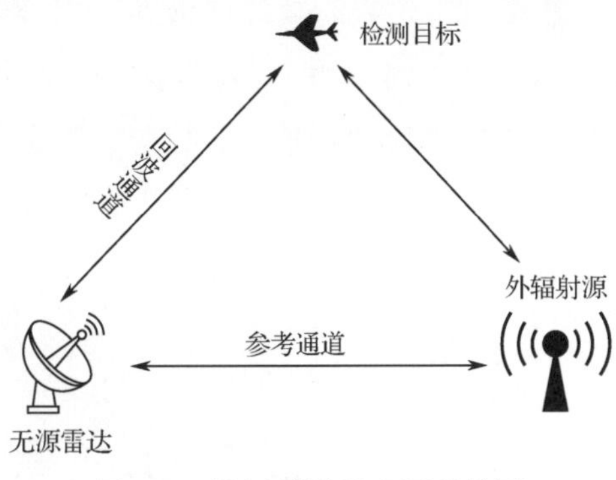

图 1-1　外辐射源雷达原理简图

外辐射源双站雷达分为两类：第一类基于目标的红外辐射或自身发射的电磁波来探测目标，目标发射的电磁波主要来源于应答机、通信电台、导航仪、有源干扰机等电子设备；第二类利用广播信号、电视信号、卫星导航信号等非合作照射源来探测目标。当目标静默（不发射电磁波）时，利用第一类外辐射源双站雷达通过电磁波探测目标就无法实现。对于第二类外辐射源双站雷达，即使目标静默，也能探测到目标，因此对此类外辐射源双站雷达的研究成为热点。

1.1.2 外辐射源双站雷达的特性

外辐射源双站雷达是当前雷达技术研究领域的一个重要发展方向。随着辐射源数量与种类的不断增加，出现了很多能发射出足够高能量的射频电磁波，外辐射源双站雷达可充分利用这些辐射源进行目标探测和跟踪。总体来看，外辐射源双站雷达主要有以下几个特性。

1. 造价低且易于部署

外辐射源双站雷达本身不发射电磁波信号，而是“借用”其他辐射源发射的电磁波信号进行目标探测，因此不需要花费太多成本在发射端上，省去了昂贵的发射端和收发开关等电子设备，可以显著降低系统的成本。同时，外辐射源双站雷达还具有系统简单、尺寸小的特点，因此可以安装在机动平台上，易于部署。

外辐射源双站雷达系统（也称无源探测系统）通常采用专用的低噪声线性数字接收端。然而，如 SRC 公司研究员 Daniel Thomas 博士所说的那样：“尽管这可能是事实，但采用软件定义电台作为接收端并配备简单的天线阵的低预算系统也不少见。每次将一根天线切换到一个接收端，如果使用广播发射端，则可以将多个接收端通道分配给多根天线，以扩大瞬时覆盖范围。低预算系统使大学也可以在这一领域开展研究。”意大利雷达与监视系统国家实验室研制的软件定义多波段无源探测系统演示样机就是这方面的一个实例。

在 2017 年第 52 届巴黎-布尔歇国际航空航天展览会（以下简称“巴黎航展”）上，中国电子科技集团南京电子技术研究所展示了最新研发的 YLC-29 无源探测系统，该系统以 FM 调频广播信号为外辐射源，可实现对空中运动目标的探测、定位、跟踪。雷达工作频段位于米波频段，借助民用调频广播信号，利用目标运动产生的多普勒效应进行目标探测。YLC-29 无源探测系统采用了机电液一体化技术，能够实现大口径天线的单车自动快速架设与撤收，所需时间少于 20min。YLC-29 无源探测系统如图 1-2 所示，整个系统直接装载在两辆卡车上，机动能力强。

图 1-2 YLC-29 无源探测系统

2. 具有反隐身潜力

目前的隐身技术已被广泛应用于飞机、导弹、坦克等各种武器装备的研制，并投入战场使用，给各国带来了潜在的威胁。反隐身技术是一种研究如何使隐身措施失效或使隐身效果降低的关键技术。

现有的隐身技术大多针对的是传统自发自收体制的雷达，但是外辐射源雷达是一种双站雷达，它可以通过接收目标前向与侧向的散射回波信号探测隐身目标。在这种体制下，目标的隐身效果会大幅降低。1999 年 3 月，北约对南联盟发动空袭，一架美制 F-117A 隐身战斗机（见图 1-3）倚仗先进的隐身性能，有恃无恐地单机飞进。当它快飞到贝尔格莱德上空时，被南军“塔玛拉”外辐射源雷达探测和锁定。南军地空导弹部队果断发射两枚导弹，一举将它击落在贝尔格莱德以西 40km 附近。“塔玛拉”外辐射源雷达打破了隐身飞机不可被发现的神话。

图 1-3 美制 F-117A 隐身战斗机

在第九届中国国际国防电子展览会上，中国电子科技集团展示的数种针对隐身目标研制的新型雷达尤其引人注目，其中 JY-50 外辐射源雷达就是针对五代隐身战机的隐身特性（隐身设计和吸波材料）设计的，如图 1-4 所示。它借助民用调频广播发送信号，可实现对隐身飞机和电磁静默目标的探测、定位与跟踪。它本身不发射雷达波，因此战时生存能力很强，可让对手的反辐射导弹无用武之地。它发现隐身战机的距离可达 500km。由于其性能卓越、隐蔽性能好，目前部署在前沿监控重点区域。

图 1-4 JY-50 外辐射源雷达

3. 具有较强的抗摧毁能力

雷达可以在现代战争中发挥重要的作用，因此通常作为交战双方首要的打击目标。交战双方通过反辐射武器，利用对方辐射源发射的电磁信号进行引导，或者利用主动导引头探测敌方的雷达设备，从而发射导弹来摧毁敌方的雷达系统，形成对敌方雷达设备的重大威胁。

因此，雷达设备的抗摧毁能力往往是评价其性能的重要指标。外辐射源双站雷达本身并不设置发射端，而是以静默接收的方式利用非合作辐射源的电磁波信号进行被动探测，本身并不向外发射电磁信号，导致反辐射导弹无法获取其精准的位置并发动攻击。在电子对抗中，即使有源雷达等其他电子装备遭到攻击、摧毁，外辐射源双站雷达也可以获取所需的飞机、导弹等空中目标的情报信息，并可以在不容易被发现和干扰的条件下全天候有效地工作，极大地提高己方的电子对抗能力。

2022 年俄乌冲突伊始，俄军就利用专门打击防空预警雷达系统和防空导弹雷达系统的 KH-31P 空射反辐射导弹，对目前乌军较为先进的中远程防空探测雷达系统 79K6 雷达及其改进型 80K6KS1 雷达发动了针对性空袭，如图 1-5 所示。乌军的这两款雷达在俄军的首轮空袭中作为首要攻击目标被摧毁，直接导致乌军的一线雷达网络瘫痪，进而使俄军取得近乎绝对的阶段性制电磁权。

图 1-5　有源雷达站被反辐射导弹摧毁

图 1-6 为 2022 年美国向乌克兰援助的 AGM-88 反辐射导弹。该导弹装备有可重新编程的宽带导引头及爆炸破片战斗部，战斗部爆炸时可产生大量高速运动的破片，对敌方的雷达天线造成破坏。导弹捕获到敌方雷达的电磁信号后，导引头会将敌方雷达的位置存储起来，敌方即使间歇性关闭雷达，也无法摆脱导弹。装备 AGM-88 反辐射导弹后，乌军宣称 2 天内摧毁了俄军 17 个雷达目标设备，其中包括 4 个 S-300 防空导弹的控制雷达和 1 个“铠甲”S1 弹炮合一防空系统雷达，为乌军重新夺取制电磁权提供了保障。

图 1-6 AGM-88 反辐射导弹

4. 具有较强的抗干扰能力

对雷达进行干扰的常规手段有干扰敌方警戒雷达、破坏雷达对目标的探测、阻止敌方获取空情或使其得到错误的空情，以及干扰敌方武器系统的跟踪雷达、制导雷达，降低敌方武器系统的命中率。因此，最大限度地降低己方雷达所受的干扰是取得作战胜利的关键。与有源雷达相比，外辐射源双站雷达在对抗敌方干扰方面表现较为突出。该雷达系统利用民用广播、电视信号等非合作辐射源被动地工作，接收端完全静默，敌方很难针对雷达发射信号施放特定的干扰，因此外辐射源双站雷达具有较强的抵抗特定干扰的能力，能够在作战态势变化过程中起到关键作用。

中国电子科技集团南京电子技术研究所研发的新一代 YLC-29 无源探测系统相比“维拉-E”和 YLC-20，在技术上有了相当大的突破。由于工作在民用调频广播频段，YLC-29 无源探测系统所接收的各种杂波和干扰比较严重。为此，南京电子技术研究所的科研人员在研发 YLC-29 无源探测系统时，从空间、时间和频段等多个维度进行自适应处理，不仅克服了杂波和干扰，还几乎完美地实现了对电磁波反射信号微弱目标的探测。

南非的 Inggs 公司提出了无源相干认知雷达，该雷达由多个接收端、多种辐射源（包括 FM、手机蜂窝基站、Wi-Fi、其他雷达等）组成，可在干扰、复杂地形环境下提高雷达的探测性能。不同外辐射信号的无源雷达可利用感知的方法检查频谱的占用情况及外辐射源所处的位置，以改善系统的覆盖性能。

5. 具有探测低空/超低空目标的能力

外辐射源双站雷达利用各种民用或商用信号作为照射源，频率较低，波长较长。并且广播信号、卫星导航信号等外辐射源信号多采用高塔架设，向下发射波束，能够很好地覆盖低空范围，从而具有一定的超低空目标探测能力。基于此，外辐射源双站雷达无论是在民用用途中还是在军事用途中都有着广泛的使用场景。作为传统空中目标监视手段的重要补充，外辐射源双站雷达可作为航空管制雷达应用于机场等地方。另外，外辐射源双站雷达在作战过程中可以及时捕获敌方低空/超低空突防行动，有效提高己方对低空域的控制能力。

图 1-7 为低空/超低空突防路线示意。进行航路规划时，一般选取地形较为复杂的山区，如山谷、河谷等地形起伏较大的区域，利用地形条件提升突防目标的隐蔽性。2007

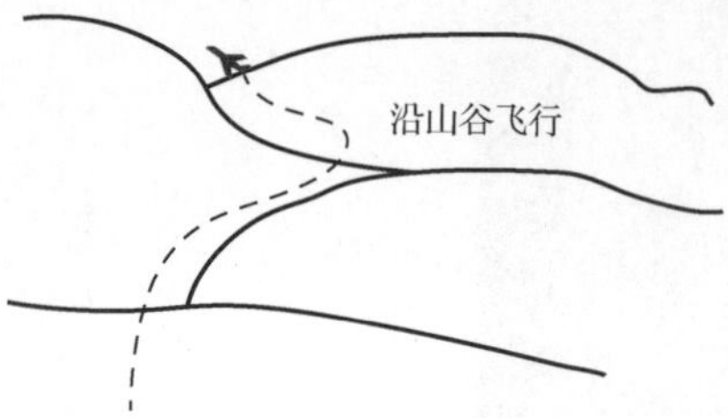

图 1-7 低空/超低空突防路线示意

年 9 月 5 日，以色列空军驾驶 18 架 F-15I 战机，以夜色为掩护，沿着叙利亚的海岸线超低空飞行。与此同时，叙利亚雷达和导弹部队一片死寂，丝毫没有发觉以色列的战机正向叙利亚纵深 100km 内的幼发拉底河农业研究中心扑去。这次以色列空军利用超低空突防成功打击了位于叙利亚北部泰勒艾卜耶德地区的一座“核武器仓库”。可以看出，面对敌方的低空/超低空突防行动，己方能否及时发现目标非常重要。由于外辐射源双站雷达具有良好的低空覆盖性能，可以实现对低空/超低空突防目标的有效探测，从而在敌方发动低空突防前实施有效的反制手段。

武汉大学万显荣教授团队设计并实现了一款高集成度、小型化的多通道外辐射源雷达系统，开展了基于 LTE 信号的地面及低空目标探测实验，分析了不同目标的典型探测结果。实验结果表明，该系统具有良好的探测性能。除此之外，国内大量团队也研究了如何利用外辐射源雷达对低空无人机目标的检测。桂林电子科技大学谢跃雷团队基于循环谱的检测算法，在不经信号重构和杂波抑制的情况下，利用外辐射源雷达的循环平稳特性和循环谱的强抗噪性，直接提取到低空旋翼无人机的微动特征和目标检测。西安电子科技大学周峰教授团队针对低空目标检测和分类难题，提出了一种缩聚与激励卷积神经网络的低空目标检测和识别方法，可实现对典型无人机目标的有效检测与分类。

中国人民解放军国防科技大学郭桂蓉团队等研究了一种基于雷达外辐射源的低空目标无源测向方法。针对低空环境下强杂波和多径效应导致不相关信号和相干信号同时存在情况下的测向问题，该方法充分结合了空间差分方法和迭代自适应算法的优点，通过最小二乘的迭代方式进行计算，对数据快拍要求低，有利于在工程化实践中应用。该方法对提高低空目标探测的环境适应性，促进以雷达为外辐射源的低空目标无源测向向实用化、精细化方向发展起到了重要作用。

6. 节约频谱资源

电磁频谱在人类社会中发挥着重要的作用，但电磁频谱资源非常有限，任何国家、军队或组织都无权占有，必须由国际组织制定电磁频谱管理使用的统一规则。

在复杂的电磁环境下，各种信号资源相互交织，外辐射源双站雷达利用其他辐射源发射的电磁信号探测目标，不需要单独为其进行频谱规划，大大提高了电磁频谱的利用效率。例如，德国 Hensoldt 公司研发的 TwInvis 外辐射源雷达（见图 1-8），其最新版可同时利用 16 个 FM 信号及 5 个 DAB/DVB-T 信号实现目标探测；意大利莱昂纳多公司研发的 AULOS 系统同样采用 FM 信号和 DVB-T 信号作为照射源；美国洛克希德·马丁公司研制的无源雷达“沉默哨兵”系统，其外辐射源数据库存储了全球 5.5 万个商用电台和电视台的位置、频率信息及信号特征，因此该系统可在全球大多数地区使用。

图 1-8 TwInvis 外辐射源雷达

随着无线通信技术和数字广播技术的不断发展，可利用的辐射源越来越多，涉及广播电视、通信基站、无线局域网络、导航和通信卫星、雷达等，这是传统有源雷达设备所不具备的优势。

1.1.3 外辐射源双站雷达面临的挑战

1. 对外部发射系统的依赖

外辐射源双站雷达系统中辐射源的选择与所选辐射源信号的功率、信号调制方式、辐射源位置及接收端带宽有很大关系。选择辐射源信号时，要求被选中的信号应具有较优越的模糊函数形状。选择辐射源位置时，要求目标远离基线区，以保证获得所需的定位精度。为了保证最高的系统灵敏度及识别并选择一个不受其他辐射源频率干扰的单独照射源，接收端带宽的选择需要折中考虑。同时，应尽量选用扫描方式简单、频率固定、PRF 固定的辐射源，否则会显著提高系统的复杂度。

此外，外辐射源双站雷达接收端的设计必须与非合作照射源的参数、波形参数（如包络、带宽、相位、PRI、参差频率码等）匹配和同步。在合作式外辐射源双站雷达系统中，由于波形参数已知，可以对接收端进行专门设计来匹配波形。在发射端与接收端之间可以使用高稳定度的同步时钟来实现系统时间同步。在已知发射端天线扫描方式的情况下，接收端很容易实现与发射端的空间同步。而对非合作式外辐射源双站雷达而言，同步问题就变得非常复杂了。另外，用于外辐射源双站雷达探测的调制谱的功率仅占发射功率的一部分，因此要求具有足够高的信号源发射功率以覆盖所需要的区域。

2. 非最优信号结构

外辐射源双站雷达与有源雷达不同，自身不辐射信号，通常使用第三方发射端，如电视信号发射塔、无线电广播等。这些发射端发出的信号一般用来传输信息而非检测目标，所以信号的不同调制特性可能会对目标检测性能造成不同的影响。目前常见的外辐射源信号有调频（Frequency Modulation，FM）信号、地面数字视频广播（Digital Video

Broadcasting-Terrestrial，DVB-T）信号、数字信号广播（Digital Audio Broadcasting，DAB）信号、全球移动通信系统（Global System for Mobile Communications，GSM）信号、无线保真（Wireless Fidelity，Wi-Fi）信号等。

以 FM 作为发射信号时，发射功率可以达到几十千瓦或几百千瓦，所以探测范围较大，但是 FM 信号的窄带特性将导致距离分辨率较低。虽然 DVB-T 信号具有较大的带宽，但是 DVB-T 中使用的调制方式是正交频分复用，信号中包含的导频或循环前缀对模糊函数具有一定的负面影响，将影响目标检测的性能。DAB 信号的发射功率通常在千瓦级，主要缺点是中等功率或低功率的发射端较少，使用条件受限，应用范围较小。GSM 信号与 FM 信号均为窄带宽信号，距离分辨率较低，同时 GSM 的发射功率远低于 FM 信号，探测范围比 FM 小得多。此外，由于 GSM 具有复杂的信号结构，利用模糊函数进行检测时将出现虚警，从而降低目标检测的准确率。

3. 高几何依赖性

外辐射源双站雷达的性能高度依赖目标、接收端和发射端的相对位置。一些发射端的有效辐射功率较低，易受干扰和空射诱饵的影响，这就要求发射端与目标之间、目标与接收端之间及接收端与发射端之间信号不受阻挡。当接收端和发射端的相对位置合适时，两者之间的信号不受阻挡，外辐射源双站雷达的检测性能较好，如图 1-9（a）所示。反之，当接收端和发射端的相对位置不合适时，两者之间的信号受到阻挡，外辐射源双站雷达的检测性能会急剧下降，如图 1-9（b）所示。

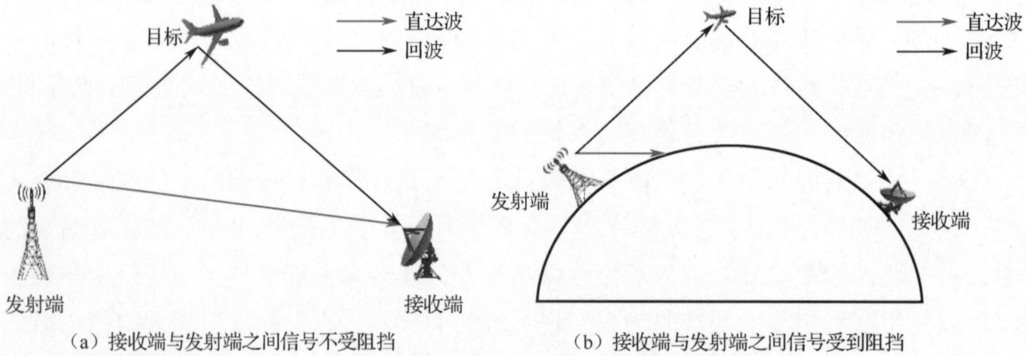

（a）接收端与发射端之间信号不受阻挡　　（b）接收端与发射端之间信号受到阻挡

图 1-9　接收端和发射端的相对位置

因此，外辐射源双站雷达的目标定位性能受发射端位置信息精度的影响极大。由于接收端位置可控，故其位置信息容易获得，而发射端由于为不可控的第三方发射端，其精确位置信息有时候往往无法预先获取，极大地影响了外辐射源双站雷达的实际应用。即使可预先获取部分发射端位置信息，实际中也可能会发生发射端位置变化或新增发射端的情况。因此，如何快速高效地获得发射端位置是外辐射源双站雷达实用化必须解决的一个重要问题。

此外，外辐射源双站雷达的目标定位与跟踪性能也受到自身几何构型的影响。目前外辐射源双站雷达系统采用的目标定位方法可归纳为以下几种：双曲面定位法、三角形定位法、差分多普勒定位法及复合定位法。上述几种方法都需要对接收端位置进行专门设计，当接收端位置出现偏差或信号受到地形因素的影响时，其定位精度将大大降低。

4. 检测精度受限

从理想点散射中心到复杂目标多散射中心的研究，国内外在雷达系统、电磁散射及计算电磁学等领域的技术发展极大地推动了散射中心理论和建模技术的发展。然而，对现代雷达目标而言，已有的散射中心模型在完备性、可扩展性、精度等方面，还存在一定程度的不足。在完备性上，未给出通用型描述；在可扩展性上，已有模型的参数与目标的几何关系、雷达参数之间的关系还不明确，实用性不强；在精度上，未考虑多散射源耦合的影响，造成散射中心描述精度不足。由于目标双站电磁散射机理尚不明确，且计算过程复杂，造成外辐射源双站雷达对目标的检测性能下降，相关的研究还在继续。

1.2 外辐射源双站雷达的发展历史

本书尝试将外辐射源双站雷达的发展历史划分为 3 个阶段。

第一阶段为萌芽阶段。这一阶段是外辐射源双站雷达探测的可行性论证与实验探索阶段，起止时间大致为 20 世纪 20—40 年代。代表性事件包括 1924 年首次将广播信号用于雷达探测及 1935 年 Daventry 实验利用广播信号探测到 8km 以外的飞机目标。

第二阶段为初步发展阶段。这一阶段前期外辐射源双站雷达初步接受实战检验，后期辐射源选择逐渐多样化，起止时间大致为 20 世纪 40—90 年代。由于这一阶段处于第二次世界大战及“冷战”的特殊历史时期，外辐射源双站雷达迅速。比较有代表性的装备包括“糖树”（Sugar Tree）、440-L 及“塔玛拉”雷达系统。20 世纪 80 年代，模拟电视信号、警戒雷达辐射信号及卫星转播的电视信号也进入辐射源选择的备选库。

第三阶段为全面发展阶段。在这一阶段，各类外辐射源雷达装备及技术呈现跨越式发展，起止时间大致为 20 世纪 90 年代至今。高速信号处理器及信号处理手段的发展催生了诸多新型技术。美国的洛克希德 · 马丁公司研制出“沉默哨兵”系统，它是世界上第一个实用化和商业化利用 FM 与电视信号作为辐射源的外辐射源雷达系统。中国电子科技集团南京电子技术研究所、第二十九研究所（也称中国西南电子设备研究所）分别研制出 YLC-20 和 DWL002 被动探测雷达系统。之后 YLC-29 无源探测系统、TwInvis 的诞生标志着该体制雷达技术趋于成熟。今后，外辐射源双站雷达或将成为国内外专家学者的研究热点，在国防雷达年会中将外辐射源雷达作为专题进行研讨，外辐射源双站雷达将成为国防建设中不可或缺的一环。

外辐射源探测技术由来已久。1922 年美国海军研究实验室的 Taylor 和 Young 所做的雷达探测实验正是基于双站的外辐射源探测技术进行的。1924 年，英国的 Appleton 和 Barnett 利用放置在伯恩茅斯的发射端和放置在牛津的接收端实现对电离层高度的测量，如图 1-10 所示，这是首个有记录的将广播信号用于雷达探测的实验。

1935 年英国的 Daventry 实验是雷达发展史上的又一重大里程碑，Watson 及其助手 Wilkins 使用英国国家广播公司的工作频率约 6MHz 的广播发射端探测到了 8km 外的飞机目标。该实验的成功促使英国航空部为这一项目的发展提供资金，英国的“本土链”防空雷达（见图 1-11）得以构建。

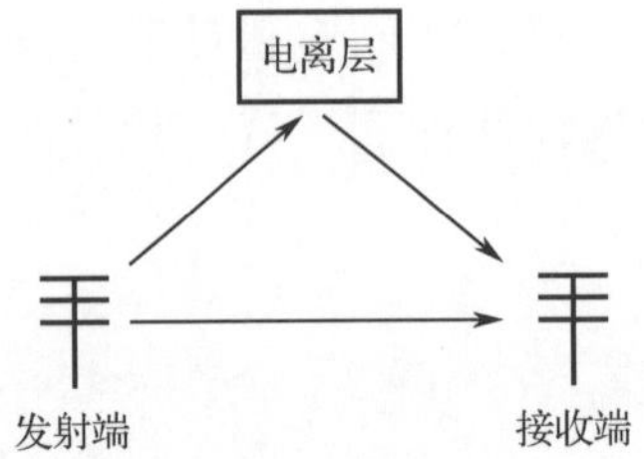

图 1-10　Appleton 和 Barnett 的实验示意

图 1-11　“本土链”防空雷达

图 1-12　“克莱因海德堡”雷达

第一次用于实战环境的外辐射源雷达是第二次世界大战期间德国研制的“克莱因海德堡”（Klein Heidelberg）雷达，如图 1-12 所示。其首套系统于 1943 年投入实战，并在之后陆续部署了 5 个站点。该系统利用英国“本土链”防空雷达的发射端作为照射源，通过安装在丹麦的接收端来搜寻目标的反射信号，对从英国起飞的盟军飞机进行探测和预警，能够探测到 450km 以外的飞机，虽然探测精度较差，但较好地完成了对盟军飞机的警戒任务。

1936 年之后，随着天线收发转换开关的发明，尤其是随着 1940 年高功率脉冲磁控管的发明，人们的研究重心转向单站雷达。第二次世界大战结束后，由于双站雷达的特性导致其操作较为复杂，并且其在一般应用场景下相较于普通雷达没有突出的优势，人们对双站雷达的研究兴趣逐渐降低。

20 世纪五六十年代，研究热点的改变导致外辐射源雷达发展缓慢，此外大部分相关研究成果仍处于保密阶段，导致与外辐射源雷达相关的公开资料较少，但仍不乏较为典型的研究和应用成果。

20 世纪 50 年代后期，美国和加拿大联合开发了针对美国北部领空的低空补盲早期预警雷达系统，即远程预警线（Distant Early Warning Line，DEW Line）和 McGill-fence 系统。但由于无法解决来自鸟群的强大回波导致虚警率过高的问题，该系统很快被 AN/FPS-23 Fluttar 系统所取代。AN/FPS-23 Fluttar 系统用于补充 AN/FPS-19 雷达之间的低空间隙，具有单独的发射端（AN/FPT-4）和接收端（AN/FPR-2）站点，两个站点通常相距约 80km。AN/FPS-23 Fluttar 使用多普勒效应来检测试图在发射端和接收端站点之间通过的飞机。该系统摒弃了传统基于前向散射的检测技术，使用了收发方位偏置技术，在一定程度上降低了虚警率，但目标检测性能一般。图 1-13 展示了该系统朝向两个不同方向的天线。

图 1-13　AN/FPS-23 Fluttar 系统朝向两个不同方向的天线

在“冷战”期间，美国为满足对苏联导弹的预警需求，先后部署了数个探测系统，其中就包括在 20 世纪 60 年代部署的“糖树”高频超视距外辐射源双站雷达系统。“糖树”系统在早期实验中被部署在旧大西洋靶场，在之后的海外测试中配置了匹配的天波被动式接收端，用于应对苏联的导弹发射活动。由于苏联的国际广播信号功率足够大并且与美国怀疑的苏联导弹发射场距离较近，直达波信号和目标回波可以通过天波传至远处的接收端，因此“糖树”系统的高频接收设备可以成功捕捉高功率信号并指明苏联的导弹发射场。由于“糖树”系统在部署几年后就被拆除，因此相关资料较少。

1967 年，440-L 系统开展相应的部署工作，美军将高频发射端部署于西太平洋（日本、美国关岛、菲律宾），相应的接收端部署于欧洲（意大利、德国和英国）。1968 年早期，操作员的位置、接收设备和多普勒时间模式识别方案被添加到 440-L 系统的一些接收端，利用该系统对中国高空核武器试验进行监视。虽然 440-L 系统每条信号路径的目标覆盖区域相对较小，但其信号路径数量较多，其中大多数穿越了疑似俄罗斯在乌克兰的导弹试验场和中国在亚洲的导弹试验场。1970 年，440-L 系统宣布正式投入使用。但研究人员发现该系统有一个致命的漏洞，即非常容易受到电子干扰，这一漏洞直接导致了 440-L 项目的失败。1975 年，440-L 系统被拆除。图 1-14 展示了 440-L 系统接收端的两根八元相控阵接收天线。

20 世纪 80 年代早期，英国的研究人员利用希斯罗机场的航管雷达信号验证了双站探测系统的可行性。此次实验首次对外辐射源探测系统进行了演示，实现了实时同步、相干动目标指示和使用数字波束成型技术的脉冲追踪功能，同时研究了部分技术问题。此外，研究人员有理由认为高功率和频率近似的 UHF 波段的电视传播信号也可以作为外辐射源双站雷达系统的照射源。

1987 年，捷克的台斯拉公司推出了一种多站被动探测雷达系统——“塔玛拉”系统，如图 1-15 所示。该系统是三站时差定位系统，利用空中、地面和海面系统的雷达、干扰机、选择识别特征/敌我识别应答机、塔康/测距机等辐射信号，可对空中、地面和海面目标进行定位、识别与跟踪，并可实时提供目标的点迹、航迹，其各站的间距为 10～35km，左右两个边站将接收及测量的脉冲参数等数据实时地传送到中心处理站，经脉冲分选、配对、相关等处理，可得到目标的位置参数和信号参数，与数据库对比后可判断目标的类型等，其探测距离大于 400km，可自动跟踪 72 个空中目标，并给出目标的航迹，可探测和跟踪 23 个雷达和 48 个二次雷达的飞机目标。“塔玛拉”系统在实战中取得了一定的战果，证明了其实战能力。据报道，在 1995 年 6 月的波黑战争中，塞族军队利用该装备击落了美制 F-16 战斗机。

图 1-14　440-L 系统接收端的两根八元相控阵接收天线

图 1-15　“塔玛拉”系统

20 世纪 90 年代中期之后，随着高速数字信号处理器的诞生及信号处理与数据处理技术的发展，以 1994 年国际雷达会议上发表的 3 篇有关电视辐射源雷达的文章为标志，外辐射源雷达进入了全面发展的阶段。

英国防御研究局的 Howland 分别于 1994 年和 1999 年公开了其利用模拟电视信号作为雷达系统机会照射源的理论与实验成果。针对模拟电视辐射源雷达系统中存在的因距离模糊而无法测量出目标真实距离的问题，Howland 提出仅利用目标的多普勒信息和方位信息，结合跟踪滤波的方法来实现对目标的单站定位。利用由两根八木天线（作为接收天线）和一套数字接收端搭建的系统进行实验，实验结果表明，该系统可以探测和跟踪 260km 以外的飞机目标。由于仅利用目标的多普勒信息和方位信息，该系统需要两个独立的跟踪部分：第一部分利用卡尔曼滤波将多普勒信息和方位信息进行关联；第二部分利用扩展卡尔曼滤波将目标的速度与位置信息从多普勒信息和方位信息中估计出来。该系统要实现稳定的跟踪，首先需要获得目标多普勒的长时间观测信息，同时对目标的初始位置进行很好的估计。

1998 年，美国洛克希德·马丁公司研制出了“沉默哨兵”系统，如图 1-16 所示。该项目研究始于 1983 年，历时 15 年。“沉默哨兵”系统是世界第一种实用化和商业化的利用 FM 与电视信号作为机会照射源的外辐射源雷达系统。

该系统采用 8ft×25ft 的相控阵天线作为接收天线、大动态范围的数字接收端作为数据录取设备、每秒千兆次运算速率的并行处理计算机作为信号与数据处理设备、三维战术显示器作为终端显示设备，可以通过测量目标的来波方向、多普勒频移及目标回波信号与直达波信号到达时延差实现对目标的定位与跟踪。对于雷达散射截面积（Radar Cross Section，RCS）为 $10m^2$ 的目标，“沉默哨兵”系统的探测距离可达 220km，能够有效探测固定翼飞机、直升飞机、导弹等运动目标。“沉默哨兵”系统的数据库储存了全球 5 万多个调频广播台和电视台的位置与频率信息，因此其可以工作于全球大多数地区。

“沉默哨兵”系统具有多种形式，其中包括固定站式“沉默哨兵”系统和快速部署式“沉默哨兵”系统。固定站式“沉默哨兵”系统能够实现全空域覆盖，实现实时三维跟踪和监视，不受气候条件的影响，可用于跟踪普通军用/民用飞机、直升机、遥控飞行器和无人机等目标。如图 1-17 所示是一种安装在建筑物上的固定站式“沉默哨兵”系统的相控阵天线，天线阵长 2.5m、宽 2.3m，观察范围达到 120°，通过数字波束成形技术实现对扇区的覆盖。

图 1-16 “沉默哨兵”系统

图 1-17 固定站式“沉默哨兵”系统的相控阵天线

快速部署式“沉默哨兵”系统配备可竖起天线和高速记录系统，可对空中目标进行实时二维跟踪和监视、分析过程的三维跟踪和监视，同样可用于跟踪普通军用/民用飞机和直升机等目标。如图 1-18 所示是一种快速部署式“沉默哨兵”系统，其中图 1-18（a）为可移动式机柜，图 1-18（b）为操作界面。

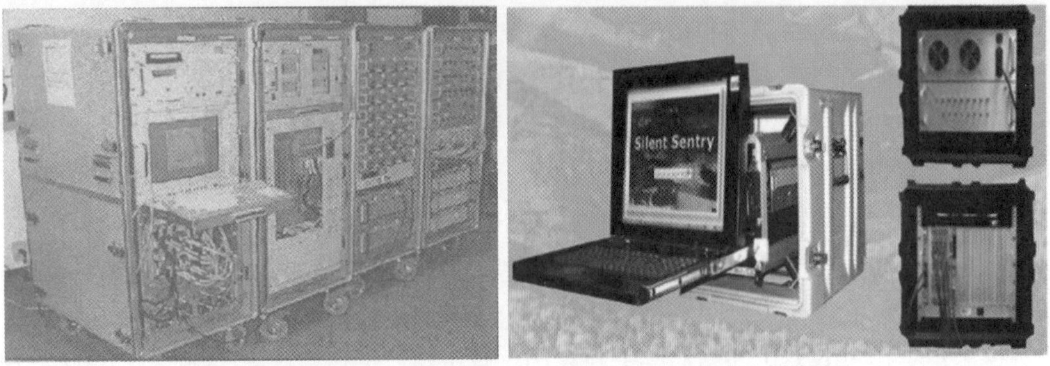

（a）可移动式机柜　　（b）操作界面

图 1-18　快速部署式“沉默哨兵”系统

洛克希德·马丁公司近年又研制成功了第三代“沉默哨兵”系统。相比第一代“沉默哨兵”系统，第三代“沉默哨兵”系统的接收天线被更改为四面尺寸为 2.5m 左右的天线，以实现全方位覆盖。第三代沉默哨兵系统的探测能力也得到了极大的提高，对于 RCS 为 $10m^2$ 的目标，探测距离可以达到 550km。据报道，它曾经探测到 250km 以外的美国 B-2 隐身战略轰炸机。

1997 年，美国华盛顿大学的 John D. Sahr 等研究了利用基于调频广播的外辐射源雷达来探测高空大气层等离子体的波动。该系统采用两个通道，一个通道接收由调频广播台发射的直达波信号，另一个通道接收目标回波信号，而调频广播台发射的直达波信号通过卡斯克德（Casacde）山脉时被阻挡。两通道之间的时间和频率同步通过 GPS 完成。研究结果表明，当相关时间大于 1s 时，调频广播信号可被近似地看作理想的白噪声信号，非常适合用作外辐射源雷达的机会照射源信号。

21 世纪以来，国内外研究机构将外辐射源雷达列为研究重点，外辐射源雷达可利用的信号类型得到了极大的拓展，同时各种先进的信号处理方法被广泛应用于外辐射源雷达中。随着数字信号逐渐取代模拟信号，利用数字广播电视、通信基站、导航和通信卫星、无线局域网络等数字体制辐射源的外辐射源雷达逐渐受到人们的广泛重视并成为新型探测技术的研究重点。

在 2006 年举办的第五届中国国际国防电子展览会上，中国电子科技集团南京电子技术研究所展示了 YLC-20 双站外辐射源雷达系统。该系统以测向、时差综合定位技术为基础，对空中预警机、战斗机、地基雷达、舰船等目标进行探测。该系统具有隐蔽性强、抗干扰性能好、探测范围大、机动性好等一系列优点。在 2009 年举办的第五届世界雷达博览会上，中国电子科技集团西南电子设备研究所展示了 DWL002 被动探测雷达系统的照片，该系统探测范围达到 500km，能对海上、地面和空中的目标进行识别、定位及跟踪。图 1-19 展示了 DWL002 被动探测雷达系统。

图 1-19 DWL002 被动探测雷达系统

2012 年万显荣团队对低频段（HF/VHF/UHF）数字广播电视信号的外辐射源雷达（Digital Broadcasting-based Passive Radar，DBPR）的发展现状与趋势进行了深入探讨，并进行了实验验证，对 DBPR 的研究热点和关键技术进行了评述，包括波形特性及其修正、参考信号获取、多径杂波抑制、目标检测跟踪与融合、实时信号处理等。由于外辐射源雷达的研究和应用正由单收发对体制向多收发对体制发展，新一代数字广播电视广泛采用单频（或同频）网覆盖方式。2014 年该团队又提出了单频网分布式外辐射源雷达的概念，介绍了此类雷达的主要特性及所面临的核心问题，并讨论了若干可行的解决方案。

2017 年，中国电子科技集团南京电子技术研究所在巴黎航展上展示了其最新研发的 YLC-29 无源探测系统，该系统表现出了良好的反隐身性能，受到各界的高度重视。该系统工作覆盖范围可达 40000km^2，对 RCS 为 3～5m^2 的空中目标的探测距离可达 200km 左右。整个系统以卡车为载具平台，能够发挥较强的机动能力。

2018 年，德国 Hensoldt 公司推出了 TwInvis 外辐射源雷达系统。其在当年的柏林国际航空航天展览会上成功探测到两架 F-35 隐身飞机，因此名声大振。该系统可同时利用 FM、DAB 及 DVB-T 等多个广播电视辐射源进行无源探测，最多可支持 16 个 FM 辐射源和 5 个单频网络的 DAB 与 DVB-T 辐射源的实时混合分析处理，并可实现 360°覆盖的目标三维跟踪。该系统以 FM 信号为外辐射源，最远可探测 250km 处的大型飞机；以 DAB/DVT-T 信号为外辐射源，探测范围可达 100km，且对小型飞机的跟踪误差在 50～100m。

2018 年，芬兰的 Patria 公司推出了 MUSCL 多站无源雷达探测系统，如图 1-20 所示。其以广播电视信号为外辐射源，可以独立模式或多站网络化模式工作，提供弹性、隐蔽和易于部署的空中监视，可实现 360°监视，且覆盖半径达数百千米。MUSCL 系统利用

FM 信号和 DVB-T 信号形成多站接收模式，能够覆盖比常规空中监视雷达的工作频率更低的频率范围。Patria 公司称 MUSCL 系统能够同时跟踪 100 多个目标，且具备分辨固定翼、螺旋桨及直升机类型的能力。

图 1-20　MUSCL 多站无源雷达探测系统

1.3 本书内容安排

本书划分为 10 章。第 1 章介绍了外辐射源雷达的发展历史和现状。第 2 章介绍了外辐射源雷达方程，分别对噪声条件下的外辐射源雷达方程和杂波条件下的外辐射源雷达方程进行了详细的推导，并介绍了模糊函数这一重要的信号处理工具，分析了常见的外辐射源雷达信号。第 3 章首先介绍了外辐射源场景下飞行目标的多种典型电磁散射机理，并对目标在单站、双站场景下的强电磁散射机理进行了定量分析；然后介绍了针对外辐射源场景下复杂电大尺寸目标的几种常用电磁散射特性计算方法与特色电磁散射特性计算方法。第 4 章介绍了 4 种通用散射中心模型与双站场景下一维点散射中心、二维点散射中心和二维属性散射中心的提取方法与目标散射中心反演方法。第 5 章介绍了外辐射源雷达信号处理的基本方法，包括参考信号提纯、杂波抑制、相参积累等方法，以及其他类型的相参积累处理方法。第 6 章主要介绍了外辐射源雷达的微弱目标信号合成与增强方法。第 7 章介绍了外辐射源雷达常用的目标检测、定位和跟踪方法。第 8 章介绍了电波传播对外辐射源雷达探测性能的影响。第 9 章介绍了基于卫星外辐射源的目标探测定位技术。第 10 章对全书进行了总结，并对外辐射源雷达技术的未来发展进行了展望。

第2章 外辐射源雷达技术

本章首先介绍噪声条件下和杂波条件下的外辐射源雷达方程。然后介绍模糊函数的特性、经典计算方法、快速计算方法（时域补偿批处理法），并详细讨论当前主要外辐射源信号的调制特点与探测性能。最后介绍外辐射源双站雷达的基本组成。

2.1 外辐射源雷达方程

2.1.1 噪声条件下的外辐射源雷达方程

1. 距离方程

外辐射源雷达系统是一种双站雷达系统，通常需要双路接收。一路为参考通道，用来接收辐射源的直达波信号；另一类为监视通道，用来监视接收目标反射的回波信号。在接收端经过信号处理可以得到目标回波路径与参考路径的时延差值及目标回波的多普勒频率。

如图 2-1 所示，假设目标在外辐射源雷达双站平面运动，其中，S代表外辐射源；R代表雷达接收端；T代表目标；L 代表基线距离；R_T 代表外辐射源到目标的距离；R_R 代表目标到雷达接收端的距离；β 代表双基角，即辐射源到目标的回波路径与目标到雷达接收端的回波路径的夹角；θ_T 和 θ_R 分别代表回波路径与基线和法线的夹角，顺时针为正；φ 为目标速度与双基角平分线的夹角。

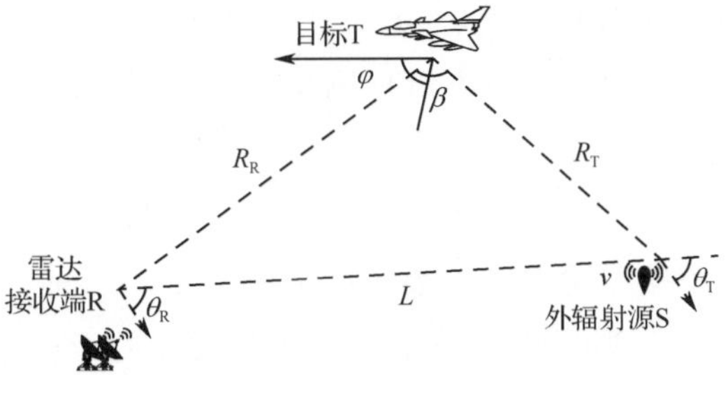

图 2-1　外辐射源雷达系统

由于外辐射源雷达收发分置，其最大可探测距离积可以经过推导得出。考虑到发射

天线增益和发射天线方向图的影响，假设信号经天线发射后的总功率为 P_0，其可以表示为

$$P_0 = F_T^2 P_T G_T \tag{2-1}$$

其中，F_T 为发射天线方向图传播因子；P_T 为发射信号功率；G_T 为发射天线增益。

假设外辐射源到目标的距离为 R_T，目标所在位置的功率密度为 S_1，可表示为

$$S_1 = \frac{P_0}{4\pi R_T^2} = \frac{F_T^2 P_T G_T}{4\pi R_T^2} \tag{2-2}$$

考虑到信号在转发信道中的损耗，将 S_1 变为 S_1'，即

$$S_1' = \frac{S_1}{L_T} = \frac{F_T^2 P_T G_T}{4\pi R_T^2 L_T} \tag{2-3}$$

其中，L_T 为转发信道的损失系数。

经目标散射后的信号功率表示为 P_2，即

$$P_2 = S_1' \sigma_B = \frac{F_T^2 P_T G_T \sigma_B}{4\pi R_T^2 L_T} \tag{2-4}$$

其中，σ_B 为目标双站散射截面积。

假设目标到接收端的距离为 R_R，接收端所在位置的功率密度为 S_2，考虑到信号在接收信道中的损耗，则 S_2 可表示为

$$S_2 = \frac{P_2}{4\pi R_R^2}\frac{1}{L_R} = \frac{F_T^2 P_T G_T \sigma_B}{(4\pi)^2 (R_T R_R)^2 L_T L_R} \tag{2-5}$$

其中，L_R 为接收信道的损失系数。

接收天线等效面积为 A_e，可表示为

$$A_e = \frac{\lambda^2}{4\pi} G_R \tag{2-6}$$

其中，G_R 为接收天线增益。则接收天线收到的信号功率 P_3 可表示为

$$P_3 = S_2 A_e = \frac{F_T^2 P_T G_T G_R \sigma_B \lambda^2}{(4\pi)^3 (R_T R_R)^2 L_T L_R} \tag{2-7}$$

考虑到接收天线方向图传播因子的影响，接收到的信号功率变为 P_3'，即

$$P_3' = P_3 F_R^2 = \frac{P_T G_T G_R F_T^2 F_R^2 \lambda^2 \sigma_B}{(4\pi)^3 (R_T R_R)^2 L_T L_R} \tag{2-8}$$

其中，F_R 为接收天线方向图传播因子。

当接收端接收到的信号功率为最小可检测功率时，可探测距离积最大，此时最小可检测功率可表示为

$$P_{\min} = (S/N)_{\min} P_n = (S/N)_{\min} k T_s B_n F_n \tag{2-9}$$

其中，P_n 为接收端输出的噪声功率，可表示为 $P_n = kT_s B_n F_n$，其中 k 为玻尔兹曼常数，T_s 为接收天线的噪声温度，B_n 为接收端带宽，F_n 为接收端的噪声系数；$(S/N)_{\min}$ 为雷达最小可检测信噪比。

当 P_3' 与 $P_{\min}$ 相等时，可求得最大可探测距离积为

$$(R_{\mathrm{T}}R_{\mathrm{R}})_{\max}=\left[\frac{P_{\mathrm{T}}G_{\mathrm{T}}G_{\mathrm{R}}F_{\mathrm{R}}^2F_{\mathrm{T}}^2\lambda^2\sigma_{\mathrm{B}}}{(4\pi)^3(S/N)_{\min}kT_{\mathrm{s}}B_{\mathrm{n}}F_{\mathrm{n}}L_{\mathrm{R}}L_{\mathrm{T}}}\right]^{1/2} \tag{2-10}$$

一般地，外辐射源双站雷达的等效单站雷达最大可探测距离可以表示为

$$(R_{\mathrm{M}})_{\max}=\sqrt{(R_{\mathrm{T}}R_{\mathrm{R}})_{\max}} \tag{2-11}$$

2. 最大覆盖面积

在双站平面内固定辐射源和接收端，令双基距离积为常值且取最大值，即满足

$$R_{\mathrm{T}}R_{\mathrm{R}}=(R_{\mathrm{T}}R_{\mathrm{R}})_{\max} \tag{2-12}$$

条件的目标轨迹构成最大距离 Cassini 卵形线。Cassini 卵形线围成的图形的面积为能量约束下的雷达最大覆盖面积，可以作为衡量双站雷达探测能力的一个指标。

绘制 Cassini 卵形线的简单方法是在极坐标(r,θ)下绘制。如图 2-2 所示，Tx 和 Rx 分别表示接收端和发射端，取基线的中点为原点，目标到原点的距离为r，基线向目标与基线连线逆时针旋转的夹角为θ，易知

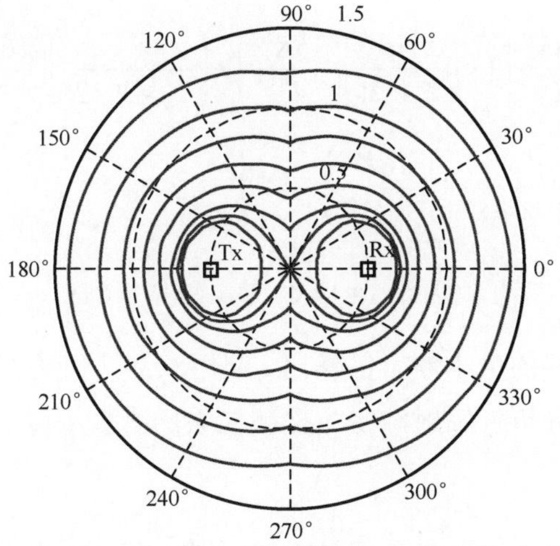

图 2-2　$K=30L^4$ 时的 Cassini 卵形线

$$R_{\mathrm{R}}^2=(r^2+L^2/4)-rL\cos\theta \tag{2-13}$$

$$R_{\mathrm{T}}^2=(r^2+L^2/4)+rL\cos\theta \tag{2-14}$$

则由双站雷达方程得

$$\begin{aligned}&(r^2+L^2/4)^2-(rL\cos\theta)^2\\&=r^2+L^2/4-rL\cos\theta+r^2+L^2/4+rL\cos\theta\\&=(R_{\mathrm{R}}R_{\mathrm{T}})_{\max}^2\\&=\frac{K}{(S/N)_{\min}}\end{aligned} \tag{2-15}$$

其中，

$$K=\frac{P_{\mathrm{T}}G_{\mathrm{T}}G_{\mathrm{R}}\lambda^2\sigma_{\mathrm{B}}F_{\mathrm{T}}^2F_{\mathrm{R}}^2}{(4\pi)^3k\,T_{\mathrm{s}}B_{\mathrm{n}}F_{\mathrm{n}}L_{\mathrm{T}}L_{\mathrm{R}}} \tag{2-16}$$

给定雷达参数和接收端最小信噪比及 θ 角，可以确定最大距离 Cassini 卵形线的极坐标 r 。当基线长度 $L < 2\sqrt{K}$ 时，最大距离 Cassini 卵形线是一个单一的卵形线；当基线长度 $L = 2\sqrt{K}$ 时，最大距离 Cassini 卵形线变成了双绞线；当基线长度 $L > 2\sqrt{K}$ 时，最大距离 Cassini 卵形线变成了围绕辐射源和接收端的两个分离的椭圆。图 2-2 给出了双站雷达参数 $K = 30L^4$ 时的 Cassini 卵形线（图中的蓝色实线）。图中，Cassini 卵形线由外到内对应的接收端最小信噪比由 10dB 增加到 30dB。当信噪比为约 27dB 时，Cassini 卵形线变为双绞线；当信噪比为 30dB 时，Cassini 卵形线分离为两个围绕辐射源和接收端的椭圆。

不同情况下 Cassini 卵形线围成的图形面积的计算公式如下。

（1）当 $L < 2\sqrt{K}$ 时：

$$\begin{aligned} A_{B1} &= \pi K\left[1-\left(\frac{1}{2}\right)^2\left(\frac{L^4}{16K^2}\right)\left(\frac{1}{1}\right)-\left(\frac{1\times 3}{2\times 4}\right)^2\left(\frac{L^4}{16K^2}\right)^2\left(\frac{1}{3}\right)-\cdots\right] \\ &\approx \pi K[1-(1/64)(L^4/K^2)-(3/16384)(L^8/K^4)] \end{aligned} \tag{2-17}$$

（2）当 $L \geqslant 2\sqrt{K}$ 时：

$$\begin{aligned} A_{B2} &= \frac{2\pi K^2}{L^2}\left[1+\left(\frac{1}{2^2\times 2!}\right)\left(\frac{16K^2}{L^4}\right)+\left(\frac{3^2}{2^4\times 3!\times 2!}\right)\left(\frac{16K^2}{L^4}\right)^2+\right. \\ &\quad \left.\left(\frac{3^2\times 5^2}{2^6\times 4!\times 3!}\right)\left(\frac{16K^2}{L^4}\right)^3+\cdots\right] \\ &\approx \frac{2\pi K^2}{L^2}(1+2K^2/L^4+12K^4/L^8+100K^6/L^{12}) \end{aligned} \tag{2-18}$$

给定接收端检测目标的最小输出信噪比，利用双站几何关系和式（2-17）、式（2-18）绘制等信噪比线图，是分析外辐射源雷达探测能力的有效手段。

3. 目标参数计算

外辐射源雷达系统是一种收发分置的系统。其主要由 3 部分组成：外辐射源、目标和雷达接收端。外辐射源发射的直达波信号可直接被雷达的参考通道吸收，雷达的回波通道则接收通过目标反射的回波信号。外辐射源、目标和雷达接收端构成一个三角几何模型。目标可以是静止目标，也可以是运动目标，在目标为运动目标的情况下，三角几何模型是随时间变化的。通常情况下，外辐射源与雷达接收端之间的距离基线 L 是已知的，外辐射源与目标之间的距离 R_{T} 及目标与雷达接收端之间的距离 R_{R} 是未知的。通过对参考信号和回波信号进行相参积累，可以实现对目标的时延和多普勒频率的估计。

考虑图 2-1 中的外辐射源雷达系统，对于静止目标，其回波信号与参考信号的时延 τ 可由基线 L 、外辐射源与目标之间的距离 R_{T} 及目标与雷达接收端之间的距离 R_{R} 表示，即

$$\tau = \frac{R_{\mathrm{T}} + R_{\mathrm{R}} - L}{c} \tag{2-19}$$

对于运动目标，由于目标位置是随时间变化的，因此雷达接收到的回波信号与参考

信号的时延 τ 也是随时间变化的。由余弦定理可得，信号从外辐射源经过目标反射后到达雷达接收端的路径为

$$R = R_T + R_R = \sqrt{R_R^2 + L^2 + 2R_R L\sin\theta_R} + R_R \tag{2-20}$$

假设发射端与接收端都静止，可以得到回波路径 R 的变化率为

$$\begin{aligned}\frac{dR}{dt} &= \frac{dR_R}{dt} + \frac{dR_T}{dt} \\ &= v\cos\left(\varphi - \frac{\beta}{2}\right) + v\cos\left(\varphi + \frac{\beta}{2}\right) \\ &= 2v\cos\varphi\sqrt{\frac{1+\cos\beta}{2}} \\ &= 2v_r\sqrt{\frac{1+\cos\beta}{2}}\end{aligned} \tag{2-21}$$

其中，$v_r = v\cos\varphi$ 为目标速度在双基角平分线方向上的投影。根据几何关系，可以计算出双基角的余弦值为

$$\cos\beta = \frac{R_T^2 + R_R^2 - L^2}{2R_T R_R} = \frac{R_R + L\sin\theta_R}{\sqrt{R_R^2 + L^2 + 2R_R L\sin\theta_R}} \tag{2-22}$$

由式（2-20）～式（2-22）可以得到回波路径 R 的瞬时表达式一阶近似，即

$$\begin{aligned}R(t) &\approx R_T + R_R + 2v_r\sqrt{\frac{1+\cos\beta}{2}}t \\ &= \sqrt{R_R^2 + L^2 + 2R_R L\sin\theta_R} + R_R + 2v_r\sqrt{\frac{1}{2} + \frac{R_R + L\sin\theta_R}{2\sqrt{R_R^2 + L^2 + 2R_R L\sin\theta_R}}}t\end{aligned} \tag{2-23}$$

目标与接收端之间的距离 R_R 随目标回波时延 τ 变化的关系可表示为

$$\tau(R_R, \theta_R) \approx \frac{\sqrt{R_R^2 + L^2 + 2R_R L\sin\theta_R} + R_R}{c} \tag{2-24}$$

同样，目标速度在双基角平分线方向上的投影 $v\cos\varphi$ 随目标多普勒频率变化的关系可表示为

$$v\cos\varphi = \frac{\pi f_d}{\omega_c}c\sqrt{\frac{1}{2} + \frac{R_R + L\sin\theta_R}{2\sqrt{R_R^2 + L^2 + 2R_R L\sin\theta_R}}} \tag{2-25}$$

其中，ω_c 为载波频率；f_d 为多普勒频率；θ_R 为接收角。从式（2-25）可以看出，由于目标的运动，目标的位置发生改变，从而引起时延参数发生改变。同样，由于目标速度的存在，含有目标回波的回波信号还会发生多普勒频移，具体的多普勒频率 f_d 可表示为

$$f_d = -\frac{v\cos\varphi}{\lambda} \tag{2-26}$$

其中，λ 表示外辐射源信号的波长。

4. 距离分辨率

对于单站雷达，目标分辨率可以用距离分辨率和横程分辨率两个指标度量，而这两

个指标同样可以被推广到外辐射源雷达中加以应用。

在单站雷达系统下，距离分辨率取决于测量回波和参考信号之间的相对时延。时延测量的分辨率 $\Delta\tau$ 与信号带宽 B 成反比，即 $\Delta\tau = 1/B$。如果考虑目标时延和双基距离之间的关系，则双基距离分辨率可以表示为

$$\Delta R = c\Delta\tau = \frac{c}{B} \tag{2-27}$$

这是一个简单但重要的结果。双基距离分辨率取决于信号带宽，而不受雷达建造者的控制。因此，外辐射源雷达的性能主要取决于照射源。

双基距离分辨率决定了区分信号延迟的能力。然而，在笛卡儿坐标系中，它并不直接决定区分距离的能力。当目标位于发射端和接收端连成的直线上（除发射端—接收端部分外）时，双基角为 0°。笛卡儿距离分辨率可计算为

$$\Delta R \approx \frac{c}{2B\cos(\beta/2)\cos\phi} \tag{2-28}$$

其中，B 为信号带宽；β 为双基角；ϕ 为双基角平分线和运动目标速度矢量之间的夹角。ΔR 反映了能分辨出的两个目标之间的最小距离。

由式（2-28）可知，雷达系统的距离分辨率 ΔR 受双基角 β 和信号带宽 B 的影响。外辐射源雷达系统的空间位置会直接影响距离分辨性能，双基角 β 越大，雷达系统的距离分辨率越低；双基角 β 越小，雷达系统的距离分辨率越高；当运动目标处于基线上时，即双基角 $\beta = 180^\circ$，雷达系统的距离分辨率最低；当 $\beta = 0^\circ$ 时，雷达系统的距离分辨率为 $\Delta R \approx c/(2B)$，与单站雷达系统的距离分辨率相同。

5. 速度分辨率

外辐射源雷达速度分辨率的定义为：在角度和距离相同的条件下，接收站能够分辨两个目标回波之间的最小多普勒频率间隔，通常取为 $1/T$，其中 T 为接收端相关处理周期（这里为信号总时间宽度）。外辐射源雷达的速度分辨率可以通过下式求出。

$$\Delta v = \frac{\lambda}{2T\cos\left(\dfrac{\beta}{2}\right)} \tag{2-29}$$

其中，

$$\cos\left(\frac{\beta}{2}\right) = \sqrt{\frac{1}{2} + \frac{R_{\mathrm{R}} + L\sin\theta_{\mathrm{R}}}{2\sqrt{R_{\mathrm{R}}^2 + L^2 + 2R_{\mathrm{R}}L\sin\theta_{\mathrm{R}}}}} \tag{2-30}$$

可以看出，速度分辨率与信号形式无关，而与信号波长、信号总时间宽度及双站的几何配置相关。并且，随着基线距离 L 的增加，选择的信号波长 λ 越长，外辐射源雷达的速度分辨率越低。反之，随着时间宽度 T 变大，目标与接收端之间的距离 R_{R} 变大，北坐标系下的接收角 R_{θ} 越大，速度分辨率越高。因此，在信号总时间宽度、载频及双站的几何配置一样的情况下，不同信号的外辐射源雷达速度分辨率相同。

2.1.2　杂波条件下的外辐射源雷达方程

外辐射源雷达通常采用相关处理技术，即在接收端分别设置参考通道和监测通道，分别用来接收参考信号和目标回波信号。其中监测通道在接收目标回波信号时，目标回波信号中不可避免地会混入直达波和零频多径杂波。杂波会掩盖目标回波，影响目标检测。地基接收的外辐射源雷达工作时，杂波从主瓣和旁瓣进入，区域杂波会十分明显。杂波信号强度要比接收端内部噪声强度大得多，尤其是在近距离探测时。因此，雷达在杂波条件下检测目标的能力主要取决于信杂比，而不是信噪比。此时，外辐射源雷达的作用距离方程不再满足噪声条件下的外辐射源雷达方程。

1. 信杂比与信噪比的熵等效转化

雷达是在噪声杂波等随机信号中检测目标的，因此根据雷达方程计算的雷达作用距离是一个统计平均意义上的统计量。对于确定的目标信号能量，在不同的检测概率和虚警概率要求下，雷达的作用距离是不相同的。在噪声背景下，可以根据给定的检测概率和虚警概率在莱斯曲线上得到最小可检测信噪比，然后根据自由空间雷达方程估计雷达的作用距离。但是，在杂波条件下，杂波的干扰效果与噪声的干扰效果一般是不同的，此时需要通过一定的等效转换关系将最小可检测信噪比转换成最小可检测信杂比，才能较为准确地估计杂波条件下雷达的最大作用距离。

在随机过程理论中，对于连续性随机变量，其熵值定义为

$$H(x)=-\int_{-\infty}^{+\infty}p(x)\log_a p(x)\mathrm{d}x \tag{2-31}$$

其中，$p(x)$为随机信号概率密度函数。一般地，利用拉格朗日乘数法，可推导出在限制平均功率的条件下，正态噪声分布具有最大的熵值。正态分布概率密度函数为

$$p(x)=\frac{1}{\sqrt{2\pi}\sigma}\frac{\mathrm{d}y}{\mathrm{d}x}\mathrm{e}^{-\frac{x^2}{2\sigma^2}} \tag{2-32}$$

其熵值为

$$H_{\text{norm}}=\ln\sqrt{2\pi\sigma^2}=1.42+\ln\sigma_{\text{norm}} \tag{2-33}$$

其中，σ_{norm}为正态分布的方差，σ^2表示正态分布的平均功率。

根据等熵等干扰效果原理，若杂波的干扰效果与噪声的干扰效果相同，两者的熵应该相等。常用的典型雷达杂波模型有瑞利分布、对数正态分布、韦布尔分布和K分布。

对于瑞利分布，其概率密度函数为

$$f_{\mathrm{R}}(x)=\frac{x}{\sigma^2}\mathrm{e}^{-\frac{x^2}{2\sigma^2}},\quad x\geqslant 0 \tag{2-34}$$

对应的熵值为

$$H_{\mathrm{R}}(x)=1.365+\ln\sigma_{\mathrm{R}} \tag{2-35}$$

其中，σ_{R}为瑞利分布的方差。瑞利分布杂波与噪声的等效关系为

$$\sigma_{\mathrm{R}}^2 = 1.12\sigma_{\mathrm{norm}}^2 \tag{2-36}$$

对于对数正态分布，其概率密度函数为

$$f_{\text{log-norm}}(x) = \frac{1}{\sqrt{2\pi}\sigma x}\mathrm{e}^{-\frac{(\ln x-\mu)^2}{2\sigma^2}}, \quad x \geqslant 0 \tag{2-37}$$

对应的熵值为

$$H_{\text{log-norm}}(x) = \ln\sigma_{\text{log-norm}} - \ln\sqrt{a} + \ln(\sqrt{2\pi}\sigma) + \frac{1}{2} \tag{2-38}$$

其中，$a = \mathrm{e}^{\sigma^2}(\mathrm{e}^{\sigma^2}-1)$。对数分布杂波与噪声之间的等效关系为

$$\sigma_{\text{log-norm}}^2 = \mathrm{e}^{2C}\sigma_{\mathrm{norm}}^2 \tag{2-39}$$

其中，$C = 0.92 + \ln\sqrt{a} - \ln(\sqrt{2\pi}\sigma)$。

对于韦布尔分布，其概率密度函数为

$$f_{\mathrm{W}}(x) = \frac{p}{q}\left(\frac{x}{q}\right)^{p-1}\mathrm{e}^{-\left(\frac{x}{q}\right)^p}, \quad x \geqslant 0 \tag{2-40}$$

对应的熵值为

$$H_{\mathrm{W}}(x) = \ln\sigma_{\mathrm{W}} - \frac{1}{2}\ln a - \ln p + \left(1-\frac{1}{p}\right)\gamma + 1 \tag{2-41}$$

其中，$a = \Gamma\left(\frac{2}{p}+1\right) - \left[\Gamma\left(\frac{1}{p}+1\right)\right]^2$；$\gamma$为欧拉常数。韦布尔分布杂波与噪声之间的等效关系为

$$\sigma_{\mathrm{W}}^2 = \mathrm{e}^{2C}\sigma_{\mathrm{norm}}^2 \tag{2-42}$$

其中，$C = 0.42 + \frac{1}{2}\ln a + \ln p - \left(1-\frac{1}{p}\right)\gamma$。

对于K分布，其概率密度函数为

$$f_K(x) = \frac{2}{a\Gamma(v+1)}\left(\frac{x}{2a}\right)^{v+1}K_v\left(\frac{x}{a}\right) \tag{2-43}$$

其中，$x > 0$；$v > -1$；$a > 0$。由于K分布的概率密度函数非初等函数，所以不易得到熵的解析解，因此，K分布杂波环境下雷达信杂比与信噪比之间的等效关系要从数值解中推导得出。

2. 杂波散射单元面积的计算

在地基接收条件下，外辐射源雷达杂波散射单元的划分与其空间同步方式有关。外辐射源雷达具有多种空间同步方式，其中宽波束发射、窄波束接收是常用的空间同步方式之一，如图 2-3 所示。外辐射源雷达发射波束覆盖较大的区域，接收波束在方位和俯仰向上均不能完全覆盖发射波束。接收波束以波束扫描或多波束的形式工作，用较长的驻留时间来增大信号积累增益，弥补发射天线的积累损耗。在这种情况下，外辐射源雷达杂波散射单元由较窄的接收端波束宽度、距离环宽度等因素决定。

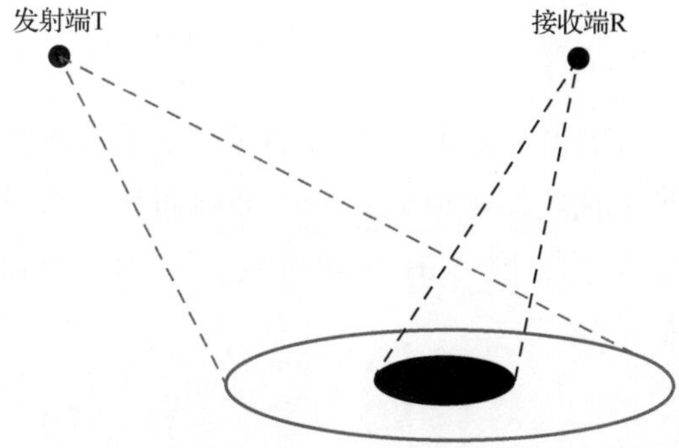

图 2-3　外辐射源雷达宽窄波束同步方式示意

对于脉冲体制雷达，在波束入射角 θ 较小的情况下，满足 $\tan\theta < \dfrac{2R(\sin\theta_e/2)}{c\tau/2}$，其中 θ_e 为天线波束俯仰向 3dB 波束宽度，R 为接收端与杂波散射单元中心之间的距离。杂波散射单元取决于天线波束方位向 3dB 波束宽度 θ_a 和脉冲宽度 τ。当外辐射源雷达接收端在小俯角下探测时，杂波散射单元如图 2-4 所示，椭圆区域在接收波束平面上。其中，φ_r 为接收端俯仰角；R_r 为接收端与杂波散射单元中心之间的距离；θ_{ar} 为接收端方位向 3dB 波束宽度；ΔR_r 为雷达距离分辨率，且满足 $\Delta R_r = \dfrac{c\tau}{2\cos(\beta/2)}$，$\tau$ 为脉压后的脉冲宽度，β 为双站平面内的双基角。

水平投影面的杂波散射单元如图 2-5 所示。其中，θ'_{ar} 为 θ_{ar} 在水平面的投影，$\Delta R'_r$ 为 ΔR_r 在水平面的投影，因此 $\Delta R'_r = \dfrac{c\tau}{2\cos(\beta/2)\cos\varphi_r}$。

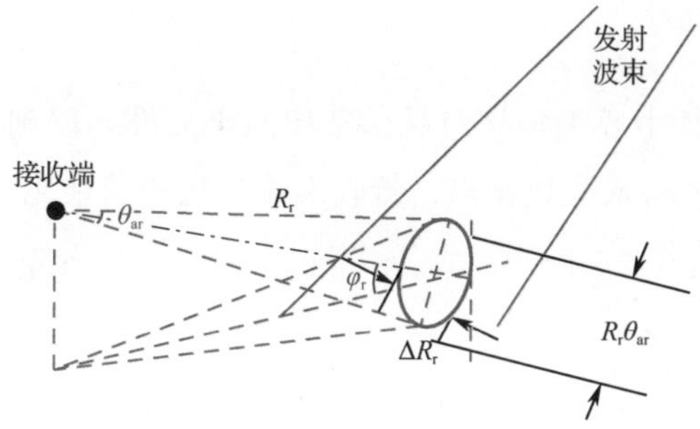

图 2-4　小俯角时杂波散射单元示意

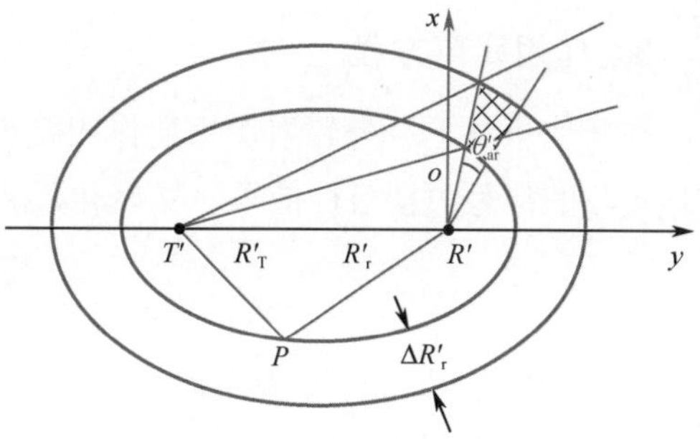

图 2-5　水平投影面的杂波散射单元示意

此时，收发波束可以被近似看成平行波束，距离环近似由其切线代替。将图 2-5 中的杂波散射单元放大，如图 2-6 所示，在宽波束发射、窄波束接收的空间同步方式下，杂波散射单元由接收波束和距离环决定。图 2-5 中右上角网格区域所示的平行四边形为双站雷达在地面的杂波散射单元。其面积计算公式为

$$(A_c)_r = \Delta R'_r \frac{R'_r\theta'_{ar}}{\cos(\beta'/2)} = \frac{c\tau R'_r\theta'_{ar}}{2\cos(\beta/2)\cos\varphi_r\cos(\beta'/2)} \tag{2-44}$$

其中，β 为双站平面内的双基角；β' 为双站平面内的双基角在水平面的投影。

在波束入射角 θ 较大的情况下，满足 $\tan\theta > \dfrac{2R(\sin\theta_e/2)}{c\tau/2}$，杂波散射单元取决于天线波束方位向 3dB 宽度 θ_a 和俯仰向 3dB 宽度 θ_e。当双站雷达接收端在大俯角下探测时，杂波散射单元面积近似等于接收端主波束照射的椭圆面积，如图 2-7 所示。其中，θ_{ar} 和 θ_{er} 分别为接收端方位向、俯仰方向 3dB 波束宽度；R_r 为接收端与杂波散射单元中心之间的距离；φ_r 为接收端俯仰角。

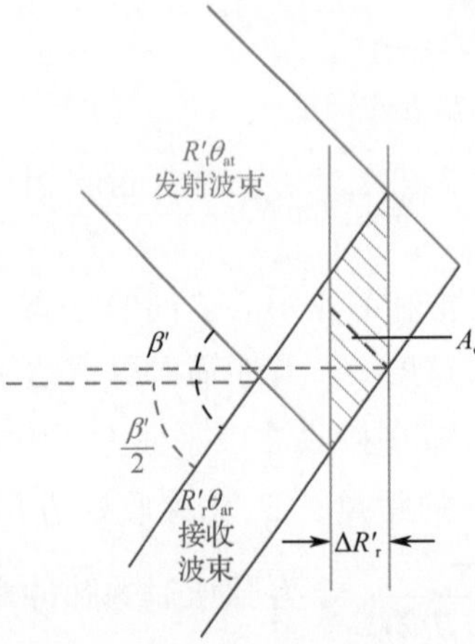

图 2-6　杂波散射单元局部放大图

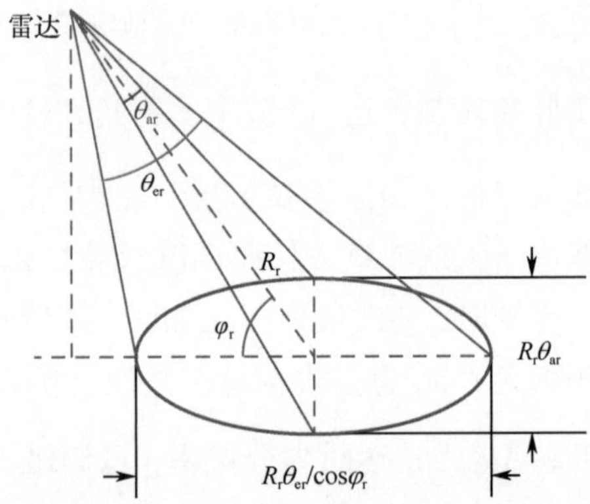

图 2-7　大俯角时杂波散射单元示意

此时杂波散射单元面积的计算公式为

$$A_c = \frac{\pi R_r^2 \theta_{ar}\theta_{er}}{4\cos\varphi_r} \tag{2-45}$$

3. 作用距离方程

在杂波条件下，外辐射源雷达作用距离方程主要根据接收端信杂比的定义推导得到。雷达接收的信号包括目标信号、噪声和杂波。忽略系统热噪声，接收端输入端的信杂比为

$$\frac{S}{C} = \frac{P}{P_c} \tag{2-46}$$

其中，P 为信号功率；P_c 为杂波功率。

信号功率的计算公式为

$$P = \frac{P_t G_t G_r \lambda^2 \sigma}{(4\pi)^3 R_t^2 R_r^2} \tag{2-47}$$

其中，P_t 为发射端脉冲功率；G_t、G_r 分别为发射天线增益和接收天线增益；λ 为信号波长；σ 为目标雷达反射截面积；R_t、R_r 分别为发射端相位中心、接收端相位中心与目标之间的距离。

只考虑主瓣杂波，则杂波功率的计算公式为

$$P_c = \frac{P_t G_t G_r \lambda^2 \sigma_c}{(4\pi)^3 R_t^2 R_r^2} \tag{2-48}$$

其中，σ_c 为杂波散射单元的雷达截面积，且有 $\sigma_c = \sigma^0 A_c$，σ^0 为杂波散射系数。

σ^0 与擦地角有关，两者的关系如图 2-8 所示。图中所示区域根据擦地角的大小分为 3 部分：低擦地角区、平坦区和高擦地角区。低擦地角区又称干涉区，在这个区域，一般情况下杂波散射系数随着擦地角的增大而迅速增大。在平坦区，杂波变化基本是缓慢的，以非相干散射为主，杂波散射系数随擦地角的增大变化较小。高擦地角区又称准镜面反射区。该区域以相干的镜像反射为主，杂波散射系数随擦地角的增大而迅速增大，并且与地面的状况（如粗糙度和介电常数等特性）有关。

低擦地角的范围从 0 到临界角附近。临界角是由瑞利勋爵（Lord Rayleigh）定义的这样一个角度：低于此角的表面被认为是光滑的；高于此角的表面被认为是粗糙的。在高擦地角区，σ^0 随擦地角的增大变化较大。设表面高度起伏的均方根值为 h_{rms}，根据瑞利准则，当满足一定关系时，可认为表面是平坦的，即

$$\frac{4\pi h_{rms}}{\lambda}\sin\psi_g < \frac{\pi}{2} \tag{2-49}$$

其中，ψ_g 为擦地角。

电磁波入射到粗糙表面的情况如图 2-9 所示。由于表面高度起伏（表面粗糙度），粗糙路径要比光滑路径长 $2h_{rms}\sin\psi_g$，将这种路径上的差异转化成相位差 $\Delta\varphi$，即

$$\Delta\varphi = \frac{2\pi}{\lambda}2h_{rms}\sin\psi_g \tag{2-50}$$

当 $\Delta\varphi = \pi$（第一个零点）时，临界角 ψ_{gc} 可以计算为

$$\frac{2\pi}{\lambda}2h_{rms}\sin\psi_{gc} = \pi \tag{2-51}$$

或者等价地，

$$\psi_{gc} = \arcsin\frac{\lambda}{4h_{rms}} \tag{2-52}$$

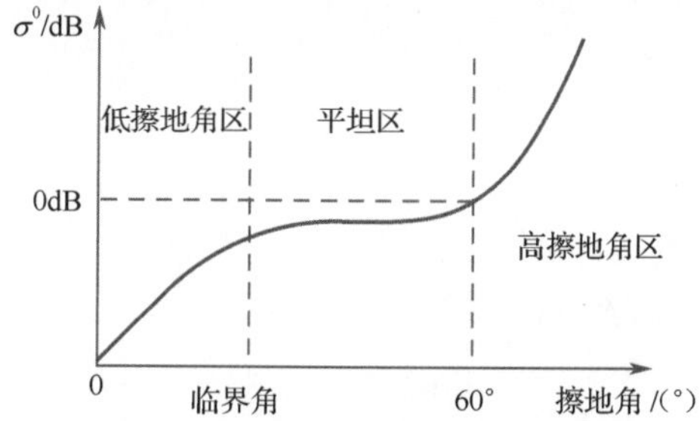

图 2-8　杂波散射系数与擦地角的关系

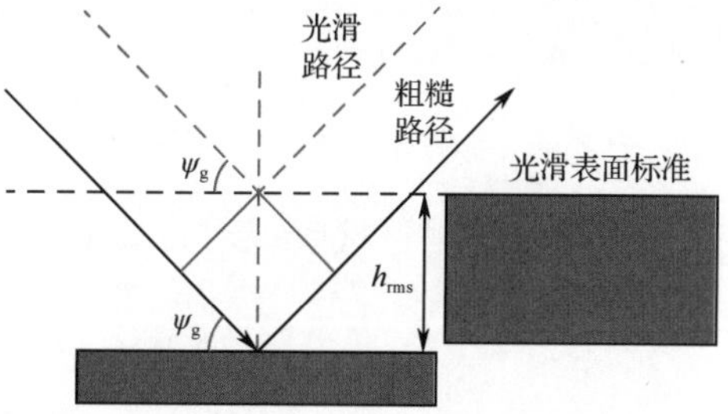

图 2-9　电磁波入射到粗糙表面的情况

根据 σ^0 的变化趋势可以推导出很多 σ^0 的估计模型。常用的地-海杂波散射系数经验模型是 Morchin 模型，该模型适用于掠射角范围较广、角度值为 0°～90° 的情况，并且考虑了不同地貌和海情的散射特性，对沙漠、农田、丘陵、高山及 1～5 级海情的杂波散射系数都有较好的描述。Morchin 模型的表达式为

$$\sigma^0=\frac{A\sigma_c^0\sin\psi}{\lambda}+u(\cot\beta_0)^2\exp\left[-\frac{\tan^2(B-\psi)}{\tan^2\beta_0}\right] \tag{2-53}$$

其中，σ^0为杂波散射系数；ψ为擦地角；其他参数如表 2-1 所示。

表 2-1　地–海杂波散射系数

地　形	A	B	β_0	σ_c^0
海杂波	F_1	π/2	F_2	F_3
沙　漠	0.00126	π/2	0.14	F_3
农　田	0.004	π/2	0.2	1
树　林	0.00916	π/2	0.32	1
丘　陵	0.0126	π/2	0.4	1
高　山	0.04	1.24	0.5	1

表 2-1 中F_1、F_2和F_3的表达式分别为

$$F_1=4\times10^{-7}\times10^{0.6(s_s+1)} \tag{2-54}$$

$$F_2=\frac{2.44(s_s+1)^{1.08}}{57.29} \tag{2-55}$$

$$F_3=\begin{cases}(\psi/\theta_c)^k, & \psi<\theta_c\\ 1, & \psi\geqslant\theta_c\end{cases} \tag{2-56}$$

其中，$\theta_c=\arcsin(\lambda/4\pi h_e)$。对于海杂波，$h_e=0.025+0.046s_s^{1.72}$；对于地杂波，$h_e=9.3\beta_0^{2.2}$。这里$s_s$表示海杂波的海情等级（1～5 级）。由式（2-53）和表 2-1 中的数值可以计算得出，该模型估计的σ^0的数值变化与图 2-8 中的变化趋势一致，而且随着地形（沙漠、农田、树林、丘陵、高山）粗糙程度的增加，后向散射系数变化明显。在同一入射余角下，不同地形的后向散射系数差值在 5dB 以上。

根据式（2-44）、式（2-46）～式（2-48），计算小俯角探测时外辐射源雷达接收端的信杂比为

$$\frac{S}{C}=\frac{\sigma}{\sigma^0}\frac{2\cos(\beta/2)\cos(\beta'/2)\cos\varphi_r}{c\tau R_r\theta_{ar}} \tag{2-57}$$

此时，外辐射源雷达接收端对目标的最大探测距离为

$$(R_R)_{max}=\frac{\sigma}{\sigma^0}\frac{2\cos(\beta/2)\cos(\beta'/2)\cos\varphi_r}{c\tau\theta_{ar}(S/C)_{min}} \tag{2-58}$$

根据式（2-45）～式（2-48），计算得到大俯角探测时外辐射源雷达接收端的信杂比为

$$\frac{S}{C}=\frac{\sigma}{\sigma^0}\frac{4\cos\varphi_r}{\pi R_r^2\theta_{ar}\theta_{er}} \tag{2-59}$$

此时，外辐射源雷达接收端对目标的最大探测距离为

$$(R_R)_{max}=\sqrt{\frac{\sigma}{\sigma^0}\frac{4\cos\varphi_r}{\pi\theta_{ar}\theta_{er}(S/C)_{min}}} \tag{2-60}$$

2.2 互模糊函数相参积累

在雷达信号处理中，通常采用信号相参积累来实现目标能量积累，在外辐射源雷达信号处理中，则通过直达波信号与目标回波信号的互模糊函数计算实现目标能量积累。因此，本节将对互模糊函数的特性、经典计算方法、快速计算方法（时域补偿批处理法）进行介绍。

2.2.1 互模糊函数的特性

在分析互模糊函数的特性之前，本节首先分析噪声信号的自模糊函数特性。与那些通过调制具有导频和循环前缀的信号不同，噪声信号可以被看作一种理想信号。白噪声信号是指功率谱密度在整个频域内都为常数的噪声信号。可以将白噪声信号的自相关函数看作其自模糊函数在零多普勒频率的切片，即 $\chi(\tau,0)$。在各态历经过程下，功率谱密度为常数 1 的白噪声信号的自相关函数是一个冲击函数，即

$$F^{-1}\{1\} = \delta(\tau) \tag{2-61}$$

其中，$F^{-1}\{\cdot\}$ 表示傅里叶逆变换。

最简单的带限噪声信号的功率谱密度为一个矩形，假设其带宽为 B，则该噪声信号的自相关函数包络为 sinc(·) 函数，即

$$F^{-1}\left\{\Pi\left(\frac{f}{B}\right)\right\} = B\mathrm{sinc}(\pi Bt) \tag{2-62}$$

其中，$\Pi(\cdot)$ 表示矩形窗信号。

在实际系统中，信号持续时间有限，相关结果中存在相关旁瓣、相关底噪及残余波动。事实证明，相关主峰的残余波动的平均值取决于积累时间 T_c 和信号带宽 B。在外辐射源雷达系统中，外辐射源发射的信号大多为类噪声信号。假设参考通道的信号为

$$u(t) = k_{\mathrm{R}}\left(A_{R.S/N}s(t) + n_1(t)\right) \tag{2-63}$$

其中，k_{R} 为参考通道的噪声归一化参数；$A_{R.S/N} = (S/N)_{\mathrm{in.R}}$ 为参考通道的信噪比；$s(t)$为参考通道的发射信号；$n_1(t)$ 为参考通道的噪声信号。

回波通道的信号可表示为

$$v(t) = k_{\mathrm{T}}\left(A_1 s(t-\tau_1)\mathrm{e}^{\mathrm{j}2\pi f_1(t-\tau_1)} + n_2(t)\right) \tag{2-64}$$

其中，k_{T} 为回波通道的噪声归一化参数；A_1 为回波通道的信噪比；$s(t-\tau_1)$ 为回波通道的接收信号；$n_2(t)$ 为回波通道的噪声信号。则相参积累可表示为

$$\begin{aligned} |X(\tau_1, f_1)| &= \left|\int_0^{T_c} u(t)v^*(t+\tau_1)\mathrm{e}^{\mathrm{j}2\pi f_1 t}\mathrm{d}t\right|^2 \\ &= \left|k_{\mathrm{R}}k_{\mathrm{T}}[X_{11}(\tau_1,f_1) + X_{12}(\tau_1,f_1) + X_{21}(\tau_1,f_1) + X_{22}(\tau_1,f_1)]\right|^2 \end{aligned} \tag{2-65}$$

其中，T_c为积累时间，

$$X_{11} = A_{R.S/N} A_1 \int_0^{T_c} s(t)\, s^*(t) \mathrm{d}t = A_{R.S/N} A_1 T_c \tag{2-66}$$

$$X_{12} = A_{R.S/N} \int_0^{T_c} s(t)\, n_2^*(t) \mathrm{e}^{\mathrm{j}2\pi f_1 t} \mathrm{d}t \approx A_{R.S/N} \sqrt{\frac{T_c}{B}} \tag{2-67}$$

$$X_{21} = A_1 \int_c^{T_c} s^*(t) n_1(t) \mathrm{d}t \approx A_1 \sqrt{\frac{T_c}{B}} \tag{2-68}$$

$$X_{22} = \int_c^{\tau_c} n_1(t) n_2^{\ *}(t) \mathrm{e}^{\mathrm{j}2\pi f_1 t} \mathrm{d}t \approx \sqrt{\frac{T_c}{B}} \tag{2-69}$$

其中，式（2-67）～式（2-69）的成立依据为：时域上均方根为x、y的信号卷积后，其时域均方根为z，$z = xy\sqrt{T_c/B}$。由式（2-66）～式（2-69）可得，X_{11}为目标信号，其余3项为干扰噪声，则积累后信噪比可表示为

$$\begin{aligned}(S/N)_{\text{out}} &\approx \frac{X_{11}^2}{X_{12}^2 + X_{21}^2 + X_{22}^2} \\ &= \frac{1}{\dfrac{1}{A_1^2} + \dfrac{1}{A_{R.S/N}^2} + \dfrac{1}{A_1^2 A_{R.S/N}^2}} BT_c\end{aligned} \tag{2-70}$$

则积累增益为

$$G = \frac{(S/N)_{\text{out}}}{(S/N)_{\text{in}}} \approx \frac{1}{1 + \dfrac{A_1^2}{A_{R.S/N}^2} + \dfrac{1}{A_{R.S/N}^2}} BT_c \approx \frac{1}{1 + \dfrac{1}{(S/N)_{\text{in.R}}}} BT_c \tag{2-71}$$

当参考信号为纯净信号时，$(S/N)_{\text{in.R}}$趋向正无穷，则有

$$G \approx BT_c \tag{2-72}$$

假设外辐射源雷达参考通道接收的射频信号经下变频后可以表示为$s_{\text{ref}}(t)$，则监视通道接收的回波信号经下变频后可以表示为

$$s_{\text{echo}}(t) = As_{\text{ref}}\left(t - \frac{R(t)}{c}\right)\exp\left(-\mathrm{j}2\pi f_d \frac{R(t)}{c}\right) \tag{2-73}$$

其中，A为回波信号复幅度；$R(t)$为运动目标的双基距离；c为光速。

在相参积累间隔（Coherent Processing Interval，CPI）内，忽略目标速度的变化，则目标双基距离可以近似表示为

$$R(t) \approx R + vt \tag{2-74}$$

其中，R是相参积累初始时刻目标的双基距离；v是目标的运动速度。在相参积累间隔内忽略目标距离的变化，则有

$$s_{\text{ref}}\left(t - \frac{R + vt}{c}\right) \approx s_{\text{ref}}\left(t - \frac{R}{c}\right) \tag{2-75}$$

此时，回波信号可以表示为

$$s_{\text{echo}}(t) = As_{\text{ref}}(t - \tau_0)\exp(-\mathrm{j}2\pi f_{d0}) \tag{2-76}$$

其中，τ和f_d分别表示回波信号相对于参考信号的时延和多普勒频率。

基于上述所建立的信号模型，计算参考信号与回波信号的互模糊函数，即可得到 τ_0 和 f_{d0}，互模糊函数的表达式为

$$\chi(\tau, f_d) = \int_0^T s_{echo}(t) s_{ref}^*(t-\tau)\exp(-j2\pi f_d t)dt \tag{2-77}$$

其中，T 是相参积累间隔。在实际应用中，由于 τ 和 f_d 是未知量，因此需要在一定的范围内计算参考信号与回波信号的互模糊函数，于是得到距离-多普勒（Range-Doppler）二维矩阵。根据柯西-施瓦茨不等式，互模糊函数在距离-多普勒范围内，有

$$\left|\int_0^T s_{echo}(t) s_{ref}^*(t-\tau)\exp(-j2\pi f_d t)dt\right| \leqslant \left|\int_0^T s_{echo}(t) s_{ref}^*(t-\tau_0)\exp(-j2\pi f_{d0} t)dt\right| \tag{2-78}$$

即

$$|\chi(\tau, f_d)| \leqslant |\chi(\tau_0, f_{d0})| \tag{2-79}$$

图 2-10 为一实测信号的自模糊函数，可以看出，回波信号相对于参考信号的时延 τ_0 和多普勒频率 f_{d0} 分别为自模糊函数最大值所对应的变量 τ 与 f_d。

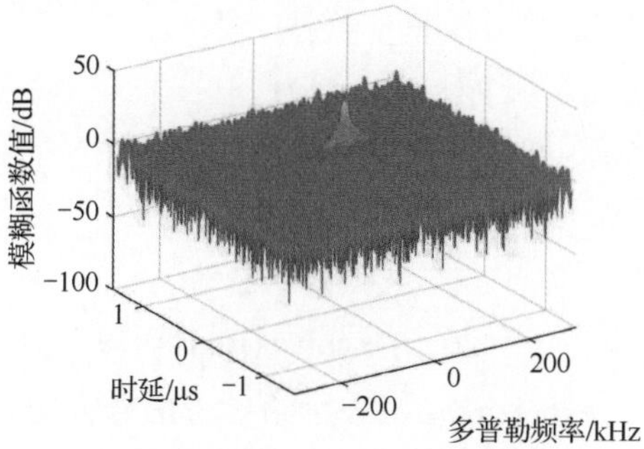

图 2-10 实测信号的自模糊函数

在实际应用中，雷达系统需要保证一定的虚警概率，当自模糊函数峰值超过一定的阈值时，即可认为是目标产生的峰。

2.2.2 互模糊函数的经典计算方法

在现代雷达系统中，处理的信号为采样后离散的数字信号。式（2-77）的离散表达形式为

$$\chi(l,k) = \sum_{n=1}^{N} s_{echo}(n) s_{ref}^*(n-l)\exp\left(-j\frac{2\pi}{N}kn\right) \tag{2-80}$$

其中，l 表示信号时延单元；k 表示多普勒频率的单元；N 表示一个相参积累间隔内的采样点数（$T = N/f_s$）。

理论上，可以利用式（2-80）计算得到任意时延和多普勒频率的参数，但此方法的计算复杂度与信号长度的平方成正比。在实际应用中，由于回波信号能量微弱，需要进行长时间的相参积累，此时的计算过程需要消耗大量的计算资源，并且计算效率非常低。下面介绍几种互模糊函数的经典计算方法。

1. 傅里叶变换法

傅里叶变换法（Fourier Transform Approach）将式（2-80）视为离散傅里叶变换的过程。令

$$y^l(n)=s_{\text{echo}}(n)s_{\text{ref}}^*(n-m) \tag{2-81}$$

式（2-80）可以表示为

$$\begin{aligned}\chi(l,k)&=\sum_{n=1}^{N}y^l\exp\left(-\mathrm{j}\frac{2\pi}{N}kn\right)\\&=\mathrm{FFT}\{y^l(n)\}\end{aligned} \tag{2-82}$$

通过式（2-82）可以计算得到在时延单元 l 的全部多普勒频率的模糊函数，即 $f_{\mathrm{d}}\in(-f_{\mathrm{s}}/2,f_{\mathrm{s}}/2)$，$f_{\mathrm{s}}$ 为采样频率。在外辐射源雷达中，运动目标产生的多普勒频率相对于 f_{s} 非常小。因此，对固定时延单元分析多普勒频率绰绰有余。

2. 滤波器/滤波器组法

滤波器/滤波器组法也称互相关傅里变换法，令

$$\begin{cases}y_1(n)=s_{\text{echo}}(n)\\y_2^k=s_{\text{ref}}(n)\exp\left(\mathrm{j}\dfrac{2\pi kn}{N}\right)\end{cases} \tag{2-83}$$

式（2-80）可以表示为

$$\chi(l,k)=\mathrm{cor}(y_1(n),y_2^k(n)) \tag{2-84}$$

其中，cor{·}表示相关运算；$\exp(\mathrm{j}2\pi kn/N)$ 表示给参考信号补偿 k 个多普勒频率单元。两路信号的互相关结果数值越大，说明两路信号的相似度越高。因此，给参考信号添加一定的频延再求其与回波信号的互相关函数，可以得到两路信号在距离-多普勒范围内的互模糊函数。

式（2-84）中的相干运算可以利用傅里叶变换进行高效计算，表示为

$$\chi(l,k)=\mathrm{IFFT}\{\mathrm{FFT}\{y_1(n)\}\mathrm{FFT}^*(y_2(n))\} \tag{2-85}$$

即

$$\chi(l,k)=\mathrm{IFFT}\left\{\mathrm{FFT}\{s_{\text{echo}}(n)\}\mathrm{FFT}^*\left(s_{\text{ref}}(n)\exp\left(\mathrm{j}\frac{2\pi kn}{N}\right)\right)\right\} \tag{2-86}$$

其中，IFFT{·}表示傅里叶逆变换。通过式（2-86）可以得到多普勒频率单元 k 对应的全部时延的互模糊结果，即 $\tau\in(-T,T)$。

3. 批处理法

批处理法（Batch Algorithm）最早由 Palmer J.、Howard S.等于 2008 年提出，其主要思想是将相参积累间隔内的信号分为若干段，忽略段间多普勒频率的变化，从而可以批量进行 FFT 计算，实现快速计算。

将参考信号 $s_{\text{ref}}(t)$ 看成 Q 个时间为 T_Q 的信号，令

$$s_q(t)=s_{\text{ref}}(t+qT_Q)h(t) \tag{2-87}$$

其中

$$h(t)=\begin{cases}1, & t\in[0,T_Q]\\ 0, & 其他\end{cases} \tag{2-88}$$

则参考信号可以表示为

$$s_{\mathrm{ref}}(t)=\sum_{q=0}^{Q-1}s_q(t-qT_Q) \tag{2-89}$$

此时，互模糊函数的表达式为

$$\chi(\tau,f_{\mathrm{d}})=\sum_{q=0}^{Q-1}\int_0^T s_{\mathrm{echo}}(t)s_q^*(t-\tau-qT_Q)\mathrm{e}^{-\mathrm{j}2\pi f_{\mathrm{d}}t}\mathrm{d}t \tag{2-90}$$

其中，$t\in[qT_q+\tau,kT_Q+\tau+T_Q]$，令 $\alpha=t-qT_Q$，则

$$\chi(\tau,f_{\mathrm{d}})=\sum_{q=0}^{Q-1}\mathrm{e}^{-\mathrm{j}2\pi qf_{\mathrm{d}}T_Q}\int_0^{T_Q+\tau_{\max}}s_{\mathrm{echo}}(\alpha+qT_Q)s_q^*(\alpha-\tau)\mathrm{e}^{-\mathrm{j}2\pi f_{\mathrm{d}}\alpha}\mathrm{d}\alpha \tag{2-91}$$

同样，令

$$s_q^{\mathrm{echo}}(t)=s_{\mathrm{echo}}(t+qT_Q)g(t) \tag{2-92}$$

其中，

$$g(t)=\begin{cases}1, & t\in[0,T_Q+\tau_{\max}]\\ 0, & 其他\end{cases} \tag{2-93}$$

此时，互模糊函数的表达式为

$$\chi(\tau,f_{\mathrm{d}})=\sum_{q=0}^{Q-1}\mathrm{e}^{-\mathrm{j}2\pi qf_{\mathrm{d}}T_Q}\int_0^{T_Q+\tau_{\max}}s_q^{\mathrm{echo}}(\alpha)s_q^*(\alpha-\tau)\mathrm{e}^{-\mathrm{j}2\pi f_{\mathrm{d}}\alpha}\mathrm{d}\alpha \tag{2-94}$$

其中，第 q 段信号的互模糊函数可以表示为

$$\chi_q(\tau,f_{\mathrm{d}})=\int_{-\infty}^{\infty}s_q^{\mathrm{echo}}(t)s_q^*(t-\tau)\mathrm{e}^{-\mathrm{j}2\pi f_{\mathrm{d}}t}\mathrm{d}t \tag{2-95}$$

所以，

$$\chi(\tau,f_{\mathrm{d}})=\sum_{q=0}^{Q-1}\mathrm{e}^{-\mathrm{j}2\pi f_{\mathrm{d}}qT_Q}\chi_q(\tau,f_{\mathrm{d}}) \tag{2-96}$$

现在忽略每段信号中多普勒频率的变化，即认为在时间 T_Q 内多普勒频率为常量，并取其中间时间点的多普勒频率作为近似值，即

$$\mathrm{e}^{-\mathrm{j}2\pi f_{\mathrm{d}}t}\approx\mathrm{e}^{-\mathrm{j}2\pi f_{\mathrm{d}}\frac{T_Q}{2}} \tag{2-97}$$

则

$$\begin{aligned}\chi(\tau,f_{\mathrm{d}})&=\sum_{q=0}^{Q-1}\mathrm{e}^{-\mathrm{j}2\pi f_{\mathrm{d}}qT_Q}\chi_q(\tau,f_{\mathrm{d}})\\&=\sum_{q=0}^{Q-1}\mathrm{e}^{-\mathrm{j}2\pi f_{\mathrm{d}}qT_Q}\int_{-\infty}^{\infty}s_q^{\mathrm{echo}}(t)s_q^*(t-\tau)\mathrm{e}^{-\mathrm{j}2\pi f_{\mathrm{d}}t}\mathrm{d}t\\&=\mathrm{e}^{-\mathrm{j}\pi f_{\mathrm{d}}T_Q}\sum_{q=0}^{Q-1}\mathrm{e}^{-\mathrm{j}2\pi f_{\mathrm{d}}qT_Q}\int_{-\infty}^{\infty}s_q^{\mathrm{echo}}(t)s_q^*(t-\tau)\mathrm{d}t\end{aligned} \tag{2-98}$$

其中，第 q 段信号的互相关运算可以表示为

$$s_{\mathrm{cc}}^q(\tau)=\int_{-\infty}^{\infty}s_q^{\mathrm{echo}}(t)s_q^*(t-\tau)\mathrm{d}t \tag{2-99}$$

因此，互模糊函数可以表示为

$$\begin{aligned}\chi(\tau,f_{\rm d})&={\rm e}^{-{\rm j}\pi f_{\rm d}T_Q}\sum_{q=0}^{Q-1}{\rm e}^{-{\rm j}2\pi f_{\rm d}qT_Q}x_{\rm cc}^{q}(\tau)\\&={\rm e}^{-{\rm j}\pi f_{\rm d}T_Q}\sum_{q=0}^{Q-1}{\rm e}^{-{\rm j}2\pi f_{\rm d}qT_Q}\chi_q(\tau,0)\end{aligned}\tag{2-100}$$

用离散形式表示互模糊函数并对齐取模，有

$$\begin{aligned}|\chi(l,k)|&=\left|{\rm e}^{-{\rm j}\pi f_{\rm d}T_Q}\sum_{q=0}^{Q-1}{\rm e}^{-{\rm j}2\pi f_{\rm d}qT_Q}s_{\rm cc}^{q}(l)\right|\\&=\left|{\rm e}^{-{\rm j}\pi f_{\rm d}T_Q}\sum_{q=0}^{Q-1}s_{\rm cc}^{q}(l){\rm e}^{-{\rm j}2\pi\frac{kq}{N}}\right|\\&=\left|{\rm FFT}\{s_{\rm cc}^{q}(l)\}\right|\end{aligned}\tag{2-101}$$

其中，l 表示信号时延单元；k 表示多普勒频率单元；N 表示参考信号总长度。整个相参积累时间内的相位近似示意如图 2-11 所示。

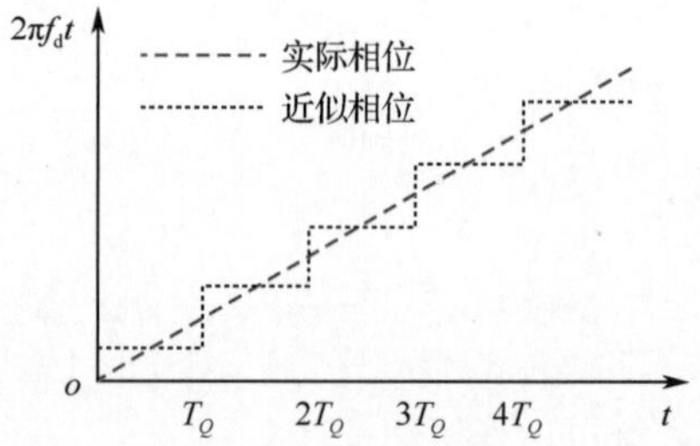

图 2-11　整个相参积累时间内的相位近似

假设积累时间为 T，采样频率为 $f_{\rm s}$，则信号长度 $N=f_{\rm s}T$，采用批处理法得到的距离-多普勒谱的多普勒频率范围为 $(-Qf_{\rm s}/2N,Qf_{\rm s}/2N)$，时延范围为 $(-P/f_{\rm s},P/f_{\rm s})$，这里 $N=PQ$。当确定多普勒频率范围为 $(-f_{\max},f_{\max})$ 时

$$Q=\frac{2f_{\max}N}{f_{\rm s}}\tag{2-102}$$

$$P=\frac{N}{Q}=\frac{f_{\rm s}}{2f_{\max}}\tag{2-103}$$

则距离向的最大值为

$$R_{\max}=\frac{P}{f_{\rm s}}c=\frac{c}{2f_{\max}}\tag{2-104}$$

由于 $N=PQ$，距离-多普勒谱的时延范围和多普勒频率之间为此消彼长的关系，两者无法兼顾。由此可见，采用批处理法得到的距离-多普勒谱的时延范围和多普勒频率范围并不能满足外辐射源雷达系统的实际需求。下面将对批处理法进行改进，以满足实际目标检测需求。

为了适应实际需求，可以采取“目标找范围”的策略，将离散的回波信号向前搬移（或将参考信号向后搬移），减小回波信号和参考信号的时延，具体过程如图 2-12 所示。

假设参考信号 $s_r(n)$ 为[100,1100]，回波信号 $s_{echo}(n)$ 比参考信号 $s_r(n)$ 延时 100 个单元，为[1,1000]，采用分段批处理法计算两路信号的最大时延为 40 个单元，因此单次计算无法得到回波信号的时延信息。若将离散的回波信号向前搬移 40 个单元，搬移后的回波信号 $s_{echo1}(n)$ 与参考信号 $s_r(n)$ 相差 60 个时延单元，仍然超出分段批处理法的最大时延。再将搬移后的回波信号 $s_{echo1}(n)$ 向前搬移 40 个单元，则二次搬移后的回波信号 $s_{echo2}(n)$ 与参考信号 $s_r(n)$ 相差 20 个时延单元。通过分段批处理计算得到回波信号 $s_{echo2}(n)$ 与参考信号 $s_r(n)$ 相差 20 个时延单元，则 $s_{echo}(n)$ 与 $s_r(n)$ 相差 20+40+40=100 个时延单元，相当于拓展了分段批处理法的计算范围。

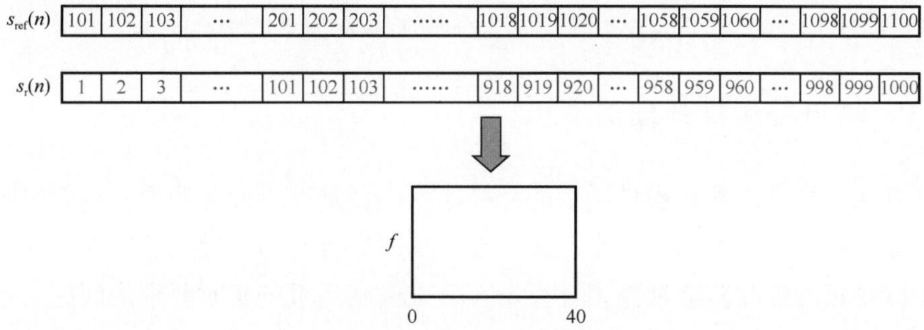

（a）第一次计算

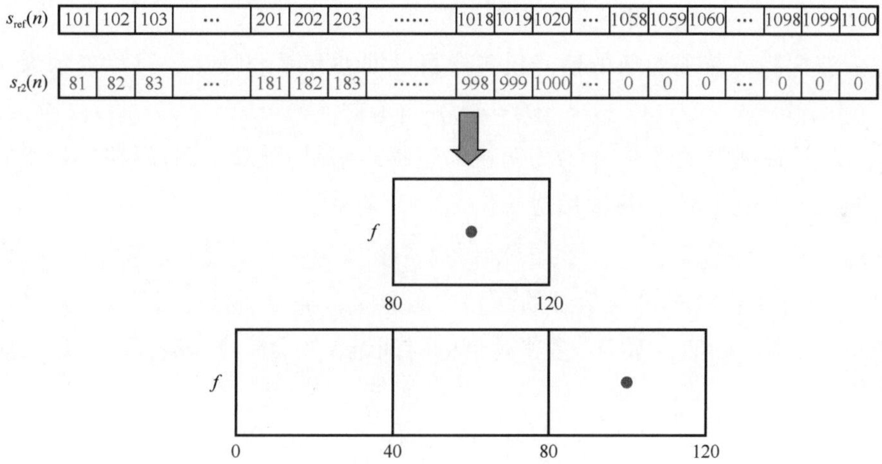

（b）第二次计算（第一次搬移）

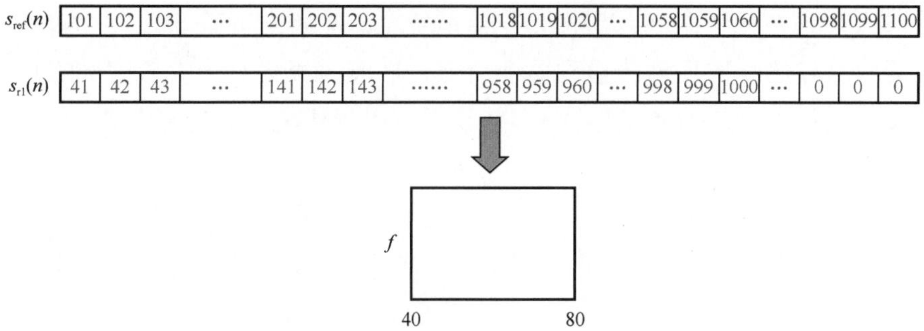

（c）第三次计算（第二次搬移）

图 2-12　搬移目标回波示意

将回波信号向前搬移相当于将参考信号向后搬移。假设搬移后的参考信号为$s'_{\mathrm{r}}(t)$，向后搬移时间为τ_{shift}，有

$$s'_{\mathrm{r}}(t)=s_{\mathrm{r}}(t-\tau_{\mathrm{shift}}) \tag{2-105}$$

则回波信号表示为

$$s_{\mathrm{e}}(t)=C's'_{\mathrm{r}}\left(t-\left(\frac{R}{c}-\tau_{\mathrm{shift}}\right)\right)\mathrm{e}^{\mathrm{j}2\pi f_{\mathrm{d}}(t+\tau_{\mathrm{shift}})} \tag{2-106}$$

此时可以利用批处理法计算回波信号$x_{\mathrm{e}}(t)$与参考信号$x'_{\mathrm{r}}(t)$的互模糊函数。假设$x_{\mathrm{e}}(t)$与$x'_{\mathrm{r}}(t)$之间的时延为τ_{temp}，则回波信号$x_{\mathrm{e}}(t)$与参考信号$x_{\mathrm{r}}(t)$之间的时延为

$$\tau=\frac{R}{c}=\tau_{\mathrm{shift}}+\tau_{\mathrm{temp}} \tag{2-107}$$

2.2.3 时域补偿批处理法

以上方法虽然可以提高模糊函数的计算速度，但是在目标探测中，积累时间长而探测距离和多普勒频率范围相对较小，还有进一步的提升空间。针对外辐射源雷达利用模糊函数探测目标时延和多普勒频率计算量大、难以满足系统实时要求的问题，本节提出了改进的批处理互模糊函数快速计算方法，即时域补偿批处理法（Time-Domain Compensation Batches Algorithm，TDC-BA）。

经过杂波抑制，监视通道的信号仅包含目标回波和系统噪声，可以表示为

$$s_{\mathrm{surv}}(t)=s_{\mathrm{e}}(t)+w_2(t) \tag{2-108}$$

其中，$s_{\mathrm{e}}(t)$为目标回波信号；$w_2(t)$为监视通道噪声信号。假设长时间相参积累的信号长度为N，将信号分为Q段，每段信号长度为P，则有

$$N=PQ \tag{2-109}$$

在式（2-109）中计算分段信号的互相关函数时，需要对信号补零至$2P-1$长度再进行快速傅里叶变换。因此，距离-多普勒谱的时间维上有$2P-1$个时间点，则对应的时延范围为

$$\tau\in\left(-\frac{P}{f_{\mathrm{s}}},\frac{P}{f_{\mathrm{s}}}\right) \tag{2-110}$$

其中，f_{s}为采样频率。在实际应用中，参考信号直接从辐射源传播到参考通道，而回波信号需要经过目标的二次反射传播到监视通道，回波信号相对于参考信号的时延为非负数。因此，采用批处理法所得的距离-多普勒谱可以提供的有效时延范围为

$$\tau\in\left[0,\frac{P}{f_{\mathrm{s}}}\right) \tag{2-111}$$

采用批处理法将信号分为Q段，即在快时间维有Q个数据，相应地，在距离-多普勒谱上有Q个多普勒频点，其范围为

$$f_{\mathrm{d}}\in\left(-\frac{Q}{2T},\frac{Q}{2T}\right) \tag{2-112}$$

其中，T 为长时间相参积累时间。

由式（2-109）、式（2-111）和式（2-112）可知，通过批处理法所得距离-多普勒谱的时延范围和多普勒频率范围与分段方式有关，且时延范围和多普勒频率范围的变化呈负相关，即扩大其中一个维度的范围会缩小另一维度的范围。因此，批处理法的适用范围非常有限。当目标回波信号的时频差参数处于批处理法的计算范围之内时（见图 2-13），可通过批处理法得到目标的时频差参数。下面讨论目标回波信号的时频差参数处于批处理法的计算范围之外（见图 2-14）的情况。

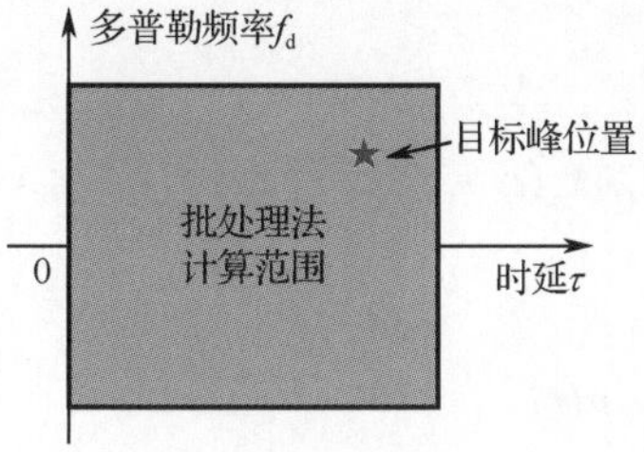

图 2-13　目标回波信号的时频差参数处于批处理法的计算范围之内

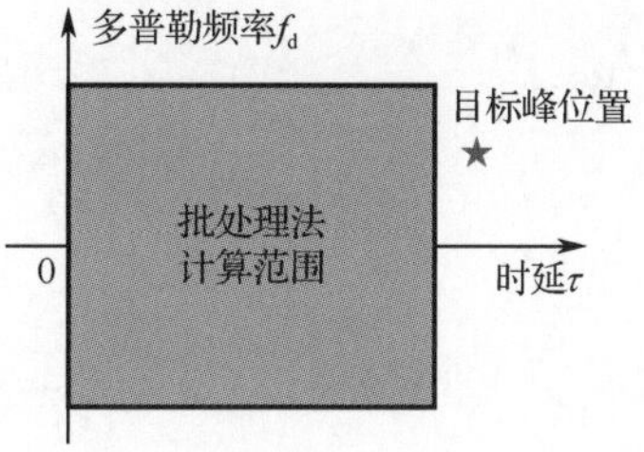

图 2-14　目标回波信号的时频差参数处于批处理法的计算范围之外

假设目标回波信号相对参考信号的时频差参数为$(\tau_0,\ f_{d0})$，首先确定距离-多普勒谱上多普勒频率的最大值 f_{dmax}，且保证 $f_d \in [-f_{dmax}, f_{dmax}]$，接着将信号分为$Q$段，有

$$Q = 2f_{dmax}T \tag{2-113}$$

则

$$P = \frac{N}{Q} = \frac{N}{2f_{dmax}T} = \frac{f_s}{2f_{dmax}} \tag{2-114}$$

此时，采用批处理法可计算的时延最大值为

$$\tau_{Bmax} = \frac{P}{f_s} = \frac{1}{2f_{dmax}} \tag{2-115}$$

可见，当确定多普勒频率范围时，批处理法可计算的最大时延同步确定。

若目标回波信号的时频差参数超出批处理法的计算范围（$\tau_0 \geqslant \tau_{Bmax}$），假设

$$\tau_0 = \tau_B + \tau_c \tag{2-116}$$

其中，$\tau_B \in [0, \tau_{Bmax}]$；$\tau_c$ 为已知的对参考信号补偿的时延。τ_B 可以通过批处理法计算得到，从而得到目标的时延差 τ_0。详细推导过程如下。令

$$x_r(t) = s_r(t - \tau_c) \tag{2-117}$$

其中，$x_r(t)$ 为时域补偿后的参考信号。则 $x_r(t)$ 与 $s_{surv}(t)$ 的互模糊函数为

$$\chi(\tau,\ f_d) = \int_0^T s_{surv}(t) x_r^*(t-\tau) e^{-j2\pi f_d t} dt \tag{2-118}$$

将 $x_r(t)$ 分为Q段，分段后的 $x_r(t)$ 可以被看作由Q个时间为 T_Q 的信号组合而成，令

$$x_q(t) = x_r(t + qT_Q)h(t),\ q = 0,1,\cdots,Q-1 \tag{2-119}$$

其中，$x_q(t)$ 是第 q 段 $x_r(t)$；$h(t)$ 为

$$h(t)=\begin{cases}1, & t\in[0,T_Q]\\ 0, & 其他\end{cases} \tag{2-120}$$

则有

$$x_{\mathrm{r}}(t)=\sum_{q=0}^{Q-1}x_q(t-qT_Q) \tag{2-121}$$

将式（2-121）代入式（2-118），$x_{\mathrm{r}}(t)$ 和 $s_{\mathrm{surv}}(t)$ 的互模糊函数可以写为

$$\chi(\tau,f_{\mathrm{d}})=\sum_{q=0}^{Q-1}\int_0^T s_{\mathrm{surv}}(t)x_q^*(t-\tau-qT_Q)\mathrm{e}^{-\mathrm{j}2\pi f_{\mathrm{d}}t}\mathrm{d}t \tag{2-122}$$

令 $\alpha=t-qT_Q$，有

$$\chi(\tau,f_{\mathrm{d}})=\sum_{q=0}^{Q-1}\mathrm{e}^{-\mathrm{j}2\pi qf_{\mathrm{d}}T_Q}\int_0^{T_Q}s_{\mathrm{surv}}(\alpha+qT_Q)x_q^*(\alpha-\tau)\mathrm{e}^{-\mathrm{j}2\pi f_{\mathrm{d}}\alpha}\mathrm{d}\alpha \tag{2-123}$$

同样，令

$$s_q^{\mathrm{surv}}(t)=s_{\mathrm{surv}}(t+qT_Q)g(t) \tag{2-124}$$

其中，$s_q^{\mathrm{surv}}(t)$ 为第 q 段监视通道信号；$g(t)$ 为

$$g(t)=\begin{cases}1, & t\in[0,T_Q]\\ 0, & 其他\end{cases} \tag{2-125}$$

可以得到

$$\chi(\tau,f_{\mathrm{d}})=\sum_{q=0}^{Q-1}\mathrm{e}^{-\mathrm{j}2\pi qf_{\mathrm{d}}T_Q}\int_0^{T_Q}s_q^{\mathrm{surv}}(\alpha)x_q^*(\alpha-\tau)\mathrm{e}^{-\mathrm{j}2\pi f_{\mathrm{d}}\alpha}\mathrm{d}\alpha \tag{2-126}$$

定义第 q 段信号 $x_q(t)$ 和 $s_q^{\mathrm{surv}}(t)$ 的互模糊函数为

$$\chi_q(\tau,f_{\mathrm{d}})=\int_0^{T_Q}s_q^{\mathrm{surv}}(t)x_q^*(t-\tau)\mathrm{e}^{-\mathrm{j}2\pi f_{\mathrm{d}}t}\mathrm{d}t \tag{2-127}$$

将式（2-127）代入式（2-126）可得

$$\chi(\tau,f_{\mathrm{d}})=\sum_{q=0}^{Q-1}\mathrm{e}^{-\mathrm{j}2\pi f_{\mathrm{d}}qT_Q}\chi_q(\tau,f_{\mathrm{d}}) \tag{2-128}$$

特别地，当每段信号持续时间 T_Q 与多普勒频率最大值 f_{dmax} 的乘积比较小时，分段后每段信号的多普勒频率可以近似不变，即多普勒频率为常量。取每段信号中间时间点的多普勒频率近似表示整段信号的多普勒频率，即

$$\mathrm{e}^{-\mathrm{j}2\pi f_{\mathrm{d}}t}\approx\mathrm{e}^{-\mathrm{j}2\pi f_{\mathrm{d}}\frac{T_Q}{2}},\ \forall t\in[0,T_Q],f_{\mathrm{d}}\in[-f_{\mathrm{dmax}},f_{\mathrm{dmax}}] \tag{2-129}$$

将式（2-129）和式（2-127）代入式（2-128），则有

$$\begin{aligned}\chi(\tau,f_{\mathrm{d}})&=\sum_{q=0}^{Q-1}\mathrm{e}^{-\mathrm{j}2\pi f_{\mathrm{d}}qT_Q}\chi_q(\tau,f_{\mathrm{d}})\\&=\sum_{q=0}^{Q-1}\mathrm{e}^{-\mathrm{j}2\pi f_{\mathrm{d}}qT_Q}\int_{-\infty}^{\infty}s_q^{\mathrm{surv}}(t)x_q^*(t-\tau)\mathrm{e}^{-\mathrm{j}2\pi f_{\mathrm{d}}t}\mathrm{d}t\\&=\mathrm{e}^{-\mathrm{j}\pi f_{\mathrm{d}}T_Q}\sum_{q=0}^{Q-1}\mathrm{e}^{-\mathrm{j}2\pi f_{\mathrm{d}}qT_Q}\int_0^T s_q^{\mathrm{surv}}(t)x_q^*(t-\tau)\mathrm{d}t\end{aligned} \tag{2-130}$$

其中，第 q 段信号 $x_q(t)$ 和 $s_q^{\mathrm{surv}}(t)$ 的互相关可以表示为

$$x_{\mathrm{cc}}^q(\tau)=\int_0^T s_q^{\mathrm{surv}}(t)x_q^*(t-\tau)\mathrm{d}t \tag{2-131}$$

将式（2-131）代入式（2-130），互模糊函数可以表示为

$$\begin{aligned}\chi(\tau,f_{\mathrm{d}})&=\mathrm{e}^{-\mathrm{j}\pi f_{\mathrm{d}}T_Q}\sum_{q=0}^{Q-1}\mathrm{e}^{-\mathrm{j}2\pi f_{\mathrm{d}}qT_Q}x_{\mathrm{cc}}^q(\tau)\\&=\mathrm{e}^{-\mathrm{j}\pi f_{\mathrm{d}}T_Q}\sum_{q=0}^{Q-1}\mathrm{e}^{-\mathrm{j}2\pi f_{\mathrm{d}}qT_Q}\chi_q(\tau,0)\end{aligned} \tag{2-132}$$

此时可以得到 $x_{\mathrm{r}}(t)$ 和 $s_{\mathrm{surv}}(t)$ 的时频差参数 $(\tau_{\mathrm{B}},f_{\mathrm{d0}})$，从而得到 $s_{\mathrm{r}}(t)$ 和 $s_{\mathrm{surv}}(t)$ 的时频差参数 (τ_0,f_{d0})，其中

$$\tau_0=\tau_{\mathrm{c}}+\tau_{\mathrm{B}} \tag{2-133}$$

式（2-132）可以通过 FFT 快速实现，即

$$\chi(\tau,f_{\mathrm{d}})=\mathrm{e}^{-\mathrm{j}\pi f_{\mathrm{d}}T_Q}\mathrm{FFT}\{x_{\mathrm{cc}}^q(\tau)\} \tag{2-134}$$

其中，$x_{\mathrm{cc}}^q(\tau)$ 同样可以利用 FFT 快速实现，即

$$x_{\mathrm{cc}}^q(l)=\mathrm{IFFT}\{\mathrm{FFT}[x_q^*(n),L_{\mathrm{c}}]\mathrm{FFT}[s_q^{\mathrm{surv}}(n),L_{\mathrm{c}}],L_{\mathrm{c}}\} \tag{2-135}$$

其中，$x_{\mathrm{cc}}^q(l)$、$x_q(n)$ 和 $s_q^{\mathrm{surv}}(n)$ 分别为 $x_{\mathrm{cc}}^q(\tau)$、$x_q(\tau)$ 和 $s_q^{\mathrm{surv}}(\tau)$ 的离散形式；L_{c} 为傅里叶变换的长度。由于在计算互相关时利用圆周卷积代替循环卷积，因此 L_{c} 需满足如下关系。

$$L_{\mathrm{c}}\geqslant 2P-1 \tag{2-136}$$

如图 2-15 所示，在计算互相关时，先对信号补零，再做圆周卷积，其结果有一部分为非完全卷积，$x_q(n)$ 和 $s_q^{\mathrm{surv}}(n)$ 补零后的卷积结果为

$$z(l)=\sum_{i=-L_{\mathrm{c}}/2+1}^{L_{\mathrm{c}}/2-1}x_q(i)s_q^{\mathrm{surv}}(l-i) \tag{2-137}$$

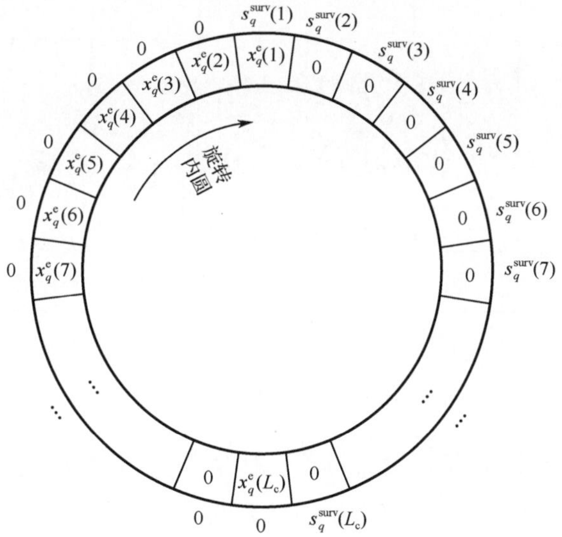

图 2-15　使用 FFT 时卷积的循环特性

将其进行归一化并转化为 dB 形式，其轮廓为

$$z_{\mathrm{dB}}(l) \approx 20 \times \lg\left(\frac{N-|l|}{N}\right),\ l=-P+1,-P+2,\cdots,P-1 \tag{2-138}$$

可见，自相关结果呈现出自中间向两边逐渐衰减的趋势，如图 2-16 所示。

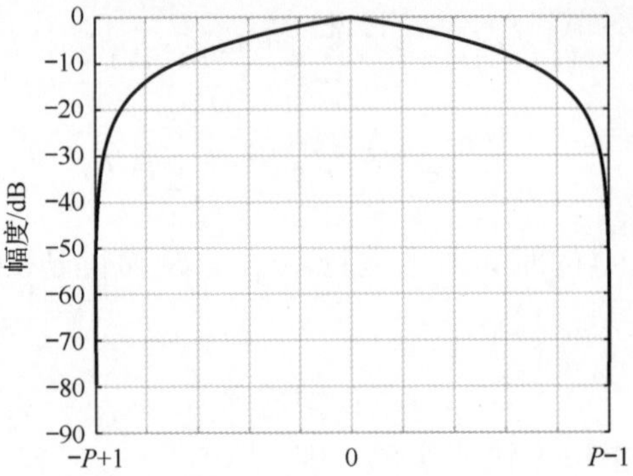

图 2-16　自相关结果

以卫星数字电视广播（Digital Video Broadcasting-Satellite，DVB-S）信号为例，设系统采样频率 f_s=100MHz，积累时间 $T=0.167\text{s}$。采用批处理法计算互模糊函数，取 $f_{\mathrm{dmax}}=3000\text{Hz}$，可得 τ_{Bmax}=163.83μs。图 2-17 为无噪声条件下，目标回波在不同时延下的互模糊函数切片，时延 τ 越靠近 τ_{Bmax}，回波信号的积累增益越低。当时延为 0 时，积累增益为 67.64dB；当时延为 66.67μs 时，积累增益为 64.62dB；当时延为 163.33μs 时，积累增益仅为 21.35dB。

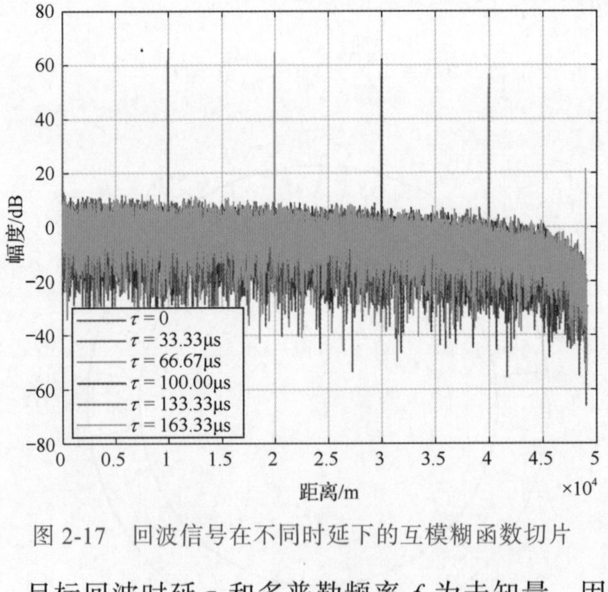

图 2-17　回波信号在不同时延下的互模糊函数切片

在实际应用中，目标回波时延 τ_0 和多普勒频率 f_d 为未知量，因此需要提前划定距离-多普勒谱的范围，使其尽可能包含目标回波的时延和多普勒频率，即

$$\begin{cases}\tau_0 \in [0, \tau_{\max}] \\ f_d \in [-f_{\mathrm{dmax}}, f_{\mathrm{dmax}}]\end{cases} \tag{2-139}$$

其中，$\tau_{\max}$ 为距离-多普勒谱的最大时延。则有

$$\tau_{\max} \geqslant \tau_{c} + \tau_{B} \tag{2-140}$$

令

$$\tau_{c} = m\tau_{c1} \tag{2-141}$$

则计算完整的距离-多普勒谱时，需要在时域对参考信号 $s_{r}(t)$ 补偿 m 次时延，每次补偿时延为 τ_{c1}。

综上所述，在离散形式下，TDC-BA 的互模糊函数快速计算步骤如表 2-2 所示（为了便于分段和计算，将信号末尾补零至 2 的整数次幂的长度）。

表 2-2 TDC-BA 的互模糊函数快速计算步骤

输入：s_{r}、s_{surv}、f_{dmax}、$\tau_{\max}$、f_{s}、T、τ_{c1}。
输出：距离-多普勒谱 $\chi(l,k)$。
1. 计算分段数 $Q=2f_{dmax}T$，每段信号长度 $P=f_{s}/(2f_{dmax})$。
2. 分段的监视通道信号 $s_{q}^{surv}(n)=s_{surv}(n+qP), q=0,1,\cdots,Q-1$。
3. 计算批处理法可计算的时延最大值 $\tau_{Bmax}=1/(2f_{dmax})$。
4. 参考信号时延补偿次数 $m=\text{ceil}(\tau_{\max}/\tau_{c1})$。
5. 循环迭代 $i=0,1,\cdots,m$。
6. 令 $x_{i}(n)=s_{r}(n-i\tau_{c1}f_{s})$，$x_{i}^{q}(n)=x_{i}(n+qP)$。
7. 计算第 q 段信号的相关函数 $x_{cc}^{q}(l)=\text{IFFT}\{\text{FFT}[x_{i}^{q*}(n),L_{c}]\text{FFT}[s_{q}^{surv}(n),L_{c}],L_{c}\}$。
8. 计算第 i 次补偿时的距离-多普勒谱 $\chi_{i}(l,k)=\mathrm{e}^{-\mathrm{j}\pi f_{s}^{2}P/N}\text{FFT}\{x_{cc}^{q}(l)\}$。
9. $\chi(l,k)=[\chi(l,k),\chi_{i}(l,k)]$。
10. 结束循环。

以 DVB-S 信号为例，仿真实验参数如表 2-3 所示，接下来采用批处理法和不同的 τ_{c1} 计算参考信号和回波信号的距离-多普勒谱。

表 2-3 仿真实验参数

参　数	取　值
积累时间 T	0.167s
采样频率 f_{s}	100MHz
多普勒频率最大值 f_{dmax}	3000Hz
双基距离最大值	90km
目标回波时延 τ_{0}	233.3μs
目标回波多普勒频率 f_{d}	2500Hz

图 2-18 是通过批处理法计算的参考信号和回波信号的互模糊函数。其中，图 2-18（a）为目标多普勒频率对应的时延切片，图 2-18（b）为目标时延对应的多普勒切片，图 2-18（c）为三维视图，图 2-18（d）为距离-多普勒谱。可见，当确定多普勒频率范围后，距离-多普勒谱的最大双基距离为 49152m，相应的时延 $\tau_{Bmax}=163.84\mu s$，其值小于目标回波时延 τ_{0}。图 2-18（a）和图 2-18（b）中没有出现积累峰。目标回波的时频差不在批处理法

计算所得距离-多普勒谱的范围内，无法通过批处理法得到目标回波的时延和多普勒频率参数。

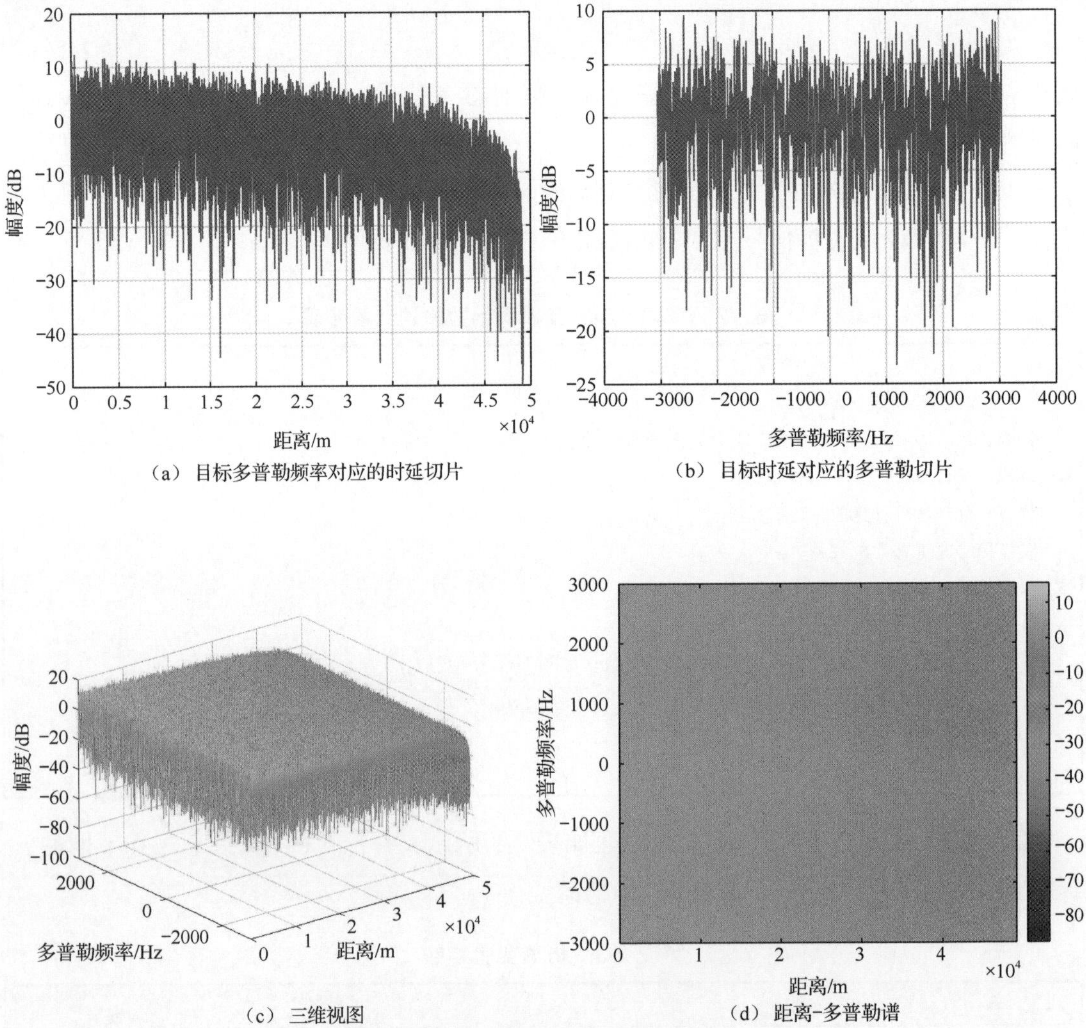

（a）目标多普勒频率对应的时延切片　（b）目标时延对应的多普勒切片

（c）三维视图　（d）距离-多普勒谱

图 2-18　批处理法计算的互模糊函数

接下来利用 TDC-BA 计算参考信号和回波信号的互模糊函数。若将单次补偿时延设为 τ_{Bmax}，互模糊结果如图 2-19（a）为无补偿时多普勒频率的时延切片，图 2-19（b）为第一次补偿后多普勒频率的时延切片。选取图 2-19（a）中时延为 $[0,\tau_{\mathrm{Bmax}}]$ 的部分（双基距离为 [0,49512]m 的部分）和图 2-19（b）中时延为 $(\tau_{\mathrm{Bmax}},2\tau_{\mathrm{Bmax}}]$ 的部分（双基距离为 (49512,99024]m 的部分），将其组合为完整的时延切片，如图 2-19（c）所示，目标回波信号的积累增益为 63.84dB。由于基于 FFT 互相关的边界效应，在图 2-19（c）中时延为 τ_{Bmax} 处出现了很大的衰减。当目标时延从左侧越来越靠近 τ_{Bmax} 时，在越靠近 τ_{Bmax} 的时延处，积累增益越低。当 $\tau_0=\tau_{\mathrm{Bmax}}$ 时，目标回波信号积累增益完全衰减，如图 2-20 所示。

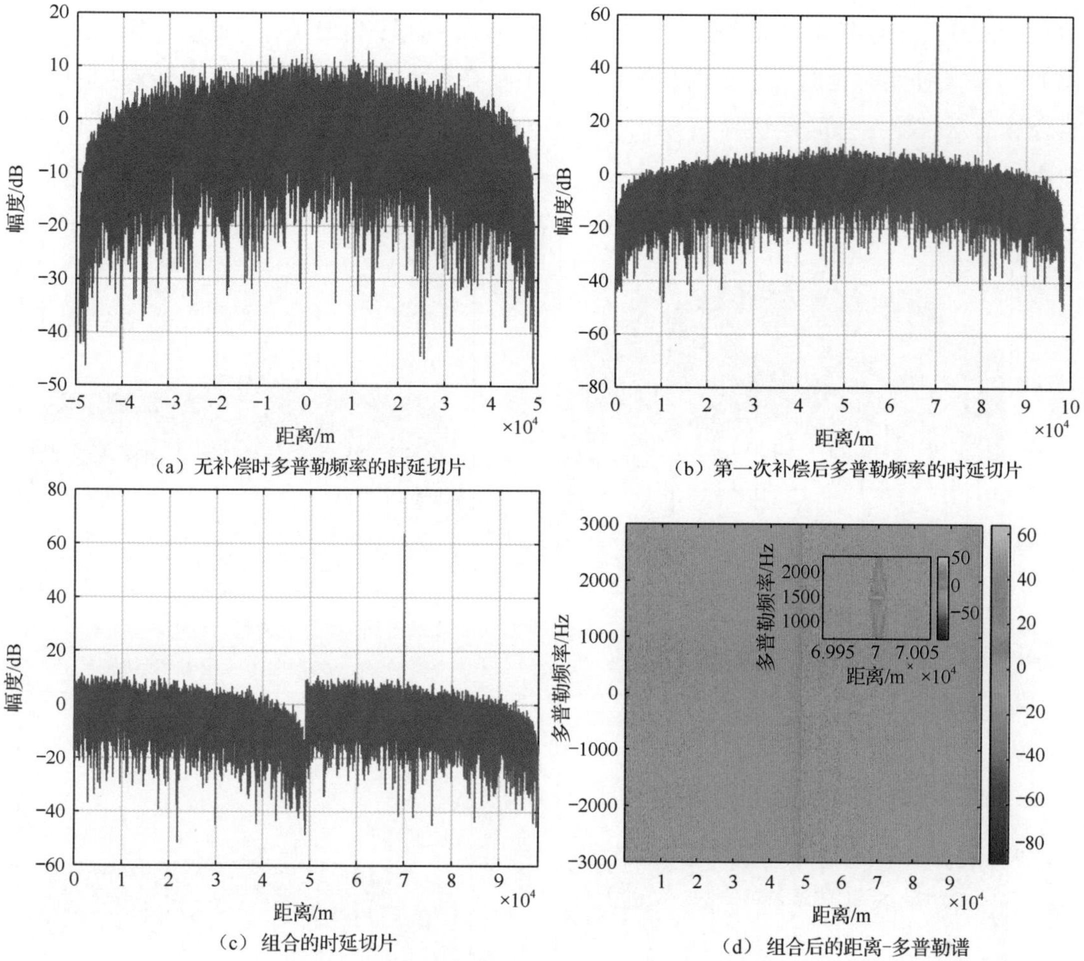

（a）无补偿时多普勒频率的时延切片

（b）第一次补偿后多普勒频率的时延切片

（c）组合的时延切片

（d）组合后的距离-多普勒谱

图 2-19　单次补偿时延设为 τ_{Bmax} 时的互模糊结果

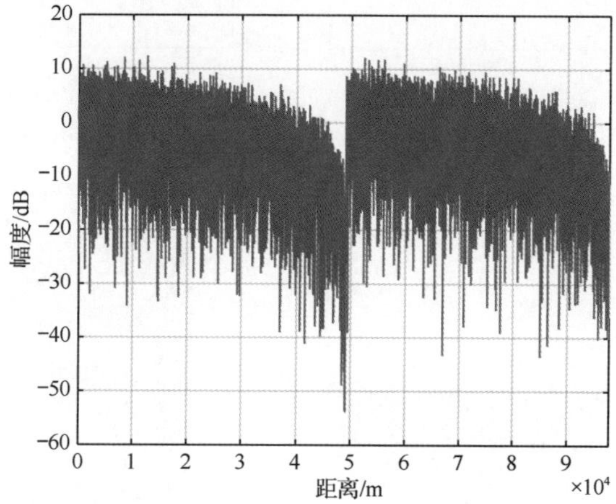

图 2-20　$\tau_0=\tau_{\text{Bmax}}$ 时的互模糊函数切片

若将单次补偿时延设为 $\tau_{\text{Bmax}}/2$，互模糊结果如图 2-21 所示。图 2-21（a）～（d）分别为无补偿、第一次补偿后、第二次补偿后和第三次补偿后的互模糊时延切片。分别选取在图 2-21（a）～（d）中时延为 $[0,\tau_{\text{Bmax}}/2]$、$(\tau_{\text{Bmax}}/2,\tau_{\text{Bmax}}]$、$(\tau_{\text{Bmax}},3\tau_{\text{Bmax}}/2]$ 和

$[3\tau_{Bmax}/2, 2\tau_{Bmax}]$ 的部分，组合得到完整的时延切片，如图 2-21（e）所示。相比图 2-21（c），当单次补偿时延为 $\tau_{Bmax}/2$ 时，在 τ_{Bmax} 处不存在较大的增益衰减，但根据式（2-138），组合后的互模糊结果时延切片在 $m\tau_{Bmax}/2$（$m=1,2,\cdots$）处仍会衰减 6.02dB。图 2-21（f）为组合后的距离-多普勒谱。

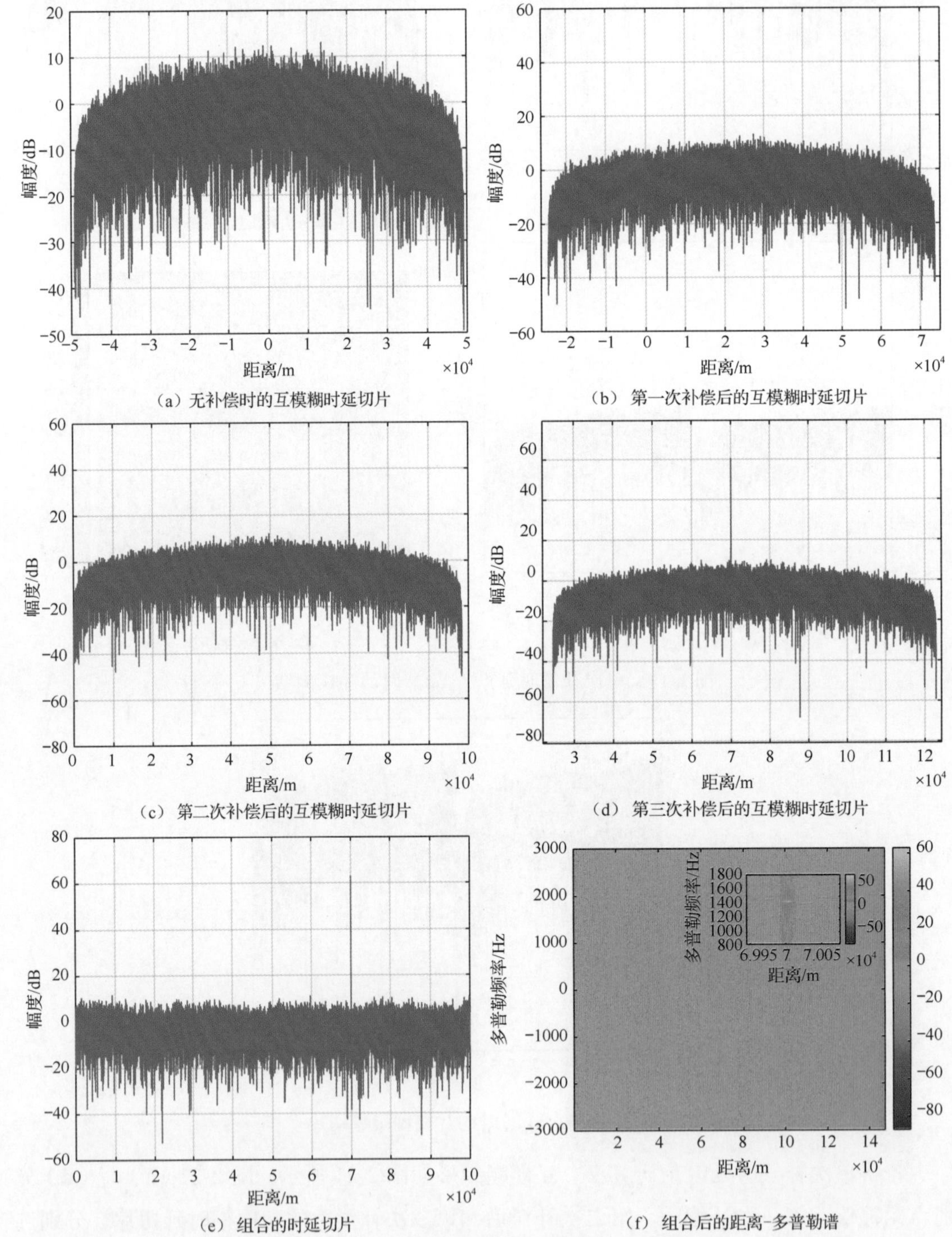

（a）无补偿时的互模糊时延切片

（b）第一次补偿后的互模糊时延切片

（c）第二次补偿后的互模糊时延切片

（d）第三次补偿后的互模糊时延切片

（e）组合的时延切片

（f）组合后的距离-多普勒谱

图 2-21　单次补偿时延设为 $\tau_{Bmax}/2$ 时的互模糊结果

若将单次补偿时延设为 $\tau_{Bmax}/4$，经过 7 次补偿后，互模糊结果如图 2-22 所示。当单次补偿时延为 $\tau_{Bmax}/4$，积累衰减最大为 2.50dB。

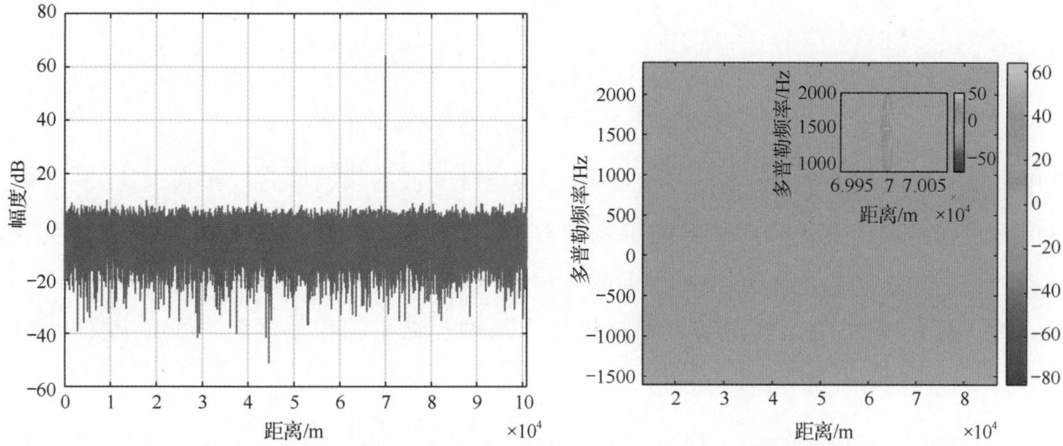

（a）组合的时延切片　　（b）组合后的距离-多普勒谱

图 2-22　单次补偿时延设为 $\tau_{Bmax}/4$ 的互模糊结果

互模糊函数是线性函数，因此参考信号和监视信号的互模糊结果可以表示为

$$\chi(\tau,f_d)=\chi_s(\tau,f_d)+\chi_w(\tau,f_d) \tag{2-142}$$

其中，$\chi_s(\tau,f_d)$ 表示目标回波信号的互模糊结果；$\chi_w(\tau,f_d)$ 表示噪声信号的互模糊结果。在根据定义法所得的互模糊结果中，目标回波信号与噪声信号的相参积累结果的信噪比可以定义为

$$\mathrm{SNR}_{def}(\tau,f_d)=\frac{\left|\chi_s(\tau,f_d)\right|^2}{E\left\{\left|\chi_w(\tau,f_d)\right|^2\right\}} \tag{2-143}$$

其中，$E\{\}$ 表示数学期望操作。

在采用 TDC-BA 所得的互模糊结果中，目标回波信号与噪声信号的积累增益之比可以定义为

$$\mathrm{SNR}_{TDC}(\tau,f_d)=\frac{\left|\chi_{TDC}^{s}(\tau,f_d)\right|^2}{\mathrm{E}\left\{\left|\chi_{TDC}^{w}(\tau,f_d)\right|^2\right\}} \tag{2-144}$$

将监视通道信号 $s_{surv'}(t)$ 中的目标回波信号分量 $s_e(t)$ 代入式（2-128）和式（2-130），可以得到定义法和 TDC-BA 法的目标回波互模糊结果 $\chi_s(\tau,f_d)$ 与 $\chi_{TDC}^{s}(\tau,f_d)$，可以分别写为

$$\chi_s(\tau,f_d)=\mathrm{e}^{-\mathrm{j}2\pi(f_d-f_{d0})\tau_0}\sum_{q=0}^{Q-1}\mathrm{e}^{-\mathrm{j}2\pi(f_d-f_{d0})qT_Q}\chi_q(\tau-\tau_0,f_d-f_{d0}) \tag{2-145}$$

和

$$\chi_{TDC}^{s}(\tau,f_d)=\mathrm{e}^{-\mathrm{j}2\pi f_d\tau_0}\sum_{q=0}^{Q-1}\mathrm{e}^{-\mathrm{j}2\pi(f_d-f_{d0})qT_Q}\chi_q(\tau-\tau_0,-f_{d0}) \tag{2-146}$$

其中，$\chi_q(\tau,f_d)$ 为第 q 段参考信号的自模糊函数，表示为

$$\chi_q(\tau,f_d)=\int_0^{T_Q}x_q(t)x_q^*(t-\tau)\mathrm{e}^{-\mathrm{j}2\pi f_d t}\mathrm{d}t \tag{2-147}$$

通过定义法和 TDC-BA 得到的噪声输入分别为

$$\chi\left\{\left|\chi_{\mathrm{w}}(\tau,f_{\mathrm{d}})\right|^{2}\right\}=\sum_{q=0}^{Q-1}\int w(f)\left|X_{q}(f-f_{\mathrm{d}})\right|^{2}\mathrm{d}f \tag{2-148}$$

和

$$\chi\left\{\left|\chi_{\mathrm{TDC}}^{\mathrm{w}}(\tau,f_{\mathrm{d}})\right|^{2}\right\}=\sum_{q=0}^{Q-1}\int w(f)\left|X_{q}(f)\right|^{2}\mathrm{d}f \tag{2-149}$$

其中，$X_q(f)$ 表示第 q 段参考信号 $x_q(t)$ 经过傅里叶变换的频域形式。在式（2-149）中，目标多普勒频率 f_{d} 相比参考信号的带宽非常小，可以忽略。因此，可以认为通过定义法得到的噪声输出和通过 TDC-BA 得到的噪声输出相同。

为了评估 TDC-BA 输出结果相对最优方法输出结果的积累损耗，可以定义积累损耗为

$$\mathrm{LF}(\tau,f_{\mathrm{d}})=10\lg\left(\left|\frac{\mathrm{SNR}_{\mathrm{TDC}}(\tau,f_{\mathrm{d}})}{\mathrm{SNR}_{\mathrm{def}}(\tau,f_{\mathrm{d}})}\right|\right) \tag{2-150}$$

联合式（2-143）～式（2-146）可得

$$\begin{aligned}\mathrm{LF}(\tau,f_{\mathrm{d}})&=10\lg\left(\left|\frac{\mathrm{SNR}_{\mathrm{TDC}}(\tau,f_{\mathrm{d}})}{\mathrm{SNR}_{\mathrm{def}}(\tau,f_{\mathrm{d}})}\right|\right)\\&=10\lg\left(\left|\frac{\sum_{q=0}^{Q-1}\mathrm{e}^{-\mathrm{j}2\pi(f_{\mathrm{d}}-f_{\mathrm{d}0})qT_{Q}}\chi_{q}(\tau-\tau_{0},-f_{\mathrm{d}0})}{\sum_{q=0}^{Q-1}\mathrm{e}^{-\mathrm{j}2\pi(f_{\mathrm{d}}-f_{\mathrm{d}0})qT_{Q}}\chi_{q}(\tau-\tau_{0},f_{\mathrm{d}}-f_{\mathrm{d}0})}\right|\right)\end{aligned} \tag{2-151}$$

在目标回波积累峰处的积累损耗为

$$\begin{aligned}\mathrm{LF}(\tau,f_{\mathrm{d}})&=10\lg\left(\left|\frac{\mathrm{SNR}_{\mathrm{TDC}}(\tau_{0},f_{\mathrm{d}0})}{\mathrm{SNR}_{\mathrm{def}}(\tau_{0},f_{\mathrm{d}0})}\right|\right)\\&=10\lg\left(\left|\frac{\sum_{q=0}^{Q-1}\chi_{q}(0,f_{\mathrm{d}0})}{\sum_{q=0}^{Q-1}\chi_{q}(0,0)}\right|\right)\end{aligned} \tag{2-152}$$

可见，目标回波信号的积累损耗仅与回波信号的多普勒频率和模糊函数 $\chi_k(0,f_{\mathrm{d}})$ 的形状有关。当 $\tau=0$ 时，持续时间为 T_Q 的 DVB-S 信号的自模糊函数可以表示为

$$\chi(0,f_{\mathrm{d}})=T_{Q}\mathrm{sinc}(f_{\mathrm{d}}T_{Q}) \tag{2-153}$$

图 2-23 是 τ=0（零时延）时不同长度的 DVB-S 信号的自模糊函数 $\chi(0,f_{\mathrm{d}})$。可见，分段信号长度越短，DVB-S 信号的零时延自模糊函数随着多普勒频率的变化越小，即 TDC-BA 所得互模糊函数结果的损耗越低。当每段信号的长度和多普勒频率增大时，目标回波的积累增益将减小。图 2-24 为不同信号长度下不同多普勒频率的积累损耗，当分段信号长度 $T_Q=163\mu\mathrm{s}$ 时，多普勒频率 $f_{\mathrm{d}0}$=3000Hz 的目标回波积累损耗为−1.87dB。

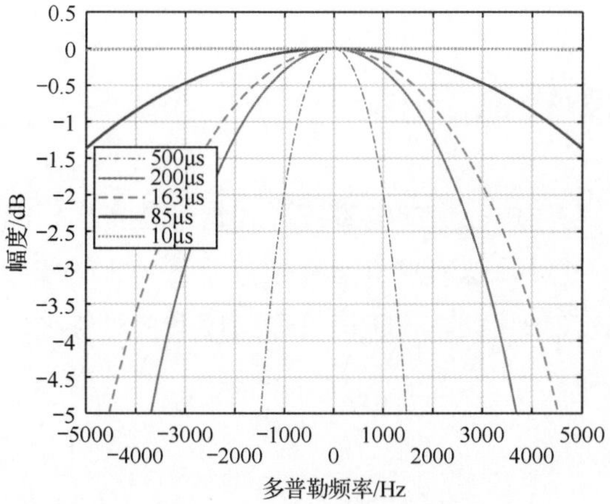

图 2-23　τ=0 时不同长度的 DVB-S 信号的自模糊函数

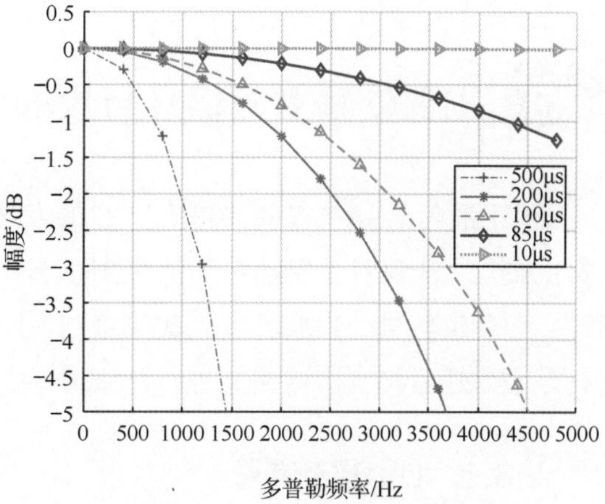

图 2-24　不同信号长度下不同多普勒频率的积累损耗

式（2-152）在分析 TDC-BA 所得互模糊结果相对最优方法的积累损耗时没有考虑利用 FFT 计算互相关所带来的边界效应。因此，经过修正的积累损耗为

$$\begin{aligned}\mathrm{LF}(\tau,f_{\mathrm{d}})&=10\lg\left(\left|\frac{\mathrm{SNR}_{\mathrm{TDC}}(\tau_0,f_{\mathrm{d0}})}{\mathrm{SNR}_{\mathrm{def}}(\tau_0,f_{\mathrm{d0}})}\right|\right)+20\lg\left(1-\frac{\tau-\left\lfloor\dfrac{\tau}{\tau_{\mathrm{c1}}}\right\rfloor\tau_{\mathrm{c1}}}{\tau_{\mathrm{Bmax}}}\right)\\&=10\lg\left(\left|\frac{\sum\limits_{q=0}^{Q-1}\chi_q(0,f_{\mathrm{d0}})}{\sum\limits_{q=0}^{Q-1}\chi_q(0,0)}\right|\right)+20\lg\left(1-\frac{\tau-\left\lfloor\dfrac{\tau}{\tau_{\mathrm{c1}}}\right\rfloor\tau_{\mathrm{c1}}}{\tau_{\mathrm{Bmax}}}\right)\end{aligned}\tag{2-154}$$

其中，τ_{c1} 为单次补偿的时延；τ_{Bmax} 为批处理法可计算的最大时延。对于同一多普勒频率，$\chi(\tau,f_{\mathrm{d}})$ 相比 $\chi(0,f_{\mathrm{d}})$ 的最大衰减量与 $\tau_{\mathrm{Bmax}}/\tau_{\mathrm{c1}}$ 有关，其关系如图 2-25 所示。当 $\tau_{\mathrm{Bmax}}/\tau_{\mathrm{c1}}$=2 时，距离维最大衰减量为 6.02dB；当 $\tau_{\mathrm{Bmax}}/\tau_{\mathrm{c1}}$=4 时，距离维最大衰减量为 2.49dB。

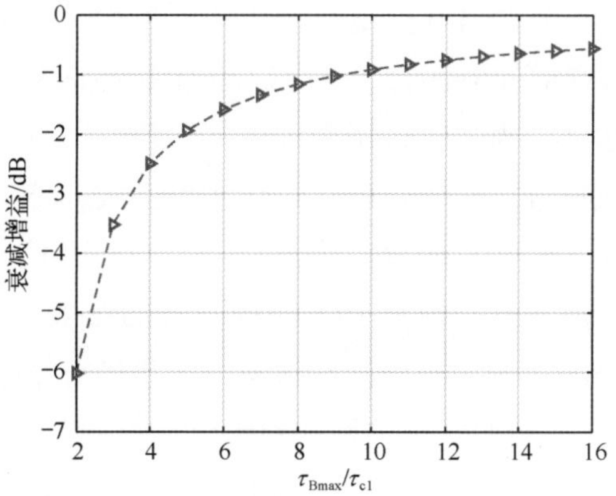

图 2-25　最大衰减量与 $\tau_{\mathrm{Bmax}}/\tau_{\mathrm{c1}}$ 的关系

2.3 主要外辐射源信号与模糊函数特征

由于通信、导航等新兴信息产业的发展，空间中存在的电磁波形式越来越多样，能够用来作为外辐射源雷达第三方发射信号的信号资源越来越丰富且分布广泛，如 DVB-S 信号、GPS 信号、FM 信号、DVB-T 信号、DTMB 信号、5G 信号等。接下来对各种信号及其模糊函数、检测性能进行详细介绍。

2.3.1 DVB-S 信号

DVB-S 是由欧洲电信标准化学会于 1995 年制定的，被广泛用作 11/12GHz 频段的数字直播卫星系统标准。由于 DVB-S 标准应用于地球同步轨道的电视卫星，因此采用该标准的卫星信号不仅覆盖范围广，辐射功率大，而且能有效克服非同步卫星所面临的对固定区域照射时间短等问题。除此之外，由于 DVB-S 信号属于天基外辐射源，因此能有效降低地面多径效应。采用 DVB-S 标准的数字直播卫星系统发射端由 MPEG-2 源编码和复用部分及卫星信道适配器部分组成，使电视节目基带数据向射频传输信号转换。DVB-S 信号的系统功能框架如图 2-26 所示。

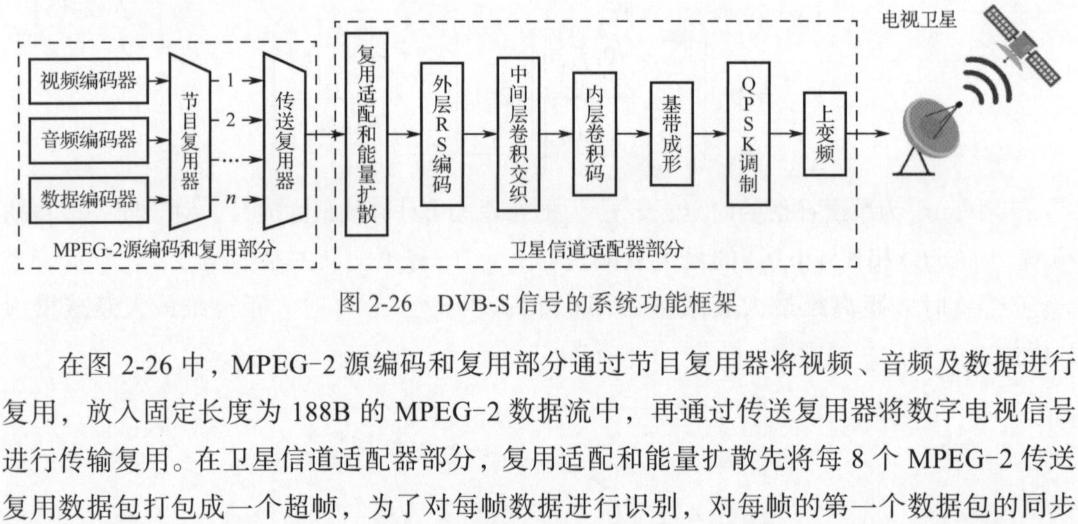

图 2-26 DVB-S 信号的系统功能框架

在图 2-26 中，MPEG-2 源编码和复用部分通过节目复用器将视频、音频及数据进行复用，放入固定长度为 188B 的 MPEG-2 数据流中，再通过传送复用器将数字电视信号进行传输复用。在卫星信道适配器部分，复用适配和能量扩散先将每 8 个 MPEG-2 传送复用数据包打包成一个超帧，为了对每帧数据进行识别，对每帧的第一个数据包的同步字节按位取反，最后对数据进行随机化处理。为了提高数据传输的可靠性，数据完成随机化处理后还需要进行前向纠错。前向纠错有 3 层，包括外层 RS 编码、中间层卷积交织和内层卷积码。在进行四相移相键控（Quadrature Phase Shift Keying，QPSK）调制之前，为了避免相邻码元之间产生串扰，需要对基带信号进行基带成形，以增强调制后的信号抗干扰能力，适合在卫星信道中传输。最后对基带成形后的信号进行 QPSK 调制，调制之后的数据经上变频到射频后发送给电视卫星，用户通过下行链路即可接收卫星电视信号。

DVB-S 标准采用格雷码编码的 QPSK 调制技术，DVB-S 信号的内编码和调制的系统框架如图 2-27 所示。

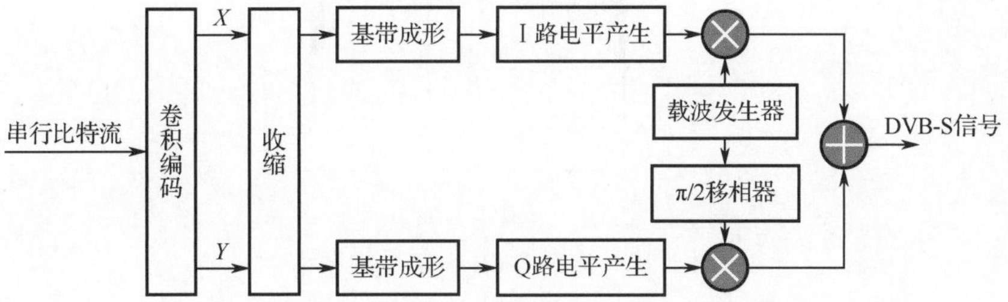

图 2-27　DVB-S 信号的内编码和调制的系统框架

采用 QPSK 方式调制的 DVB-S 信号的一般表达式为

$$s(t)=\sum_{n=1}^{N} g(t-nT)\cos(2\pi f_{c}t+\varphi_{n}) \tag{2-155}$$

其中，T 是 QPSK 每个符号的持续时间；$g(t)$ 是平方根升余弦滚降滤波器的单位冲激响应；f_c 是载频；φ_n 是第 n 个码元的相位信息，$\varphi_n \in \{\pi/4, 3\pi/4, 5\pi/4, 7\pi/4\}$ 均匀分布且相互独立；N 为 QPSK 符号数。DVB-S 信号的复数形式为

$$s(t)=u(t)\mathrm{e}^{\mathrm{j}2\pi f_{c}t} \tag{2-156}$$

其中，$u(t)$ 是 DVB-S 信号的复包络，表达式为

$$u(t)=\begin{cases}\sum_{n=1}^{N}\mathrm{e}^{\mathrm{j}\varphi_{n} g(t-nT)}, & 0<t<NT\\ 0, & \text{其他}\end{cases} \tag{2-157}$$

若设平方根升余弦滚降滤波器的滚降系数为 $G(f)$，则其频域表达式为

$$G(f)=\begin{cases}1, & |f|<f_{\mathrm{N}}(1-\alpha)\\ 0, & |f|>f_{\mathrm{N}}(1+\alpha)\\ \left[\frac{1}{2}+\frac{1}{2}\sin\frac{\pi}{2f_{\mathrm{N}}}\left(\frac{f_{\mathrm{N}}-|f|}{\alpha}\right)\right], & f_{\mathrm{N}}(1-\alpha)\leqslant|f|\leqslant f_{\mathrm{N}}(1+\alpha)\end{cases} \tag{2-158}$$

其中，$f_{\mathrm{N}}=1/(2T)=R_{\mathrm{s}}/2$ 为奈奎斯特带宽，R_{s} 为码元速率。则 DVB-S 信号复包络的频谱为

$$\begin{aligned}U(f)&=\int_{0}^{N_{\mathrm{s}},T_{\mathrm{s}}}\sum_{n=1}^{N}\mathrm{e}^{\mathrm{j}\varphi_{n}}g(t-nT)\mathrm{e}^{-\mathrm{j}2\pi ft}\mathrm{d}t\\&=[(\mathrm{e}^{-\mathrm{j}\pi fN_{\mathrm{s}},T_{\mathrm{s}}}N_{\mathrm{s}}T_{\mathrm{s}})\mathrm{sinc}(\pi fN_{\mathrm{s}}T_{\mathrm{s}})]*\left(G(f)\sum_{n=1}^{N}\mathrm{e}^{\mathrm{j}\varphi_{n}}\mathrm{e}^{-\mathrm{j}2\pi fnT}\right)\end{aligned} \tag{2-159}$$

其中，*是卷积运算。仿真 DVB-S 信号的频谱如图 2-28 所示。设定的码元速率 $R_{\mathrm{s}}=30\mathrm{MHz}$，滚降系数 $\alpha=0.3$，载波频率 $f_{\mathrm{c}}=40\mathrm{MHz}$。此时的理论带宽应为 $B=(1+\alpha)R_{\mathrm{s}}=39\mathrm{MHz}$。从图 2-28 可以看出，理论计算出来的带宽与仿真 DVB-S 信号的 3dB 带宽基本一致。

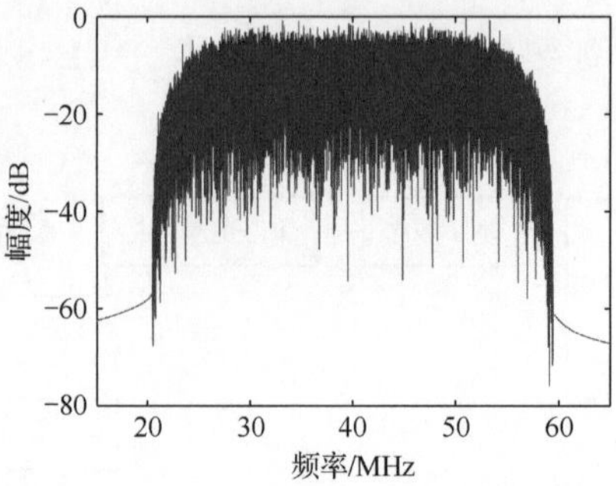

图 2-28　仿真 DVB-S 信号的频谱

则 DVB-S 信号的自模糊函数为

$$
\begin{aligned}
A(\tau, f_{\mathrm{d}}) &= \int_0^{N_{\mathrm{s}}T_{\mathrm{s}}} u(t)u^*(t+\tau)\mathrm{e}^{\mathrm{j}2\pi f_{\mathrm{d}}t}\mathrm{d}t \\
&= \sum_{m=1}^{N}\sum_{n=1}^{N}\mathrm{e}^{\mathrm{j}(\varphi_m-\varphi_n)}\int_0^{N_{\mathrm{s}}T_{\mathrm{s}}} g(t-mT)g^*(t+\tau-nT)\mathrm{rect}\left(\frac{t}{N_{\mathrm{s}}T_{\mathrm{s}}}-\frac{1}{2}\right)\mathrm{e}^{\mathrm{j}2\pi f_{\mathrm{d}}t}\mathrm{d}t
\end{aligned}
\tag{2-160}
$$

进一步推导可得

$$
\begin{aligned}
A(\tau, f_{\mathrm{d}}) = &\sum_{m=1}^{N}\sum_{n=1}^{N}\mathrm{e}^{\mathrm{j}(\varphi_m-\varphi_n)}[\mathrm{e}^{\mathrm{j}2\pi f_{\mathrm{d}}mT}G(-f_{\mathrm{d}})]*[\mathrm{e}^{\mathrm{j}2\pi f_{\mathrm{d}}(nT-\tau)}G^*(f_{\mathrm{d}})]* \\
&[\mathrm{e}^{\mathrm{j}\pi f_{\mathrm{d}}N_{\mathrm{s}}T_{\mathrm{s}}}N_{\mathrm{s}}T\mathrm{sinc}(\pi f_{\mathrm{d}}N_{\mathrm{s}}T)]
\end{aligned}
\tag{2-161}
$$

由此可见，DVB-S 信号的自模糊函数是两个平方根升余弦滚降滤波器的频率响应函数卷积，其结果必定是类图钉形状，其图钉尖峰在距离维和多普勒维的陡峭程度，即时延分辨率和多普勒分辨率的大小，分别与信号的等效带宽和信号的积累时间成正比。仿真 DVB-S 信号的自模糊函数及其距离维和多普勒维切面如图 2-29 所示。

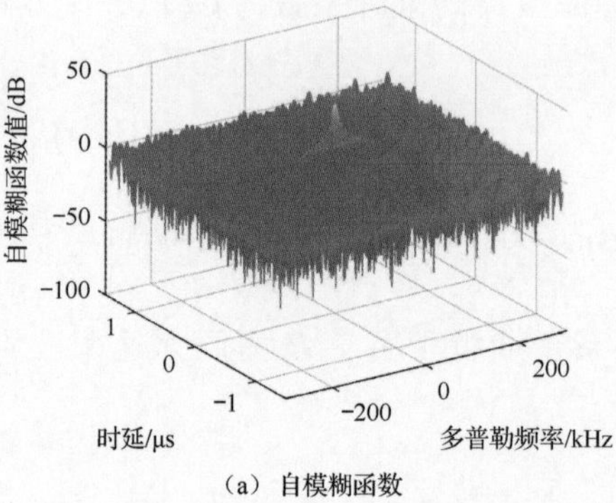

（a）自模糊函数

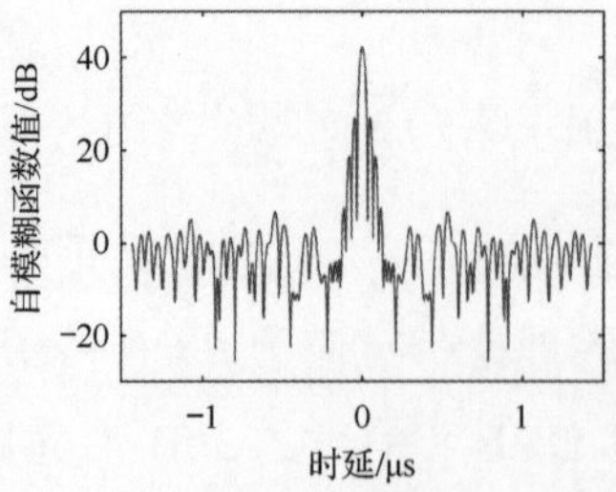

（b）距离维切面

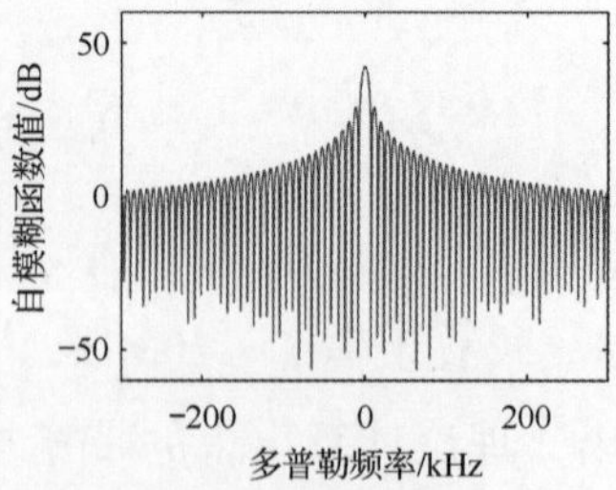

（c）多普勒维切面

图 2-29　仿真 DVB-S 信号的自模糊函数及其距离维切面和多普勒维切面

由图 2-29 可知，DVB-S 信号的自模糊函数的距离维呈现为三角形式，多普勒维呈现为 sinc 函数形式。

2.3.2　GPS 信号

GPS 是基于无线电的，具有全球、全天候、连续实时的三维定位、测速和定时能力的导航定位系统。它不仅可以为各种运动载体提供实时导航定位，为各种非直接火力武器系统提供制导，还可以应用于高精度定位和高精度时间传递等方面。

GPS 卫星向用户发送的信号包含 3 种信号分量：载波、扩频码和数据码。GPS 卫星频率源产生的基准信号频率为 $f_0 = 1.023\text{MHz}$，利用频率综合器产生所需要的其他信号频率。GPS 卫星的扩频码和数据码都属于低频信号，其中 C/A 码和 P 码（两者均为扩频码）的码率分别为 1.023Mbps 和 10.23Mbps，而 D 码（数据码）的码率仅为 50bps。GPS 卫星离地面约 2×10^4km，其电能非常紧张，因此很难将上述数据码码率很低的信号传输到地面。解决这一难题的方法是另外发射一种高频信号，并将低频的测距码信号和导航电文信号加载到这一高频信号上，构成一束高频的调制波发射到地面。GPS 卫星采用 L 频带的两种不同频率的电磁波作为高频信号，分别称为 L1 载波和 L2 载波。其中，L1 载波的频率为 1575.42MHz，其上调制有 P 码、C/A 码和 D 码；L2 载波的频率为 1227.6MHz，其上调制有 P 码或 C/A 码。在常规工作中，L2 载波上只调制有 P 码，是否调制有 D 码主要取决于地面的控制指令。

信号调制采用移相键控调制方式，L1 载波采用 QPSK 调制，L2 载波采用二相移相键控（Binary Phase Shift Keying，BPSK）调制。首先将 P 码与 D 码模 2 和构成复合码 $\text{P}\oplus\text{D}$，C/A 码与 D 码模 2 和构成复合码 $\text{C/A}\oplus\text{D}$。用 $\text{P}\oplus\text{D}$ 复合码调制 L1 载波的同相分量，用 $\text{C/A}\oplus\text{D}$ 复合码调制 L1 载波的正交分量。由于 QPSK 相当于两个正交的 BPSK 的合成，因此，在 L1 载波的同相支路和正交支路上，均以 BPSK 方式调制复合码。

GPS 卫星发射的 L1 信号结构为

$$S_{L_2}^i(t) = A_P P_i(t) D_i(t)\cos(\omega_1 t + \varphi_{1i}) + A_C C_i(t) D_i(t)\sin(\omega_1 t + \varphi_{1i}) \tag{2-162}$$

GPS 卫星发射的 L2 信号结构为

$$S_{L2}^i(t) = B_P P_i(t) D_i(t)\cos(\omega_2 t + \varphi_{2i}) \tag{2-163}$$

在式（2-162）和式（2-163）中，A_P 表示 P 码的振幅；B_P、A_C 表示 C/A 码的振幅；$P_i(t)$、$C_i(t)$、$D_i(t)$ 分别表示第 i 颗星的 P 码、C/A 码和 D 码；ω_1 和 ω_2 分别表示 L1 载波的角频率和 L2 载波的角频率；φ_{1i}、φ_{2i} 分别表示第 i 颗 GPS 卫星 L1 载波的初相和 L2 载波的初相。

GPS 的测距码采用的是 C/A 码和 P 码，C/A 码和 P 码都是取为±1 的伪码序列。从信号传输的角度来看，C/A 码和 P 码又可称为扩频码。C/A 码周期为 1ms，易于捕获，测距分辨率约为 0.978ns，测距误差可达 29.3～2.9m，故称为粗捕获码。P 码周期约为 226 天 9 小时，不易捕获，测距误差为 2.93～0.29m，仅为 C/A 码的 1/10，故称为精捕获码。

C/A 码和 P 码均是伪噪声 P 码（Pseudo-Noise Code）。伪随机码的全称是伪随机噪声码（Pseudo Random Noise Code），简称伪码，是一种可以预先确定且可重复产生和复制的，具有类似白噪声随机统计特性的二进制码序列。伪码的产生方式有很多，GPS 信号中采用的是由 m 序列（最长线性反馈移位寄存器序列）产生的复合码。m 序列是由多级反馈移位寄存器产生的，不同级数的反馈移位寄存器和不同的反馈抽头将产生不同的 m 序列。

P 码是精捕获码，非经特许用户无法捕获到 P 码进行精确定位。因此，仿真生成 GPS 信号时，无须考虑 P 码的影响，只需生成 C/A 码与 D 码的复合码 C/A$\oplus$D 调制到 L1 载波的正交分量上的信号即可。

导航电文 D 码是用户用以导航和定位的基础信息，必须以二进制的形式发送给用户。它的主要内容有卫星星历、卫星钟改正参数、电离层延迟改正参数、卫星的工作状态信息和 C/A 码转换到捕获 P 码的信息、全部卫星的概略星历等。D 码是一个不归零的数据流，传输速率为 50bit/s。对初始阶段的仿真 GPS 信号而言，只需将数据码看作 50Hz 的二进制随机码处理即可，无须考虑数据码本身携带的物理意义。仿真 GPS 信号的频谱如图 2-30 所示。

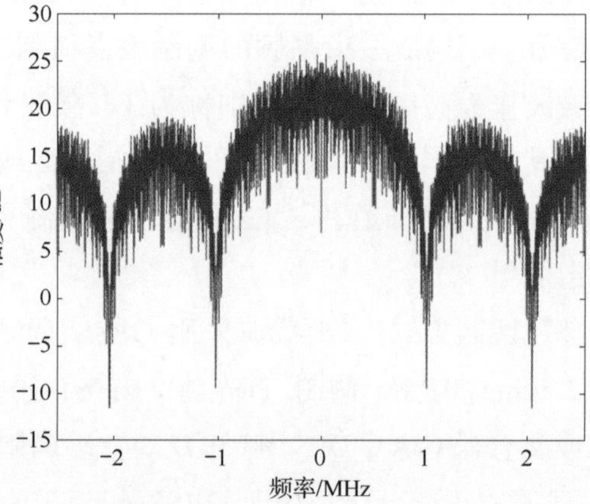

图 2-30　仿真 GPS 信号的频谱

仿真 GPS 信号的距离维切面和多普勒维切面如图 2-31 所示。

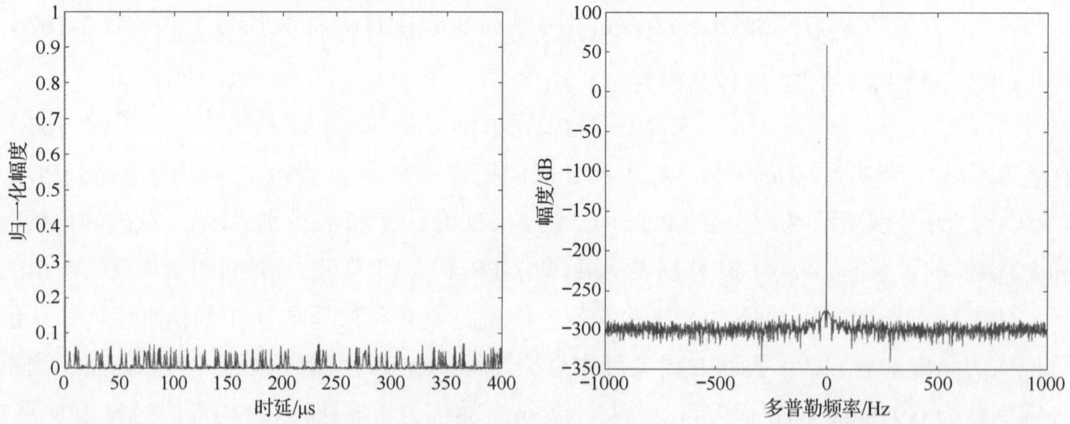

（a）距离维切面　　（b）多普勒维切面

图 2-31　仿真 GPS 信号的距离维切面和多普勒维切面

由图 2-31 可以看出，GPS 信号的距离分辨率较低，多普勒维有明显的峰值。

2.3.3　FM 信号

FM 广播是以调频方式进行音频信号传输的，是高频振荡频率随音频信号幅度而变化的广播技术。我国的无线电广播开始于 1923 年，由上海一家商业电台进行首播。FM 信号存在已久且分布广泛，无论是发达国家、发展中国家还是贫困地区，都有 FM 信号。

FM 信号主要由甚高频频段（30～300MHz）的无线电波组成，所处频段明显低于 Wi-Fi 和 GSM 所处频段，这也为 FM 信号提供了其独有的优势：FM 信号在城市内部更容易穿过建筑物的墙壁到达接收端，使在复杂城市环境下的定位成为可能；FM 信号受大气条件影响较小。国际电信联盟标准指出，对于频率低于 1GHz 的信号，由雨水散射带来的干扰可忽略不计；对于频率低于 10GHz 的信号，由云雾带来的干扰也可忽略。

图 2-32 为 FM 信号的频谱，因为单个频点信号带宽为 150kHz，相对于 300MHz 来说非常小，所以在图中显示为峰值形式，每个频率的峰值不同。

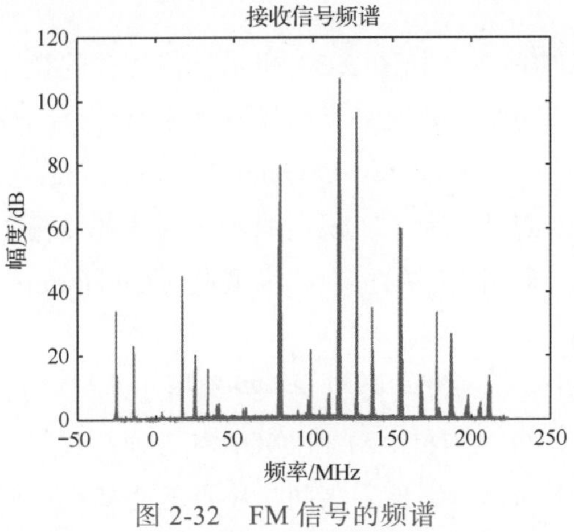

图 2-32　FM 信号的频谱

实测 FM 信号的自模糊函数及其距离维切面和多普勒维切面如图 2-33 所示。

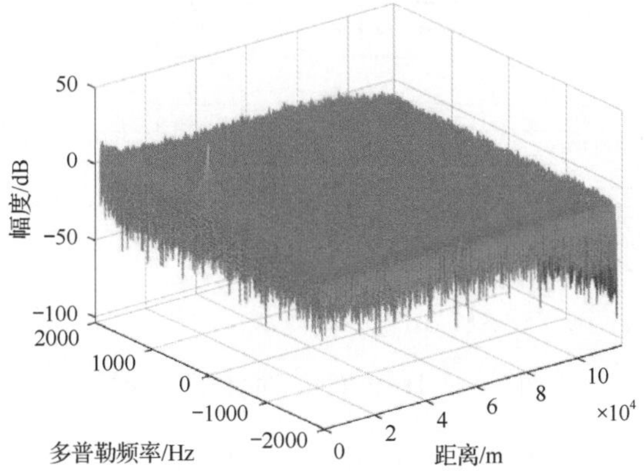

（a）自模糊函数

图 2-33　实测 FM 信号的自模糊函数及其距离维切面和多普勒维切面

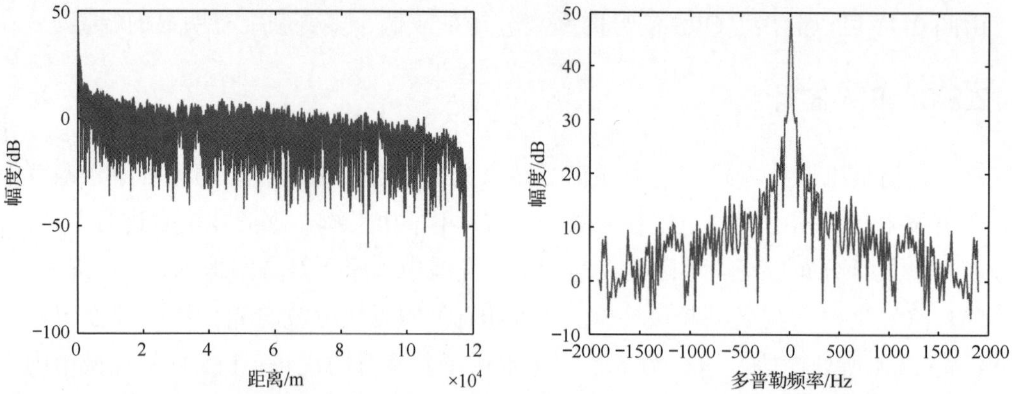

（b）距离维切面　　（c）多普勒维切面

图 2-33　实测 FM 信号的自模糊函数及其距离维切面和多普勒维切面（续）

由图 2-33 可以看出，FM 信号的距离分辨率较低，多普勒维有明显的峰值。

2.3.4　DVB-T 信号

DVB-T 信号的系统功能框架如图 2-34 所示。待传输的视频、语音及数据业务经过复用，再经过信道编码、交织、映射等，与导频和系统信令一起插入子载波中，接着进行正交频分复用（Orthogonal Frequency Division Multiplexing，OFDM）调制并加上保护间隔，最后形成数字基带信号。为了实现不同质量的业务传输，系统支持一种所谓的分级调制，即两个码流可以采用不同的正交幅度调制（Quadrature Amplitude Modulation，QAM）和内码码率。

其中，信道编码包括复用适配与随机化、外编码、外交织、内编码和内交织 5 部分。星座映射的调制方式有 QPSK、16QAM 和 64QAM 3 种，映射方式分为均匀和非均匀两种。根据分级调制因子不同，不同象限之间星座点的距离也不同，而同一象限内星座点的距离是均匀的。OFDM 调制采用 IFFT 的方式实现。

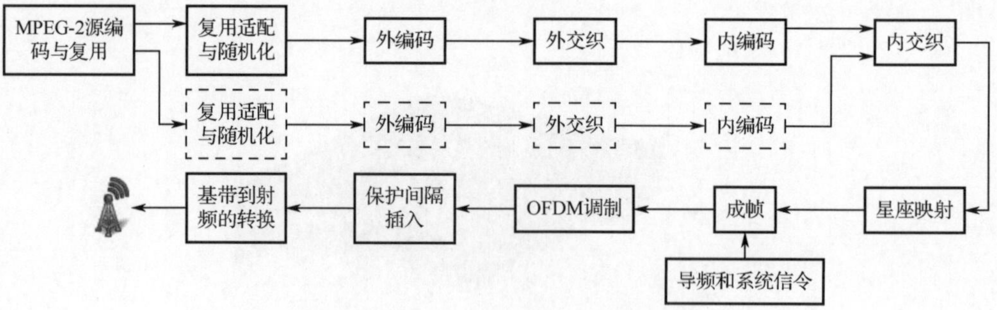

图 2-34　DVB-T 信号的系统功能框架

DVB-T 信号是由 OFDM 帧组成的，68 个 OFDM 符号构成一个 OFDM 帧。OFDM 符号中除承载数据的有效子载波外，其他子载波用来承载连续导频、离散导频和每秒事务数（Transactions Per Second，TPS）。其中，导频分量的平均功率比数据和 TPS 分量的平均功率高 2.5dB。一个 OFDM 帧内的数据、TPS 和导频的分布如图 2-35 所示。其中，TPS 和连续导频在每个 OFDM 符号内均为固定位置分布，离散导频则以每 4 个 OFDM 符号为一个周期进行分布。

2k 模式下 DVB-T 信号的 OFDM 调制方式表达式为

$$s(t)=\mathrm{e}^{\mathrm{j}2\pi f_c t}\sum_{m=0}^{\infty}\sum_{l=0}^{67}\sum_{k=0}^{K_{\max}}c_{m,l,k}\varphi_{m,l,k}(t) \tag{2-164}$$

$$\varphi_{m,l,k}(t)=\begin{cases}\mathrm{e}^{\mathrm{j}2\pi\frac{k}{T_{\mathrm{u}}}(t-\varDelta-lT_{\mathrm{s}})}, & (l+68m)T_{\mathrm{s}}\leqslant t\leqslant(l+68m+1)T_{\mathrm{s}}\\ 0, & \text{其他}\end{cases} \tag{2-165}$$

其中，m 代表传输的帧数；l 代表 OFDM 符号的编号；k 代表载波编号；$K_{\max}$ 代表传输的总载波数。在 OFDM 调制方式下，OFDM 符号被封装为帧传送，每帧包括 68 个 OFDM 符号周期。每个 OFDM 符号周期的持续时间为 T_{s}，T_{u} 为一个 OFDM 符号周期的有用部分的持续时间，包括传输数据、信令和导频的子载波，以及基于 OFDM 调制的基 2-IFFT 变换的虚拟子载波。$\varDelta$ 为一个周期的 OFDM 符号间的保护间隔，满足 $T_{\mathrm{s}}=T_{\mathrm{u}}+\varDelta$。$f_{\mathrm{c}}$ 为射频信号的中心频率，$c_{m,l,k}$ 代表复信号，可由不同的数字调制方式形成，可以选择 QPSK、16QAM 或 64QAM。

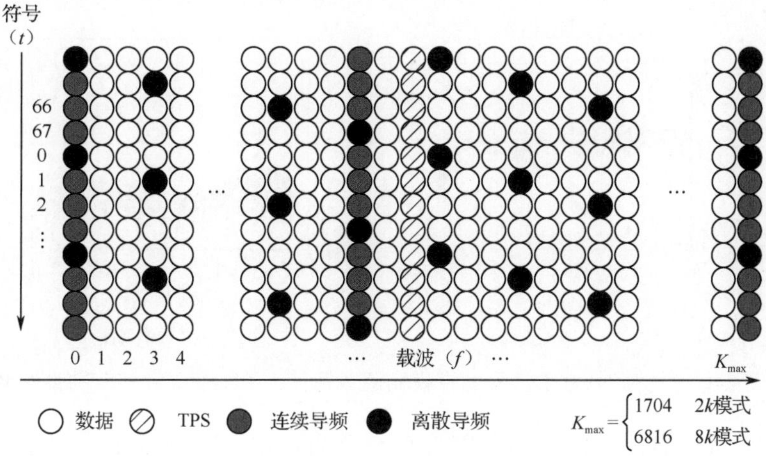

图 2-35　一个 OFDM 帧内的数据、TPS 和导频的分布

在 2k 模式下，一个 OFDM 符号共有 2048 个子载波，其中有 1705 个有用子载波，其余为虚拟子载波，即 $K_{\max}=1704$。以 2k 模式下符号映射方式为 QPSK 的 DVB-T 信号为例进行仿真，其频谱如图 2-36 所示。

由图 2-36 可以看出，由于导频分量与数据和 TPS 分量相比，平均功率高 2.5dB，因此仿真 DVB-T 信号的频谱中有很多强度较高的导频分量。使用该仿真 DVB-T 信号做自模糊运算，得到的自模糊函数及其距离维切面和多普勒维切面如图 2-37 所示。

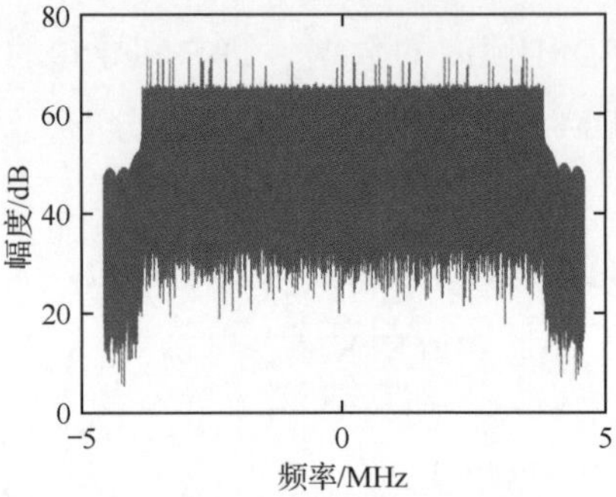

图 2-36　仿真 DVB-T 信号的频谱

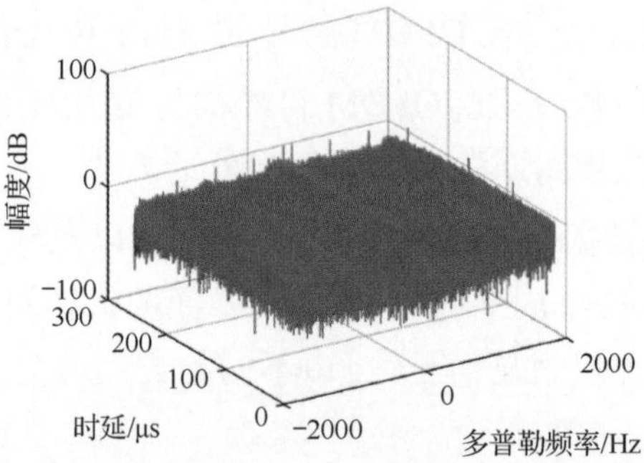

（a）自模糊函数

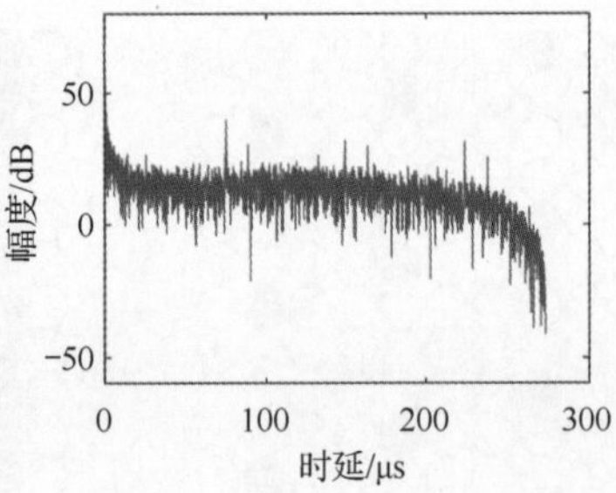

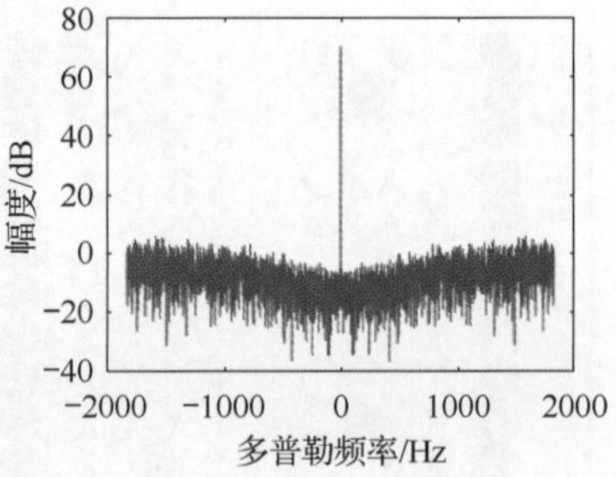

（b）距离维切面　　（c）多普勒维切面

图 2-37　仿真 DVB-T 信号的自模糊函数及其距离维切面和多普勒维切面

由图 2-37 可以看出，由于循环前缀和导频的存在，DVB-T 信号的自模糊函数存在大量的副峰，这些副峰会在目标检测过程中产生虚警，因此需要对副峰进行消除。

2.3.5　DTMB 信号

地面数字多媒体广播（Digital Terrestrial Multimedia Broadcast，DTMB）信号的系统功能框架如图 2-38 所示。DTMB 信号发射端完成从输入数据码流到地面电视信道传输信号的转换。输入数据码流经过扰码器（随机化）、前向纠错编码，进行比特流到符号流的星座映射，再进行交织后形成基本数据块。基本数据块与系统信息组合（复用）后经过帧体数据处理形成帧体，帧体与相应的帧头（PN 序列）复接为信号帧（组帧），经过基带后处理形成输出信号（8MHz 带宽内）。该信号经变频形成射频信号（48.5～862MHz 频段范围内）。

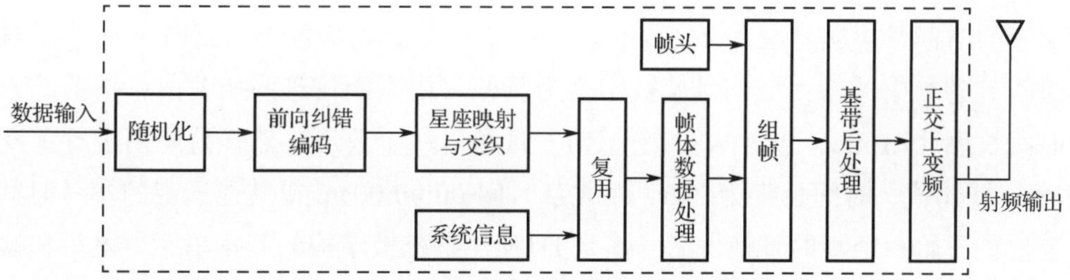

图 2-38 DTMB 信号的系统功能框架

表 2-4 总结了国家标准中 DTMB 信号的一些主要参数。

表 2-4 国家标准中 DTMB 信号的一些主要参数

参 数	定 义	来 源 标 准
前向纠错编码	QC−LDPC+BCH	TiMi
星座映射	64QAM、16QAM、QPSK、32QAM、4QAM-NR	DMB-T、ADTB-T
帧头模式	PN420、PN595、PN945	DMB-T、DMB-T、ADTB-T
帧结构	分级的帧定义	DMB-T
调制模式	单载波、多载波	ADTB-T、DMB-T

DTMB 系统的帧结构是一种四层结构，如图 2-39 所示。其中，一个基本帧称为信号帧，信号帧由帧头和帧体两部分组成。超帧被定义为一组信号帧。分帧被定义为一组超帧。帧结构的顶层称为日帧。信号结构是周期性的，并与自然时间保持同步。

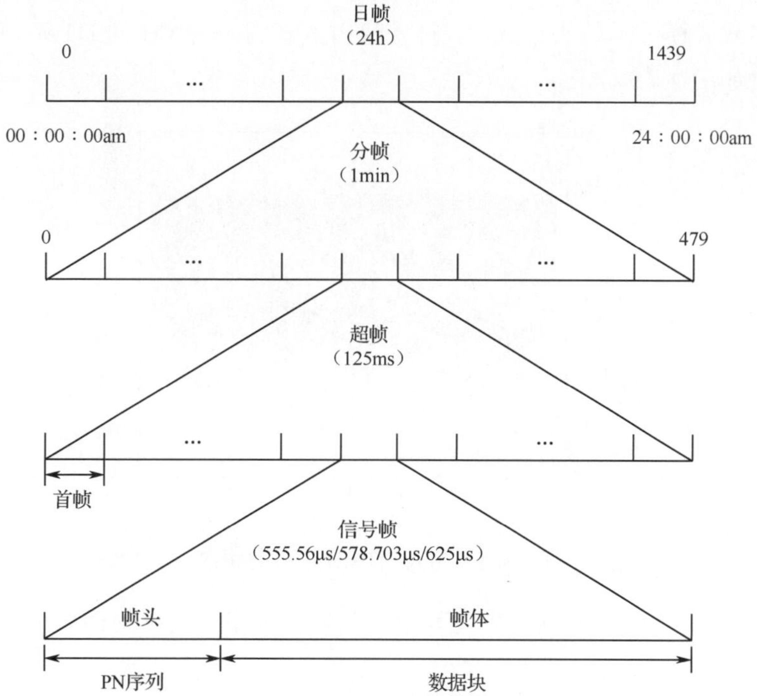

图 2-39 DTMB 系统的帧结构

超帧的时间长度被定义为 125ms，8 个超帧为 1s，这样便于与定时系统（如 GPS）校准时间。超帧中的第一个信号帧被定义为首帧，由系统信息的相关信息指示。一个分帧的时间长度为 1min，包含 480 个超帧。日帧以一个公历自然日为周期进行重复，由 1440 个分帧构成，时间长度为 24h。在北京时间 00:00:00am 或其他选定的参考时间，日帧被复位，开始一个新的日帧。信号帧是 DTMB 系统帧结构的基本单元，帧头和帧体信号的基带符号率相同（7.56Msps）。帧头部分由 PN 序列构成，帧头长度有 3 个选项。帧头信号采用 I 路和 Q 路相同的 4QAM 调制。帧体部分包含 36 个符号的系统信息和 3744 个符号的数据，共 3780 个符号。

在 DTMB 系统中，为适应不同的应用，定义了 3 种可选帧头长度，即 3 种帧头模式。这 3 种帧头模式信号帧的帧体长度和超帧的长度保持不变。3 种帧头模式的信号帧结构如图 2-40 所示。在图 2-40（a）中，每 225 个信号帧组成一个超帧；在图 2-40（b）中，每 216 个信号帧组成一个超帧；在图 2-40（c）中，每 200 个信号帧组成一个超帧。

帧头（420个符号，55.6μs）	帧体（含系统信息和数据，3780个符号，500μs）

（a）采用帧头模式1的信号帧结构

帧头（595个符号，78.7μs）	帧体（含系统信息和数据，3780个符号，500μs）

（b）采用帧头模式2的信号帧结构

帧头（945个符号，125μs）	帧体（含系统信息和数据，3780个符号，500μs）

（c）采用帧头模式3的信号帧结构

图 2-40　3 种帧头模式的信号帧结构

下面以多载波模式、帧头模式 1、符号映射方式为 16QAM 的 DTMB 信号为例进行仿真，其频谱如图 2-41 所示。

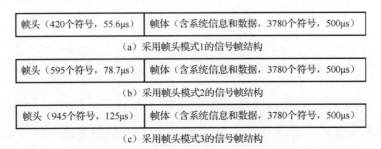

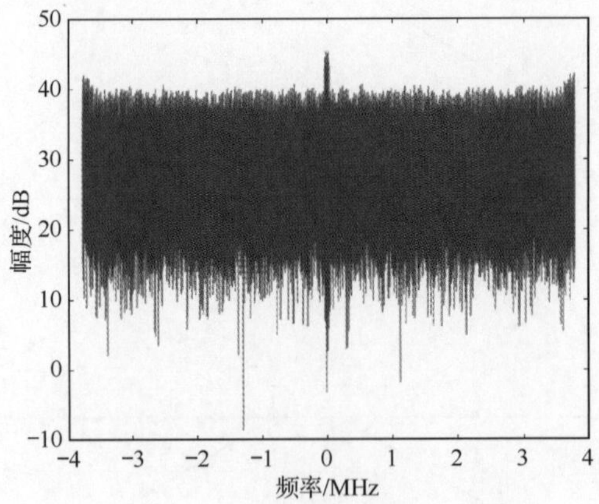

图 2-41　仿真 DTMB 信号的频谱

仿真 DTMB 信号的自模糊函数及其距离维切面和多普勒维切面如图 2-42 所示。

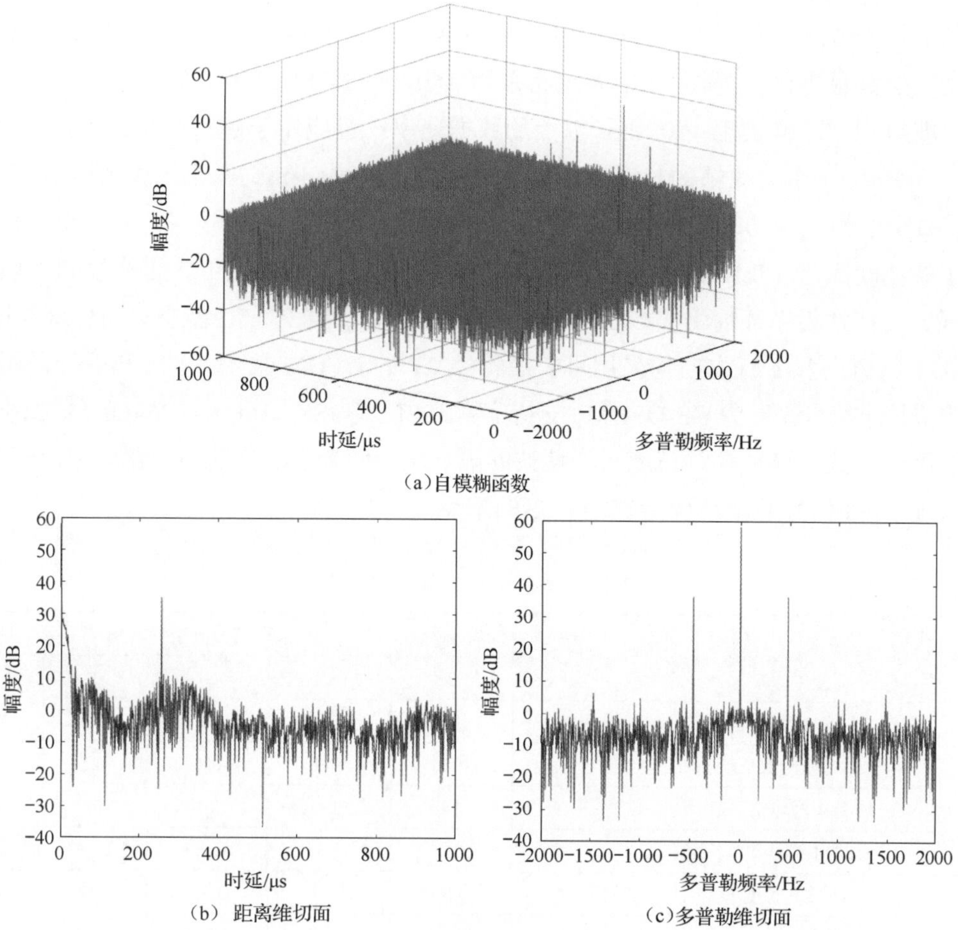

（a）自模糊函数

（b） 距离维切面

（c）多普勒维切面

图 2-42　仿真 DTMB 信号的自模糊函数及其距离维切面和多普勒维切面

可以看出，DTMB 信号的主峰在距离维和多普勒维的下降趋势明显，梯度较大，峰值位置呈图钉状，具有较好的探测能力和较高的分辨能力，说明 DTMB 是一种优秀的外辐射源雷达的辐射源。

2.3.6　5G 信号

随着用户对数据交互需求的提高，4G 通信将很快被正在发展的 5G 通信所代替，5G 系统使用波束分割多址（Beam Division Multiple Access，BDMA）或滤波器组多载波（Filter Bank based Muti-Carrier，FBMC）技术，以增加系统的容量。5G 仍采用 OFDM 信号，无线网络的设置无须变动或仅需要在基础网络上添加应用程序，目前第三代合作伙伴计划已出台基于 OFDM 的新无线标准。5G 蜂窝网络解决了 4G 网络无法有效解决的 6 个挑战，即更大的通信容量、更高的数据速率、更低的端到端延迟、大规模设备的连接、降低成本及一致的体验质量配置。为了满足用户的需求并应对上述挑战，需要对设计 5G 蜂窝网络架构的策略做出重大改变。例如，使用更高的频段、更大的带宽；采用多种接口和新的接入方式；利用光纤传输和灵活的交换方式，使通信端点更加紧密；利用云计算使网络层数最小化，等等。5G 系统将采用 1800～2600MHz 或 5.1GHz 的频段，带宽达到百兆级别，能够实现 100Mbps 以上的数据速率，可应用于超清视频或虚拟现实。

5G 信号的一个无线帧的长度为 10ms，子帧的长度为 1ms，一个无线帧由 10 个子帧组成。每个子帧包含的时隙数不同，但每个时隙包含的符号数相同，都为 14 个。其最基本的子载波间隔是 15kHz，可灵活扩展，但在不同的子载波配置下，无线帧和子帧的长度相同，支持常规循环前缀（Cyclic Prefix，CP）和扩展 CP。5G 新空口（New Radio，NR）的上行方向和下行方向均采用可扩展特性 CP 的 OFDM 技术，上行和下行采用相同的波形。下行基本波形为 CP-OFDM，支持 π/2-BPSK、QPSK、16QAM、64QAM、256QAM 等多种调制方式。符号有效长度与子载波间隔有关，两者的关系为：子载波间隔=1/符号有效长度。5G 信号的帧结构参数如表 2-5 所示。

表 2-5　5G 信号的帧结构参数

参　　数	5G 信号类型				
	0	1	2	3	4
子载波间隔/kHz	15	30	60	120	240
每个时隙长度/μs	1000	500	250	125	62.5
每个时隙符号数/个	14	14	14	14	14
OFDM 符号有效长度/μs	66.67	33.33	16.67	8.33	4.17
CP 长度/μs	4.69	2.34	1.17	0.57	0.29
OFDM 符号长度（包含 CP）/μs	71.35	35.68	17.84	8.92	4.46

针对 5G 信号的帧结构参数，选取子载波间隔为 30kHz、通信信息采用 16QAM 调制、带宽为 40MHz、CP 长度为 2.34μs 的下行 5G 信号进行仿真，其频谱如图 2-43 所示。

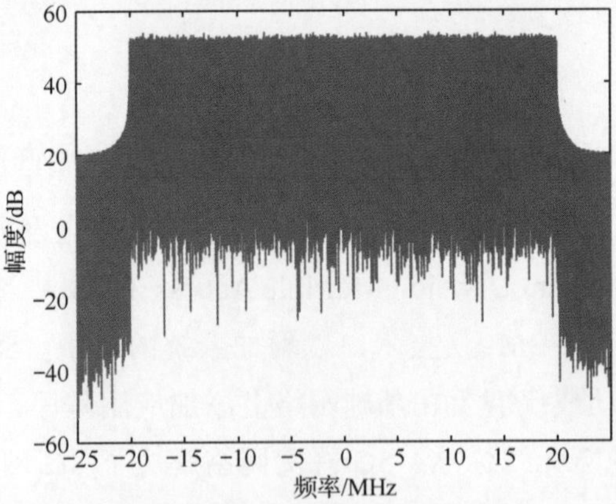

图 2-43　仿真 5G 信号的频谱

由图 2-43 可以看出，仿真 5G 信号的带宽与预设参数基本一致。仿真 5G 信号的自模糊函数及其距离维切面和多普勒维切面如图 2-44 所示。

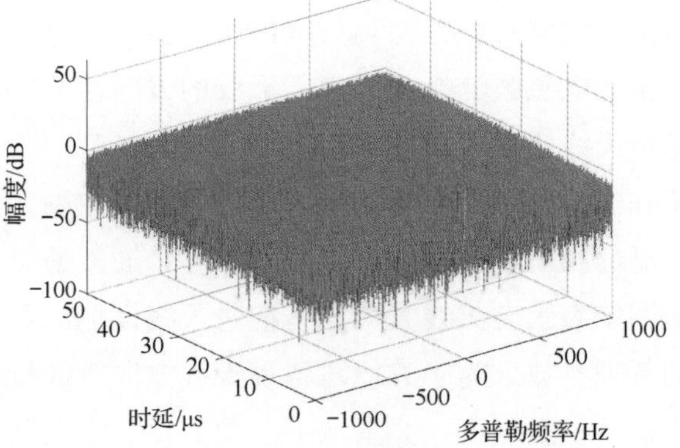

（a） 自模糊函数

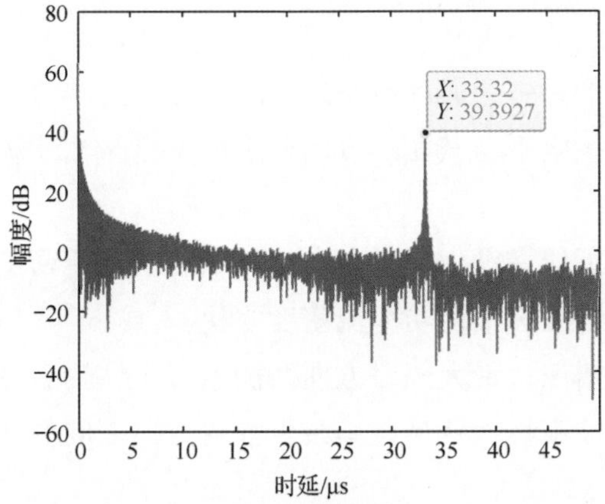

（b） 距离维切面

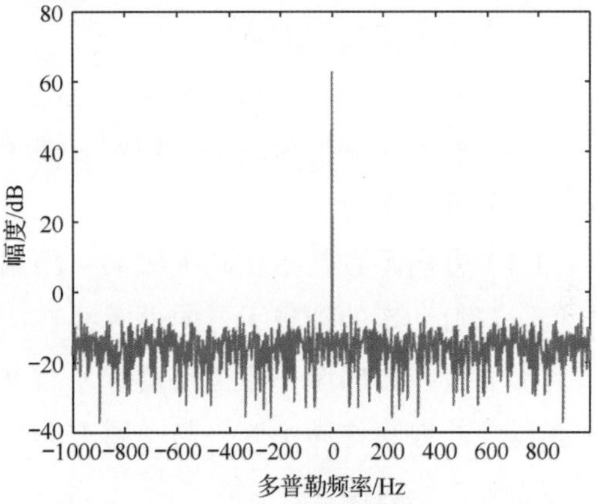

（c） 多普勒维切面

图 2-44 仿真 5G 信号的自模糊函数及其距离维切面和多普勒维切面

由图 2-44（a）可以看出，5G 信号的互模糊函数具有良好的图钉状；由图 2-44（b）可以看出，在时延 33.33μs 处出现了副峰，该副峰是由于每个 OFDM 符号的 CP 与有效部分的重复性导致的，其相对主峰的时延与该 5G 信号的 OFDM 符号有效长度相等；由图 2-44（c）可以看出，5G 信号的多普勒维主瓣较窄，旁瓣较低，与 OFDM 调制的信号特征相符。

2.3.7 不同外辐射源雷达信号探测的影响分析与性能比较

雷达通过天线来发射或接收电磁波，从而实现目标探测，天线波束指向的正确性将直接影响目标探测威力、探测精度和空域覆盖能力。当接收天线对准信号来波方向的增益最大方向时，可以获得拥有高信噪比的接收信号，从而提高探测性能。当接收天线未对准信号来波方向的增益最大方向时，会使有效信号主瓣宽度变窄，使特定信号的覆盖区域缩小，从而导致信号接收强度不够，同时使干扰旁瓣增加，与对准时相比，空域覆盖旁瓣增加明显，且呈现不规则、不可预知的特性，极易由于旁瓣泄露而引起对其他方向的干扰。

天线的方向性是指天线向一定方向辐射电磁波的能力，对接收天线而言，方向性表示天线对不同方向传来的电磁波的接收能力。天线的方向性的特性曲线通常用天线方向图来表示。方向图是指天线辐射电磁场在以天线为中心、某一距离为半径的球面上随空间角度（包括方位角和俯仰角）分布的图形，也称辐射方向图。天线方向图是指在离天线一定距离处，辐射场的相对场强随方向变化的图形，通常通过天线最大辐射方向两个相互垂直的平面方向图来表示。天线方向图是衡量天线性能的重要图形，可以从天线方向图中观察到天线的各项参数。为了方便对各种天线方向图的特性进行比较，需要规定一些特性参数，主要包括主瓣宽度、旁瓣电平、前后比、方向系数等。

（1）主瓣宽度是衡量天线最大辐射区域的尖锐程度的物理量，通常取天线方向图主瓣两个半功率点之间的宽度。

（2）旁瓣电平是指离主瓣最近且电平最高的第一旁瓣的电平，一般以分贝为单位。

（3）前后比是指天线最大辐射方向（前向）电平与其相反方向（后向）电平之比，通常以分贝为单位。

（4）方向系数是指在离天线某一距离处，天线在最大辐射方向上的辐射功率流密度与相同辐射功率的理想无方向性天线在同一距离处的辐射功率流密度之比。

因为天线方向图一般呈花瓣状，故又称波瓣图，最大辐射方向两侧第一个零辐射方向线以内的波束称为主瓣，与主瓣方向相反的波束称为背瓣，其余零辐射方向之间的波束称为副瓣或旁瓣。

天线方向图的理想情况是主瓣增益强、宽度窄及旁瓣电平低。外辐射源雷达的发射信号通常选用空间中广泛分布的广播信号、数字电视信号、卫星辐射信号等，前两者的天线方向图分别如图 2-45 和图 2-46 所示。

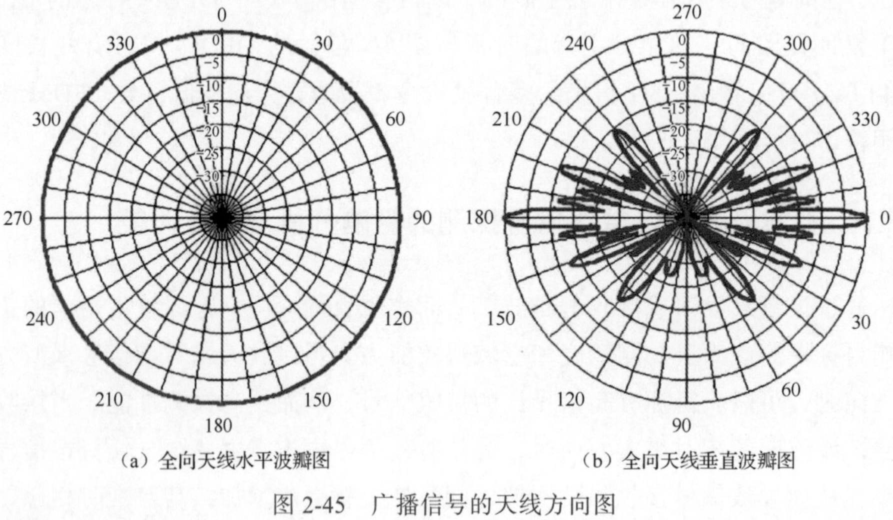

（a）全向天线水平波瓣图　　（b）全向天线垂直波瓣图

图 2-45　广播信号的天线方向图

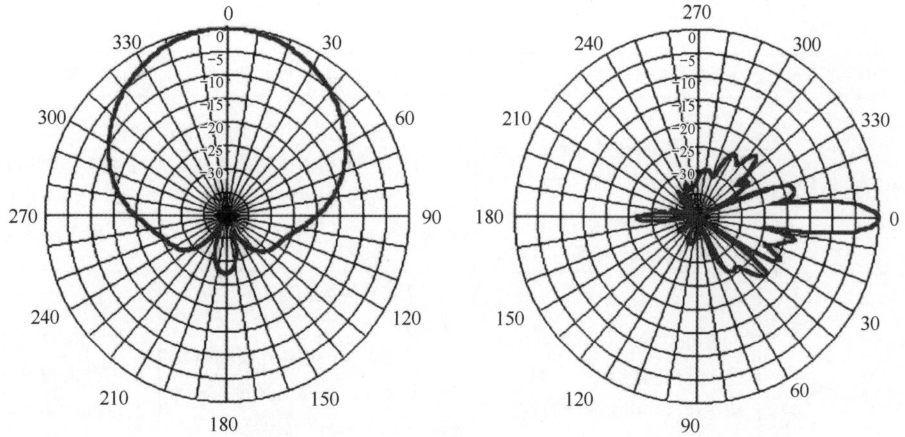

（a）定向天线水平波瓣图　　（b）定向天线垂直波瓣图

图 2-46　数字电视信号的天线方向图

目前已用于外辐射源技术的信号主要有模拟电视信号、数字电视信号、调频广播信号等，各种信号的对比如表 2-6 所示。

表 2-6　常用外辐射源信号对比

信号分类		信号体制	优　点	缺　点
电视广播	模拟电视信号	包含视频信号和伴音信号。其中，视频信号采用调幅方式，并使用残留边带的方式传输；伴音信号则采用调频方式	（1）频率分辨率高，利于移动测速 （2）视频信号发射功率大，探测距离较远 （3）工作于米波频段，具有良好的反结构性隐身能力	（1）视频信号的高旁瓣使距离模糊严重 （2）伴音信号的低能量特性使探测距离有限 （3）在大部分地区已被数字电视信号取代，覆盖性差
	数字电视信号	DVB-S 信号使用 QPSK 调制，DVB-T 信号采用正交频分复用技术和 4/16/64QAM 调制	（1）抗多径能力强，易于构筑单频网 （2）信号带宽较大，具有良好的模糊函数 （3）采用 TDS-OFDM 技术实现快速同步	易受环境干扰
	调频广播信号	采用调频信号，将音频信号调制在高频载波上进行传输。不同载波频率搭载不同的音频节目	（1）频响大，高音丰富，抗干扰能力强，失真小 （2）技术成熟，成本低廉 （3）可兼容性和可扩展性好	（1）弱信号传输，需用有源设备接收 （2）带宽小，距离分辨率差
蜂窝通信	GSM 信号	GSM 信号采用 GMSK 调制、跳频，以及 TDMA 和 FDMA 混合多址技术	信号有良好的速度分辨率，现有基础相对完善，研究较为全面	带宽小，距离分辨率差
	CDMA 信号	采用伪随机码调制，将窄带信号扩频为宽带信号后传输，具有良好的抗干扰性能	相比 GSM 信号，CDMA 信号带宽更大，有更好的测距和抗干扰性能	测速模糊度较 GSM 信号大

续表

信号分类		信号体制	优点	缺点
蜂窝通信	4G/5G 信号	采用 OFDM 和 MIMO 等技术，其中 4G 支持中低频，可满足覆盖需求；而 5G 在支持中低频的基础上，也支持高频，满足热点区域高容量需求	（1）基站数目多，盲点少，探测范围大，具有良好的覆盖性 （2）带宽大，距离分辨率及速度分辨率高	（1）蜂窝网络结构，存在同频干扰和邻频干扰 （2）高频段传播距离短，探测范围受限
导航卫星信号	GNSS 信号	采用 BPSK、QPSK、BOC 等多种调制技术和 CDMA 扩频技术。使用星基照射信号，可用卫星总数达 100 颗以上	（1）全球覆盖，全天候、全天时工作 （2）带宽大，雷达互模糊函数为图钉状，在距离探测和多普勒探测上均有较好的分辨率 （3）卫星数量众多，可通过多星融合提高系统性能	将 GNSS 信号作为外辐射源的研究基础不够完善。最大探测距离及其适用性尚待评估

不同外辐射源信号的探测性能对比如表 2-7 所示。

表 2-7　不同外辐射源信号的探测性能对比

信号类型	频带	带宽	特点
FM 信号	88～108MHz	10～100kHz	距离分辨率低，探测范围大
DVB-T 信号	470～860MHz	7.6MHz	距离分辨率高，探测范围小
DVB-S 信号	950～1450MHz	37MHz	距离分辨率高，探测范围大

由表 2-7 可以看出，FM 信号的距离分辨率较低，并且随着频点的不同而不同，但是 FM 信号的探测范围较大。DVB-T 信号具有与有源雷达相当的带宽，距离分辨率较低，发射功率达到数十千瓦，有时超过 100kW。但是由于 DVB-T 信号的频率更高，导致探测范围比 FM 信号小。与 DVB-T 信号、FM 信号及 Wi-Fi 信号等不同的是，DVB-S 信号使用的辐射源来自地球同步轨道的卫星，因此该信号覆盖范围广阔且有较大的辐射功率，这使该信号相比其他外辐射源信号具有一定的优势。虽然 DVB-S 信号并不是专门用于目标探测的信号，但由于它是一种类连续波通信信号，具有特定的帧结构、信号波形和参数，所以依然能够作为外辐射源雷达的辐射源。基于 DVB-S 信号的目标探测，目前已经提出了多种探测方法以在较低的信噪比条件下得到较好的检测效果。然而，由于辐射源距离地面相当远，DVB-S 信号经目标反射到达接收端时，回波功率仅为-120～-90dBm，这就对接收端的灵敏度提出了较高的要求，或者需要使用先进的信号处理技术来提高探测增益。

2.4 外辐射源雷达系统架构及信号处理流程

2.4.1 外辐射源雷达系统架构

外辐射源雷达是无源雷达的一种，也是一种特殊的双站雷达。由于外辐射源的非合作性，需要建立额外的参考通道来接收外辐射源的直达波信号，为后续的系统同步服务。因此，外辐射源雷达系统的接收通道有两个，分别是直达波参考通道和回波通道。前者的天线指向外辐射源的位置，负责接收由外辐射源雷达的扫描波束旁瓣泄露的直达波信号。后者的天线为相控阵天线，负责接收波束指向内的目标散射回波。只有当空间同步时，即非合作雷达波束指向区域与回波通道天线波束指向区域存在重合时，重合区域内的目标才能被成功探测到。在目标探测过程中，直达波干扰及其多径干扰不可避免地由回波通道天线波束旁瓣进入，影响回波通道中的目标探测。此外，由地物散射的杂波信号也不可避免地由天线波束旁瓣进入回波通道。外辐射源雷达系统根据直达波参考通道和回波通道接收的数据，在后端数字处理系统中完成目标的探测、定位、跟踪等任务。

外辐射源雷达系统在架构上分为数字接收系统和数字处理系统两部分，两者之间通过光纤进行大数据量的传输，如图 2-47 所示。数字接收系统包括天馈分系统和接收分系统；数字处理系统包括信号处理分系统、数据处理分系统、终端分系统。

系统工作时，首先对外部电磁环境进行频谱分析，获得辐射源的频率方位、强度及极化等参数。基于系统本身的威力及精度等战术技术指标，结合各辐射源和接收端的几何布站情况，确定可用的辐射源及系统工作频率。

参考天线和接收主天线分别将接收到的直达波信号与回波信号传送至接收端，经过滤波、放大及 AD 采样，将射频信号转换成基带信号，经光纤传输到信号处理分系统。

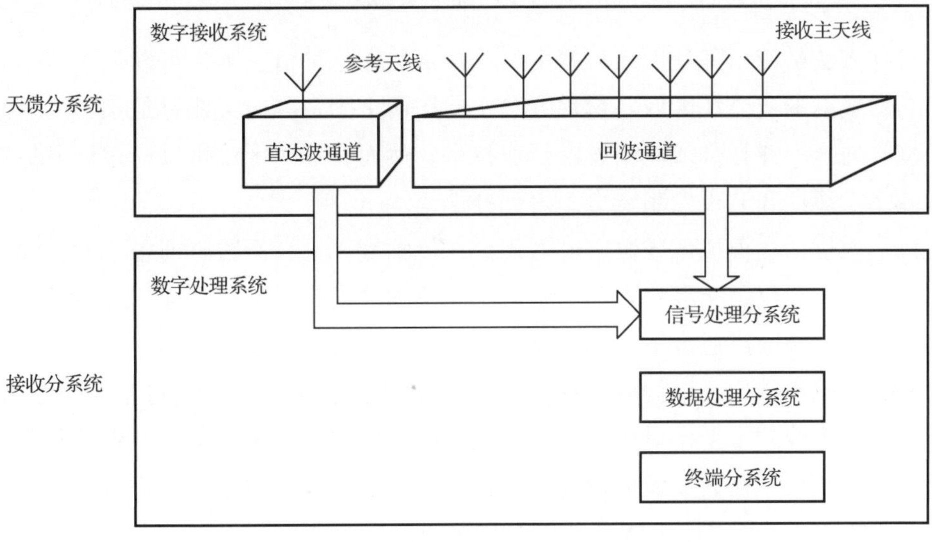

图 2-47　外辐射源雷达系统的架构

由于采用数字阵列架构，每个接收通道所需的幅相数据等参数均独立可控，因此可在信号处理中同时形成多个波束覆盖探测区域。根据需求，系统可以在每个波束内设置相应的辐射源、相参积累时间及处理方式等参数。

在本节中，考虑了外辐射源雷达的波束形成。使用波束形成是获得天线方向图的方法之一，其可提供接收信号所需的空间分离。与任何其他雷达或无线通信系统一样，外辐射源雷达中的天线至关重要。外辐射源雷达天线系统的主要任务之一是提供参考信号和回波信号之间的空间分离。为此，需要窄主波束和低旁瓣。然而，外辐射源雷达通常运行的 VHF 和 UHF 频段限制了构建具有此类特性的天线（或阵列天线）的可能性，因为波长长，因此天线尺寸要求大。在某些情况下，如当使用 DVB-T 信号时，阵列还必须在宽带下运行，这是一个严峻的挑战。

为外辐射源雷达构建天线系统有两种方法。第一种方法至少使用两个固定方向天线。其中一根天线指向机会发射端，用于接收参考信号；另一根天线指向感兴趣的区域，以接收目标回波信号，如图 2-48 所示。这种方法不是很通用，适用于具有单个发射端和特定监视区域的特定场景，使用多个发射端或全向覆盖时很难获得这样的配置。

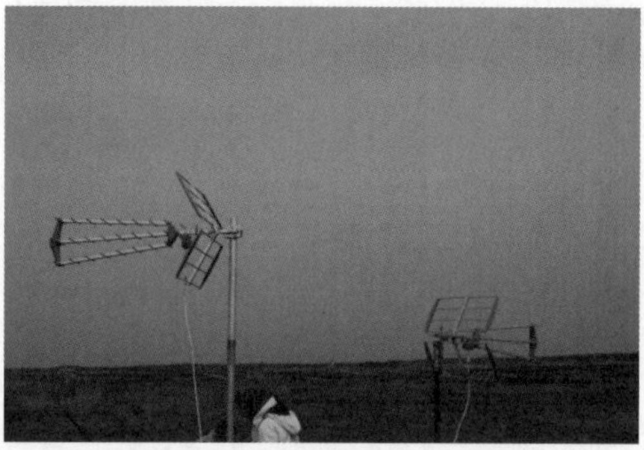

图 2-48　两个固定方向天线

第二种方法是使用阵列天线和波束形成技术。在这种情况下，可以创建多个波束并指向不同的发射端或监视区域。这种方法比使用两个固定方向天线更复杂，因为需要更多相干接收通道，并且必须应用波束形成技术。然而，这些困难可以通过该方法提供的优势（如多功能性和波束控制能力）得到补偿。

波束形成可以在模拟域或数字域实现。在模拟域，来自天线阵列各个元件的信号使用模拟电路进行加权、相移和求和。然后对相应的波束信号进行采样。这种方法已经得到应用，用于抑制回声通道中的直接路径干扰。模拟波束形成的局限性源于模拟电路的典型局限：参数不准确（增益或相移的差异）、缺乏可重复性、参数对温度的依赖性。

数字波束形成技术是指对来自阵列天线各个元件的信号进行采样，将接收到的信号与适当的权重相加，在数字域创建波束。这样可以在软件中控制波束形成系数，从而控制波束。在数字域应用波束形成系数能提供更好的灵活性、通用性、准确性和可重复性。出于这个原因，几乎所有现代外辐射源雷达系统都使用数字波束形成技术。因此，数字波束形成技术也是本章的重点。然而，一些材料也适用于模拟波束形成。阵列天线的经典配置是均匀线性阵列（Uniform Linear Array，ULA），其元件沿直线以均匀间距放置。通过为阵列天线的连续元件选择适当的相移来获得波束控制。ULA 的特性之一是波束宽度随着离轴角的增加而增加。这在外辐射源雷达中可能是一个严重的缺点，通常需要在所有方向控制具有相似特性的波束。这项能力很重要，因为系统通常同时使用多个机会发射端，这需要在多个方向形成参考波束。此外，为了实现全向目标探测覆盖，应在各个方向形成回波波束。出于这个原因，ULA 仅用于特定系统，其中仅对某个角度扇区感兴趣。

2.4.2 外辐射源雷达信号处理流程

图 2-49 描述了外辐射源雷达信号处理的基本流程。外辐射源雷达本身不发射信号，而是借助第三方辐射源发射电磁波信号。因此，在外辐射源雷达中不仅包括一个接收目标反射信号，也接受直达波和多径干扰信号的回波通道，还需要一个接收辐射源基站直达波的参考通道。需要指出的是，图 2-49 中的参考通道和回波通道可以指利用两根单独的窄波束天线，一根指向辐射源基站获取直达波信号，另一根指向可能存在目标的空域以获取目标回波信号；也可以指利用一套单独的阵列天线，形成两个不同的波束，分别指向辐射源基站方向和可能存在目标的空域，以获得基站直达波信号和目标回波信号。

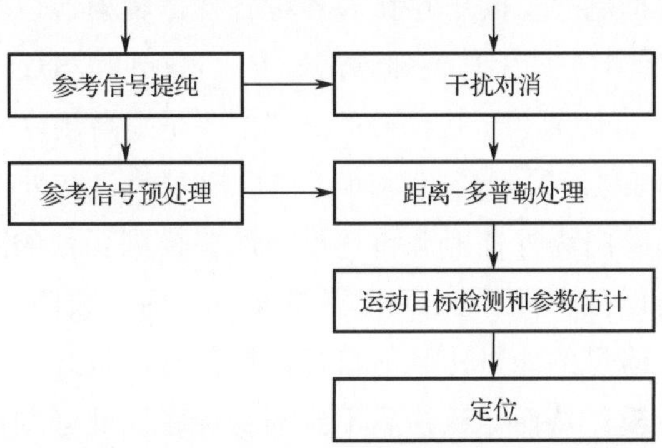

图 2-49 外辐射源雷达信号处理的基本流程

1. 参考信号提纯

参考信号在后续的干扰对消和距离-多普勒处理过程中将起到非常重要的作用，如果参考信号不是纯净的直达波信号，会导致干扰对消过程中有直达波和多径干扰剩余，以及距离-多普勒二维相关匹配过程中积累增益的损失，最终可能导致检测不到目标或目标的参数估计出现较大的误差。

参考信号提纯的基本原理是消除参考通道接收的其他信号，只保留作为辐射源基站的直达波信号，因为在参考通道接收信号中不仅包括辐射源基站的直达波信号，还包括其他很多多径干扰信号等，特别是基于数字电视的外辐射源雷达，由于其采用的是单频网结构，空间中存在多个辐射源基站以相同的频率发射信号，因此为了获得某个辐射源基站纯净的直达波信号，必须对其他辐射源基站的直达波信号进行一定程度的抑制。目前参考信号提纯方法主要有：适合以 FM 和 GSM 等常模信号作为照射源的恒模均衡算法，适合以阵列天线作为接收天线的参考通道波束形成方法，适合以数字信号作为照射源的参考通道解码和重构方法。

2. 干扰对消

外辐射源雷达中回波通道接收的信号不仅包括运动目标反射的回波信号，还包括其他直达波和多径干扰信号，并且目标回波信号一般很微弱，通常被掩盖在强直达波和多径干扰之下，因此必须先进行干扰对消，才能检测到目标回波。外辐射源雷达中的干扰对消主要包含以下 4 层含义。

（1）主基站（作为机会照射源的基站）直达波和多径干扰对消。由于外辐射源雷达是双站雷达的一种特例，并且大多是以连续波形式工作的，因此对大多数外辐射源雷达而言，主基站的直达波和多径干扰是能量最强的干扰。

（2）其他同频基站的直达波和多径干扰抑制。这主要是针对以数字电视或手机通信信号作为照射源的外辐射源雷达而言的，其接收的干扰信号不仅包括主基站发射的干扰信号，还包括其他基站以同样的频率发射的干扰信号，并且同频干扰信号的能量要比目标回波信号的能量强得多。

（3）邻频干扰信号抑制。空间中存在着各种各样的辐射源以不同的频率发射不同的信号，它们的能量有大有小，如果这些邻频信号混入目标回波通道的接收信号中，同样可能会导致检测不到目标。抑制邻频干扰信号的方法主要是提高接收端的滤波器带外抑制比。

（4）“强吃弱”的问题。检测弱目标时，强目标对消，在外辐射源雷达中，由于作为照射源的信号并不是专门为外辐射源雷达设计的，模糊函数的距离旁瓣和多普勒旁瓣相对主瓣来说可能不会低很多,因此当回波通道接收到两个或两个以上目标回波信号时，如果其中一个目标回波信号的能量比其他目标回波信号能量强很多，则强目标的旁瓣有可能掩盖住弱目标的主瓣，从而导致检测不到弱目标，因此必须消去强目标。目前国内外研究的干扰对消方法主要包括时域干扰对消方法、空域干扰对消方法及空时域联合干扰对消方法等。

3. 参考信号预处理

外辐射源雷达利用第三方辐射源作为照射源，辐射源基站的发射信号不受雷达设计人员的控制，因此其模糊函数并不一定是理想的图钉状模糊函数，而是有可能出现一些模糊副峰。这些模糊副峰的存在可能会导致在检测过程中出现虚假目标或掩盖其他弱目标，因此需要进行参考信号预处理，对这些高的距离旁瓣或多普勒旁瓣进行抑制。

4. 距离-多普勒处理

经过干扰对消，仍然会有部分干扰剩余，同时目标回波有可能被掩盖在噪声之下，因此需要进行距离-多普勒处理以提高目标回波的信噪比,并进一步减少干扰对检测目标回波的影响。在外辐射源雷达中，距离-多普勒处理一般是指将参考通道的信号 s_{ref} 与对消以后的回波通道信号 s_{sur} 做距离-多普勒二维相关。当辐射源雷达发射信号的带宽比较大时，距离-多普勒二维相关计算量比较大。

5. 运动目标检测和参数估计

进行距离-多普勒处理以后，便可以利用恒虚警检测器检测可能存在的目标。目前外辐射源雷达中使用比较多的恒虚警检测器主要有单元平均恒虚警检测器和单元平均选大恒虚警检测器。单元平均恒虚警检测器操作简单，但会导致近距离单元出现比较多的虚警，远距离单元有可能出现漏警。单元平均选大恒虚警检测器则不会出现这种问题，但是操作相对比较复杂。从距离-多普勒图中一般可以直接获得目标的双基距离和多普勒信息，但是由于存在强直达波和多径干扰，测量目标的到达角比较复杂。

6. 定位

外辐射源雷达中的目标定位方法主要有 4 种。第一种是到达角和双基距离联合定位法，首先通过双基距离信息确定目标位于某个椭圆上，然后利用目标到达角确定其位于椭圆某个具体的点上；第二种是双曲面定位法，利用多个接收端测得的目标到达时间差对目标进行定位；第三种是差分多普勒定位法，以目标相对单个接收端运动的多普勒频率来定位目标；第四种是到达时间定位法，利用多发单收的模式，测量多个发射信号经过目标反射后到达接收端与发射信号直接到达接收端之间的时间差，从而确定目标的位置。目前外辐射源雷达中使用比较多的是第一种和第四种目标定位方法。

第3章 外辐射源目标电磁散射机理与电磁散射特性

典型目标的双站电磁散射机理研究及双站电磁散射特性分析是计算电磁学领域非常重要的基础性研究方向，也是实现外辐射源雷达探测和识别目标的关键。随着电磁数值算法和高性能计算技术的快速发展，典型目标的电磁特性精确求解和电磁精确建模成为可能。然而，由于典型目标的结构复杂、边界条件多样，以及辐射源、目标和接收端之间存在复杂的双/多站关系，外辐射源场景下典型目标的电磁散射特性分析面临巨大的挑战。因此，基于精确计算的双站电磁散射数据，研究外辐射源场景下典型目标的电磁散射机理与电磁散射特征，开发更精确的双站电磁散射模型，对外辐射源雷达探测技术的发展和探测性能的提升具有重要意义。

3.1 概述

外辐射源雷达的工作频率从 VHF 到 Ku/Ka 频段，覆盖范围较大，被探测目标通常为电大尺寸，且典型雷达目标的结构、材料特性较为复杂，其双站电磁散射问题通常涉及多种电磁散射机理之间的耦合，在分析典型目标的双站电磁散射特性时面临巨大的挑战。典型目标双站电磁散射特性的精确、高效计算是外辐射源目标双站电磁散射机理与电磁散射特性的研究基础，常用的目标双站电磁散射特性计算方法分为高频近似方法和全波计算方法。高频近似方法具有计算速度快、计算资源需求小的优点，可实现电大尺寸目标电磁散射特性的快速计算，但通常仅适用于具有光滑结构的目标，对具有精细结构的目标计算精度较差；全波计算方法可实现复杂结构目标电磁散射特性的精确计算，但通常对计算资源的需求较大，难以实现电大尺寸目标双站电磁散射特性的计算。在满足一定计算精度的前提下，如何实现外辐射源场景下典型复杂目标双站电磁散射特性的高效计算成为近年来的研究热点。

本章首先介绍外辐射源场景下 7 种典型目标双站电磁散射机理，并对外辐射源场景下飞行目标的双站电磁散射机理进行仿真分析。然后介绍外辐射源场景下目标的几种常用电磁散射特性计算方法，包括以物理光学法（Physical Optics，PO）为代表的高频近似方法和以矩量法（Method of Moments，MoM）为代表的全波计算方法。接着介绍外辐射源场景下多尺度电大尺寸目标的几种电磁散射特性计算方法，包括基于区域分解的矩量法（Subdomain Method of Moments，SMoM）、基于区域分解的自适应积分方法（Subdomain Adaptive Integral Method，SAIM）、基于并行计算的区域分解多层快速多极子算法（Multilevel Fast Multipole Algorithm，MLFMA）及高低频混合算法，并以典型目标波音 737-400 民航客机为例，利用上述电磁散射特性计算方法实现了波音 737-400 民航客机双站电磁散射特性的精确高效求解。最后将隐身目标的双站雷达散射截面（Bistatic Radar Cross Section，BCS）与单站雷达散射截面（用 RCS 表示）进行对比分析，验证外辐射源雷达探测对隐身目标的优势，并对不同外辐射源场景下波音 737-400 民航客机的 BCS 进行仿真分析。

3.2 外辐射源典型目标的散射源及电磁散射机理

外辐射源雷达探测场景示意如图 3-1 所示，被探测的典型目标一般为飞机、无人机、导弹等，这些目标的典型散射源可以归为以下 7 类：镜面反射、二面角反射、腔体散射、边缘绕射、尖端绕射、爬行波绕射、表面不连续处的散射，如图 3-2 所示。其中，属于强电磁散射机理的散射源有镜面反射、二面角反射、腔体散射；属于弱电磁散射机理的散射源有边缘绕射、尖端绕射、爬行波绕射及表面不连续处的散射。

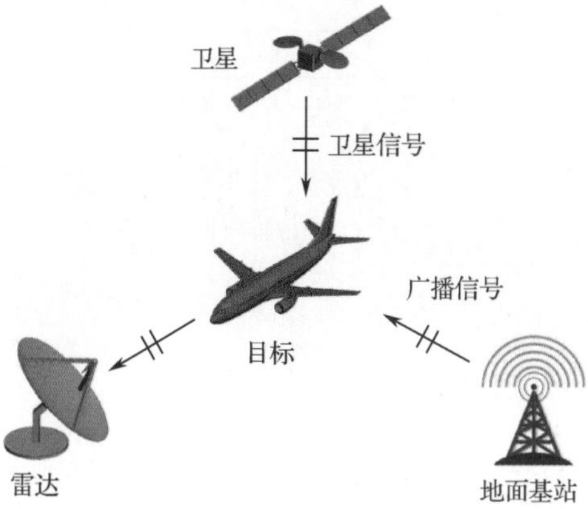

图 3-1　外辐射源雷达探测场景示意

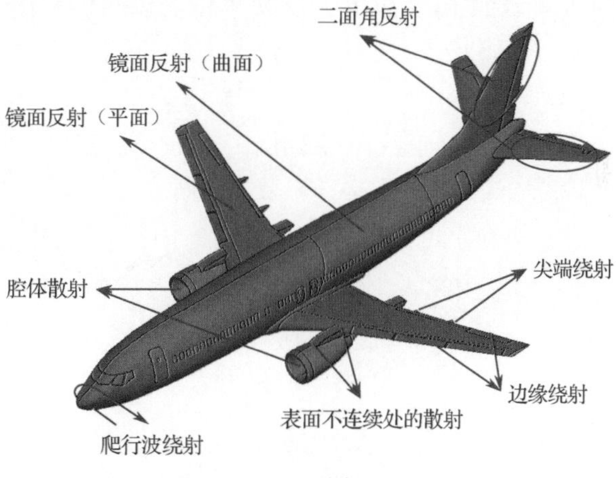

图 3-2　飞机散射源示意

3.2.1 镜面反射

外辐射源雷达的工作频率一般较高，波长相对较短，此时飞机目标的机翼、机身和外悬挂物等结构可以分别近似为平板、圆柱体和椭球体。在外辐射源雷达波的照射下，这些结构上的双站散射波几乎完全由镜面朝向的点贡献得到。下面以矩形平板为例介绍镜面反射。矩形平板的双站电磁散射示意如图 3-3 所示。

假设入射波的单位向量为 $\hat{\boldsymbol{i}}$，极化方向为 $\hat{\boldsymbol{h}}_{\mathrm{i}}$；散射波的单位向量为 $\hat{\boldsymbol{s}}$，极化方向为 $\hat{\boldsymbol{h}}_{\mathrm{s}}$；矩形平板的单位法向量为 $\hat{\boldsymbol{n}}$；入射波与散射波的夹角分别为 θ_{i}、θ_{s}，则矩形平板的 BCS 表达式为

$$\sigma = \frac{\lambda^2}{\pi}|S|^2 \tag{3-1}$$

$$S = \frac{\mathrm{j}k^2 A}{2\pi}(\hat{\boldsymbol{s}} \times \hat{\boldsymbol{h}}_{\mathrm{s}}) \cdot (\hat{\boldsymbol{s}} \times \hat{\boldsymbol{h}}_{\mathrm{i}}) \exp(\mathrm{j}k\hat{\boldsymbol{r}}_{\mathrm{o}} \cdot (\hat{\boldsymbol{i}} - \hat{\boldsymbol{s}})) \mathrm{sinc}\left(\frac{ka(\sin\theta_{\mathrm{i}} - \sin\theta_{\mathrm{s}})}{2}\right) \tag{3-2}$$

其中，$k = 2\pi/\lambda$；$\hat{\boldsymbol{r}}_{\mathrm{o}}$ 是平板中心点的位置矢量；a 的值是矩形平板边长的 1/2。

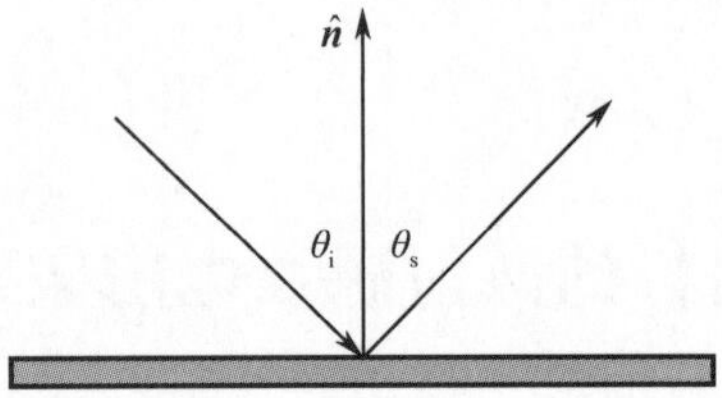

图 3-3　矩形平板的双站电磁散射示意

矩形平板双站电磁散射机理如图 3-4 所示。

在图 3-4（a）中，矩形平板的尺寸为 2m × 2m，平面波的入射角度为 $\theta^{\mathrm{i}} = 45^\circ$，$\varphi^{\mathrm{i}} = 0^\circ$，接收角度为 $\theta^{\mathrm{s}} = 0^\circ$～$360^\circ$，$\varphi^{\mathrm{s}} = 0^\circ$，角度间隔为 1°，频率为 1GHz，极化方式为 VV 极化（垂直极化）。图 3-4（b）为矩形平板的 BCS，从图中可以看出，在镜面朝向和来波方向附近角域的 BCS 较大，反映了镜面反射的强电磁散射特性。

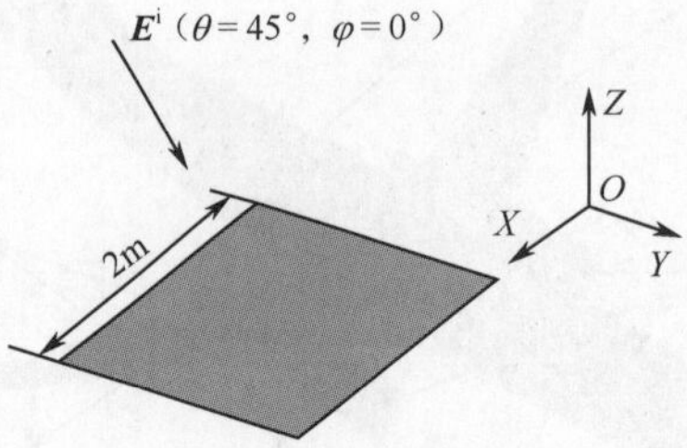

（a）矩形平板

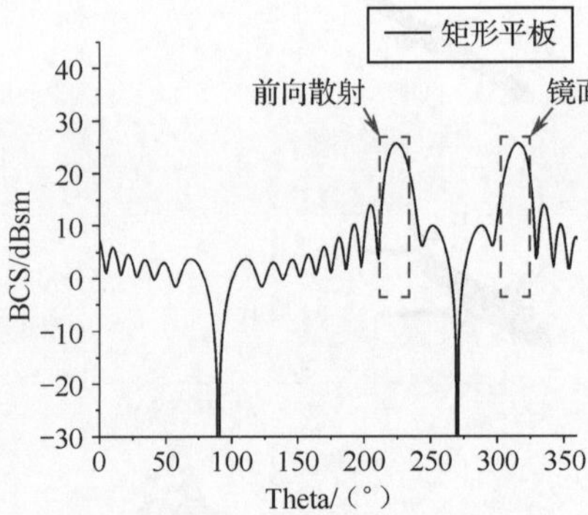

（b）矩形平板的BCS

图 3-4　矩形平板双站电磁散射机理

3.2.2　二面角反射

飞机的垂直尾翼与水平尾翼、机身侧面与机翼形成二面角反射，它是一种强散射源。二面角双站电磁散射示意如图 3-5 所示。

二面角是由两块平板组成的结构，一个二面角的 BCS 由 4 部分构成：S_a、S_b 分别由两个平板贡献，S_{ab}、S_{ba} 则分别由二次散射贡献。因此，二面角的 BCS 表达式为

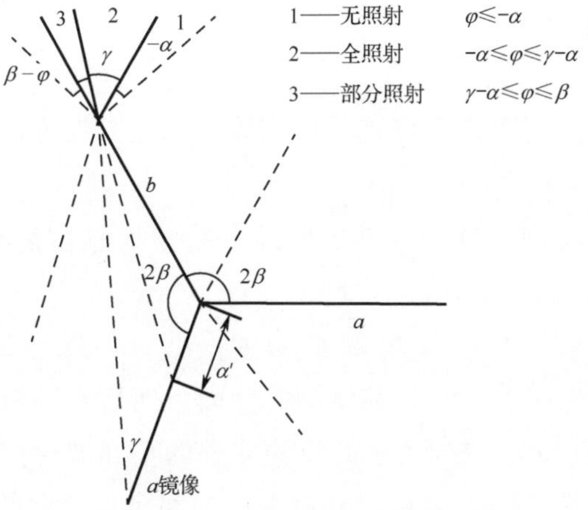

图 3-5　二面角双站电磁散射示意

$$\sigma = \frac{\lambda^2}{\pi}\left|S_a + S_b + S_{ab} + S_{ba}\right|^2 = \frac{l^2}{4\pi}\left|\sum_{m=1}^{4}\frac{R_m \sin P_m (\mathrm{e}^{-\mathrm{j}2Q_m} - 1)}{Q_m}\right|^2 \quad (3\text{-}3)$$

其中，l 为二面角侧边的边长；P_m 、Q_m 和 R_m 等参数如表 3-1 所示，表中 φ 为入射角，θ 为接收角。

表 3-1　参数列表

m	S	P_m（水平极化）	P_m（垂直极化）	Q_m	R_m
1	S_a	$\beta+\varphi$	$\beta+\varphi$	$ka[\cos(\beta+\varphi)+\cos(\beta+\theta)]/2$	ka
2	S_b	$\beta-\varphi$	$\beta-\varphi$	$kb[\cos(\beta-\varphi)+\cos(\beta-\theta)]/2$	kb
3	S_{ab}	$3\beta+\varphi$	$-(\beta-\varphi)$	$kb[\cos(3\beta+\varphi)+\cos(\beta-\theta)]/2$	kb'
4	S_{ba}	$3\beta-\varphi$	$-(\beta+\varphi)$	$kb'[\cos(3\beta-\varphi)+\cos(\beta+\theta)]/2$	ka'

二面角双站电磁散射机理如图 3-6 所示。在图 3-6（a）中，二面角由两块尺寸为 2m×4m 的平板组成，平板夹角为 90°，平面波入射角度为 $\theta^{\mathrm{i}}=30^\circ$，$\varphi^{\mathrm{i}}=0^\circ$，接收角度为 $\theta^{\mathrm{s}}=0^\circ\sim360^\circ$，$\varphi^{\mathrm{s}}=0^\circ$，角度间隔为$1^\circ$，频率为 300MHz，极化方式为 VV 极化。图 3-6（b）为二面角的 BCS，由于二面角内部的二次反射，在二面角包含的角域内 BCS 数值较大，反映了二面角的强电磁散射特性。

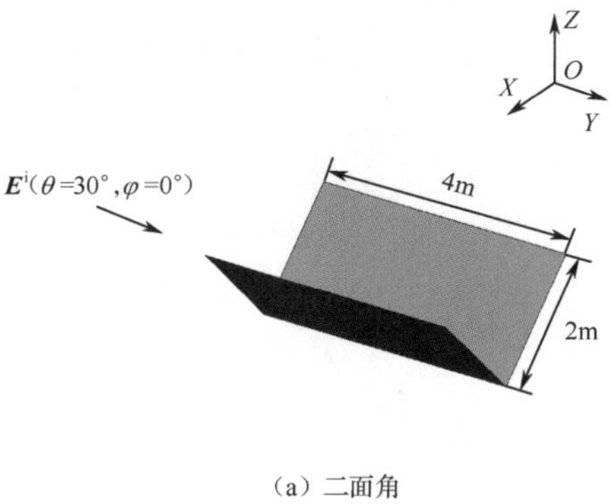

（a）二面角

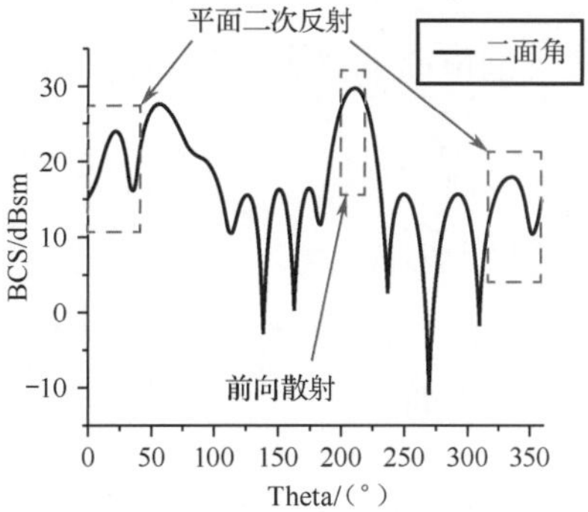

（b）二面角的BCS

图 3-6　二面角双站电磁散射机理

3.2.3 腔体散射

飞机座舱、进气道、尾喷口等可被看作腔体，会在来波方向产生较强的散射。腔体散射是一种强散射源。

开口腔体及其等效模型示意如图 3-7 所示。腔体的总散射场在高频情况下可以表示为

$$\boldsymbol{E}_{\text{tot}}^{\text{s}} = \boldsymbol{E}_{\text{cav}}^{\text{s}} + \boldsymbol{E}_{\text{ext}}^{\text{s}} \tag{3-4}$$

其中，$\boldsymbol{E}_{\text{cav}}^{\text{s}}$ 表示入射波先照射在开口腔体的口径面，然后在开口腔体内部经过多次反射从口径面反射出来的散射场；$\boldsymbol{E}_{\text{ext}}^{\text{s}}$ 表示开口腔体外的平面波对散射场的贡献，包括开口腔体边缘处的绕射场。式（3-4）忽视了开口腔体内部多重散射的作用，因为一般情况下它们与腔体的第一次散射作用相比很弱。$\boldsymbol{E}_{\text{ext}}^{\text{s}}$ 的大小取决于外部几何形状，在研究腔体散射的过程中，当平面波的入射角度较小时，$\boldsymbol{E}_{\text{cav}}^{\text{s}}$ 远大于 $\boldsymbol{E}_{\text{ext}}^{\text{s}}$，因此对腔体散射的分析更多地集中在对其内部反射场的分析上。

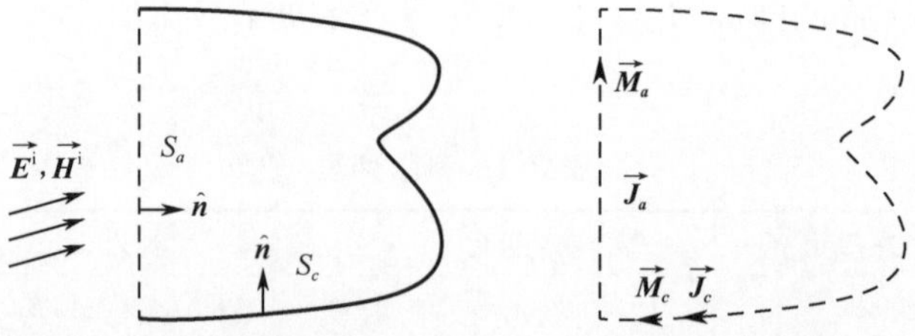

（a）开口腔体　　（b）开口腔体等效模型

图 3-7　开口腔体及其等效模型示意

根据唯一性定理，开口腔体口径面和内壁上的等效电磁流满足

$$\begin{cases} \boldsymbol{J}_a(\boldsymbol{r}_a) = \hat{\boldsymbol{n}} \times \boldsymbol{H}(\boldsymbol{r}_a), \boldsymbol{J}_c(\boldsymbol{r}_c) = \hat{\boldsymbol{n}} \times \boldsymbol{H}(\boldsymbol{r}_c) \\ \boldsymbol{M}_a(\boldsymbol{r}_a) = \boldsymbol{E}(\boldsymbol{r}_a) \times \hat{\boldsymbol{n}}, \boldsymbol{M}_c(\boldsymbol{r}_c) = 0 \end{cases} \tag{3-5}$$

其中，$\boldsymbol{r}_c$ 为开口腔体内壁 S_c 上的点；$\boldsymbol{r}_a$ 为开口腔体口径面 S_a 上的点；$\hat{\boldsymbol{n}}$ 为指向开口腔体内侧的单位法向量；$(\boldsymbol{J}_a, \boldsymbol{M}_a)$、$(\boldsymbol{J}_c, \boldsymbol{M}_c)$ 分别为开口腔体口径面和内壁上的等效电磁流，在 S_a、S_c 上的电磁场分别用 $(\boldsymbol{E}(\boldsymbol{r}_a), \boldsymbol{H}(\boldsymbol{r}_a))$ 和 $(\boldsymbol{E}(\boldsymbol{r}_c), \boldsymbol{H}(\boldsymbol{r}_c))$ 表示。

假设均匀平面波照射在开口腔体上，则开口腔体内壁上的电磁场可被看作由开口腔体口径面上的电磁场激发，开口腔体内壁上的磁场可由基尔霍夫近似公式推导出。

$$\boldsymbol{H}_0(\boldsymbol{r}_c) \approx \int_{S_a} \boldsymbol{J}_a(\boldsymbol{r}_a') \times \nabla G(\boldsymbol{r}_c - \boldsymbol{r}_a') \mathrm{d}S_a' + \frac{1}{\mathrm{j}kZ_0} \nabla \times \int_{S_a} \boldsymbol{M}_a(\boldsymbol{r}_a') \times \nabla G(\boldsymbol{r}_c - \boldsymbol{r}_a') \tag{3-6}$$

其中，k 是自由空间波数；$Z_0 = 1/Y_0$ 是自由空间波阻抗；G 是自由空间下的格林函数。

根据式（3-6）计算出开口腔体内壁上的感应磁场，并根据物理光学近似得到相应的初始感应电流，即

$$\boldsymbol{J}_0(\boldsymbol{r}_c) = \begin{cases} 2\hat{\boldsymbol{n}} \times \boldsymbol{H}_a^{\text{i}}(\boldsymbol{r}_c), & \text{照亮区} \\ 0, & \text{暗区} \end{cases} \tag{3-7}$$

得到初始感应电流后，再由磁场积分方程求得开口腔体壁面上的感应电流，即

$$\boldsymbol{J}_N(\boldsymbol{r}_c) = 2\hat{\boldsymbol{n}} \times \boldsymbol{H}_a^{\mathrm{i}}(\boldsymbol{r}_c) + 2\hat{\boldsymbol{n}} \times \mathrm{P.V.}\int_{S_c} \boldsymbol{J}_{N-1}(\boldsymbol{r}_c) \times \nabla G(\boldsymbol{r}_c - \boldsymbol{r}_c')\mathrm{d}S_c' \tag{3-8}$$

其中，N 表示迭代次数；P.V.表示 S_c 上电流辐射的主值积分。

一旦求得稳定的开口腔体内壁上的感应电流，便可得到开口腔体口径面处的散射场，即

$$\begin{cases} \boldsymbol{E}^{\mathrm{s}}(\boldsymbol{r}_a) = \dfrac{1}{\mathrm{j}kY}\nabla \times \displaystyle\int_{S_c} \boldsymbol{J}(\boldsymbol{r}_c') \times \nabla G(\boldsymbol{r}_a - \boldsymbol{r}_c')\mathrm{d}S_c' \\ \boldsymbol{H}^{\mathrm{s}}(\boldsymbol{r}_a) = \displaystyle\int_{S_c} \boldsymbol{J}(\boldsymbol{r}_c') \times \nabla G(\boldsymbol{r}_a - \boldsymbol{r}_c')\mathrm{d}S_c' \end{cases} \tag{3-9}$$

其中，Y 表示导纳。

根据基尔霍夫近似公式求开口腔体外远区的散射场，即

$$\boldsymbol{E}_{\mathrm{cav}}^{\mathrm{s}}(\boldsymbol{r}) \approx -\int_{S_a} \boldsymbol{M}^{\mathrm{s}}(\boldsymbol{r}_a') \times \nabla G(\boldsymbol{r} - \boldsymbol{r}_a')\mathrm{d}S_a' + \frac{1}{\mathrm{j}kY}\nabla \times \int_{S_z} \boldsymbol{J}^{\mathrm{s}}(\boldsymbol{r}_a') \times \nabla G(\boldsymbol{r} - \boldsymbol{r}_a')\mathrm{d}S_a' \tag{3-10}$$

其中，$\boldsymbol{J}^{\mathrm{s}}(\boldsymbol{r}_a')$、$\boldsymbol{M}^{\mathrm{s}}(\boldsymbol{r}_a')$ 分别为开口腔体口径面上散射场 $\boldsymbol{E}^{\mathrm{s}}(\boldsymbol{r}_a)$、$\boldsymbol{H}^{\mathrm{s}}(\boldsymbol{r}_a)$ 产生的等效电磁流。

开口腔体双站电磁散射机理如图 3-8 所示。在图 3-8（a）中，开口腔体的外口径为 2.4m，内口径为 0.67m，高为 1.74m，平面波入射角度为 $\theta^{\mathrm{i}}=15°$，$\varphi^{\mathrm{i}}=0°$，接收角度为 $\theta^{\mathrm{s}}=0°\sim360°$，$\varphi^{\mathrm{s}}=0°$，角度间隔为1°，频率为 300MHz，极化方式为 VV 极化。图 3-8（b）为开口腔体的 BCS，由于入射角度较小，$\boldsymbol{E}_{\mathrm{cav}}^{\mathrm{s}}$ 远大于 $\boldsymbol{E}_{\mathrm{ext}}^{\mathrm{s}}$，因此在开口腔体内部散射场较大，0° 和 180° 范围左右分别为腔体散射和前向散射，BCS 值较大，反映了腔体的强电磁散射特性。

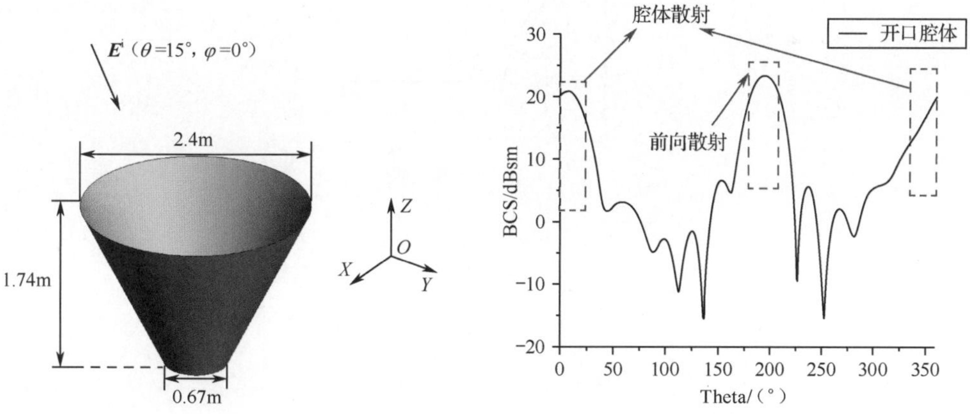

（a）开口腔体　　（b）开口腔体的BCS

图 3-8　开口腔体双站电磁散射机理

3.2.4　边缘绕射

飞机的进气道唇口、机翼及尾翼边缘等部位会产生边缘绕射，它是一种弱散射源。根据增量长度绕射系数（Incremental Length Diffraction Coefficients，ILDC）理论，

任何形状边缘产生的散射都可以通过对其照射部分积分而求得，并将结果集中于增量形式，用一个并矢绕射系数 $\overline{\overline{d}}$ 来表示边缘绕射电场，则

$$\boldsymbol{E}^{\mathrm{s}}\mathrm{d}t=\boldsymbol{E}^{\mathrm{i}}\frac{\exp[\mathrm{j}(kR-\pi/4)]}{2\pi R}\overline{\overline{d}}\cdot\hat{\boldsymbol{e}}_{\mathrm{i}}\mathrm{d}t \tag{3-11}$$

对应的磁场表达式为

$$\boldsymbol{H}^{\mathrm{s}}\mathrm{d}t=\boldsymbol{H}^{\mathrm{i}}\frac{\exp[\mathrm{j}(kR-\pi/4)]}{2\pi R}\hat{\boldsymbol{s}}\times[\overline{\overline{d}}\cdot(\hat{\boldsymbol{h}}_{\mathrm{i}}\times\hat{\boldsymbol{i}})]\mathrm{d}t \tag{3-12}$$

其中，$\mathrm{d}t$ 为边缘单元；$\boldsymbol{E}^{\mathrm{s}}$ 和 $\boldsymbol{H}^{\mathrm{s}}$ 分别为边缘绕射电场与边缘绕射磁场；$\boldsymbol{E}^{\mathrm{i}}$ 和 $\boldsymbol{H}^{\mathrm{i}}$ 分别为入射电场与入射磁场；$\hat{\boldsymbol{i}}$ 和 $\hat{\boldsymbol{s}}$ 分别为入射方向与散射方向的单位矢量；$\hat{\boldsymbol{e}}_{\mathrm{i}}$ 和 $\hat{\boldsymbol{h}}_{\mathrm{i}}$ 为沿入射波电场与入射波磁场的极化方向单位矢量；R 为边缘到电磁波入射场点的距离。对式(3-11)和式（3-12）中边缘单元的绕射场在边缘上积分，即可获得边缘到远区的绕射场。根据坐标变换，将 ILDC 化简为

$$\begin{aligned}\boldsymbol{E}_0\mathrm{d}t=2E_0\psi_0\mathrm{d}t[(D_{\mathrm{ew}}-D'_{\perp})\boldsymbol{e}^{\mathrm{s}}_{\perp}\cos\gamma-(D_{\mathrm{e}}-D'_{\mathrm{p}})\sin\beta_{\mathrm{s}}/\sin\beta_{\mathrm{i}}\boldsymbol{e}^{\mathrm{s}}_{\mathrm{p}}\sin\gamma-\\(D_{\mathrm{ew}}\sin\beta_{\mathrm{i}}-D'_{\perp\mathrm{P}})\sin\beta_{\mathrm{s}}/\sin\beta_{\mathrm{i}}\boldsymbol{e}^{\mathrm{s}}_{\mathrm{p}}\cos\gamma]\end{aligned} \tag{3-13}$$

其中，$\boldsymbol{E}_0$ 为入射电场的幅度；ψ_0 为远场格林函数；D_{p}、D_{e}、D_{ew} 为等效电磁流的绕射系数；$D'_{\perp}$、D'_{P}、$D'_{\perp\mathrm{P}}$ 为物理光学项；β_{i} 为边缘切向 $\hat{\boldsymbol{t}}$ 与入射方向 $\hat{\boldsymbol{i}}$ 之间的夹角；β_{s} 为边缘切向 $\hat{\boldsymbol{t}}$ 与绕射方向 $\hat{\boldsymbol{s}}$ 之间的夹角；γ 为入射极化方向和入射平面法向之间的夹角。这些单位方向矢量之间的关系如图 3-9 所示。

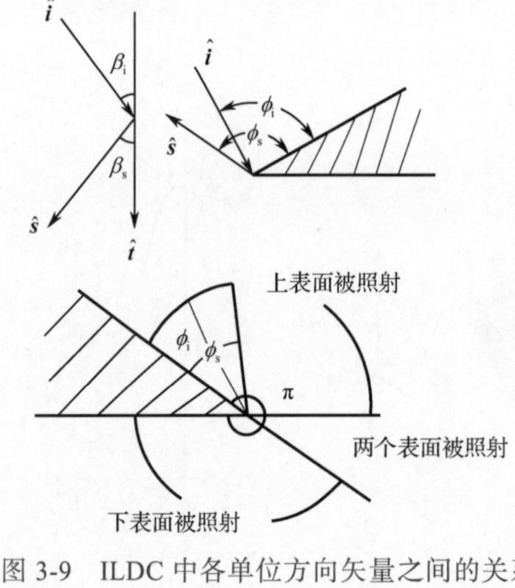

图 3-9　ILDC 中各单位方向矢量之间的关系

简单劈双站电磁散射机理如图 3-10 所示。在图 3-10（a）中，平面波的入射角度为 $\theta^{\mathrm{i}}=90^\circ$，$\varphi^{\mathrm{i}}=90^\circ$，接收角度为 $\theta^{\mathrm{s}}=90^\circ$，$\varphi^{\mathrm{s}}=0^\circ\sim360^\circ$，角度间隔为$1^\circ$，频率为 300MHz，极化方式为 VV 极化。图 3-10（b）为简单劈的 BCS，可以看出，在劈边缘各个散射方向的 BCS 值均较小，反映了边缘绕射的弱电磁散射特性。

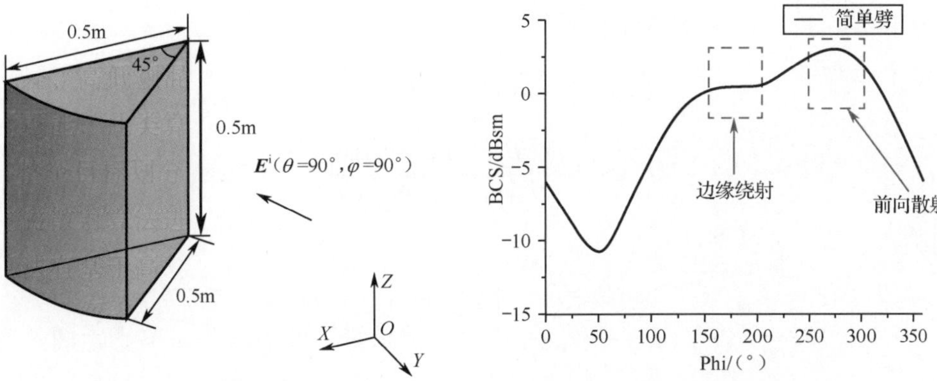

（a）简单劈　　　　（b）简单劈的BCS

图 3-10　简单劈双站电磁散射机理

3.2.5　尖端绕射

飞机的顶尖部位会产生尖端绕射，它是一种弱散射源。尖端绕射主要出现在前缘衍射场不连续处，当衍射点从一个边缘突然改变其位置到下一个相邻边缘时，就会发生尖端绕射。在实际工程问题中，常利用一致性绕射理论（Uniform Theory of Diffraction，UTD）对尖顶绕射进行分析。

连接两条或多条边顶点的尖顶结构如图 3-11 所示。为了简单起见，考虑一个由 3 条边组成的尖顶结构。

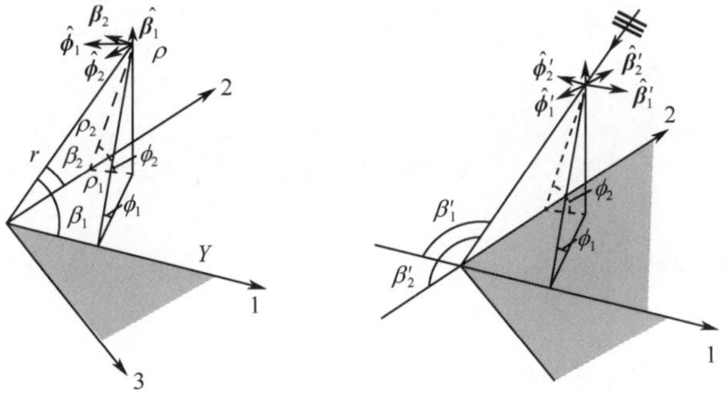

图 3-11　连接两条或多条边顶点的尖顶结构

下面以边 1 和边 2 处的相互作用机制为例进行介绍。

（1）入射波的方向是(β_i',ϕ_1')，边 1 产生的散射场由其平面波谱表示。

（2）当入射波照射到每条边上时，在观测方向会产生散射场，由 ILDC 公式计算。

（3）利用边 2 的平面波响应对边 1 的频谱进行加权，得到积分表示，该积分表示可以用封闭形式求值。相互作用机制的表达式为

$$D_{21}=\frac{1}{4}\frac{G_1(\overline{\alpha}_{21},\phi_1')G_2(\overline{\alpha}_{21},\phi_1')}{\sin\Omega_{21}\sin\beta_1'\sin\overline{\overline{\alpha}}_{21}}=\frac{1}{4}\frac{G_1(\overline{\alpha}_{21},\phi_1')G_2(\overline{\alpha}_{21},\phi_1')}{\sin\Omega_{21}\sin\beta_2\sin\overline{\overline{\alpha}}_{21}} \tag{3-14}$$

其中，$G_i(\alpha,\phi)$表示标准的几何绕射理论（Geometrical Theory of Diffraction，GTD）的楔

绕射系数；$\overline{\alpha}_{21}$、$\overline{\overline{\alpha}}_{21}$的定义分别如下。

$$\cos\overline{\alpha}_{21}=\frac{-\cos\beta_1'\cos\Omega_{21}+\cos\beta_2}{\sin\beta_1'\sin\Omega_{21}}$$
$$\cos\overline{\overline{\alpha}}_{21}=\frac{\cos\beta_2\cos\Omega_{21}-\cos\beta_1'}{\sin\beta_2\sin\Omega_{21}} \tag{3-15}$$

则尖顶结构的双站散射总场可以表示为

$$S_v=S_{12}+S_{13}+S_{23} \tag{3-16}$$

其中，$S_{nm}=S_{mn}=D_{mn}+D_{nm}$ $(n,m=1,2,3;\ n\neq m)$，表示第 n 条边与第 m 条边之间的相互作用机制。

尖顶结构双站电磁散射机理如图 3-12 所示。在图 3-12（a）中，尖顶结构的高度为 0.75m，底面长为 2.5m，宽为 1.25m，平面波的入射角度为 $\theta^i=90°$，$\varphi^i=0°$，接收角度为 $\theta^s=0°\sim360°$，$\varphi^s=0°$，角度间隔为1°，频率为 300MHz，极化方式为 VV 极化。图 3-12（b）为尖顶结构的 BCS，在尖顶结构的顶部尖端处，即在 θ^s 为 0°附近，BCS 值较小，反映了尖顶结构的弱电磁散射特性。

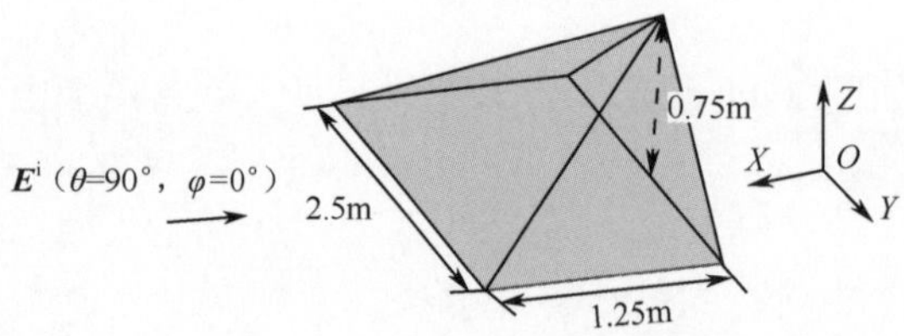

（a）尖顶结构

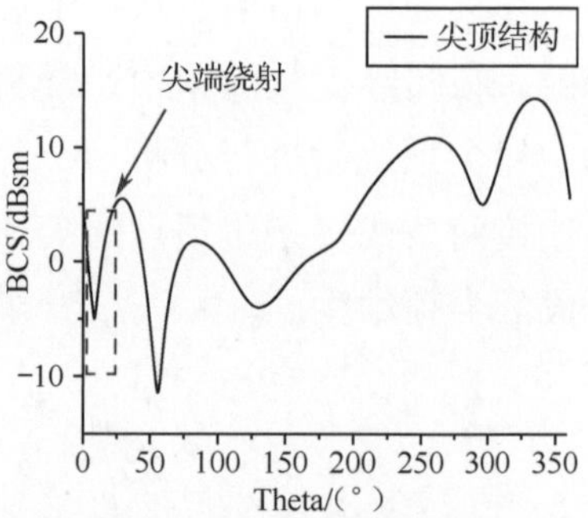

（b）尖顶结构的BCS

图 3-12 尖顶结构双站电磁散射机理

3.2.6 爬行波绕射

当外辐射源沿侧向照射飞机时，机身、外挂物等部位会产生爬行波绕射现象，爬行波绕射是一种弱散射源。针对爬行波绕射问题，通常采取 GTD 和 UTD 进行分析，根据爬行波后向散射场景下远区的散射场计算公式，可以分析目标阴影区域的爬行波绕射现象。

假设图 3-13 中的机翼为全金属光滑表面，没有缝隙等不连续处，且为电大尺寸，可以按照广义费马原理进行射线追踪。如图 3-13 所示，Q_1 点和 Q_2 点分别是绕射射线在机翼表面的爬行起始点和结束点。

机翼前缘阴影区域爬行波的后向散射场可以表示为

$$\boldsymbol{E}^d=\boldsymbol{E}^i(Q_1)\cdot T(Q_1,Q_2)\mathrm{e}^{-jkR}/R \tag{3-17}$$

式中，$\boldsymbol{E}^i(Q_1)$为 Q_1 点处的入射电场；$k=2\pi/\lambda$ 表示波数；R 为绕射结束点 Q_2 到观察点的

距离；$T(Q_1,Q_2)$ 为 UTD 中凸曲面上爬行波的并矢绕射系数，且

$$T(Q_1,Q_2)=T_s\boldsymbol{b}_1\boldsymbol{b}_2+T_h\boldsymbol{n}_1\boldsymbol{n}_2 \tag{3-18}$$

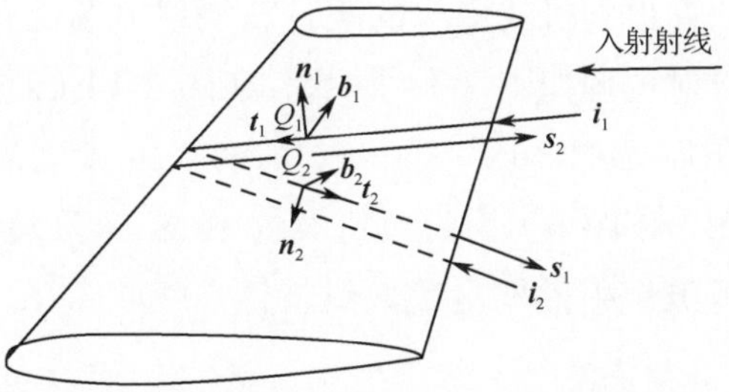

图 3-13　机翼前缘处于阴影区域时的绕射示意

其中，T_s 和 T_h 分别对应软边界条件与硬边界条件的绕射系数。

$$T_{s,h}=-\left[\frac{\sqrt{m(Q_1)m(Q_2)}\sqrt{2/k}}{\left\{\dfrac{\mathrm{j}\mathrm{e}^{-\mathrm{j}(\pi/4)}}{2\sqrt{\pi}\xi^d}[1-F(X^d)]+P_{s,h}(\xi^d)\right\}}\right]\mathrm{e}^{\mathrm{j}kt} \tag{3-19}$$

式（3-19）中各主要参数的表达式如下。

$$m(Q)=\left(\frac{k\rho_g(Q)}{2}\right)^{1/3} \tag{3-20}$$

其中，$\rho_g(Q)$ 为曲面上 Q 点处沿爬行路径的曲率半径。

$$\xi^d=\int_{Q_1}^{Q_2}\frac{m(t')}{\rho_g(t')}\mathrm{d}t' \tag{3-21}$$

其中，ξ^d 为爬行波衰减项，是沿爬行路径的曲线积分。

$$X^d=\frac{kL^d(\xi^d)^2}{2m(Q_1)m(Q_2)} \tag{3-22}$$

其中，L^d 为阴影边界的距离因子，在 UTD 中根据阴影边界场的连续性推导出 L^d 的表达式为

$$L^d=\frac{(\rho_1^i+s_0)(\rho_2^i+s_0)}{(\rho_1^i+[s_0+s])(\rho_2^i+[s_0+s])}\frac{s(\rho_2^r+s)}{\rho_2^r} \tag{3-23}$$

假设源点和场点都在无穷远处，可以简单地取 $L^d=1$。

$$F(X^d)=2\mathrm{j}\sqrt{X^d}\mathrm{e}^{\mathrm{j}X^d}\int_{\sqrt{X^d}}^{\infty}\mathrm{d}\tau\mathrm{e}^{-\mathrm{j}\tau^2},X^d>0 \tag{3-24}$$

式（3-24）为含有菲涅耳积分的过渡函数。

$$t=\int_{Q_1}^{Q_2}\mathrm{d}t' \tag{3-25}$$

其中，t 的物理意义为爬行路径的长度。

$$\begin{cases}P_s(\xi^d)\approx\dfrac{\mathrm{e}^{-\mathrm{j}\frac{\pi}{4}}}{\sqrt{\pi}}\displaystyle\sum_{p=1}^{N}\frac{\mathrm{e}^{\mathrm{j}\frac{\pi}{6}}\mathrm{e}^{\xi^d q_p\mathrm{e}^{-\mathrm{j}(5\pi/6)}}}{2[\mathrm{Ai}'(-q_p)]^2}\\P_h(\xi^d)\approx\dfrac{\mathrm{e}^{-\mathrm{j}\frac{\pi}{4}}}{\sqrt{\pi}}\displaystyle\sum_{p=1}^{N}\frac{\mathrm{e}^{\mathrm{j}\frac{\pi}{6}}\mathrm{e}^{\xi^d\bar{q}_p\mathrm{e}^{-\mathrm{j}(5\pi/6)}}}{2\bar{q}_p[\mathrm{Ai}(-\bar{q}_p)]^2}\end{cases}(\xi^d>>0) \tag{3-26}$$

其中，Ai 表示克勒尔类型的艾里函数，Ai′ 是它的导数；q_p 和 $\overline{q}_p$ 分别由 $\mathrm{Ai}(-q_p)=0$ 和 $\mathrm{Ai}'(-\overline{q}_p)=0$ 确定。

根据上述公式可以计算得到机翼前缘的爬行波绕射电场及其贡献的后向 RCS。

简单机翼双站电磁散射机理如图 3-14 所示。在图 3-14（a）中，平面波的入射角度为 $\theta^{\mathrm{i}}=0°$，$\varphi^{\mathrm{i}}=0°$，接收角度为 $\theta^{\mathrm{s}}=0°\sim360°$，$\varphi^{\mathrm{s}}=90°$，角度间隔为 $1°$，频率为 300MHz，极化方式为 VV 极化。图 3-14（b）为简单机翼的 BCS，可以看出，在机翼边缘角域的 BCS 值较小，反映了爬行波绕射的弱电磁散射特性。

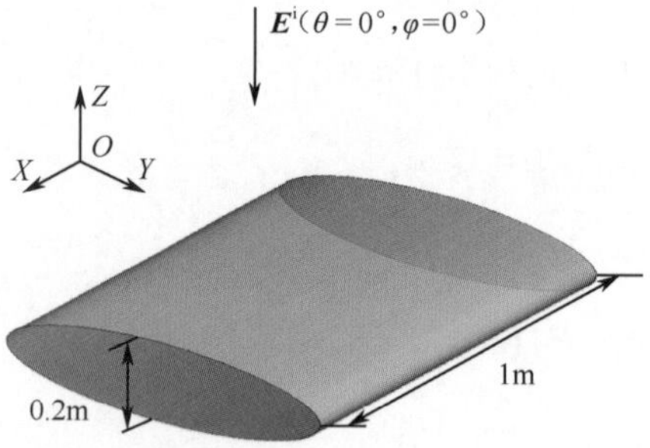

（a）简单机翼

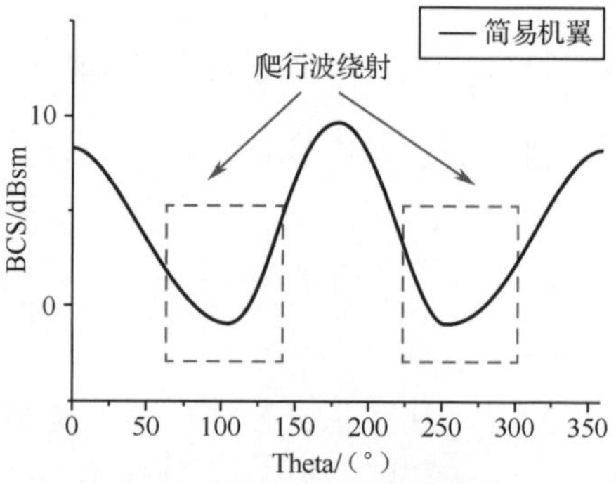

（b）简单机翼的BCS

图 3-14 简单机翼双站电磁散射机理

3.2.7 表面不连续处的散射

当外辐射源发射的电磁波接近切向照射到飞机表面时，电磁波将沿着物体表面传播。当表面出现缺口或缝隙、表面曲率不连续、材料性能突变时，将引起电磁波的散射。这是一种弱散射源。采用有限元边界积分（Finite Element Boundary Integral，FEBI）方法可以单独对缝隙的 RCS 进行分析，获得细小缝隙的 RCS 贡献。

缝隙模型如图 3-15 所示，缝隙内无源，缝隙壁上切向电场为零，切向电场和磁场在缝隙处连续。

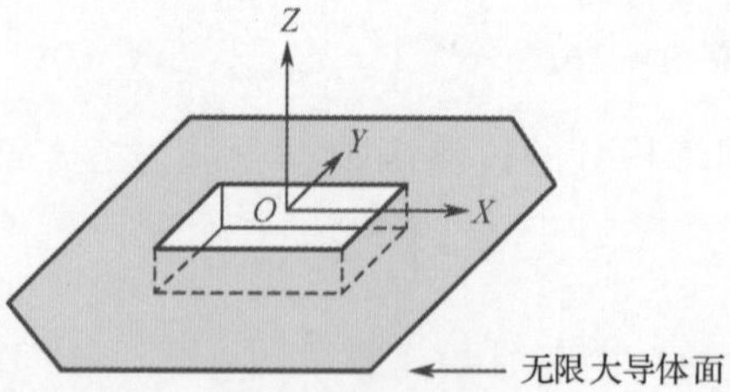

图 3-15 缝隙模型

根据变分原理，其等价泛函公式为

$$F(\boldsymbol{E})=\frac{1}{2}\iiint_V\left[\frac{1}{\mu_{\rm r}}(\nabla\times\boldsymbol{E})\cdot(\nabla\times\boldsymbol{E})+\frac{S_{\rm a}}{\mu_{\rm r}\varepsilon_{\rm r}^2}(\nabla\cdot\varepsilon_{\rm r}\boldsymbol{E})-k_0^2\varepsilon_{\rm r}\boldsymbol{E}\cdot\boldsymbol{E}\right]{\rm d}V-$$
$$2k_0^2\iint_{S_{\rm a}}[\boldsymbol{E}(\boldsymbol{r})\times\hat{z}]\cdot\left\{\iint_{S_{\rm a}}[\boldsymbol{E}(\boldsymbol{r}')\times\hat{z}]\cdot\overline{\overline{G}}_0(\boldsymbol{r},\boldsymbol{r}'){\rm d}S'\right\}{\rm d}S- \tag{3-27}$$
$$2{\rm j}k_0Z_0\iint_{S_{\rm a}}[\boldsymbol{E}(\boldsymbol{r})\times\hat{z}]\cdot\boldsymbol{H}^{\rm i}(\boldsymbol{r}){\rm d}S$$

其中，$\varepsilon_{\rm r}$为相对介电常数；$\mu_{\rm r}$为相对磁导率；$S_{\rm a}$为缝隙的面积；$\hat{z}$为缝隙开口面剖分单元的单位法向量；$\overline{\overline{G}}_0$为自由空间并矢格林函数。为了离散$F$，将缝隙模型划分为许多小的四面体单元，如图 3-16 所示。通过使用四面体矢量基函数，每个部分单元内的场可以展开为

$$\boldsymbol{E}^e=\sum_{i=1}^{n}E_i^e\boldsymbol{N}_i^e=\{\boldsymbol{N}^e\}^{\rm T}\{E^e\} \tag{3-28}$$

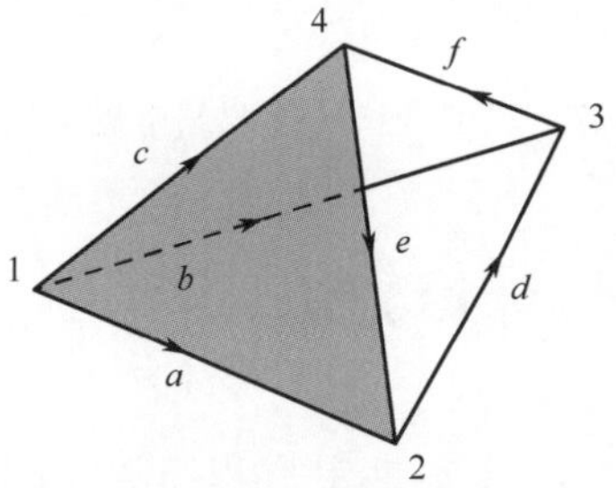

图 3-16　四面体单元

其中，e是剖分单元编号；n是剖分单元棱边数；$\boldsymbol{N}_i^e$是棱边i的矢量基函数。每个剖分单元内的表面场可以展开为

$$\hat{\boldsymbol{n}}\times\boldsymbol{E}^e=\sum_{i=1}^{n}E_i^e\hat{\boldsymbol{n}}\times\boldsymbol{N}_i^e \tag{3-29}$$

其中，E_i^e是未知展开系数。

四面体单元上的棱边编号为a、b、c、d、e、f，假设a、c、e棱边位于缝隙口面，对于线性插值基函数，其表面场可以展开为

$$\hat{\boldsymbol{n}}\times\boldsymbol{E}^e=\hat{\boldsymbol{n}}\times(E_a^e\boldsymbol{N}_a^e+E_b^e\boldsymbol{N}_b^e+E_c^e\boldsymbol{N}_c^e+E_d^e\boldsymbol{N}_d^e+E_e^e\boldsymbol{N}_e^e+E_f^e\boldsymbol{N}_f^e) \tag{3-30}$$

当缝隙口面与两个坐标轴平行时，$\boldsymbol{N}_i^e$可以采用二维基函数代入，从而将式（3-30）转化为

$$\hat{\boldsymbol{n}}\times\boldsymbol{E}^e=\hat{\boldsymbol{n}}\times(E_1^e\boldsymbol{N}_1^e+E_2^e\boldsymbol{N}_2^e+E_3^e\boldsymbol{N}_3^e) \tag{3-31}$$

这里，$\boldsymbol{N}_1^e$、$\boldsymbol{N}_2^e$、$\boldsymbol{N}_3^e$表示缝隙口面单元棱边的矢量基函数。由于四面体上b、d、f 3 个棱边的矢量基函数在棱边a、c、e组成的缝隙口面上没有切向分量，四面体矢量基函数和三角形矢量基函数都是相容的，式（3-30）和式（3-31）等价。将矢量基函数进行口面积分，可以得到未知展开系数，从而获得目标的 BCS。

三维开口腔体双站电磁散射机理如图 3-17 所示。在图 3-17（a）中，三维开口腔

体表面立方体缝隙的边长为 0.2m，缝隙深度为 0.02m，平面波入射角度为 $\theta^{\mathrm{i}}=90^{\circ}$，$\varphi^{\mathrm{i}}=0^{\circ}$，接收角度为 $\theta^{\mathrm{s}}=0^{\circ}\sim360^{\circ}$，$\varphi^{\mathrm{s}}=0^{\circ}$，角度间隔为$1^{\circ}$，频率为 300MHz，极化方式为 VV 极化。图 3-17（b）为三维开口腔体的 BCS，当θ^{s}为0°和180°时，由于表面不连续带来的电磁波绕射，导致 BCS 值较小，反映了表面不连续处的弱电磁散射特性。

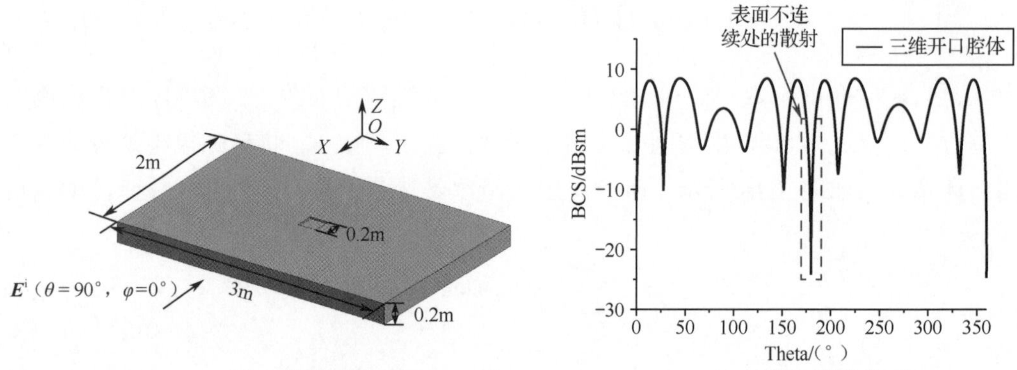

（a）三维开口腔体　　（b）三维开口腔体的BCS

图 3-17　三维开口腔体双站电磁散射机理

3.3 目标电磁散射特性计算方法

自电磁学诞生以来，学者们在麦克斯韦方程组的基础上研究出了许多目标电磁散射特性计算方法，这些方法大致可以归纳为解析法、高频近似方法和数值方法（全波计算方法）。解析法的优点是可以将目标的电磁散射特性表示成一个函数表达式，通过该函数表达式可以精确地获取目标在不同状态下的电磁散射特性。然而，解析法仅适用于外形简单和规则的物体，而现实中外辐射源场景下的目标结构通常比较复杂，所以解析法并不适用于实际工程。下文主要介绍高频近似方法和全波计算方法。

3.3.1　高频近似方法

受到计算资源的限制，早期的电磁散射特性计算方法主要为高频近似方法，如几何光学法（Geometrical Optics，GO）、GTD、PO、物理绕射理论（Physical Theory of Diffraction，PTD）、UTD、一致性渐近理论（Uniform Asymptotic Theory，UAT）、弹跳射线法（Shooting and Bouncing Ray，SBR）和等效边缘电流法（Method of Equivalent Currents，MEC）等。此类高频近似方法基于高频场的局部性原理，仅考虑目标各个部件或细小单元在入射波作用下产生的散射场，不考虑部件或单元之间的相互耦合，具有计算速度快、内存占用少的优点，被广泛应用于电大尺寸目标的电磁散射特性分析。常用高频近似方法的优缺点如表 3-2 所示。

表 3-2　常用高频近似方法的优缺点

高频近似方法	优　点	缺　点
PO	物理概念清晰，易于编程实现，计算机资源消耗少且求解速度快	忽略了部件之间的耦合，计算结果精度差
GO	方法简单，运算速度快	仅适用于双曲率表面，要求散射体表面光滑，无法分析不连续表面
GTD	克服了 GO 在阴影区域的缺点，改进了照明区域的几何光学解	焦散区的计算结果无限大，阴影边界和反射边界的过渡区绕射系数奇异
PTD	能够计算棱边绕射处的电磁散射，与 PO 互补，克服了 GTD 的过渡区绕射系数奇异问题	无法计算凯勒锥以外的散射场
UTD	与频率无关，适合解决高频段电大尺寸目标的电磁散射问题	在绕射射线的焦散区会失效
SBR	结合了 GO 和 PO 的优点，能计算电磁波在目标表面产生多次反射的效应	射线管数量巨大，射线管的追踪和电磁计算非常耗时

其中，PO 的主要原理是外辐射源发射的平面波照射到目标表面，在目标表面出现感应电流，又根据局部性原理，目标表面的感应电流可以近似表示为入射场，对目标表面的感应电流进行积分，计算出目标的散射场。PO 基于 Stratton-Chu 方程，在求解目标表面的感应电流时，做了以下假设。

（1）目标曲率半径远大于波长。

（2）目标表面只有照明区域才会有感应电流。

（3）在照射表面产生的感应电流特性和入射点与表面相切处的无穷大平面上的感应电流特性相同。

通常情况下，飞机、卫星辐射源、接收雷达的大地坐标（B、L、H，分别代表纬度、经度和高度）及飞机的姿态已知，根据大地坐标与直角坐标转换式（3-32），可以得到飞机、卫星辐射源、接收雷达的直角坐标系坐标（见图 3-18），从而得到卫星辐射源发射平面波的入射角（θ^{i}、φ^{i}）和接收雷达相对于飞机目标的散射角（θ^{s}、φ^{s}）。

$$\begin{cases} X=\left(\dfrac{a}{\sqrt{1-\mathrm{e}^2\sin^2 B}}+H\right)\cos B\cos L \\ Y=\left(\dfrac{a}{\sqrt{1-\mathrm{e}^2\sin^2 B}}+H\right)\cos B\sin L \\ Z=\left(\dfrac{a(1-\mathrm{e}^2)}{\sqrt{1-\mathrm{e}^2\sin^2 B}}+H\right)\sin B \end{cases} \tag{3-32}$$

假设在自由空间，飞机目标在卫星辐射源发射的电磁波 $\boldsymbol{E}^{\mathrm{i}}$ 的照射下产生表面感应电流 $\boldsymbol{J}_s$，其中，入射平面波的电场 $\boldsymbol{E}^{\mathrm{i}}$ 可以表示为

$$\boldsymbol{E}^{\mathrm{i}}(\boldsymbol{r})=(E_\theta\hat{\boldsymbol{\theta}}+E_\varphi\hat{\boldsymbol{\varphi}})\exp(-\mathrm{j}\boldsymbol{k}\cdot\boldsymbol{r}) \tag{3-33}$$

其中，E_θ 和 E_φ 分别是 $\hat{\boldsymbol{\theta}}$ 与 $\hat{\boldsymbol{\varphi}}$ 方向的电场幅度；$\boldsymbol{r}$ 为观察位置矢量；$\boldsymbol{k}$ 为传播矢量，可表示为

$$\boldsymbol{k}=-k(\sin\theta^{\mathrm{i}}\cos\varphi^{\mathrm{i}}\hat{\boldsymbol{x}}+\sin\theta^{\mathrm{i}}\sin\varphi^{\mathrm{i}}\hat{\boldsymbol{y}}+\cos\theta^{\mathrm{i}}\hat{\boldsymbol{z}})\tag{3-34}$$

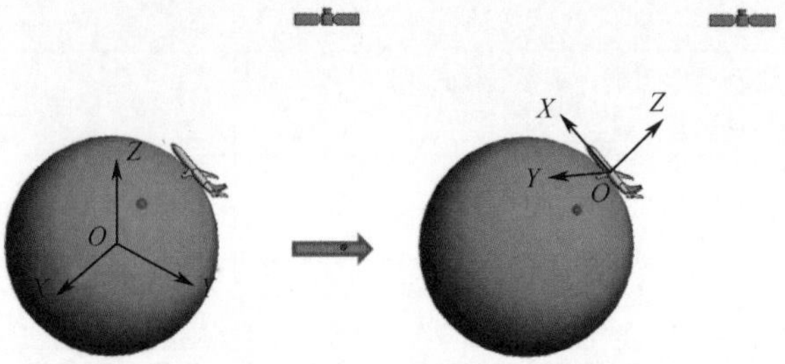

图 3-18　坐标转换示意

其中，k 为自由空间波数；$(\theta^{\mathrm{i}},\varphi^{\mathrm{i}})$ 为电磁波的入射角度。

由 $\boldsymbol{J}_s$ 产生的磁矢位可表示为

$$\boldsymbol{A}(\boldsymbol{r})=\frac{\mu}{4\pi}\iint_{S'}\boldsymbol{J}_s(\boldsymbol{r}')\frac{\mathrm{e}^{-\mathrm{j}k\boldsymbol{R}}}{R}\mathrm{d}s'\tag{3-35}$$

其中，$R=|\boldsymbol{r}-\boldsymbol{r}'|$；$\boldsymbol{r}'$ 为源点位置矢量；$\mathrm{d}s'$ 为源点位置处的面积。

由式（3-35）可进一步求解在雷达接收方向 $(\theta^{\mathrm{s}},\varphi^{\mathrm{s}})$ 的散射场与磁场，即

$$\boldsymbol{H}^{\mathrm{s}}(\boldsymbol{r})=\frac{1}{4\pi}\iint_{S}\frac{-1-\mathrm{j}kR}{R}\mathrm{e}^{-\mathrm{j}k\boldsymbol{R}}(\boldsymbol{R}\times\boldsymbol{J}_s(\boldsymbol{r}'))\mathrm{d}s'\tag{3-36}$$

$$\boldsymbol{E}^{\mathrm{s}}(\boldsymbol{r})=\frac{1}{\mathrm{j}\omega\varepsilon4\pi}\iint_{S}\left\{\begin{array}{l}\left[\dfrac{3-k^2R^2+\mathrm{j}3kR}{R^5}\mathrm{e}^{-\mathrm{j}k\boldsymbol{R}}\cdot\boldsymbol{R}\times(\boldsymbol{R}\times\boldsymbol{J}_s(\boldsymbol{r}'))\right]+\\\left[2\boldsymbol{J}_s(\boldsymbol{r}')\dfrac{1+\mathrm{j}kR}{R^3}\mathrm{e}^{-\mathrm{j}k\boldsymbol{R}}\right]\end{array}\right\}\mathrm{d}s'\tag{3-37}$$

由于需要满足远场条件，因此有

$$|k\boldsymbol{R}|\gg1\tag{3-38}$$

由此将式（3-37）进行简化，可得

$$\boldsymbol{E}^{\mathrm{s}}(\boldsymbol{r})=-\frac{k^2}{\mathrm{j}\omega\varepsilon4\pi}\iint_{S}\boldsymbol{R}\times[(\boldsymbol{R}\times\boldsymbol{J}_s(\boldsymbol{r}')]\frac{\mathrm{e}^{-\mathrm{j}k\boldsymbol{R}}}{R}\mathrm{d}s'\tag{3-39}$$

对理想导体目标来说，由 PO 得到目标表面的感应电流为

$$\boldsymbol{J}_s(\boldsymbol{r}')=\begin{cases}2\hat{\boldsymbol{n}}(\boldsymbol{r}')\times\boldsymbol{H}^{\mathrm{i}}(\boldsymbol{r}'), & \text{照明区域}\\0, & \text{阴影区域}\end{cases}\tag{3-40}$$

其中，$\hat{\boldsymbol{n}}(\boldsymbol{r}')$ 为 $\boldsymbol{r}'$ 处的单位外法向矢量；$\boldsymbol{H}^{\mathrm{i}}(\boldsymbol{r}')$ 为假设散射体不存在时 $\boldsymbol{r}'$ 处的入射磁场。

$$\boldsymbol{H}^{\mathrm{i}}(\boldsymbol{r}')=\frac{1}{\eta}\hat{\boldsymbol{k}}\times\boldsymbol{E}^{\mathrm{i}}(\boldsymbol{r}')\tag{3-41}$$

其中，η 为自由空间波阻抗。

在远场条件下，

$$R=|\boldsymbol{r}-\boldsymbol{r}'|\approx\boldsymbol{r}-\hat{\boldsymbol{r}}\cdot\boldsymbol{r}'\tag{3-42}$$

且

$$R\approx r\tag{3-43}$$

将式（3-40）～式（3-43）代入式（3-39），得到远区散射场表达式为

$$\boldsymbol{E}^{\mathrm{s}}(\boldsymbol{r})=\frac{\mathrm{j}}{\lambda \boldsymbol{r}}|E_0|\mathrm{e}^{-\mathrm{j}\boldsymbol{k}\cdot\boldsymbol{r}}\boldsymbol{I} \tag{3-44}$$

其中，

$$\boldsymbol{I}=\int_S \hat{\boldsymbol{r}}\times\{\hat{\boldsymbol{r}}\times[(\hat{\boldsymbol{n}}(\boldsymbol{r}')\cdot E_0)\hat{\boldsymbol{k}}-(\hat{\boldsymbol{n}}(\boldsymbol{r}')\cdot\hat{\boldsymbol{k}})E_0]\}\mathrm{e}^{-\mathrm{j}\boldsymbol{k}(\hat{\boldsymbol{k}}-\hat{\boldsymbol{r}})\cdot\boldsymbol{r}'}\mathrm{d}s \tag{3-45}$$

根据雷达散射截面的定义，PO 的 BCS 可表示为

$$\sigma_{\mathrm{BCS}}=\lim_{R\to\infty}4\pi R^2\frac{|\boldsymbol{E}^{\mathrm{s}}|^2}{|\boldsymbol{E}^{\mathrm{i}}|^2}=\frac{4\pi}{\lambda^2}|\boldsymbol{I}|^2 \tag{3-46}$$

在利用 PO 进行 BCS 求解的过程中，可基于三角形面片对复杂的模型进行剖分，且只有被照亮的三角形面片参与积分，因此需要对目标剖分得到的所有三角形面片进行遮挡判断。

在确定三角形面片是否被遮挡时，首先要判断三角形面片是否发生自身遮挡的情况。至于三角形面片自身是否发生遮挡，可以通过照射面的法向矢量与平面入射波的矢量进行点乘，根据点乘结果来判断。如图 3-19 所示，三角形面片的法向矢量 $\hat{\boldsymbol{n}}$ 与平面入射波方向 $\hat{\boldsymbol{k}}_{\mathrm{i}}$ 的夹角成锐角，即 $\hat{\boldsymbol{n}}\cdot\hat{\boldsymbol{k}}_{\mathrm{i}}>0$，则发生遮挡；反之，则未发生遮挡。

若三角形面片自身未发生遮挡，则需要进一步判断是否被其他三角形面片遮挡。如图 3-20 所示，Q 为待判断三角形面片的中心。三角形面片上的任意一点均可通过参数方程表示为

$$S=\alpha A+\beta B+(1-\alpha-\beta)C \tag{3-47}$$

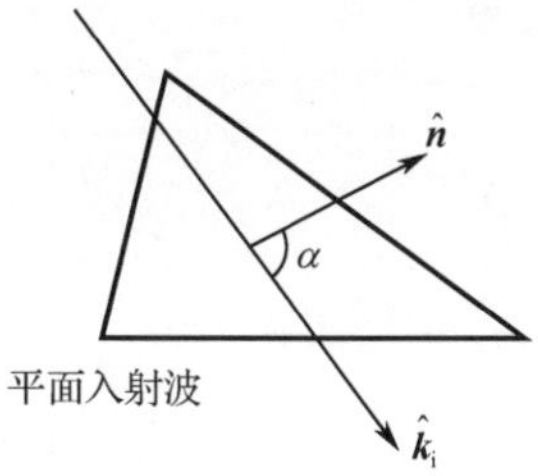

图 3-19　三角形面片自身是否发生遮挡判断示意

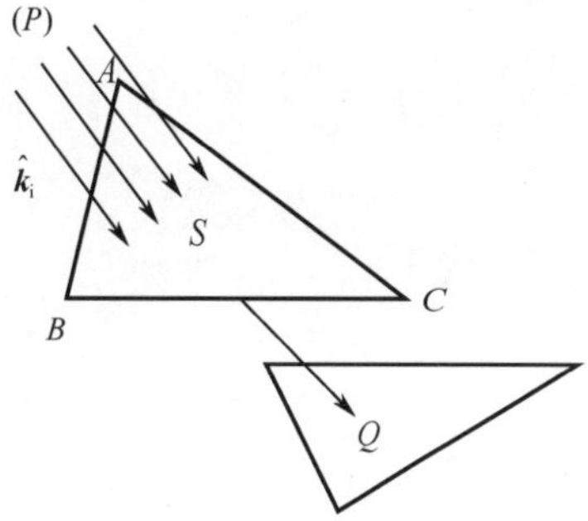

图 3-20　三角形面片是否互相遮挡判断示意

若 α、β、$1-\alpha-\beta$ 均在 $[0,1]$ 范围内，则点 S 在三角形面片内部，否则在三角形面片外部。

在线段 PQ 上，任意一点可表示为

$$S=\lambda P+(1-\lambda)Q \tag{3-48}$$

其中，λ 为点 S 与点 Q 之间的距离。当 $\lambda\in[0,1]$ 时，点 S 在线段 PQ 上。当点 S 既在三角形面片上又在线段上时，点 S 为两者的交点，则有

$$\alpha(\overline{AC})+\beta(\overline{BC})+\lambda(\overline{PQ})=\overline{CQ} \tag{3-49}$$

将其改写为矩阵形式为

$$[\overline{CA},\overline{CB},\overline{PQ}]\begin{bmatrix}\alpha\\ \beta\\ \lambda\end{bmatrix}=[\overline{CQ}] \tag{3-50}$$

假设入射点 P 与点 Q 之间距离极远，令 $\overline{PQ}=\xi\boldsymbol{k}_{\mathrm{i}}$，$\xi$ 为一个极大的正数。将其代入（3-50）可得

$$[\overline{CA},\overline{CB},\boldsymbol{k}_{\mathrm{i}}]\begin{bmatrix}\alpha\\ \beta\\ \xi\lambda\end{bmatrix}=[\overline{CQ}] \tag{3-51}$$

当 $\det[\overline{CA},\overline{CB},\boldsymbol{k}_{\mathrm{i}}]=0$ 时，方程无解，则三角形面片没有发生互相遮挡。当 $\det[\overline{CA},\overline{CB},\boldsymbol{k}_{\mathrm{i}}]\neq 0$ 时，方程有解，则存在交点。若 $\xi\lambda<0$，入射波先经过点 Q，则判断三角形面片并未发生遮挡；若 $\xi\lambda\geqslant 0$，且 α、β、λ 均在 $[0,1]$ 范围内，则发生遮挡，若 α、β、λ 中的任意一个不在 $[0,1]$ 范围内，则未发生遮挡。

下面利用 PO 计算外辐射源场景下电大尺寸目标的 BCS。

模型选择波音 737-400 民航客机，模型尺寸及仿真场景如图 3-21 所示。选择卫星作为外辐射源，假设卫星的经度、纬度、高度分别为 137°、0°、35786km，飞机的经度、纬度、高度分别为113.95°、38.38°、8182m，接收端的经度、纬度、高度分别为114.35°、38.25°、130m。

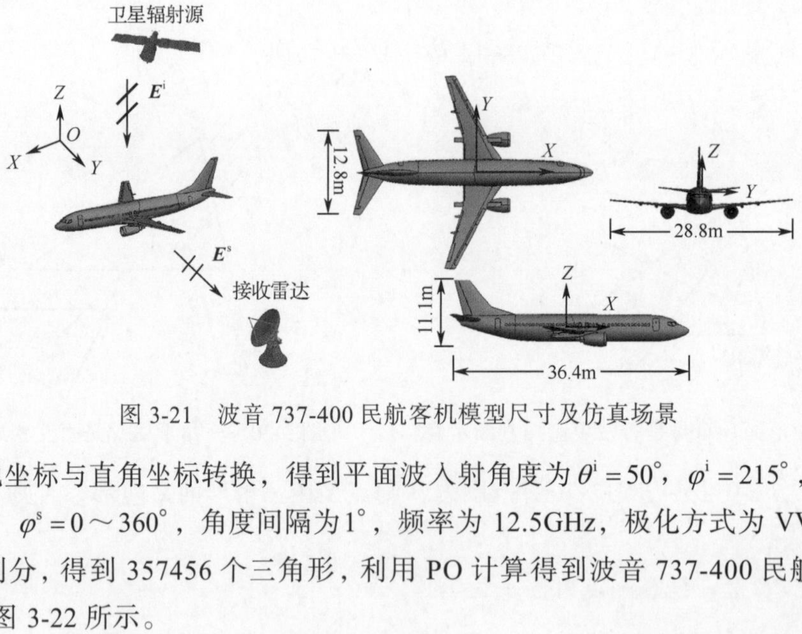

图 3-21　波音 737-400 民航客机模型尺寸及仿真场景

经大地坐标与直角坐标转换，得到平面波入射角度为 $\theta^{\mathrm{i}}=50°$，$\varphi^{\mathrm{i}}=215°$，接收角度为 $\theta^{\mathrm{s}}=102°$，$\varphi^{\mathrm{s}}=0\sim360°$，角度间隔为 $1°$，频率为 12.5GHz，极化方式为 VV 极化。将模型进行剖分，得到 357456 个三角形，利用 PO 计算得到波音 737-400 民航客机模型的 BCS 如图 3-22 所示。

从图 3-22 中可以看出，波音 737-400 民航客机 BCS 的峰值主要分布在 20°～70° 和 300°～330° 角域内。在 45° 附近角域内，BCS 的主要贡献为水平机翼处的平面镜面散射。在 315° 附近角域内，BCS 的主要贡献为垂直尾翼与水平尾翼、机身侧面部分与机翼形成

二面角反射，垂直尾翼处形成平面镜面反射，机身侧面处形成曲面镜面反射。由于散射源的电尺寸较大，且以上两处角域内对应的电磁散射机理均为强电磁散射机理，因此BCS较大。在135°和215°附近角域的主要散射贡献为发动机舱处产生的腔体散射，虽然该部位对应的电磁散射机理为强电磁散射机理，但由于该部件的电尺寸较小，因此 BCS 不大。机身处产生爬行波绕射，爬行波遇到表面不连续处（飞机机身与机翼连接处）会产生不连续表面散射，并在机身与机翼处形成二面角反射。虽然 90°和 270°附近角域内对应的主要电磁散射机理为弱电磁散射机理，但由于该部位电尺寸较大，因此 BCS 较大。0°对应机头位置，会产生尖顶绕射。机翼边缘产生边缘绕射，会在各个方向产生不同程度的散射。机翼顶端和悬挂物尖端部位产生尖顶绕射。但由于这几种散射源对应的电磁散射机理均为弱电磁散射机理，因此 BCS 较小。

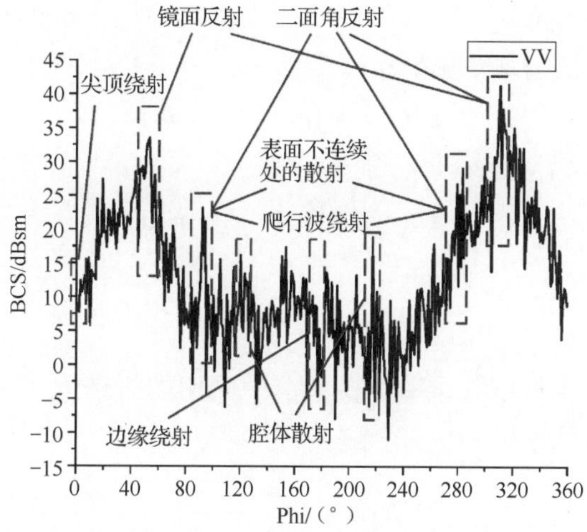

图 3-22　波音 737-400 民航客机模型的 BCS

3.3.2　全波计算方法

由于忽略了目标关键散射部件之间一些重要的电磁互耦关系，高频近似方法在分析复杂电大尺寸目标的电磁散射特性时计算精度较差，全波计算方法的出现解决了大多数解析法和高频近似方法无法解决的电磁问题。常用的全波计算方法有时域有限差分法（Finite Difference Time Domain，FDTD）、有限元法（Finite Element Method，FEM）、MoM 等。表 3-3 给出了这 3 种算法的优缺点及适用领域，其中 MoM 以精确度高、稳定性好的优点得到了广泛应用。

表 3-3　常用全波计算方法

全波计算方法	优　点	缺　点	适 用 领 域
FDTD	计算精度高，可以处理各种复杂的边界条件	计算量较大，空间分辨率受限，数值稳定性差	天线设计、电磁辐射散射、电磁波传播及高阶谐振结构的设计

续表

全波计算方法	优　　点	缺　　点	适用领域
FEM	易于处理各种不规则结构及不同媒质目标	产生的网格量和计算量非常大，大规模矩阵方程的求解极其耗时	电磁目标的散射分析、天线的设计与分析、系统的 EMC/EMI 分析
MoM	可以精确求解各种电磁场问题，计算精度高，稳定性好	计算复杂度和存储复杂度较高	微波器件设计、微波天线设计、目标电磁特性分析

考虑到外辐射源雷达发射方向为$(\theta^{\mathrm{i}},\varphi^{\mathrm{i}})$的电磁波$\boldsymbol{E}^{\mathrm{i}}$照射到目标上时，会在目标表面$S$上产生感应电流$\boldsymbol{J}$，感应电流会产生方向为$(\theta^{\mathrm{s}},\varphi^{\mathrm{s}})$的散射场$\boldsymbol{E}^{\mathrm{s}}$，根据边界条件可知

$$\hat{\boldsymbol{n}}\times(\boldsymbol{E}^{\mathrm{i}}+\boldsymbol{E}^{\mathrm{s}})=0 \tag{3-52}$$

$$\hat{\boldsymbol{n}}\times(\boldsymbol{H}^{\mathrm{i}}+\boldsymbol{H}^{\mathrm{s}})=\boldsymbol{J} \tag{3-53}$$

其中，$\hat{\boldsymbol{n}}$为目标表面的单位外法向矢量。下面以电场为例，求解积分方程。

感应电流$\boldsymbol{J}$产生的散射场$\boldsymbol{E}^{\mathrm{s}}(\boldsymbol{r})$为

$$\boldsymbol{E}^{\mathrm{s}}(\boldsymbol{r})=-\mathrm{j}\omega\boldsymbol{A}(\boldsymbol{r})-\nabla\boldsymbol{\Phi}(\boldsymbol{r}) \tag{3-54}$$

其中，磁矢位$\boldsymbol{A}(\boldsymbol{r})$与电标位$\boldsymbol{\Phi}(\boldsymbol{r})$可分别表示为

$$\boldsymbol{A}(\boldsymbol{r})=\mu\iint_S\boldsymbol{J}(\boldsymbol{r}')G(\boldsymbol{r},\boldsymbol{r}')\mathrm{d}s' \tag{3-55}$$

$$\boldsymbol{\Phi}(\boldsymbol{r})=\frac{1}{\varepsilon}\iint_S\rho(\boldsymbol{r}')G(\boldsymbol{r},\boldsymbol{r}')\mathrm{d}s' \tag{3-56}$$

其中，μ与ε分别是磁导率和电导率。在本书中采用的时谐因子为$\mathrm{e}^{\mathrm{j}\omega t}$。

自由空间中标量格林函数$G(\boldsymbol{r},\boldsymbol{r}')$可表示为

$$G(\boldsymbol{r},\boldsymbol{r}')=\frac{\mathrm{e}^{-\mathrm{j}k|\boldsymbol{r}-\boldsymbol{r}'|}}{4\pi|\boldsymbol{r}-\boldsymbol{r}'|} \tag{3-57}$$

其中，$k=2\pi/\lambda$是自由空间波数。将式（3-54）～式（3-56）代入（3-52），可得

$$\left\{-\mathrm{j}k\eta\iint_S\left[\boldsymbol{J}(\boldsymbol{r}')G(\boldsymbol{r},\boldsymbol{r}')+\frac{1}{k^2}\nabla\nabla'\cdot\boldsymbol{J}(\boldsymbol{r}')G(\boldsymbol{r},\boldsymbol{r}')\right]\mathrm{d}\boldsymbol{r}'\right\}\Bigg|_t=[-\boldsymbol{E}^{\mathrm{i}}(\boldsymbol{r})]_t \tag{3-58}$$

从而可得电场积分方程（Electric Field Integral Equation，EFIE）为

$$[\boldsymbol{E}^{\mathrm{i}}(\boldsymbol{r})]_t=\left\{\mathrm{j}k\eta\iint_S\left[\boldsymbol{J}(\boldsymbol{r}')G(\boldsymbol{r},\boldsymbol{r}')+\frac{1}{k^2}\nabla\nabla'\cdot\boldsymbol{J}(\boldsymbol{r}')G(\boldsymbol{r},\boldsymbol{r}')\right]\mathrm{d}\boldsymbol{r}'\right\}\Bigg|_t \tag{3-59}$$

在利用 MoM 对外辐射源场景下的目标进行 BCS 计算时，通常采用三角形面片对目标进行剖分，并选择 RWG 基函数对目标的表面感应电流进行基函数展开。

如图 3-23 所示，在每两个相邻的三角形面片上定义一个 RWG 基函数。

$$\boldsymbol{f}_n(\boldsymbol{r})=\begin{cases}\dfrac{l_n}{2a_n^+}\boldsymbol{\rho}_n^+=\dfrac{l_n}{2a_n^+}(\boldsymbol{r}_n^+-\boldsymbol{p}_n^+), & \boldsymbol{r}\in T_n^+\\[2ex] \dfrac{l_n}{2a_n^-}\boldsymbol{\rho}_n^-=\dfrac{l_n}{2a_n^-}(\boldsymbol{p}_n^--\boldsymbol{r}_n^-), & \boldsymbol{r}\in T_n^-\\[2ex] 0, & \text{其他}\end{cases} \tag{3-60}$$

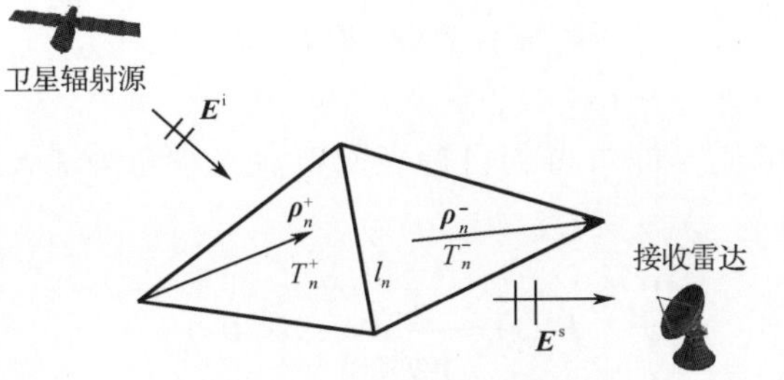

图 3-23 RWG 基函数

其中，T_n^+ 和 T_n^- 是第 n 个 RWG 基函数对应的两个三角形面片；l_n 是公共边的长度；$\boldsymbol{\rho}_n^+$ 是三角形 T_n^+ 的顶点指向场点的矢量；$\boldsymbol{\rho}_n^-$ 是三角形 T_n^- 的场点指向顶点的矢量。根据式（3-60）可得到 RWG 基函数 $\boldsymbol{f}_n(\boldsymbol{r})$ 的散度为

$$\nabla\cdot\boldsymbol{f}_n(\boldsymbol{r})=\begin{cases}\dfrac{l_n}{2a_n^+}, & \boldsymbol{r}\in T_n^+\\ -\dfrac{l_n}{2a_n^-}, & \boldsymbol{r}\in T_n^-\\ 0, & \text{其他}\end{cases} \tag{3-61}$$

将式（3-60）代入式（3-59），因为 RWG 基函数仅在目标的切向表面有定义，由此可得到

$$[\boldsymbol{E}^{\mathrm{i}}(\boldsymbol{r})]_t=\mathrm{j}k\eta\iint_S\left[\sum_{n=1}^{N}I_n\boldsymbol{f}_n(\boldsymbol{r}')G(\boldsymbol{r},\boldsymbol{r}')+\frac{1}{k^2}\nabla\nabla'\cdot\sum_{n=1}^{N}I_n\boldsymbol{f}_n(\boldsymbol{r}')G(\boldsymbol{r},\boldsymbol{r}')\right]\mathrm{d}\boldsymbol{r}' \tag{3-62}$$

这里采用伽辽金方法，利用 RWG 基函数 $\boldsymbol{f}_m(\boldsymbol{r})$ 对方程（3-62）进行检验。

$$\begin{aligned}\iint_{f_m}\boldsymbol{f}_m(\boldsymbol{r})\cdot\boldsymbol{E}^{\mathrm{i}}(\boldsymbol{r})\mathrm{d}\boldsymbol{r}=\mathrm{j}k\eta\sum_{n=1}^{N}I_n\Bigg\{&\iint_{f_m}\boldsymbol{f}_m(\boldsymbol{r})\cdot\iint_{f_n}\boldsymbol{f}_n(\boldsymbol{r}')G(\boldsymbol{r},\boldsymbol{r}')\mathrm{d}\boldsymbol{r}'\mathrm{d}\boldsymbol{r}+\\ &\frac{1}{k^2}\iint_{f_m}\boldsymbol{f}_m(\boldsymbol{r})\cdot\left[\nabla\iint_{f_n}\nabla'\cdot\boldsymbol{f}_n(\boldsymbol{r}')G(\boldsymbol{r},\boldsymbol{r}')\mathrm{d}\boldsymbol{r}'\right]\mathrm{d}\boldsymbol{r}\Bigg\},\quad m=1,2,\cdots,N\end{aligned} \tag{3-63}$$

式（3-63）可简写为

$$\boldsymbol{V}_m=\sum_{n=1}^{N}\boldsymbol{Z}_{mn}\boldsymbol{I}_n,\quad m=1,2,\cdots,N \tag{3-64}$$

以矢量形式表示式（3-64），可简洁地写为

$$\boldsymbol{ZI}=\boldsymbol{V} \tag{3-65}$$

其中，$\boldsymbol{I}$ 表示未知电流；阻抗矩阵 $\boldsymbol{Z}$ 的元素和激励向量 $\boldsymbol{V}$ 可计算如下。

$$\begin{aligned}Z_{mn}=\mathrm{j}k\eta\Bigg\{&\iint_{f_m}\boldsymbol{f}_m(\boldsymbol{r})\cdot\iint_{f_n}\boldsymbol{f}_n(\boldsymbol{r}')G(\boldsymbol{r},\boldsymbol{r}')\mathrm{d}\boldsymbol{r}'\mathrm{d}\boldsymbol{r}+\\ &\frac{1}{k^2}\iint_{f_m}\boldsymbol{f}_m(\boldsymbol{r})\cdot\left[\nabla\iint_{f_n}\nabla'\cdot\boldsymbol{f}_n(\boldsymbol{r}')G(\boldsymbol{r},\boldsymbol{r}')\mathrm{d}\boldsymbol{r}'\right]\mathrm{d}\boldsymbol{r}\Bigg\}\end{aligned} \tag{3-66}$$

$$V_m = \iint_{f_m} \boldsymbol{f}_m(\boldsymbol{r}) \cdot \boldsymbol{E}^{\mathrm{i}}(\boldsymbol{r}) \mathrm{d}\boldsymbol{r} \tag{3-67}$$

对上述阻抗矩阵求逆，即可得到目标表面电流矢量矩阵 $\boldsymbol{I}$ ，进而可求得目标远区散射场 $\boldsymbol{E}^{\mathrm{s}}(\boldsymbol{r})$ ，即

$$\boldsymbol{E}^{\mathrm{s}}(\boldsymbol{r}) = \frac{1}{\mathrm{j}\omega\mu\varepsilon} \nabla \times \nabla \times \boldsymbol{A}(\boldsymbol{r}) \tag{3-68}$$

由远场近似可知

$$\nabla \approx -\mathrm{j}k\hat{\boldsymbol{r}} \tag{3-69}$$

将式（3-69）代入式（3-68）可得到

$$\begin{aligned} \boldsymbol{E}^{\mathrm{s}}(\boldsymbol{r}) &= \frac{1}{\mathrm{j}\omega\mu\varepsilon}(-\mathrm{j}k\hat{\boldsymbol{r}}) \times [(-\mathrm{j}k\hat{\boldsymbol{r}}) \times \boldsymbol{A}(\boldsymbol{r})] = \mathrm{j}\omega\hat{\boldsymbol{r}} \times [\hat{\boldsymbol{r}} \times \boldsymbol{A}(\boldsymbol{r})] \\ &= \mathrm{j}\omega\mu\hat{\boldsymbol{r}} \times \left[\hat{\boldsymbol{r}} \times \iint_S \boldsymbol{J}(\boldsymbol{r}') \frac{\exp(-\mathrm{j}k|\boldsymbol{r}-\boldsymbol{r}'|)}{4\pi|\boldsymbol{r}-\boldsymbol{r}'|} \mathrm{d}\boldsymbol{r}' \right] \end{aligned} \tag{3-70}$$

再对式（3-70）做远场近似处理，则指数部分可表示为

$$|\boldsymbol{r}-\boldsymbol{r}'| = |\boldsymbol{r}| - \hat{\boldsymbol{r}} \cdot \boldsymbol{r}' \tag{3-71}$$

分母部分可近似为

$$|\boldsymbol{r}-\boldsymbol{r}'| \approx |\boldsymbol{r}| \tag{3-72}$$

由于 $\omega\mu=k\eta$ ，因此式（3-70）的积分可变为

$$\boldsymbol{E}^{\mathrm{s}}(\boldsymbol{r}) = \mathrm{j}k\eta \frac{\exp(-\mathrm{j}k|\boldsymbol{r}|)}{4\pi|\boldsymbol{r}|} \hat{\boldsymbol{r}} \times [\hat{\boldsymbol{r}} \times \iint_S \boldsymbol{J}(\boldsymbol{r}') \exp(\mathrm{j}k\hat{\boldsymbol{r}} \cdot \boldsymbol{r}') \mathrm{d}\boldsymbol{r}'] \tag{3-73}$$

将 RWG 基函数的电流代入式（3-73），得到每个 RWG 基函数所对应的散射场如下。

$$\boldsymbol{E}_n^{\mathrm{s}}(\boldsymbol{r}) = \mathrm{j}\omega\mu \frac{\exp(-\mathrm{j}k|\boldsymbol{r}|)}{4\pi|\boldsymbol{r}|} \hat{\boldsymbol{r}} \times [\hat{\boldsymbol{r}} \times (\boldsymbol{E}_n^{+} + \boldsymbol{E}_n^{-})] \tag{3-74}$$

其中，

$$\boldsymbol{E}_n^{+} = \frac{l_n I_n}{2A_n^{+}} \iint_{T_n^{+}} \boldsymbol{\rho}_n^{+}(\boldsymbol{r}') \exp(\mathrm{j}k\hat{\boldsymbol{r}} \cdot \boldsymbol{r}') \mathrm{d}\boldsymbol{r}' \tag{3-75}$$

$$\boldsymbol{E}_n^{-} = \frac{l_n I_n}{2A_n^{-}} \iint_{T_n^{-}} \boldsymbol{\rho}_n^{-}(\boldsymbol{r}') \exp(\mathrm{j}k\hat{\boldsymbol{r}} \cdot \boldsymbol{r}') \mathrm{d}\boldsymbol{r}' \tag{3-76}$$

结合面积坐标系，式（3-75）和式（3-76）的积分可分别改写为

$$\boldsymbol{E}_n^{+} = l_n I_n \int_0^1 \int_0^{1-\alpha_n'^{+}} (\boldsymbol{r}_n'^{+} - \boldsymbol{p}_{n1}^{+}) \exp(\mathrm{j}k\hat{\boldsymbol{r}} \cdot \boldsymbol{r}_n'^{+}) \mathrm{d}\beta_n'^{+} \mathrm{d}\alpha_n'^{+} \tag{3-77}$$

$$\boldsymbol{E}_n^{-} = -l_n I_n \int_0^1 \int_0^{1-\alpha_n'^{-}} (\boldsymbol{r}_n'^{-} - \boldsymbol{p}_{n1}^{-}) \exp(\mathrm{j}k\hat{\boldsymbol{r}} \cdot \boldsymbol{r}_n'^{-}) \mathrm{d}\beta_n'^{-} \mathrm{d}\alpha_n'^{-} \tag{3-78}$$

对式（3-77）和式（3-78）利用高斯积分求解可得

$$\boldsymbol{E}_n^+ = l_n I_n \sum_{i=1}^{K} \omega_i (\boldsymbol{r}_{ni}^+ - \boldsymbol{p}_{n1}^+) \exp(\mathrm{j}k\hat{\boldsymbol{r}} \cdot \boldsymbol{r}_{ni}^+) \tag{3-79}$$

$$\boldsymbol{E}_n^- = -l_n I_n \sum_{i=1}^{K} \omega_i (\boldsymbol{r}_{ni}^- - \boldsymbol{p}_{n1}^-) \exp(\mathrm{j}k\hat{\boldsymbol{r}} \cdot \boldsymbol{r}_{ni}^-) \tag{3-80}$$

其中，$\hat{\boldsymbol{r}}$ 可表示为

$$\hat{\boldsymbol{r}} = \sin\theta_s \cos\varphi_s \hat{\boldsymbol{x}} + \sin\theta_s \sin\varphi_s \hat{\boldsymbol{y}} + \cos\theta_s \hat{\boldsymbol{z}} \tag{3-81}$$

目标的 RCS 可计算如下。

$$\begin{aligned}\sigma &= 4\pi |\boldsymbol{r}|^2 \frac{\left|\boldsymbol{E}^{\mathrm{s}}(\boldsymbol{r})\right|^2}{\left|\boldsymbol{E}^{\mathrm{i}}(\boldsymbol{r})\right|^2} = 4\pi |\boldsymbol{r}|^2 \frac{|\mathrm{j}k\eta|^2}{(4\pi|\boldsymbol{r}|)^2} \left|\hat{\boldsymbol{r}} \times \left[\hat{\boldsymbol{r}} \times \sum_{n=1}^{N} (\boldsymbol{E}_n^+ + \boldsymbol{E}_n^-)\right]\right|^2 \\ &= \frac{(k\eta)^2}{4\pi} \left|\hat{\boldsymbol{r}} \times \left[\hat{\boldsymbol{r}} \times \sum_{n=1}^{N} (\boldsymbol{E}_n^+ + \boldsymbol{E}_n^-)\right]\right|^2\end{aligned} \tag{3-82}$$

为了方便计算，入射场的幅度取 $\left|\boldsymbol{E}^{\mathrm{i}}(\boldsymbol{r})\right| = 1\mathrm{V/m}$。

下面利用 MoM 计算外辐射源场景下目标的 BCS。

目标选用简化的波音 737-400 民航客机模型，如图 3-24 所示，模型尺寸和仿真场景同 3.3.1 节的图 3-21，平面波入射角度为 $\theta^{\mathrm{i}} = 50^\circ$，$\varphi^{\mathrm{i}} = 215^\circ$，接收角度为 $\theta^{\mathrm{s}} = 102^\circ$，$\varphi^{\mathrm{s}} = 0^\circ \sim 360^\circ$，角度间隔为 1°，频率为 100MHz，极化方式为 VV 极化。将模型进行剖分，得到 21573 个三角形，共产生 32293 个未知量。图 3-25 为分别通过 MoM 和 PO 计算得到的简化的波音 737-400 民航客机模型的 BCS。

图 3-24　简化的波音 737-400 民航客机模型

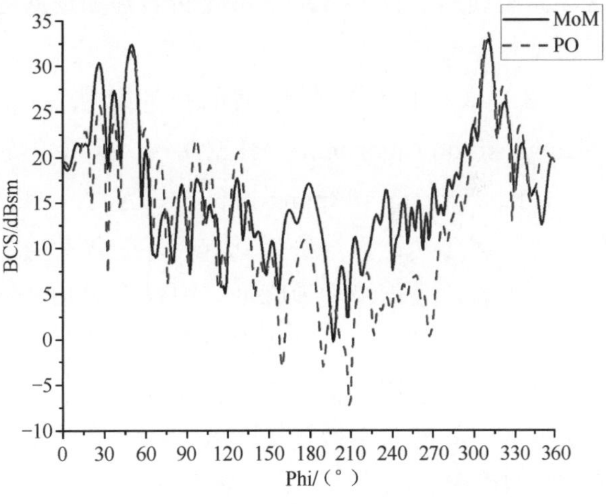

图 3-25　简化的波音 737-400 民航客机模型的 BCS

PO 计算速度快、内存占用少，可快速获取外辐射源条件下目标的 BCS，但由于其忽略了目标关键散射部件之间的一些重要的电磁互耦关系，在分析复杂目标的 BCS 时精度较差，得到的 BCS 结果往往不具有可靠性。MoM 作为一种精确的数值计算方法，在计算外辐射源条件下目标的 BCS 时具有较高的计算精度，但 MoM 生成的矩阵为稠密矩阵，计算复杂度和存储复杂度都非常高，受计算机资源的限制，无法处理电大尺寸目标的电磁散射问题。

3.4 多尺度电大尺寸目标电磁散射特性计算方法

复杂目标（如飞机、导弹、舰艇等）涉及复杂结构、电大尺寸和多尺度等电磁场难题，使用传统电磁散射特性计算方法直接进行求解的难度较大，不利于后续目标电磁散射机理和电磁散射特性分析工作的开展。

为了降低计算复杂度并减少内存需求量，自 20 世纪 80 年代以来，人们开发了许多基于积分方程的快速算法来高效地分析电大尺寸目标的电磁散射特性。这些快速算法主要有以下 3 类。

（1）基于快速傅里叶变换（Fast Fourier Transform，FFT）的快速算法，如自适应积分方法（Adaptive Integral Method，AIM）、预修正快速傅里叶变换法（Precorrected Fast Fourier Transform，P-FFT）、共轭梯度快速傅里叶变换法（Conjugate Gradient Fast Fourier Transform，CG-FFT）和积分方程快速傅里叶变换法（Integral Equation Fast Fourier Transform，IE-FFT）等。这类算法引入了辅助基函数，原始基函数经过投影后的矩阵可利用 FFT 加速迭代求解过程中矢量与矩阵的相乘运算。同时，投影后的矩阵变为稀疏矩阵，可采用压缩的方式来减少存储量，从而减少对计算机硬件的依赖。

（2）基于加法定理展开的快速多极子算法（Fast Multipole Method，FMM）和 MLFMA。这类算法利用层级上分组、层级间嵌套和逐层递推的原理，极大地降低了 MoM 的计算复杂度和存储量。

（3）基于低秩矩阵压缩的快速算法，如多层矩阵压缩算法（Multilevel Matrix Decomposition Algorithm，MLMDA）、叠层矩阵（H-matrices）算法、自适应交叉近似算法（Adaptive Cross Approximation，ACA）和多层 QR 分解算法等。这类算法与积分内核无关，属于纯代数算法，具有较好的普适性和易用性。

以上算法虽然极大地降低了内存需求和计算复杂度，在一定程度上解决了电大尺寸目标的求解困难，但是外辐射源条件下的目标结构通常较为复杂，一般包含众多边缘、空腔和劈尖等局部的精细结构，此类多尺度问题带来的网格剖分不均匀会使阻抗矩阵条件数变差，导致基于迭代算法的 MoM 及其快速算法收敛速度太慢甚至不收敛。为了克服这一困难，人们开发了各种预条件技术和一系列基于区域分解法（Domain Decomposition Method，DDM）的方法，包括 Calderón 预条件技术、不完全 LU 分解、特征基函数法（Characteristic Basis Function Method，CBFM）和 SMoM/SAIM 等。其中，SMoM/SAIM 可将复杂多尺度目标划分为多个子区域，每个子区域都可以通过 MoM/AIM 独立求解，由于每次仅需处理一个子区域，因此可以极大地降低运算时的峰值存储量，并在很大程度上改善矩阵的条件数。随着超级计算机的出现，高性能计算技术异军突起，经过多年的发展，高性能计算技术涉及 MoM、MLFMA 和区域分解算法等所有经典电磁算法，极大地提高了电磁算法的仿真能力。其中，基于并行计算的区域分解 MLFMA 可以精确、高效地求解电大尺寸目标的电磁散射特性。

此外，高低频混合算法的出现为单机处理多尺度电大尺寸目标的电磁散射特性问题带来了可能，此类算法针对多尺度电大尺寸目标的精细结构与光滑平台结构进行分开建模，将整个目标划分为高频区域和低频区域，结合 MoM/AIM 和 PO，对每个区域选取合适的电磁散射算法进行求解，考虑各个区域之间的耦合关系，进而得到原问题的解。常用的算法有基于高低频混合策略的 MoM-PO 和基于区域分解策略的 AIM-PO。

本节介绍多种针对多尺度电大尺寸目标的电磁散射特性计算方法，包括 SMoM、SAIM、基于并行计算的区域分解 MLFMA，以及基于高低频混合的 MoM-PO 混合算法和 AIM-PO 混合算法，并利用数值算例对这些计算方法的精度和效率进行验证分析。

3.4.1　基于区域分解的矩量法（SMoM）

卫星辐射源发射方向 $(\theta^{\mathrm{i}},\varphi^{\mathrm{i}})$ 的平面电磁波 $\boldsymbol{E}^{\mathrm{i}}$ 照射阶梯状结构物体如图 3-26 所示。将该阶梯状结构物体切分为两个互不连接的立方体子区域，并利用红色公共虚拟面闭合两个子区域。

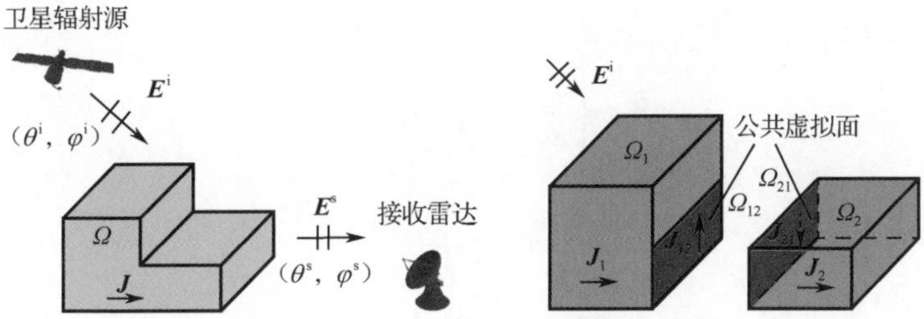

图 3-26　阶梯状结构物体

对于子区域 1，其 EFIE 为

$$-(\boldsymbol{E}_1^{\mathrm{s}}+\boldsymbol{E}_{12}^{\mathrm{s}})\big|_{\tan}=\boldsymbol{E}_1^{\mathrm{i}}+\boldsymbol{E}_{12}^{\mathrm{i}}+\boldsymbol{E}_{21}^{\mathrm{s}}+\boldsymbol{E}_2^{\mathrm{s}}\big|_{\tan}\qquad \text{on } \Omega_1+\Omega_{12} \tag{3-83}$$

其中，

$$\boldsymbol{E}_\alpha^{\mathrm{s}}=-L(\boldsymbol{J}_\alpha)=-\mathrm{j}k\eta_0\int_{S_\alpha}\left[\boldsymbol{J}_\alpha(\boldsymbol{r}')+\frac{1}{k^2}\nabla\nabla\cdot\boldsymbol{J}_\alpha(\boldsymbol{r}')\right]G(\boldsymbol{r},\boldsymbol{r}')\mathrm{d}\boldsymbol{r}' \tag{3-84}$$

其中，下标 α 表示 1、12。

同理，对于子区域 2，其 EFIE 为

$$-(\boldsymbol{E}_2^{\mathrm{s}}+\boldsymbol{E}_{21}^{\mathrm{s}})\big|_{\tan}=\boldsymbol{E}_2^{\mathrm{i}}+\boldsymbol{E}_{21}^{\mathrm{i}}+\boldsymbol{E}_{12}^{\mathrm{s}}+\boldsymbol{E}_1^{\mathrm{s}}\big|_{\tan}\qquad \text{on } \Omega_2+\Omega_{21} \tag{3-85}$$

$$\boldsymbol{E}_\beta^{\mathrm{s}}=-L(\boldsymbol{J}_\beta)=-\mathrm{j}k\eta_0\int_{S_\beta}\left[\boldsymbol{J}_\beta(\boldsymbol{r}')+\frac{1}{k^2}\nabla\nabla\cdot\boldsymbol{J}_\beta(\boldsymbol{r}')\right]G(\boldsymbol{r},\boldsymbol{r}')\mathrm{d}\boldsymbol{r}' \tag{3-86}$$

其中，下标 β 表示 2、21。

对于式（3-83）和式（3-85）两个方程的数值解，首先将所有子区域利用三角形面片进行剖分，每个子区域上的等效电流 $\boldsymbol{J}_q(\boldsymbol{r})$ 可由 RWG 基函数 $\boldsymbol{f}_k(\boldsymbol{r})$ 展开。

$$\begin{cases} \boldsymbol{J}_1(\boldsymbol{r})=\sum_{k=1}^{N_1}\boldsymbol{I}_{1,k}\boldsymbol{f}_{1,k}(\boldsymbol{r}), & \boldsymbol{r}\in\Omega_1 \\ \boldsymbol{J}_{12}(\boldsymbol{r})=\sum_{k=1}^{N_{12}}\boldsymbol{I}_{12,k}\boldsymbol{f}_{12,k}(\boldsymbol{r}), & \boldsymbol{r}\in\Omega_{12} \end{cases} \tag{3-87}$$

$$\begin{cases} \boldsymbol{J}_2(\boldsymbol{r})=\sum_{k=1}^{N_2}\boldsymbol{I}_{2,k}\boldsymbol{f}_{2,k}(\boldsymbol{r}), & \boldsymbol{r}\in\Omega_2 \\ \boldsymbol{J}_{21}(\boldsymbol{r})=\sum_{k=1}^{N_{21}}\boldsymbol{I}_{21,k}\boldsymbol{f}_{21,k}(\boldsymbol{r}), & \boldsymbol{r}\in\Omega_{21} \end{cases} \tag{3-88}$$

其中，N_1、N_{12}、N_2、N_{21}是两个子区域上的未知量数目；$\boldsymbol{I}_{1,k}$、$\boldsymbol{I}_{12,k}$分别表示子区域 1 上真实表面和虚拟表面的电流；$\boldsymbol{I}_{2,k}$、$\boldsymbol{I}_{21,k}$分别表示子区域 2 上真实表面和虚拟表面的电流。

然后将式（3-87）和式（3-88）分别代入式（3-83）和式（3-85），并利用伽辽金方法进行检验，即可得到每个子区域上的矩阵方程。

$$\begin{aligned} \tilde{\boldsymbol{Z}}_1\tilde{\boldsymbol{I}}_1=\tilde{\boldsymbol{V}}_1-\Delta\tilde{\boldsymbol{V}}_1 \qquad \text{on } \Omega_1+\Omega_{12} \\ \tilde{\boldsymbol{Z}}_2\tilde{\boldsymbol{I}}_2=\tilde{\boldsymbol{V}}_2-\Delta\tilde{\boldsymbol{V}}_2 \qquad \text{on } \Omega_2+\Omega_{21} \end{aligned} \tag{3-89}$$

其中，$\tilde{\boldsymbol{I}}_1$和$\tilde{\boldsymbol{I}}_2$分别表示维度大小为$(N_1+N_{12})\times1$的子区域 1 上的电流矢量与维度大小为$(N_2+N_{21})\times1$的子区域 2 上的电流矢量。对于子区域 1，阻抗矩阵$\tilde{\boldsymbol{Z}}_1$、激励矢量$\tilde{\boldsymbol{V}}_1$、修正激励矢量$\Delta\tilde{\boldsymbol{V}}_1$可分别表示如下。

$$\tilde{\boldsymbol{Z}}_1=\begin{bmatrix} \boldsymbol{Z}_{1,1} & \boldsymbol{Z}_{1,12} \\ \boldsymbol{Z}_{12,1} & \boldsymbol{Z}_{12,12} \end{bmatrix} \tag{3-90}$$

$$\tilde{\boldsymbol{V}}_1=\begin{bmatrix} \boldsymbol{V}_1 \\ \boldsymbol{V}_{12} \end{bmatrix} \tag{3-91}$$

$$\Delta\tilde{\boldsymbol{V}}_1=\begin{bmatrix} \Delta\boldsymbol{V}_1 \\ \Delta\boldsymbol{V}_{12} \end{bmatrix} \tag{3-92}$$

$\boldsymbol{Z}_{1,1}$、$\boldsymbol{Z}_{1,12}$、$\boldsymbol{Z}_{12,1}$、$\boldsymbol{Z}_{12,12}$、$\boldsymbol{V}_1$、$\boldsymbol{V}_{12}$、$\Delta\boldsymbol{V}_1$、$\Delta\boldsymbol{V}_{12}$中的元素可分别计算如下。

$$Z_{\alpha,\alpha,mk}=\left\langle \boldsymbol{f}_{\alpha,m}(\boldsymbol{r}),\boldsymbol{L}(\boldsymbol{f}_{\alpha,k}(\boldsymbol{r}))\right\rangle \tag{3-93}$$

$$V_{\alpha,mk}=\left\langle \boldsymbol{f}_{\alpha,m}(\boldsymbol{r}),\boldsymbol{E}_\alpha^{\mathrm{i}}(\boldsymbol{r})\right\rangle \tag{3-94}$$

$$\Delta V_{\alpha,m}=\left\langle \boldsymbol{f}_{\alpha,m}(\boldsymbol{r}),\left[\sum_{k=1}^{N_2}I_{2,k}\boldsymbol{L}(\boldsymbol{f}_{2,k}(\boldsymbol{r}))+\sum_{k=1}^{N_{21}}I_{21,k}\boldsymbol{L}(\boldsymbol{f}_{21,k}(\boldsymbol{r}))\right]\right\rangle \tag{3-95}$$

同理，对于子区域 2，阻抗矩阵$\tilde{\boldsymbol{Z}}_2$、激励矢量$\tilde{\boldsymbol{V}}_2$和修正激励矢量$\Delta\tilde{\boldsymbol{V}}_2$可表示为

$$\tilde{\boldsymbol{Z}}_2=\begin{bmatrix} \boldsymbol{Z}_{2,2} & \boldsymbol{Z}_{2,21} \\ \boldsymbol{Z}_{21,2} & \boldsymbol{Z}_{21,21} \end{bmatrix} \tag{3-96}$$

$$\tilde{\boldsymbol{V}}_2=\begin{bmatrix} \boldsymbol{V}_2 \\ \boldsymbol{V}_{21} \end{bmatrix} \tag{3-97}$$

$$\Delta\tilde{\boldsymbol{V}}_2=\begin{bmatrix} \Delta\boldsymbol{V}_2 \\ \Delta\boldsymbol{V}_{21} \end{bmatrix} \tag{3-98}$$

$\boldsymbol{Z}_{2,2}$、$\boldsymbol{Z}_{2,21}$、$\boldsymbol{Z}_{21,2}$、$\boldsymbol{Z}_{21,21}$、$\boldsymbol{V}_2$、$\boldsymbol{V}_{21}$、$\Delta\boldsymbol{V}_2$、$\Delta\boldsymbol{V}_{21}$中的元素可分别计算如下。

$$Z_{\beta,\beta,mk}=\left\langle \boldsymbol{f}_{\beta,m}(\boldsymbol{r}),\boldsymbol{L}(\boldsymbol{f}_{\beta,k}(\boldsymbol{r}))\right\rangle \tag{3-99}$$

$$V_{\beta,m}=\left\langle \boldsymbol{f}_{\beta,m}(\boldsymbol{r}),\boldsymbol{E}_{\beta}^{\mathrm{i}}(\boldsymbol{r})\right\rangle \tag{3-100}$$

$$\Delta V_{\beta,m}=\left\langle \boldsymbol{f}_{\beta,m}(\boldsymbol{r}),\left[\sum_{k=1}^{N_1}I_{1,k}\boldsymbol{L}(\boldsymbol{f}_{1,k}(\boldsymbol{r}))+\sum_{k=1}^{N_{12}}I_{12,k}\boldsymbol{L}(\boldsymbol{f}_{12,k}(\boldsymbol{r}))\right]\right\rangle \tag{3-101}$$

利用 MoM 求解下面的矩阵方程，并得到子区域 1 上的初始电流 $\tilde{\boldsymbol{I}}_1^0=[\boldsymbol{I}_1^0,\boldsymbol{I}_{12}^0]^{\mathrm{T}}$ 和子区域 2 上的初始电流 $\tilde{\boldsymbol{I}}_2^0=[\boldsymbol{I}_2^0,\boldsymbol{I}_{21}^0]^{\mathrm{T}}$。

$$\begin{cases}\tilde{\boldsymbol{Z}}_1\tilde{\boldsymbol{I}}_1^0=\tilde{\boldsymbol{V}}_1^0\\ \tilde{\boldsymbol{Z}}_2\tilde{\boldsymbol{I}}_2^0=\tilde{\boldsymbol{V}}_2^0\end{cases} \tag{3-102}$$

对于子区域 1，在虚拟面 Ω_{21} 上强加如下边界条件。

$$\sum_{k=1}^{N_{21}}I_{21,k}^{i-1}\left\langle \boldsymbol{f}_{21,k}(\boldsymbol{r}),\boldsymbol{L}(\boldsymbol{f}_{21,k}(\boldsymbol{r}))\right\rangle=-\sum_{k=1}^{N_{12}}I_{12,k}^{i-1}\left\langle \boldsymbol{f}_{12,k}(\boldsymbol{r}),\boldsymbol{L}(\boldsymbol{f}_{12,k}(\boldsymbol{r}))\right\rangle \tag{3-103}$$

其中，i=1。

然后在子区域 1 上更新并产生新的激励矢量 $\tilde{\boldsymbol{V}}_1^i$。

$$\tilde{\boldsymbol{V}}_1^i=\tilde{\boldsymbol{V}}_1^{i-1}-\Delta\tilde{\boldsymbol{V}}_1^i=[\boldsymbol{V}_1^{i-1}-\Delta\boldsymbol{V}_1^i,\boldsymbol{V}_{12}^0-\Delta\boldsymbol{V}_{12}^{i-1}]^{\mathrm{T}} \tag{3-104}$$

类似地，对于子区域 2，在虚拟面 Ω_{12} 上强加如下边界条件。

$$\sum_{k=1}^{N_{12}}I_{12,k}^{i-1}\left\langle \boldsymbol{f}_{21,k}(\boldsymbol{r}),\boldsymbol{L}(\boldsymbol{f}_{21,k}(\boldsymbol{r}))\right\rangle=-\sum_{k=1}^{N_{21}}I_{21,k}^{i-1}\left\langle \boldsymbol{f}_{21,k}(\boldsymbol{r}),\boldsymbol{L}(\boldsymbol{f}_{21,k}(\boldsymbol{r}))\right\rangle \tag{3-105}$$

然后在子区域 2 上更新并产生新的激励矢量 $\tilde{\boldsymbol{V}}_2^i$：

$$\tilde{\boldsymbol{V}}_2^i=\tilde{\boldsymbol{V}}_2^{i-1}-\Delta\tilde{\boldsymbol{V}}_2^i=[\tilde{\boldsymbol{V}}_2^{i-1}-\Delta\boldsymbol{V}_2^i,\boldsymbol{V}_{21}^{i-1}-\Delta\boldsymbol{V}_{21}^i]^{\mathrm{T}} \tag{3-106}$$

分别计算子区域 1 上新的电流 $\tilde{\boldsymbol{I}}_1^i=[\boldsymbol{I}_1^i,\boldsymbol{I}_{12}^i]^{\mathrm{T}}$ 和子区域 2 上新的电流 $\tilde{\boldsymbol{I}}_2^i=[\boldsymbol{I}_2^i,\boldsymbol{I}_{21}^i]^{\mathrm{T}}$。

$$\begin{cases}\tilde{\boldsymbol{Z}}_1\tilde{\boldsymbol{I}}_1^i=\tilde{\boldsymbol{V}}_1^i\\ \tilde{\boldsymbol{Z}}_2\tilde{\boldsymbol{I}}_2^i=\tilde{\boldsymbol{V}}_2^i\end{cases} \tag{3-107}$$

利用式（3-108）计算两个子区域上新旧电流之间的最大误差。

$$I_{\mathrm{error}}^i=\max\left(\frac{\left\|\boldsymbol{I}_1^i-\boldsymbol{I}_1^{i-1}\right\|}{\left\|\boldsymbol{I}_1^{i-1}\right\|},\frac{\left\|\boldsymbol{I}_2^i-\boldsymbol{I}_2^{i-1}\right\|}{\left\|\boldsymbol{I}_2^{i-1}\right\|}\right) \tag{3-108}$$

若最大电流误差 I_{error}^i 满足精度要求，则得到子区域上精确的电流；否则，令 $i=i+1$，并重复式（3-103）～式（3-108），直至精度满足要求。

下面利用 SMoM 计算外辐射源场景下目标的 BCS。

仍然选取简化的波音 737-400 民航客机模型，在 SMoM 分析中，整个模型被划分为 6 个子区域，每个子区域用不同的颜色表示，如图 3-27 所示。各子区域分别产生 10254 个、3834 个、3878 个、1268 个、1835 个、1276 个三角形，分别产生 15359 个、5751 个、5817 个、1902 个、2688 个、1914 个未知量，仿真场景与仿真条件同 3.3.1 节的图 3-21。利用 SMoM 计算得到简化的波音 737-400 民航客机的 BCS，并与 MoM 的计算结果进行对比，对比结果如图 3-28 所示。可见，SMoM 的计算结果与 MoM 一致，验证了 SMoM 的准确性。

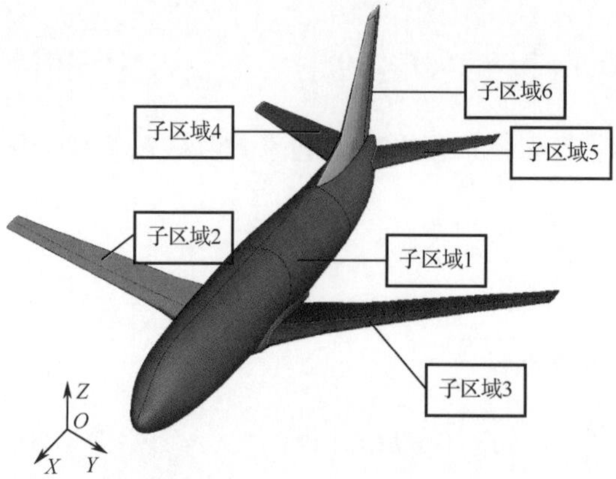

图 3-27 简化的波音 737-400 民航客机模型区域划分示意

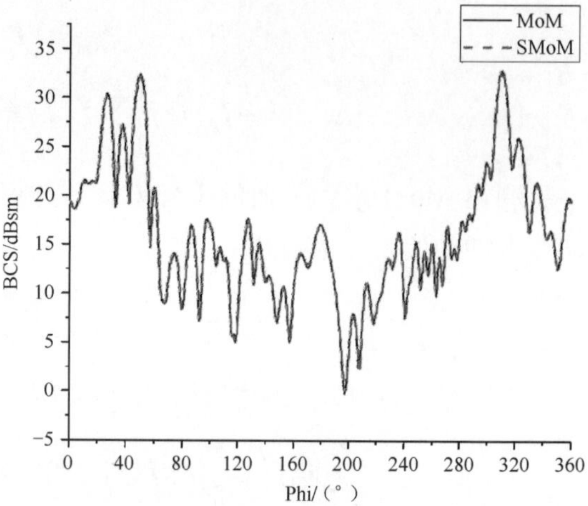

图 3-28 SMoM 与 MoM 的 BCS 计算结果对比

表 3-4 统计了分别使用 MoM 和 SMoM 对简化的波音 737-400 民航客机模型仿真的不同参数，包括峰值内存、未知量数目、迭代次数和计算时间。可以看出，与 MoM 相比，SMoM 可以使模型的计算时间减少 23%，峰值内存大幅降低。由此可见，SMoM 可以降低计算时的峰值内存，提高单机仿真能力，改善阻抗矩阵条件数，提高收敛速度，在提高计算效率的同时保持了良好的精度。

表 3-4 MoM 和 SMoM 的参数统计

计 算 方 法	峰值内存/GB	未知量数目	迭代次数	计算时间/s
MoM	15.9	32293	284	7661
SMoM	3.6	33431	102	5890

3.4.2 基于区域分解的自适应积分方法（SAIM）

在传统 AIM 中，需要引入大的笛卡儿网格来包围整个域，如图 3-29（a）所示。可以看出，传统 AIM 浪费了大量的辅助点源。为了解决这个问题，将区域分解的思想引入传统 AIM。在 SAIM 分析中，首先将整个目标划分为两个不连续的子区域，然后利用红色公共虚拟面闭合这些子区域，并将它们分别封装在小的局部立方体中，分别均匀地划分笛卡儿单元，如图 3-29（b）所示。

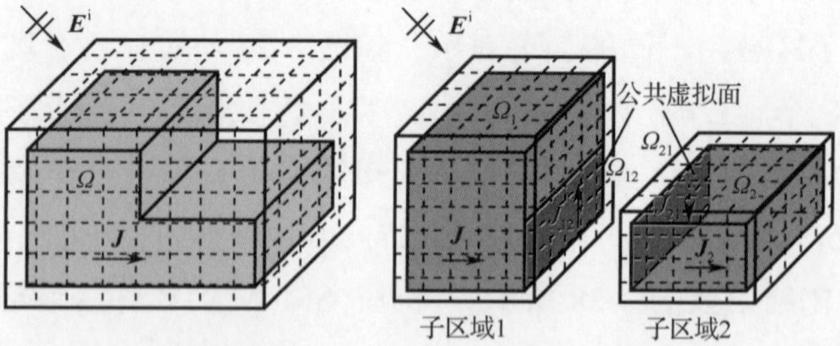

（a）传统AIM （b）SAIM

图 3-29 传统 AIM 与 SAIM 的对比

对于每个子区域，真实表面和虚拟表面上的 RWG 基函数 $\boldsymbol{f}_{q,k}(\boldsymbol{r})$ 及其散度 $\nabla\boldsymbol{f}_{q,k}(\boldsymbol{r})$ 可以分别近似为矩形网格上的 Dirac Delta 函数的线性组合。

$$\begin{cases}\psi_{q,\alpha,k}(\boldsymbol{r})\cong\sum\limits_{l=1}^{(p+1)^3}\boldsymbol{\Lambda}_{q,\alpha,kl}\delta(\boldsymbol{r}-\boldsymbol{r}_{kl}),\quad \alpha=x,y,z,d\\ \psi_{q,\alpha,k}(\boldsymbol{r})\in\{\boldsymbol{f}_{q,x,k}(\boldsymbol{r}),\boldsymbol{f}_{q,y,k}(\boldsymbol{r}),\boldsymbol{f}_{q,z,k}(\boldsymbol{r}),\nabla\cdot\boldsymbol{f}_{q,x,k}(\boldsymbol{r})\}\end{cases}\tag{3-109}$$

其中，$q=1,2$；$\boldsymbol{\Lambda}_{q,\alpha,kl}$ 是第 q 个子区域上 RWG 基函数电流沿 x、y、z 方向的分量及其散度的投影系数；$\boldsymbol{r}_{kl}=(x_{kl},y_{kl},z_{kl})$ 是小立方体 k 上第 l 个格点的位置坐标；p 是投影阶数。

利用多级展开法将辅助基函数的格点电流与原始 RWG 基函数的电流在积分意义上建立等效关系，从而求得相应的投影系数。

$$\iint\limits_{T_{q,k}}(x-x_0)^{p_1}(y-y_0)^{p_2}(z-z_0)^{p_3}\begin{bmatrix}\boldsymbol{\psi}_{q,\alpha,k}(\boldsymbol{r})\\ -\sum\limits_{l=1}^{(p+1)^3}\boldsymbol{\Lambda}_{q,\alpha,kl}\delta(\boldsymbol{r}-\boldsymbol{r}_{kl})\end{bmatrix}\mathrm{d}\boldsymbol{r}=0\tag{3-110}$$

$$0\leqslant p_1,p_2,p_3\leqslant p$$

其中，$T_{q,k}$ 代表与第 q 个子区域上第 k 个 RWG 基函数相关联的三角形对，取参考点 $r_0=(x_0,y_0,z_0)$ 作为 RWG 基函数公共边的中点，则式（3-110）可表示为

$$\sum_{l=1}^{(p+1)^3}W_{q,pl}\boldsymbol{\Lambda}_{q,\alpha,kl}=Q_{q,kp}\tag{3-111}$$

其中，

$$W_{q,pl}=W_{q,(p_1,p_2,p_3)(l_1,l_2,l_3)}=(l_x-x_0)^{p_1}(l_y-y_0)^{p_2}(l_z-z_0)^{p_3}\tag{3-112}$$

$$Q_{q,kp}=Q_{q,k(p_1,p_2,p_3)}=\iint\limits_{T_{q,k}}\boldsymbol{\psi}_{q,\alpha,k}(\boldsymbol{r})(x-x_0)^{p_1}(y-y_0)^{p_2}(z-z_0)^{p_3}\,\mathrm{d}\boldsymbol{r}\tag{3-113}$$

式（3-111）可简写为如下矩阵方程。

$$\boldsymbol{W\Lambda}=\boldsymbol{Q}\tag{3-114}$$

其中，$\boldsymbol{W}$ 为范德蒙德矩阵。通过求解式（3-114），可以得到每个子区域上的投影系数矩阵 $\boldsymbol{\Lambda}_\alpha$。

引入近区阈值 d_{near}，子区域 q 的阻抗矩阵可近似为

$$\tilde{\boldsymbol{Z}}_q=(\tilde{\boldsymbol{Z}}_q-\tilde{\boldsymbol{Z}}_q^{\text{far}})+\tilde{\boldsymbol{Z}}_q^{\text{far}}\approx\tilde{\boldsymbol{Z}}_q^{\text{near}}+\tilde{\boldsymbol{Z}}_q^{\text{far}}\tag{3-115}$$

利用辅助基函数得到的阻抗矩阵为

$$\tilde{\boldsymbol{Z}}_q=\mathrm{j}k\eta_0\left[\boldsymbol{\Lambda}_{x,q}\boldsymbol{G}_q\boldsymbol{\Lambda}_{x,q}^{\mathrm{T}}+\boldsymbol{\Lambda}_{y,q}\boldsymbol{G}_q\boldsymbol{\Lambda}_{y,q}^{\mathrm{T}}+\boldsymbol{\Lambda}_{z,q}\boldsymbol{G}_q\boldsymbol{\Lambda}_{z,q}^{\mathrm{T}}-\frac{1}{k^2}\boldsymbol{\Lambda}_{d,q}\boldsymbol{G}_q\boldsymbol{\Lambda}_{d,q}^{\mathrm{T}}\right]\tag{3-116}$$

其中，$\boldsymbol{G}_q$ 是这些子区域上的格林函数矩阵，其托普利兹属性允许使用 FFT 来加速矩阵与矢量的乘积。

子区域 q 的近区阻抗矩阵 $\tilde{\boldsymbol{Z}}_q^{\text{near}}$ 可利用 MoM 直接求解，而远区阻抗矩阵 $\tilde{\boldsymbol{Z}}_q^{\text{far}}$ 可利用辅助基函数求解。

$$\tilde{\boldsymbol{Z}}_q^{\text{far}}=\mathrm{j}k\eta_0\left[\boldsymbol{\Lambda}_{x,q}\boldsymbol{G}_q\boldsymbol{\Lambda}_{x,q}^{\mathrm{T}}+\boldsymbol{\Lambda}_{y,q}\boldsymbol{G}_q\boldsymbol{\Lambda}_{y,q}^{\mathrm{T}}+\boldsymbol{\Lambda}_{z,q}\boldsymbol{G}_q\boldsymbol{\Lambda}_{z,q}^{\mathrm{T}}-\frac{1}{k^2}\boldsymbol{\Lambda}_{d,q}\boldsymbol{G}_q\boldsymbol{\Lambda}_{d,q}^{\mathrm{T}}\right]-\boldsymbol{Z}_q\tag{3-117}$$

其中，$\boldsymbol{Z}_q$ 为子区域 q 近区格点对应的阻抗矩阵。

分别利用 AIM 求得外表面 $\Omega_1+\Omega_{12}$ 和 $\Omega_2+\Omega_{21}$ 上的初始感应电流 $\tilde{\boldsymbol{I}}_1^0=[\boldsymbol{I}_1^0,\boldsymbol{I}_{12}^0]^{\mathrm{T}}$ 与 $\tilde{\boldsymbol{I}}_2^0=[\boldsymbol{I}_2^0,\boldsymbol{I}_{21}^0]^{\mathrm{T}}$。

$$\begin{aligned}&\boldsymbol{Z}_q^{\text{near}}\tilde{\boldsymbol{I}}_q^0+\mathrm{j}k\eta_0\Big\{\boldsymbol{\Lambda}_{x,q}F^{-1}[F(\boldsymbol{G}_q)F(\boldsymbol{\Lambda}_{x,q}^{\mathrm{T}}\tilde{\boldsymbol{I}}_q^0)]+\boldsymbol{\Lambda}_{y,q}F^{-1}[F(\boldsymbol{G}_q)F(\boldsymbol{\Lambda}_{y,q}^{\mathrm{T}}\tilde{\boldsymbol{I}}_q^0)]+\\&\boldsymbol{\Lambda}_{z,q}F^{-1}[F(\boldsymbol{G}_q)F(\boldsymbol{\Lambda}_{z,q}^{\mathrm{T}}\tilde{\boldsymbol{I}}_q^0)]-\frac{1}{k^2}\boldsymbol{\Lambda}_{d,q}F^{-1}[F(\boldsymbol{G}_q)F(\boldsymbol{\Lambda}_{d,q}^{\mathrm{T}}\tilde{\boldsymbol{I}}_q^0)]\Big\}=\tilde{\boldsymbol{V}}_q^0\end{aligned} \tag{3-118}$$

其中，F 表示快速傅里叶变换；F^{-1} 表示快速傅里叶逆变换。

对于子区域 1，在虚拟面 Ω_{21} 上强加如下边界条件。

$$\sum_{k=1}^{N_{21}}I_{21,k}^i\left\langle\boldsymbol{f}_{21,k}(\boldsymbol{r}),\boldsymbol{L}(\boldsymbol{f}_{21,k}(\boldsymbol{r}))\right\rangle=-\sum_{k=1}^{N_{12}}I_{12,k}^{i-1}\left\langle\boldsymbol{f}_{12,k}(\boldsymbol{r}),\boldsymbol{L}(\boldsymbol{f}_{12,k}(\boldsymbol{r}))\right\rangle \tag{3-119}$$

令 $i=1$，在子区域 1 上更新并产生新的激励矢量 $\tilde{\boldsymbol{V}}_1^i$。

$$\tilde{\boldsymbol{V}}_1^i=\tilde{\boldsymbol{V}}_1^{i-1}-\Delta\tilde{\boldsymbol{V}}_1^i=[\boldsymbol{V}_1^{i-1}-\Delta\boldsymbol{V}_1^i,\boldsymbol{V}_{12}^{i-1}-\Delta\boldsymbol{V}_{12}^i]^{\mathrm{T}} \tag{3-120}$$

类似地，对于子区域 2，在虚拟面 Ω_{12} 上强加如下边界条件。

$$\sum_{k=1}^{N_{12}}I_{12,k}^i\left\langle\boldsymbol{f}_{21,k}(\boldsymbol{r}),\boldsymbol{L}(\boldsymbol{f}_{21,k}(\boldsymbol{r}))\right\rangle=-\sum_{k=1}^{N_{21}}I_{21,k}^{i-1}\left\langle\boldsymbol{f}_{21,k}(\boldsymbol{r}),\boldsymbol{L}(\boldsymbol{f}_{21,k}(\boldsymbol{r}))\right\rangle \tag{3-121}$$

在子区域 2 上更新并产生新的激励矢量 $\tilde{\boldsymbol{V}}_2^i$。

$$\tilde{\boldsymbol{V}}_2^i=\tilde{\boldsymbol{V}}_2^{i-1}-\Delta\tilde{\boldsymbol{V}}_2^i=[\boldsymbol{V}_2^{i-1}-\Delta\boldsymbol{V}_2^i,\boldsymbol{V}_{21}^{i-1}-\Delta\boldsymbol{V}_{21}^i]^{\mathrm{T}} \tag{3-122}$$

利用 AIM 分别计算外表面 $\Omega_1+\Omega_{12}$ 和 $\Omega_2+\Omega_{21}$ 上新的电流系数 $\tilde{\boldsymbol{I}}_1^i=[\boldsymbol{I}_1^i,\boldsymbol{I}_{12}^i]^{\mathrm{T}}$ 与 $\tilde{\boldsymbol{I}}_2^i=[\boldsymbol{I}_2^i,\boldsymbol{I}_{21}^i]^{\mathrm{T}}$。

$$\begin{aligned}&\boldsymbol{Z}_q^{\text{near}}\tilde{\boldsymbol{I}}_q^i+\mathrm{j}k\eta_0\Big\{\boldsymbol{\Lambda}_{x,q}F^{-1}[F(\boldsymbol{G}_q)F(\boldsymbol{\Lambda}_{x,q}^{\mathrm{T}}\tilde{\boldsymbol{I}}_q^i)]+\boldsymbol{\Lambda}_{y,q}F^{-1}[F(\boldsymbol{G}_q)F(\boldsymbol{\Lambda}_{y,q}^{\mathrm{T}}\tilde{\boldsymbol{I}}_q^i)]+\\&\boldsymbol{\Lambda}_{z,q}F^{-1}[F(\boldsymbol{G}_q)F(\boldsymbol{\Lambda}_{z,q}^{\mathrm{T}}\tilde{\boldsymbol{I}}_q^i)]-\frac{1}{k^2}\boldsymbol{\Lambda}_{d,q}F^{-1}[F(\boldsymbol{G}_q)F(\boldsymbol{\Lambda}_{d,q}^{\mathrm{T}}\tilde{\boldsymbol{I}}_q^i)]\Big\}=\tilde{\boldsymbol{V}}_q^i\end{aligned} \tag{3-123}$$

检查这些子区域的最大电流误差是否小于规定的容差。

$$I_{\text{error}}^i=\max\left(\frac{\left\|\boldsymbol{I}_1^i-\boldsymbol{I}_1^{i-1}\right\|}{\left\|\boldsymbol{I}_1^{i-1}\right\|},\frac{\left\|\boldsymbol{I}_2^i-\boldsymbol{I}_2^{i-1}\right\|}{\left\|\boldsymbol{I}_2^{i-1}\right\|}\right) \tag{3-124}$$

若 I_{error}^i 满足精度要求，则得到子区域上精确的电流；否则，令 $i=i+1$，并重复执行式（3-119）～式（3-124），直到满足精度要求。

下面利用 SAIM 计算外辐射源场景下目标的 BCS。

仍然选取简化的波音 737-400 民航客机模型，模型区域划分、仿真场景及条件同 3.4.1 节的图 3-27。在 SAIM 中，对每个子区域建立各自的笛卡儿网格，网格尺寸为 $0.08\lambda\times0.08\lambda\times0.08\lambda$，如图 3-30 所示，设置近场阈值为 0.4λ。

利用 SAIM 计算简化的波音 737-400 民航客机模型的 BCS，并将结果与 SMoM 进行对比，对比结果如图 3-31 所示。可以看出，在 0°～360° 角域内两条曲线一致，验证了

SAIM 分析外辐射源场景下目标双站电磁散射特性的准确性。

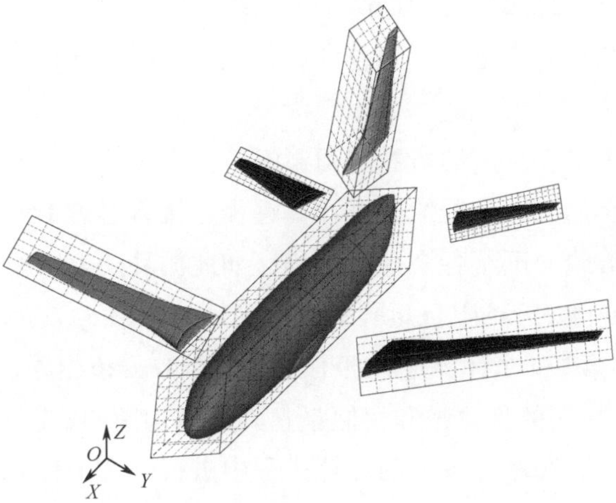

图 3-30　简化的波音 737-400 民航客机网格划分

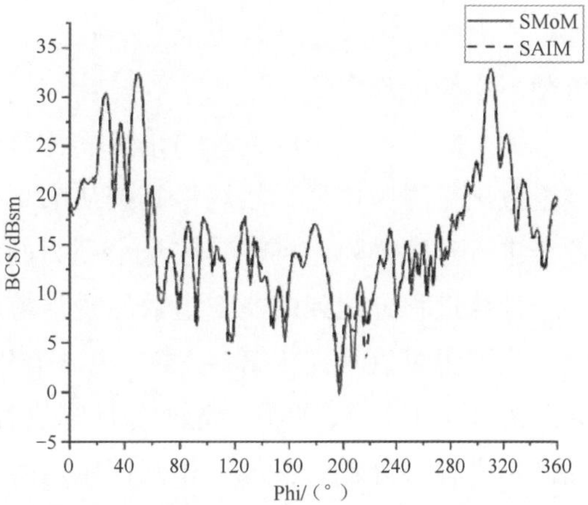

图 3-31　SAIM 与 SMoM 的 BCS 计算结果对比

表 3-5 统计了分别使用 SAIM 和 SMoM 对简化的波音 737-400 民航客机模型仿真的不同参数，包括峰值内存、近区阻抗元素数量、迭代次数和计算时间。可以看出，与 SMoM 相比，SAIM 可以使模型的计算时间减少 38.6%，峰值内存大幅降低，且迭代收敛性大幅提升，证明了该计算方法的高效性。

表 3-5　SAIM 和 SMoM 参数统计

计 算 方 法	峰值内存/MB	近区阻抗元素数量	迭代次数	计算时间/s
SAIM	161	6.17e+6	36	3615
SMoM	3600	1.176e+9	102	5890

3.4.3　基于并行计算的区域分解 MLFMA

并行计算的核心是将一个大问题进行分解，并联合多个处理器以实现对大问题的快速分析。通过将区域分解 MLFMA 并行化，使外辐射源条件下电大尺寸目标双站电磁散射特性的精确求解成为可能。

目前有两种主流的并行编程协议，分别是基于共享内存通信模式的开源多重处理接口（Open Multiprocessing，OpenMP）和基于分布式内存通信模式的消息传递接口（Message Passing Interface，MPI）。其中，前者所有计算进程（或线程）均属于同一台物理主机，并共用该台主机的内存；后者将多台物理主机通过高速网络组网后一起参与计算任务，各台主机均拥有独立的计算进程（或线程）和物理内存。受到单台主机 CPU 核心数和内存容量的限制，研究人员一般采用 MPI 制式的编程模型。

一种简单的数据分配方案是将近场相互作用矩阵 $\boldsymbol{Z}_{\text{near}}$ 的各行数据以按相邻行划分的方式分配给各个计算进程，如第 1～5 行被分配给第 1 个计算进程，第 6～10 行被分配给第 2 个计算进程。这种数据分配方案虽然简单，但执行起来会出现明显的性能瓶颈。这是因为第 1 个计算进程所分配的第 1～5 行可能总共持有 67 个非空组，而第 2 个计算进程所分配的第 6～10 行可能总共持有 319 个非空组，导致各个计算进程之间出现计算负载不均衡的现象。

为了解决这个问题，本书采用一种基于贪婪算法的负载均衡策略，各行按持有的非空组数进行降序排列，然后将其按从大到小的方式分配给各个计算进程，接着对剩下的各行进行升序排列，再将其按从小到大的方式分配给各个计算进程。如此循环往复，使各个计算进程分配到的非空组数尽量保持一致。近场阻抗矩阵数据分配策略如图 3-32 所示。从图中可以看到，第 $i-1$ 个、第 i 个和第 $i+1$ 个计算进程拥有的非空组数大致相等，分别为 8 个、7 个、8 个。此时各计算进程之间的计算量和存储量达到近似均衡的状态，且计算进程被分配后，近场相互作用矩阵的计算就在各自的计算进程中进行，各个计算进程之间不会有任何通信。

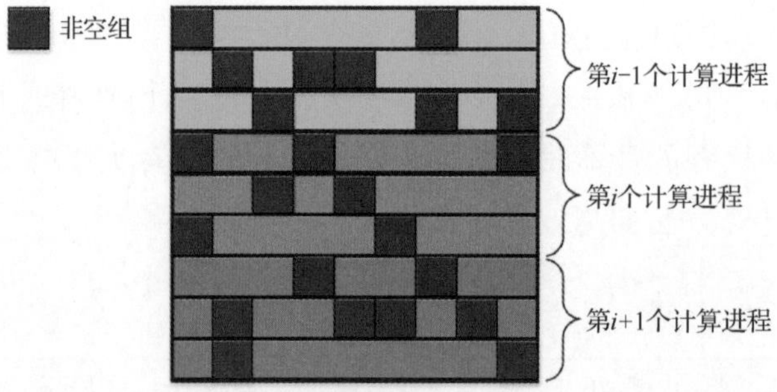

图 3-32　近场阻抗矩阵数据分配策略

八叉树的每个划分盒子都拥有唯一的编号，由于父层父组与子层子组之间、子层子组与同层远亲之间的关系通过编号确定，所以编号的编码方式和索引顺序将直接影响基于并行计算的区域分解 MLFMA 的并行性能。这里使用莫顿编号方式来有效组织一棵分布式八叉树。图 3-33 为二维莫顿编码规则和三维莫顿编码规则。使用莫顿编号方式很容易计算出任意父层父组下子层子组的盒子编号。通过子盒子编号二进制值的高两位编码，可以快速获取其父盒子的编号。例如，全局编号为 2，即 10 编号的父盒子的所有子盒子编号是 1000、1001、1100、1101。图 3-34 为运用二维莫顿编码规则对四叉树（四叉树是八叉树的二维退化结构）的编号示意，八叉树的编号以此类推。这种编号方式给需要做大量循环运算的基于并行计算的区域分解 MLFMA 带来了更高的索引性能。

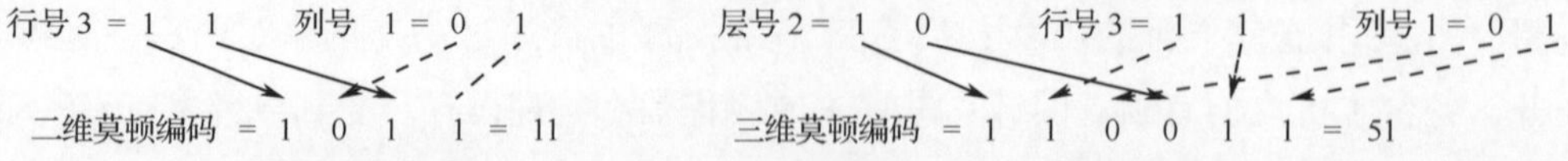

（a）二维莫顿编码规则　　（b）三维莫顿编码规则

图 3-33　莫顿编码规则

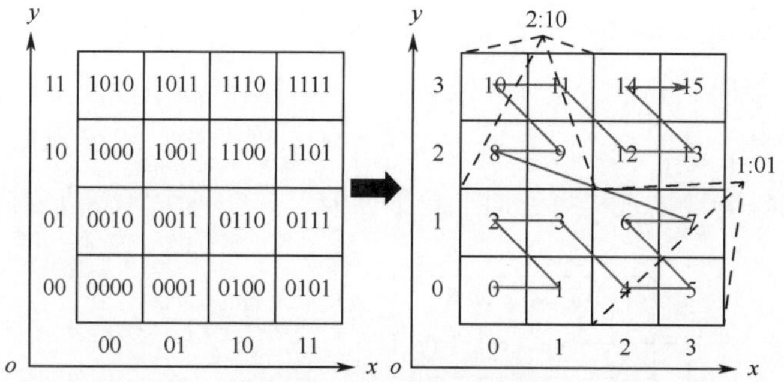

红色折线为采用二维莫顿编码规则编号的四叉树的 z 字形遍历方式。

图 3-34　四叉树的编号示意

为了构建一棵高效率的分布式八叉树，一般需要考虑 3 个约束条件：①每个计算进程的存储量大致为 $O(N/p)$，其中 N 为未知量个数，p 为计算进程数；②构建的树结构必须具备良好的负载均衡特性；③构建树的方法在计算效率方面必须是高效的。本书使用一种自下而上的方法从底层开始向上构建分布式八叉树。具体的构建步骤如下。

步骤 1：将 RWG 基函数平均分配至各个计算进程，以每个三角形面片对公共边的中点坐标作为划分对象（对中点坐标进行升序排列后再划分），每个计算进程被分配大约 N/p 个三维坐标点。

步骤 2：在每个计算进程中，使用莫顿编号方式将步骤 1 中划分的 RWG 基函数映射到底层的划分盒子，使每个计算进程都持有一组有序的 RWG 基函数对。然后对所有 RWG 基函数对使用莫顿编号方式进行排序，排序后给每个计算进程分配一定数量的 RWG 基函数对，使每个计算进程拥有大致相等的划分盒子。

步骤 3：步骤 1 和步骤 2 构造好了底层结构，更高层结构的构建以下一层结构的构建为基础。在每层结构的构建过程中，都应保证每个计算进程被分配了大致相等的划分盒子。

基于分布式八叉树模型构建的分层分组结构有一个显著的特点，即树的底层拥有的非空组总数为 $O(N)$，且每个非空组对应的平面波数为 $O(1)$。从底层开始往上统计，每上一层，非空组总数约为下一层非空组总数的 1/4，平面波数约为下一层平面波数的 4 倍。基于这种分层分组结构的特点，可以对基于并行计算的区域分解 MLFMA 实施两种简单的并行策略：①按非空组划分的并行策略；②按平面波划分的并行策略。但是，当应对外辐射源条件下电大尺寸目标的散射问题时，无论单独使用哪种并行策略，都无法避免并行性能差的问题。如果只采取并行策略①，受高层持有的非空组数较少的影响（计算进程数大于非空组数），计算进程将无法得到充分利用，显然高层并行存在性能瓶颈；如果只采取并行策略②，受低层持有的平面波数较少的影响（计算进程数大于平面波数），计算进程也无法得到充分利用，低层并行也存在性能瓶颈。

为了改善基于并行计算的区域分解 MLFMA 的并行性能，本书采用一种被称为混合并行策略的划分方法。混合并行策略的核心思想是在树的低层（离散层）采用按非空组划分的方式；在树的高层（共享层）采用按平面波划分的方式；在离散层和共享层之间设置过渡层。图 3-35 是一棵四层分布式八叉树的划分示意。从图中可以看到，底层和其上一层属于离散层，顶层和其下一层属于共享层，中间两层属于过渡层。在离散层，非空组数远大于计算进程数，此时各个计算进程将近似平分非空组；在共享层，平面波数远大于计算进程数，此时各个计算进程将近似平分平面波，并在各个计算进程内复制一份非空组。

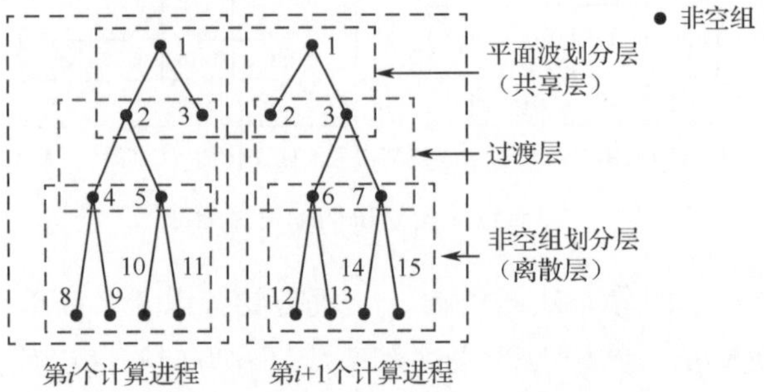

图 3-35　四层分布式八叉树的划分示意

MoM 和基于并行计算的区域分解 MLFMA 的计算过程中都涉及很多矩阵方程的求解。矩阵方程一般可通过奇异值分解或 LU 分解直接求解，但是直接解的计算复杂度一般高达 $O(N^3)$，N 为未知量数目。矩阵方程还可以通过 Krylov 子空间方法之类的迭代算法求解，如稳定双共轭梯度法和广义最小残量法。而对于闭合曲面目标物体的散射问题，在保证计算精度的前提下，稳定双共轭梯度法相比广义最小残量法具有更佳的收敛速度，且占用内存更少。在稳定双共轭梯度法中，矩阵向量的乘积运算非常耗时，因此，可将阻抗矩阵按行划分给各个计算进程，实现双共轭梯度法的并行化。

下面利用基于并行计算的区域分解 MLFMA 计算外辐射源场景下目标的 BCS。

选取波音 737-400 民航客机模型，模型尺寸为 28.91m × 28.71m × 11.76m，模型被划分为 5 个子区域，如图 3-36 所示。平面波入射角度为 $\theta^{\mathrm{i}}=0^{\circ}$，$\varphi^{\mathrm{i}}=0^{\circ}$，接收角度为 $\theta^{\mathrm{s}}=90^{\circ}$，$\varphi^{\mathrm{s}}=0^{\circ}\sim360^{\circ}$，角度间隔为 1°，频率为 12.75GHz，极化方式为 VV 极化。模型剖分尺寸为 0.125λ，表 3-6 为各子区域剖分产生的网格数和未知量数。计算采用 block 预条件，收敛精度为 0.01，混合场积分方程的系数为 0.6，计算设备为计算机集群，使用的节点数为 48 个，每个节点有两个进程，共计 96 个进程。利用基于并行计算的区域分解 MLFMA 计算得到简化的波音 737-400 民航客机模型的 BCS，如图 3-37 所示。

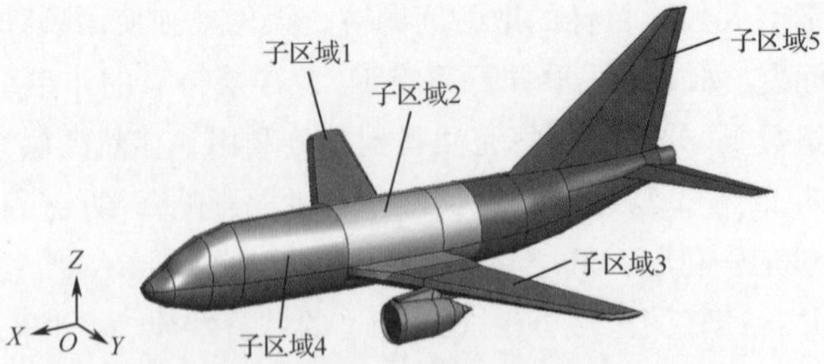

图 3-36　波音 737-400 民航客机模型区域划分

表 3-6　波音 737-400 民航客机模型各子区域剖分产生的网格数和未知量数

子　区　域	网格数/个	未知量数/个
1	29484982	44227473
2	26348856	39523284
3	29222494	40838741
4	39210436	58815654
5	50457626	75686439
合计	174724394	259091591

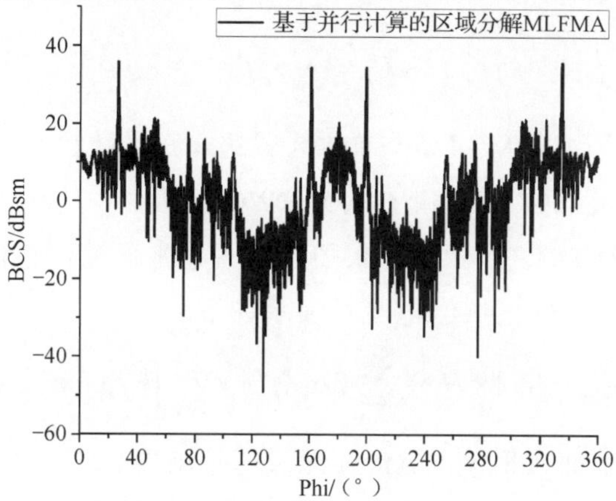

图 3-37　简化的波音 737-400 民航客机模型的 BCS

3.4.4　高低频混合算法

1. MoM-PO 混合算法

为了描述基于高低频混合的 MoM-PO 混合算法，选择外辐射源 $\boldsymbol{E}^{\mathrm{i}}$ 照射的简易波音 737-400 民航客机模型，将飞机尾翼划分为 MoM 区域，将机身部分划分为 PO 区域，如图 3-38 所示。目标的高低频区域划分可以按照任意方式来进行，在实际应用中，通常将精细结构划分为 MoM 区域，将光滑区域划分为 PO 区域。

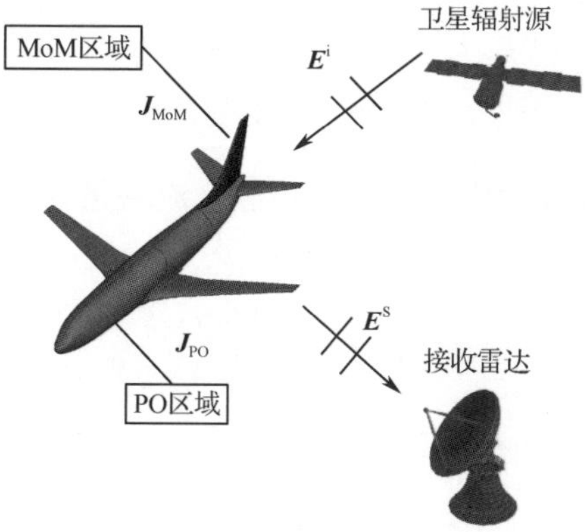

图 3-38　外辐射源场景下波音 737-400 民航客机模型

根据导体目标边界条件可得高低频混合电场积分方程如下。

$$[\boldsymbol{E}^{\mathrm{i}}(\boldsymbol{r})]_{\mathrm{t}} = [L(\boldsymbol{J}_{\mathrm{MoM}}) + L(\boldsymbol{J}_{\mathrm{PO}})]_{\mathrm{t}} \tag{3-125}$$

其中，$\boldsymbol{J}_{\mathrm{MoM}}$ 和 $\boldsymbol{J}_{\mathrm{PO}}$ 分别是 MoM 区域与 PO 区域的表面电流；L 为积分算子，定义如下。

$$L(\boldsymbol{X}) = \mathrm{j}k\eta \iint_S \left[\boldsymbol{X} + \frac{1}{k^2}\nabla\nabla' \cdot \boldsymbol{X} \right] G\mathrm{d}\boldsymbol{r}',\quad \boldsymbol{X} = \boldsymbol{J}_{\mathrm{MoM}}, \boldsymbol{J}_{\mathrm{PO}} \tag{3-126}$$

$\boldsymbol{J}_{\mathrm{MoM}}$ 和 $\boldsymbol{J}_{\mathrm{PO}}$ 分别可由 RWG 基函数展开如下。

$$\boldsymbol{J}_{\mathrm{MoM}} = \sum_{n=1}^{N_{\mathrm{MoM}}} \alpha_n \boldsymbol{f}_n \tag{3-127}$$

$$\boldsymbol{J}_{\mathrm{PO}} = \sum_{k=1}^{N_{\mathrm{PO}}} \gamma_k \boldsymbol{f}_k \tag{3-128}$$

其中，N_{MoM} 和 N_{PO} 分别为 MoM 区域与 PO 区域的未知量数目；α_n 和 γ_k 分别为 MoM 区域与 PO 区域的未知电流系数；$\boldsymbol{f}_n$ 和 $\boldsymbol{f}_k$ 均为 RWG 基函数。

在 MoM-PO 混合算法中，PO 区域不仅要考虑入射平面波产生的激励，还要考虑 MoM 区域产生的激励，因此，PO 区域的电流可表示如下。

$$\boldsymbol{J}_{\mathrm{PO}} = 2\delta_i \hat{\boldsymbol{n}} \times \boldsymbol{H}^{\mathrm{i}} + \sum_{n=1}^{N_{\mathrm{MoM}}} 2\alpha_n \delta_{J,n} \hat{\boldsymbol{n}} \times \nabla \times \iint_S \boldsymbol{f}_n G \mathrm{d}\boldsymbol{r}' \tag{3-129}$$

其中，δ_i 和 $\delta_{J,n}$ 分别为平面入射波与 MoM 区域的基函数。

$$\delta_i, \delta_{J,n} = \begin{cases} 1, & \text{照明区域} \\ 0, & \text{阴影区域} \end{cases} \tag{3-130}$$

如图 3-39 所示，在第 k 条公共边中点处引入两个单位矢量 $\hat{\boldsymbol{t}}_k^+$ 和 $\hat{\boldsymbol{t}}_k^-$。其中，$\hat{\boldsymbol{t}}_k^+$ 表示位于正三角形 T_k^+ 内垂直于公共边并指向公共边的单位矢量；$\hat{\boldsymbol{t}}_k^-$ 表示位于负三角形 T_k^- 内垂直于公共边并远离公共边方向的单位矢量。

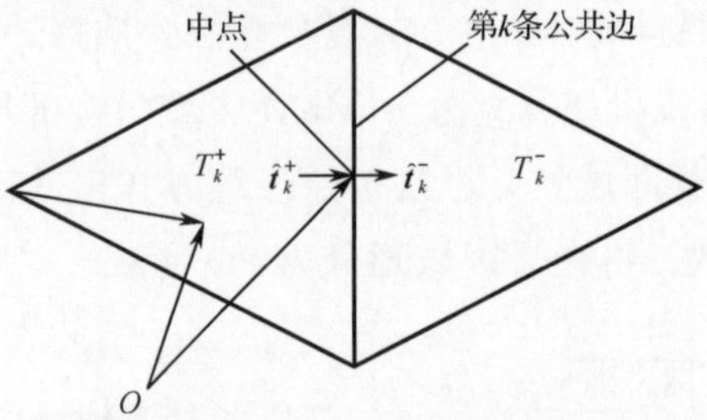

图 3-39　RWG 基函数

根据 RWG 基函数的基本性质，流过公共边电流矢量 $\boldsymbol{f}_k$ 的法向矢量连续且总和为 1，而其他边均为 0，即

$$\boldsymbol{f}_i(\boldsymbol{r}_k) \cdot \hat{\boldsymbol{t}}_k^{\pm} = \begin{cases} 1, & i = k \\ 0, & i \neq k \end{cases} \tag{3-131}$$

对式（3-128）等号两端同时乘以 $\hat{\boldsymbol{t}}_k^{\pm}$ 并相加可得

$$\gamma_k = \frac{1}{2}(\hat{\boldsymbol{t}}_k^+ + \hat{\boldsymbol{t}}_k^-) \cdot \boldsymbol{J}_{\mathrm{PO}}(\boldsymbol{r}_k) \tag{3-132}$$

其中，$k=1,2,\cdots,N_{\text{PO}}$。

将式（3-129）代入式（3-132），则 PO 区域的未知电流系数可计算如下。

$$\gamma_k=\tau_{i,k}+\sum_{n=1}^{N_{\text{MoM}}}\alpha_n\cdot\tau_{J,n,k} \tag{3-133}$$

其中，

$$\tau_{i,k}=(\hat{\boldsymbol{t}}_k^{+}+\hat{\boldsymbol{t}}_k^{-})\cdot[\delta_i\hat{\boldsymbol{n}}\times\boldsymbol{H}^{\text{i}}] \tag{3-134}$$

$$\tau_{J,n,k}=(\hat{\boldsymbol{t}}_k^{+}+\hat{\boldsymbol{t}}_k^{-})\cdot\left[\delta_{J,n}\hat{\boldsymbol{n}}\times\nabla\times\iint_S\boldsymbol{f}_nG\mathrm{d}\boldsymbol{r}'\right] \tag{3-135}$$

将式（3-133）代入式（3-128），可得 PO 区域的电流如下。

$$\boldsymbol{J}_{\text{PO}}=\sum_{k=1}^{N_{\text{PO}}}\left(\tau_{i,k}+\sum_{n=1}^{N_{\text{MoM}}}\alpha_n\cdot\tau_{J,n,k}\right)\boldsymbol{f}_k \tag{3-136}$$

利用 PO 进行近似，即可忽略 PO 区域电流的相互作用，将式（3-127）和式（3-136）代入式（3-125），并采用伽辽金方法，利用基函数 $\boldsymbol{f}_m(\boldsymbol{r})$ 对其进行检验，可得矩阵方程如下。

$$\boldsymbol{Z}_{\text{MoM}}\boldsymbol{I}_{\text{MoM}}+\boldsymbol{Z}_{\text{MoM-PO}}\boldsymbol{A}\boldsymbol{I}_{\text{MoM}}=\boldsymbol{V}_{\text{MoM}}-\boldsymbol{Z}_{\text{MoM-PO}}\boldsymbol{B} \tag{3-137}$$

其中，$\boldsymbol{I}_{\text{MoM}}$ 表示 MoM 区域的未知电流系数；自阻抗矩阵 $\boldsymbol{Z}_{\text{MoM}}$、互阻抗矩阵 $\boldsymbol{Z}_{\text{MoM-PO}}$ 和激励矢量 $\boldsymbol{V}_{\text{MoM}}$ 可计算如下。

$$\boldsymbol{Z}_{\text{MoM},mn}=\mathrm{j}k\eta\iint_{f_m}\iint_{f_n}\left\{\begin{array}{l}\boldsymbol{f}_m(\boldsymbol{r})\cdot\boldsymbol{f}_n(\boldsymbol{r}')G(\boldsymbol{r},\boldsymbol{r}')\mathrm{d}\boldsymbol{r}'\mathrm{d}\boldsymbol{r}-\\ \dfrac{1}{k^2}\iint_{f_m}\iint_{f_n}[\nabla\cdot\boldsymbol{f}_m(\boldsymbol{r})]\cdot[\nabla'\cdot\boldsymbol{f}_n(\boldsymbol{r}')]G(\boldsymbol{r},\boldsymbol{r}')\mathrm{d}\boldsymbol{r}'\mathrm{d}\boldsymbol{r}\end{array}\right\} \tag{3-138}$$

$$\boldsymbol{Z}_{\text{MoM-PO},mk}=\mathrm{j}k\eta\iint_{f_m}\iint_{f_k}\left\{\begin{array}{l}\boldsymbol{f}_m(\boldsymbol{r})\cdot\boldsymbol{f}_k(\boldsymbol{r}')G(\boldsymbol{r},\boldsymbol{r}')\mathrm{d}\boldsymbol{r}'\mathrm{d}\boldsymbol{r}-\\ \dfrac{1}{k^2}\iint_{f_m}\iint_{f_k}[\nabla\cdot\boldsymbol{f}_m(\boldsymbol{r})]\cdot[\nabla\cdot\boldsymbol{f}_k(\boldsymbol{r}')]G(\boldsymbol{r},\boldsymbol{r}')\mathrm{d}\boldsymbol{r}'\mathrm{d}\boldsymbol{r}\end{array}\right\} \tag{3-139}$$

$$\boldsymbol{V}_{\text{MoM},m}=\iint_{f_m}\boldsymbol{f}_m(\boldsymbol{r})\cdot\boldsymbol{E}^{\text{i}}(\boldsymbol{r})\mathrm{d}\boldsymbol{r} \tag{3-140}$$

维数为 $N_{\text{PO}}\times N_{\text{MoM}}$ 的 PO 修正系数矩阵 $\boldsymbol{A}$ 可计算如下。

$$\boldsymbol{A}_{kn}=(\hat{\boldsymbol{t}}_k^{+}+\hat{\boldsymbol{t}}_k^{-})\cdot[\delta_{J,n,k}\hat{\boldsymbol{n}}\times\nabla\times\iint_{f_n}\boldsymbol{f}_n(\boldsymbol{r}')G(\boldsymbol{r},\boldsymbol{r}')\mathrm{d}\boldsymbol{r}'] \tag{3-141}$$

维数为 $N_{\text{PO}}\times 1$ 的 PO 修正激励矢量 $\boldsymbol{B}$ 可计算如下。

$$\boldsymbol{B}_k=(\hat{\boldsymbol{t}}_k^{+}+\hat{\boldsymbol{t}}_k^{-})\cdot[\delta_i\hat{\boldsymbol{n}}\times\boldsymbol{H}^{\text{i}}] \tag{3-142}$$

PO 区域的电流系数 $\boldsymbol{I}_{\text{PO}}$ 可计算如下。

$$\boldsymbol{I}_{\text{PO}}=\boldsymbol{A}\boldsymbol{I}_{\text{MoM}} \tag{3-143}$$

则整个目标的表面电流系数为

$$\boldsymbol{I}=\begin{bmatrix}\boldsymbol{I}_{\text{MoM}}\\ \boldsymbol{I}_{\text{PO}}\end{bmatrix} \tag{3-144}$$

利用雷达散射截面的计算公式可以求解得到目标的 BCS。

下面利用基于区域分解的 MoM-PO 混合算法计算外辐射源场景下多尺度电大尺寸目标的 BCS。

依然选取简化的波音 737-400 民航客机模型。在 MoM-PO 混合算法中，飞机垂直尾翼被划分为 MoM 区域，其余部分被划分为 PO 区域，如图 3-40 所示。MoM 区域和 PO 区域分别产生 8195 个和 88959 个三角形、12292 个和 133438 个未知量，仿真场景同 3.3.1 节的图 3-21。入射波频率为 300MHz。利用 MoM-PO 混合算法计算得到外辐射源条件下简化的波音 737-400 民航客机模型的 BCS，如图 3-41 所示。

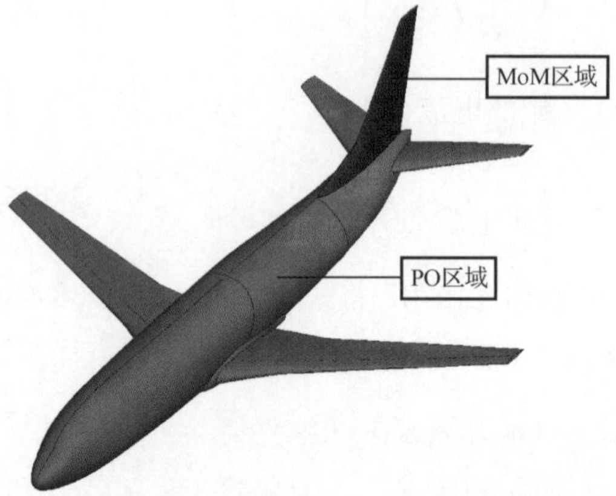

图3-40　简化的波音737-400民航客机高低频区域划分

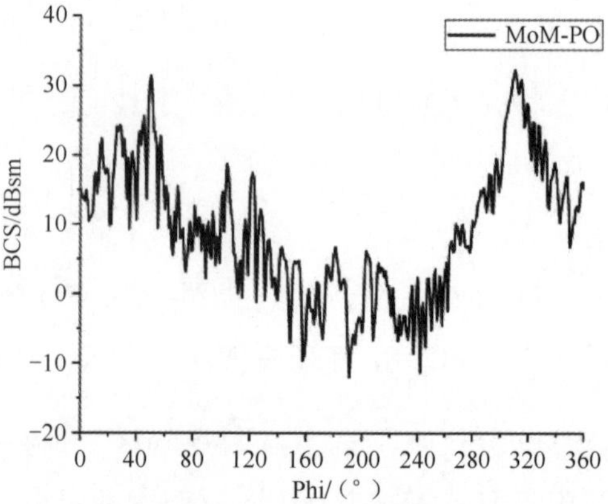

图3-41　简化的波音737-400民航客机模型的BCS

2. AIM-PO 混合算法

由于 MoM-PO 混合算法需要填充 MoM 区域的自阻抗矩阵 $\boldsymbol{Z}_{\mathrm{MoM}}$、MoM 区域与 PO 区域之间的互阻抗矩阵 $\boldsymbol{Z}_{\mathrm{MoM\text{-}PO}}$ 及 PO 修正系数矩阵 $\boldsymbol{A}$，当 MoM 区域未知量数目较大时，内存需求及修正系数矩阵的计算复杂度增大，难以高效地处理多尺度电大尺寸目标的电磁散射问题。将 AIM 引入 MoM-PO 混合算法可稀疏存储自阻抗矩阵及 MoM 区域与 PO 区域之间的互阻抗矩阵，并加速迭代求解 MoM 区域电流中的矩阵与矢量的乘积，大幅减少内存需求和计算时间。AIM-PO 混合算法流程如图 3-42 所示。

在外辐射源场景下应用基于高低频混合的 AIM-PO 混合算法求解多尺度电大尺寸目标 BCS 的具体步骤如下。

利用高斯插值算子可分别求解得到 MoM 区域和 PO 区域 RWG 基函数的 3 个分量及其散射所对应的投影系数矩阵 $\boldsymbol{\Lambda}_{\mathrm{MoM},x}$、$\boldsymbol{\Lambda}_{\mathrm{MoM},y}$、$\boldsymbol{\Lambda}_{\mathrm{MoM},z}$、$\boldsymbol{\Lambda}_{\mathrm{MoM},d}$、$\boldsymbol{\Lambda}_{\mathrm{PO},x}$、$\boldsymbol{\Lambda}_{\mathrm{PO},y}$、$\boldsymbol{\Lambda}_{\mathrm{PO},z}$ 和 $\boldsymbol{\Lambda}_{\mathrm{PO},d}$。

AIM 可加速矩阵方程中的 $\boldsymbol{Z}_{\mathrm{MoM}}\boldsymbol{I}_{\mathrm{MoM}}$。

$$\boldsymbol{Z}_{\mathrm{MoM}}\boldsymbol{I}_{\mathrm{MoM}}=\boldsymbol{Z}_{\mathrm{MoM}}^{\mathrm{near}}\boldsymbol{I}_{\mathrm{MoM}}+\mathrm{j}k\eta\left\{\begin{array}{l}\boldsymbol{\Lambda}_{\mathrm{MoM},x}F^{-1}[F(\boldsymbol{G})F(\boldsymbol{\Lambda}_{\mathrm{MoM},x}^{\mathrm{T}}\boldsymbol{I}_{\mathrm{MoM}})]+\\ \boldsymbol{\Lambda}_{\mathrm{MoM},y}F^{-1}[F(\boldsymbol{G})F(\boldsymbol{\Lambda}_{\mathrm{MoM},y}^{\mathrm{T}}\boldsymbol{I}_{\mathrm{MoM}})]+\\ \boldsymbol{\Lambda}_{\mathrm{MoM},z}F^{-1}[F(\boldsymbol{G})F(\boldsymbol{\Lambda}_{\mathrm{MoM},z}^{\mathrm{T}}\boldsymbol{I}_{\mathrm{MoM}})]-\\ \dfrac{1}{k^{2}}\boldsymbol{\Lambda}_{\mathrm{MoM},d}F^{-1}[F(\boldsymbol{G})F(\boldsymbol{\Lambda}_{\mathrm{MoM},d}^{\mathrm{T}}\boldsymbol{I}_{\mathrm{MoM}})]\end{array}\right\}\tag{3-145}$$

修正系数矩阵 $\boldsymbol{A}$ 可计算如下。

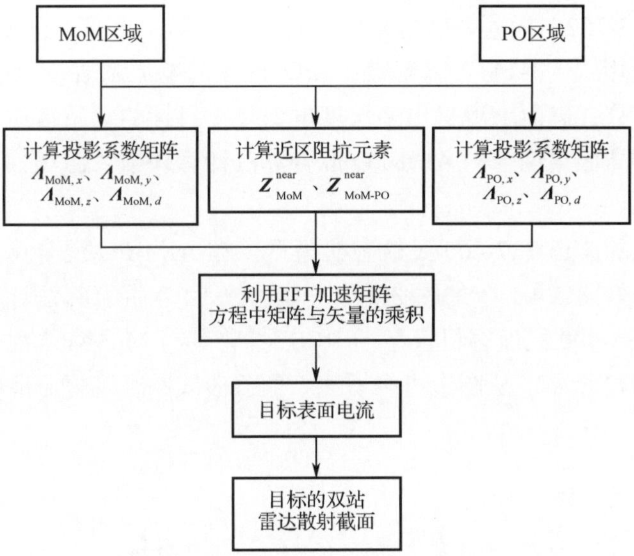

图 3-42　AIM-PO 混合算法流程

$$\boldsymbol{A}_{\mathrm{PO\text{-}MoM},kn}=\delta(\hat{\boldsymbol{t}}_k^{+}+\hat{\boldsymbol{t}}_k^{-})\cdot\hat{\boldsymbol{n}}_k\times\nabla\int_{T_n^{\pm}}G(\boldsymbol{r},\boldsymbol{r}')\boldsymbol{f}_n(\boldsymbol{r}')\mathrm{d}\boldsymbol{r}' \tag{3-146}$$

通过以下矢量运算规则

$$\nabla\times[G\boldsymbol{f}(\boldsymbol{r}')]=\nabla G\times\boldsymbol{f}(\boldsymbol{r}')+G\nabla\times\boldsymbol{f}(\boldsymbol{r}') \tag{3-147}$$

$$\boldsymbol{A}\times\boldsymbol{B}\times\boldsymbol{C}=(\boldsymbol{A}\cdot\boldsymbol{C})\boldsymbol{B}-(\boldsymbol{A}\cdot\boldsymbol{B})\boldsymbol{C} \tag{3-148}$$

可以将修正系数矩阵 $\boldsymbol{A}$ 写为如下形式。

$$\boldsymbol{A}_{\mathrm{PO\text{-}MoM},kn}=\delta\int_{T_n^{\pm}}\{[(\hat{\boldsymbol{t}}_k^{+}+\hat{\boldsymbol{t}}_k^{-})\nabla G(\boldsymbol{r},\boldsymbol{r}')]\hat{\boldsymbol{n}}_k-[\hat{\boldsymbol{n}}_k\cdot\nabla G(\boldsymbol{r},\boldsymbol{r}')](\hat{\boldsymbol{t}}_k^{+}+\hat{\boldsymbol{t}}_k^{-})\}\cdot\boldsymbol{f}_n(\boldsymbol{r}')\mathrm{d}\boldsymbol{r}' \tag{3-149}$$

利用 AIM 加速矩阵方程中的 $\boldsymbol{Z}_{\mathrm{MoM\text{-}PO}}\boldsymbol{A}\boldsymbol{I}_{\mathrm{MoM}}$，流程如下。

首先，加速 PO 区域的电流 $\boldsymbol{I}_{\mathrm{PO}}$。

$$\begin{aligned}\boldsymbol{I}_{\mathrm{PO}}=\boldsymbol{A}\boldsymbol{I}_{\mathrm{MoM}}=\boldsymbol{A}^{\mathrm{near}}\boldsymbol{I}_{\mathrm{MoM}}+&\\ &\tilde{\boldsymbol{\Lambda}}_{\mathrm{PO},x}F^{-1}[F(\boldsymbol{G})F(\boldsymbol{\Lambda}^{\mathrm{T}}_{\mathrm{MoM},x}\boldsymbol{I}_{\mathrm{MoM}})]+\\ &\tilde{\boldsymbol{\Lambda}}_{\mathrm{PO},y}F^{-1}[F(\boldsymbol{G})F(\boldsymbol{\Lambda}^{\mathrm{T}}_{\mathrm{MoM},y}\boldsymbol{I}_{\mathrm{MoM}})]+\\ &\tilde{\boldsymbol{\Lambda}}_{\mathrm{PO},z}F^{-1}[F(\boldsymbol{G})F(\boldsymbol{\Lambda}^{\mathrm{T}}_{\mathrm{MoM},z}\boldsymbol{I}_{\mathrm{MoM}})]\end{aligned} \tag{3-150}$$

其中，$\tilde{\boldsymbol{\Lambda}}_{\mathrm{PO}}$ 表示修正系数矩阵 $\boldsymbol{A}$ 复数算子的投影系数，可计算如下。

$$\tilde{\boldsymbol{\Lambda}}_{\alpha}=\sum_{u=1}^{(p+1)^3}\prod_{a=1,a\neq u}^{p+1}\prod_{b=1,b\neq u}^{p+1}\prod_{c=1,c\neq u}^{p+1}\left\{\begin{aligned}&\left[(\hat{\boldsymbol{t}}_{\alpha,k}^{+}+\hat{\boldsymbol{t}}_{\alpha,k}^{-})\cdot\nabla\left(\frac{x-x_c}{x_u-x_c}\frac{y-y_b}{y_u-y_b}\frac{z-z_a}{z_u-z_a}\right)\right]\hat{\boldsymbol{n}}_{\alpha,k}-\\&\left[\hat{\boldsymbol{n}}_{\alpha,k}\cdot\nabla\left(\frac{x-x_c}{x_u-x_c}\frac{y-y_b}{y_u-y_b}\frac{z-z_a}{z_u-z_a}\right)\right](\hat{\boldsymbol{t}}_{\alpha,k}^{+}+\hat{\boldsymbol{t}}_{\alpha,k}^{-})\end{aligned}\right\} \tag{3-151}$$

然后加速 $\boldsymbol{Z}_{\mathrm{MoM\text{-}PO}}\boldsymbol{I}_{\mathrm{PO}}$。

$$\begin{aligned}\boldsymbol{Z}_{\mathrm{MoM\text{-}PO}}\boldsymbol{I}_{\mathrm{PO}}=\boldsymbol{Z}^{\mathrm{near}}_{\mathrm{MoM\text{-}PO}}\boldsymbol{I}_{\mathrm{PO}}+&\\ \mathrm{j}k\eta&\left\{\begin{aligned}&\boldsymbol{\Lambda}_{\mathrm{MoM},x}F^{-1}[F(\boldsymbol{G})F(\boldsymbol{\Lambda}^{\mathrm{T}}_{\mathrm{PO},x}\boldsymbol{I}_{\mathrm{PO}})]+\boldsymbol{\Lambda}_{\mathrm{MoM},y}F^{-1}[F(\boldsymbol{G})F(\boldsymbol{\Lambda}^{\mathrm{T}}_{\mathrm{PO},y}\boldsymbol{I}_{\mathrm{PO}})]+\\&\boldsymbol{\Lambda}_{\mathrm{MoM},z}F^{-1}[F(\boldsymbol{G})F(\boldsymbol{\Lambda}^{\mathrm{T}}_{\mathrm{PO},z}\boldsymbol{A}\boldsymbol{I}_{\mathrm{MoM}})]-\frac{1}{k^2}\boldsymbol{\Lambda}_{\mathrm{MoM},d}F^{-1}[F(\boldsymbol{G})F(\boldsymbol{\Lambda}^{\mathrm{T}}_{\mathrm{PO},d}\boldsymbol{I}_{\mathrm{PO}})]\end{aligned}\right\}\end{aligned} \tag{3-152}$$

最后，将式（3-152）代入并求解矩阵方程（3-137），便可得到 MoM 区域的未知电流系数 $\boldsymbol{I}_{\text{MoM}}$，再利用式（3-143）求解得出 PO 区域的电流系数，通过式（3-144）得到整个目标的电流系数，进而求解得出多尺度电大尺寸目标的双站雷达散射截面。

下面利用基于高低频混合的 AIM-PO 混合算法计算外辐射源场景下多尺度电大尺寸目标的 BCS。

仍然选取简化的波音 737-400 民航客机模型。在 AIM-PO 混合算法中，区域划分、仿真场景与仿真条件同 3.4.1 节的图 3-27。利用 AIM-PO 混合算法计算得到外辐射源场景下简化的波音 737-400 民航客机模型的 BCS，并将其与 MoM-PO 混合算法的计算结果做了对比，如图 3-43 所示。从图中可以看出，两条曲线吻合良好，证明了 AIM-PO 混合算法的精确性。

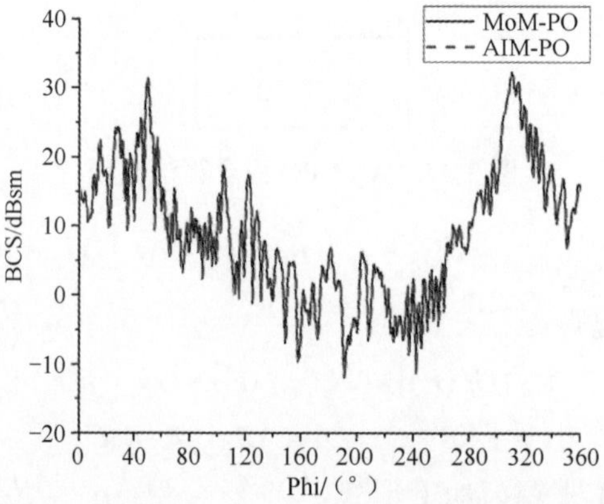

图 3-43 简化的波音 737-400 民航客机模型的 BCS 结果对比

表 3-7 给出了采用 AIM-PO 混合算法和 MoM-PO 混合算法计算外辐射源场景下目标的 BCS 时，峰值内存和计算时间的统计对比，可以看出 AIM-PO 混合算法可以显著减少内存需求和计算时间，验证了 AIM-PO 混合算法的高效性。同时，AIM-PO 特色仿真技术可显著提高单机对多尺度电大尺寸目标电磁散射特性的计算能力。

表 3-7 两种混合算法的峰值内存和计算时间对比

混 合 算 法	峰值内存/GB	计算时间/h
AIM-PO	2.52	0.68
MoM-PO	83.67	2.4

SMoM 和 SAIM 在处理外辐射源场景下多尺度电大尺寸目标的电磁散射问题时，可将具有复杂结构的电大尺寸模型分解成多个易于求解的子区域，每个子区域都可以通过 MoM 或 AIM 独立求解，并采用合适的传输条件确保连接子区域之间电流和场的连续性，通过区域之间的迭代便可得到原始问题的解。由于具有全局收敛性与积分方程的子区域之间几乎是独立的，区域分解方法能够灵活地处理多尺度目标带来的网格剖分复杂的问题。同时，SMoM 和 SAIM 在数值上具有严格性和高效性，是解决外辐射源场景下多尺度电大尺寸目标电磁散射问题的有效手段之一。基于并行计算的区域分解 MLFMA 同时结合了全波算法的精度优势和超级计算机的计算资源优势，既保证了计算的精度，又拓

展了传统方法的求解范围，使原先不能求解的多尺度电大尺寸目标的大规模电磁散射问题得以解决。基于高低频混合的 MoM-PO、AIM-PO 混合算法将外辐射源场景下的多尺度电大尺寸目标划分为低频区域和高频区域，前者为电小尺寸的精细结构，后者为电大尺寸的光滑结构。采用 RWG 基函数同时作为低频区域和高频区域的电流基函数，以保证两个子区域之间电流的连续性，并在低频区域建立矩阵方程，利用 MoM 或 AIM 求解得到相应的表面感应电流，高频区域的表面感应电流则通过 PO 计算得到。对于外辐射源场景下具有精细结构的多尺度电大尺寸目标，该算法能在保证计算精度的前提下，极大地减少矩阵方程的未知量个数，有效地缩小矩阵方程的规模，显著提高单机对大规模电磁散射问题的处理能力。

3.5 典型目标 BCS 特征分析

3.5.1 隐身飞机 BCS 和 RCS 对比

基于卫星辐射源的双站雷达探测系统与传统的单站雷达探测系统及地面双站雷达探测系统不同，卫星辐射源处在距飞行目标较高的位置，可以对目标的上表面进行照射，对隐身飞机而言，其上半空间正是隐身设计的薄弱点，卫星辐射源更容易探测到隐身目标。为了探究这一结论，下面以某型号隐身战机为例，对实际卫星探测场景下双站探测的 BCS 结果与传统单站探测的 RCS 结果进行对比分析。

基于卫星辐射源的双站探测的仿真条件如下。入射角度为 $\theta^{i}=0^\circ$，$\varphi^{i}=0^\circ$，接收角度为 $\theta^{s}=90^\circ$，$\varphi^{s}=0^\circ\sim360^\circ$；传统单站探测的仿真条件为 $\theta^{i}=\theta^{s}=90^\circ$，$\varphi^{i}=\varphi^{s}=0^\circ\sim360^\circ$。在以上条件下对某型号隐身战机的 BCS 和 RCS 进行仿真计算与对比分析。

图 3-44 为某型号隐身战机的单、双站雷达散射截面结果对比。从图中可以看出，该隐身战机在大多数角域内的 BCS 值大于 RCS 值，且 BCS 值在大部分角域均可达到 10dB 以上。因此，与传统的单站雷达探测系统相比，基于外辐射源的双站雷达探测系统在理论上有更大的概率探测到隐身目标，这也是外辐射源雷达探测系统的优势。

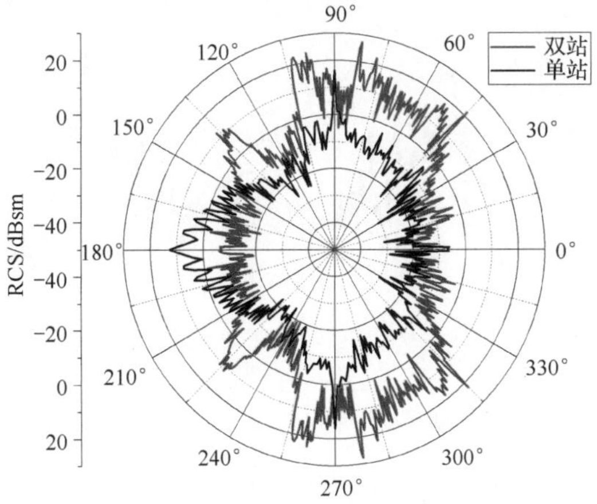

图 3-44　单、双站雷达散射截面结果对比

3.5.2 波音 737-400 民航客机 BCS 特征分析

外辐射源雷达探测系统采用收发分离的双站雷达体制，通过合理布站，能够获取雷达目标更多的电磁散射信息。通过研究典型目标在不同外辐射源雷达探测参数（如频率、极化方式、入射角度和接收角度等）下的 BCS，可以更好地了解典型目标的双站电磁散射特性。以波音 737-400 民航客机模型为例，如图 3-45 所示，通过计算其 BCS 对其双站电磁散射特性进行分析。

图 3-45　波音 737-400 民航客机模型

图 3-46 为波音 737-400 民航客机模型在不同入射波频率下的 BCS 对比。仿真条件如下。入射波频率分别为 12.25GHz、12.502GHz、12.754GHz，垂直入射（$\theta^{i}=0°$，$\varphi^{i}=0°$），水平接收（$\theta^{s}=90°$，$\varphi^{s}=0°\sim360°$），极化方式为 VV 极化和 HH 极化。

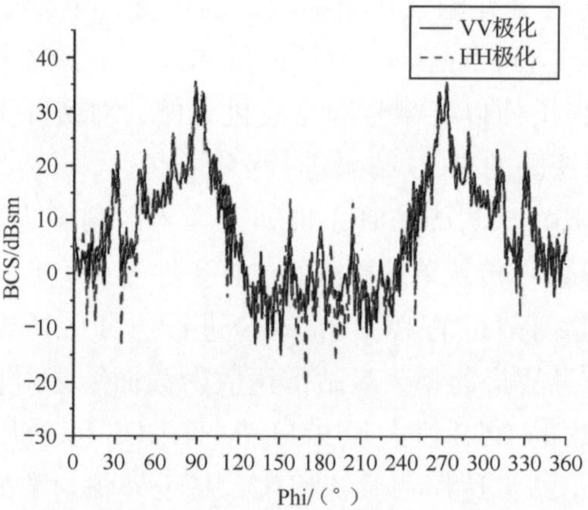

（a）入射波频率为12.25GHz时的BCS

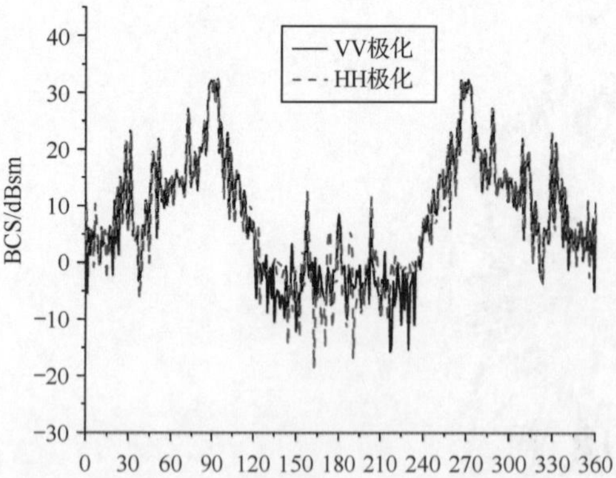

（b）入射波频率为12.502GHz时的BCS

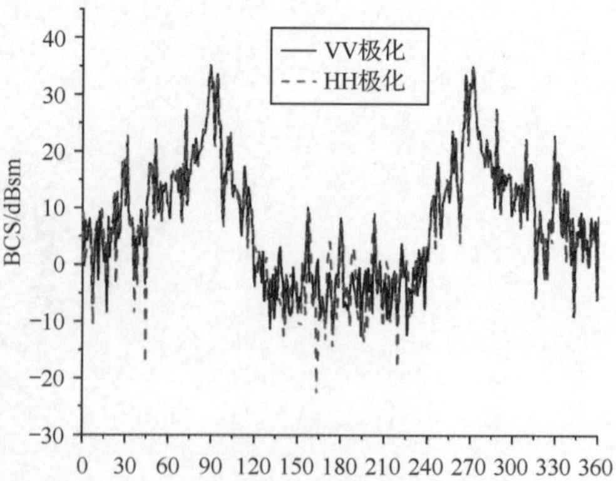

（c）入射波频率为12.754GHz时的BCS

图 3-46　波音 737-400 民航客机模型在不同入射波频率下的 BCS 对比

从不同入射波频率的 BCS 可以看出，波音 737-400 民航客机模型在峰值和次峰值附近角域内的 BCS 随入射波频率变化不大，受极化影响也不大。

图 3-47 为波音 737-400 民航客机模型在垂直入射（$\theta^i=0°$，$\varphi^i=0°$）、不同入射波频率、不同散射角（$\theta^s=75°/90°/105°$，$\varphi^s=0°\sim360°$）下 VV 极化的 BCS 对比。

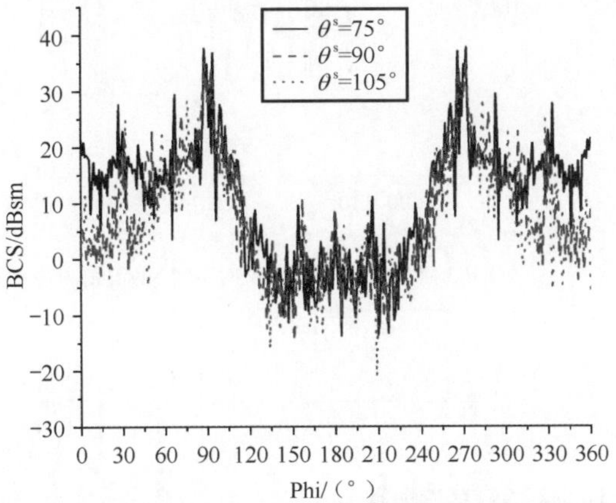

（a）入射波频率为12.25GHz时不同散射角的BCS

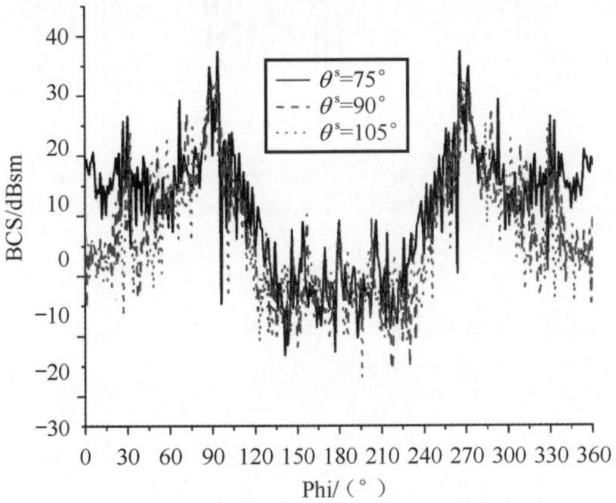

（b）入射波频率为12.502GHz时不同散射角的BCS

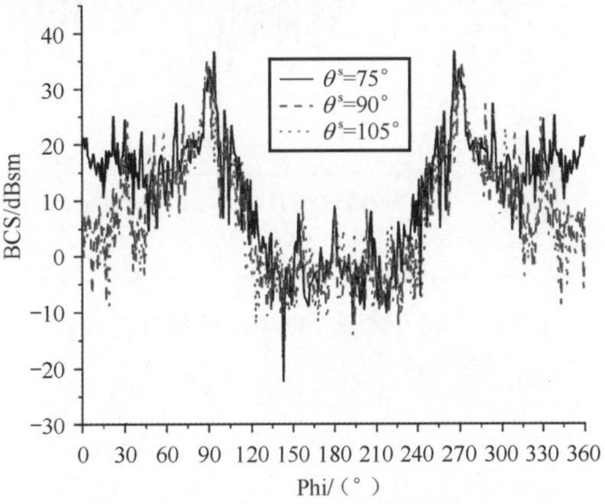

（c）入射波频率为12.754GHz时不同散射角的BCS

图 3-47　波音 737-400 民航客机模型在不同入射波频率及不同散射角下的 BCS 对比

由图 3-47 的 BCS 结果可以看出，波音 737-400 民航客机模型的 BCS 随目标的散射角增大而减小，这是由于当散射角较小时，目标的 BCS 受强电磁散射机理——平面镜面反射的影响较大，随着散射角的逐渐增大，目标 BCS 受平面镜面反射的影响逐渐减小。

图 3-48 为波音 737-400 民航客机模型在水平接收（$\theta^s=90°$，$\varphi^s=0°\sim360°$）、不同入射波频率、不同入射角（$\theta^i=0°$、30°、60°，$\varphi^i=45°$）下 VV 极化的 BCS 对比。

由图 3-48 的 BCS 结果可以看出，波音 737-400 民航客机模型的 BCS 波形随入射角的变化而产生偏移，两个机翼所在的主峰值角域夹角随入射角的增大而减小，主要原因是随着入射角的增大，水平机翼的平面镜面散射朝向尾翼的贡献增大，导致峰值朝向尾翼角域移动。

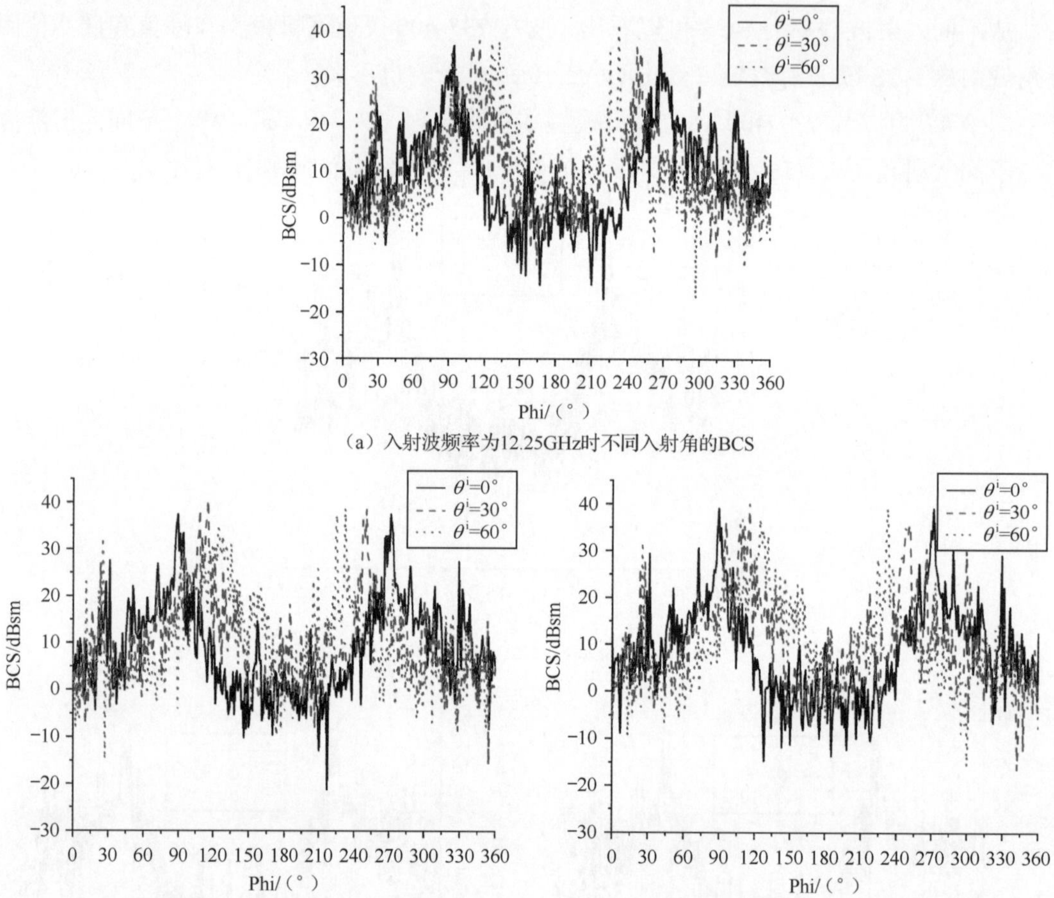

（a）入射波频率为12.25GHz时不同入射角的BCS

（b）入射波频率为12.502GHz时不同入射角的BCS

（c）入射波频率为12.754GHz时不同入射角的BCS

图 3-48　波音 737-400 民航客机模型在不同入射波频率及不同入射角下的 BCS 对比

第4章 目标散射中心提取与目标电磁散射特征反演

4.1 概述

在高频区域，雷达目标的电尺寸往往远大于入射波波长。理论和实践均表明，在此区域内，雷达目标的电磁散射特性可等效为若干个局部散射源的共同作用，这些局部散射源通常被称为散射中心。散射中心为描述雷达目标的复杂电磁散射现象提供了简便而有效的手段，它不仅反映了目标特定结构和尺寸的物理属性及几何属性，还可以直观地对雷达目标的强散射部位进行分析，通过提取雷达目标散射场的相关参数，可以构建体现目标电磁散射特征的散射中心模型。散射中心模型是一种基于电磁散射机理表征的、具有简洁的解析表达形式的目标散射模型。该模型不仅可以代替原本复杂的积分求解过程，对散射场的数据进行压缩，为以电磁散射特征模板为基础建立的目标识别数据库节省大量存储空间，还可以用于雷达信号/场景仿真数据的快速生成，以挖掘雷达目标深层次的属性特征，是复杂电磁环境下获取目标特征并进行目标识别的有效途径之一。

外辐射源雷达探测采用收发分离的双/多站雷达体制，通过合理布站，能够获取雷达目标更多的电磁散射特征信息，因此外辐射源雷达探测具有强大的抗电子干扰能力、抗反辐射导弹能力和反隐身能力。然而，已有的散射中心模型大多是针对单站雷达体制的，关于目标双站电磁散射特征的研究相对较少，缺乏成熟的散射中心模型表述，而单站雷达体制下的电磁散射特征研究结论不能被简单地移植到双站雷达体制中。研究发现，棱边散射、爬行波、行波、多次散射形成的散射中心，在单/双站雷达体制下的等效位置、幅度属性差别很大。对于外辐射源场景下的双/多站雷达体制，需要建立相应的双站散射中心模型，为双/多站雷达体制外辐射源雷达探测场景下电磁散射数据的快速生成与目标识别等应用提供技术支撑。

本章首先介绍散射中心的基本理论，分析外辐射源场景下双站散射中心的优势，介绍双站散射中心的研究进展，并详细介绍点散射中心模型、衰减指数散射中心模型、基于 GTD 的散射中心模型和属性散射中心模型。然后介绍单/双站场景下一维点散射中心、二维点散射中心和二维属性散射中心的提取方法，并提出基于散射中心的目标双站电磁散射幅相模型。最后介绍基于双站散射中心的目标散射中心反演方法，对雷达目标在频域和角域的散射场进行反演分析，将反演结果与实测结果进行对比，验证双站散射中心反演结果的准确性。

4.2 散射中心模型

4.2.1 散射中心模型概述

目标的电磁散射回波信号中隐藏着大量的目标特征信息，为了研究数值化的电磁散射机制，需要建立合适的散射中心模型。在电磁场理论中，每个散射中心都可以被看作斯特拉顿-朱（Stratton-Chu）积分方程中的一个数字不连续处，从目标的几何结构看，就是目标表面的一些曲率不连续处（如边缘、尖顶等）。散射中心模型为高频区域雷达目标的复杂电磁散射机制提供了简洁而贴切的描述，已提出的代表性参数化模型包括点散射中心模型、衰减指数散射中心模型、基于 GTD 的散射中心模型和属性散射中心模型等。这些模型在实际应用中取得了较好的效果，但现有的研究工作大多是针对单站场景建立的，外辐射源雷达探测涉及双站问题，单站散射中心的研究结论不再适用于双站场景，无法有效地描述目标的双站电磁散射机理与特征。

对于双、多站散射中心模型的代表性研究工作如下。

1965 年，Kell R. E. 首先对目标双站电磁散射特性及单站和双站等效原理进行了深入研究，并总结了一个重要结论：双站情形下的目标散射回波也可以等效为一系列散射中心的散射回波之和。同时，Kell R. E. 对大双基角情形下的双站电磁散射特性与单站电磁散射特性之间的不同之处进行了定性分析。在后续研究中，Falconer D. G. 通过不同的电磁散射理论推导进一步验证了这一结论。1969 年，Ross R. A. 等研究了圆柱和平截头锥等目标的双站电磁散射特性。1999 年，Bhalla R. 采用弹跳射线追踪方法获得了多类目标在双站雷达模式下的散射中心，并反演了目标的 RCS，指出了双站几何结构对散射中心的位置和散射系数的影响，对双站模式下的雷达成像具有指导意义。2000 年，Eigel R. L. 等研究了多种复杂雷达目标的双站电磁散射特性，并通过 PO/PTD 电磁仿真数据与实测散射数据的对比，分析了单/双站等效的基本原理对复杂目标所适用的观察角度范围。2003 年，Bukerholder R. J. 等在他们发表的文章中对比了两个 3D 旋转体的单站和双站二维成像，定性分析了单站和双站下不同的图像特征及其背后的散射现象，并对精确的双站散射中心模型提出了要求。2004 年，Rigling B. D. 等得出了 3 种典型散射体（圆、平板、二面角）的双站散射机制，再用它们组合得到 6 种典型散射体目标双站散射模型。2010 年，Jackson J. A. 等在前人的研究基础之上，对多类典型散射体目标的双站电磁散射特征进行了探索和总结，并归纳了一些类似散射中心特征规律的结果，如对于平板反射等双站下的分布型散射中心幅度仍以类似 sinc 函数的方式衰减，而对于局部型散射中心，则无规律的表达式。同年，Buddendick H. 等通过弹跳射线追踪方法建立了汽车目标的双站点散射中心模型，并将该模型应用于实际车载雷达系统探测中，汽车双站散射中心提取结果如图 4-1 所示。

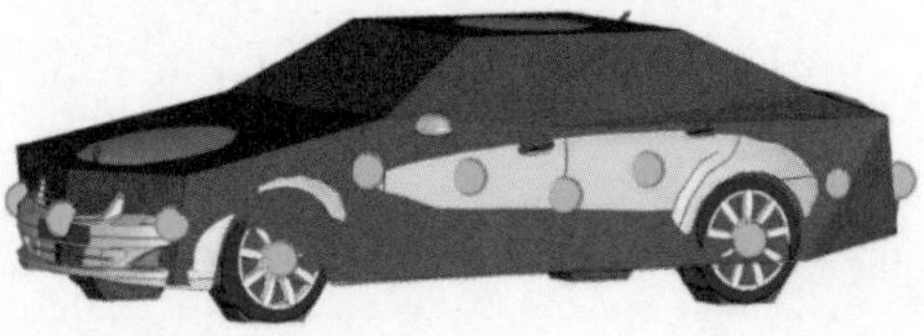

图 4-1　汽车双站散射中心提取结果

2012 年，Jackson J. A. 等在后续工作中对二面角的双站散射中心进行了深入研究，推导出了针对此类目标的双站散射中心参数模型。同年，艾小锋等依据 GTD 理论及驻相法对圆锥体的双站散射中心模型进行了修正：圆锥体目标底面边缘散射中心位于雷达双基角平分线和目标旋转对称轴所构成的平面与底面相切所得的交点，而不像单站模式下由入射面与底面的交点确定。2014 年，郭琨毅等研究了双站椎体目标散射，分析了行波、爬行波的散射中心形成条件，并给出了行波、爬行波的双站散射中心模型表达式。该模型对简单目标的反演很有效，但由于拟合参数较多，对复杂目标进行反演时所需的计算量较大。2019 年，闫华等研究了任意拼接光滑表面多重反射机制的三维旋转表示，并提出了任意多片结构的参数化双站散射中心模型，将 Jackson J. A. 的双站散射中心参数模型扩展到更一般的几何情况，但该模型只描述了镜面反射。2021 年，邢笑宇等提出了 7 种典型散射体的双站散射中心模型表达式，并构造了一般双站散射中心模型，利用基于字典的细化稀疏表示算法对复杂目标进行散射中心提取，能较好地描述目标的双站电磁散射特征。

下面将对点散射中心模型、衰减指数散射中心模型、基于 GTD 的散射中心模型和属性散射中心模型进行详细介绍。

4.2.2　点散射中心模型

雷达目标散射中心模型的研究工作始于 20 世纪 50 年代，随着雷达技术的进步而不断发展。早期雷达的分辨率很低，只能将目标当成理想的点目标处理，即采用点散射中心模型。点散射中心模型假定目标的散射中心是各向同性的理想散射点，因此点散射中心的幅度是一个常数，不随频率、方位角等参数变化。

单站一维点散射中心模型的表达式如下。

$$\boldsymbol{E}_{\mathrm{mo}}(f)=\sum_{i=1}^{K}\boldsymbol{A}_i\cdot\exp\left(-\mathrm{j}\frac{4\pi f}{c}\boldsymbol{r}_i\right) \tag{4-1}$$

其中，f 是雷达入射波的频率；K 为点散射中心的数量；$\boldsymbol{A}_i$ 是散射中心的复幅度；$\boldsymbol{r}_i$ 是散射中心的位置矢量；c 是光速。

单站一维点散射中心模型具有简单的形式，很多复杂目标的电磁散射机理并不能被完整地描述，散射中心的电磁散射机理不仅随频率变化，也依随角度变化。单站二维点散射中心模型在单站一维点散射中心模型的基础上将角度因素考虑在内，可提供更丰富的特征，其公式如下。

$$\boldsymbol{E}_{\mathrm{mo}}(f,\varphi)=\sum_{i=1}^{K}\boldsymbol{A}_i\cdot\exp\left(-\mathrm{j}\frac{4\pi f}{c}\boldsymbol{r}_i\cdot\boldsymbol{r}_{\mathrm{los}}\right) \tag{4-2}$$

其中，φ是雷达观测角；$\boldsymbol{r}_{\mathrm{los}}$是目标在本地坐标系下的雷达视线（Line of Sight，LOS）的方向矢量；$\boldsymbol{r}_i=(x_i,y_i)$。

典型的双站雷达几何模型如图 4-2 所示，图中$\hat{\boldsymbol{r}}_{\mathrm{T}}$和$\hat{\boldsymbol{r}}_{\mathrm{R}}$分别为发射端与接收端在其LOS 方向角上的单位矢量，其角度分别为$(\theta_{\mathrm{T}},\varphi_{\mathrm{T}})$和$(\theta_{\mathrm{R}},\varphi_{\mathrm{R}})$。$\hat{\boldsymbol{r}}_{\mathrm{T}}$和$\hat{\boldsymbol{r}}_{\mathrm{R}}$的表达式分别如下。

$$\hat{\boldsymbol{r}}_{\mathrm{T}}=\sin\theta_{\mathrm{T}}\cos\varphi_{\mathrm{T}}\hat{\boldsymbol{x}}+\sin\theta_{\mathrm{T}}\sin\varphi_{\mathrm{T}}\hat{\boldsymbol{y}}+\cos\varphi_{\mathrm{T}}\hat{\boldsymbol{z}} \tag{4-3}$$

$$\hat{\boldsymbol{r}}_{\mathrm{R}}=\sin\theta_{\mathrm{R}}\cos\varphi_{\mathrm{R}}\hat{\boldsymbol{x}}+\sin\theta_{\mathrm{R}}\sin\varphi_{\mathrm{R}}\hat{\boldsymbol{y}}+\cos\varphi_{\mathrm{R}}\hat{\boldsymbol{z}} \tag{4-4}$$

发射端和接收端之间的夹角β为雷达双基角，其平分线上的单位矢量为$\hat{\boldsymbol{r}}_{\mathrm{B}}$，角度为$(\theta_{\mathrm{B}},\varphi_{\mathrm{B}})$，$\hat{\boldsymbol{r}}_{\mathrm{B}}$与$\hat{\boldsymbol{r}}_{\mathrm{T}}$和$\hat{\boldsymbol{r}}_{\mathrm{R}}$之间的关系如式（4-5）～式（4-7）所示。

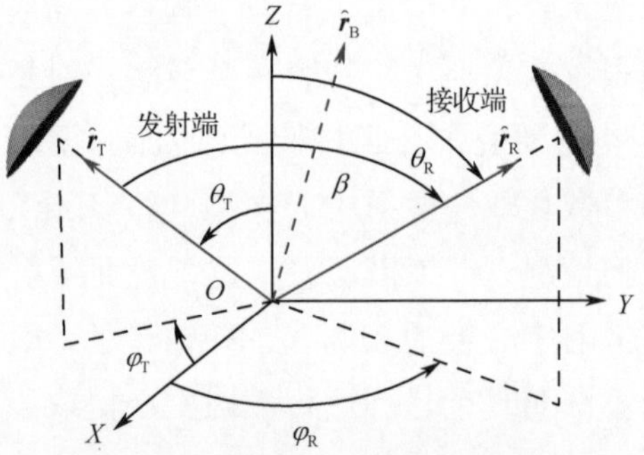

图 4-2　典型的双站雷达几何模型

$$\hat{\boldsymbol{r}}_{\mathrm{B}}=\frac{\hat{\boldsymbol{r}}_{\mathrm{T}}+\hat{\boldsymbol{r}}_{\mathrm{R}}}{\left|\hat{\boldsymbol{r}}_{\mathrm{T}}+\hat{\boldsymbol{r}}_{\mathrm{R}}\right|}=\frac{\hat{\boldsymbol{r}}_{\mathrm{T}}+\hat{\boldsymbol{r}}_{\mathrm{R}}}{2\cos(\beta/2)} \tag{4-5}$$

$$\cos\theta_{\mathrm{B}}=\frac{\cos\theta_{\mathrm{T}}+\cos\theta_{\mathrm{R}}}{2\cos(\beta/2)} \tag{4-6}$$

$$\tan\varphi_{\mathrm{B}}=\frac{\sin\theta_{\mathrm{T}}\sin\varphi_{\mathrm{T}}+\sin\theta_{\mathrm{R}}\sin\varphi_{\mathrm{R}}}{\sin\theta_{\mathrm{T}}\cos\varphi_{\mathrm{T}}+\sin\theta_{\mathrm{R}}\cos\varphi_{\mathrm{R}}} \tag{4-7}$$

定义一各向同性点目标，其归一化双站散射回波为$\overline{\boldsymbol{E}}_{\mathrm{bi}}$，表达式如下。

$$\overline{\boldsymbol{E}}_{\mathrm{bi}}=\sum_{i=1}^{K}\overline{\boldsymbol{A}}_i\cdot\exp(-\mathrm{j}k(R_{\mathrm{T}}+R_{\mathrm{R}}-\hat{\boldsymbol{r}}_{\mathrm{T}}\cdot\hat{\boldsymbol{r}}_i-\hat{\boldsymbol{r}}_{\mathrm{R}}\cdot\hat{\boldsymbol{r}}_i)) \tag{4-8}$$

其中，$\overline{\boldsymbol{A}}_{\mathrm{i}}$为归一化散射幅度；$R_{\mathrm{T}}$和$R_{\mathrm{R}}$分别为发射端与接收端到原点的距离；$\hat{\boldsymbol{r}}_i$为点目标的单位位置矢量。将式（4-5）～式（4-7）代入式（4-8）可得

$$\overline{\boldsymbol{E}}_{\mathrm{bi}}=\sum_{i=1}^{K}\overline{\boldsymbol{A}}_i\cdot\exp\left(-2\cos\left(\frac{\beta}{2}\right)\mathrm{j}k(R_{\mathrm{B}}-\hat{\boldsymbol{r}}_{\mathrm{B}}\cdot\boldsymbol{r}_i)\right) \tag{4-9}$$

其中，$R_{\mathrm{B}}=(R_{\mathrm{T}}+R_{\mathrm{R}})/2\cos(\beta/2)$。由式（4-9）可知，点目标的双站散射回波可等效为位

于双基角平分线方向的单站回波，而回波相位与单站情形相差一个相位因子 $\cos(\beta/2)$。

因此，在外辐射源场景下，目标的双站二维点散射中心模型的表达式为

$$\boldsymbol{E}_{\mathrm{bi}}(f,\varphi_{\mathrm{B}})=\sum_{i=1}^{K}\boldsymbol{A}_i\cdot\exp\left[-\mathrm{j}\frac{2\pi f}{c}(\hat{\boldsymbol{r}}_{\mathrm{T}}+\hat{\boldsymbol{r}}_{\mathrm{R}})\boldsymbol{r}_i\right] \tag{4-10}$$

随着雷达技术的进步，人们发现目标的散射中心种类越来越多，且广泛分布于目标的不同部位，甚至有时会位于目标的几何结构之外。此外，散射中心的散射幅度、相位与雷达工作模式、频带、视线方向、极化方式等紧密相关。点散射中心模型已经不能完整地描述散射响应随频率和方位的变化，更复杂、更完善的散射中心模型相继被提出。

4.2.3　衰减指数散射中心模型

1979 年，Miller E. K. 和 Lager D. L. 首先提出用衰减指数项来描述散射中心幅度与频率的依赖关系，并提出了衰减指数散射中心模型。衰减指数散射中心模型将散射中心的幅度随频率和方位的变化用衰减指数函数来表达，改进了点散射中心模型对散射中心的描述。单站二维衰减指数散射中心模型的表达式如下所示。

$$\boldsymbol{E}_{\mathrm{mo}}(f,\varphi)=\sum_{i=1}^{K}\boldsymbol{A}_i\cdot\exp(\alpha_i f)\cdot\exp(\beta_i\varphi)\cdot\exp\left(-\mathrm{j}\frac{4\pi f}{c}\boldsymbol{r}_i\cdot\boldsymbol{r}_{\mathrm{los}}\right) \tag{4-11}$$

其中，α_i 和 β_i 分别是散射中心的频率依赖因子与方位依赖因子。

在外辐射源场景下，双站二维衰减指数散射中心模型的表达式为

$$\boldsymbol{E}_{\mathrm{bi}}(f,\varphi_{\mathrm{B}})=\sum_{i=1}^{K}\boldsymbol{A}_i\cdot\exp(\alpha_i f)\cdot\exp(\beta_i\varphi_{\mathrm{B}})\cdot\exp\left[-\mathrm{j}\frac{2\pi f}{c}(\hat{\boldsymbol{r}}_{\mathrm{T}}+\hat{\boldsymbol{r}}_{\mathrm{R}})\cdot\boldsymbol{r}_i\right] \tag{4-12}$$

衰减指数散射中心模型考虑了某些非点散射的散射幅度与频率的依赖关系，能够精准地描述散射点的电磁散射特性。但是，对于二面角、三面角等典型几何结构，衰减指数散射中心模型仍无法准确描述它们的电磁散射特性。

4.2.4　基于 GTD 的散射中心模型

1976 年，Bechtel M. E. 对目标的局部散射源进行了较为完整的概括，按照对应结构的不同将散射中心分为 5 种类型。

1．镜面型散射中心

镜面型散射中心是平面、单曲面等小曲率结构产生的散射中心。镜面型散射中心会随着入射波方向变化，并且不会在固定点反射，只有当入射波方向与表面法线方向近似平行时，才有可能产生镜面型散射中心。

2．边缘型散射中心

边缘型散射中心主要包括棱镜底部或尖劈边缘产生的散射中心。边缘型散射中心位

于目标顶点或边缘上的固定点，因此由该类电磁散射机理形成的散射中心也称局部型散射中心。此类散射中心的电磁散射强度虽然较小，但由于其散射几何结构在目标上的位置固定，因此在没有其他结构遮挡的情况下，其所接收到的角度范围更宽，在观测角度上表现为连续型散射中心。

3. 多次反射型散射中心

多次反射型散射中心主要包括表面多次反射产生的散射中心和腔体结构多次反射产生的散射中心。多次反射型散射中心的位置一般不会与目标的散射几何结构对应，有时会产生在目标的几何结构之外，可以通过高频近似方法中的光程等效原理对其进行分析。

4. 尖顶型散射中心

尖顶型散射中心主要包括尖锐的圆锥体、喇叭形和光滑表面上的小凸起产生的散射中心。尖顶型散射中心的散射点位置相对固定，方位向较宽，是一个相对稳定的散射中心。然而，尖顶型散射中心产生的散射比镜面型散射中心和边缘型散射中心的电磁散射强度弱得多。当凸尖端相对光滑时，若雷达发射的信号波长大于其曲率半径，则尖端是一个尖顶型散射中心；若雷达发射的信号波长小于其曲率半径，则在某些观测角度会发生镜面反射。

5. 行波和爬行波型散射中心

行波和爬行波型散射中心是指电磁波沿着平行于表面的方向照射时形成的散射中心。行波和爬行波型散射中心形成的电磁散射强度相对较弱，电磁散射机理较为复杂，不能利用高频近似方法来描述，因此不能通过高频电磁计算方法来研究它们的电磁散射特征。

1995 年，Potter L. C. 等将 GTD 中的幂函数 $(\mathrm{j}f/f_\mathrm{c})^\alpha$ 引入散射中心模型中，用来描述幅度与频率的依赖关系，提出了基于 GTD 的散射中心模型。单站二维基于 GTD 的散射中心模型的表达式如下。

$$\boldsymbol{E}_\mathrm{mo}(f,\varphi)=\sum_{i=1}^{K}\boldsymbol{A}_i\cdot\left(\mathrm{j}\frac{f}{f_\mathrm{c}}\right)^{\alpha_i}\cdot\exp\left(-\mathrm{j}\frac{4\pi f}{c}\boldsymbol{r}_i\cdot\boldsymbol{r}_\mathrm{los}\right) \tag{4-13}$$

其中，f_c是中心频率；α_i是频率依赖因子，它的取值随着目标不同散射几何结构的电磁散射机理在[−1,1]范围内取 0.5 的整数倍。α 的取值与典型散射几何结构的对应关系如表 4-1 所示。

表 4-1　α 的取值与典型散射几何结构的对应关系

典型散射几何结构	尖顶绕射、角绕射	边缘绕射	直边绕射、双曲面反射	单曲面反射	二面角反射、三面角反射、平面反射
α 的取值	−1	−0.5	0	0.5	1

在外辐射源场景下，目标的双站二维基于 GTD 的散射中心模型的表达式为

$$\boldsymbol{E}_{\mathrm{bi}}(f,\varphi_{\mathrm{B}})=\sum_{i=1}^{K}\boldsymbol{A}_i\cdot\left(\mathrm{j}\frac{f}{f_{\mathrm{c}}}\right)^{\alpha_i}\cdot\exp\left[-\mathrm{j}\frac{2\pi f}{c}(\hat{\boldsymbol{r}}_{\mathrm{T}}+\hat{\boldsymbol{r}}_{\mathrm{R}})\cdot\boldsymbol{r}_i\right] \tag{4-14}$$

此时，频率依赖因子 α 的取值依然随着目标不同散射几何结构的电磁散射机理在[−1,1]范围内取 0.5 的整数倍。外辐射源场景下 α 的取值与典型散射几何结构的对应关系如表 4-2 所示。

表 4-2　外辐射源场景下 α 的取值与典型散射几何结构的对应关系

典型散射几何结构	二面角反射、平面反射	单曲面反射、帽顶反射	双曲面反射、直边绕射	边缘绕射
α 的取值	1	0.5	0	−0.5

基于 GTD 的散射中心模型中的频率依赖因子 α 对于区分不同散射机理的电磁散射中心具有巨大的作用，但是它不能有效描述散射中心幅度与方位之间的关系，因此仍然存在很大的局限性。

4.2.5　属性散射中心模型

1997 年，在基于 GTD 的散射中心模型的基础上，Potter L. C. 和 Gerry M. J. 等根据 SAR 图像将散射中心分为分布型散射中心和局部型散射中心，引入了描述分布型散射中心幅度的 sinc 函数和描述局部型散射中心幅度的指数函数 $\exp(-2\pi f\gamma\sin\varphi)$，并提出了属性散射中心模型。单站二维属性散射中心模型的表达式为

$$\begin{aligned}\boldsymbol{E}_{\mathrm{mo}}(f,\varphi)=\sum_{i=1}^{K}\boldsymbol{A}_i\cdot\left(\mathrm{j}\frac{f}{f_{\mathrm{c}}}\right)^{\alpha_i}\cdot\mathrm{sinc}\left[\frac{2\pi f}{c}L_i\sin(\varphi-\overline{\varphi}_i)\right]\cdot\\ \exp(-2\pi f\gamma_i\sin\varphi)\cdot\exp\left(\frac{-\mathrm{j}4\pi f}{c}\boldsymbol{r}_i\cdot\boldsymbol{r}_{\mathrm{los}}\right)\end{aligned} \tag{4-15}$$

其中，L_i 和 $\overline{\varphi}_i$ 分别为分布型散射中心的分布长度与取向角；γ_i 为局部型散射中心的方位依赖因子。目标不同的散射几何结构对应的 L 和 α 的取值是不同的，典型散射几何结构的属性散射中心参数如表 4-3 所示。

表 4-3　典型散射几何结构的属性散射中心参数

散射中心类型	分布型散射中心				局部型散射中心		
典型散射几何结构	二面角反射	边缘绕射	直边绕射	单曲面反射	三面角反射	双曲面反射	角绕射
α	1	−0.5	0	0.5	1	0	−1
L	>0	>0	>0	>0	0	0	0

图 4-3 给出了部分散射几何结构的实际模型。

在外辐射源场景下，目标的双站二维属性散射中心模型的表达式为

$$\boldsymbol{E}_{\text{bi}}(f,\varphi_{\text{B}})=\sum_{i=1}^{K}\boldsymbol{A}_i\cdot\left(\text{j}\frac{f}{f_{\text{c}}}\right)^{\alpha_i}\cdot\text{sinc}\left[\frac{2\pi f}{c}L_i\sin(\varphi_{\text{B}}-\overline{\varphi}_i)\cos\varDelta_{\text{B}}\right]\cdot \\ \cos^{\gamma_i}(\varphi_{\text{B}}-\overline{\varphi}_i)\cos^{\gamma_i}\varDelta_{\text{B}}\cdot\exp\left[\frac{-\text{j}2\pi f}{c}(\hat{\boldsymbol{r}}_{\text{T}}+\hat{\boldsymbol{r}}_{\text{R}})\cdot\boldsymbol{r}_i\right] \tag{4-16}$$

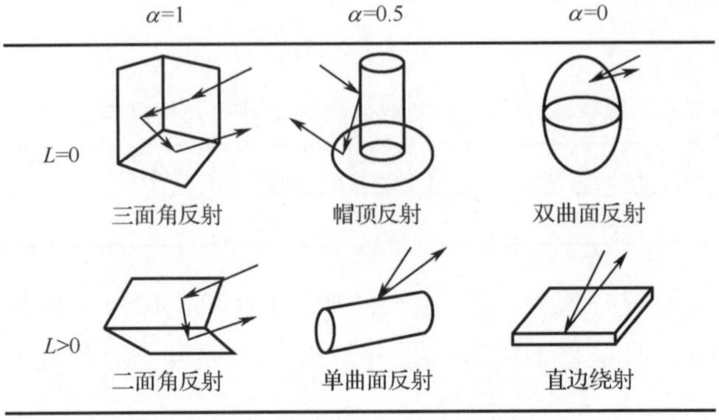

图 4-3　部分散射几何结构的实际模型

其中，$\varDelta_{\text{B}}$ 是半双基角。外辐射源场景下 α 和 L 与典型散射几何结构的对应关系如表 4-4 所示。

表 4-4　外辐射源场景下 α 和 L 与典型散射几何结构的对应关系

典型散射几何结构	边缘绕射	双曲面反射	帽顶反射	直边绕射	单曲面反射	平面反射、二面角反射
α	−0.5	0	0.5	0	0.5	1
L	0	0	0	⩾0	⩾0	⩾0

属性散射中心模型的参数包含目标丰富的几何属性和物理属性，相对于基于 GTD 的散射中心模型，它能够更加准确地描述目标的电磁散射特征。

4.3　基于散射中心的目标双站电磁散射幅相模型

双站散射中心电磁散射幅相模型一方面能够在一定程度上反映外辐射源场景下目标的几何结构特征，另一方面能够对目标的电磁散射场进行反演，以检验模型的提取效果。更重要的是，通过提取双站散射中心电磁散射幅相模型，可以将外辐射源场景下目标的宽带频域散射场与时域波形特性、空域成像特性结合起来进行多尺度联合分析，对目标的双站电磁散射特征进行深度挖掘。

4.3.1　目标双站一维点散射中心电磁散射幅相模型

目标的双站扫频散射场公式为

$$\boldsymbol{E}_{\text{bi}}^{\text{s}}(k,\boldsymbol{r})=\text{j}k\eta\frac{\exp\left(-\text{j}k|\boldsymbol{r}|\right)}{4\pi|\boldsymbol{r}-\boldsymbol{r}'|}\hat{\boldsymbol{r}}\times\left[\hat{\boldsymbol{r}}\times\iint_S\boldsymbol{J}(k,\boldsymbol{r}')\exp(\text{j}k\hat{\boldsymbol{r}}\cdot\boldsymbol{r}')\text{d}\boldsymbol{r}'\right] \tag{4-17}$$

上述公式可简化为

$$\boldsymbol{E}_{\mathrm{bi}}^{\mathrm{s}}(k,\boldsymbol{r})=\sum_{n=1}^{N}\boldsymbol{A}_n\cdot\exp(\mathrm{j}k(\hat{\boldsymbol{r}}_{\mathrm{T}}+\hat{\boldsymbol{r}}_{\mathrm{R}})\cdot\boldsymbol{r}_n') \tag{4-18}$$

其中，复模值 $\boldsymbol{A}_n$ 与目标的表面电流 $\boldsymbol{J}(k,\boldsymbol{r}')$ 有关；相位 $\exp(\mathrm{j}k(\hat{\boldsymbol{r}}_{\mathrm{T}}+\hat{\boldsymbol{r}}_{\mathrm{R}})\cdot\boldsymbol{r}_n')$ 与入射波波数 k 、雷达双站角及一维点散射中心的空间位置 $\boldsymbol{r}_n'=x_n$ 有关。

对式（4-18）进行傅里叶逆变换，可以对扫频电场进行逆积累，还原出目标的空间信息 $\boldsymbol{A}_n$ 与 $\boldsymbol{r}_n'$ 。

$$\boldsymbol{A}_n=\frac{1}{N_f}\sum_{k=k_{\mathrm{start}}}^{k_{\mathrm{end}}}\boldsymbol{E}_{\mathrm{bi}}^{\mathrm{s}}(k,\boldsymbol{r})\cdot\exp(-\mathrm{j}k(\hat{\boldsymbol{r}}_{\mathrm{T}}+\hat{\boldsymbol{r}}_{\mathrm{R}})\cdot\boldsymbol{r}_n') \tag{4-19}$$

其中，N_f 为频率采样点数，每个双站一维点散射中心的复模值 $\boldsymbol{A}_n$ 对应唯一的空间位置 $\boldsymbol{r}_n'$ ；$\boldsymbol{E}_{\mathrm{bi}}^{\mathrm{s}}(k,\boldsymbol{r})$ 的扫频范围为 $(f_{\mathrm{start}},f_{\mathrm{end}})$ ，对应的波数 k 范围为 $(k_{\mathrm{start}},k_{\mathrm{end}})$ 。

下面以波音 737-400 民航客机模型为例，说明双站一维点散射中心电磁散射幅相模型提取过程中各参数的确定流程。

波音 737-400 民航客机模型长约 36.5m，设定场景宽度 $X=50\mathrm{m}$ ，以保证涵盖模型上所有的双站一维点散射中心，如图 4-4 所示。

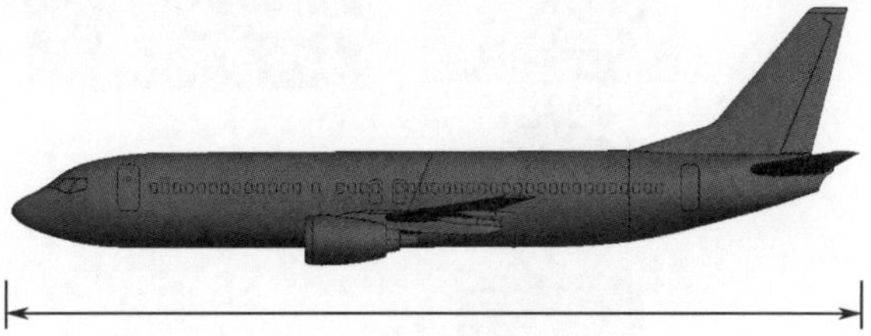

图 4-4　一维场景宽度设定示意

根据场景宽度 X ，确定扫频间隔 Δf 。

$$\begin{cases}X=50\mathrm{m}\\T=2\pi=2\Delta kX\\\Delta f=c\Delta k/2\pi\end{cases} \tag{4-20}$$

设定频率采样点数 N_f ，确定带宽 B 和分辨率 $\mathrm{d}x$ 。

$$\begin{cases}N_f=100\\B=N\Delta f\\\mathrm{d}x=X/N\end{cases} \tag{4-21}$$

根据上述条件，得到波音 737-400 民航客机模型的双站一维点散射中心电磁散射幅相模型的仿真参数。

$$\begin{cases}\Delta f=3\mathrm{MHz}\\B=0.3\mathrm{GHz}\\\mathrm{d}x=0.5\mathrm{m}\end{cases} \tag{4-22}$$

确定以上参数，计算得到外辐射源场景下波音 737-400 民航客机模型的双站扫频散射场，根据式（4-19）计算得到 K 个复模值为 $\boldsymbol{A}_n$ 、空间位置为 $\boldsymbol{r}_n'$ 的双站一维点散射中心，

将 $\boldsymbol{A}_n$ 与 $\boldsymbol{r}_n'$ 代入式（4-18），即可完成双站散射场的反演。外辐射源场景下目标双站一维点散射中心电磁散射幅相模型提取流程如图 4-5 所示。

在外辐射源场景下对波音 737-400 民航客机模型及其部件进行双站一维点散射中心电磁散射幅相模型提取，飞机模型如图 4-6 所示，其双站散射场的仿真频率为 12.63～12.93GHz，平面波入射角度为 $\theta^{\mathrm{i}}=0°$，$\varphi^{\mathrm{i}}=0°$，接收角度为 $\theta^{\mathrm{s}}=90°$，$\varphi^{\mathrm{s}}=0°$。

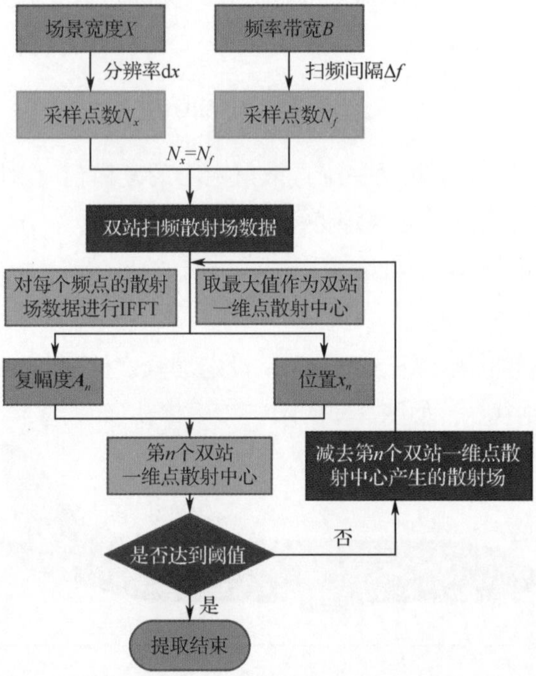

图 4-5　外辐射源场景下目标双站一维点散射中心电磁散射幅相模型提取流程

1. 机翼

图 4-7 为波音 737-400 民航客机机翼模型，对其双站一维点散射中心电磁散射幅相模型进行提取，根据提取结果对机翼模型的 BCS 进行反演，结果如图 4-8 所示。从图中可以看出，机翼模型的最大双站一维点散射中心在场景内的 1m 附近，且其 BCS 反演结果与仿真结果吻合良好，验证了双站一维点散射中心电磁散射幅相模型提取结果的准确性。

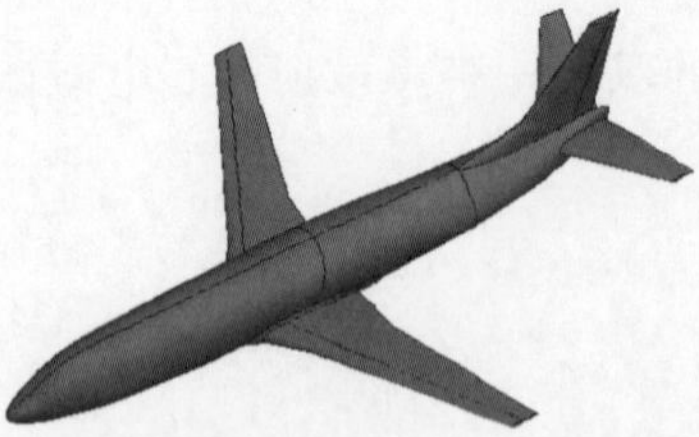

图 4-6　波音 737-400 民航客机模型

图 4-7　波音 737-400 民航客机机翼模型

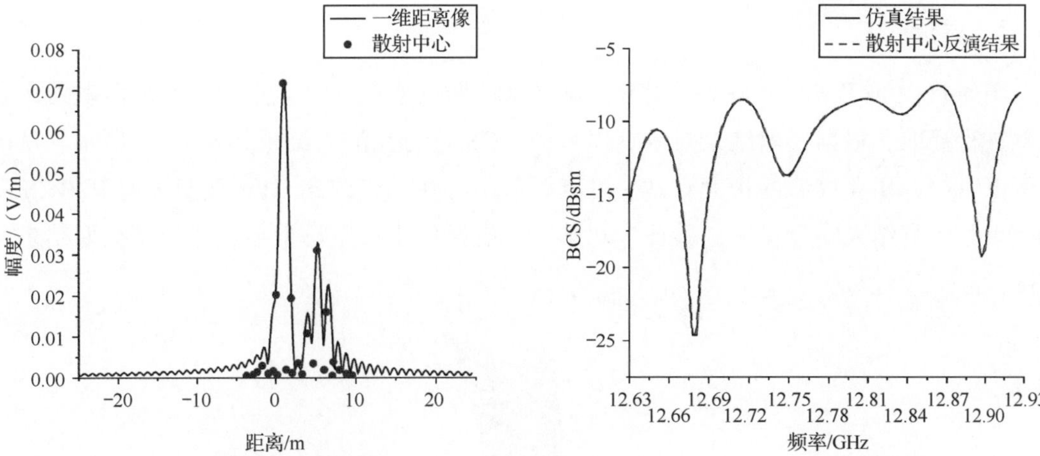

（a）电磁散射幅相模型提取　　（b）BCS反演结果

图 4-8　机翼模型双站一维点散射中心电磁散射幅相模型提取及 BCS 反演结果

2. 机身

图 4-9 为波音 737-400 民航客机机身模型，对其双站一维点散射中心电磁散射幅相模型进行提取，根据提取结果对机身模型的 BCS 进行反演，结果如图 4-10 所示。从图中可以看出，机身模型的最大双站一维点散射中心在场景内的 20m 附近，且其 BCS 反演结果与仿真结果吻合良好，验证了双站一维点散射中心电磁散射幅相模型提取结果的准确性。

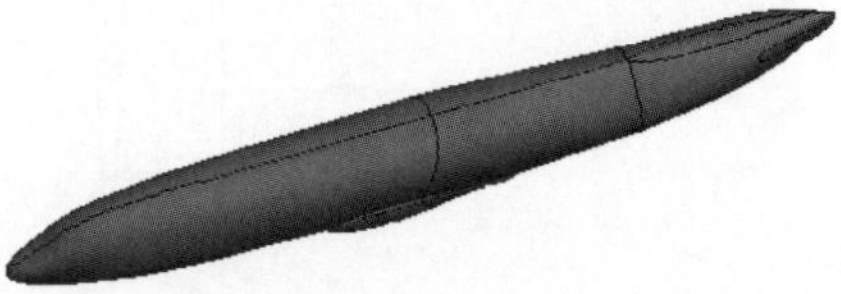

图 4-9　波音 737-400 民航客机机身模型

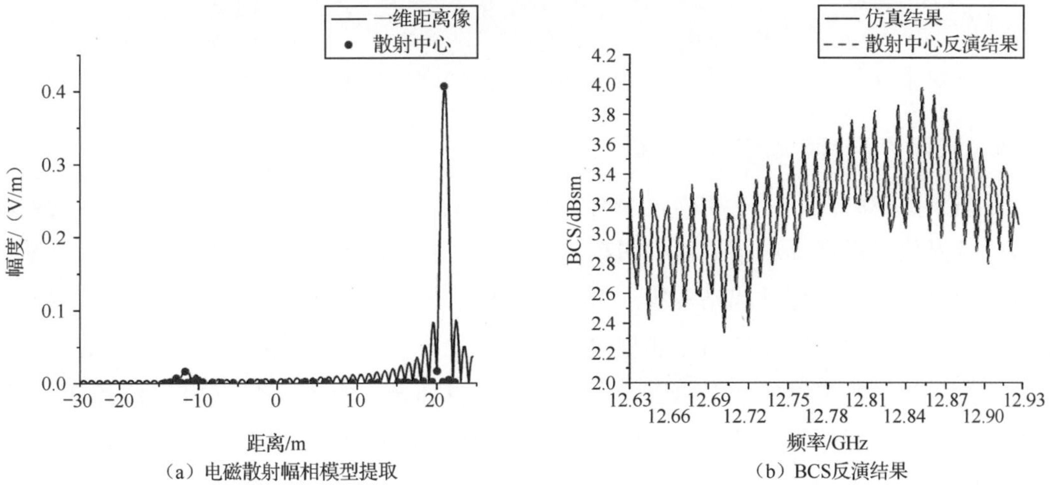

（a）电磁散射幅相模型提取　　（b）BCS反演结果

图 4-10　机身模型双站一维点散射中心电磁散射幅相模型提取及 BCS 反演结果

3. 尾翼

图 4-11 为波音 737-400 民航客机尾翼模型，对其双站一维点散射中心电磁散射幅相模型进行提取，根据提取结果对尾翼模型的 BCS 进行反演，结果如图 4-12 所示。从图中可以看出，尾翼模型的最大双站一维点散射中心在场景内的-10m 附近，且其 BCS 反演结果与仿真结果吻合良好，验证了双站一维点散射中心电磁散射幅相模型提取结果的准确性。

图 4-11　波音 737-400 民航客机尾翼模型

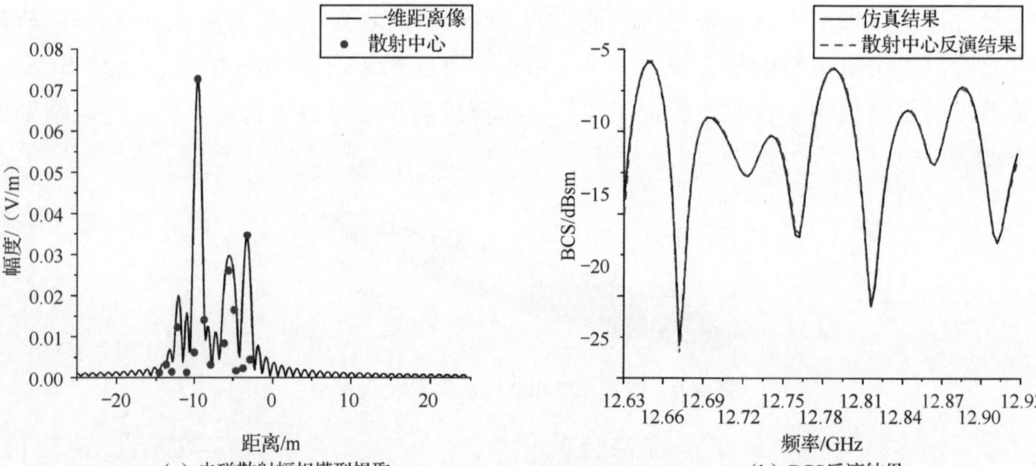

（a）电磁散射幅相模型提取　　（b）BCS反演结果

图 4-12　尾翼模型双站一维点散射中心电磁散射幅相模型提取及 BCS 反演结果

4. 波音 737-400 民航客机整机

对图 4-6 中的波音 737-400 民航客机整机模型的双站一维点散射中心电磁散射幅相模型进行提取，根据提取结果对整机模型的 BCS 进行反演，结果如图 4-13 所示。从图中可以看出，整机模型的双站一维点散射中心电磁散射幅相模型可等效为机翼、机身、尾翼 3 部分散射中心电磁散射幅相模型的叠加，且机身的散射中心幅度相比机翼和尾翼较大。此时，整机模型的散射贡献主要取决于机身部分。由图 4-13 可知，波音 737-400 民航客机整机模型的 BCS 反演结果与仿真结果吻合良好，验证了双站一维点散射中心电磁散射幅相模型提取结果的准确性。

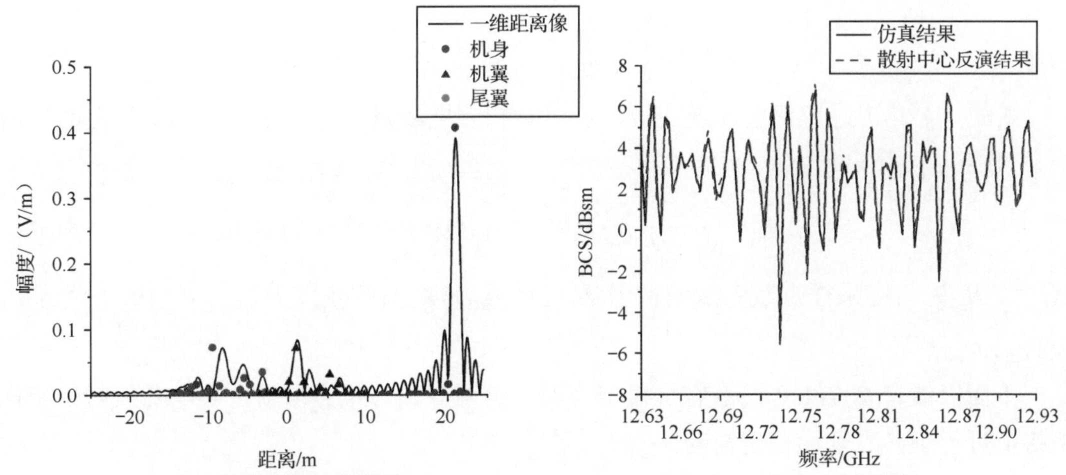

（a）电磁散射幅相模型提取　　（b）BCS反演结果

图 4-13　整机模型双站一维点散射中心电磁散射幅相模型提取及 BCS 反演结果

4.3.2　目标双站二维点散射中心电磁散射幅相模型

双站二维点散射中心电磁散射幅相模型在双站一维点散射中心电磁散射幅相模型的基础上增加了 Y 方向的分量，可以表示目标在二维平面内双站点散射中心的幅度和位置信息，对外辐射源场景下目标的强散射点进行更加精确的定位。

在目标双站二维点散射中心电磁散射幅相模型的提取过程中，引入了一种小角度近似的思想，如图 4-14 所示。在一定带宽 B 与一定角域 Ω 内，目标的双站二维散射场数据将在空间内占据非均匀网格，当角域 Ω 足够小时，这些数据将构成接近等间距的线性网格。

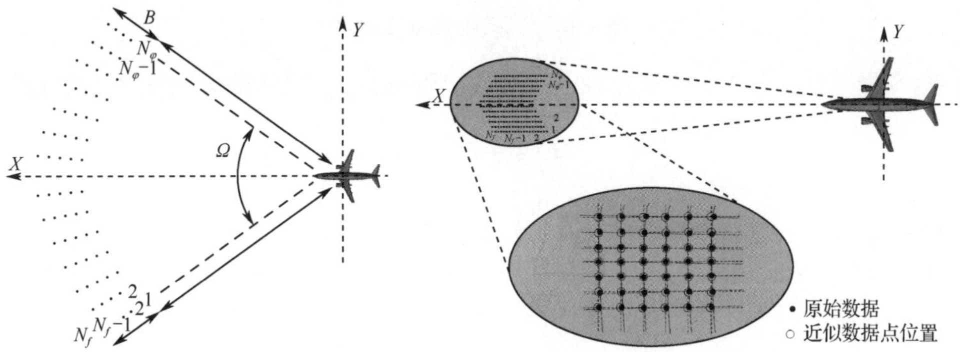

图 4-14　小角度近似

目标的双站扫频扫角散射场公式如下。

$$\boldsymbol{E}_{\mathrm{bi}}^{\mathrm{s}}(k,\varphi_{\mathrm{B}},\boldsymbol{r}) = \mathrm{j}k\eta \frac{\exp\left(-\mathrm{j}k\left|\boldsymbol{r}\right|\right)}{4\pi\left|\boldsymbol{r}-\boldsymbol{r}'\right|}\hat{\boldsymbol{r}}\times[\hat{\boldsymbol{r}}\times\boldsymbol{J}(k,\varphi_{\mathrm{B}},\boldsymbol{r}')\exp(\mathrm{j}k\hat{\boldsymbol{r}}\cdot\boldsymbol{r}')\mathrm{d}\boldsymbol{r}'] \tag{4-23}$$

式（4-23）可简化为

$$\boldsymbol{E}_{\mathrm{bi}}^{\mathrm{s}}(k,\varphi_{\mathrm{B}},\boldsymbol{r})=\sum_{n=1}^{N}\boldsymbol{A}_n\cdot\exp(\mathrm{j}k(\hat{\boldsymbol{r}}_{\mathrm{T}}+\hat{\boldsymbol{r}}_{\mathrm{R}})\cdot\boldsymbol{r}_n') \tag{4-24}$$

对式（4-24）进行傅里叶逆变换，可以对扫频电场进行逆积累，还原出目标的空间信息 $\boldsymbol{A}_n$ 与 $\boldsymbol{r}_n'$，其中 $\boldsymbol{r}_n'=(\hat{\boldsymbol{x}}_n,\hat{\boldsymbol{y}}_n)$。

$$\boldsymbol{A}_n=\frac{1}{N_f\times N_\varphi}\sum_{k_{\mathrm{start}}}^{k_{\mathrm{end}}}\sum_{\varphi_{\mathrm{start}}}^{\varphi_{\mathrm{end}}}\boldsymbol{E}_{\mathrm{bi}}^{\mathrm{s}}(k,\varphi_{\mathrm{B}},\boldsymbol{r})\cdot\exp(-\mathrm{j}k(\hat{\boldsymbol{r}}_{\mathrm{T}}+\hat{\boldsymbol{r}}_{\mathrm{R}})\cdot\boldsymbol{r}_n') \tag{4-25}$$

其中，N_φ 为角度采样点数；双站散射场 $\boldsymbol{E}_{\mathrm{bi}}^{\mathrm{s}}(k,\varphi_{\mathrm{B}},\boldsymbol{r})$ 的扫频范围为 $(f_{\mathrm{start}},f_{\mathrm{end}})$，扫角范围为 $(\varphi_{\mathrm{start}},\varphi_{\mathrm{end}})$。

下面以波音 737-400 民航客机模型为例，说明双站二维点散射中心电磁散射幅相模型提取过程中各参数的确定流程。

波音 737-400 民航客机模型的尺寸为 36.4m×28.7m，设定 X 方向的场景宽度为 50m，Y 方向的场景宽度为 32m，如图 4-15 所示，以保证涵盖模型上所有的双站二维点散射中心。

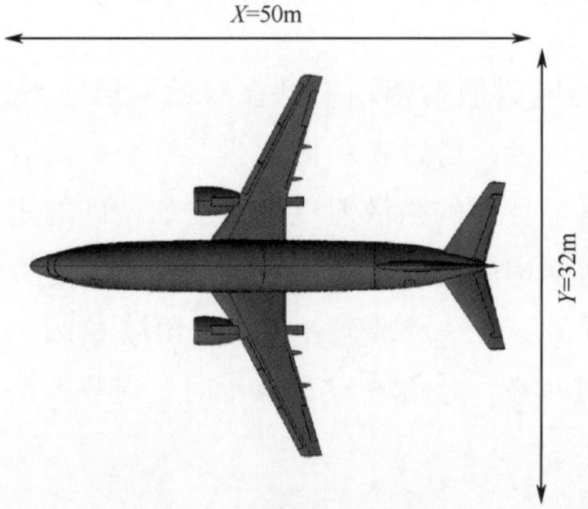

图 4-15　二维场景宽度设定

根据场景宽度 X、Y，由式（4-20）确定扫频间隔 Δf，扫角间隔 $\Delta\varphi$ 的确定方式如下。

$$\begin{cases}Y=32\mathrm{m}\\ f_{\mathrm{start}}=12.63\mathrm{GHz}\\ \lambda_{\mathrm{start}}=c/f_{\mathrm{start}}\\ \Delta\varphi=\lambda_{\mathrm{start}}/2Y\end{cases} \tag{4-26}$$

设定采样点数 N_f 和 N_φ，根据式（4-21）确定频率带宽 B 和分辨率 $\mathrm{d}x$，角域 Ω 和 $\mathrm{d}y$ 的确定方式如下。

$$\begin{cases}N_\varphi=64\\ \Omega=N_\varphi\Delta\varphi\\ \mathrm{d}y=Y/N_\varphi\end{cases} \tag{4-27}$$

根据上述条件，得到波音 737-400 民航客机模型的双站二维点散射中心电磁散射幅相模型仿真参数。

$$\begin{cases} \Delta f = 3\text{MHz} \\ \Delta\varphi = 0.000371\text{rad} \\ B = 0.3\text{GHz} \\ \Omega = 0.23744\text{rad} \\ \text{d}x = \text{d}y = 0.5\text{m} \end{cases} \tag{4-28}$$

确定以上参数，计算得到外辐射源场景下波音 737-400 民航客机模型的双站扫频扫角散射场。外辐射源场景下目标双站二维点散射中心电磁散射幅相模型提取流程如图 4-16 所示。

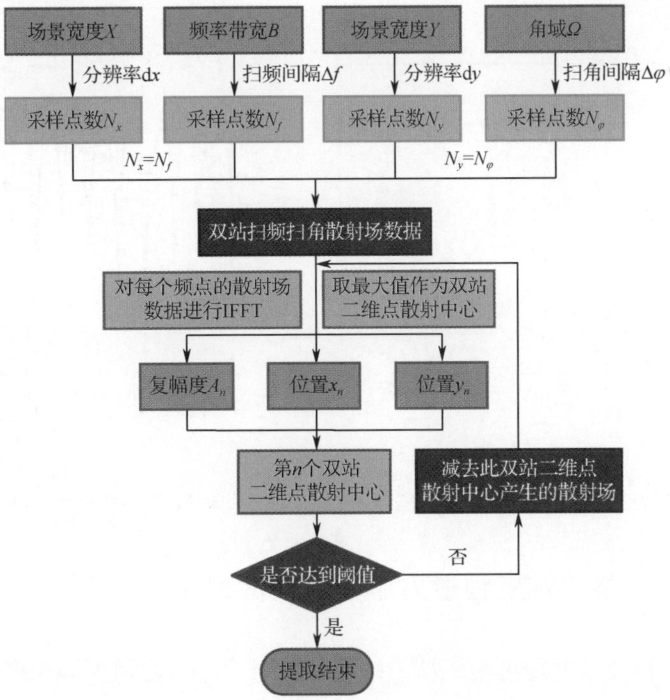

图 4-16　外辐射源场景下目标双站二维点散射中心电磁散射幅相模型提取流程

在外辐射源场景下对波音 737-400 民航客机模型进行双站二维点散射中心电磁散射幅相模型提取，模型如图 4-17 所示。其双站散射场的仿真频率为12.63～12.93GHz，入射角度为 $\theta^{i}=0°$，$\varphi^{i}=0°$，接收角度为 $\theta^{s}=90°$，$\varphi^{s}=-0.65921°\sim0.68047°$。

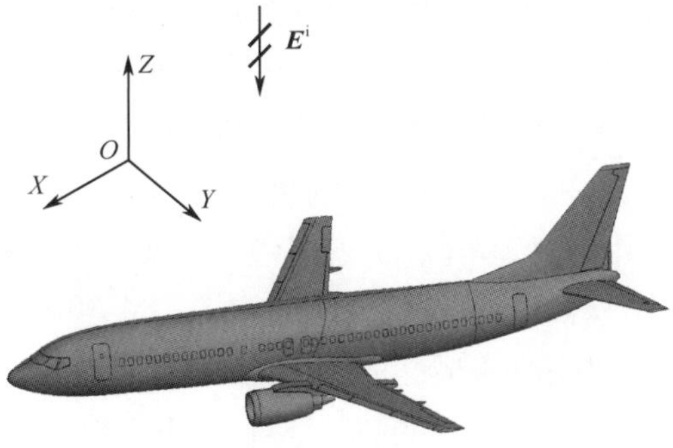

图 4-17　波音 737-400 民航客机模型

根据提取结果对波音 737-400 民航客机模型的 BCS 进行反演，结果如图 4-18 所示。从图中可以清晰地看出波音 737-400 民航客机模型强散射点的二维分布。在外辐射源场景下，其强散射部位分别为机头、机翼和机尾，该提取结果与其双站电磁散射机理相对应。利用波音 737-400 民航客机模型的双站二维点散射中心电磁散射幅相模型进行 BCS 反演，发现 BCS 反演结果与仿真结果基本一致。由此可以得出结论：双站二维点散射中心电磁散射幅相模型不仅可以直观地对外辐射源场景下目标的强散射部位进行分析，还可以对大量电磁散射数据进行压缩存储，为根据电磁散射特征模板建立的目标识别数据库节省大量存储空间。

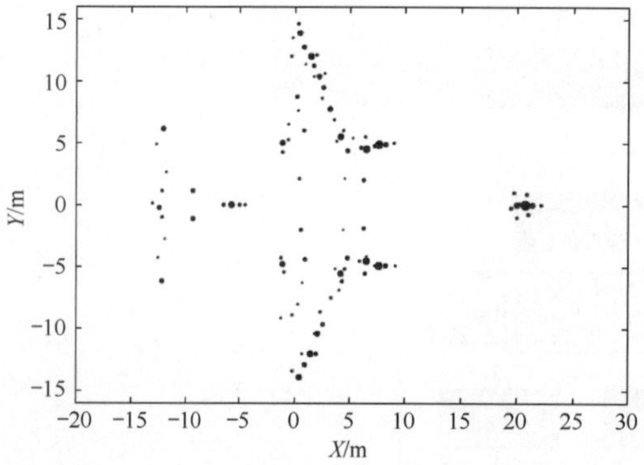

（a）电磁散射幅相模型提取

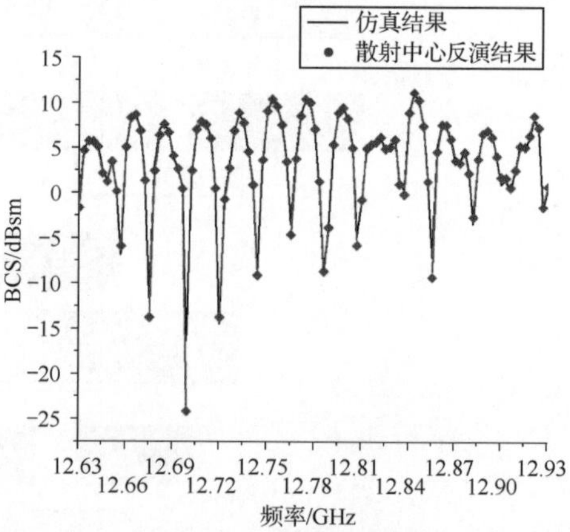

（b）BCS反演结果

图 4-18　波音 737-400 民航客机模型双站二维点散射中心电磁散射幅相模型提取及 BCS 反演结果

4.3.3　目标双站二维属性散射中心电磁散射幅相模型

目标的双站扫频扫角电场可由双站二维属性散射中心电磁散射幅相模型表示，公式为

$$\boldsymbol{E}_{\mathrm{bi}}^{\mathrm{s}}(k,\varphi_{\mathrm{B}},\boldsymbol{r})=\sum_{n=1}^{N}\left\{\begin{array}{l}\boldsymbol{A}_n\cdot\left(\mathrm{j}\dfrac{f}{f_{\mathrm{c}}}\right)^{\alpha_n}\cdot\operatorname{sinc}\left[\dfrac{2\pi f}{c}L_n\sin(\varphi_{\mathrm{B}}-\overline{\varphi}_n)\cos\varDelta_{\mathrm{B}}\right]\cdot\cos^{\gamma_n}\varDelta_{\mathrm{B}}\cdot\\ \cos^{\gamma_n}(\varphi_{\mathrm{B}}-\overline{\varphi}_n)\cdot\exp\left[\dfrac{-\mathrm{j}2\pi f}{c}\cos\varDelta_{\mathrm{B}}(\hat{\boldsymbol{r}}_{\mathrm{T}}+\hat{\boldsymbol{r}}_{\mathrm{R}})\cdot\boldsymbol{r}_n'\right]\end{array}\right\}\tag{4-29}$$

根据 GTD 理论和 PO,目标的高频雷达回波可等效为来自几个独立属性散射中心的散射回波，这意味着回波在模型参数域中是稀疏的。因此，可以利用基于稀疏表示的属性散射中心提取算法对目标的双站二维属性散射中心电磁散射幅相模型进行提取。考虑噪声后，目标双站二维属性散射中心电磁散射幅相模型的矩阵形式如下。

$$\boldsymbol{s}=\boldsymbol{D}(\theta)\sigma+\boldsymbol{n}\tag{4-30}$$

其中，$\boldsymbol{s}$ 为列向量化的观测信号 $\boldsymbol{E}_{\mathrm{bi}}^{\mathrm{s}}(k,\varphi_{\mathrm{B}},\boldsymbol{r})$；$\boldsymbol{D}(\theta)$ 为目标双站二维属性散射中心对应参数集合 θ 的字典；σ 为稀疏系数；$\boldsymbol{n}$ 为噪声。通过求解式（4-30）的 L_0 优化问题，可以得到目标双站二维属性散射中心电磁散射幅相模型的参数估计如下。

$$\hat{\sigma}=\arg\min\|\sigma\|_0\quad \text{s.t.}\|\boldsymbol{s}-\boldsymbol{D}(\theta)\sigma\|_2<\varepsilon\tag{4-31}$$

稀疏求解方法可分为优化算法和贪婪算法。常用的优化算法有基追踪降噪算法

（Basis Pursuit De-Noising，BPDN）、平滑 L_0 算法等。优化算法的估计精度高，但对噪声敏感，计算复杂度高。常用的贪婪算法有正交匹配追踪（Orthogonal Matching Pursuit，OMP）算法、遗传算法等。与其他算法相比，OMP 算法具有步骤简单、运算量小等优点，因此得到了广泛应用。

OMP 算法根据信号与字典之间的相关性实现基的选择，对于目标的双站二维属性散射中心电磁散射幅相模型，可以直接利用 OMP 算法进行提取，具体实现步骤如下。

首先，构造过完备字典 $\boldsymbol{D}$，即包含参数集 $[x,y,\alpha,L,\gamma,\bar{\varphi}]$ 所有可能取值的组合。过完备字典 $\boldsymbol{D}$ 由双站扫频扫角散射场数据组成，给定 (x_n,y_n)，便可获得一个作为原子的双站散射场数据 $d_n(k,\varphi_{\mathrm{B}},\boldsymbol{r})$。将参数 X 与参数 Y 组成的整个空间网格化，循环所有的 (x_n,y_n)，即可得到由全部双站扫频扫角散射场组成的过完备字典 $\boldsymbol{D}$，如图 4-19 所示。

$$\boldsymbol{D}(x,y,L,\bar{\varphi})=[\bar{d}_1,\bar{d}_2,\cdots,\bar{d}_n] \tag{4-32}$$

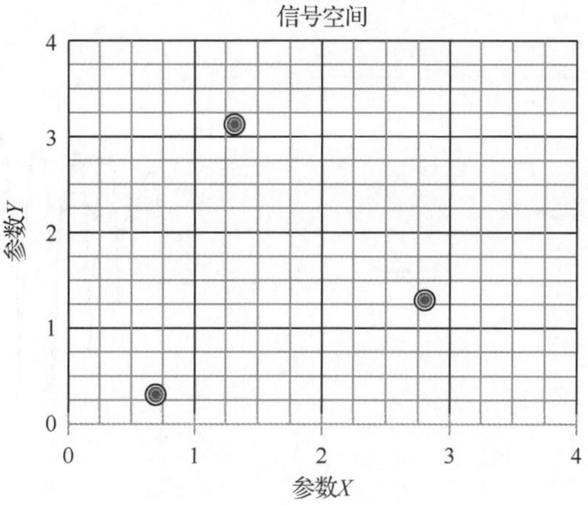

图 4-19　过完备字典 $\boldsymbol{D}$

其中，字典矩阵的每列 d_n 都是参数集取值的一组组合，其解析形式可按简化后的双站二维属性散射中心电磁散射幅相模型给出。

$$\begin{aligned}d_n(k,\varphi_{\mathrm{B}},\boldsymbol{r})=\boldsymbol{A}_n\cdot\left(\mathrm{j}\frac{f}{f_{\mathrm{c}}}\right)^{\alpha_n}\cdot\operatorname{sinc}\left[\frac{2\pi f}{c}L_n\sin(\varphi_{\mathrm{B}}-\bar{\varphi}_n)\cos\varDelta_{\mathrm{B}}\right]\cdot\\ \cos^{\gamma_n}\varDelta_{\mathrm{B}}\cdot\cos^{\gamma_n}(\varphi_{\mathrm{B}}-\bar{\varphi}_n)\cdot\exp\left[\frac{-\mathrm{j}2\pi f}{c}\cos\varDelta_{\mathrm{B}}(\hat{\boldsymbol{r}}_{\mathrm{T}}+\hat{\boldsymbol{r}}_{\mathrm{R}})\cdot\boldsymbol{r}_n'\right]\end{aligned} \tag{4-33}$$

对 d_n 进行归一化得到原子 $\bar{d}_n$，将每个原子排成一个列向量，所有原子按式（4-32）排列，构成过完备字典 $\boldsymbol{D}$。

$$\bar{d}_n=d_n/\|d_n\|_2 \tag{4-34}$$

然后，输入观测信号 $\boldsymbol{s}$，设置终止门限 δ，并初始化残差 $\boldsymbol{r}=\boldsymbol{s}$、反演信号 $\hat{\boldsymbol{s}}=0$、原子索引集 $\hat{\theta}=\varPhi$ 和 $k=0$。

计算残差与原子间的相关性，选择相关性最大的原子，并更新索引集 $\hat{\theta}$。

$$\begin{cases}C=\boldsymbol{D}^{\mathrm{H}}\cdot\boldsymbol{r},\ \ i_k=\arg\max\limits_{i}(C)\\ \hat{\theta}=\hat{\theta}\cup i_k\end{cases} \tag{4-35}$$

利用最小二乘法求得目标双站二维属性散射中心幅度的近似解。

$$\hat{\sigma} = \boldsymbol{D}(:,\hat{\theta}) \cdot \boldsymbol{s} \tag{4-36}$$

更新残差 $\boldsymbol{r}$ 。

$$\begin{cases} \boldsymbol{s} = \boldsymbol{D}(:,\hat{\theta}) \cdot \hat{\sigma} \\ \boldsymbol{r} = \boldsymbol{s} - \boldsymbol{D}(:,\hat{\theta}) \cdot \hat{\sigma} \\ \eta_k = \hat{\boldsymbol{s}}^{\mathrm{H}} \cdot \hat{\boldsymbol{s}} / \boldsymbol{s}^{\mathrm{H}} \cdot \boldsymbol{s} \end{cases} \tag{4-37}$$

若 $\eta_k - \eta_{k-1} > \delta$ ，令 $k = k+1$ ，重复式（4-35）～式（4-37），否则结束循环，完成目标双站二维属性散射中心电磁散射幅相模型的提取。

对波音 737-400 民航客机模型进行双站二维属性散射中心电磁散射幅相模型提取，根据提取结果对波音 737-400 民航客机模型的 BCS 进行反演，结果如图 4-20 所示。仿真模型及双站散射场仿真条件同 4.3.2 节。

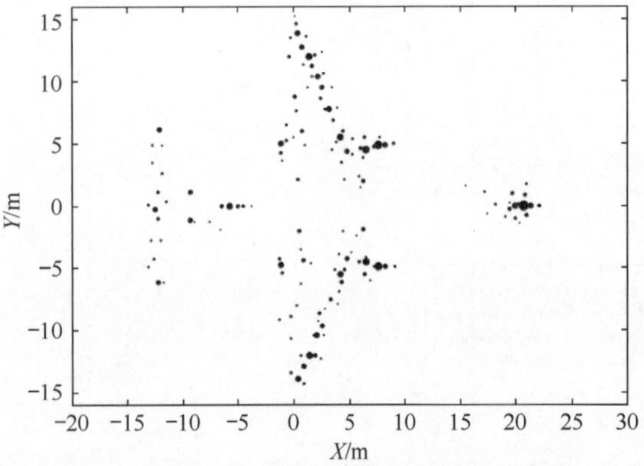

（a）电磁散射幅相模型提取

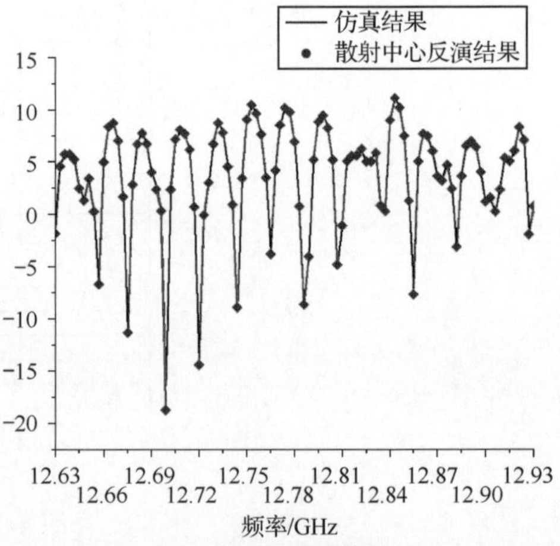

（b）BCS反演结果

图 4-20 波音 737-400 民航客机模型双站二维属性散射中心电磁散射幅相模型提取及 BCS 反演结果

从图 4-20 中可以清晰地看出波音 737-400 民航客机模型的双站强散射点分布。与双站二维点散射中心电磁散射幅相模型相比，双站二维属性散射中心电磁散射幅相模型的参数包含外辐射源场景下目标丰富的双站几何属性和物理属性，能够更加准确地描述目标的几何信息和物理信息。由双站二维属性散射中心电磁散射幅相模型反演得到的 BCS 结果与仿真结果吻合良好，验证了双站二维属性散射中心电磁散射幅相模型的准确性。

4.4 基于双站散射中心的散射场反演

4.4.1 基于双站散射中心的双站散射场反演

1. 基于双站一维散射中心的双站角域散射场反演

通过对频带内的双站扫频电场进行傅里叶逆变换，可以提取出目标的双站一维频域散射中心。同样，利用这些双站一维频域散射中心可以实现目标双站频域散射场的反演。由此可以推断，将双站频域散射场替换为双站角域散射场，并对其进行双站一维角域散射中心提取，根据提取结果可以完成双站角域散射场的反演，进而实现目标双站一维角域 BCS 数据的压缩。目标双站一维角域点散射场公式如下。

$$\boldsymbol{E}_{\mathrm{bi}}^{\mathrm{s}}(\varphi_{\mathrm{B}},\boldsymbol{r})=\sum_{n=1}^{N}\boldsymbol{A}_n\cdot\exp(\mathrm{j}k(\hat{\boldsymbol{r}}_{\mathrm{T}}+\hat{\boldsymbol{r}}_{\mathrm{R}})\cdot\boldsymbol{r}_n')=\sum_{n=1}^{N}\boldsymbol{A}_n\cdot\exp(\mathrm{j}k\sin\varphi_{\mathrm{B}}\cdot y_n) \tag{4-38}$$

由式（4-38）可以看出，目标的双站角域散射场可等效为 n 个双站一维角域点散射中心的叠加。其中，$\boldsymbol{A}_n$ 为第 n 个双站一维角域点散射中心的复幅度；相位 $\exp(\mathrm{j}k\sin\varphi_{\mathrm{B}}\cdot y_n)$ 由等效单站方位角 φ_{B} 和位置信息 $\boldsymbol{r}_n'=y_n$ 共同决定。

通过傅里叶逆变换，可以对不同角度的双站扫角电场进行逆积累，得到双站一维角域点散射中心的复幅度信息。

$$\boldsymbol{A}_n=\frac{1}{N_{\varphi}}\sum_{k=k_{\mathrm{start}}}^{k_{\mathrm{end}}}\boldsymbol{E}_{\mathrm{bi}}^{\mathrm{s}}(\varphi_{\mathrm{B}},\boldsymbol{r})\cdot\exp(-\mathrm{j}k(\hat{\boldsymbol{r}}_{\mathrm{T}}+\hat{\boldsymbol{r}}_{\mathrm{R}})\cdot\boldsymbol{r}_n') \tag{4-39}$$

其中，$\boldsymbol{E}_{\mathrm{bi}}^{\mathrm{s}}(\varphi_{\mathrm{B}},\boldsymbol{r})$ 的扫角范围为 $(\varphi_{\mathrm{start}},\varphi_{\mathrm{end}})$，与双站一维频域点散射中心相同，每个双站一维角域点散射中心的复幅度 $\boldsymbol{A}_n$ 均对应唯一的空间位置 $\boldsymbol{r}_n'$。

得到目标的双站一维角域点散射中心后，利用式（4-38）即可实现目标双站角域散射场的反演。这里以波音 737-400 民航客机模型为例，利用双站一维角域点散射中心对其双站角域散射场进行反演。

波音 737-400 民航客机模型如图 4-21 所示，其双站角域散射场的仿真频率为 12.63GHz，极化方式为 VV 极化，平面波入射角度为 θ^{i}=0°，φ^{i}=0°，接收角度分别为 θ^{s}=90°、φ^{s}=0°～20°和 θ^{s}=90°、φ^{s}=20°～40°，角度间隔为 0.01°，提取双站一维角域点散射中心的数量为 150 个，分别对 θ^{s}=90°、φ^{s}=0°～20°和 θ^{s}=90°、φ^{s}=20°～40°角域范围内的 BCS 进行反演，结果如图 4-22 所示。

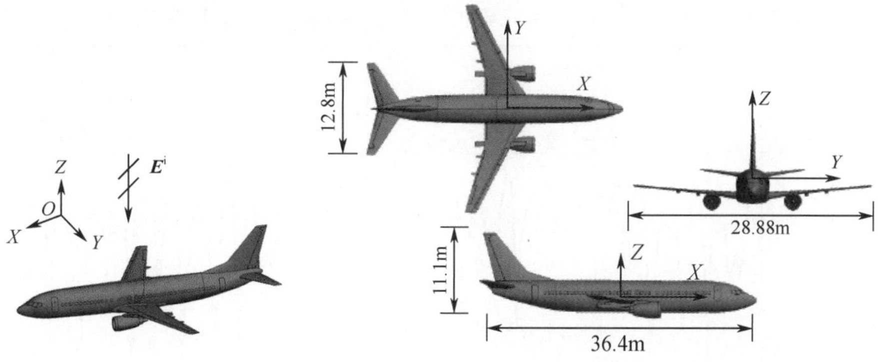

图 4-21　波音 737-400 民航客机模型

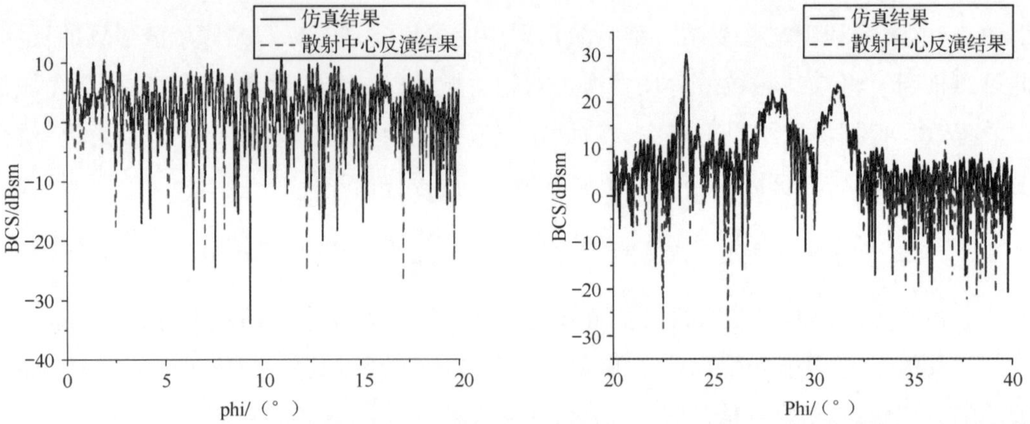

（a）θ^s=90°、φ^s=0°～20°角域范围内的BCS反演结果（b）θ^s=90°、φ^s=20°～40°角域范围内的BCS反演结果

图 4-22　双站一维角域点散射中心 BCS 反演结果

从图 4-22 中可以看出，150 个双站一维角域点散射中心对 20°角域范围内 BCS 的反演结果与仿真结果在绝大多数角域吻合良好，验证了基于双站一维角域点散射中心对双站角域散射场进行反演的结果的准确性。该方法可以将 20°范围内的 2000 个双站角域散射场数据压缩为 150 个双站一维角域散射中心的幅值与位置信息，可以很好地对目标双站一维角域电磁散射数据进行压缩反演。

2. 基于双站二维散射中心的双站频域角域散射场反演

通过对频带内的双站扫频扫角电场进行傅里叶逆变换，可以提取出目标的双站二维散射中心。同样，利用这些双站二维散射中心可以实现目标双站频域角域散射场的反演。

下面分别利用传统傅里叶变换方法的双站二维点散射中心模型和基于稀疏表示的 OMP 算法的双站二维属性散射中心模型对波音 737-400 民航客机模型的双站频域角域散射场进行反演分析，仿真模型及条件同 4.3.2 节。扫频扫角 BCS 反演结果对比如表 4-5 所示。

表 4-5　波音 737-400 民航客机模型扫频扫角 BCS 反演结果对比

	传统傅里叶变换方法	基于稀疏表示的 OMP 算法
扫频散射场	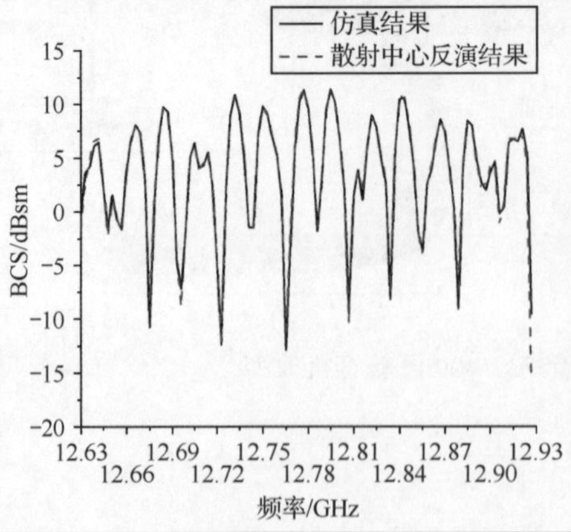	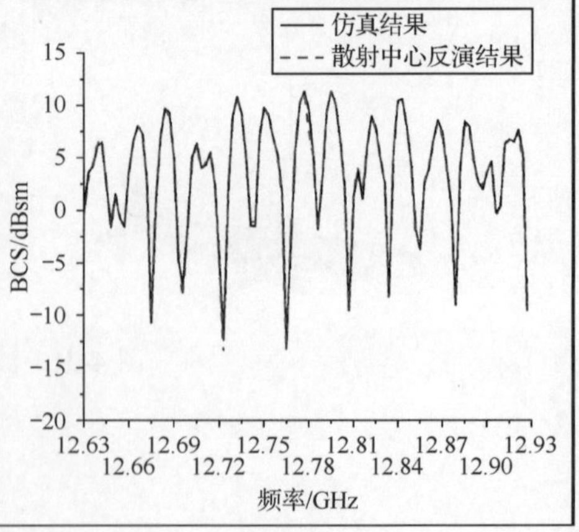

续表

	传统傅里叶变换方法	基于稀疏表示的 OMP 算法
扫角散射场	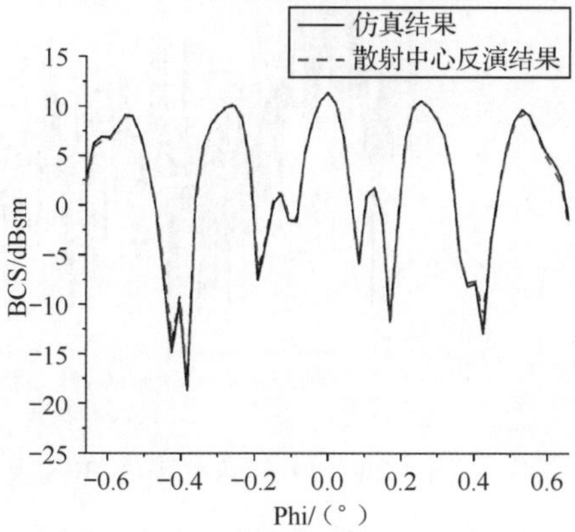	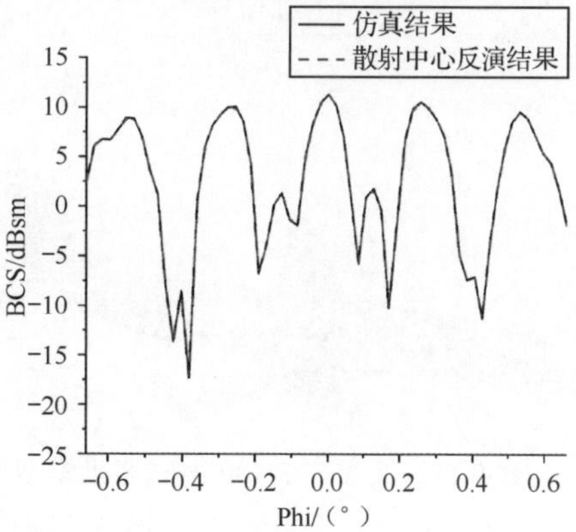
计算时间	960s	26s

从表 4-5 中可以看出，基于双站二维散射中心的频域和角域 BCS 反演结果与仿真结果吻合良好。其中，基于稀疏表示的 OMP 算法可大幅缩短波音 737-400 民航客机模型双站二维散射中心的提取时间，这是由于基于稀疏表示的 OMP 算法在每次迭代计算过程中都会取得一个与残差信号 $\boldsymbol{r}$ 最匹配的原子，然后将原始信号与已提取原子集合进行正交投影来更新残差信号。与传统傅里叶变换方法相比，基于稀疏表示的 OMP 算法在提取目标双站二维属性散射中心时收敛速度更快，对扫频扫角散射场数据的压缩和反演效果也更好。

4.4.2　基于双站散射中心的大角域散射场反演

基于双站散射中心的大角域散射场反演可以实现双站电磁散射数据的极大压缩，下面探究基于稀疏表示的 OMP 算法的双站二维属性散射中心模型对不同大角度范围双站散射场的反演效果。

仿真对象为如图 4-23 所示的波音 737-400 民航客机模型，场景宽度为 $X = 50\text{m}$，$Y = 32\text{m}$，起始频率为 12.63GHz，带宽为 0.3GHz，扫频间隔为 3MHz，平面波入射角度为 $\theta^{i} = 45°$，$\varphi^{i} = 166°$，接收角度为 $\theta^{s} = 102°$，$\varphi^{s} = 0°\sim360°$，极化方式为 VV 极化。

（1）单组双站散射场数据的扫角范围为 20°，角度间隔 $\mathrm{d}\varphi = 0.2°$，利用 18 组数据对 $\varphi^{s} = 0°\sim360°$ 范围内的 BCS 进行大角域反演。与仿真结果相比，反演结果的均方根误差为 3.09718dB。两组数据的对比结果如图 4-24 所示。

（2）单组双站散射场数据的扫角范围为 40°，角度间隔 $\mathrm{d}\varphi = 0.4°$，利用 9 组数据对 $\varphi^{s} = 0°\sim360°$ 范围内的 BCS 进行大角域反演。与仿真结果相比，反演结果的均方根误差为 3.36911dB。两组数据的对比结果如图 4-25 所示。

图 4-23　波音 737-400 民航客机模型

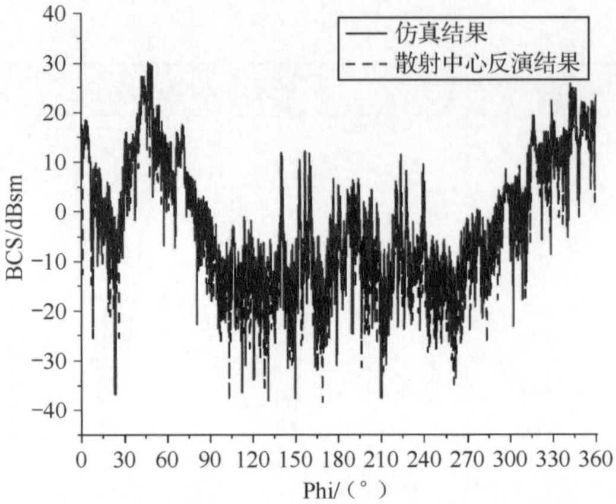

图 4-24　20°扫角范围的 BCS 反演结果对比

（3）单组双站散射场数据的扫角范围为 60°，角度间隔 $d\varphi = 0.6^\circ$，利用 6 组数据对 $\varphi^s = 0^\circ \sim 360^\circ$ 范围内的 BCS 进行大角域反演。与仿真结果相比，反演结果的均方根误差为 3.69264dB。两组数据的对比结果如图 4-26 所示。

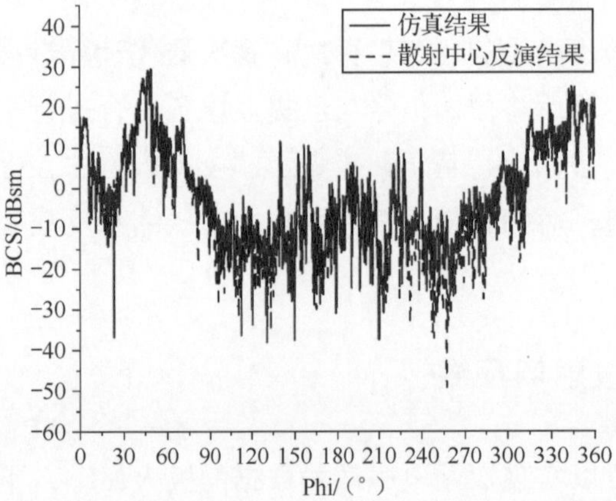

图 4-25　40°扫角范围的 BCS 反演结果对比

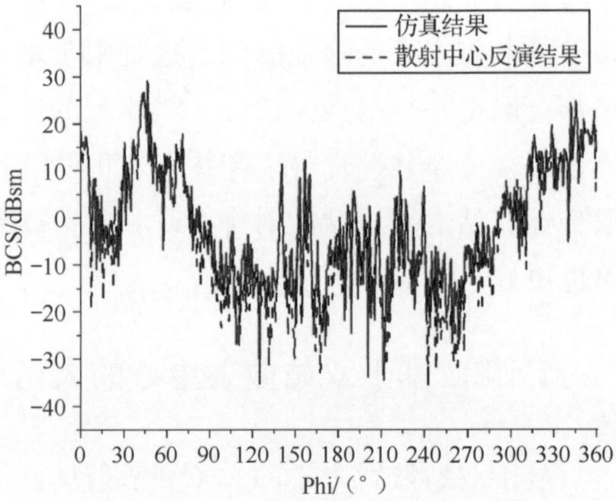

图 4-26　60°扫角范围的 BCS 反演结果对比

（4）单组双站散射场数据的扫角范围为 90°，角度间隔 $d\varphi = 0.9^\circ$，利用 4 组数据对 $\varphi^s = 0^\circ \sim 360^\circ$ 范围内的 BCS 进行大角域反演。与仿真结果相比，反演结果的均方根误差为 3.77756dB。两组数据的对比结果如图 4-27 所示。

（5）单组双站散射场数据的扫角范围为 120°，角度间隔 $d\varphi = 1.2^\circ$，利用 3 组数据对 $\varphi^s = 0^\circ \sim 360^\circ$ 范围内的 BCS 进行大角域反演。与仿真结果相比，反演结果的均方根误差为 4.10134dB。两组数据的对比结果如图 4-28 所示。

（6）单组双站散射场数据的扫角范围为 180°，角度间隔 $d\varphi = 1.8^\circ$，利用 2 组数据对 $\varphi^s = 0^\circ \sim 360^\circ$ 范围内的 BCS 进行大角域反演。与仿真结果相比，反演结果的均方根误差为 4.83694dB。两组数据的对比结果如图 4-29 所示。

（7）单组双站散射场数据的扫角范围为 360°，角度间隔 $d\varphi = 3.6^\circ$，利用 1 组数据对 $\varphi^s = 0^\circ \sim 360^\circ$ 范围内的 BCS 进行大角域反演。与仿真结果相比，反演结果的均方根误差为 4.92353dB。两组数据的对比结果如图 4-30 所示。

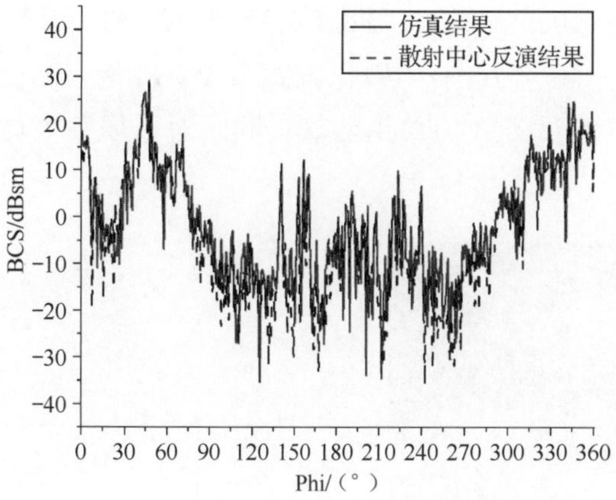

图 4-27　90°扫角范围的 BCS 反演结果对比

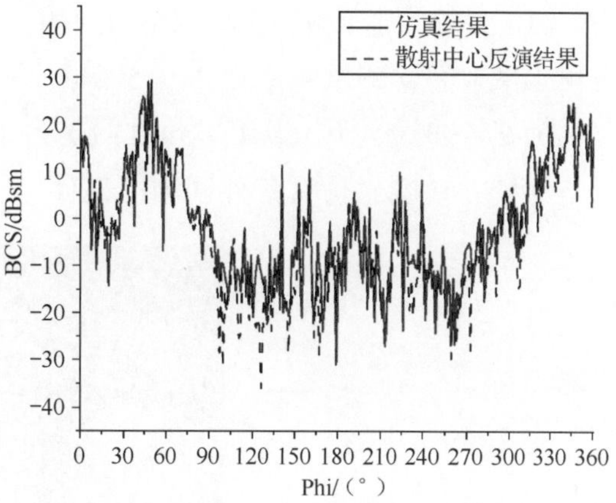

图 4-28　120°扫角范围的 BCS 反演结果对比

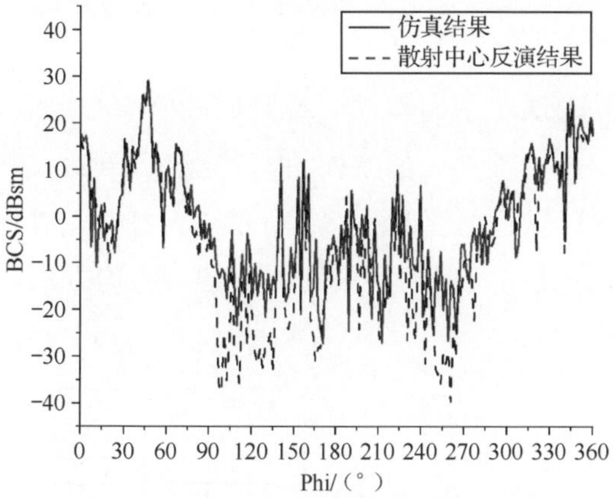

图 4-29　180°扫角范围的 BCS 反演结果对比

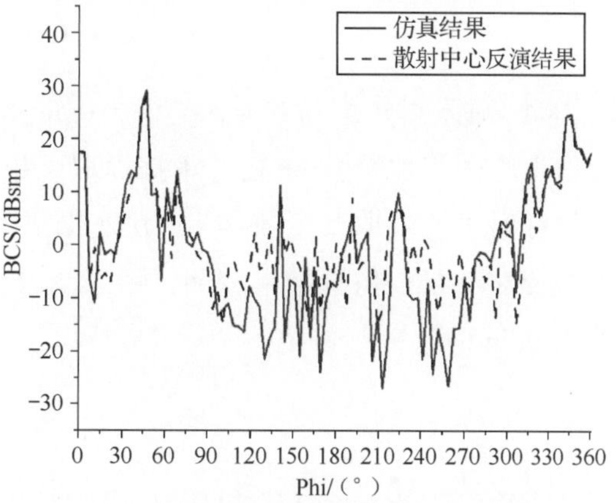

图 4-30　360°扫角范围的 BCS 反演结果对比

从上述结果可以看出，基于双站散射中心的大角域反演 BCS 与仿真结果在峰值角域内吻合一致。除峰值角域外，在大部分角度范围内吻合良好，与原散射场得到的 BCS 相比，反演结果的均方根误差均低于 5dB。因此，在忽略部分精度的情况下，可以利用少量双站散射中心替代大量双站宽角域散射场数据，实现双站散射场数据的极大压缩和快速反演。

4.4.3　目标双站散射中心幅相模型反演与测试对比

为了验证目标双站散射中心幅相模型的准确性，将其反演结果与测试结果进行对比，测试方法采用《室内场缩比目标雷达散射截面测试方法》（GJB 5022—2001）。该方法利用平面波源天线产生理想平面电磁波，使待测目标处于远场条件，可以在有限空间内快速、精确地获取待测目标的真实电磁散射数据。由于受到暗室条件限制，本书所采用的测试方式均为单站测试。

1. 金属立方体

测试目标为金属立方体，目标尺寸为 10cm×10cm×10cm，如图 4-31 所示。将金属立方体水平放置，测试频率为 3～15GHz，频率间隔为 1GHz，极化方式为 VV 极化，测试角度为 $\theta^{i}=90^{\circ}, \varphi^{i}=0^{\circ}$～$360^{\circ}$，角度间隔为 1°，测试方式为单站测试，同时对金属立方体进行建模并仿真，仿真条件同测试条件。

图 4-31　金属立方体

（1）对入射角度为 $\theta^{i}=90^{\circ}$、$\varphi^{i}=0^{\circ}$ 的单站仿真数据进行单站一维频域散射中心提取，散射中心的提取个数为 12，根据提取结果对单站一维频域的 BCS 进行反演。单站一维频域散射中心提取及反演结果、仿真结果和测试结果对比如图 4-32 所示。从图中可以看出，反演结果、仿真结果和测试结果吻合良好，其中，反演结果和测试结果的均方根误差为 0.76dB。

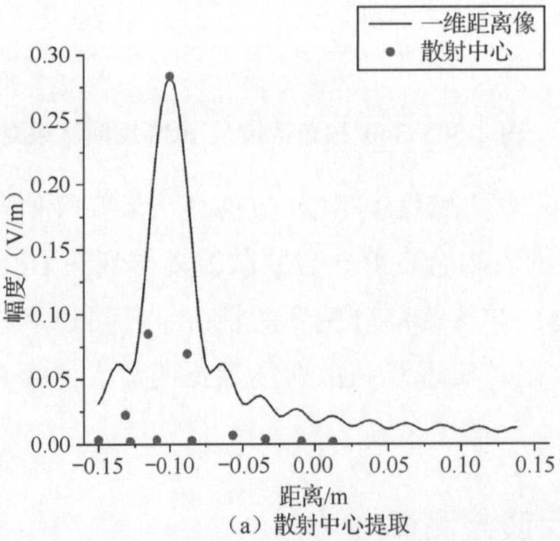

（a）散射中心提取

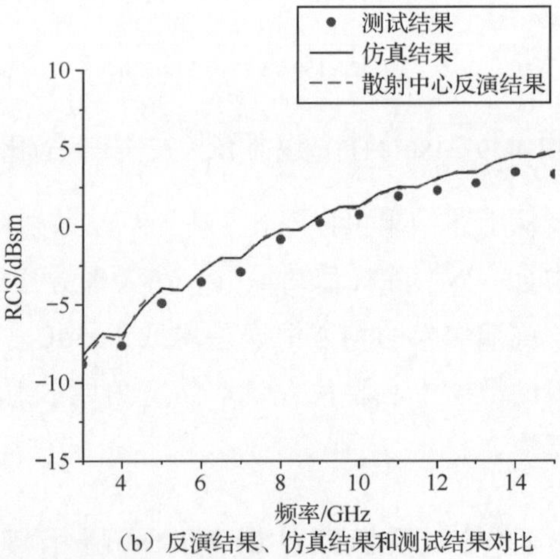

（b）反演结果、仿真结果和测试结果对比

图 4-32　单站一维频域散射中心提取及反演结果、仿真结果和测试结果对比（$\theta^{i}=90^{\circ}$、$\varphi^{i}=0^{\circ}$）

（2）对入射角度为 $\theta^{i}=90^{\circ}$、$\varphi^{i}=30^{\circ}$ 的单站仿真数据进行单站一维频域散射中心提取，散射中心的提取个数为 8，根据提取结果对单站一维频域的 BCS 进行反演。单站一维频域散射中心提取及反演结果、仿真结果和测试结果对比如图 4-33 所示。从图中可以看出，反演结果、仿真结果和测试结果吻合良好，其中，反演结果和测试结果的均方根误差为 0.79dB。

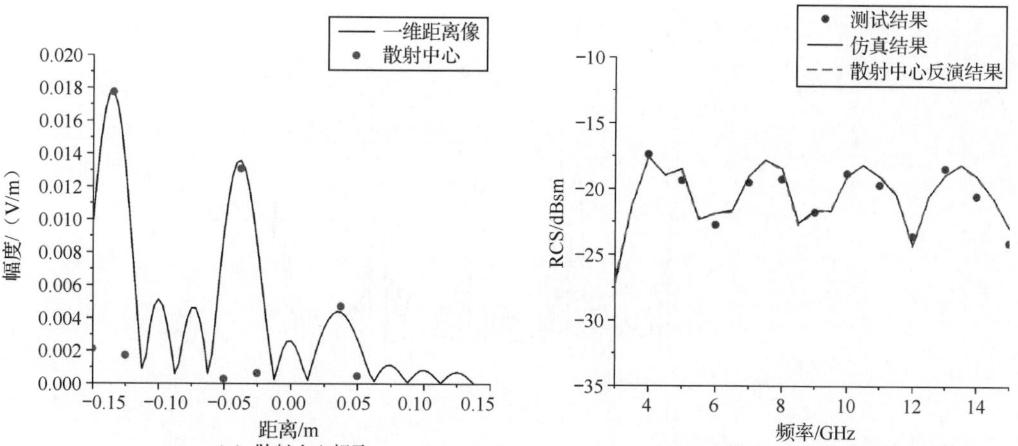

（a）散射中心提取　　（b）反演结果、仿真结果和测试结果对比

图 4-33　单站一维频域散射中心提取及反演结果、仿真结果和测试结果对比（ $\theta^{\mathrm{i}}=90°$、$\varphi^{\mathrm{i}}=30°$ ）

（3）对频率为 7GHz，入射角度为 $\theta^{\mathrm{i}}=90°$、$\varphi^{\mathrm{i}}=0°\sim360°$ 的单站仿真数据进行单站一维角域散射中心提取，根据提取结果对单站一维角域的 BCS 进行反演。单站一维角域散射中心反演结果、仿真结果和测试结果对比如图 4-34 所示。从图中可以看出，反演结果、仿真结果和测试结果吻合良好，其中，反演结果和测试结果的均方根误差为 0.98dB。

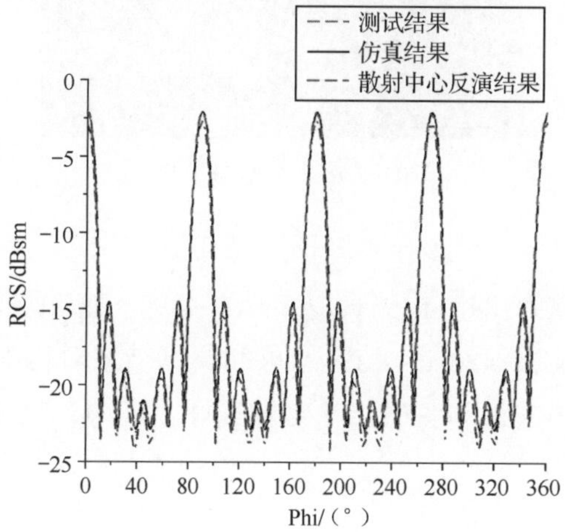

图 4-34　单站一维角域散射中心反演结果、仿真结果和测试结果对比（频率 7GHz、$\theta^{\mathrm{i}}=90°$、$\varphi^{\mathrm{i}}=0°\sim360°$ ）

（4）对频率为 12GHz，入射角度为 $\theta^{\mathrm{i}}=90°$、$\varphi^{\mathrm{i}}=0°\sim360°$ 的单站仿真数据进行单站一维角域散射中心提取，根据提取结果对单站一维角域的 BCS 进行反演。单站一维角域散射中心反演结果、仿真结果和测试结果对比如图 4-35 所示。从图中可以看出，反演结果、仿真结果和测试结果吻合良好，其中，反演结果和测试结果的均方根误差为 2.29dB。

2. 小型无人机

测试目标为小型无人机，目标尺寸为$1.2\mathrm{m}\times1.9\mathrm{m}\times0.34\mathrm{m}$，如图 4-36 所示。将小型无人机水平放置，测试频率为 9～18GHz，频率间隔为 0.5GHz，极化方式为 VV 极化，测试角度为 $\theta^{\mathrm{i}}=90°,\varphi^{\mathrm{i}}=0°\sim360°$，角度间隔为 1°，测试方式为单站测试，同时对小型无人

机进行建模并仿真，仿真条件同测试条件。

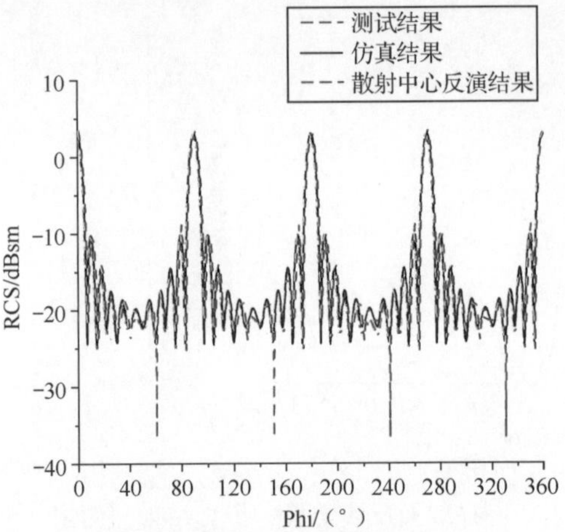

图 4-35　单站一维角域散射中心反演结果、仿真结果和测试结果对比（频率 12GHz、$\theta^{i}=90°$、$\varphi^{i}=0°\sim360°$）

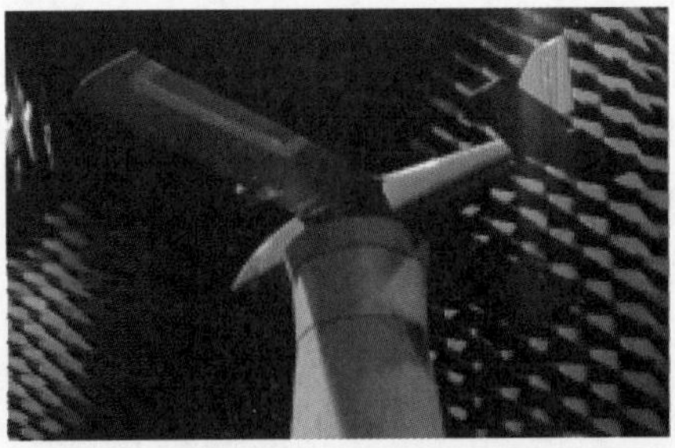

图 4-36　小型无人机

（1）对入射角度为 $\theta^{i}=90°$、$\varphi^{i}=130°$ 的单站仿真数据进行单站一维频域散射中心提取，散射中心的提取个数为 24，根据提取结果对单站一维频域的 BCS 进行反演。单站一维频域散射中心提取及反演结果、仿真结果和测试结果对比如图 4-37 所示。从图中可以看出，反演结果、仿真结果和测试结果吻合良好，其中，反演结果和测试结果的均方根误差为 1.51dB。

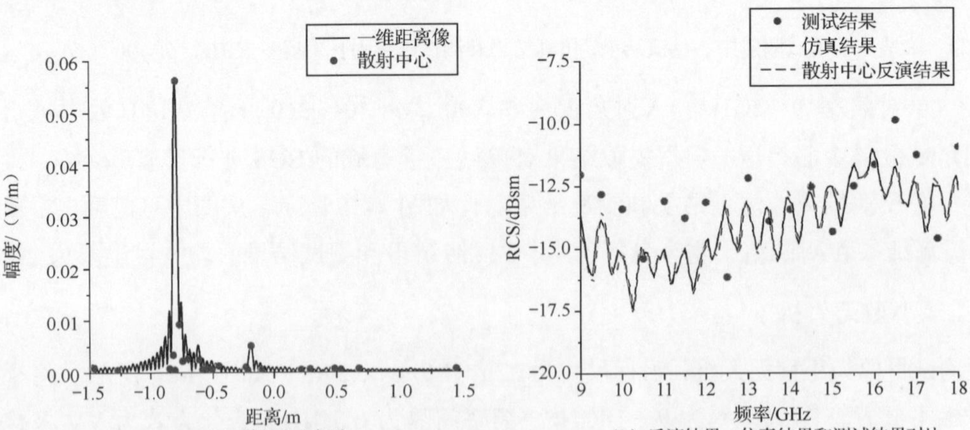

（a）散射中心提取　（b）反演结果、仿真结果和测试结果对比

图 4-37　单站一维频域散射中心提取及反演结果、仿真结果和测试结果对比（$\theta^{i}=90°$、$\varphi^{i}=130°$）

（2）对入射角度为 $\theta^{\mathrm{i}}=90°$、$\varphi^{\mathrm{i}}=280°$ 的单站仿真数据进行单站一维频域散射中心提取，散射中心的提取个数为 22，根据提取结果对单站一维频域的 BCS 进行反演。单站一维频域散射中心提取及反演结果、仿真结果和测试结果对比如图 4-38 所示。从图中可以看出，反演结果、仿真结果和测试结果吻合良好，其中，反演结果和测试结果的均方根误差为 1.54dB。

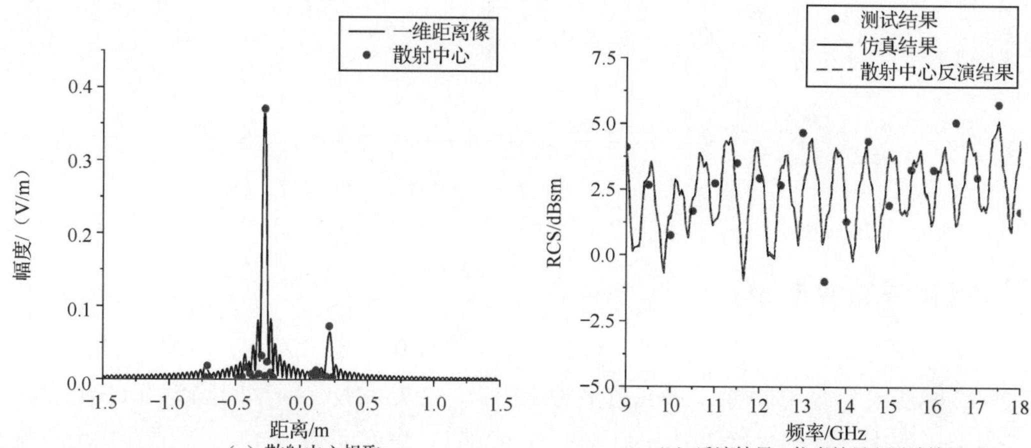

（a）散射中心提取　　　　（b）反演结果、仿真结果和测试结果对比

图 4-38　单站一维频域散射中心提取及反演结果、仿真结果和测试结果对比（$\theta^{\mathrm{i}}=90°$、$\varphi^{\mathrm{i}}=280°$）

（3）对频率为 9GHz，入射角度为 $\theta^{\mathrm{i}}=90°$、$\varphi^{\mathrm{i}}=0°\sim20°$ 的单站仿真数据进行单站一维角域散射中心提取，根据提取结果对单站一维角域的 BCS 进行反演。单站一维角域散射中心反演结果、仿真结果和测试结果对比如图 4-39 所示。从图中可以看出，反演结果、仿真结果和测试结果吻合良好，其中，反演结果和测试结果的均方根误差为 3.44dB。

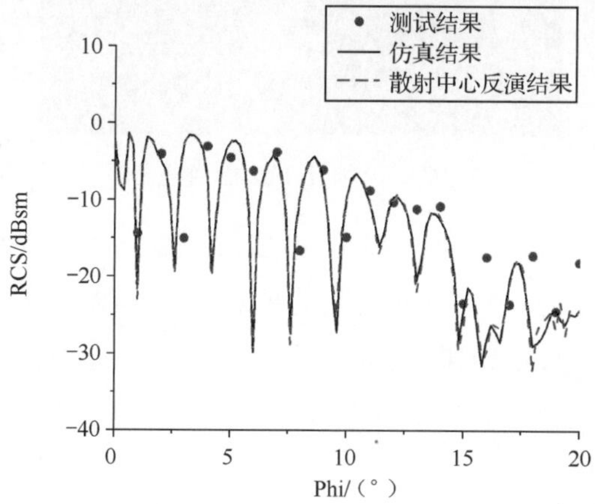

图 4-39　单站一维角域散射中心反演结果、仿真结果和测试结果对比（频率 9GHz、$\theta^{\mathrm{i}}=90°$、$\varphi^{\mathrm{i}}=0°\sim20°$）

（4）对频率为 12GHz，入射角度为 $\theta^{\mathrm{i}}=90°$、$\varphi^{\mathrm{i}}=0°\sim20°$ 的单站仿真数据进行单站一维角域散射中心提取，根据提取结果对单站一维角域的 BCS 进行反演。单站一维角域散射中心反演结果、仿真结果和测试结果对比如图 4-40 所示。从图中可以看出，反演结果、仿真结果和测试结果吻合良好，其中，反演结果和测试结果的均方根误差为 2.84dB。

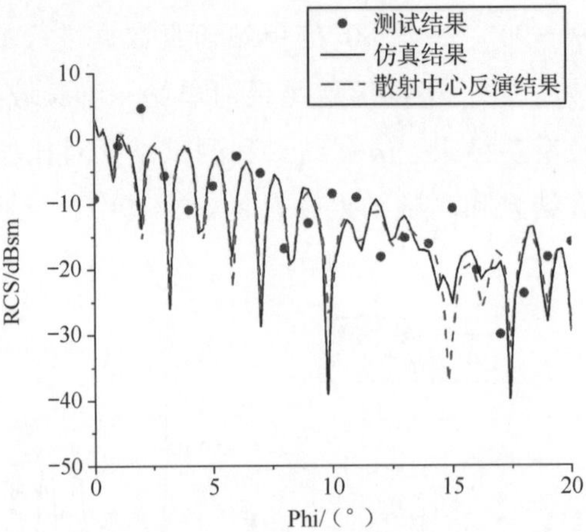

图 4-40　单站一维角域散射中心反演结果、仿真结果和测试结果对比（频率 12GHz、$\theta^{i}=90°$、$\varphi^{i}=0°\sim20°$）

3. 缩比 F22 隐身飞机

测试目标为缩比 F22 隐身飞机，目标尺寸为 $1m\times0.74m\times0.22m$，如图 4-41 所示。将缩比 F22 隐身飞机水平放置，测试频率为 12.25～12.75GHz，频率间隔为 0.1GHz，极化方式为 VV 极化，测试角度为 $\theta^{i}=90°,\varphi^{i}=0°\sim360°$，角度间隔为 1°，测试方式为单站测试，同时对缩比 F22 隐身飞机进行建模并仿真，仿真条件同测试条件。

图 4-41　缩比 F22 隐身飞机

（1）对入射角度为 $\theta^{i}=90°$、$\varphi^{i}=80°$ 的单站仿真数据进行单站一维频域散射中心提取，散射中心的提取个数为 10，根据提取结果对单站一维频域的 BCS 进行反演。单站一维频域散射中心提取及反演结果、仿真结果和测试结果对比如图 4-42 所示。从图中可以看出，反演结果、仿真结果和测试结果吻合良好，其中，反演结果和测试结果的均方根误差为 1.13dB。

（2）对入射角度为 $\theta^{i}=90°$、$\varphi^{i}=140°$ 的单站仿真数据进行单站一维频域散射中心提取，散射中心的提取个数为 9，根据提取结果对单站一维频域的 BCS 进行反演。单站一维频域散射中心提取及反演结果、仿真结果和测试结果对比如图 4-43 所示。从图中可以看出，反演结果、仿真结果和测试结果吻合良好，其中，反演结果和测试结果的均方根误差为 0.72dB。

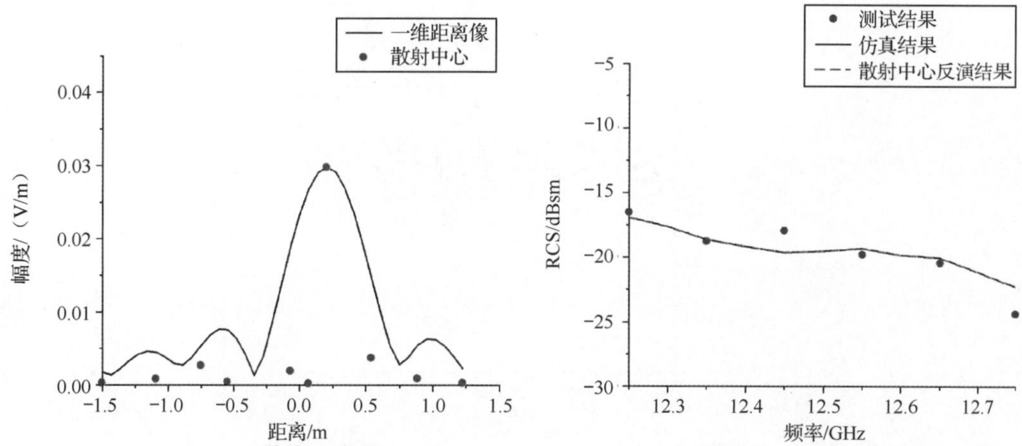

（a）散射中心提取　　（b）反演结果、仿真结果和测试结果对比

图 4-42　单站一维频域散射中心提取及反演结果、仿真结果和测试结果对比（$\theta^{i}=90°$、$\varphi^{i}=80°$）

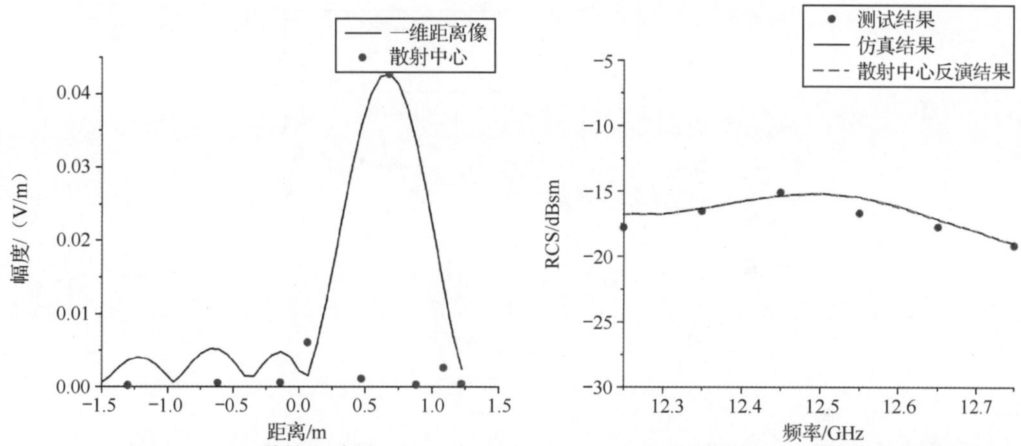

（a）散射中心提取　　（b）反演结果、仿真结果和测试结果对比

图 4-43　单站一维频域散射中心提取及反演结果、仿真结果和测试结果对比（$\theta^{i}=90°$、$\varphi^{i}=140°$）

（3）对频率为 12.25GHz，入射角度为$\theta^{i}=90°$、$\varphi^{i}=70°\sim90°$的单站仿真数据进行单站一维角域散射中心提取，根据提取结果对单站一维角域的 BCS 进行反演。单站一维角域散射中心反演结果、仿真结果和测试结果对比如图 4-44 所示。从图中可以看出，反演结果、仿真结果和测试结果吻合良好，其中，反演结果和测试结果的均方根误差为 4.85dB。

（4）对频率为 12.55GHz，入射角度为$\theta^{i}=90°$、$\varphi^{i}=70°\sim90°$的单站仿真数据进行单站一维角域散射中心提取，根据提取结果对单站一维角域的 BCS 进行反演。单站一维角域散射中心反演结果、仿真结果和测试结果对比如图 4-45 所示。从图中可以看出，反演结果、仿真结果和测试结果吻合良好，其中，反演结果和测试结果的均方根误差为 4.3dB。

从上述结果可以看出，金属立方体、小型无人机和缩比 F22 隐身飞机的散射中心幅相模型对散射场的反演结果、仿真结果和测试结果吻合良好，且反演结果与测试结果的误差均不超过 5dB，验证了本章所提散射中心电磁散射幅相模型的准确性。

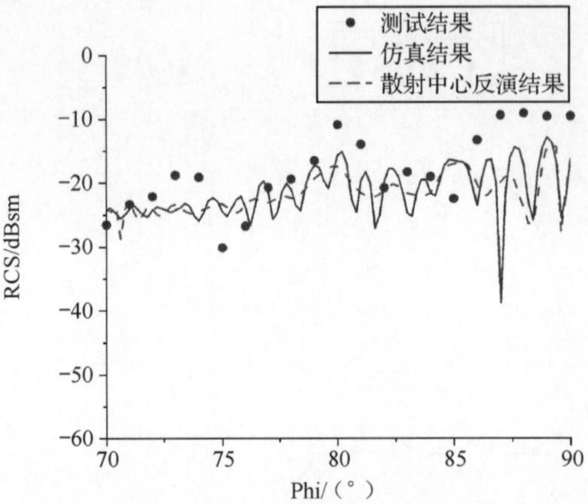

图 4-44　单站一维角域散射中心反演结果、仿真结果和测试结果对比

（频率 12.25GHz、$\theta^{i}=90°$、$\varphi^{i}=70°\sim90°$）

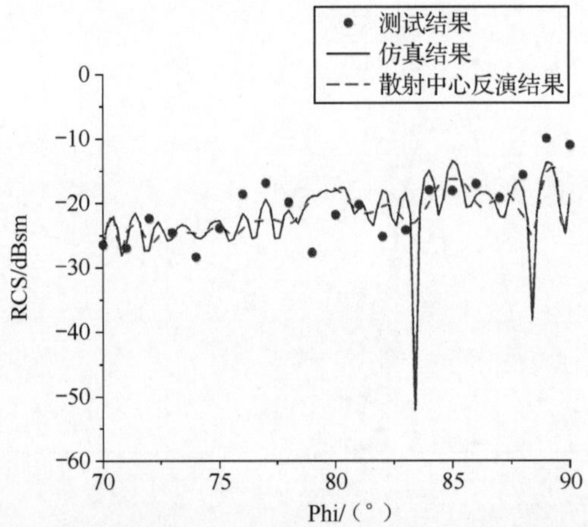

图 4-45　单站一维角域散射中心反演结果、仿真结果和测试结果对比

（频率 12.55GHz、$\theta^{i}=90°$、$\varphi^{i}=70°\sim90°$）

杂波抑制与相参积累处理 第5章

本章主要对外辐射源雷达杂波抑制方法与相参积累方法进行详细介绍。首先介绍参考信号提纯方法。然后详细地研究常见的杂波抑制算法。接着研究跨距离单元目标回波相参积累方法，重点介绍基于 Keystone 变换的跨多普勒单元补偿方法和基于 Radon-Fourier 变换的跨距离单元补偿方法。最后设计一种基于广义似然比的外辐射源雷达机动快速目标检测方法。

5.1 参考信号提纯

外辐射源雷达系统自身不发射信号，而是利用参考通道接收参考信号来获取纯净的发射信号，进而实现后续脉压等一系列信号处理。参考信号的作用主要体现在两个方面：一是用来对消回波通道中的参考信号干扰和环境中的强杂波；二是用于距离-多普勒二维互相关处理，提高目标信噪比。因此，参考信号的纯净程度将直接决定外辐射源雷达系统的检测性能。

5.1.1 基于能量特征的参考信号提纯方法

本书将参考信号、多径信号、目标回波及噪声干扰看作是由辐射源产生的，记这些信号向量组成的矩阵为 $\boldsymbol{S}$。这些辐射源在空间传输和接收中以线性混合方式进行叠加，这种混合方式可以通过混合矩阵 $\boldsymbol{H}$ 来实现。将接收端收到的信号表示为向量 $\boldsymbol{y}$，则 $\boldsymbol{y}=\boldsymbol{HS}$。若要从接收信号中分离出参考信号，需要找到分离矩阵 $\boldsymbol{W}$ 来恢复信号 $\boldsymbol{S}$。

由于外辐射源雷达接收端接收到的信号各组成部分之间可能存在相关成分且均值都不为 0，因此在利用基于能量特征的参考信号提纯方法之前，需要对观测数据进行零均值和白化预处理。零均值处理后的观测信号可以表示为

$$\overline{\boldsymbol{y}}=\boldsymbol{y}-E(\boldsymbol{y}) \tag{5-1}$$

其中，$E(\boldsymbol{y})=\dfrac{1}{N}\sum_{k=1}^{N}\boldsymbol{y}_i(k), i=1,2,\cdots,n$。

对随机变量 $\boldsymbol{y}$ 进行白化的过程，就是经过一个线性变换

$$\tilde{\boldsymbol{y}} = \boldsymbol{Q}\boldsymbol{y} \tag{5-2}$$

使变换后的随机变量 $\tilde{\boldsymbol{y}}$ 成为白色信号，即满足 $\boldsymbol{R}_{\tilde{y}} = E[\tilde{\boldsymbol{y}}\tilde{\boldsymbol{y}}^{\mathrm{T}}] = \boldsymbol{I}$ 。其中 $\boldsymbol{Q}$ 称为白化矩阵。实际上，白化的目的是去除混合信号各分量之间的相关性，从而使各分量之间具有二阶统计独立性。求解白化矩阵前，首先将混合信号的相关函数 $\boldsymbol{R}_y$ 进行特征值分解，得

$$\boldsymbol{R}_y = \boldsymbol{\varLambda}\boldsymbol{\Sigma}^2\boldsymbol{\varLambda}^{\mathrm{T}} \tag{5-3}$$

其中，$\boldsymbol{\Sigma}^2$ 为一个对角矩阵，其对角线元素 $\lambda_1^2,\lambda_2^2,\cdots,\lambda_n^2$ 是 $\boldsymbol{R}_y$ 的 n 个特征值；$\boldsymbol{\varLambda}$ 是一个正交矩阵，它的 n 个列向量分别与这些特征值相对应，且是标准正交的特征向量。然后可以选取白化矩阵 $\boldsymbol{Q}$ 为

$$\boldsymbol{Q} = \boldsymbol{\varLambda}\boldsymbol{\Sigma}^{-1}\boldsymbol{\varLambda}^{\mathrm{T}} \tag{5-4}$$

此时，$\tilde{\boldsymbol{y}} = \boldsymbol{Q}\boldsymbol{y}$ ，且有

$$\begin{aligned}\boldsymbol{R}_{\tilde{y}} &= E[\tilde{\boldsymbol{y}}\tilde{\boldsymbol{y}}^{\mathrm{T}}] = E[\boldsymbol{Q}\boldsymbol{y}\boldsymbol{y}^{\mathrm{T}}\boldsymbol{Q}^{\mathrm{T}}] = \boldsymbol{\varLambda}\boldsymbol{R}_y\boldsymbol{\varLambda}^{\mathrm{T}} \\ &= (\boldsymbol{\varLambda}\boldsymbol{\Sigma}^{-1}\boldsymbol{\varLambda}^{\mathrm{T}})(\boldsymbol{\varLambda}\boldsymbol{\Sigma}^2\boldsymbol{\varLambda}^{\mathrm{T}})(\boldsymbol{\varLambda}\boldsymbol{\Sigma}^{-1}\boldsymbol{\varLambda}^{\mathrm{T}})^{\mathrm{T}} = \boldsymbol{I}\end{aligned} \tag{5-5}$$

整体的数据处理流程如图 5-1 所示。首先在辐射源方向形成接收波束。主瓣接收信号中包含参考信号、多径杂波、目标回波及噪声。通过事先标定的辐射源位置与平台当前位置确定参考方向，然后进行提纯。将提纯结果进行自相关运算，再进行相关检验。如果没有达到要求，则继续提纯，直至输出提纯结果。

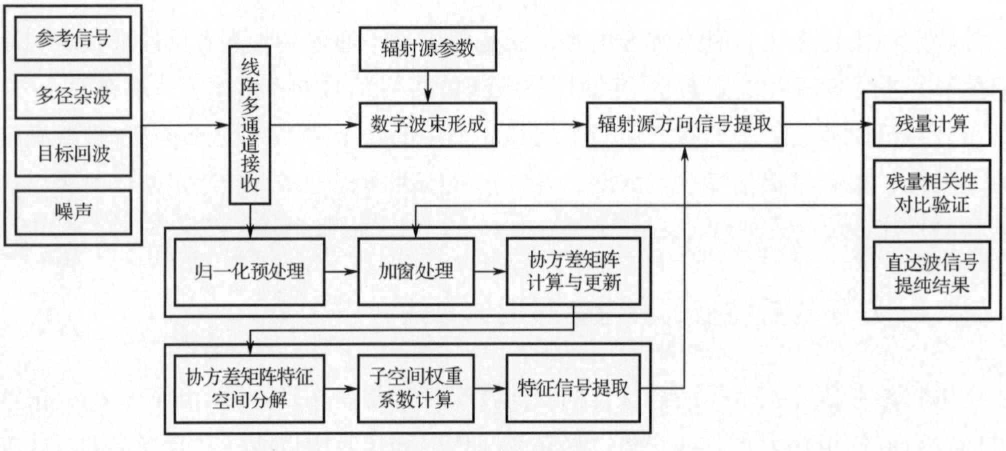

图 5-1　数据处理流程

为了进一步说明本章所提的参考信号提纯方法，下面将通过仿真实验进行验证。辐射源信号采用地面数字电视源辐射源。信号参数设置如表 5-1 所示。

表 5-1　信号参数设置

参　数	值	参　数	值
天线阵元数	12 个	参考时延	100e-8s
载频	600MHz	多径信号 1 时延	400e-8s
采样频率	100MHz	多径信号 2 时延	150e-8s
信号长度	0.01s	参考来波方向	30°

续表

参　　数	值	参　　数	值
多径信号 1 来波方向	30.16°	目标信号时延	200e−8s
多径信号 2 来波方向	32.72°	目标频延	200Hz
多径信号 1 杂信比	−3dB	回波通道信噪比	−20dB
多径信号 2 杂信比	−3dB		

首先，参考信号（直达波信号）和多径信号同时在参考通道进行接收，如图 5-2 所示。

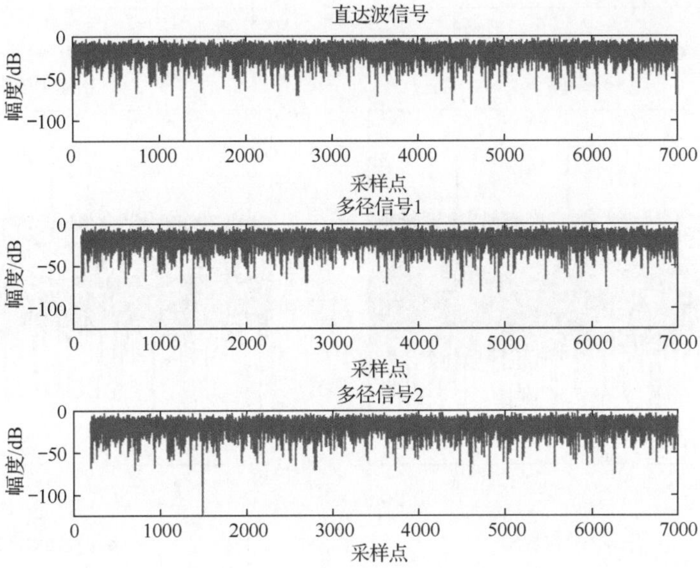

图 5-2　多径干扰信号

实验结果如图 5-3 所示。如果不进行参考信号提纯，将不纯净的参考信号与目标信号直接做互模糊运算，结果如图 5-3（a）所示，可以发现除了正确的目标信号，还存在虚假峰，这是由参考通道中的多径部分与目标回波的相关运算导致的。使用参考信号提纯方法，将提纯结果与目标回波进行互模糊运算，可以得到真实准确的目标峰值，并且信杂比从 28.1612dB 提高到了 29.6616dB。

需要强调的是，基于能量特征的参考信号提纯方法本质上是一种盲源分离算法，它利用参考信号能量最强且与多径信号不相关的特点，在参考通道将参考信号分离提纯。因此，在理想情况下，提纯信号很难保证与原信号具有相同的幅度。如图 5-4 所示，可以通过调节对应的系数使它们的幅度一致。此外，还可以计算提纯结果与真实信号之间的余弦距离，该距离越接近 1，两者的方向越一致。该距离在提纯前为 0.8304，在提纯后为 0.9752。

最后，在不同的信杂比下观察提纯结果。如图 5-5 所示，随着参考信号与杂波的能量比的提升，提纯结果越来越好。该方法在信杂比为 10dB 就可以保证参考信号的高精度提纯。

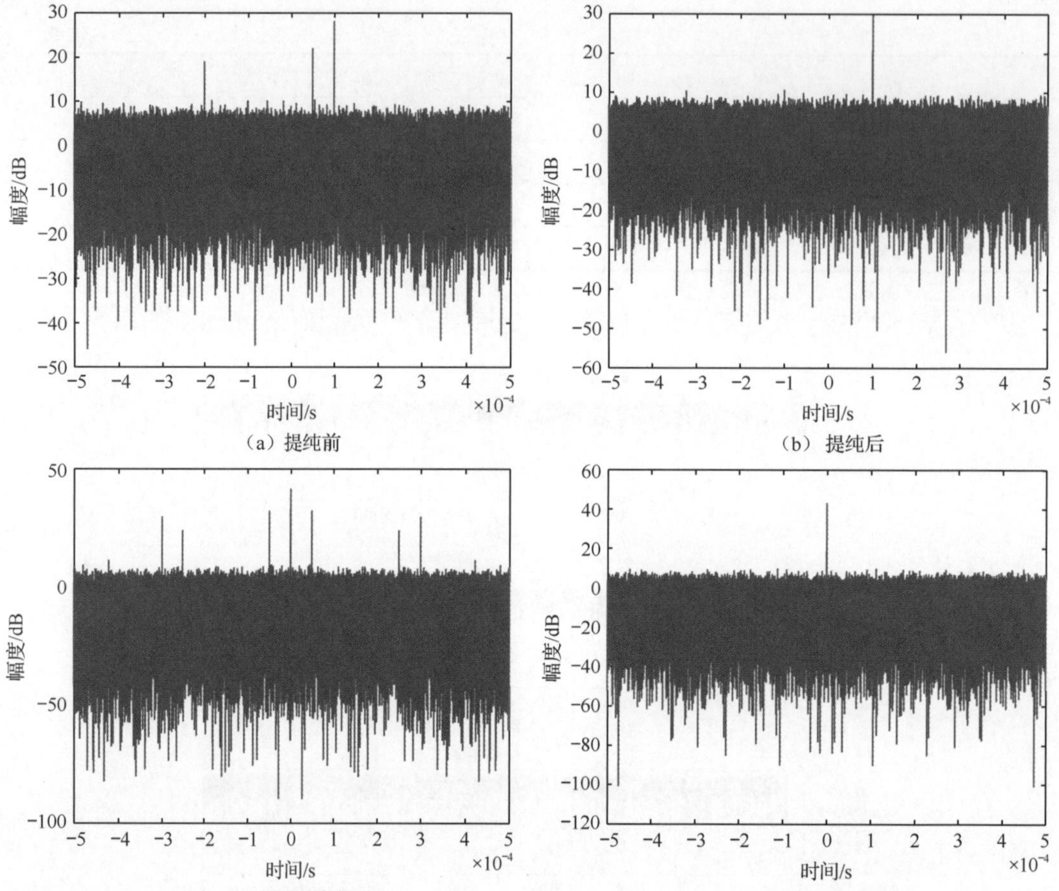

图 5-3 实验结果

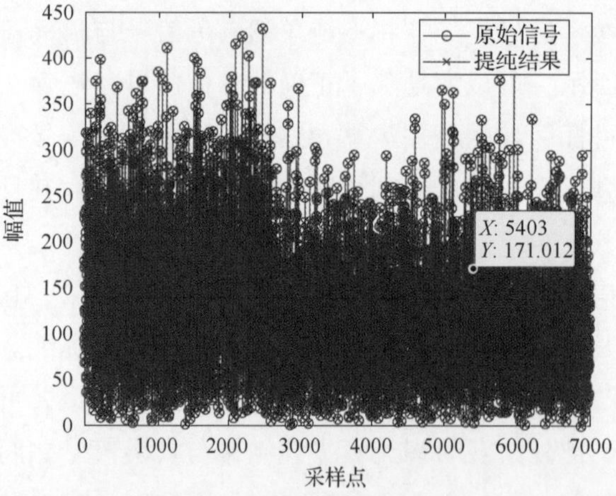

图 5-4 提纯结果对比

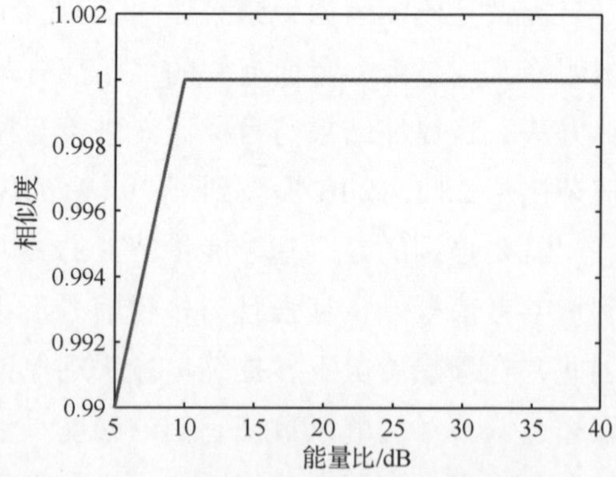

图 5-5 不同信杂比下提纯结果对比

5.1.2 参考信号参数重构方法

利用信号结构特征的重构方法可以得到纯度较高的参考信号，在较高的信噪比条件下，还可以完全正确地恢复发射端信号。本节以 DTMB 信号为例，详细介绍 DTMB 信号的提纯方法。DTMB 信号接收端的重构流程如图 5-6 所示，重构需要依次进行同步和信道估计、信道均衡、解交织与解映射等步骤，纠错之后得到正确的比特流，再按照发射端信号的形成步骤生成所需要的参考信号。

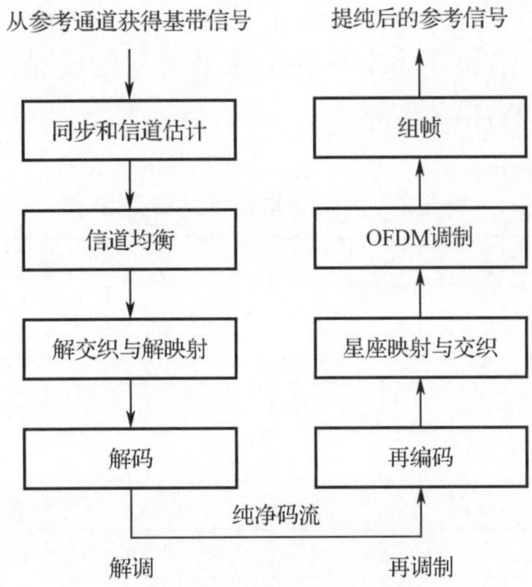

图 5-6　DTMB 信号接收端的重构流程

DTMB 的同步包括帧同步、频率同步和样值同步。国标 DTMB 采用了创新的 TDS-OFDM 帧结构，导致很多以往的同步算法不再适用，其同步利用了帧头和帧尾的自相关性。利用帧头 PN 序列之间的前后循环扩展关系实现载波同步，即

$$R_{\mathrm{r}}=\sum_{n=0}^{L-1} r_1(n) r_2^*(n)=\exp(\mathrm{j} 2\pi \Delta f N_{\mathrm{d}} T_{\mathrm{s}}) \sum_{n=0}^{L-1} x_1(n) x_2^*(n)+\eta \tag{5-6}$$

$$\Delta f=f_{\mathrm{c}}-f_{\mathrm{c}}'=\frac{\arg(R_{\mathrm{r}})}{2\pi N_{\mathrm{d}} T_{\mathrm{s}}} \tag{5-7}$$

其中，$x_1(n)$、$x_2(n)$ 分别表示帧头前后循环扩展对应的相同部分；N_{d} 表示这两个相同数据段之间间隔的采样点数；Δf 表示估计的载波频偏；f_{c} 表示信号的载频；L 表示所取 PN 序列长度；T_{s} 表示符号宽度；η 表示估计误差。

DTMB 的信道估计利用时域同步帧头中 3 个重叠部分的 PN 序列估计出各种长度的多径。基于 PN 相关的信道估计分两步进行：第一步用本地已知的 PN 序列与接收数据的帧头进行循环相关检测；第二步用迭代干扰消除法进行干扰消除，直至得到比较理想的信道估计。

均衡器产生与信道特性相反的特性，用来抵消由信道的时变多径传播特性引起的干扰。对 OFDM 系统来说，主要采用频域均衡技术。对均衡数据解交织和解星座映射，便可将帧体星座符号恢复为比特数据流。经过信道估计与均衡，消除了多径、多普勒扩展等导致的符号间干扰（Inter Symbol Interference，ISI）和载波间干扰（Inter Carries Interference，ICI），但是传输过程中的噪声仍会导致一定的误码率（Bit Error Ratio，BER），

需要通过信道前向纠错（Forward Error Correction，FEC）予以纠正。DTMB 的前向纠错系统主要包括信道编码与交织两部分。信道编码部分由外码（BCH 码）和内码（LDPC 码）级联而成。对均衡数据依次进行解交织、解映射、软判决解码纠错后，就得到了误码率较低或几乎为 0 的比特流，通过 DTMB 系统产生信号后，便得到可以用来进行二维互相关处理的纯净的参考信号。

下面用仿真实验进一步说明本节所提方法的有效性。仿真场景及雷达参数设置如表 5-2 所示，辐射源采用 DTMB 信号。

表 5-2　仿真场景及雷达参数设置

仿真场景及雷达参数	值
辐射源位置	[0,0,300]m
接收端位置	[4e3,3e3,2]m
目标位置	[-2e3,-4e3,1e3]m
目标速度	[0,30]m/s
多径时延	[1.8e-6,5.76e-6]s
多径功率	[1.5e3,1.5e3,100]W
信杂比	[-10,-14]dB
积累时间	0.25s
采样频率	7.56MHz
中心频率	538MHz
发射功率	15kW
发射增益	20dB
接收增益	22dB
RCS	$0.01m^2$
接收带宽	8MHz
接收端温度	35℃

同步结果如图 5-7 所示，可以看出，同步峰值明显，同时可以判断接收信号的帧头模式。

信道估计结果如图 5-8 所示，可以看出，主径位于零点，说明同步结果正确，能够得到完整信号帧的起始位置。由仿真参数可知，理论上根据两条多径的时延和系统采样频率可以计算出多径相对于主径的滞后点数分别是$1.8\times7.56\approx13$和$5.7\times7.56\approx43$，因此信道估计得出的多径位置仿真结果与理论结果一致。

均衡得到的仿真数据星座图如图 5-9 所示，图中显示发射数据调制方式是 16 进制正交幅度调制（16 Quadrature Amplitude Modulation，16QAM），在后续信道解码提取系统信息时也验证了前述结论的正确性。

将重构信号与发射端原始信号进行互相关处理，结果如图 5-10 所示。可以看到，重构的参考信号与发射端信号具有较好的相关性，为后续目标检测提供了一定的理论依据。

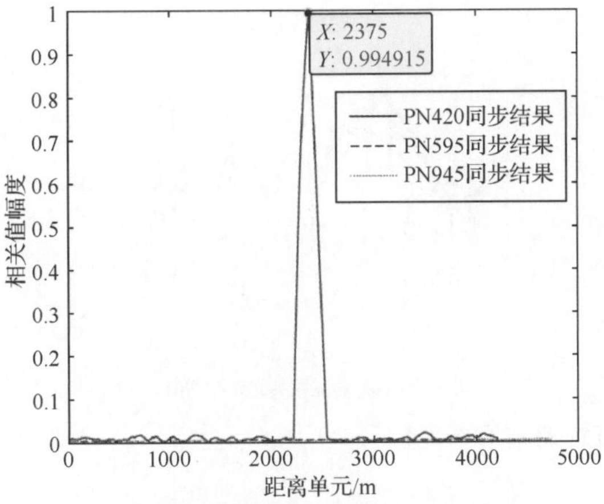

图 5-7　同步结果

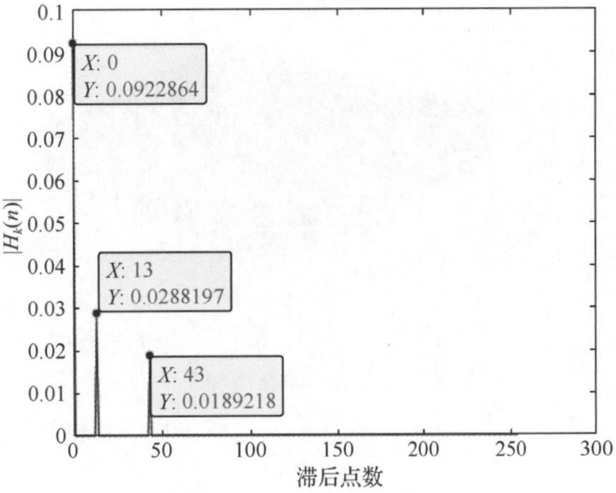

图 5-8　信道估计结果

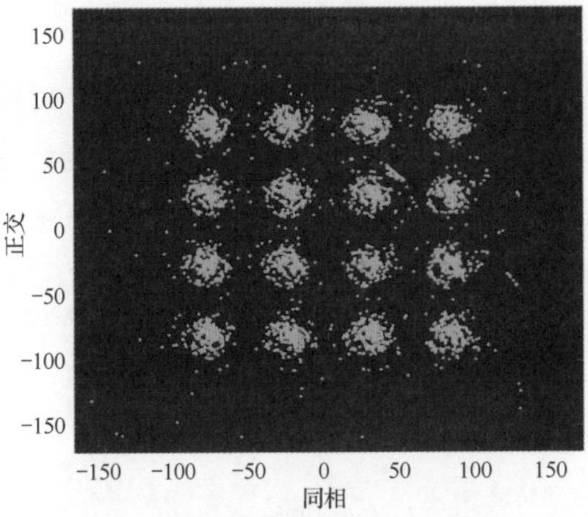

图 5-9　仿真数据星座图

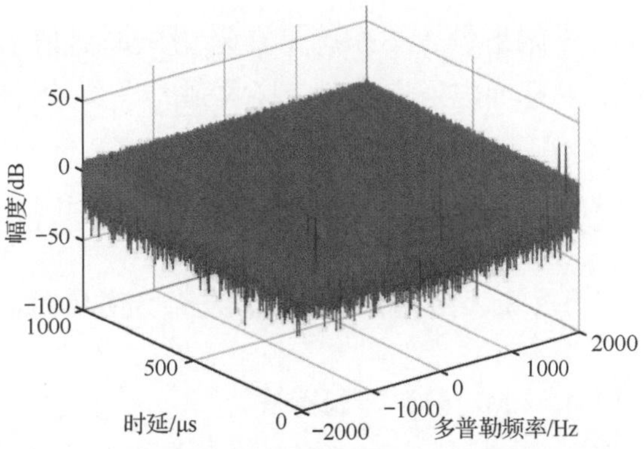

图 5-10　重构信号与发射端原始信号的互相关函数

直接使用接收信号和重构信号分别与经过参考信号抑制的回波信号进行互相关，互相关目标检测结果如图 5-11 所示。可以看出，重构信号消除了多径目标干扰，能够获得正确的目标位置。

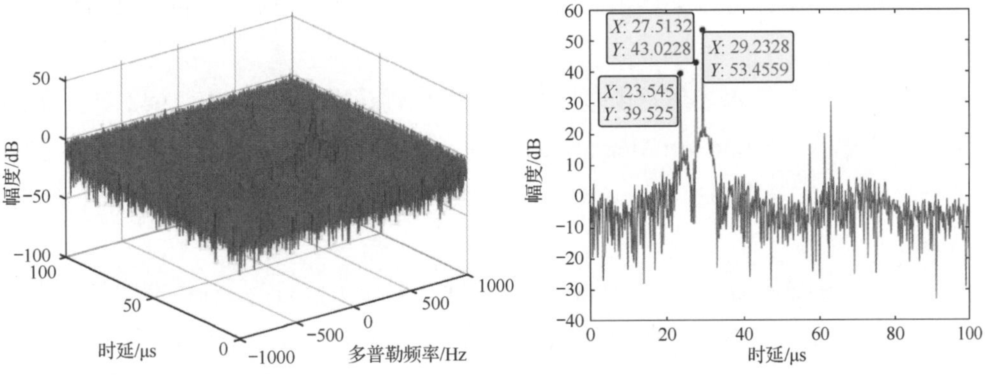

（a）重构前互相关　　（b）重构前互相关时延维切面

图 5-11　互相关目标检测结果

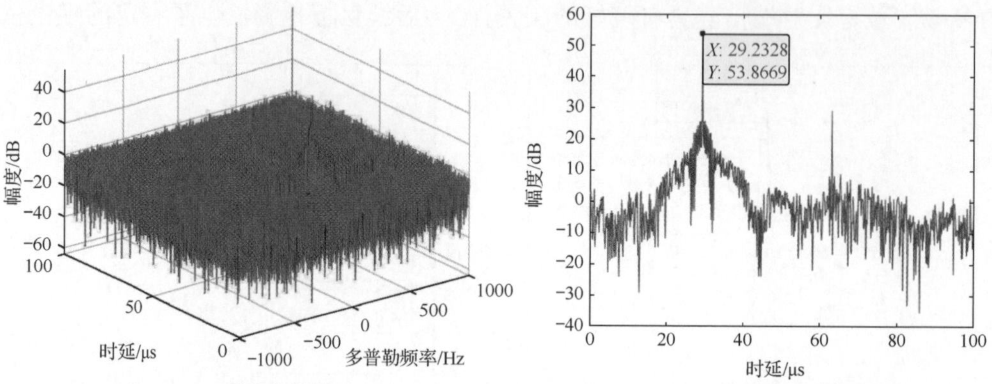

（c）重构后互相关　　（d）重构后互相关时延维切面

图 5-11　互相关目标检测结果（续）

5.2 杂波抑制算法

外辐射源雷达系统往往采用民用通信辐射源。这些辐射源通常采用较宽的发射波束，目标回波通道难免会接收到大量参考信号和多径干扰信号。这些干扰信号的能量往往较大，会对信号检测产生不利影响，这个问题不容忽视。现有的杂波抑制算法主要分为两种：自适应时域滤波杂波抑制算法和基于特征子空间分解的杂波抑制算法。

5.2.1 自适应时域滤波杂波抑制算法

1. LMS 杂波抑制算法

外辐射源雷达系统的杂波特性受外辐射源平台、地面接收平台及场景空间位置等因素的共同影响。为了有效抑制回波通道中的杂波干扰，需要采取综合手段进行处理，其中涉及空域、频域和时域处理。空域处理方法包括合理选择空间外辐射源卫星和地面接收端地理位置、回波通道自适应波束形成、随空中目标的运动精确控制天线波束指向等方法。在频域处理中，可以采用信号链路的带外抑制技术。下面对自适应时域滤波杂波抑制算法进行介绍。

自适应信号处理技术最早是由数学领域的优化理论发展而来的。1942 年，为了得到基于最小均方误差（Minimum Mean Square Error，MMSE）准则的最佳滤波问题的最优解，维纳提出了维纳-霍夫（Wiener-Hopf）方程。维纳滤波器就是基于 MMSE 准则的最优滤波器的统称。

维纳滤波器的结构如图 5-12 所示，自适应滤波器输入信号为 $\boldsymbol{x}(n)$，期望信号为 $\boldsymbol{d}(n)$，滤波器系数为 $\boldsymbol{w}(n)$，滤波器的输出为 $\boldsymbol{y}(n)$，$\boldsymbol{y}(n)$ 为期望信号 $\boldsymbol{d}(n)$ 的估计值 $\hat{\boldsymbol{d}}(n)$，将估计误差定义为 $\boldsymbol{e}(n)=\boldsymbol{d}(n)-\boldsymbol{y}(n)$。如果输入信号 $\boldsymbol{x}(n)$ 和期望信号 $\boldsymbol{d}(n)$ 满足联合平稳的条件，那么所得的最优滤波器就是维纳滤波器。其本质是，在给定系统输入信号 $\boldsymbol{x}(n)$ 的前

提下，自适应地调整滤波器系数 $\boldsymbol{w}(n)$，让其对期望信号 $\boldsymbol{d}(n)$ 进行估计，直至估计误差 $\boldsymbol{e}(n)$ 的均方值最小。

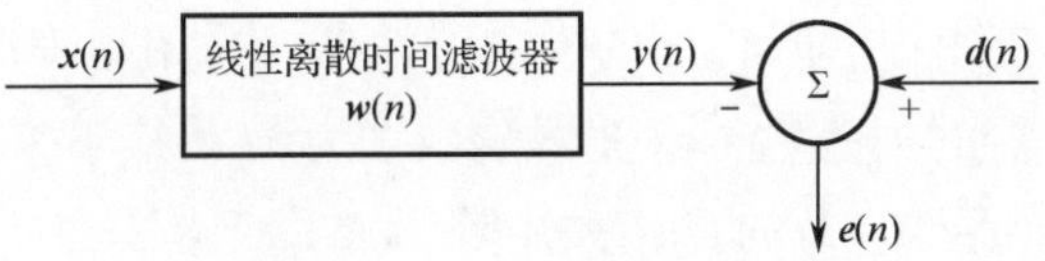

图 5-12　维纳滤波器的结构

将滤波器系数 $\boldsymbol{w}(n)$ 和输入信号 $\boldsymbol{x}(n)$ 进行线性卷积，得到的结果就是滤波器的输出 $\boldsymbol{y}(n)$，即

$$\boldsymbol{y}(n)=\sum_{k=0}^{\infty}\boldsymbol{w}(k)\boldsymbol{x}(n-k) \tag{5-8}$$

采用 MMSE 准则，维纳滤波器的代价函数 $\boldsymbol{J}$ 定义为

$$\boldsymbol{J}=E[\boldsymbol{e}^2(n)] \tag{5-9}$$

代价函数 $\boldsymbol{J}$ 是与最优滤波器系数 $\boldsymbol{w}(n)$ 密切相关的一个函数。设计最优维纳滤波器的关键在于得到最优滤波器系数 $\boldsymbol{w}(n)$，从而使维纳滤波器的代价函数 $\boldsymbol{J}$ 最小。将 $\nabla\boldsymbol{J}$ 定义为代价函数 $\boldsymbol{J}$ 的梯度矢量，表达式为

$$\nabla\boldsymbol{J}=\frac{\partial\boldsymbol{J}}{\partial\boldsymbol{w}} \tag{5-10}$$

若梯度矢量 $\nabla\boldsymbol{J}$ 的值为 0，那么该滤波器就是一个维纳滤波器。现在考虑 $\nabla\boldsymbol{J}$ 的第 k 个具体元素的值 $\nabla\boldsymbol{J}(k)$。

$$\begin{aligned}\nabla\boldsymbol{J}(k)&=\frac{\partial\boldsymbol{J}(n)}{\partial\boldsymbol{w}(k)}=\frac{\partial E[\boldsymbol{e}^2(n)]}{\partial\boldsymbol{w}(k)}\\&=2E\left[\frac{\partial\boldsymbol{e}(n)}{\partial\boldsymbol{w}(k)}\boldsymbol{e}(n)\right]\\&=-2E[\boldsymbol{x}(n-k)\boldsymbol{e}(n)]\end{aligned} \tag{5-11}$$

于是，维纳滤波器的最优解等价形式为

$$E[\boldsymbol{x}(n-k)\boldsymbol{e}(n)]=0 \tag{5-12}$$

由式（5-12）可以看出，维纳滤波器的代价函数 $\boldsymbol{J}$ 得到最小值的充分必要条件是估计期望信号的样本值正交于相应的估计误差。将式（5-8）代入式（5-12）进行整理，可以得出

$$\sum_{i=0}^{\infty}\boldsymbol{w}_{\text{opt}}(i)E[\boldsymbol{x}(n-k)\boldsymbol{x}(n-i)]=E[\boldsymbol{x}(n-k)\boldsymbol{d}(n)] \tag{5-13}$$

其中，$\boldsymbol{w}_{\text{opt}}$ 是最优维纳滤波器的滤波器系数；$E[\boldsymbol{x}(n-k)\boldsymbol{x}(n-i)]=\boldsymbol{r}(i-k)$ 是滤波器输入信号的自相关函数；$E[\boldsymbol{x}(n-k)\boldsymbol{d}(n)]=\boldsymbol{p}(-k)$ 是滤波器输入信号 $\boldsymbol{x}(n-k)$ 与期望信号 $\boldsymbol{d}(n)$ 的互相关函数。可以得到维纳滤波器的另一个充分必要条件为

$$\sum_{i=0}^{\infty}\boldsymbol{w}_{\text{opt}}(i)\boldsymbol{r}(i-k)=\boldsymbol{p}(-k) \tag{5-14}$$

式（5-14）从相关函数的视角定义了维纳滤波器的滤波器系数，这就是经典的维纳-霍夫方程。

下面考虑实际工程应用中有限长度的横向滤波器，采用矩阵形式描述其对应的维纳-霍夫方程。设横向滤波器的抽头数（滤波器阶数）为 M 。接下来，定义横向滤波器的输入信号 $x(n),x(n-1),\cdots,x(n-M+1)$ 的自相关矩阵为 $\boldsymbol{R}$ ，于是有

$$\boldsymbol{R}=E[\boldsymbol{x}(n)\boldsymbol{x}^{\mathrm{T}}(n)]$$
$$=\begin{bmatrix} r(0) & r(1) & \cdots & r(M-1) \\ r(1) & r(0) & \cdots & r(M-2) \\ \vdots & \vdots & \ddots & \vdots \\ r(M-1) & r(M-2) & \cdots & r(0) \end{bmatrix} \tag{5-15}$$

其中， $\boldsymbol{x}(n)=[x(n),x(n-1),\cdots,x(n-M+1)]$ 为横向滤波器中的输入信号。

显而易见，自相关矩阵 $\boldsymbol{R}$ 是一个对称矩阵，且为非负定矩阵（在大多数情况下 $\boldsymbol{R}$ 是正定矩阵）。接下来，定义横向滤波器抽头输入信号与期望信号之间的互相关向量为 $\boldsymbol{p}$ ，即

$$\boldsymbol{p}=E[\boldsymbol{x}(n)\boldsymbol{d}(n)]=[p(0),p(-1),\cdots,p(1-M)]^{\mathrm{T}} \tag{5-16}$$

于是，维纳-霍夫方程在有限长度的横向滤波器下的表达式可以写成

$$\boldsymbol{R}\boldsymbol{w}_{\mathrm{opt}}=\boldsymbol{p} \tag{5-17}$$

其中， $\boldsymbol{w}_{\mathrm{opt}}=[w_{\mathrm{opt}}(0),w_{\mathrm{opt}}(1),\cdots,w_{\mathrm{opt}}(M-1)]$ 就是长度为 M 的最优维纳滤波器的滤波器系数。

由式（5-17）可以看出，只要相关矩阵 $\boldsymbol{R}$ 不是奇异矩阵，就可以得到横向滤波器的最优维纳解为

$$\boldsymbol{w}_{\mathrm{opt}}=\boldsymbol{R}^{-1}\boldsymbol{p} \tag{5-18}$$

以上是在假定维纳滤波器的输入信号和期望信号均为平稳随机信号的条件下，基于MMSE准则求解得到的维纳滤波器最优解。但是，在实际工程应用中，输入信号并不总能满足平稳随机信号的假设，或者其信号统计特性是未知的，这就造成了它的性能曲面参数乃至解析表达式是未知的或变化的。鉴于此，只能依据已知的信号数据，采用某种方式对性能曲面进行自适应搜索，直至逼近性能曲面最低点，得到自适应滤波器的最优滤波器系数矩阵。通过最小化代价函数使最优滤波器系数 $\boldsymbol{w}(n)$ 逼近最优维纳滤波器的滤波器系数 $\boldsymbol{w}_{\mathrm{opt}}$ 的方法有很多，最速下降法（Steepest Descent Method，SDM）就是一种常见的利用迭代方式进行梯度估计来搜索性能曲面的自适应梯度估计方法。

最速下降法是一种沿着性能曲面最陡方向向下调整自适应权值向量，直至逼近性能曲面最小点的算法。负梯度方向是性能曲面下降最快的方向，因此也称性能曲面梯度方向的负方向。最速下降法是一个通过不断迭代，在搜索中不断逼近最优解的自适应过程。它的设计思路是让最优滤波器系数 $\boldsymbol{w}(n)$ 从一个初始值 $\boldsymbol{w}(0)$ 开始，在性能曲面的指定点处沿着负梯度方向逐步迭代，产生一系列最优滤波器系数向量 $\boldsymbol{w}(1)$ 、$\boldsymbol{w}(2)$ ……直至代价函数 $\boldsymbol{J}(n)$ 取到最小值 $\boldsymbol{J}(n)_{\min}$ 。在这个过程中，由于 $\boldsymbol{w}(n)$ 始终沿着 $\boldsymbol{J}(n)$ 的负梯度方向进行迭

代，因此每步迭代使 $\boldsymbol{J}(n)$ 逐渐变小，即 $\boldsymbol{J}(n)>\boldsymbol{J}(n+1)$，当 $\boldsymbol{J}(n)$ 逐步逼近到 $\boldsymbol{J}(n)_{\min}$ 时，最优滤波器系数 $\boldsymbol{w}(n)$ 就是最优维纳滤波器的滤波器系数 $\boldsymbol{w}_{\text{opt}}$。采用最速下降法迭代最优滤波器系数的更新公式为

$$\boldsymbol{w}(n+1)=\boldsymbol{w}(n)-\mu\nabla\boldsymbol{J} \tag{5-19}$$

其中，μ 为步长，也称收敛因子，是一个正常数，它控制着迭代搜索的步进，决定了自适应过程的收敛性能和稳态性能；n 为迭代次数。

最小均方（Least Mean Square，LMS）算法是一种在维纳滤波原理的基础上，采用最速下降思想的自适应滤波器改进算法。为了得到基于 MMSE 准则下的系统最优解，维纳滤波器需要事先计算输入信号和期望信号的相关统计量。该方法需要进行矩阵求逆运算，在工程实践中受信号长度的影响较大，难以进行实时运算。最速下降法采用递归思路逐步迭代逼近维纳滤波器的最优解，可以避免复杂的矩阵求逆操作，但是这种方法在每次迭代过程中依然需要计算输入信号的自相关函数及期望信号与输入信号的互相关函数，这在实际中难以实现。为了有效降低自适应过程的运算复杂度，提高计算速度，人们提出用滤波器误差平方的瞬时值取代均方误差值的方法，即 LMS 算法。该方法用 $\partial\boldsymbol{e}^2(n)/\partial\boldsymbol{w}(n)$ 替代 $\partial E[\boldsymbol{e}^2(n)]/\partial\boldsymbol{w}(n)$，于是

$$\begin{aligned}\nabla\boldsymbol{J}(n)&=\frac{\partial\boldsymbol{J}(n)}{\partial\boldsymbol{w}(n)}\approx\frac{\partial\boldsymbol{e}^2(n)}{\partial\boldsymbol{w}(n)}\\&=\frac{\partial\boldsymbol{e}^2(n)}{\partial\boldsymbol{e}(n)}\frac{\partial\boldsymbol{e}(n)}{\partial\boldsymbol{w}(n)}\\&=2\boldsymbol{e}(n)\frac{\partial\{[\boldsymbol{d}(n)-\boldsymbol{x}(n)^{\mathrm{T}}\boldsymbol{w}(n)]\}}{\partial\boldsymbol{w}(n)}\\&=-2\boldsymbol{e}(n)\boldsymbol{x}(n)\end{aligned} \tag{5-20}$$

将式（5-20）代入式（5-19），可以得到 LMS 算法的自适应最优滤波器系数的迭代公式为

$$\boldsymbol{w}(n+1)=\boldsymbol{w}(n)+2\mu\boldsymbol{e}(n)\boldsymbol{x}(n) \tag{5-21}$$

与维纳滤波算法和最速下降法相比，LMS 算法无须进行矩阵求逆操作，也无须在每步迭代中求解相关统计量，计算简单，运算量小，实用性好。LMS 算法是自适应滤波算法中应用最广泛的算法之一。

自适应滤波算法凭借其计算简单、适应性强的特点在实际工程中得到了广泛的应用。根据自适应滤波器期望信号类型的不同，其应用可以分为干扰抑制、逆向建模、系统辨识和系统预测 4 类。本书利用自适应 LMS 滤波器进行外辐射源雷达回波通道杂波抑制，原理如图 5-13 所示。滤波器的参考信号输入为参考通道的接收信号，输入信号为回波通道的接收信号，进行自适应滤波直至算法收敛，稳态时的滤波输出为误差信号 $\boldsymbol{e}(n)$，该信号就是经过自适应杂波抑制后的回波信号。

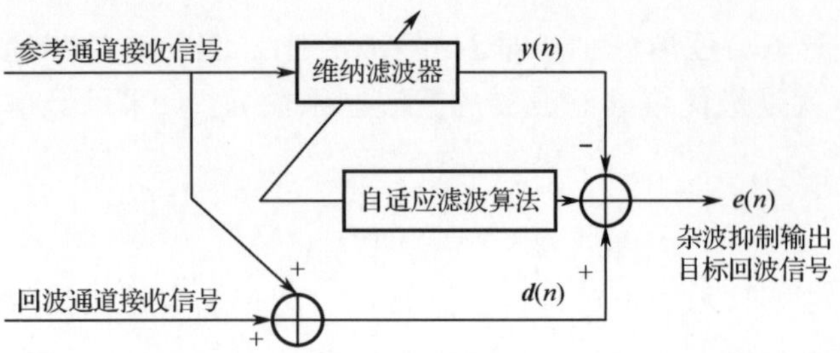

图 5-13 利用自适应 LMS 滤波器进行外辐射源雷达回波通道杂波抑制的原理

2. RLS 多径杂波抑制算法

递推最小二乘（Recursive Least Square，RLS）多径杂波抑制算法（以下简称 RLS 算法）是基于最小二乘的横向滤波算法，但其不是一般最小二乘法，而是指数加权的最小二乘法，即

$$\boldsymbol{J}(n)=\sum_{i=0}^{n}\lambda^{n-i}\left|\boldsymbol{\varepsilon}(i)\right|^2 \tag{5-22}$$

其中，λ 为加权因子，取值为 $0<\lambda<1$。可见，距离 n 时刻越近的误差权重系数越大，距离 n 时刻越远的误差权重系数越小，因此 λ 也称遗忘因子。

与 LMS 算法类似，RLS 算法估计误差定义为

$$\boldsymbol{\varepsilon}(i)=\boldsymbol{s}_{\text{surv}}(i)-\boldsymbol{w}^{\text{H}}(n)\boldsymbol{x}_{\text{r}}(i) \tag{5-23}$$

其中，$(\cdot)^{\text{H}}$ 为共轭转置；$\boldsymbol{s}_{\text{surv}}(i)$ 为期望信号，即监视通道信号；$\boldsymbol{w}(n)$ 为滤波权重向量；$\boldsymbol{x}_{\text{r}}(i)$ 为滤波输入向量。此时式（5-22）可以表示为

$$\boldsymbol{J}(n)=\sum_{i=0}^{n}\lambda^{n-i}\left|\boldsymbol{s}_{\text{surv}}(i)-\boldsymbol{w}^{\text{H}}(n)\boldsymbol{x}_{\text{r}}(i)\right|^2 \tag{5-24}$$

可见，代价函数 $\boldsymbol{J}(n)$ 是滤波权重向量 $\boldsymbol{w}(n)$ 的函数。令

$$\frac{\partial \boldsymbol{J}(n)}{\partial \boldsymbol{w}}=0 \tag{5-25}$$

有

$$\boldsymbol{w}(n)=\boldsymbol{R}^{-1}(n)\boldsymbol{r}(n) \tag{5-26}$$

其中，

$$\boldsymbol{R}(n)=\sum_{i=0}^{n}\lambda^{n-i}\boldsymbol{x}_{\text{r}}(i)\boldsymbol{x}_{\text{r}}^{\text{H}}(i),\boldsymbol{r}(n)=\sum_{i=0}^{n}\lambda^{n-i}\boldsymbol{x}_{\text{r}}(i)\boldsymbol{s}_{\text{surv}}^{*}(i) \tag{5-27}$$

可以推导出

$$\begin{aligned}\boldsymbol{R}(n)&=\lambda\boldsymbol{R}(n-1)+\boldsymbol{x}_{\text{r}}(n)\boldsymbol{x}_{\text{r}}^{\text{H}}(n)\\ \boldsymbol{r}(n)&=\lambda\boldsymbol{r}(n-1)+\boldsymbol{x}_{\text{r}}(n)\boldsymbol{s}_{\text{surv}}^{*}(n)\end{aligned} \tag{5-28}$$

根据矩阵求逆原理，$\boldsymbol{R}(n)$ 的逆矩阵为

$$\begin{aligned}\boldsymbol{P}(n)&=\frac{1}{\lambda}\left[\boldsymbol{P}(n-1)-\frac{\boldsymbol{P}(n-1)\boldsymbol{x}_{\text{r}}(n)\boldsymbol{x}_{\text{r}}^{\text{H}}(n)\boldsymbol{P}(n-1)}{\lambda+\boldsymbol{x}_{\text{r}}^{\text{H}}(n)\boldsymbol{P}(n-1)\boldsymbol{x}_{\text{r}}(n)}\right]\\ &=\frac{1}{\lambda}[\boldsymbol{P}(n-1)-\boldsymbol{k}(n)\boldsymbol{x}_{\text{r}}^{\text{H}}(n)\boldsymbol{P}(n-1)]\end{aligned} \tag{5-29}$$

其中，$\boldsymbol{k}(n)$ 为增益向量，有

$$\boldsymbol{k}(n)=\frac{\boldsymbol{P}(n-1)\boldsymbol{x}_{\mathrm{r}}(n)}{\lambda+\boldsymbol{x}_{\mathrm{r}}^{\mathrm{H}}(n)\boldsymbol{P}(n-1)\boldsymbol{x}_{\mathrm{r}}(n)} \tag{5-30}$$

可以证得

$$\begin{aligned}\boldsymbol{P}(n)\boldsymbol{x}_{\mathrm{r}}(n)&=\frac{1}{\lambda}[\boldsymbol{P}(n-1)\boldsymbol{x}_{\mathrm{r}}(n)-\boldsymbol{k}(n)\boldsymbol{x}_{\mathrm{r}}^{\mathrm{H}}(n)\boldsymbol{P}(n-1)\boldsymbol{x}_{\mathrm{r}}(n)]\\&=\frac{1}{\lambda}\left[\boldsymbol{P}(n-1)\boldsymbol{x}_{\mathrm{r}}(n)-\frac{\boldsymbol{P}(n-1)\boldsymbol{x}_{r}(n)}{\lambda+\boldsymbol{x}_{\mathrm{r}}^{\mathrm{H}}(n)\boldsymbol{P}(n-1)\boldsymbol{x}_{\mathrm{r}}(n)}\boldsymbol{x}_{\mathrm{r}}^{\mathrm{H}}(n)\boldsymbol{P}(n-1)\boldsymbol{x}_{\mathrm{r}}(n)\right]\\&=\boldsymbol{k}(n)\end{aligned} \tag{5-31}$$

同时有

$$\begin{aligned}\boldsymbol{w}(n)&=\boldsymbol{R}^{-1}(n)\boldsymbol{r}(n)=\boldsymbol{P}(n)\boldsymbol{r}(n)\\&=\frac{1}{\lambda}[\boldsymbol{P}(n-1)-\boldsymbol{k}(n)\boldsymbol{x}_{\mathrm{r}}^{\mathrm{H}}(n)P(n-1)][\lambda\boldsymbol{r}(n-1)+\boldsymbol{s}_{\mathrm{surv}}^{*}(n)\boldsymbol{x}_{\mathrm{r}}(n)]\\&=\boldsymbol{P}(n-1)\boldsymbol{r}(n-1)+\frac{1}{\lambda}\boldsymbol{s}_{\mathrm{surv}}^{*}(n)[\boldsymbol{P}(n-1)\boldsymbol{x}_{\mathrm{r}}(n)-\boldsymbol{k}(n)\boldsymbol{x}_{\mathrm{r}}^{\mathrm{H}}(n)\boldsymbol{P}(n-1)\boldsymbol{x}_{\mathrm{r}}(n)]-\\&\quad\boldsymbol{k}(n)\boldsymbol{x}_{\mathrm{r}}^{\mathrm{H}}(n)\boldsymbol{P}(n-1)\boldsymbol{r}(n-1)\end{aligned} \tag{5-32}$$

将式（5-26）代入式（5-32），可得

$$\begin{aligned}\boldsymbol{w}(n)&=\boldsymbol{w}(n-1)+\boldsymbol{s}_{\mathrm{surv}}^{*}(n)\boldsymbol{k}(n)-\boldsymbol{k}(n)\boldsymbol{x}_{\mathrm{r}}^{\mathrm{H}}(n)\boldsymbol{w}(n-1)\\&=\boldsymbol{w}(n-1)+\boldsymbol{k}(n)\boldsymbol{s}_{\mathrm{ef}}^{*}(n)\end{aligned} \tag{5-33}$$

其中，$\boldsymbol{s}_{\mathrm{ef}}(n)$ 为当前输出信号，有

$$\begin{aligned}\boldsymbol{s}_{\mathrm{ef}}(n)&=\boldsymbol{s}_{\mathrm{surv}}(n)-\boldsymbol{x}_{\mathrm{r}}^{\mathrm{H}}(n)\boldsymbol{w}^{*}(n-1)\\&=\boldsymbol{s}_{\mathrm{surv}}(n)-\boldsymbol{w}^{\mathrm{H}}(n-1)\boldsymbol{x}_{\mathrm{r}}(n)\end{aligned} \tag{5-34}$$

综上所述，RLS 算法计算过程如表 5-3 所示。

表 5-3　RLS 算法计算过程

输入：$\boldsymbol{x}_{\mathrm{r}}(n)$，$M$，$N$。
输出：目标回波信号 $\boldsymbol{s}_{\mathrm{surv}}(n)$。
1. 初始化权重系数 $\boldsymbol{w}(0)=0$，$\boldsymbol{P}(0)=\delta^{-1}\boldsymbol{I}$，其中 δ 为很小的正值。
2. 循环迭代 $n=M,M+1,\cdots,N$。
3. 计算误差信号 $\boldsymbol{s}_{\mathrm{ef}}(n)=\boldsymbol{s}_{\mathrm{surv}}(n)-\boldsymbol{w}^{\mathrm{H}}(n-1)\boldsymbol{x}_{\mathrm{r}}(n)$。
4. 更新增益向量 $\boldsymbol{k}(n)=\dfrac{\boldsymbol{P}(n-1)\boldsymbol{x}_{\mathrm{r}}(n)}{\lambda+\boldsymbol{x}_{\mathrm{r}}^{\mathrm{H}}(n)\boldsymbol{P}(n-1)\boldsymbol{x}_{\mathrm{r}}(n)}$。
5. 更新 $\boldsymbol{P}(n)=\dfrac{1}{\lambda}[\boldsymbol{P}(n-1)-\boldsymbol{k}(n)\boldsymbol{x}_{\mathrm{r}}^{\mathrm{H}}(n)\boldsymbol{P}(n-1)]$。
6. 更新权重系数 $\boldsymbol{w}(n)=\boldsymbol{w}(n-1)+\boldsymbol{k}(n)\boldsymbol{s}_{\mathrm{ef}}^{*}(n)$。
7. 结束循环。

与 LMS 算法类似，RLS 算法的输入 $\boldsymbol{x}_{\mathrm{r}}(n)=[s_{\mathrm{r}}(n),s_{\mathrm{r}}(n-1),\cdots,s_{\mathrm{r}}(n-M+1)]$ 为 n 时刻参考信号矢量，算法输出为滤波后的目标回波信号。与 LMS 算法不同，RLS 算法采用误差信号在一段时间内的平均功率作为梯度，因此其在对消性能上优于 LMS 算法，收敛

速度更快。但 RLS 算法存在矩阵求逆计算，计算复杂度为 $O(M^2N)$，其中 M 为滤波接收，N 为信号长度。

5.2.2 基于特征子空间分解的杂波抑制算法

1. 扩展对消算法

无论是 LMS 算法还是 RLS 算法，都属于闭环反馈自适应滤波算法。这些算法虽然各具优点，但在工程应用上都不能很好地发挥作用。扩展对消算法（Extensive Cancelation Algorithm，ECA）属于开环类算法，不需要循环迭代，可以利用硬件进行并行实现，因此在工程上得到了广泛的应用。

ECA 是基于最小二乘法的矩阵形式的杂波抑制算法。假设外辐射源雷达监视通道的杂波信号为

$$\begin{aligned}\boldsymbol{x}_{\mathrm{c}}(n) &= C_0^s x_{\mathrm{r}}(n) + C_1^s x_{\mathrm{r}}(n-1) + \cdots + C_{M-1}^s x_{\mathrm{r}}(n-M-1) \\ &= \sum_{0}^{M-1} C_m^s x_{\mathrm{r}}(n-m)\end{aligned} \tag{5-35}$$

其中，C_i^s 是多径回波的幅度；M 是阶数；x_{r} 是参考信号。

式（5-35）以矩阵的形式表示为

$$\begin{bmatrix} x_{\mathrm{c}}(n) \\ x_{\mathrm{c}}(n+1) \\ \vdots \\ x_{\mathrm{c}}(n+N) \end{bmatrix} = \begin{bmatrix} x_{\mathrm{r}}(n) & x_{\mathrm{r}}(n-1) & \cdots & x_{\mathrm{r}}(n-M-1) \\ x_{\mathrm{r}}(n+1) & x_{\mathrm{r}}(n) & \cdots & x_{\mathrm{r}}(n-M) \\ \vdots & \vdots & \ddots & \vdots \\ x_{\mathrm{r}}(n+N) & x_{\mathrm{r}}(n+N-1) & \cdots & x_{\mathrm{r}}(n+N-M-1) \end{bmatrix} \begin{bmatrix} C_0^s \\ C_1^s \\ \vdots \\ C_{M-1}^s \end{bmatrix} \tag{5-36}$$

其中，N 是信号长度。将式（5-36）简化为

$$\boldsymbol{X}_{\mathrm{c}} = \boldsymbol{X}_{\mathrm{r}} \boldsymbol{C}^s \tag{5-37}$$

求解 ECA 子空间的投影系数，采用最小二乘法，即

$$\min_{\boldsymbol{C}^s} \boldsymbol{J} = \left\| \boldsymbol{X}_{\mathrm{c}} - \boldsymbol{X}_{\mathrm{r}} \boldsymbol{C}^s \right\|_2^2 \tag{5-38}$$

求代价函数 $\boldsymbol{J}$ 的共轭梯度，使其为 0，有

$$\frac{\partial \boldsymbol{J}}{\partial (\boldsymbol{C}^s)^{\mathrm{H}}} = \boldsymbol{X}_{\mathrm{r}}^{\mathrm{H}} \boldsymbol{X}_{\mathrm{r}} \boldsymbol{C}^s - \boldsymbol{X}_{\mathrm{r}}^{\mathrm{H}} \boldsymbol{X}_{\mathrm{c}} = 0 \tag{5-39}$$

求解即可得到投影矩阵 $\boldsymbol{C}^s$ 的估计值，即

$$\hat{\boldsymbol{C}}^s = (\boldsymbol{X}_{\mathrm{r}}^{\mathrm{H}} \boldsymbol{X}_{\mathrm{r}})^{-1} \boldsymbol{X}_{\mathrm{r}}^{\mathrm{H}} \boldsymbol{X}_{\mathrm{c}} \tag{5-40}$$

则抑制后剩余的信号可以表示为

$$\begin{aligned}\boldsymbol{X}_{\mathrm{ef}} &= \boldsymbol{S}_{\mathrm{surv}} - \boldsymbol{X}_{\mathrm{r}} \hat{\boldsymbol{C}}^s \\ &= \boldsymbol{S}_{\mathrm{surv}} - \boldsymbol{X}_{\mathrm{r}} (\boldsymbol{X}_{\mathrm{r}}^{\mathrm{H}} \boldsymbol{X}_{\mathrm{r}})^{-1} \boldsymbol{X}_{\mathrm{r}}^{\mathrm{H}} \boldsymbol{X}_{\mathrm{c}}\end{aligned} \tag{5-41}$$

当信号长度较长时，ECA 所占用的存储资源大幅增加，因此下面介绍一种分段的 ECA，即 ECA-B（ECA Batches）。ECA-B 将长度为 N 的参考信号 $\boldsymbol{S}_{\mathrm{ref}}(n)$ 和监视通道信号 $\boldsymbol{S}_{\mathrm{surv}}(n)$ 分为 b 段，每段信号的长度为 $N_B = N/b$，分段后第 i $(i=1,2,\cdots,b)$ 段的参考信号

$S_{\mathrm{ref}}^{i}(n)$ 和监视通道信号 $S_{\mathrm{surv}}^{i}(n)$ 分别表示为

$$\begin{cases}\boldsymbol{S}_{\mathrm{ref}}^{i}=[S_{\mathrm{ref}}(iN_B+1) \quad S_{\mathrm{ref}}(iN_B+2) \quad \cdots \quad S_{\mathrm{ref}}((i+1)N_B)]^{\mathrm{T}} \\ \boldsymbol{S}_{\mathrm{surv}}^{i}=[S_{\mathrm{surv}}(iN_B+1) \quad S_{\mathrm{surv}}(iN_B+2) \quad \cdots \quad S_{\mathrm{surv}}((i+1)N_B)]^{\mathrm{T}}\end{cases}, \quad i=1,2,\cdots,b \tag{5-42}$$

因此，第 i 段杂波子空间可以表示为

$$\boldsymbol{X}_{\mathrm{r}}^{i}=\begin{bmatrix} S_{\mathrm{ref}}^{i}(1) & 0 & \cdots & 0 \\ S_{\mathrm{ref}}^{i}(2) & S_{\mathrm{ref}}^{i}(1) & \cdots & 0 \\ \vdots & \vdots & \ddots & \vdots \\ S_{\mathrm{ref}}^{i}(N_B) & S_{\mathrm{ref}}^{i}(N_B-1) & \cdots & S_{\mathrm{ref}}^{i}(1) \end{bmatrix}, \quad i=1,2,\cdots,b \tag{5-43}$$

处理监视通道信号，得到

$$\boldsymbol{S}_{\mathrm{ECA-B}}^{i}=\boldsymbol{S}_{\mathrm{surv}}^{i}-\boldsymbol{X}_{\mathrm{r}}^{i}(\boldsymbol{X}_{\mathrm{r}}^{i\mathrm{H}}\boldsymbol{X}_{\mathrm{r}})^{-1}\boldsymbol{X}_{\mathrm{r}}^{i\mathrm{H}}\boldsymbol{S}_{\mathrm{surv}}^{i}, \quad i=1,2,\cdots,b \tag{5-44}$$

则经 ECA-B 处理后的全部信号可以表示为

$$\boldsymbol{S}_{\text{ECA-B}}=\begin{bmatrix} \boldsymbol{S}_{\mathrm{ECA-B}}^{1} \\ \boldsymbol{S}_{\mathrm{ECA-B}}^{2} \\ \vdots \\ \boldsymbol{S}_{\mathrm{ECA-B}}^{b} \end{bmatrix} \tag{5-45}$$

由于监视信号是经过目标散射后的回波，对运动目标而言，会产生多普勒频移。对于生成的多径子空间，其与参考信号成正交关系，所以通过 ECA-B 做对消处理后，多径部分会被消除，而具有多普勒频移的目标回波是不会被消除的。ECA-B 在外辐射源雷达系统的实际应用中使用较多。

2. 稀疏匹配多径杂波抑制算法

外辐射源雷达的多径杂波是指外辐射源信号经过地面、山峰、建筑物等物体的反射后从天线主瓣或旁瓣进入接收端的信号，其传播路径如图 5-14 所示。在实际情况中，多径杂波的传播源可能存在缓慢运动的情况，多径杂波将在多普勒域展宽。本节首先考虑零多普勒的多径杂波抑制算法。

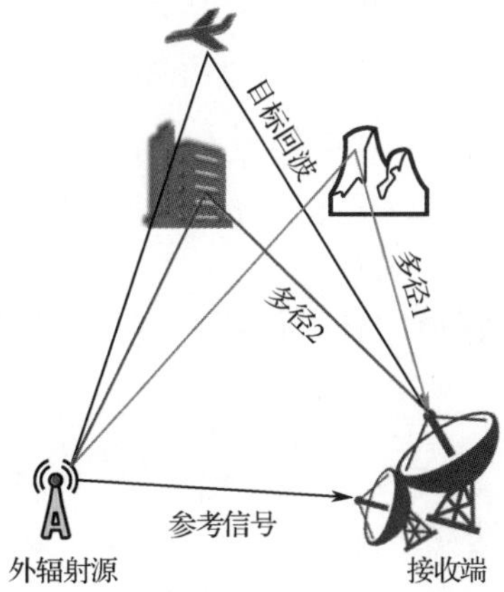

图 5-14 外辐射源雷达多径杂波传播路径

监视通道的多径杂波信号可以表示为

$$\boldsymbol{s}_{\mathrm{c}}(t)=\sum_{m=1}^{N_{\mathrm{c}}}\eta_m \boldsymbol{u}(t-\tau_m) \tag{5-46}$$

其中，η_m、τ_m 分别表示监视通道中第 m 条多径杂波信号的复幅度和时延；$\boldsymbol{u}(t)$ 为辐射源发射信号；N_{c} 为多径杂波信号的个数。

多径杂波是由有限数量的静物反射形成的信号集合，具有天然的稀疏性。当多径杂波不存在多普勒展宽时，可以认为多径杂波由参考信号的时延副本组成，因此多径杂波信号 $\boldsymbol{s}_{\mathrm{c}}$ 的离散表示为

$$\boldsymbol{s}_{\mathrm{c}}=\boldsymbol{\Phi x} \tag{5-47}$$

其中，$\boldsymbol{x}\in\mathbb{C}^{N\times 1}$ 表示一个未知的 N_{c} 维稀疏向量，其 l_0-范数 $\|\boldsymbol{x}\|_0\leqslant N_{\mathrm{c}}$，$\varGamma=\mathrm{supp}(\boldsymbol{x})=\{i\,\big|\,|x_i|\neq 0\}$ 表示信号 $\boldsymbol{x}$ 所有非零元素的集合，也称信号 $\boldsymbol{x}$ 的支撑集；$\boldsymbol{\Phi}\in\mathbb{C}^{N\times M}$ 表示由参考信号添加不同时延单元构成的测量矩阵，具体可以表示为

$$\boldsymbol{\Phi}=[\phi_0,\phi_1,\cdots,\phi_{M-1}] \tag{5-48}$$

其中，$\phi_i(i=0,1,\cdots,M-1)$ 表示对参考信号添加 i 个时延单元得到的多径原子信号。一般情况下，多径原子信号可能出现的时延单元数远小于信号长度，即 $N\gg M$。可见监视通道多径杂波抑制问题可以转化为求解稀疏向量 $\boldsymbol{x}$ 的问题。

压缩感知（Compressed Sensing，CS）理论认为，在信号稀疏的前提下，重构算法可以从满足特定条件的少量线性测量中高概率地重建出高维稀疏信号。由于稀疏的先验知识，CS 理论表明，式（5-47）可以通过求解 l_0-范数最小化问题高概率地重建 $\boldsymbol{x}$，即

$$\min\|\boldsymbol{x}\|_0 \quad \text{subject to} \quad \|\boldsymbol{s}_{\mathrm{c}}-\boldsymbol{\Phi x}\|_2<\varepsilon \tag{5-49}$$

类似式（5-49）的问题可以通过有效的算法进行求解。

对于地基发射、地基接收的外辐射源雷达，监视通道的参考信号和多径杂波信号的时延单元分布在较小的区间内。监视通道信号可以表示为

$$\boldsymbol{s}_{\mathrm{surv}}=\boldsymbol{\Phi x}+\boldsymbol{s}_{\mathrm{e}}+\boldsymbol{w} \tag{5-50}$$

其中，$\boldsymbol{s}_{\mathrm{e}}\in\mathbb{C}^{N\times 1}$ 表示目标回波信号；$\boldsymbol{w}$ 表示噪声信号。

对监视通道的多径杂波信号的稀疏匹配过程如下。

步骤 1：对测量矩阵的每个多径原子信号 ϕ_i 进行归一化。

$$\phi_i\leftarrow\frac{\phi_i}{\|\phi_i\|_2},\ i=0,1,\cdots,M-1 \tag{5-51}$$

归一化操作是为了保证测量矩阵 $\boldsymbol{\Phi}$ 的任意两列信号内积的绝对值不超过 1，即

$$0\leqslant\left|\langle\phi_i,\phi_j\rangle\right|\leqslant 1,\ i\neq j \tag{5-52}$$

步骤 2：初始化残差信号 $\boldsymbol{r}_0=\boldsymbol{s}_{\mathrm{surv}}$、多径原子索引集 $\varLambda_0=\varnothing$ 和重建多径原子集合 $\boldsymbol{\Phi}_{\varLambda}=\varnothing$。残差信号 $\boldsymbol{r}$ 表示每次迭代匹配后的剩余信号；多径原子索引集 $\varLambda$ 表示已经匹配过的原子的下标；重建多径原子集合 $\boldsymbol{\Phi}_{\varLambda}$ 表示已经匹配过的多径原子。

步骤 3：迭代至第 k 步时，寻找与残差信号 $\boldsymbol{r}_k$ 相关系数最大的多径原子信号 ϕ_i，该多

径原子信号的下标为 λ_k，有

$$\lambda_k = \underset{i \notin \Lambda_{k-1}}{\arg\max} \left| \langle \phi_i, \boldsymbol{r}_{k-1} \rangle \right| \tag{5-53}$$

步骤 4：每次迭代都需要更新多径原子索引集 Λ 和重建多径原子集合 $\boldsymbol{\Phi}_\Lambda$。

$$\Lambda_k = \Lambda_{k-1} \cup \{\lambda_k\} \tag{5-54}$$

$$\boldsymbol{\Phi}_{\Lambda_k} = [\boldsymbol{\Phi}_{\Lambda_{k-1}}; \phi_{\lambda_k}] \tag{5-55}$$

并移除测量矩阵 $\boldsymbol{\Phi}$ 中已经匹配过的原子信号，保证原子信号不会重复匹配。

步骤 5：利用最小二乘法估计稀疏向量 $\hat{\boldsymbol{x}}_k$。

$$\hat{\boldsymbol{x}}_k = \begin{cases} \underset{\boldsymbol{x}}{\arg\min} \left\| \boldsymbol{\Phi}_{\Lambda_k} \boldsymbol{x} - \boldsymbol{y} \right\|_2, & i \in \Lambda_k \\ 0, & i \notin \Lambda_k \end{cases} \tag{5-56}$$

解得

$$\hat{\boldsymbol{x}}_k = \begin{cases} \boldsymbol{\Phi}_{\Lambda_k}^{\dagger} \boldsymbol{y}, & i \in \Lambda_k \\ 0, & i \notin \Lambda_k \end{cases} \tag{5-57}$$

其中，† 表示伪逆。由于式（5-57）采用最小二乘法求解 $\hat{\boldsymbol{x}}_k$，步骤 4 中“移除测量矩阵 $\boldsymbol{\Phi}$ 中已经匹配过的原子信号”可以省略。

步骤 6：更新残差。

$$\boldsymbol{r}_k = \boldsymbol{y} - \boldsymbol{\Phi}_{\Lambda_k} \hat{\boldsymbol{x}}_k \tag{5-58}$$

步骤 7：重复步骤 3～步骤 6，直至达到迭代终止条件，此时可以得到多径杂波抑制后的监视通道信号。

$$\hat{\boldsymbol{s}}_{\text{surv}} = [\boldsymbol{I} - \boldsymbol{\Phi}_\Lambda (\boldsymbol{\Phi}_\Lambda^{\text{H}} \boldsymbol{\Phi}_\Lambda^{\text{H}})^{-1} \boldsymbol{\Phi}_\Lambda^{\text{H}}] \boldsymbol{s}_{\text{surv}} \tag{5-59}$$

随着稀疏匹配多径杂波抑制算法迭代次数的增多，残差信号 $\boldsymbol{r}$ 中所含多径杂波成分越来越少。第 $k-1$ 次迭代与第 k 次迭代后残差信号变化量为

$$\Delta \boldsymbol{r}_k = \boldsymbol{r}_k - \boldsymbol{r}_{k-1} \tag{5-60}$$

则 $\Delta \boldsymbol{r}_k$ 可表示第 k 次迭代计算后所抑制的多径杂波成分。残差信号变化量功率为

$$P_{\Delta \boldsymbol{r}} = \frac{1}{N} \sum_{n=0}^{N-1} \left| \Delta \boldsymbol{r}_k(n) \right|^2 \tag{5-61}$$

在外辐射源雷达系统中，监视通道多径杂波信号的能量远高于目标回波信号的能量，因此可以利用残差信号变化量功率与目标回波信号功率的某种关系确定稀疏匹配杂波抑制算法的终止条件。

现定义第 k 次迭代后的残差信号变化量功率与目标回波信号功率的比值（Variation of Residual to Signal Ratio，VRSR）为

$$\text{VRSR} = 10\lg\left(\frac{P_{\Delta \boldsymbol{r}}}{\hat{P}_{\text{e}}} \right) \tag{5-62}$$

其中，$P_{\Delta \boldsymbol{r}}$ 表示残差信号变化量功率；$\hat{P}_{\text{e}}$ 为目标回波信号功率的估计值，在实际应用中，可由外辐射源雷达系统参数及目标所处的可能范围等先验知识进行估计。稀疏匹配杂波

抑制算法两次迭代之间残差信号变化量功率相对目标回波信号功率的比值越小，则剩余残差信号中多径杂波的成分越少。

假设多径杂波抑制后可容忍残差信号变化量功率与目标回波信号功率的比值为 ε（单位：dB），即当

$$\mathrm{VRSR} \leqslant \varepsilon \tag{5-63}$$

时，算法迭代结束。此时的相参积累结果中，残余多径杂波相对目标回波的积累增益约低 ε dB。

综上所述，稀疏匹配多径杂波抑制算法的具体步骤如表 5-4 所示，其中 $\hat{P}_{\mathrm{e}}$ 为目标回波信号功率的估计值。

表 5-4　稀疏匹配多径杂波抑制算法步骤

输入：$\boldsymbol{s}_{\mathrm{r}}$，$\boldsymbol{s}_{\mathrm{surv}}$，$\hat{P}_{\mathrm{e}}$，$\varepsilon$，$M$。
输出：杂波抑制输出结果 $\hat{\boldsymbol{s}}_{\mathrm{surv}}$。
1. 初始化残差信号 $\boldsymbol{r}_0 = \boldsymbol{s}_{\mathrm{surv}}$，残差信号变化量 $\Delta\boldsymbol{r}_0=0$，多径原子索引集 $\varLambda_0 = \varnothing$，重建多径原子集合 $\varPhi_{\varLambda} = \varnothing$，VRSR=inf。
2. 根据参考信号 $\boldsymbol{s}_{\mathrm{r}}$ 生成测量矩阵 $\boldsymbol{\varPhi}$ 并对其所有多径原子进行归一化处理。
3. 循环迭代 $k=1,2,\cdots,M$，找出测量矩阵中与残差信号 $\boldsymbol{r}_{k-1}$ 内积最大值的多径原子信号所对应的下标，即 $\lambda_k = \arg\max\limits_{i \notin \varLambda_{k-1}} \left\lvert \langle \phi_i, \boldsymbol{r}_{k-1} \rangle \right\rvert$。
4. 更新多径原子索引集 $\varLambda_k=\varLambda_{k-1} \cup \{\lambda_k\}$，重建多径原子集合 $\varPhi_{\varLambda_k} = [\varPhi_{\varLambda_{k-1}};\phi_{\lambda_k}]$。
5. 计算 $\boldsymbol{x}$ 的估计值 $\hat{\boldsymbol{x}}_k = (\varPhi_{\varLambda_k}^{\mathrm{H}}\varPhi_{\varLambda_k})^{-1}\varPhi_{\varLambda_k}^{\mathrm{H}}\boldsymbol{s}_{\mathrm{surv}}$。更新残差 $\boldsymbol{r}_k = \boldsymbol{s}_{\mathrm{surv}} - \varPhi_{\varLambda_k}\hat{\boldsymbol{x}}_k$。
6. 更新残差信号变化量 $\Delta\boldsymbol{r}_k = \boldsymbol{r}_k - \boldsymbol{r}_{k-1}$，更新 $\mathrm{VRSR} = 10\lg(P_{\Delta r}/\hat{P}_{\mathrm{e}})$。
7. 如果 $\mathrm{VRSR} \leqslant \varepsilon$，输出多径杂波抑制结果 $\hat{\boldsymbol{s}}_{\mathrm{surv}} = \boldsymbol{s}_{\mathrm{surv}} - \boldsymbol{r}_k$。
8. 结束循环。

假设监视通道的多径杂波信号时延单元的集合为 $\varOmega$，在无噪条件下，监视通道信号可以表示为

$$\boldsymbol{s}_{\mathrm{surv}} = \sum_{\substack{i \in \varOmega \\ \varOmega \subset [M]}} \alpha_i \phi_i + \beta \boldsymbol{s}(\Delta t, \Delta f) \tag{5-64}$$

其中，α_i 为时延单元 i 的多径杂波信号的复幅度；$\boldsymbol{s}(\Delta t, \Delta f)$ 为具有时延和多普勒频移的目标回波信号；β 为目标回波信号的复幅度。下面给出关于该算法的恢复性能表述定理。

定理 5.1：多径测量矩阵 $\boldsymbol{\varPhi}$ 的定义为式（5-48），并对每个多径原子进行归一化处理，监视通道信号 $\boldsymbol{s}_{\mathrm{surv}}$ 的定义为式（5-64），在无噪条件下，当 $\varOmega$ 满足

$$\lvert \varOmega \rvert \leqslant \max\left\{ \frac{1+\mu-2\mathrm{SCR}}{2\mu}, 1 \right\} \tag{5-65}$$

时，则稀疏匹配多径杂波抑制算法的输出为

$$\boldsymbol{s}_{\mathrm{surv}} = [\boldsymbol{I} - \hat{\boldsymbol{\varPhi}}(\hat{\boldsymbol{\varPhi}}^{\mathrm{H}}\hat{\boldsymbol{\varPhi}})^{-1}\hat{\boldsymbol{\varPhi}}^{\mathrm{H}}]\boldsymbol{s}_{\mathrm{surv}} \tag{5-66}$$

其中，$\hat{\boldsymbol{\varPhi}} = \varPhi_{\varLambda}$；$\mu$ 为测量矩阵的相关系数。

$$\mu = \max_{\substack{i,j \in [M] \\ i \neq j}} \frac{\left\lvert \phi_i^{\mathrm{H}} \phi_j \right\rvert}{\lVert \phi_i \rVert_2 \lVert \phi_j \rVert_2} \tag{5-67}$$

SRC 为监视通道中目标回波和多径杂波的信杂比。

证明： 令 $K=|\Omega|$，假设 $\Omega=\{1,2,\cdots,K\}$，且 $\|\phi_i\|_2=1,|\alpha_1|\geqslant|\alpha_2|\geqslant\cdots\geqslant|\alpha_K|$，$\|\boldsymbol{s}(\Delta t,\Delta f)\|_2=1$ 在当前算法中的设想成立，有

$$\left|\boldsymbol{s}_{\text{surv}}^{\text{H}}\alpha_0\phi_0\right|>\left|\boldsymbol{s}_{\text{surv}}^{\text{H}}\alpha_i\phi_i\right| \tag{5-68}$$

即可以保证算法选取 $\boldsymbol{s}_{\mathbf{r}}$ 作为支撑基元素。

在式（5-68）中，

$$\begin{aligned}\left|\boldsymbol{s}_{\text{surv}}^{\text{H}}\alpha_0\phi_0\right|&=\left|\boldsymbol{s}_{\text{surv}}^{\text{H}}\phi_1\right|=\left|\sum\alpha_i\phi_i^{\text{H}}\phi_0+\boldsymbol{s}^{\text{H}}(\Delta t,\Delta f)\phi_0\right|\\&\geqslant|\alpha_1|-\sum_{i=1}^{K-1}\alpha_i\left|\phi_i\phi_0^{\text{H}}\right|-\beta\mu_{\Delta t,\Delta f}\\&\geqslant|\alpha_1|-(K-1)|\alpha_1|\mu-\beta\mu_{\Delta t,\Delta f}\end{aligned} \tag{5-69}$$

$$\begin{aligned}\left|\boldsymbol{s}_{\text{surv}}^{\text{H}}\alpha_i\phi_i\right|&=\left|\boldsymbol{s}_{\text{surv}}^{\text{H}}\phi_i\right|=\left|\sum\alpha_i\phi_i^{\text{H}}\phi_1+\beta\boldsymbol{s}(\Delta t,\Delta f)\phi_1\right|\\&\leqslant|\alpha_1|\mu K+\beta\mu_{\Delta t,\Delta f}\\&\leqslant|\alpha_1|\mu K+\beta\end{aligned} \tag{5-70}$$

因此只需满足

$$(1-\mu)(K-1)-\frac{|\beta|}{|\alpha_1|}>\mu K+\frac{|\beta|}{|\alpha_1|} \tag{5-71}$$

式（5-68）便可成立，即

$$K-1+\mu>2\mu K+2\sqrt{\text{SCR}} \tag{5-72}$$

有

$$K<\frac{1+2\sqrt{\text{SCR}}}{2\mu-1} \tag{5-73}$$

在式（5-69）中，

$$\mu_{\Delta t,\Delta f}=\max_{i\in[M]}\frac{\left|\boldsymbol{s}^{\text{H}}(\Delta t,\Delta f)\phi_i\right|}{\|\boldsymbol{s}(\Delta t,\Delta f)\|_2\|\phi_i\|_2} \tag{5-74}$$

5.2.3　实验验证

本书以复乘计算量近似表示算法的时间复杂度。几种多径杂波抑制算法的计算复杂度对比如表 5-5 所示。其中，N 为信号长度，M 为滤波阶数，S 为监视通道中多径杂波信号的稀疏度。由表可见，LMS 算法的计算复杂度与滤波阶数和信号长度的乘积呈正相关；RLS 算法存在矩阵的求逆、复乘等计算，其计算复杂度与滤波阶数的平方和信号长度的乘积呈正相关；ECA 需要对 M 维方阵求逆，因此其计算复杂度与滤波阶数的三次方呈正相关；稀疏匹配多径杂波抑制算法的迭代次数仅与多径杂波的稀疏度有关，而与滤波阶数 M 无关。相比 ECA，稀疏匹配多径杂波抑制算法在计算复杂度上具有显著优势。

表 5-5　几种多径杂波抑制算法的计算复杂度对比

多径杂波抑制算法	复乘次数
LMS	$O(MN)$
RLS	$O(M^2N)$
ECA	$O(M^3+MN)$
稀疏匹配多径杂波抑制算法	$O(S^3+SN)$

下面通过仿真实验验证这些算法的有效性。假设辐射源的坐标为[−10000,0,100]m，接收端的坐标为[10000,0,5]m，目标的初始位置为[4000,6000,500]m且以[50,100,0]m/s的速度做匀速运动。假设雷达监视通道中存在4条多径杂波信号，其杂噪比和时延单元信息如表5-6所示。

表 5-6　多径杂波信号参数

信　　号	杂噪比/dB	时延单元
多径杂波信号 1	21.02	5
多径杂波信号 2	35.53	32
多径杂波信号 3	33.32	134
多径杂波信号 4	6.77	147

根据实验所设场景，可以得到目标回波信号的时延（距离）单元为124，多普勒频率为−241.23Hz。本实验所设场景如图5-15所示。蓝色三角形代表4条多径杂波信号在距离-多普勒二维平面上的位置。4条多径杂波信号分别由4个不同的静止物体反射形成，因此具有不同的时延（距离）单元且其多普勒频率为0。红色五角星代表目标回波信号在距离-多普勒二维平面上的位置。

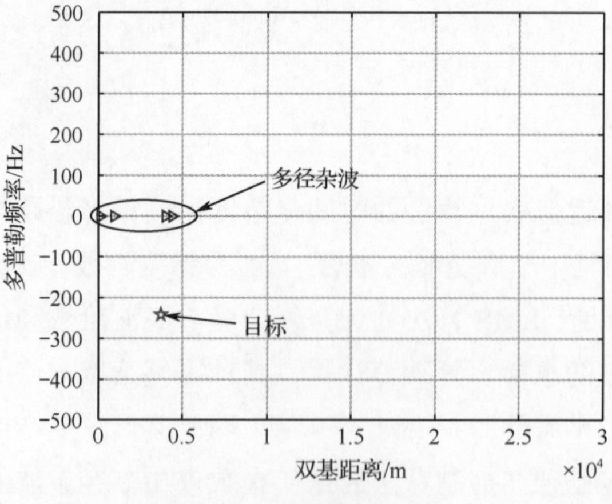

图 5-15　实验所设场景

图 5-16 为多径杂波抑制前监视通道信号与参考信号的相参积累结果，图 5-16（a）为相参积累结果的零多普勒频率切片，在零多普勒频率上，分布着 3 条能量较强的积累峰，其积累增益分别为 39.73dB、53.54dB 和 51.29dB，这 3 条积累峰分别为多径杂波信号 1、多径杂波信号 2 和多径杂波信号 3 与参考信号相参积累后的积累峰，而多径杂波信号 4 的能量与多径杂波信号 3 的能量相差 26.65dBw，其与参考信号的积累峰被多径杂波信号 3 积累峰的旁瓣所湮没，因此在图 5-16（a）中时延单元为 147（双基距离为 4410m）处无积累峰。图 5-16（b）为相参积累的距离-多普勒谱，在目标所处位置仅有非常微弱的积累峰，其积累增益仅有 20.39dB。由于多径杂波信号的能量远高于目标回波信号的能量，多径杂波积累后的残余噪底有能力影响甚至完全湮没目标回波信号的积累结果。

为了评估外辐射源雷达监视通道多径杂波抑制能力，定义杂波对消比（Clutter Attenuation，CA）为

$$\mathrm{CA}=10\lg\left(\frac{P_{\mathrm{surv}}}{P_{\mathrm{res}}}\right) \tag{5-75}$$

其中，P_{surv} 表示监视通道接收信号的功率；P_{res} 表示经过多径杂波抑制后剩余信号的功率。

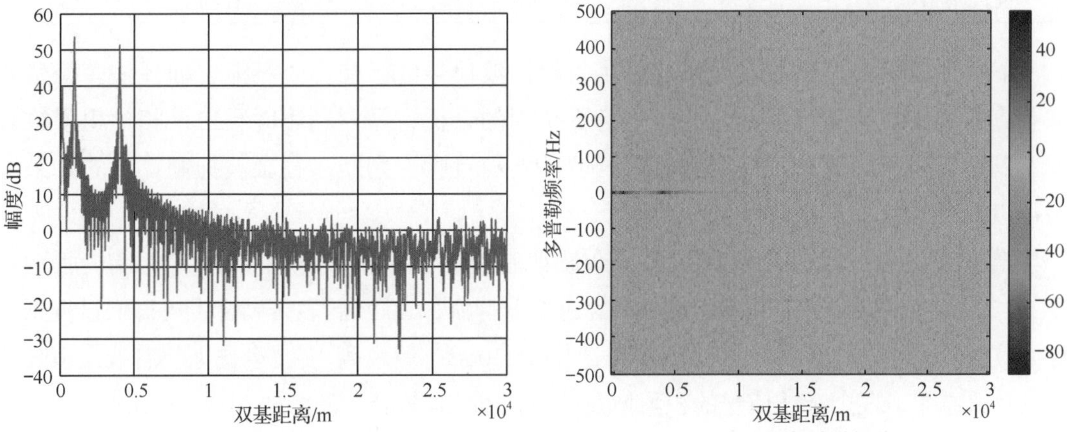

（a）零多普勒频率切片　　（b）距离-多普勒谱

图 5-16　多径杂波抑制前监视通道信号与参考信号的相参积累结果

CA 只能反映多径杂波抑制算法对参考信号和强多径杂波的抑制能力，不能反映滤波器输出中残余杂波的强弱，而目标信杂噪比（Signal to Interference and Noise Ratio，SINR）可以修正这一点。定义 SINR 为

$$\mathrm{SINR}=10\lg\left(\frac{P_{\mathrm{e}}}{P_{\mathrm{rcl}}+P_{\mathrm{n}}}\right) \tag{5-76}$$

其中，P_{e} 是目标回波信号的功率；P_{rcl} 是残余多径杂波的功率；P_{n} 是噪声功率。

5 种多径杂波抑制算法的杂波对消比和 CPU 耗时如表 5-7 所示。LMS 算法的步进常数 μ_{LMS}=0.01，RLS 算法的遗忘因子 λ_{RLS}=0.999。由表 5-7 可见，本文所述的几种多径杂

波抑制算法的杂波对消比都在 30dB 以上，其中 LMS 算法和 RLS 算法的杂波对消比比较接近，为 32.5～33dB，但略小于 ECA、ECA-B 和稀疏匹配多径杂波抑制算法，说明 LMS 算法和 RLS 算法对残余多径杂波的抑制能力不及后 3 种算法，而 ECA、ECA-B 和稀疏匹配多径杂波抑制算法对残余杂波的抑制能力非常接近。在这 5 种多径杂波抑制算法中，LMS 算法的 SINR 最小，表明 LMS 算法抑制后残余多径信号最多，其次是 RLS 算法，而 ECA、ECA-B 和稀疏匹配多径杂波抑制算法的抑制结果中残余杂波较少。在 CPU 耗时方面，由于 RLS 算法的复杂度与滤波阶数的平方和信号长度的乘积呈正相关，在 5 种多径杂波抑制算法中计算量最大，相应的耗时最长，为 383.29s。稀疏匹配多径杂波抑制算法的计算复杂度仅与信号长度和多径信号稀疏度的乘积相关，其 CPU 耗时最短，仅为 6.36s。

表 5-7　5 种多径杂波抑制算法的杂波对消比和 CPU 耗时

多径杂波抑制算法	LMS	RLS	ECA	ECA-B	稀疏匹配多径抑制算法
CA/dB	32.64	32.91	34.79	34.80	34.80
SINR/dB	−3.80	−3.40	−0.28	−0.27	−0.28
CPU 耗时/s	9.76	383.29	17.20	11.56	6.36

需要注意的是，杂波对消比忽略了目标回波信号的影响，并不能全面评估多径杂波抑制算法的抑制能力。因此，为了进行更全面的分析，需要利用时频二维相参积累结果查看剩余信号的距离-多普勒谱的多普勒频率分布情况，判断多径杂波抑制算法的效果是否可以对目标回波进行有效的检测。

监视通道信号经过几种传统多径杂波抑制算法后的相参积累结果如图 5-17 所示。图 5-17（a）为 LMS 算法的抑制结果，经过杂波抑制，在距离-多普勒谱上可以明显看到目标回波信号的相参积累峰，且其积累增益为 55.30dB，但距离-多普勒谱上仍有残余多径杂波的积累结果，残余杂波信号的积累增益甚至达到 45.77dB。图 5-17（b）为 RLS 算法的抑制结果，类似 LMS 算法，经过抑制，在距离-多普勒谱上可以明显看到目标回波的积累峰，且增益为 55.30dB，但距离-多普勒谱上仍有较强的残余多径杂波的积累结果。图 5-17（c）为 ECA 的抑制结果，多径杂波经过 ECA 算法抑制后在零多普勒频率上的多径杂波被完全抑制，目标回波的积累增益为 55.70dB。并且由于 ECA 算法对字典矩阵中的每个信号都进行相似匹配，在零多普勒频率切片的前 M 个距离单元处形成凹陷。图 5-17（d）为 ECA-B 的抑制结果。与 ECA 类似，ECA-B 同样在零多普勒频率切片上形成凹陷，目标回波的积累增益为 55.70dB。由于 ECA-B 分段计算时选取的信号更短，其抑制后的相参积累结果在零多普勒频率附近存在展宽现象。

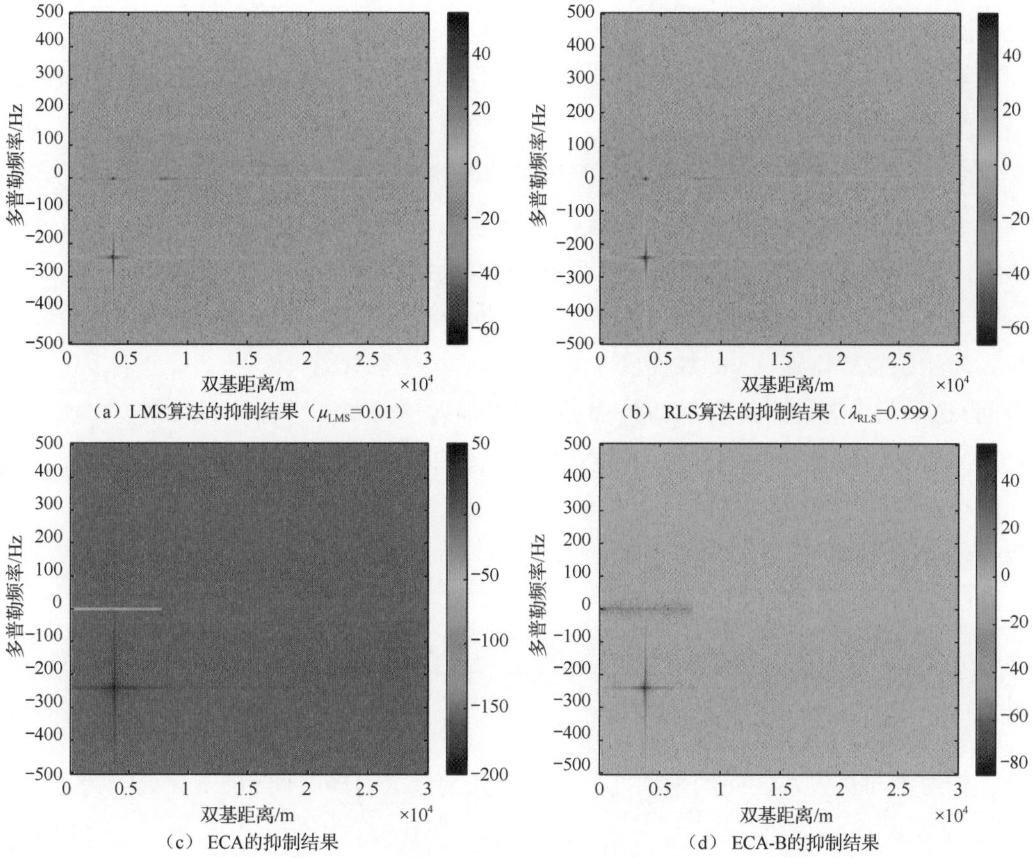

（a）LMS算法的抑制结果（μ_{LMS}=0.01）　（b）RLS算法的抑制结果（λ_{RLS}=0.999）

（c）ECA的抑制结果　（d）ECA-B的抑制结果

图 5-17　多径杂波抑制结果

5.3 跨距离单元目标回波相参积累方法

本节研究两种在相参积累过程中进行的跨距离单元走动补偿方法。首先，对外辐射源雷达系统中的参考信号和回波信号进行建模,并对回波信号进行跨距离单元走动分析。其次，研究基于 Keystone 变换的跨多普勒单元走动补偿方法和基于 Radon-Fourier 变换的跨距离单元走动补偿方法，并分情况讨论忽略脉内相位和考虑脉内相位两种情况下的补偿方法。最后，对所研究的两种跨距离单元走动补偿方法进行对比验证，证明两种跨距离单元走动补偿方法的有效性。

5.3.1　基于 Keystone 变换的跨多普勒单元走动补偿方法

外辐射源雷达对空中远距离高速运动目标进行检测时，由于目标距接收端远，目标 RCS 较小，反射的目标回波信号通常被湮没在噪声中。为了增强接收信号的能量，需要对信号进行长时间积累来提高信噪比，实现目标稳健检测。然而，经过长时间积累，目标难免会出现跨距离单元走动，从而引起能量在不同距离单元上的分散，无法达到聚集能量和提高信噪比的目的，对后续目标的稳健检测造成很大影响。因此，对信号进行长时间积累时，必须对目标的跨距离单元走动进行补偿，从而使目标能量得到有效聚集。

外辐射源雷达模型如图 5-18 所示。Tx 表示外辐射源所在位置，Rx 表示雷达接收端的位置。由于接收端的参考通道与回波通道之间的距离非常近，因此可以忽略不计，参考通道与回波通道均位于位置 Rx。系统的双基角用α表示，双基角平分线与速度方向的夹角用β表示。O表示目标的初始位置。假设目标从位置O以速度v、加速度a做匀加速直线运动，经过时间t运动到位置O'。L表示基线距离，即外辐射源与接收端之间的距离，R_{T0}表示外辐射源到目标初始位置的距离，R_{R0}表示目标初始位置到接收端的距离。那么由余弦定理可知，$R_T(t)$与$R_R(t)$的表达式可分别表示为

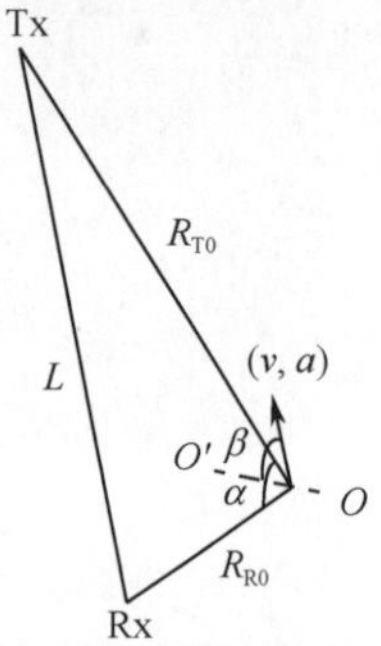

图 5-18　外辐射源雷达模型

$$R_T(t)=\sqrt{R_{T0}^2+\left(vt+\frac{1}{2}at^2\right)^2-2R_{T0}\left(vt+\frac{1}{2}at^2\right)\cos\left(\frac{\alpha}{2}+\beta\right)} \tag{5-77}$$

$$R_R(t)=\sqrt{R_{R0}^2+\left(vt+\frac{1}{2}at^2\right)^2-2R_{R0}\left(vt+\frac{1}{2}at^2\right)\cos\left(\frac{\alpha}{2}-\beta\right)} \tag{5-78}$$

由于外辐射源与接收端之间的距离已知，双基距离差$R(t)$随时间t的变化公式为

$$R(t)=R_T(t)+R_R(t)-L \tag{5-79}$$

回波信号相对于参考信号的时延$\tau(t)$可以表示为

$$\tau(t)=\frac{R(t)}{c} \tag{5-80}$$

其中，c为光速。联合式（5-77）～式（5-79），在$t=0$处对时延τ进行泰勒级数展开，得到时延$\tau(t)$的近似表达式为

$$\tau(t)\approx\tau_0+a_{\tau1}t+\frac{1}{2}a_{\tau2}t^2 \tag{5-81}$$

其中，τ_0为$t=0$时刻的初始时延，它只与目标的初始位置有关，即

$$\tau_0=\frac{R_{T0}+R_{R0}-L}{c} \tag{5-82}$$

时延的一阶时延变化率$a_{\tau1}$与目标初始速度v、双基角α及双基角平分线与速度方向的夹角β有关，表示为

$$a_{\tau1}=\frac{-2v\cos\frac{\alpha}{2}\cos\beta}{c} \tag{5-83}$$

时延的二阶时延变化率$a_{\tau2}$可以表示为

$$a_{\tau2}=\frac{v^2}{c}\left(\frac{\sin^2\left(\frac{\alpha}{2}+\beta\right)}{R_{T0}}+\frac{\sin^2\left(\frac{\alpha}{2}-\beta\right)}{R_{R0}}\right)-\frac{a\cos\frac{\alpha}{2}\cos\beta}{c} \tag{5-84}$$

可以看出，时延的二阶时延变化率与目标初始位置、速度及方向都有关。由于目标做匀加速运动，式（5-84）中第一项的量级远小于第二项，所以二阶时延变化率可近似为

$$a_{\tau 2} \approx -\frac{a\cos\dfrac{\alpha}{2}\cos\beta}{c} \quad (5\text{-}85)$$

根据上述几何模型进行信号模型的搭建。接收端得到的参考信号为

$$s_{\mathrm{rc}}(t) = u(t)\exp(\mathrm{j}2\pi f_{\mathrm{c}}t) \quad (5\text{-}86)$$

其中，$u(t)$ 为基带参考信号的复包络；f_{c} 为参考信号的载频。

回波信号为

$$s_{\mathrm{ec}}(t) = u(t-\tau(t))\exp(\mathrm{j}2\pi f_{\mathrm{c}}(t-\tau(t))) \quad (5\text{-}87)$$

对参考信号 $s_{\mathrm{rc}}(t)$ 和回波信号 $s_{\mathrm{ec}}(t)$ 下变频，得到基带参考信号为

$$s_{\mathrm{ref}}(t) = u(t) \quad (5\text{-}88)$$

得到回波信号的基带信号为

$$s_{\mathrm{echo}}(t) = s_{\mathrm{ref}}(t-\tau(t))\exp(-\mathrm{j}2\pi f_{\mathrm{c}}\tau(t)) \quad (5\text{-}89)$$

其中，f_{c} 为参考信号的基带信号 $s_{\mathrm{ref}}(t)$ 的载频。根据式（5-81）和式（5-89），得到

$$s_{\mathrm{echo}}(t) = s_{\mathrm{ref}}\left(t-\tau_0-a_{\tau 1}t-\frac{1}{2}a_{\tau 2}t^2\right)\exp\left(-\mathrm{j}2\pi f_{\mathrm{c}}\left(\tau_0+a_{\tau 1}t+\frac{1}{2}a_{\tau 2}t^2\right)\right) \quad (5\text{-}90)$$

由于大部分外辐射源雷达使用的是民用通信辐射源，其信号是一种连续波形式，需要对信号进行划分，构造出主动雷达中脉冲信号的形式。将段内的信号等效为快时间 t_{f}，段间的信号等效为慢时间 t_{m}。

由于连续波信号不同于主动雷达的波形，分段等效后脉压处理将导致积累损耗，因此采用交叉分段的形式对信号进行划分，具体的分段方式如图 5-19 所示。假设信号的总采样点数为 Q，根据时延变化率保证段内信号的时延不发生变化，将参考信号以长度 N 等分为 $Q/N = M$ 段，并根据观测时间内所产生的最大时延对应的数据点数 N_{d} 对 M 段信号补零，回波信号以长度 $N+N_{\mathrm{d}}$ 划分为 M 段，每段数据有 N_{d} 个点数重叠。按照这种分段方式，其等效的脉冲频率 $\mathrm{PRF} = f_{\mathrm{s}}/N$，其中 f_{s} 为采样频率。

按照这种分段方式，忽略段内的回波信号相位变化，可以将式（5-90）用快慢时间的形式近似表示为

$$s_{\mathrm{echo}}(t_{\mathrm{m}},t_{\mathrm{f}}) = s_{\mathrm{ref}}\left(t_{\mathrm{f}}-\tau_0-a_{\tau 1}t_{\mathrm{m}}-\frac{1}{2}a_{\tau 2}t_{\mathrm{m}}^2\right)\exp\left(-\mathrm{j}2\pi f_{\mathrm{c}}\left(\tau_0+a_{\tau 1}t_{\mathrm{m}}+\frac{1}{2}a_{\tau 2}t_{\mathrm{m}}^2\right)\right) \quad (5\text{-}91)$$

对回波信号做快时间维傅里叶变换，得到

$$S_{\mathrm{echo}}(t_{\mathrm{m}},f) = S_{\mathrm{ref}}(f)\mathrm{e}^{-\mathrm{j}2\pi(f+f_{\mathrm{c}})\tau_0}\mathrm{e}^{-\mathrm{j}2\pi(f+f_{\mathrm{c}})a_{\tau 1}t_{\mathrm{m}}}\mathrm{e}^{-\mathrm{j}2\pi(f+f_{\mathrm{c}})\frac{1}{2}a_{\tau 2}t_{\mathrm{m}}^2} \quad (5\text{-}92)$$

其中，$S_{\mathrm{ref}}(f)$ 为参考信号的傅里叶变换。对两路信号进行脉冲压缩，得到

$$S_{\mathrm{re}}(t_{\mathrm{m}},f) = \left|S_{\mathrm{ref}}(f)\right|^2\exp(-\mathrm{j}2\pi(f+f_{\mathrm{c}})\tau_0)\exp(-\mathrm{j}2\pi(f+f_{\mathrm{c}})a_{\tau 1}t_{\mathrm{m}})\exp(-\mathrm{j}\pi(f+f_{\mathrm{c}})a_{\tau 2}t_{\mathrm{m}}^2) \quad (5\text{-}93)$$

观察式（5-93）中的 3 个指数项，其中第一个相位 $\exp(-\mathrm{j}2\pi(f+f_{\mathrm{c}})\tau_0)$ 是目标初始位置的时延差导致的；第二个相位中快时间频率 f 和慢时间 t_{m} 存在耦合，且由于目标径向

初始速度产生的$a_{\tau 1}$导致相邻脉冲之间的时延呈线性变化从而出现距离走动现象；第三个相位中由于存在目标的径向加速度$a_{\tau 2}$，快时间频率f和慢时间t_{m}^2耦合，导致相邻脉冲之间的时延呈非线性变化从而出现高阶走动现象。

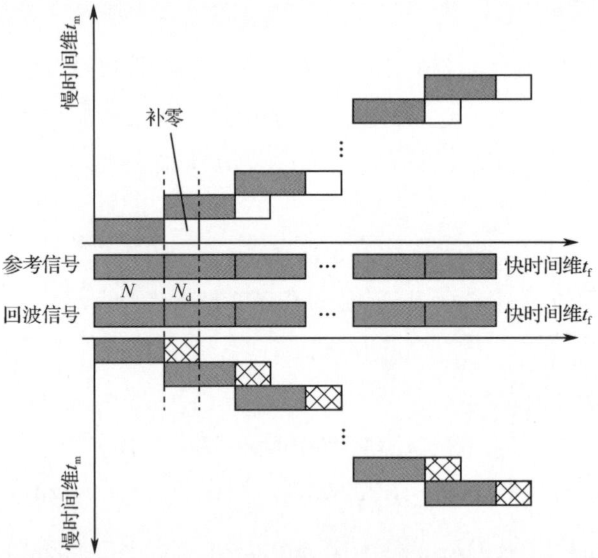

图 5-19　信号的分段方式

通过上述对回波模型的分析可知，由于目标径向速度和径向加速度导致回波时延与多普勒频率随时间变化，当积累时间较长时，回波能量在多个单元之间非线性走动，能量无法集中在同一单元内，从而降低积累增益，影响检测性能。因此，对上述走动现象从相位上补偿是非常有必要的。

传统的互模糊处理方式将信号能量集中到一个距离单元与一个多普勒单元中，然而在对高速运动目标的长时间积累过程中，由于积累时间内目标速度和速度变化率过大，目标相关峰的峰值出现走动现象。距离单元走动示意如图 5-20 所示。走动分为由目标径向速度引起的线性走动和主要由目标径向加速度引起的非线性走动，非线性走动是由于快慢时间非线性耦合造成的，也称距离弯曲现象。

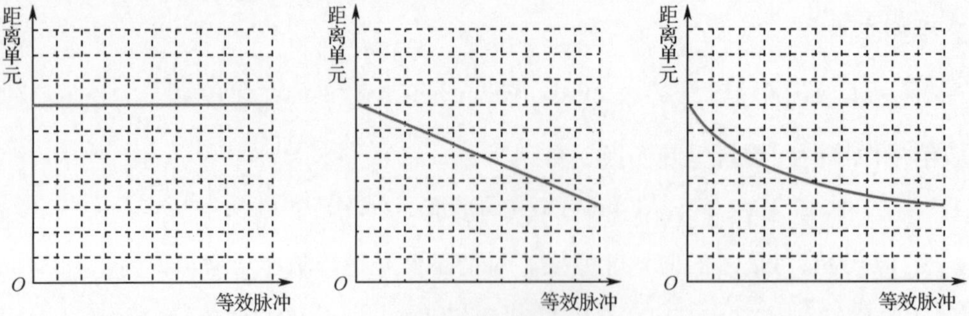

（a）未发生距离单元走动　　（b）发生距离单元走动　　（c）发生距离弯曲

图 5-20　距离单元走动示意

首先分析快时间维的距离单元走动量，双站雷达的距离单元分辨率可以表示为

$$\varDelta_R = \frac{c}{2B\cos^2\left(\dfrac{\alpha}{2}\right)} \tag{5-94}$$

其中，B 是信号带宽；α 是外辐射源雷达系统双基角。假设根据分段方法将信号分为 M 个脉冲，积累时间 $T_\mathrm{c} = MT$，则在目标速度 v_r 不变的情况下，第 M 个脉冲回波相对于第 1 个脉冲回波信号，跨距离单元个数为

$$n_R = \mathrm{floor}\left(\frac{v_\mathrm{r}(M-1)T}{\varDelta_R}\right) \tag{5-95}$$

当 $n_R > \varDelta_R$ 时，相关峰在距离单元内为线性走动。为了保证信号的相参积累增益，需要保证 $n_R < \varDelta_R$，否则相关峰将跨距离单元走动，影响积累性能。

接着分析慢时间维的距离单元走动量。多普勒频率分辨率为

$$\varDelta_f = \frac{1}{T_\mathrm{c}} \tag{5-96}$$

利用脉压后回波信号的相位对时间求导，得到目标运动产生的多普勒频率为

$$f_\mathrm{d} = \frac{1}{2\pi}\frac{\mathrm{d}\Delta\varPhi}{\mathrm{d}t} = \frac{1}{2\pi}\frac{\mathrm{d}(-2\pi f_\mathrm{c}\tau(t))}{\mathrm{d}t} = -f_\mathrm{c}(a_{\tau 1} + a_{\tau 2}t_\mathrm{m}) \tag{5-97}$$

由于目标初始速度和加速度不变，远场条件下一阶时延变化率 $a_{\tau 1}$ 和二阶时延变化率 $a_{\tau 2}$ 都可以被视为定值，产生的相位调制类似线性调频，$a_{\tau 2}$ 为多普勒频率的调频率。通过观察式（5-97）可以发现，当速度不变时，目标回波信号的多普勒频率为定值；当速度变化时，目标回波信号的多普勒频率会随着慢时间 t_m 呈线性变化。因此，第 M 个脉冲回波相对于第 1 个脉冲回波信号，多普勒频率走动量为

$$n_f = \mathrm{floor}\left(\frac{a_{\tau 2}f_\mathrm{c}(M-1)T}{\varDelta_f}\right) \tag{5-98}$$

之前对走动产生的原因及走动量分别进行了定性和定量分析，以下介绍基于 Keystone 变换实现跨距离单元走动补偿的方法。Keystone 变换法不需要任何关于目标的运动参数信息就能够消除距离频率 f 和方位慢时间 t_m 的线性耦合，在低信噪比条件下校正运动目标的线性距离单元走动，实现有效的相参积累。

如图 5-21 所示，Keystone 变换是对频域信号 $S_\mathrm{re}(t_\mathrm{m}, f)$ 的 t_m 轴做尺度变换。

$$t'_\mathrm{m} = \frac{f_\mathrm{c} + f}{f_\mathrm{c}}t_\mathrm{m} \tag{5-99}$$

它实质上是根据快时间频率 f，通过时间轴 t_m 做不同程度的缩放变换。

将回波信号在慢时间-快时间频域进行一次楔形变换，将信号从 $f - t_\mathrm{m}$ 支撑域变换到 $f - t'_\mathrm{m}$ 支撑域。将式（5-99）代入式（5-93），得到

$$S_\mathrm{re}(t'_\mathrm{m}, f) = \left|S_\mathrm{ref}(f)\right|^2 \exp(-\mathrm{j}2\pi(f + f_\mathrm{c})\tau_0)\exp(-\mathrm{j}2\pi f_\mathrm{c}a_{\tau 1}t'_\mathrm{m})\exp(-\mathrm{j}\pi f_\mathrm{c}^2/(f + f_\mathrm{c})a_{\tau 2}t'^2_\mathrm{m}) \tag{5-100}$$

此时快时间频率 f 与慢时间 t_m 的耦合消除，距离单元走动得到补偿。下面依次介绍

Sinc 插值法、DFT 传统算法及 Chirp-z 变换算法 3 种算法。

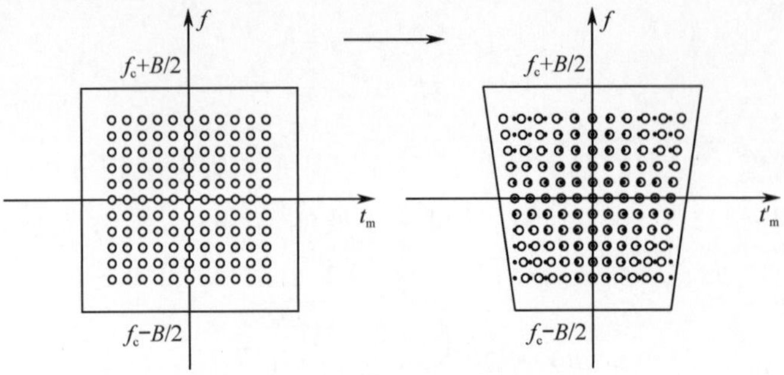

图 5-21 Keystone 变换示意

1. Sinc 插值法

由于尺度变换后的矩形 $S_{re}(t'_m, f)$ 变为楔形，没有对应的采样值，因此变换时通过插值得到新的矩形回波矩阵，消除 f 和 t_m 的耦合。Sinc 插值法是基于采样定理的思想，当采样频率满足奈奎斯特采样频率时，就可以通过离散样本构建原始的波形信号。根据数字信号处理原理，在频域上与矩形低通滤波器相乘，在时域上等价于回波信号和 Sinc 函数卷积，则有

$$g(t) = \sum_{n=-\infty}^{\infty} g_d(n\Delta t)\text{sinc}(t - n\Delta t) \tag{5-101}$$

其中，$\text{sinc}(x) = \sin(\pi x)/\pi x$。

假设慢时间时域用 m 表示，伸缩后慢时间时域用 m' 表示，快时间频域用 l 表示，则两者的离散形式分别表示为 $S_{re}(m,l)$ 和 $S_{re}(m',l)$，对于 Keystone 变换，需要将 $S_{re}(m,l)$ 重构为 $S_{re}(m',l)$，则有

$$\begin{aligned} S_{re}(m',l) &= S_{re}\left(m\frac{f_c}{f_c+f}, l\right) \\ &= \sum_m S_{re}(m,l)\text{sinc}\left(m'\frac{f_c}{f_c+f} - m\right) \end{aligned} \tag{5-102}$$

2. DFT 传统算法

根据离散傅里叶变换，有

$$S_{re}(k,l) = \sum_m S_{re}(m,l)e^{-j2\pi\frac{m}{M}k} \tag{5-103}$$

其中，k 表示慢时间频点；M 表示慢时间频点数。

对于 Keystone 变换，需要将 $S_{re}(m,l)$ 重构为 $S_{re}(m',l)$，其中 $m' = m(f_c + f)/f_c$，令

$$\alpha = \frac{f_c + f}{f_c} \tag{5-104}$$

则有

$$S_{\text{re}}(k',l)=S_{\text{re}}(k\alpha,l)=\sum_{m}S_{\text{re}}(m,l)\mathrm{e}^{-\mathrm{j}2\pi\frac{m}{M}\alpha k} \tag{5-105}$$

对式（5-105）做傅里叶逆变换，得到

$$\begin{aligned}S_{\text{re}}(m',l)&=\sum_{m}S_{\text{re}}(k',l)\mathrm{e}^{\mathrm{j}2\pi\frac{m}{M}\alpha k}\\&=\sum_{k}S_{\text{re}}(k',l)\mathrm{e}^{\mathrm{j}2\pi\frac{m'}{M}k}\end{aligned} \tag{5-106}$$

式（5-105）可以由 DFT 方式计算，式（5-106）可以由 IFFT 计算。

3. Chirp-z 变换算法

Keystone 变换的实质是慢时间的拉伸变换，因此若以原慢时间 t_{m} 对应的多普勒域表示频谱采样点的位置，采样点在圆周上并不是均匀的。Chirp-z 变换算法是求取非等间隔采样值的快速算法，基本原理是使用螺线抽样求取各个采样点的 z 变换作为采样点的 DFT 值。对于长度为 N 的有限长序列 $s(n)$，它的 z 变换可以表示为

$$S(z)=\sum_{n=0}^{N-1}s(n)z^{-n} \tag{5-107}$$

其中，传统 z 变换中 z 的采样点 z_k 是在 z 平面上对单元圆等间隔取点，即 $z_k=\mathrm{e}^{\mathrm{j}2\pi k/N}$，$k=0,1,\cdots,N-1$。若让其沿 z 平面上的一段螺线做等分角的抽样，则记采样点为

$$z_k=AW^{-k},\ \ k=0,1,\cdots,M-1 \tag{5-108}$$

其中，M 是慢时间采样点的点数；$A=A_0\mathrm{e}^{\mathrm{j}\theta_0}$，$A_0$ 是 z_0 的半径长度，θ_0 是 z_0 的相角；$W=W_0\mathrm{e}^{-\mathrm{j}\phi_0}$，$W_0$ 是曲线的伸展率，ϕ_0 是两邻近采样点的相角差。令 $\theta_0=0$，$A_0=1$，则有 $A=1$，将其代入式（5-108），有

$$z_k=W^{-k},\quad k=0,1,\cdots,M-1 \tag{5-109}$$

将式（5-109）代入式（5-107），有

$$S(z_k)=\sum_{n=0}^{N-1}s(n)W^{nk},\quad k=0,1,\cdots,M-1 \tag{5-110}$$

根据布鲁斯坦等式可知

$$nk=\frac{1}{2}(n^2+k^2-(k-n)^2) \tag{5-111}$$

将式（5-111）代入式（5-110），有

$$S(z_k)=W^{\frac{k^2}{2}}\sum_{n=0}^{N-1}s(n)W^{\frac{n^2}{2}}W^{-\frac{(k-n)^2}{2}},\quad k=0,1,\cdots,M-1 \tag{5-112}$$

令 $x(n)=s(n)W^{\frac{n^2}{2}}$，$h(n)=W^{-\frac{n^2}{2}}$，将式（5-112）简化为

$$S(z_k)=W^{\frac{k^2}{2}}[x(k)*h(k)],\quad k=0,1,\cdots,M-1 \tag{5-113}$$

当 $W_0=1$，$\phi_0=2\pi/N$ 时，z_k 就等间隔分布在单位圆上，为了实现非等间隔采样，令 $\phi_0=\dfrac{f_{\text{c}}+f}{f_{\text{c}}}\dfrac{2\pi}{N}$，则有

$$W = \mathrm{e}^{-\mathrm{j}\frac{f_c+f}{f_c}\frac{2\pi}{N}} \tag{5-114}$$

对 $x(n)$ 序列末尾补零为 $\tilde{M}$ 点序列，$\tilde{M} \geqslant 2M-1$ 且为 2 的整数次幂，利用 FFT 实现 $x(n)$ 的 DFT，使用 Chirp-z 变换算法得到的信号序列为

$$S_{\mathrm{re}}(k',l) = \mathrm{IFFT}\{\mathrm{FFT}[x(\tilde{m},l)]_1 \mathrm{FFT}[h(\tilde{m},l)]_1\}_1 W^{\frac{m^2}{2}} \tag{5-115}$$

其中，

$$x(\tilde{m},l) = \begin{cases} S_{\mathrm{re}}(\tilde{m},l) W^{\frac{\tilde{m}^2}{2}}, & 0 \leqslant \tilde{m} \leqslant M-1 \\ 0, & M \leqslant \tilde{m} \leqslant \tilde{M}-1 \end{cases} \tag{5-116}$$

$$h(\tilde{m},l) = \begin{cases} W^{-\frac{\tilde{m}^2}{2}}, & 0 \leqslant \tilde{m} \leqslant M-1 \\ W^{-\frac{(\tilde{M}-\tilde{m})^2}{2}}, & M \leqslant \tilde{m} \leqslant \tilde{M}-1 \end{cases} \tag{5-117}$$

将式（5-115）得出的 $S_{\mathrm{re}}(k',l)$ 代入式（5-106），即可得到 $S_{\mathrm{re}}(m',l)$。Chirp-z 变换算法流程如图 5-22 所示。

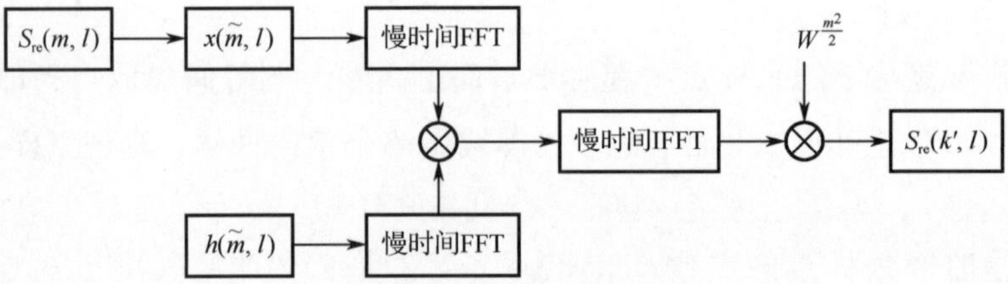

图 5-22　Chirp-z 变换算法流程

针对上述讨论，以数字地面广播信号为例，仿真实验参数设置如表 5-8 所示。

表 5-8　仿真实验参数设置

参　数	仿 真 值	参　数	仿 真 值
载频 f_c	800MHz	辐射源位置 Tx	[10000, 0]m
采样频率 f_s	20MHz	接收端位置 Rx	[0, 0]m
信号带宽 B	7.61MHz	目标位置 T	[5000, 30090]m
积累时间 T_c	0.6s	速度 v	[1525.13, 0]m/s
信噪比 SNR	−40dB	加速度 a	61.01m/s^2

根据外辐射源及接收端的位置和目标运动状态，计算得到径向速度 $v_r = 250\text{m/s}$，径向加速度 $a_r = 10\text{m/s}^2$，一阶时延变化率 $a_{\tau 1} \approx 1.67\mu\text{s/s}$，二阶时延变化率 $a_{\tau 2} \approx 0.067\mu\text{s/s}^2$。设置慢时间采样点数 M 为 6000，快时间采样点数 N 为 2000，计算最大时延单元得到快时间总点数为 $N + N_d = 2000 + 3420 = 5420$。

目标做匀加速运动在 0.6s 内的走动情况（未补偿积累结果）如图 5-23 所示。计算得到初始距离差为 51km，初始时延 τ_0 为 0.17ms，初始多普勒频率 $f_d = -2v_r/\lambda = -1333\text{Hz}$。

在图 5-23（a）中可以观察到，在初始时延和多普勒单元处，有一柱形峰，能量分散在多个单元中；由于受到径向加速度的影响，在图 5-23（b）中可以明显看到除了 20 个距离单元的走动，还有多普勒维上的展宽；图 5-23（c）～（d）分别给出了互模糊函数的距离维切面和多普勒维切面，观察相关峰的峰值，可以明显看到出现了走动。在观测时间内时延变化量 $\Delta\tau = a_{\tau 1} T_{\mathrm{c}} = 1\mu\mathrm{s}$，多普勒频率变化量 $\Delta f_{\mathrm{d}} = a_{\tau 2} f_{\mathrm{c}} T_{\mathrm{c}} = 32\mathrm{Hz}$，展宽单元数为 $\mathrm{floor}(\Delta f_{\mathrm{d}} / (1/T_{\mathrm{c}})) = 19$。通过计算得到此时的信噪比约为 8.84dB，尚未达到检测门限。

由于目标相关峰出现二维走动现象时需要对能量损失进行补偿，根据上述所提方法，通过 Keystone 变换及相位补偿函数实现目标的二阶走动补偿。

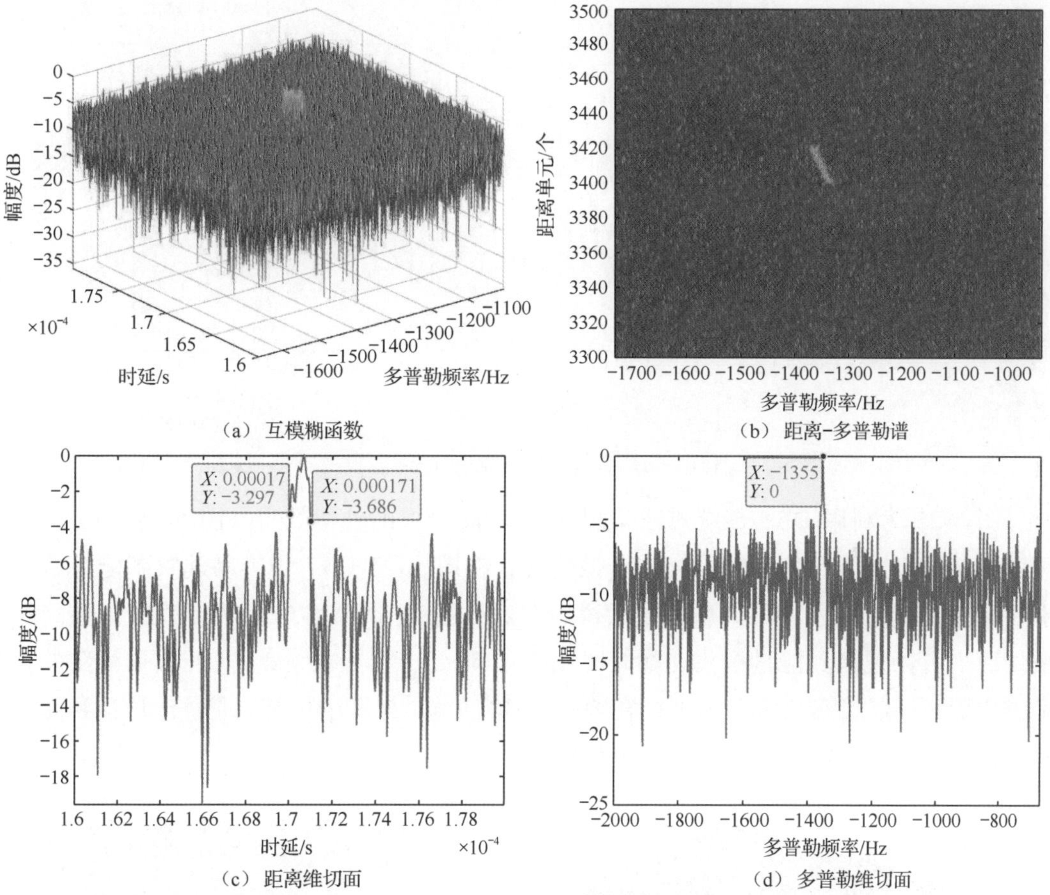

（a）互模糊函数　（b）距离-多普勒谱

（c）距离维切面　（d）多普勒维切面

图 5-23　未补偿积累结果

图 5-24 为利用 Sinc 插值法实现 Keystone 变换的补偿效果。图 5-24（a）为互模糊函数，可以观察到进行走动补偿后依然存在能量分散的情况；在图 5-24（b）中容易观察到能量全部集中在同一距离单元内，距离单元走动得到有效补偿；图 5-24（c）为互模糊函数的距离维切面，可以观察到能量聚集在初始时延 0.17ms 处，与理论相符；图 5-24（d）为互模糊函数的多普勒维切面，由于 Keystone 变换只能校正距离单元走动，因此多普勒维还存在约 32Hz 的展宽，通过计算得到此时的检测信噪比为 10.34dB，补偿增益为 1.68dB。

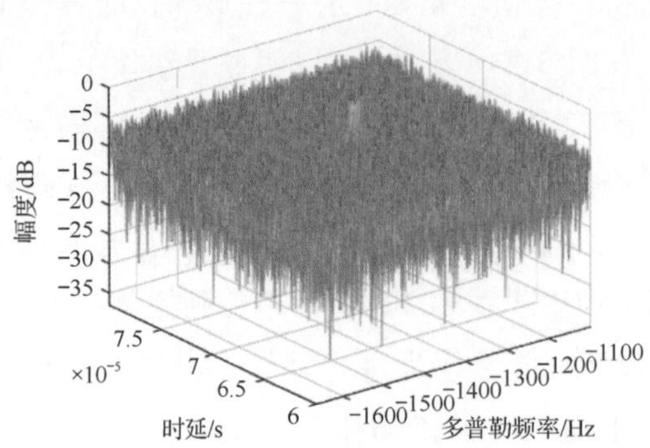

（a） 互模糊函数

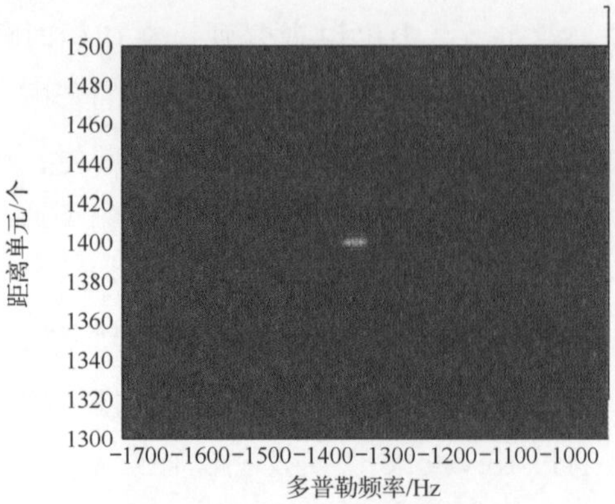

（b） 距离-多普勒谱

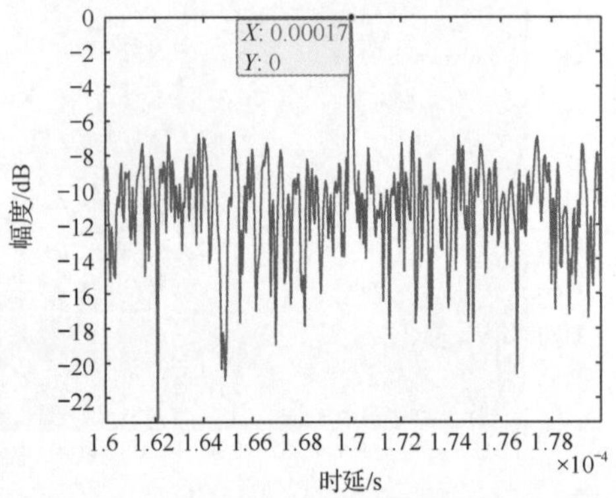

（c） 距离维切面

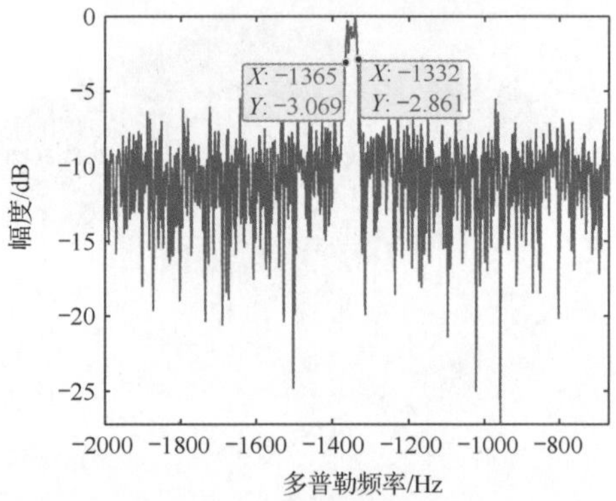

（d） 多普勒维切面

图 5-24 利用 Sinc 插值法实现 Keystone 变换的补偿效果

图 5-25 为利用 DFT 传统算法实现 Keystone 变换的补偿效果。图 5-25（a）为互模糊函数，可以观察到信号能量存在分散情况；在图 5-25（b）中容易观察到能量全部集中在同一距离单元内，距离单元走动得到有效补偿；图 5-25（c）为互模糊函数的距离维切面，可以观察到能量聚集在初始时延 0.17ms 处；图 5-25（d）为互模糊函数的多普勒维切面，可以观察到多普勒维存在约 32Hz 的展宽，与理论相符。通过计算得到此时的检测信噪比约为 10.50dB，补偿增益为 1.66dB。

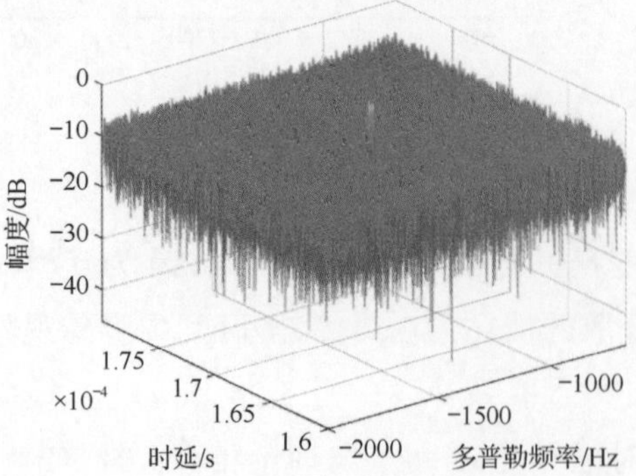

（a）互模糊函数

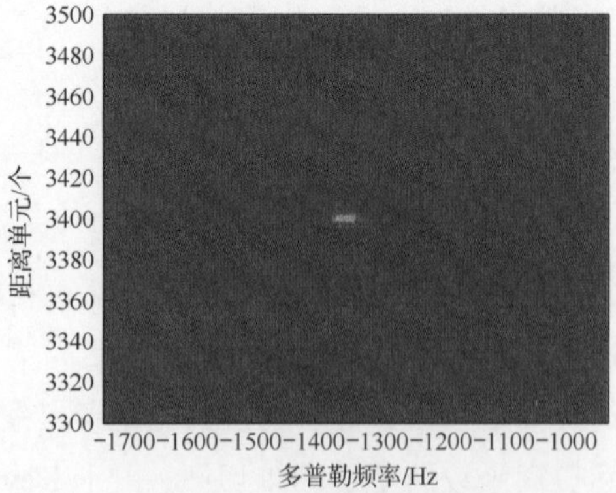

（b）距离-多普勒谱

图 5-25 利用 DFT 传统算法实现 Keystone 变换的补偿效果

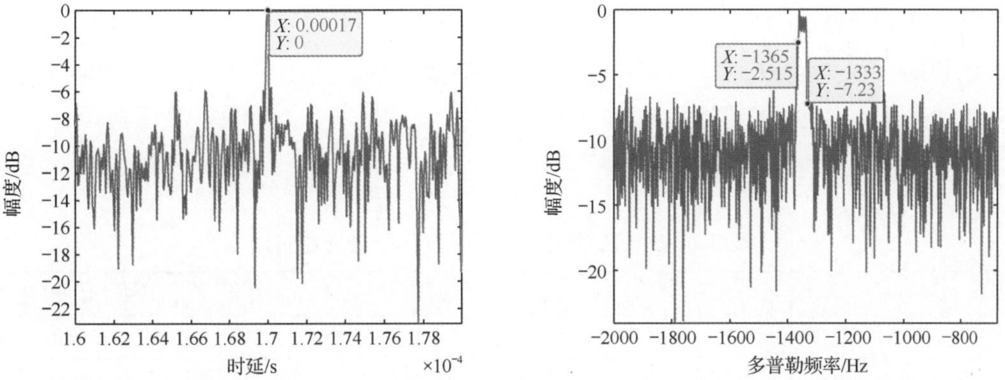

（c）距离维切面　　（d）多普勒维切面

图 5-25　利用 DFT 传统算法实现 Keystone 变换的补偿效果（续）

图 5-26 为利用 Chirp-*z* 变换算法实现 Keystone 变换的补偿效果。图 5-26（a）为互模糊函数；从图 5-26（b）中可以观察到能量全部集中在同一距离单元内，距离单元走动得到有效补偿；图 5-26（c）为互模糊函数的距离维切面，可以观察到能量聚集在初始时延 0.17ms 处，与理论相符；图 5-26（d）为互模糊函数的多普勒维切面，多普勒维还存在约 32Hz 的展宽。通过计算得到此时检测信噪比约为 10.54dB，补偿增益为 1.70dB。

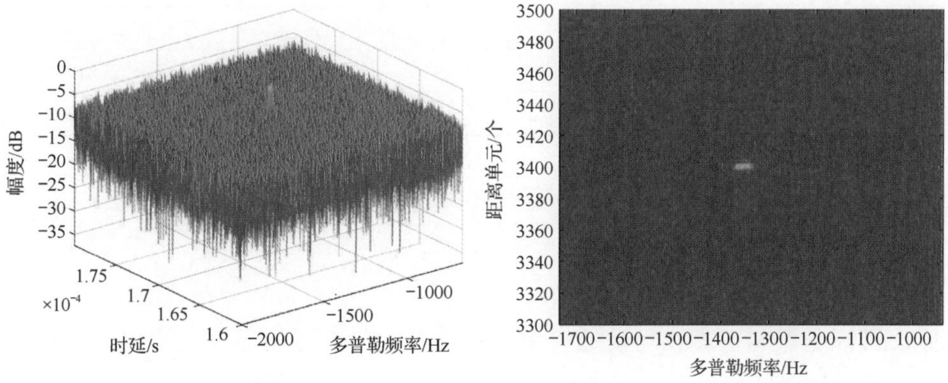

（a）互模糊函数　　（b）距离-多普勒谱

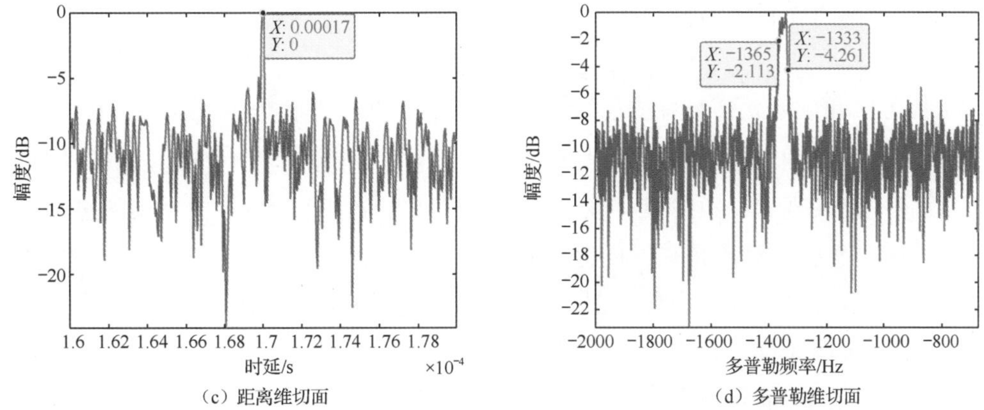

（c）距离维切面　　（d）多普勒维切面

图 5-26　利用 Chirp-*z* 变换算法实现 Keystone 变换的补偿效果

以上 3 种算法的计算复杂度和补偿增益对比如表 5-9 所示。M 表示慢时间采样点数，N 表示快时间采样点数，$L \geqslant 2M-1$ 且为 2 的整数次幂。由表可知 3 种算法的补偿增益几乎相同，但相比 Sinc 插值法和 DFT 传统算法，Chirp-z 变换算法计算量最少，补偿效率最高。

表 5-9　3 种算法的计算复杂度和补偿增益对比

算　法	复乘次数	补偿增益
Sinc 插值法	M^2N	1.68dB
DFT 传统算法	$M^2N + MN/2\log_2 M$	1.66dB
Chirp-z 变换算法	$(3/2L\log_2 L + 6M + L + M/2\log_2 M)N$	1.70dB

为了进一步验证以上 3 种算法的补偿增益，采用 50 次蒙特卡罗实验仿真分析在 -40dB 信噪比下的补偿增益及补偿后的检测率，结果如表 5-10 所示。由表可见，3 种算法的补偿增益相近，且补偿后的检测率都为 1，验证了距离单元走动补偿方法对机动目标检测的必要性。

表 5-10　3 种算法的补偿增益及补偿后的检测率

算　法	补偿增益/dB	补偿后的检测率
Sinc 插值法+二次相位补偿法	6.81	1.0
DFT 传统算法+二次相位补偿法	6.87	1.0
Chirp-z 变换算法+二次相位补偿法	6.88	1.0

5.3.2　基于 Radon-Fourier 变换的跨距离单元走动补偿方法

1. Radon-Fourier 变换原理

假设目标是做匀速直线运动的模型。将接收到的参考信号、回波信号分别进行分段处理，然后将信号变换到傅里叶频域进行脉冲压缩，最后得到式（5-93）。将式（5-118）进行傅里叶逆变换，再次变换到快时间域，则

$$s_{\mathrm{MP}}(t_{\mathrm{f}}, t_{\mathrm{m}}) = \mathrm{FFT}_{\mathrm{f}}^{-1}\{S_{\mathrm{er}}(f, t_{\mathrm{m}})\} \tag{5-118}$$

其中，s_{MP} 表示利用参考信号和回波信号分段脉冲压缩后的结果。

在时域，各脉冲经过脉压后，目标位置随慢时间的变化呈线性变化趋势，即目标回波在不同脉冲间表现为一条斜线，该斜线的参数与目标的初始位置、目标的速度有关。Radon-Fourier 变换的思想是在不同等效脉冲中补偿不同的相位，以实现在距离-速度平面上沿目标斜线对能量进行积分。图 5-27 阐释了基于 Radon-Fourier 变换实现跨距离单元走动补偿的具体原理。其中，图 5-27（a）为参考信号与回波信号脉压后的时域结果，不同脉冲之间目标的能量呈现为一条斜线；图 5-27（b）为通过 Radon-Fourier 变换补偿后的距离-速度平面，可以看到能量聚集到一个点上。

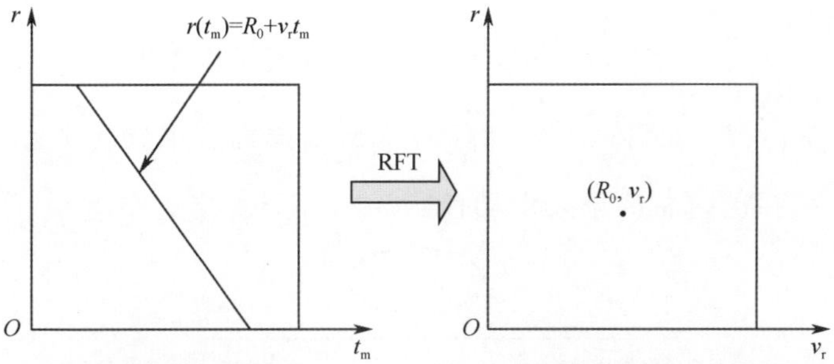

（a）参考信号与回波信号脉压后的时域结果　　（b）通过Radon-Fourier变换补偿后的距离-速度平面

图 5-27　Radon-Fourier 变换示意

Radon-Fourier 变换的具体表现形式为

$$S_{\mathrm{RFT}}(r,v_{\mathrm{r}})=\int s_{\mathrm{MP}}(t_{\mathrm{f}},R_0+v_{\mathrm{r}}t_{\mathrm{m}})H_v(t_{\mathrm{m}})\mathrm{d}t_{\mathrm{m}} \tag{5-119}$$

其中，$S_{\mathrm{RFT}}(r,v_{\mathrm{r}})$表示积累后的距离-速度平面；$r\in[R_{\min},R_{\max}]$表示搜索的最小距离和最大距离；$v_{\mathrm{r}}\in[v_{\min},v_{\max}]$表示目标投影的最小速度和最大速度。$H_v(t_{\mathrm{m}})$表示为

$$H_v(t_{\mathrm{m}})=\mathrm{e}^{\mathrm{j}\frac{2\pi v_{\mathrm{r}}}{\lambda}t_{\mathrm{m}}} \tag{5-120}$$

可以看出，Radon-Fourier 变换是在等效脉冲之间补偿了固定相位$\mathrm{e}^{\mathrm{j}\frac{2\pi v_{\mathrm{r}}}{\lambda}t_{\mathrm{m}}}$，使能量沿斜线积累，从而使能量更加聚集，提高积累信噪比。而式（5-119）中目标的径向速度v_{r}与双基系统的双基角、目标的运动方向和运动速度都有关系，可以利用多普勒频率f_{d}来表示 Radon-Fourier 变换，或者用时延的一次项系数a_τ来表示。

$$S_{\mathrm{RFT}}(r,f_{\mathrm{d}})=\int s_{\mathrm{MP}}(t_{\mathrm{f}},R_0-\lambda f_{\mathrm{d}}t_{\mathrm{m}})\mathrm{e}^{-\mathrm{j}2\pi f_{\mathrm{d}}t_{\mathrm{m}}}\mathrm{d}t_{\mathrm{m}} \tag{5-121}$$

$$S_{\mathrm{RFT}}(r,a_\tau)=\int s_{\mathrm{MP}}(t_{\mathrm{f}},R_0-ca_\tau t_{\mathrm{m}})\mathrm{e}^{\mathrm{j}2\pi f_{\mathrm{c}}a_\tau t_{\mathrm{m}}}\mathrm{d}t_{\mathrm{m}} \tag{5-122}$$

其中，λ表示波长；c表示光速。式（5-121）为多普勒频率f_{d}表示形式下的 Radon-Fourier 变换，式（5-122）为a_τ表示形式下的 Radon-Fourier 变换，并且f_{d}和a_τ具有$f_{\mathrm{d}}=-f_{\mathrm{c}}a_\tau=-\dfrac{v_{\mathrm{r}}}{\lambda}$的关系。

基于 Radon-Fourier 变换的目标信号处理与检测算法流程如图 5-28 所示。首先，获取参考信号与回波信号，对连续信号进行分段，将其分解成一个个等效脉冲。然后，对参考信号和回波信号进行频域脉冲压缩，并利用基于 Radon-Fourier 变换的走动补偿算法，在频域对信号进行跨距离单元走动补偿。最后，通过傅里叶逆变换将信号变换到时域，对信号能量进行积累，进行目标检测。

根据理论推导，对连续信号进行分段处理，离散的基带信号表达形式为

$$\tilde{s}_{\mathrm{r}}(n,m)=u_m(n/f_{\mathrm{s}}) \tag{5-123}$$

$$\tilde{s}_{\mathrm{e}}(n,m)=Au_m(n/f_{\mathrm{s}}-\tau_0-a_\tau mT_{\mathrm{r}})\mathrm{e}^{-\mathrm{j}2\pi f_{\mathrm{c}}(\tau_0+a_\tau mT_{\mathrm{r}})} \tag{5-124}$$

其中，$\tilde{s}_{\mathrm{r}}(n,m)$表示分段后的离散参考信号；$\tilde{s}_{\mathrm{e}}(n,m)$表示分段后的离散回波信号；$T_{\mathrm{r}}=f_{\mathrm{s}}N$表示脉冲重复间隔，即每段数据的长度。那么，通过频域脉压进行走动补偿的表达式为

$$T_{\mathrm{RFT}}(R,a_\tau)=\left|\sum_{m=1}^{M}\mathrm{e}^{\mathrm{j}2\pi f_\mathrm{c}a_\tau mT_\mathrm{r}}\mathrm{IFFT}_n\{\mathrm{FFT}_n\{\tilde{s}_\mathrm{e}(n,m)\}\mathrm{FFT}_n\{\tilde{s}_\mathrm{r}^*(n,m)\mathrm{e}^{\mathrm{j}2\pi f_\mathrm{n}n'(m)}\}\}\right| \tag{5-125}$$

其中，$n'(m)=\mathrm{round}[(\tau_0+a_\tau mT_\mathrm{r})f_\mathrm{s}]$；$f_\mathrm{n}$ 为 $u(t)$ 的频域序列。根据式（5-125）即可实现基于 Radon-Fourier 变换的跨距离单元走动补偿。

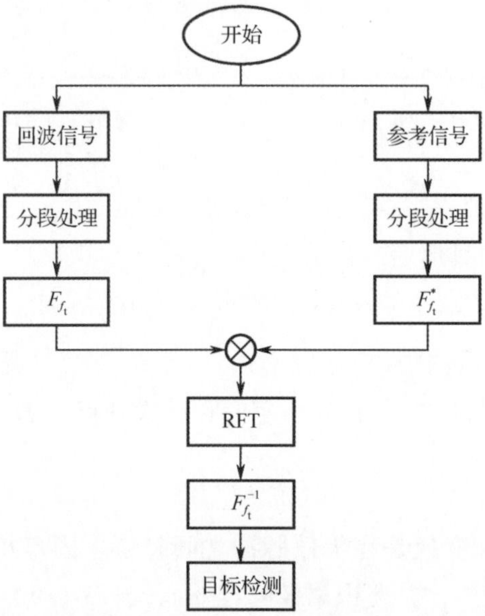

图 5-28　基于 Radon-Fourier 变换的目标信号处理与检测算法流程

2. 脉内相位补偿

在 Radon-Fourier 变换过程中，忽略了脉内的相位变化。而回波信号中存在一个与快时间相关的指数项，这会带来脉内的相位变化。忽略相位变化后，虽然能够在一定程度上提高积累增益和信噪比，但在目标距离较远、目标 RCS 较小的情况下，目标依然难以被检测出来。因此，考虑在做 Radon-Fourier 变换时，对信号的脉内相位进行补偿。

式（5-125）的频域变换实际等效于在时域进行相位补偿，因此，考虑脉内相位变化的 Radon-Fourier 变换实现，式（5-125）可重写为

$$T_{\mathrm{RFT}}(R,a_\tau)=\left|\sum_{m=1}^{M}\mathrm{e}^{\mathrm{j}2\pi f_\mathrm{c}a_\tau mT_\mathrm{r}}\mathrm{IFFT}_n\{\mathrm{FFT}_n\{\tilde{s}_\mathrm{e}(n,m)\}\mathrm{FFT}_n\{\tilde{s}_\mathrm{r}^*(n,m)\mathrm{e}^{\mathrm{j}2\pi f_\mathrm{n}n'(m)}\mathrm{e}^{\mathrm{j}2\pi f_\mathrm{c}a_\tau n/f_\mathrm{s}}\}\}\right| \tag{5-126}$$

通过式（5-126）即可完成对信号的脉内相位补偿，实现参考信号与回波信号在相参积累过程中的完全匹配，从而提高目标信号积累信噪比，为后续的目标检测奠定基础。

接下来以数字卫星电视信号为例，信号源发射的信号为 QPSK 调制信号。仿真实验参数设置如表 5-11 所示。

表 5-11　仿真实验参数设置

参　数	符　号	值
载频	f_c	12.3GHz
采样频率	f_s	112MHz

续表

参　数	符　号	值
接收端带宽	B	50MHz
输入信噪比	SNR	−20dB
目标距离	R_R	24km
时延	τ	80μs
多普勒频率	f_d	−16000Hz
积累时间	T	0.18s

在 $T = 0.18\text{s}$ 的观测时间内，理论上目标跨越距离单元数为 $\text{Num} = v_r \cdot T \cdot f_s / c = 25$ 个。不考虑目标走动现象，直接对 $T = 0.18\text{s}$ 的接收数据进行能量积累，计算互模糊函数。图 5-29 为未补偿积累结果。其中，图 5-29（a）为未补偿积累三维视图，图 5-29（b）为多普勒频率为 −16000Hz 时的距离维切面。

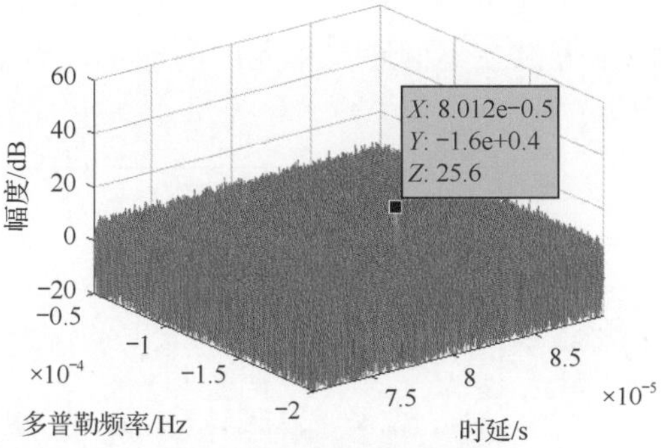

（a）未补偿积累三维视图

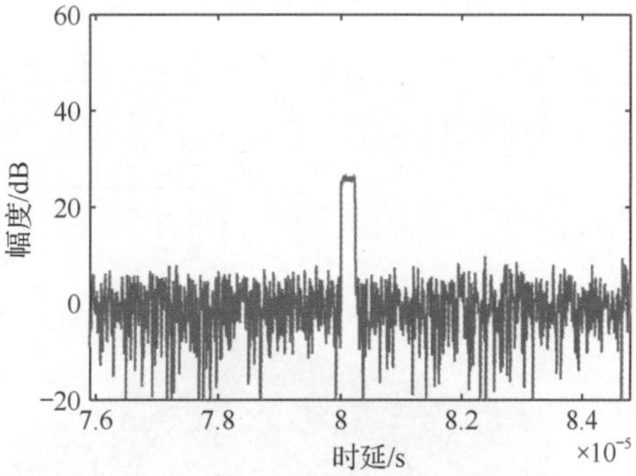

（b）未补偿积累距离维切面

图 5-29　未补偿积累结果

从图 5-29 可以看出，通过距离-多普勒二维搜索计算互模糊函数，目标能量得到积累，在与实际时延和多普勒频率对应处互模糊函数取得峰值。但在观测时间内目标是运动的，目标与接收端之间的距离是时刻变化的，因此不同时刻的时延是不同的。随着观测时间的增加，目标会在不同距离单元出现。从图 5-29（b）可以看出，目标出现了跨距离单元走动，目标能量分散在不同距离单元中，造成了积累增益的损失。

为了对目标的跨距离单元走动进行补偿，首先要对数据进行分段处理。为了避免出现多普勒模糊现象，设置脉冲重复频率 $f_r = f_s / N$，在多普勒频率的探测范围为 $[-f_{\max}, f_{\max}]$ 的情况下，应保证 $f_r > 2f_{\max}$。因此，划分每段等效脉冲为 2000 个采样点，计算可得多普勒频率的探测范围为 $[-28,28]\text{kHz}$。划分等效脉冲进行脉压后跨距离单元走动结果如图 5-30 所示。从图 5-30 可以看出，不同等效脉冲之间的目标能量呈现为一条斜线，目标在不同脉冲之间出现了跨距离单元走动的现象。在 10000 个等效脉冲中，目标跨越了 25 个距离单元。

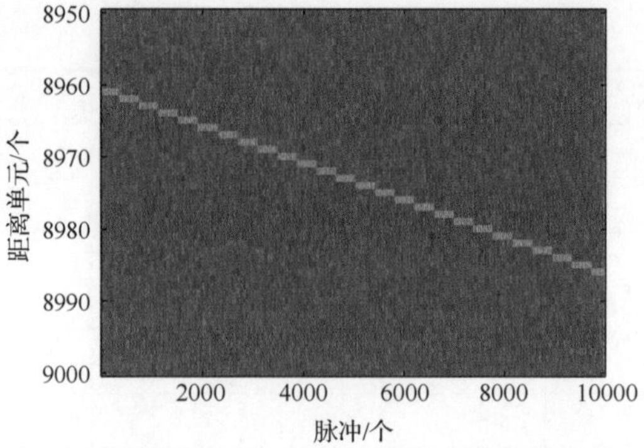

图 5-30　脉压后跨距离单元走动结果

利用未进行脉内相位补偿的 Radon-Fourier 变换对上述数据进行处理。图 5-31 为未进行脉内相位补偿的 Radon-Fourier 变换走动补偿结果。其中，图 5-31（a）为补偿积累三维视图，图 5-31（b）为多普勒频率为 –16000Hz 时的距离维切面。从图 5-31（a）可以看出，目标能量积累信噪比相比未进行跨距离单元走动补偿提高了约 26.99dB。通过对比图 5-31（b）和图 5-29（b）可以看出，原本分散在不同距离单元内的能量被聚集到了同一距离单元内。

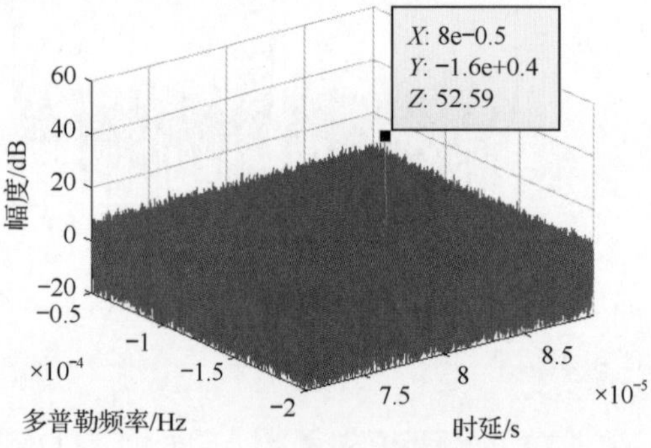

（a）补偿积累三维视图

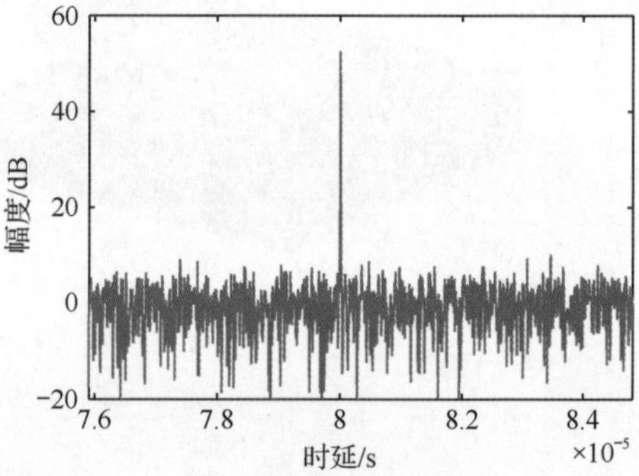

（b）补偿积累距离维切面

图 5-31　未进行脉内相位补偿的 Radon-Fourier 变换走动补偿结果

未进行脉内相位补偿的 Radon-Fourier 变换忽略了等效脉冲内的多普勒相位，这样能够很有效地进行跨距离单元走动补偿，并提高积累增益。但在某些信噪比较低的情况下，忽略脉内多普勒相位后，目标能量将很难积累到稳健检测所需的信噪比。因此，为了进一步提高积累增益和信噪比，接下来利用进行脉内相位补偿的 Radon-Fourier 变换对上述数据进行处理。图 5-32 为进行脉内相位补偿的 Radon-Fourier 变换走动补偿结果。其中，图 5-32（a）为补偿积累三维视图，图 5-32（b）为多普勒频率为 –16000Hz 时的距离维切面。

从图 5-32（a）可以看出，目标能量积累信噪比相对未进行跨距离单元走动补偿提高了约 28.3dB，信噪比提高效果优于未进行脉内相位补偿的 Radon-Fourier 变换方法。通过对比图 5-32（b）和图 5-29（b）可以看出，原本分散在不同距离单元内的能量被聚集到了同一距离单元内。

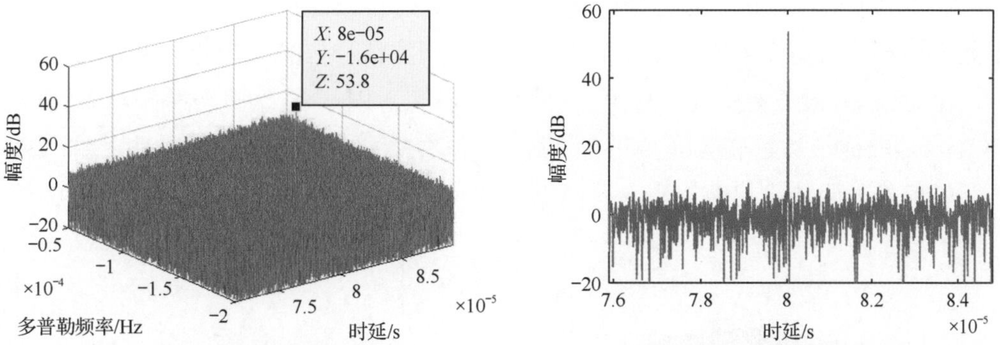

（a）补偿积累三维视图　　（b）补偿积累距离维切面

图 5-32　进行脉内相位补偿的 Radon-Fourier 变换走动补偿结果

接下来以某卫星实测数据进行跨距离单元走动补偿方法验证。信号调制方式为 QPSK，具体参数如表 5-12 所示。

表 5-12　运动目标信号实测数据参数

参　　数	符　　号	值
载频	f_c	12.3GHz
采样频率	f_s	96MHz
接收端带宽	B	50MHz
输入信噪比	SNR	−58dB
时延	τ	[70,100]μs
多普勒频率	f_d	[−2000, 2000]Hz
积累时间	T	0.375s

图 5-33 为未进行跨距离单元走动补偿的 Radon-Fourier 变换积累实测结果。其中，图 5-33（a）为未补偿积累三维视图，图 5-33（b）为峰值处的距离维切面。

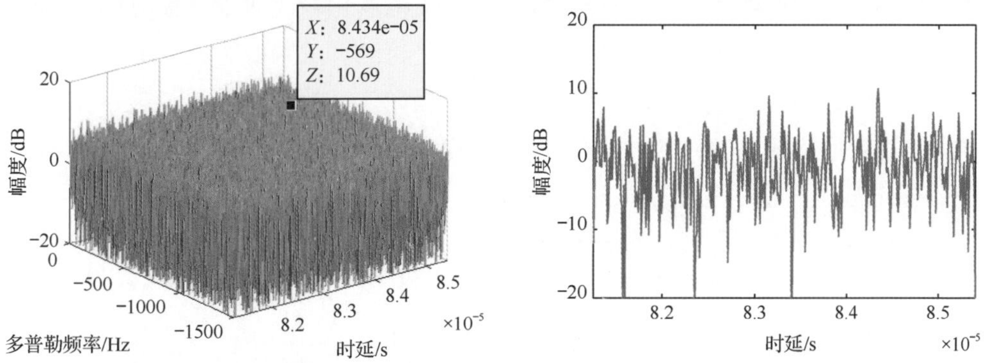

（a）未补偿积累三维视图　　（b）未补偿积累距离维切面

图 5-33　未进行跨距离单元走动补偿的 Radon-Fourier 变换积累实测结果

在图 5-33（a）中，积累后相关峰被湮没在背景噪声中，相关峰高度为 10.69dB。从

图 5-33（b）中可以看出，目标信噪比较低，很难进行稳健检测。因此，考虑进行跨距离单元走动补偿来提高积累增益和信噪比。由于回波信号信噪比较低，采取脉内多普勒补偿的 Radon-Fourier 变换进行跨距离单元走动补偿。图 5-34 为进行跨距离单元走动补偿的 Radon-Fourier 变换积累实测结果。其中，图 5-34（a）为补偿积累三维视图，图 5-34（b）为峰值处的距离维切面。

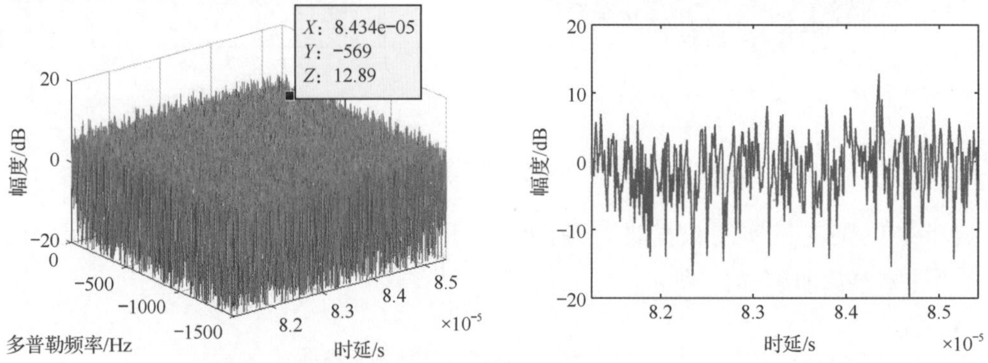

（a）补偿积累三维视图　　（b）补偿积累距离维切面

图 5-34　进行跨距离单元走动补偿的 Radon-Fourier 变换积累实测结果

从图 5-34（a）中可以看出，积累后相关峰高度达到 12.89dB，积累信噪比提高了 2.17dB。从图 5-34（b）中可以看出，进行跨距离单元走动补偿后，目标能量更加聚集了。同时，相关峰周围的副峰也得到了有效抑制，相关峰更加突出，从而验证了该方法的有效性，有利于后续的目标检测。

5.4 基于广义似然比的目标检测方法与粒子优化快速相关处理方法

传统的外辐射源雷达目标检测大多以相参积累作为目标检测的核心步骤。但是，除了传统的模糊函数相参积累方法，也可以通过广义似然比检验实现目标检测。因此，本节介绍一种基于广义似然比的目标检测方法。通过检测算法判断有无目标，若有目标，则可通过粒子优化快速算法进行快速相参积累，提高计算效率。

如图 5-35 所示，传统相关处理方法和本节提出的相关处理方法在目标检测环节有不同之处，本节所提方法更加重视通过判断有无目标决定是否进行模糊积累计算。

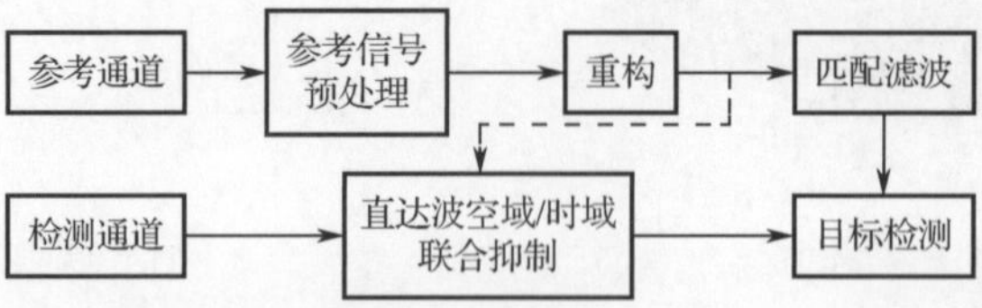

（a）传统相关处理方法

图 5-35　传统相关处理方法和本节提出的相关处理方法的区别

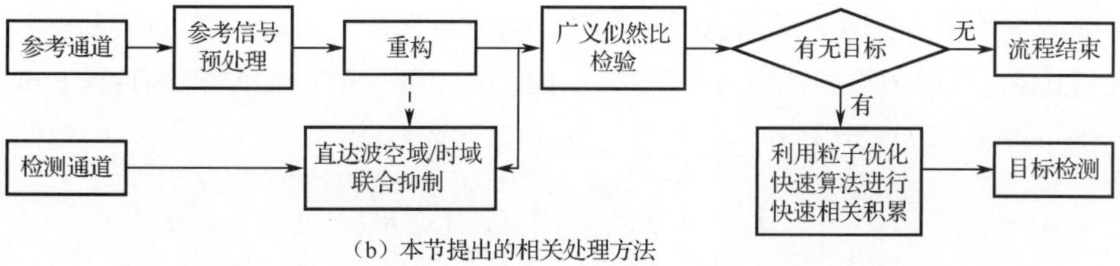

（b）本节提出的相关处理方法

图 5-35　传统相关处理方法和本节提出的相关处理方法的区别（续）

5.4.1　基于广义似然比的目标检测方法

基于广义似然比的目标检测方法是指以现代检测理论为基础，在两种假设下确定检验统计量的分布，利用其分布特性实现目标检测，相关外辐射源雷达几何模型如图 5-36 所示。假设外辐射源雷达系统包括多个接收端和一个照射源，照射源的位置由 d^1 表示，第 j 个接收端的位置由 r^j 表示，目标位置由 t 表示。假设目标在位置 t，并且令 $R_1^i = \left\| t - d^i \right\|$，$R_2^j = \left\| r^j - t \right\|$，那么目标路径传播时延为 $\tau_t^{ij} = (R_1^i + R_2^j)/c$，其中 c 是光速。类似地，$v_t^{ij} = -(\dot{R}_1^{ij} + \dot{R}_2^{ij})/\lambda^i$ 是目标路径多普勒频移，其中 $\dot{R}$ 为 R 对时间的导数，$\lambda^i = c/f_c^i$ 为第 i 个发射端的波长，f_c^i 是发射端的载波频率。

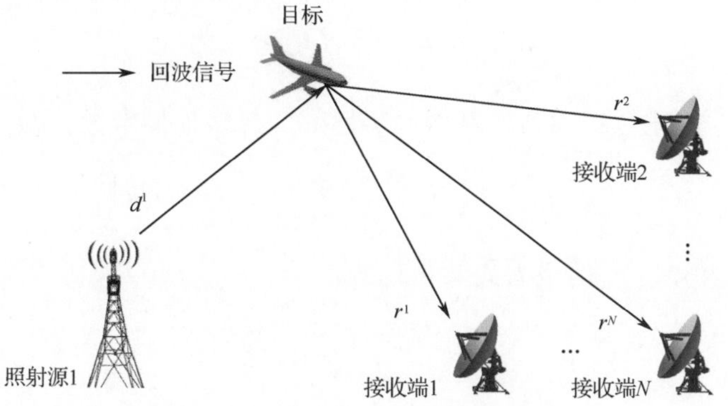

图 5-36　外辐射源雷达几何模型

假设信号积累时间为 T，采样频率为 f_s，信号长度为 $L = Tf_s$，则回波信号定义为

$$s^{ij} = \gamma_t^{ij} D_t^{ij} \boldsymbol{u}^i + \boldsymbol{n}^{ij}, \quad s^{ij} \in \mathbb{C}^{L*1} \tag{5-127}$$

其中，$\boldsymbol{u}^i \in \mathbb{C}^{L*1}$ 是发射端发射的复基带信号；γ_t^{ij} 是一个通道系数；$D_t^{ij} = D(\tau_t^{ij}, v_t^{ij}) \in \mathbb{C}^{L*L}$ 是时延-多普勒算子；$\boldsymbol{n}^{ij} \in \mathbb{C}^{L*1}$ 是分布为 $\mathbb{CN}(\boldsymbol{0}_L, \sigma^2 \boldsymbol{I}_L)$ 的复高斯噪声，σ^2 未知。

用假设 H_1 表示接收端接收的信号包含目标回波，假设 H_0 表示接收端接收的信号不包含目标回波，则该目标检测问题变成了一个二元假设问题，具体表示为

$$\begin{cases} H_1 : s^{ij} = \gamma_p^{ij} D_p^{ij} \boldsymbol{u}^i + \boldsymbol{n}^{ij} \\ H_0 : s^{ij} = \boldsymbol{n}^{ij} \end{cases} \tag{5-128}$$

其中，p 为目标位置；$i = 1,2,\cdots,N_t$，$j = 1,2,\cdots,N_r$，N_t 为照射源总数，N_r 为接收端总数；γ_p^{ij} 为在位置 p 的通道系数；D_p^{ij} 为在位置 p 的时延-多普勒算子。

由于接收端噪声跨发射端通道的独立性，对于不同的接收端，可以假设接收的回波信号互相独立，同时假设回波信号与噪声互相独立。假设 H_1 下概率密度函数（Probability Density Function，PDF）可以写为 $p_1(s|\gamma_p,\boldsymbol{u})$，具体表示为

$$p_1(s|\gamma_p,\boldsymbol{u}) = c_n \prod_{i=1}^{N_t} p_1^i(s^i|\gamma_p^i,\boldsymbol{u}^i) \tag{5-129}$$

其中，$c_n = (\pi\sigma^2)^{-N_t N_r L}$ 是一个归一化常数，且

$$p_1^i(s^i|\gamma_p^i,\boldsymbol{u}^i) = \exp\left\{-\frac{1}{\sigma^2}\sum_{j=1}^{N_r}\left\|s^{ij} - \gamma_p^{ij} D_p^{ij}\boldsymbol{u}^i\right\|^2\right\} \tag{5-130}$$

假设 H_0 下概率密度函数可以写为 $p_0(s)$，具体表示为

$$p_0(s) = c_n \exp\left\{-\frac{1}{\sigma^2}\|s\|^2\right\} \tag{5-131}$$

因为发射信号、信道系数是非确定性的和未知的，所以最优检测器不能直接获得。然而，实际的检测算法可以根据极大似然准则进行设计，也就是用未知参量的最大似然估计（Maximum Likelihood Estimation，MLE）来替换未知参量本身。

用 $l_1(\gamma_p,\boldsymbol{u}|s) = \lg p_1(s|\gamma_p,\boldsymbol{u})$ 表示在假设 H_1 下的对数似然函数，用 $l_0(s) = \lg p_0(s)$ 表示在假设 H_0 下的对数似然函数，极大广义似然估计可以写成

$$\max_{\{\gamma_p,\boldsymbol{u}\}} l_1(\gamma_p,\boldsymbol{u}|s) - l_0(s) \underset{H_0}{\overset{H_1}{\gtrless}} \varsigma \tag{5-132}$$

其中，ς 为门限。根据式（5-129）和式（5-130），忽略加性常数，$l_1(\gamma_p,\boldsymbol{u}|s)$ 可写为

$$l_1(\gamma_p,\boldsymbol{u}|s) = -\frac{1}{\sigma^2}\sum_{i=1}^{N_t}\sum_{j=1}^{N_r}\left\|s^{ij} - \gamma_p^{ij} D_p^{ij}\boldsymbol{u}^i\right\|^2 \tag{5-133}$$

根据式（5-133）可知，γ_p^{ij} 的极大似然估计为

$$\hat{\gamma}_p^{ij} = \frac{(D_p^{ij}\boldsymbol{u}^i)^{\mathrm{H}} s^{ij}}{\left\|D_p^{ij}\boldsymbol{u}^i\right\|^2} \tag{5-134}$$

式（5-134）可以简化为

$$\hat{\gamma}_p^{ij} = \frac{(\boldsymbol{u}^i)^{\mathrm{H}} \tilde{s}_{\mathrm{s}}^{ij}}{\left\|\boldsymbol{u}^i\right\|^2} \tag{5-135}$$

其中，$\left\|\boldsymbol{u}^i\right\|^2 = L$；$\tilde{s}_{\mathrm{s}}^{ij} = (D_p^{ij})^{\mathrm{H}} s_{\mathrm{s}}^{ij}$，$s_{\mathrm{s}}^{ij} = s_n^{ij}$。$s_{\mathrm{s}}^{ij}$ 为第 j 个接收端接收的第 i 个照射源的回波信号；$\tilde{s}_{\mathrm{s}}^{ij}$ 是去除时延和多普勒频移后的信号。将 $\hat{\gamma}_p^{ij}$ 代入式（5-133）可得

$$l_1(\hat{\gamma}_p,\boldsymbol{u}|s) = -\frac{1}{\sigma^2}\sum_{i=1}^{N_t}\left(\left\|s^i\right\|^2 - \frac{(\boldsymbol{u}^i)^{\mathrm{H}}\boldsymbol{\Phi}^i(\boldsymbol{\Phi}^i)^{\mathrm{H}}\boldsymbol{u}^i}{\left\|\boldsymbol{u}^i\right\|^2}\right) \tag{5-136}$$

其中，$\boldsymbol{\Phi}^i = [\tilde{s}_{\mathrm{s}}^{i1},\tilde{s}_{\mathrm{s}}^{i2},\cdots,\tilde{s}_{\mathrm{s}}^{iN_t}] \in \mathbb{C}^{L*N_t}$。令 $\lambda_1(\cdot)$ 表示矩阵的最大特征值，令 $\boldsymbol{v}_1(\cdot)$ 表示其关联的特征向量。那么，此处的最大化等价于最大化瑞利熵。当取 $\lambda_1(\boldsymbol{\Phi}^i(\boldsymbol{\Phi}^i)^{\mathrm{H}})$ 及其关联的特征向量 $\boldsymbol{u} = \boldsymbol{v}_1(\boldsymbol{\Phi}^i(\boldsymbol{\Phi}^i)^{\mathrm{H}})$ 时，瑞利熵达到最大值，因此 $\hat{\boldsymbol{u}}^i = \boldsymbol{v}_1(\boldsymbol{\Phi}^i(\boldsymbol{\Phi}^i)^{\mathrm{H}})$，即

$$l_1(\hat{\gamma}_p,\hat{\boldsymbol{u}}\,|\,s)=-\frac{1}{\sigma^2}\|s\|^2+\frac{1}{\sigma^2}\sum_{i=1}^{N_t}\lambda_1(\boldsymbol{\Phi}^i(\boldsymbol{\Phi}^i)^{\rm H}) \tag{5-137}$$

其中，$\lambda_1(\boldsymbol{\Phi}^i(\boldsymbol{\Phi}^i)^{\rm H})=\lambda_1((\boldsymbol{\Phi}^i)^{\rm H}\boldsymbol{\Phi}^i)$，$N_{\rm r}\ll L$。令 $\boldsymbol{G}^i=(\boldsymbol{\Phi}^i)^{\rm H}\boldsymbol{\Phi}^i\in\mathbb{C}^{N_{\rm r}*N_{\rm r}}$，式（5-137）可以简化为

$$l_1(\hat{\gamma}_p,\hat{\boldsymbol{u}}\,|\,s)=-\frac{1}{\sigma^2}\|s\|^2+\frac{1}{\sigma^2}\sum_{i=1}^{N_t}\lambda_1(\boldsymbol{G}^i) \tag{5-138}$$

同样，在假设 H_0 下

$$l_0(s)=-\frac{1}{\sigma^2}\|s\|^2 \tag{5-139}$$

将式（5-138）和式（5-139）代入式（5-132）可得

$$\xi=-\frac{1}{\sigma^2}\sum_{i=1}^{N_t}\lambda_1(\boldsymbol{G}^i)\underset{H_0}{\overset{H_1}{\gtrless}}\varsigma \tag{5-140}$$

其中，ς 为检测门限，由统计平均得出。

对上述检测算法进行仿真实验，并给出仿真结果。目标检测仿真参数设置如表 5-13 所示。

表 5-13　目标检测仿真参数设置

参　　数	数　　值	参　　数	数　　值
通道产生信号概率	0.5	照射源位置	(0,0,0)km
接收端数目	4	目标速度	0
采样频率	100MHz	信号长度	0.01s
目标位置	(0,50,0)km	信噪比	−40dB
接收端位置	(±10,0,0)km (0,±10,0)km		

按照表 5-13 所设置的参数对原始信号进行归一化处理之后进行实验，一共进行 1000 次蒙特卡罗实验，实验结果如图 5-37 所示。其中原始信号 1 表示有回波信号，原始信号 0 表示无回波信号。

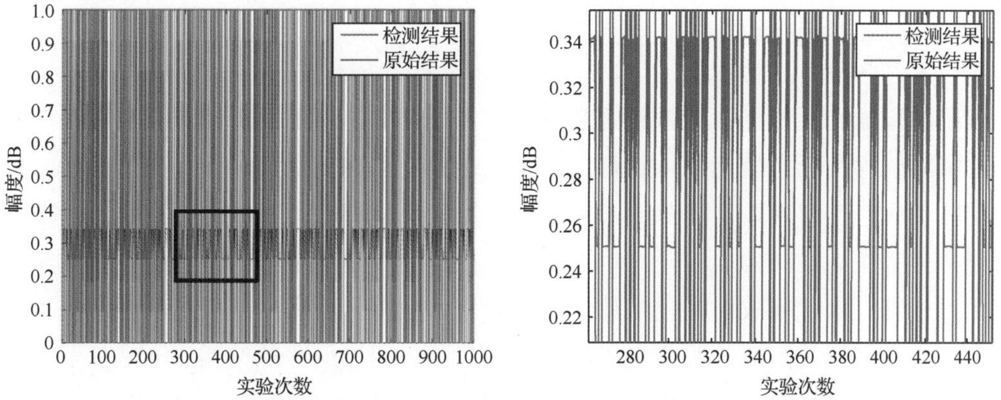

（a）检测结果和原始结果对比　　（b）检测结果局部放大图和原始结果局部放大图对比

图 5-37　实验结果

实验结果表明，有回波信号时，ξ值为 0.34 左右；无回波信号时，ξ值为 0.25 左右。经过 1000 次蒙特卡罗实验统计得出平均检测门限值ς为 0.3，当检测概率大于门限时为有回波信号，当检测概率小于门限时为无回波信号。得出的检测结果和原始结果一致，检测正确率为 100%。

接下来验证检测算法的性能与信噪比和信号长度的关系，信噪比取−39～−10dB，每次信噪比的变化间隔为 1dB，信号长度分别取 1ms、10ms、0.1s 和 1s。结果如图 5-38 所示。

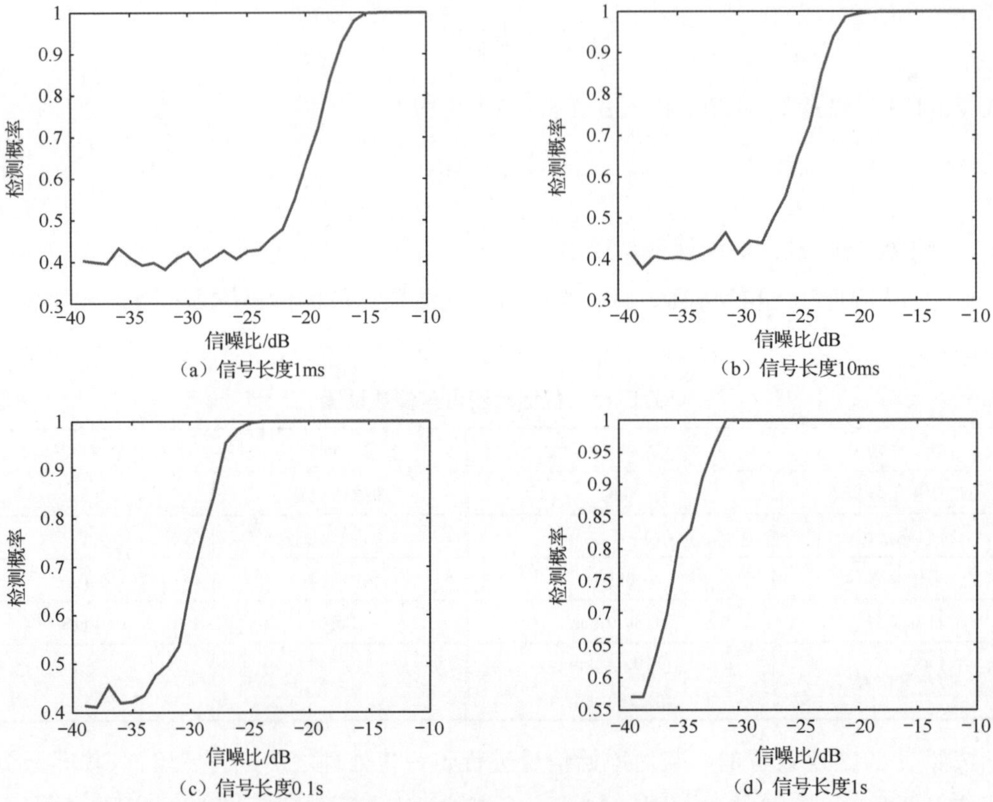

图 5-38　检测算法的性能与信噪比和信号长度的关系

5.4.2　粒子优化快速相关处理方法

传统的模糊函数计算方法是直接遍历算法，其本质是通过遍历计算得到最终的时频差估计结果。这种思想虽然简单易行，但是没有充分考虑到优化对象自身的性质，从而导致计算量大、实时性差。因此，本节提出了智能优化算法。其核心思想是采用非遍历的智能搜索算法随机初始化粒子，由这些粒子在迭代过程中根据信号的模糊函数特性计算得到目标峰，由此完成时频差估计。

因为外辐射源雷达通常采用第三方辐射源，所以回波信号的信噪比通常较低。通过将回波信号与参考信号进行距离-多普勒二维互模糊运算相参积累，可以在距离-多普勒二维平面搜索目标的时频参数，从而实现目标检测。

假设两路信号的积累时间为T，采样频率为f_s，则互模糊结果的时间分辨率$\Delta\tau$和多普勒频率分辨率Δf_d分别为

$$\Delta\tau = 1/f_s \quad (5\text{-}141)$$

$$\Delta f_d = 1/T \quad (5\text{-}142)$$

根据先验知识，如果实现假定距离搜索点数为m，频率搜索范围为n，那么可以将问题转化为$m\times n$规模的遍历计算搜索问题。

智能优化算法作为近年来优化理论领域的研究热点，其设计思想不同于传统的函数梯度优化类算法。通过仿生设计，智能优化算法将传统的梯度下降计算优化转化为对自然界中生物行为的模拟，从而求解复杂的优化问题。作为此类算法的代表之一，粒子群优化（Particle Swarm Optimization，PSO）算法具有收敛速度快、局部搜索能力强等特点，因此，本节采用 PSO 算法的结构框架，提出了非遍历 PSO 点搜索算法。

非遍历 PSO 点搜索算法的核心思想是将距离-多普勒二维平面的时频点视为寻优目标全体，通过设计合理的粒子更新与算法控制方式，利用 PSO 算法的结构框架，在全局范围内进行粗搜索，根据信号的模糊函数特性实现次优解的快速寻优。然后以次优解为中心，在小范围内进行精搜索，从而实现非遍历下的互模糊寻优。

首先，将事先确定的距离-多普勒二维平面按照式（5-141）和式（5-142）进行划分，将这些时频点视为粒子全体，适应度函数值为当前互模糊函数值。

然后，通过粒子集初始化，当前时频点的更新方式可以表示如下。假设在D维空间搜索目标，由N个粒子组成一个种群，其中第i个粒子在D维空间的位置为

$$X_i = (x_{i1}, x_{i2}, \cdots, x_{iD}),\ i = 1,2,\cdots,N \quad (5\text{-}143)$$

第i个粒子在D维空间的速度为

$$V_i = (v_{i1}, v_{i2}, \cdots, v_{iD}),\ i = 1,2,\cdots,N \quad (5\text{-}144)$$

第i个粒子目前搜索的最优位置即个体极值为

$$p_{\text{best}} = (p_{i1}, p_{i2}, \cdots, p_{iD}),\ i = 1,2,\cdots,N \quad (5\text{-}145)$$

整个种群目前搜索的最优位置即全体极值为

$$g_{\text{best}} = (g_{i1}, g_{i2}, \cdots, g_{iD}),\ i = 1,2,\cdots,N \quad (5\text{-}146)$$

更新每个粒子的速度及位置为

$$v_{ij}(t+1) = \omega v_{ij}(t) + c_1 r_1(t)[p_{ij}(t) - x_{ij}(t)] + c_2 r_2(t)[p_{gj}(t) - x_{ij}(t)] \quad (5\text{-}147)$$

$$x_{ij}(t+1) = x_{ij}(t) + v_{ij}(t+1) \quad (5\text{-}148)$$

其中，ω是权重；$v_{ij}(t)$是第t次迭代时粒子的速度；$v_{ij}(t+1)$是第$t+1$次迭代时粒子的速度；x是粒子的时频点位置；p_{ij}是粒子的个体最优位置；p_{gj}是粒子的全局最优位置；r_1、r_2是范围为[0,1]的随机数；c_1和c_2是学习因子，其中c_1具有自身的进化属性，c_2具有社会属性。

采用非遍历 PSO 点搜索算法的前提是目标峰具有较高的信噪比，当适应度函数值超过一定门限时，即可认为找到了目标所在的位置。由于互模糊函数在时间维和多普勒维都是离散的，粒子在迭代过程中应该恰好迭代在离散的时频点上才有意义。以多普勒维为例，

确定多普勒维搜索范围的最大值 $f_{\max}$、最小值 $f_{\min}$ 和多普勒频率分辨率 Δf_{d} 后，在此范围内的频点为 $[f_{\min}:\Delta f_{\mathrm{d}}:f_{\max}]$，将该范围内的频点依次编号，分别为 $f_1,f_2,\cdots,f_{2K}$，在初始化和更新粒子时，以编号后的频点作为基准，而在计算粒子的适应度时，将粒子的位置投影到真实频点上计算。时间维与此同理。最后，在次优解周围遍历计算精搜索得到全局最优解。

综上所述，非遍历 PSO 点搜索算法流程如表 5-14 所示。

表 5-14　非遍历 PSO 点搜索算法流程

输入：参考信号 $\boldsymbol{s}_{\mathrm{ref}}(n)$、回波信号 $\boldsymbol{s}_{\mathrm{echo}}(n)$、时间搜索范围 $[t_{\min},t_{\max}]$、频率搜索范围 $[f_{\min},f_{\max}]$、采样频率 f_{s}、积累时间 T。 输出：目标的时频参数 τ、f_{d}。
1. 划分搜索区域。
2. 初始化粒子时频点种群和速度。
3. 计算每个粒子代表时频点的适应度函数值（互模糊函数值）。
4. 得到粒子个体最优解和全局最优解。
5. 更新粒子的速度和位置。
6. 迭代计算粒子个体最优解和全局最优解。
7. 达到结束条件则执行步骤 8，否则重复步骤 4～步骤 6。
8. 遍历计算粗搜索次优解周围时频点的互模糊函数值，得到全局最优解。
9. 结束。

为了检验该算法的有效性，下面基于某电视卫星的真实信号进行实验验证，目标是距接收端 40km 的某民航客机。回波信号的时延 $\tau_0=131\mu\mathrm{s}$，回波信号的多普勒频率 $f_{\mathrm{d0}}=-241\mathrm{Hz}$，采样频率 $f_{\mathrm{s}}=200\mathrm{MHz}$，信号长度 $N=52428800$，共计算 2000 个时频点。单次寻优计算结果如图 5-39 所示。求解过程分为两个阶段，通过粗搜索可以得到目标峰附近的次优解，再通过小范围的精搜索得到全局最优解。实验结果表明非遍历 PSO 点搜索算法所需计算的时频点远小于直接遍历算法。

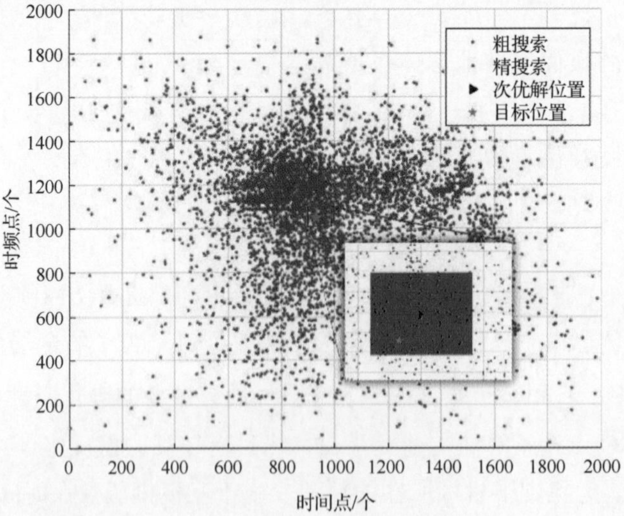

图 5-39　单次寻优计算结果

由上述分析可知，在距离-多普勒二维平面采用粒子群框架的二维搜索算法计算模糊函数时，能够以远少于遍历搜索的时频点个数得到目标位置，但由于目前没有单点模糊函数的快速计算方法，因此在计算某一时频点的模糊函数时仍采用传统的计算方法，对单点的模糊函数计算量仍然较大，不能达到实时处理的要求。但是，当 k 取某一时频点时，对于该时频点下所有时延的模糊函数可以表示为

$$\text{temp}(l,k)=\text{IFFT}\{\text{conj}\{\text{FFT}(\boldsymbol{s}_{\text{ref}}(n),N)\}\text{FFT}(\boldsymbol{s}_{\text{echo}}(n),N)\} \tag{5-149}$$

式（5-149）采用了 FFT 遍历算法，将互模糊运算的二维循环过程转化为一维循环和傅里叶逆变换过程，减少了运算量。本节提出了 FFT+PSO 智能算法，即每个粒子代表一个时频点，在计算某个粒子的适应度值时，以该时频点下时延遍历的模糊函数最大值作为该粒子的适应度值。假设搜索计算区域的时频点数为 m，则此算法解决的是一维 m 规模的搜索问题。同时，为了提高 PSO 算法的收敛速度，本节对 PSO 算法本身进行了改进。

由于 PSO 算法容易陷入局部最优解，所以本节提出了一种多种群的粒子群优化（Multiswarm Particle Swarm Optimization，MPSO）算法。初始化时，将粒子均匀地划分为 h 组，即 $G_1,G_2,\cdots,G_h$，在开始迭代的前 n 代，每个种群 $G_i(i=0,1,\cdots,h)$ 相互独立，互不影响，各自迭代，分别记录各自种群的全局最优解 $g_{\text{best}_i}(i=1,2,\cdots,h)$ 和粒子个体最优解 $p_{\text{best}_i}(i=1,2,\cdots,h)$。当迭代 n 次后，将 h 个小种群合并为一个大种群并抛弃一部分适应度较差的粒子，将 h 个小种群中最大的全局最优解设为合并后大种群的全局最优解 g_{best}，即

$$g_{\text{best}}=\max\{g_{\text{best}_i}\},\quad i=1,2,\cdots,h \tag{5-150}$$

这样可以在一定程度上避免由于种群结构单一而陷入局部最优解的风险。

同时，为了提高算法的收敛性和收敛速度，将收缩因子 φ 引入 MPSO 算法，则粒子的速度更新公式变成

$$v_{ij}(t+1)=\varphi\{\omega v_{ij}(t)+c_1r_1(t)[p_{ij}(t)-x_{ij}(t)]+c_2r_2(t)[p_{gj}(t)-x_{ij}(t)]\} \tag{5-151}$$

其中，φ 为收缩因子，且有

$$\begin{cases}\varphi=\dfrac{2}{\left|2-C-\sqrt{C^2-4C}\right|}\\ C=c_1+c_2\text{且}C>4\end{cases} \tag{5-152}$$

收缩因子 φ 控制了 MPSO 算法的搜索能力，选取恰当的 φ 可以提高 MPSO 算法的收敛速度和搜索能力。在引入多种群的前提下，如果前一次迭代过程中的 φ 未超过一定门限，则将所有小种群合并为一个大种群后继续迭代，此时仍然存在陷入局部最优解的可能。对此，引入部分种群多次初始化的方法，即如果迭代一定次数后仍然没有得到预期结果，则用一部分全新的粒子代替原种群中的部分粒子，以提升种群的多样性。在迭代前期，部分种群多次初始化的方法可以保证种群的多样性，无须引入新的粒子。将多种群合并为一个种群，在进行若干次迭代后种群收敛，种群中的粒子便会趋于同质化，差异变小，这些粒子在后续迭代中不会跳出局部空间。如果此时目标不在种群覆盖范围内，在后续迭代过程中要想找到目标的位置就比较困难。因此，在迭代过程中应有选择地初

始化一部分粒子，剩余的粒子仍然包含足够的历史信息，不会对种群的稳定性造成影响，同时保证种群的多样性。MPSO 算法流程如图 5-40 所示。

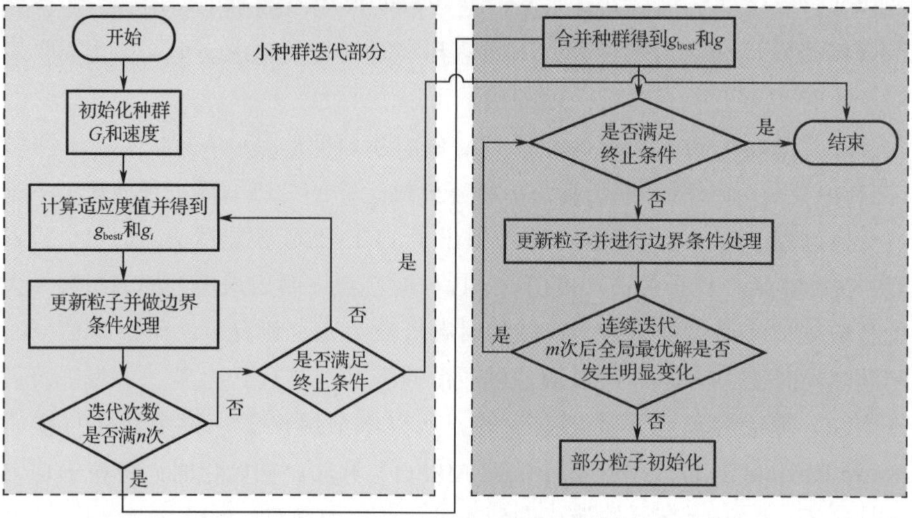

图 5-40　MPSO 算法流程

在粒子迭代更新过程中，不同的粒子难免会重复更新到同一时频点，如果不做任何处理，每次更新到该时频点时都将计算一次模糊函数，将带来大量的徒劳工作。对此，本节对 FFT+PSO 智能搜索算法添加禁忌表，将历史上的粒子信息添加在禁忌表中，随后的粒子如果更新到禁忌表中存在的粒子的位置，则在此粒子附近查找一个不在禁忌表中的新粒子作为该粒子更新的下一代。此方法可以避免算法在迭代过程中的无用工作。改进后的 FFT+PSO 智能搜索算法流程如表 5-15 所示。

表 5-15　改进后的 FFT+PSO 智能搜索算法流程

输入：参考信号 $\boldsymbol{s}_{\text{ref}}(t)$ 、回波信号 $\boldsymbol{s}_{\text{echo}}(t)$ 、时间搜索范围 $[t_{\min},t_{\max}]$ 、频率搜索范围 $[f_{\min},f_{\max}]$ 、采样频率 f_{s} 、积累时间 T。
输出：目标时参数结果 τ_0 、 f_{d0} 。
1. 划分搜索区域。
2. 初始化时频点种群。初始化 k 个等规模小种群 $G_i(i=1,2,\cdots,h)$ 。
3. 计算每个时频点的互模糊函数值，并得到每个粒子（时频点）的个体最优解 $p_{\text{best}_i}(i=0,1,\cdots,h)$ 、每个小种群的全局最优解 $g_{\text{best}_i}(i=1,2,\cdots,h)$ 及每个小种群的全局最优位置 $g_i(i=1,2,\cdots,h)$ 。
4. 更新每个粒子的速度和位置并进行边界条件处理。
5. 判断迭代次数是否达到 n 次，如果达到 n 次，执行步骤 6；如果没有达到，判断是否达到迭代精度，如果达到迭代精度，则结束程序，如果没有达到迭代精度，则执行步骤 2～步骤 3。
6. 合并种群，得到全局最优解 g_{best} 和全局最优位置 g 。
7. 判断是否满足终止条件，如果满足，则迭代结束；否则执行步骤 8。
8. 更新粒子的速度和位置。
9. 计算适应度值，更新全局最优解 g_{best} 和全局最优位置 g 。
10. 如果连续迭代 m 次后全局最优解没有发生明显变化，则初始化部分粒子并计算其适应度值，更新全局最优解 g_{best} 和全局最优位置 g 。
11. 判断是否满足终止条件，满足则终止执行；否则重复执行步骤 6～步骤 10。

如果用复乘次数来度量计算量，非遍历 PSO 点搜索算法的计算量可表示为

$$W = \text{num} \times N^2 \tag{5-153}$$

其中，num 表示计算的时频点个数。

FFT+PSO 智能搜索算法的计算量可以表示为

$$W \leqslant \text{Generation} \times \text{NumParticles} \times \left[N + \frac{N}{2}\log_2 N \right] \times 4 \tag{5-154}$$

其中，Generation 表示迭代次数；NumParticles 表示粒子个数，即种群规模；$N+(N/2)\log_2 N$ 表示 N 点长信号做一次傅里叶变换的复乘次数。在同等解空间和精度下，直接遍历算法、非遍历 PSO 点搜索算法、FFT 遍历算法及 FFT+PSO 智能搜索算法的计算量对比如表 5-16 所示。根据算法原理可以得到 $\text{Generation} \times \text{NumParticles} < 2K$，因此 FFT+PSO 智能搜索算法相比 FFT 方法遍历减少了计算量。

下面通过仿真数据验证 FFT+PSO 智能搜索算法的有效性。DVB-S 信号和 DVB-S2 信号仿真场景的回波信号的时延 $\tau_0 = 16.7\mu\text{s}$，回波信号的多普勒频率 $f_{\text{d}0} = -282\text{Hz}$，采样频率 $f_\text{s} = 20\text{MHz}$，回波时延搜索范围为 $[5,25]\mu\text{s}$，多普勒频率搜索范围为 $[-500,500]\text{Hz}$。表 5-17 是该仿真场景的具体参数。

表 5-16　几种算法的计算量对比

算法类型	复乘次数
直接遍历算法	$W = N \times 2K \times 2N$
非遍历 PSO 点搜索算法	$W = \text{num} \times N^2$
FFT 遍历算法	$W = \left[N + \frac{N}{2}\log_2 N \right] \times 4 \times 2K$
FFT+PSO 智能搜索算法	$W \leqslant \text{Generation} \times \text{NumParticles} \times \left[N + \frac{N}{2}\log_2 N \right] \times 4$

表 5-17　DVB-S 信号和 DVB-S2 信号仿真场景参数

参数	取值
信号载频	12.5GHz
接收端带宽	10MHz
辐射源位置	(0,0,35860)km
接收端位置	(1,0,0)km
目标初始位置	(0,15,20)km
目标 RCS	10m^2
接收端温度	308.15K
发射功率	10kW
发射增益	40dB
接收增益	40dB

图 5-41 是滤波器组法、变频率搜索法和 PSO 算法基于 DVB-S 仿真信号得到的互模

糊函数结果对比。由图 5-41（a）～（c）可以看出，滤波器组法、变频率搜索法和 PSO 算法均能搜索到目标正确的时延和多普勒频率；图 5-41（d）～（f）中的每根线条分别代表某一频率下的互模糊函数，可以看出，使用 PSO 算法得到正确结果所计算的时频点数明显少于使用滤波器组法和变频率搜索法。

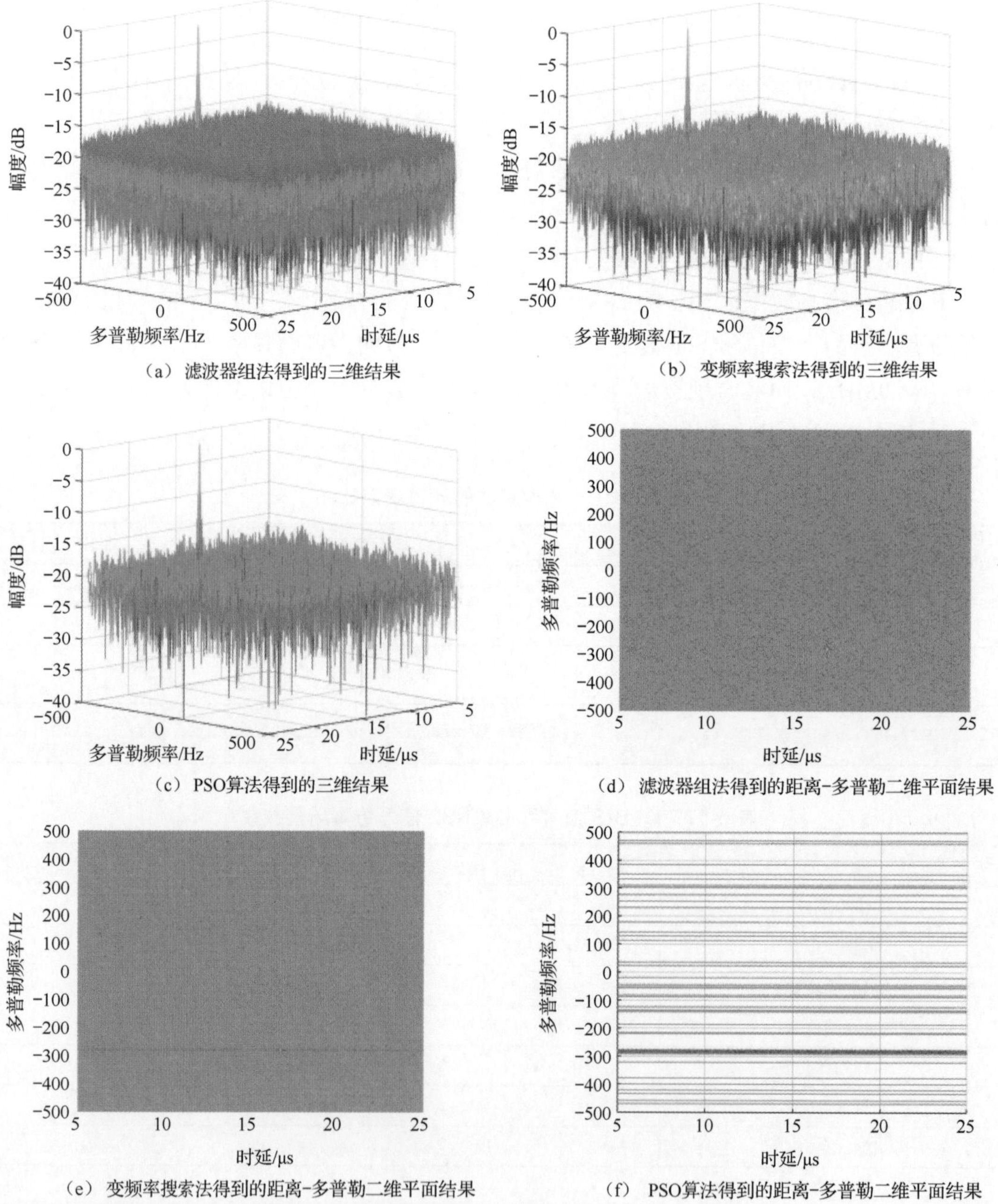

（a）滤波器组法得到的三维结果

（b）变频率搜索法得到的三维结果

（c）PSO算法得到的三维结果

（d）滤波器组法得到的距离-多普勒二维平面结果

（e）变频率搜索法得到的距离-多普勒二维平面结果

（f）PSO算法得到的距离-多普勒二维平面结果

图 5-41　滤波器组法、变频率搜索法和 PSO 算法基于 DVB-S 仿真信号得到的互模糊函数结果对比

图 5-42 是滤波器组法、变频率搜索法和 PSO 算法基于 DVB-S2 仿真信号得到的互模糊函数结果对比。由图 5-42（a）～（c）可以看出，滤波器组法、变频率搜索法和 PSO

算法均能搜索到目标正确的时延和多普勒频率；图 5-42（d）～（f）中的每根线条分别代表某一频率下的互模糊函数，可以看出，使用 PSO 算法得到正确结果所计算的时频点数明显少于使用滤波器组法和变频率搜索法。

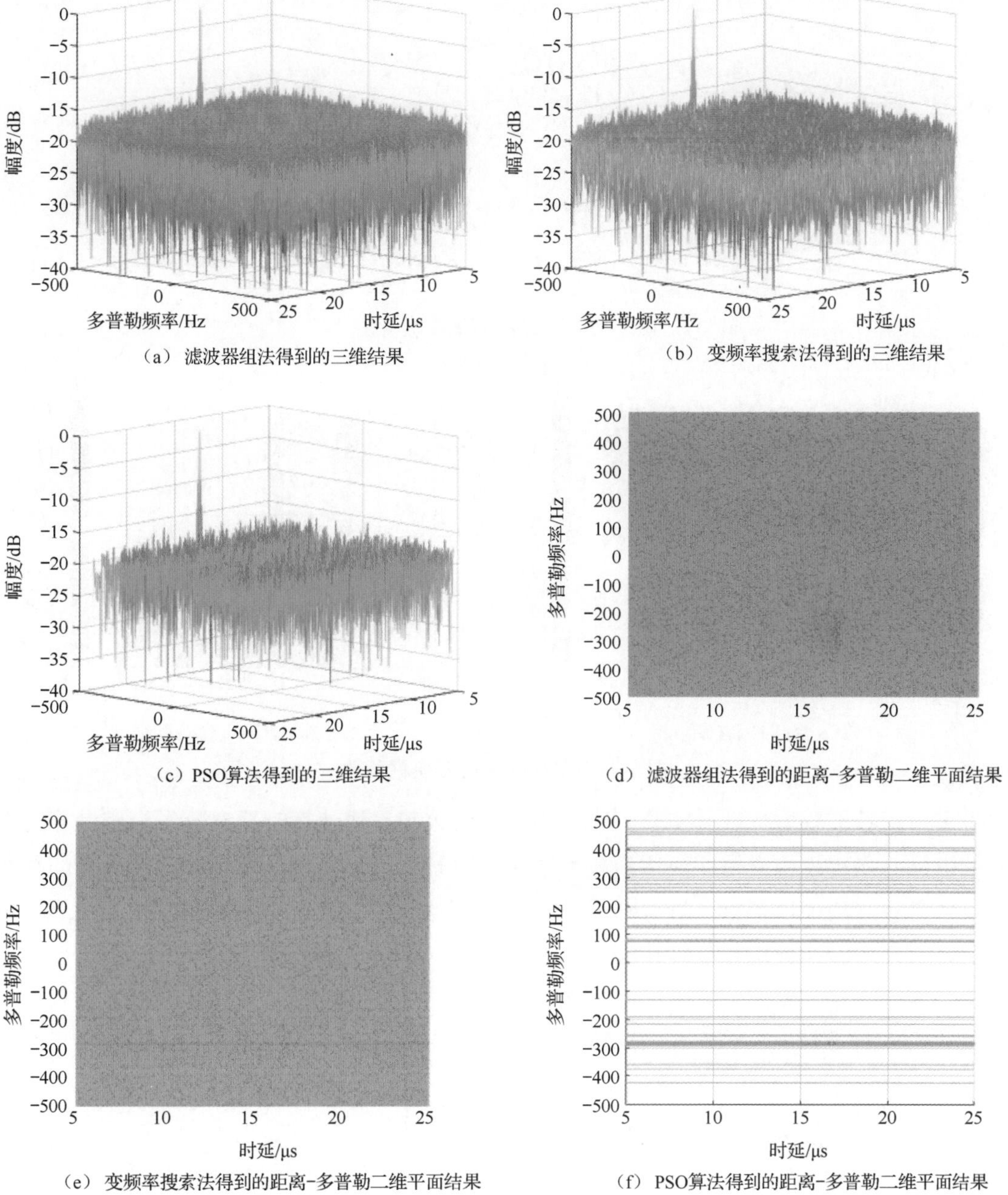

（a） 滤波器组法得到的三维结果

（b） 变频率搜索法得到的三维结果

（c） PSO算法得到的三维结果

（d） 滤波器组法得到的距离-多普勒二维平面结果

（e） 变频率搜索法得到的距离-多普勒二维平面结果

（f） PSO算法得到的距离-多普勒二维平面结果

图 5-42　滤波器组法、变频率搜索法和 PSO 算法基于 DVB-S2 仿真信号得到的互模糊函数结果对比

本节实验基于某电视卫星的实测信号，目标是某民航客机。回波信号的时延 $\tau_0 = 131\mu s$，回波信号的多普勒频率 $f_{d0} = -241.0\text{Hz}$，采样频率 $f_s = 200\text{MHz}$，信号长度 $N = 52428800$，共计算 2000 个时频点。互模糊峰局部放大图如图 5-43 所示。图 5-44 是单次搜索的互模

糊函数，图中的每根线条分别代表某一时频点时延遍历的互模糊函数，此次搜索计算了185个时频点，为总时频点数的9.25%。

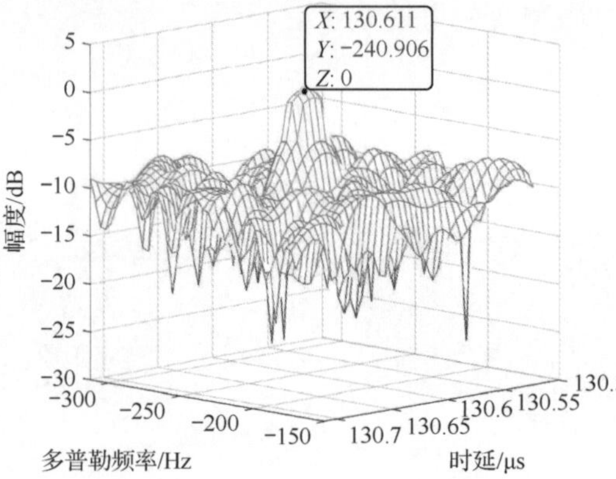

图 5-43　互模糊峰局部放大图

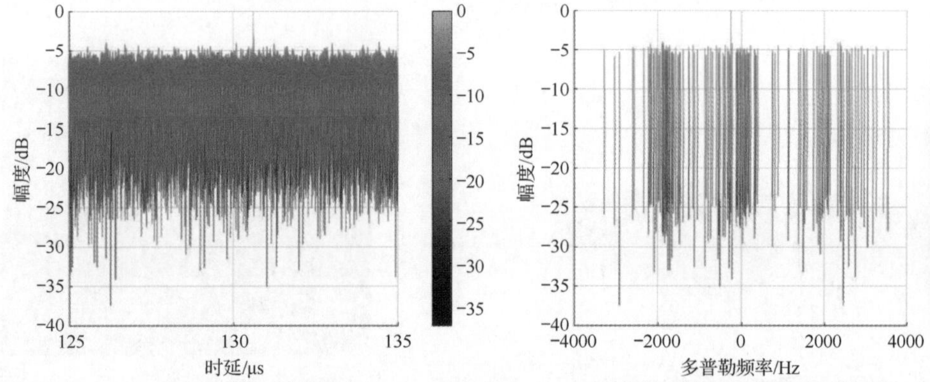

（a）距离-互模糊函数值视图　　（b）多普勒频率-互模糊函数值视图

图 5-44　单次搜索的互模糊函数

采用蒙特卡罗方法进行实验，取平均迭代次数和平均计算时频点数作为衡量算法性能的指标。当满足搜索精度或达到最大迭代次数时，终止迭代。取10000次计算的平均结果作为最终的评价指标。图5-45是平均迭代次数和平均计算时频点数，由图可见，每次蒙特卡罗实验迭代次数稳定在8次左右，计算的时频点数稳定在170个左右。

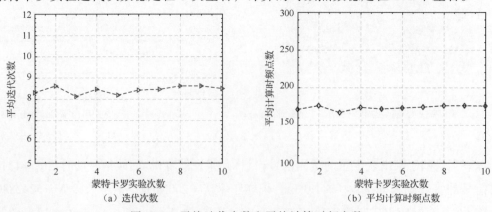

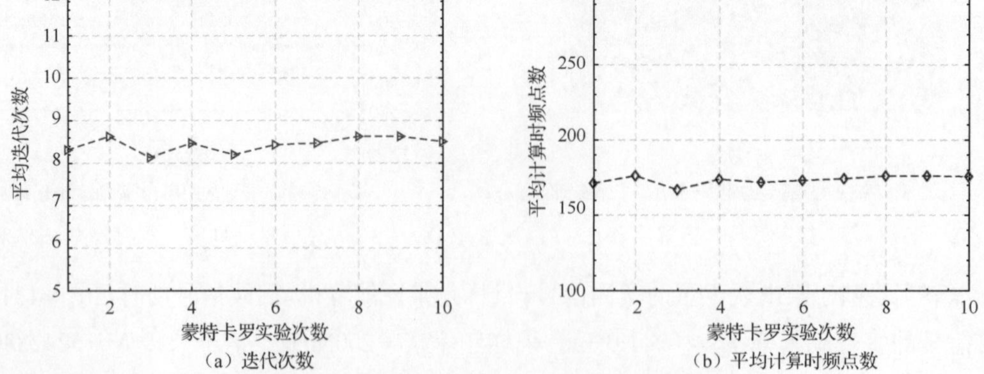

（a）迭代次数　　（b）平均计算时频点数

图 5-45　平均迭代次数和平均计算时频点数

为了验证 FFT+PSO 智能搜索算法对不同位置目标的搜索能力，随机更改目标的时频参数，以实测直达波信号为基础构建目标回波，信噪比为-40dB。图 5-46 展示了 4 种情况（4 种目标参数）下蒙特卡罗实验每次计算时频点数的统计直方图，每种情况下重复 1000 次实验。由图可见，在不同情况下计算的时频点数稳定在 170 个左右，只有极少部分在 600 个以上，实验中计算最多的时频点数仅为理论上界的一半，说明 FTT+PSO 智能搜索算法收敛性较好，且具有较强的鲁棒性。

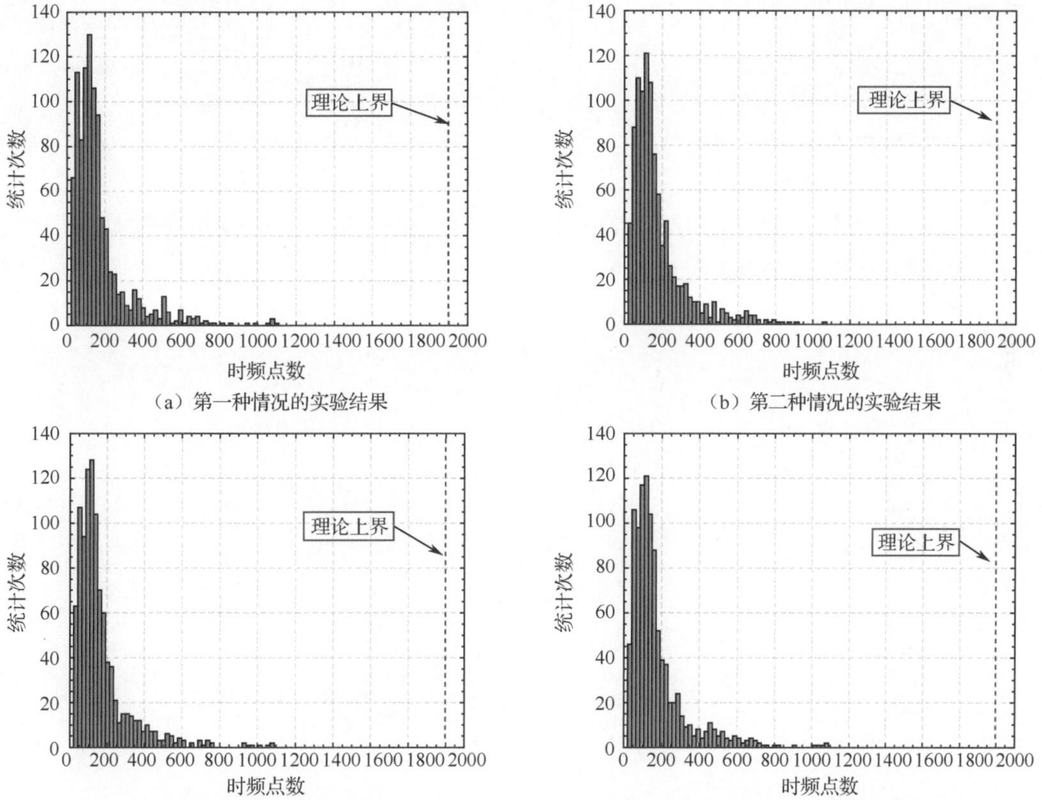

（a）第一种情况的实验结果

（b）第二种情况的实验结果

（c）第三种情况的实验结果

（d）第四种情况的实验结果

图 5-46 4 种情况下蒙特卡罗实验每次计算时频点数的统计直方图

为了进一步探究小种群数量对计算时频点数的影响，将小种群数量 G 分别设为 1～10，各进行一次蒙特卡罗实验。图 5-47 为小种群数量与一次蒙特卡罗实验平均计算时频点数的关系曲线。当小种群数量设为 1 时，相当于从始至终只有一个种群，在迭代过程中粒子的多样性大幅降低，非常容易陷入局部最优解；当小种群数量过大时，单个小种群的粒子个数不足，每个粒子无法根据同种群的其他粒子的位置进行充分学习，导致更新效率低。

图 5-48 是直接遍历算法、非遍历 PSO 点搜索算法、FFT 遍历算法和 FFT+PSO 智能搜索算法的计算量对比。由图可以看到，直接遍历算法的计算量非常大，实时处理非常困难；FFT 遍历算法相比直接遍历算法，计算量下降了 6 个数量级；FFT+PSO 智能搜索

算法相比 FFT 遍历算法，计算量下降了 1～2 个数量级，在一定程度上减少了计算量。实验结果证明了 FFT+PSO 智能搜索算法的可行性。

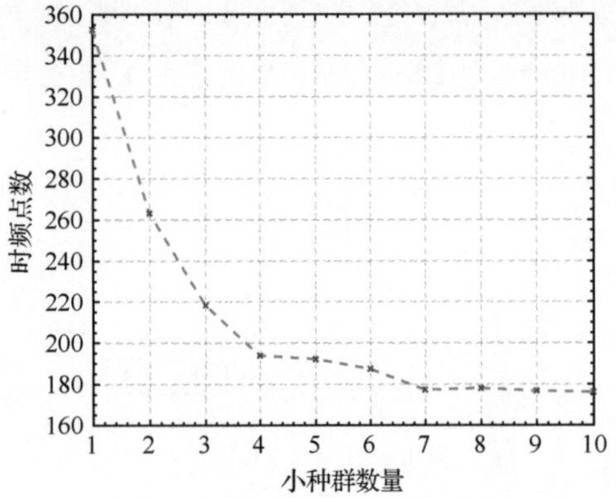

图 5-47　小种群数量与一次蒙特卡罗实验平均计算时频点数的关系曲线

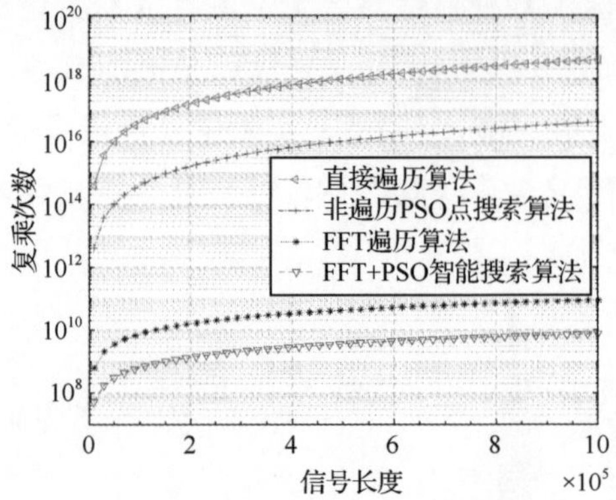

图 5-48　几种算法的计算量对比

微弱目标信号合成与增强方法 第6章

当目标距离接收端较远时，接收端接收的回波信号能量弱，完全被湮没在噪声杂波中。此外，当目标距离接收端较远时，进行相关处理后信噪比较低，通常难以达到检测门限。因此，本章针对低信噪比下的微弱目标检测难点，重点研究微弱目标信号合成与增强方法。本章首先研究基于检测前跟踪（Track Before Detect，TBD）的目标回波增强方法，利用未经门限处理的多帧原始数据进行能量增强，以实现微弱目标信号提取。其次研究基于最大后验估计的目标检测方法，利用目标先验分布信息对目标进行参数化建模，通过参数估计实现对目标的精确提取，进而实现目标低门限检测。此外，本章利用具有多载频结构的辐射源研究对同源多频信号的互模糊函数合成算法，实现相关处理后的信噪比提升。最后建立基于压缩感知的互模糊函数计算模型，以对模糊函数进行稀疏重构，抑制目标峰的展宽，实现互模糊函数中被强目标峰掩盖的微弱目标峰的检测。

6.1 基于 TBD 的目标回波增强方法

TBD 是一种基于贝叶斯估计的方法，它通过引入辅助变量实现目标检测。该方法的检测与跟踪性能依赖所建立的动态模型和测量模型的精准度。本节首先确立外辐射源雷达系统的测量模型，并给出似然函数的表达式，然后研究贝叶斯滤波及 TBD 方法的理论，最后建立系统的动态模型，详细阐述基于 TBD 的外辐射源雷达机动微弱目标的回波增强方法。

6.1.1 微弱目标检测动态模型

将提纯后的参考通道回波信号表示为 $s_{\text{ref}}(t)$，其表达式为

$$s_{\text{ref}}(t) = s_{\text{dir}}(t) + n_1(t) \tag{6-1}$$

其中，s_{dir} 为纯净参考信号；$n_1(t)$ 为复高斯白噪声。在假设 H_0 下，监视通道信号表示为

$$s_{\text{sur}}(t) = n_2(t) \tag{6-2}$$

在假设 H_1 下，监视通道信号可以表示为

$$s_{\text{sur}}(t) = s_{\text{r}}(t) + n_2(t) \tag{6-3}$$

其中，$s_{\mathrm{r}}(t)$ 为目标回波信号；$n_2(t)$ 为复高斯白噪声。

取一阶 Radon-Fourier 变换（Radon-Fourier Transform，RFT）距离走动补偿后的结果为 k 时刻的观测值，即

$$z_k = \mathrm{RFT}\{s_{\mathrm{ref}}(t), s_{\mathrm{sur}}(t)\} \tag{6-4}$$

下面分别对无噪下外辐射源雷达背景下机动目标回波经过一阶 RFT 距离走动补偿后的相参积累结果及复高斯白噪声背景下目标的似然函数进行分析。一般认为机动目标的距离随时间的高阶项不能忽略，本节取目标回波的双基时延差为随时间的变化关系。

$$\tau_{\mathrm{r}}(t) = \tau_{\mathrm{r0}} + \frac{v_{\mathrm{r}} t + 0.5 a_{\mathrm{r}} t^2}{c} \tag{6-5}$$

不考虑运动引起的脉内相位变化，那么分段后的目标回波信号可以表示为

$$\begin{aligned} s_{\mathrm{r}}(t_{\mathrm{m}}, t_{\mathrm{f}}) = {} & A_{\mathrm{r}} u\left(t_{\mathrm{f}} - \tau_0 - \frac{v_{\mathrm{r}}}{c} t_{\mathrm{m}} - \frac{1}{2c} a_{\mathrm{r}} t_{\mathrm{m}}^2\right) \exp(\mathrm{j}2\pi f_{\mathrm{c}} t_{\mathrm{m}}) \cdot \\ & \exp\left(-\mathrm{j}2\pi f_{\mathrm{c}} \frac{v_{\mathrm{r}}}{c} t_{\mathrm{m}}\right) \exp\left(-\mathrm{j}2\pi f_{\mathrm{c}} \tau_{\mathrm{r0}}\right) \exp\left(-\mathrm{j}2\pi f_{\mathrm{c}} \frac{a_{\mathrm{r}}}{c} t_{\mathrm{m}}^2\right) \end{aligned} \tag{6-6}$$

与直达波信号进行频域脉冲压缩的结果为

$$\begin{aligned} S(t_{\mathrm{m}}, f_{\mathrm{f}}) = {} & A_{\mathrm{r}} A_{\mathrm{dir}}^* \left|U(f_{\mathrm{f}})\right|^2 \exp(-\mathrm{j}2\pi f_{\mathrm{f}} (\tau_{\mathrm{r0}} - \tau_{\mathrm{dir}})) \cdot \\ & \exp\left(-\mathrm{j}2\pi f_{\mathrm{c}} (\tau_{\mathrm{r0}} - \tau_{\mathrm{dir}})\right) \exp\left(-\mathrm{j}2\pi f_{\mathrm{f}} \left(\frac{v_{\mathrm{r}}}{c} t_{\mathrm{m}} + \frac{1}{2c} a_{\mathrm{r}} t_{\mathrm{m}}^2\right)\right) \cdot \\ & \exp\left(-\mathrm{j}2\pi f_{\mathrm{c}} \frac{v_{\mathrm{r}}}{c} t_{\mathrm{m}}\right) \exp\left(-\mathrm{j}\pi f_{\mathrm{c}} \frac{a_{\mathrm{r}}}{c} t_{\mathrm{m}}^2\right) \end{aligned} \tag{6-7}$$

变换到快时间域可以表示为

$$\begin{aligned} S'(t_{\mathrm{m}}, t_{\mathrm{f}}) = {} & A_{\mathrm{r}} A_{\mathrm{dir}}^* u'\left(t_{\mathrm{f}} - \tau_{\mathrm{r0}} + \tau_{\mathrm{dir}} - \frac{v_{\mathrm{r}}}{c} t_{\mathrm{m}} - \frac{1}{2} \frac{a_{\mathrm{r}}}{c} t_{\mathrm{m}}^2\right) \cdot \\ & \exp\left(-\mathrm{j}2\pi f_{\mathrm{c}} \frac{v_{\mathrm{r}}}{c} t_{\mathrm{m}}\right) \exp\left(-\mathrm{j}\pi f_{\mathrm{c}} \frac{a_{\mathrm{r}}}{c} t_{\mathrm{m}}^2\right) \exp(-\mathrm{j}2\pi f_{\mathrm{c}} (\tau_{\mathrm{r0}} - \tau_{\mathrm{dir}})) \end{aligned} \tag{6-8}$$

其中，$u'(t_{\mathrm{f}})$ 对应 $\left|U(f_{\mathrm{f}})\right|^2$ 变换到时域的结果。如果仅使用一阶 RFT 距离走动补偿方法对脉冲压缩后的结果进行补偿，则脉间补偿因子可以搜索补偿 $\exp(-\mathrm{j}2\pi f_{\mathrm{d}} t_{\mathrm{m}})$ 项。如果脉间补偿因子中的频率 f_{d} 取值在 $-f_{\mathrm{c}}(v_{\mathrm{r}} - 0.5|a_{\mathrm{r}} t_{\mathrm{m}}|)/c$ 和 $-f_{\mathrm{c}}(v_{\mathrm{r}} + 0.5|a_{\mathrm{r}} t_{\mathrm{m}}|)/c$ 之间，则可以实现能量在一定程度上的积累，经检波后形成较高的峰。在仅进行一阶 RFT 距离走动补偿的情况下，脉间二次项的变化未能得到补偿，假设等效脉冲重复时间（Pulse Repetition Time，PRT）不变，那么积累时间越长，t_{m} 跨度越大，由二次项导致的相位不对齐情况就越严重。

一阶 RFT 变换可以表示为

$$S_{\mathrm{RFT}}(r, f_{\mathrm{d}}) = \int S(r - \lambda f_{\mathrm{d}} t_{\mathrm{m}}, t_{\mathrm{f}}) H(t_{\mathrm{m}}) \mathrm{d}t_{\mathrm{m}} \tag{6-9}$$

将式（6-9）所示的一阶 RFT 变化离散化，可以写作

$$\mathrm{RFT}(r, f_{\mathrm{d}}) = \sum_{n_{t_{\mathrm{m}}=1}}^{N_{t_{\mathrm{m}}}} S((r - \lambda f_{\mathrm{d}} n_{t_{\mathrm{m}}} N_{t_{\mathrm{f}}} / f_{\mathrm{s}})/c, n_{t_{\mathrm{m}}}) \exp(\mathrm{j}2\pi f_{\mathrm{d}} n_{t_{\mathrm{m}}} N_{t_{\mathrm{f}}} / f_{\mathrm{s}}) \tag{6-10}$$

其中，$S(n_{t_f}, n_{t_m})$ 为频域脉冲压缩后的结果，即

$$S(n_{t_f}, n_{t_m}) = \text{IFFT}\{\text{FFT}(s_{\text{sur}}(n_{t_f}, n_{t_m}))_{t_f} \times \text{FFT}\{s_{\text{ref}}^{*}(n_{t_f}, n_{t_m})\}_{t_f}\}_{f_f} \tag{6-11}$$

在假设 H_1 下，外辐射源雷达的参考通道与监视通道接收到的信号分别为

$$\begin{aligned} s_{\text{ref}}(t) &= s_{\text{dir}}(t) + n_1(t) \\ &= A_{\text{dir}} u(t-\tau_{\text{dir}}) \exp(\text{j}2\pi f_c t) \exp(-\text{j}2\pi f_c \tau_{\text{dir}}) + n_1(t) \\ s_{\text{sur}}(t) &= s_{\text{r}}(t) + n_2(t) \\ &= A_{\text{r}} u(t-\tau_{\text{r}}(t)) \exp[\text{j}2\pi f_c (t-\tau_{\text{r}}(t))] + n_2(t) \end{aligned} \tag{6-12}$$

其中，A_{dir} 为直达波信号经过空间传播损耗的幅度因子；$\tau_{\text{dir}} = L/c$ 为直达波信号的时延；c 为光速；$n_1(t)$ 为复高斯白噪声；A_{r} 为目标回波经空间传播及目标反射损耗的幅度因子；$\tau_{\text{r}}(t) = R(t)/c$ 为回波信号的时延；$n_2(t)$ 为复高斯白噪声。

由于一阶 RFT 运算与频域脉冲压缩（Frequency Domain Pulse Compression，FDPC）运算均为线性运算，所以可将参考信号与监视信号的相参积累结果分解为

$$\begin{aligned} \left\|\text{RFT}_{s_{\text{ref}}s_{\text{sur}}}(r, f_{\text{d}})\right\|^2 &= \left\|\text{RFT}_{s_{\text{dir}}s_{\text{r}}}(r, f_{\text{d}}) + \text{RFT}_{s_{\text{dir}}n_2}(r, f_{\text{d}}) + \text{RFT}_{n_1 s_{\text{r}}}(r, f_{\text{d}}) + \text{RFT}_{n_1 n_2}(r, f_{\text{d}})\right\|^2 \\ &\approx \left\|\text{RFT}_{s_{\text{dir}}s_{\text{r}}}(r, f_{\text{d}}) + \text{RFT}_{s_{\text{dir}}n_2}(r, f_{\text{d}})\right\|^2 \end{aligned} \tag{6-13}$$

其中，$\text{RFT}_{s_{\text{dir}}s_{\text{r}}}(r, f_{\text{d}})$ 表示直达波信号与回波信号的相参积累结果；$\text{RFT}_{s_{\text{dir}}n_2}(r, f_{\text{d}})$ 表示直达波信号与监视通道噪声的相参积累结果；$\text{RFT}_{n_1 s_{\text{r}}}(r, f_{\text{d}})$ 表示参考通道噪声与回波信号的相参积累结果；$\text{RFT}_{n_1 n_2}(r, f_{\text{d}})$ 表示参考通道噪声与监视通道噪声的相参积累结果。由于回波信号功率远小于通道噪声而直达波信号功率远大于通道噪声，因此分析时可以舍弃 $\text{RFT}_{n_1 s_{\text{r}}}(r, f_{\text{d}})$ 与 $\text{RFT}_{n_1 n_2}(r, f_{\text{d}})$ 两项。

假设噪声 $n_1(t)$ 与噪声 $n_2(t)$ 为复高斯白噪声，由以上分析可知，RFT 运算与 FFT 运算对观测值分布的影响并无不同，互模糊积累结果的统计分布与直达波信号同回波信号的初相差有关。当初相差为零时，RFT 处理后的实部与虚部均服从均值不为零的高斯分布，取观测值为 RFT 处理结果模值的平方，即可得到观测值服从非中心卡方分布。本节取观测值为一阶 RFT 距离走动补偿后结果的平方，经过平方律检波后观测值 $z_k^{(x,y)}$ 的概率密度函数可以写作

$$p_z\left(z_k^{(x,y)} \middle| H_1\right) = \frac{1}{\sigma^2} \exp\left(-\frac{z_k^{(x,y)} + \mu_k^{(x,y)}}{\sigma^2}\right) I_0\left(\frac{2\sqrt{z_k^{(x,y)} \mu_k^{(x,y)}}}{\sigma^2}\right) \tag{6-14}$$

其中，x 、y 分别代表双基距离差维（距离维）和多普勒维的索引；$\sigma^2 = P_{\text{n}}$ 为噪声功率；$\mu_k^{(x,y)}$ 为不考虑噪声情况下相参积累后的值，表示为

$$\mu_k^{(x,y)} = A_k^2 h^{(x,y)}(\boldsymbol{x}_k) \tag{6-15}$$

其中，$h^{(x,y)}(\boldsymbol{x}_k)$ 为目标的扩散函数；A_k 为目标的幅度，即

$$A_k^2 h^{(x,y)}(\boldsymbol{x}_k) = \left\|\text{RFT}_{s_{\text{dir}}s_{\text{r}}}(r, f_{\text{d}})\right\|^2 \tag{6-16}$$

为了方便后续计算，对 $\text{RFT}_{s_{\text{dir}}s_{\text{r}}}(r, f_{\text{d}})$ 进行以下近似。

$$\mathrm{RFT}_{s_{\mathrm{dir}}s_{\mathrm{r}}}(r,f_{\mathrm{d}}) \approx A_k'^2 \left\| \sum_{f_{\mathrm{d}}'=f_{\mathrm{d}0}-0.5|a_{\mathrm{r}}T|f_{\mathrm{c}}/c}^{f_{\mathrm{d}}'=f_{\mathrm{d}0}+0.5|a_{\mathrm{r}}T|f_{\mathrm{c}}/c} R(r/c-r_0/c)\mathrm{sinc}(T_{\mathrm{s}}(f_{\mathrm{d}}-f_{\mathrm{d}}')) \right\|^2 \tag{6-17}$$

当多普勒频率变化较小时，积累得到的相关峰切面为宽度变宽的尖峰型；当多普勒频率变化较大时，积累得到的相关峰切面发生明显的展宽，且两边高中间低，与实际情况比较相符。

同理，在假设 H_0 下，测量 $z_k^{(x,y)}$ 服从指数分布，其概率密度函数为

$$p_z(z_k^{(x,y)} \mid H_0) = \frac{1}{\mu_0}\exp\left(-\frac{z_k^{(x,y)}}{\mu_0}\right) \tag{6-18}$$

其中，

$$\mu_0 = P_{\mathrm{n}} \tag{6-19}$$

在后续粒子滤波积累算法中，P_{n} 可以在起始阶段由大量无目标点处功率的均值估计，未知的幅度 A_k 可以包含在目标状态 $\boldsymbol{x}_k$ 中由算法迭代估计。

本节使用高斯点目标扩散函数（Point Spread Function，PSF）对传感器测量结果进行估计。假设目标在 k 时刻的状态 $\boldsymbol{x}_k$ 由距离 r_k、多普勒频率 d_k 及强度 A_k 表示，那么系统的测量函数模型表示为

$$\begin{aligned} z_k^{(x,y)}(\boldsymbol{x}_k) &= \left\| A_k h^{(x,y)}(\boldsymbol{x}_k) + w_k^{(x,y)} \right\|^2 \\ &= \left\| A_k \exp[-(r_x-r_k)^2\lambda_{\mathrm{r}}/(2R) - (d_y-d_k)^2\lambda_{\mathrm{d}}/(2D)] + w_k^{(x,y)} \right\|^2 \end{aligned} \tag{6-20}$$

其中，$w_k^{(x,y)}$ 为系统的测量噪声；R 为距离单元大小；D 为多普勒单元大小；λ_{r} 和 λ_{d} 为模糊量，分别代表目标在距离维与多普勒维的扩散，在雷达系统中其设置与信号及信号处理参数相关。

6.1.2 基于贝叶斯滤波的微弱目标信号增强方法

贝叶斯滤波是一种解决动态系统状态估计问题的通用框架，根据系统的动态模型与测量模型，基于观测结果估计当前状态的概率分布。贝叶斯滤波器可以分为预测和更新两个步骤：在预测步，根据系统的动态方程，得到对下一时刻目标状态的预测，得到预测状态分布；在更新步，结合新的观测结果，更新预测状态分布，得到对下一时刻目标状态的估计，并以后验概率的形式描述。

以 $\boldsymbol{x}_k$ 表示目标在 k 时刻的状态向量，假设目标的状态转移为一阶马尔可夫过程，即目标当前的状态仅与上一时刻的状态有关，将系统的动态方程表示为

$$\boldsymbol{x}_{k+1} = f_k(\boldsymbol{x}_k, \boldsymbol{v}_k) \tag{6-21}$$

其中，$f_k(\cdot)$ 为过程转移函数；$\boldsymbol{v}_k$ 为动态系统的过程噪声。目标在 $k+1$ 时刻的状态 $\boldsymbol{x}_{k+1}$ 只受前一帧目标状态 $\boldsymbol{x}_k$ 及过程噪声 $\boldsymbol{v}_k$ 的影响，与系统的测量值 z_{k+1} 无关。将系统 k 时刻及之前的测量值集表示为 $z_{1:k} = \{z_1, z_2, \cdots, z_k\}$，第 k 帧传感器的测量值表示为

$$z_k = h(\boldsymbol{x}_k, \boldsymbol{n}_k) \tag{6-22}$$

其中，$\boldsymbol{n}_k$ 为测量噪声；$h(\cdot)$ 为系统的测量函数。k 时刻系统的测量矩阵 $\boldsymbol{z}_k$ 只与目标的状态 $\{\boldsymbol{x}_k,\boldsymbol{n}_k\}$ 有关，与目标之前的状态 $\boldsymbol{x}_{1:k-1}=\{\boldsymbol{x}_1,\boldsymbol{x}_2,\cdots,\boldsymbol{x}_{k-1}\}$ 无关。

假设已知目标在 $k-1$ 时刻的后验概率分布 $p(\boldsymbol{x}_{k-1}|\boldsymbol{z}_{1:k-1})$，其在预测步由 Chapman-Kolmogorov 方程计算得到。

$$\begin{aligned}p(\boldsymbol{x}_k|\boldsymbol{z}_{1:k-1})&=\int p(\boldsymbol{x}_k|\boldsymbol{x}_{k-1},\boldsymbol{z}_{1:k-1})p(\boldsymbol{x}_{k-1}|\boldsymbol{z}_{1:k-1})\mathrm{d}\boldsymbol{x}_{k-1}\\&=\int p(\boldsymbol{x}_k|\boldsymbol{x}_{k-1})p(\boldsymbol{x}_{k-1}|\boldsymbol{z}_{1:k-1})\mathrm{d}\boldsymbol{x}_{k-1}\end{aligned}\tag{6-23}$$

其中，$p(\boldsymbol{x}_k|\boldsymbol{x}_{k-1})$ 可以由系统的动态方程和过程噪声分布确定。在更新步，由贝叶斯公式可以计算得到目标状态后验概率的更新公式。

$$\begin{aligned}p(\boldsymbol{x}_k|\boldsymbol{z}_{1:k})&=\frac{p(\boldsymbol{x}_k|\boldsymbol{z}_{1:k-1})p(\boldsymbol{z}_k|\boldsymbol{x}_k,\boldsymbol{z}_{1:k-1})}{p(\boldsymbol{z}_k|\boldsymbol{z}_{1:k-1})}\\&=\frac{p(\boldsymbol{x}_k|\boldsymbol{z}_{1:k-1})p(\boldsymbol{z}_k|\boldsymbol{x}_k)}{p(\boldsymbol{z}_k|\boldsymbol{z}_{1:k-1})}\end{aligned}\tag{6-24}$$

其中，$p(\boldsymbol{z}_k|\boldsymbol{z}_{1:k-1})$ 为归一化系数，可以表示为

$$p(\boldsymbol{z}_k|\boldsymbol{z}_{1:k-1})=\int p(\boldsymbol{z}_k|\boldsymbol{x}_k)p(\boldsymbol{x}_k|\boldsymbol{z}_{1:k-1})\mathrm{d}\boldsymbol{x}_k\tag{6-25}$$

一般称 $p(\boldsymbol{z}_k|\boldsymbol{x}_k)$ 为系统的似然函数，对似然函数建模的精准与否会影响算法在低信噪比下的检测与跟踪性能。

贝叶斯滤波只是提供了一种解决问题的思路，对一般的非线性非高斯系统而言，如式（6-24）所示的解析表达难以得到。为了得到非线性非高斯系统的贝叶斯滤波估计，需要引入蒙特卡罗采样思想，以粒子滤波的方式实现贝叶斯滤波。

序贯重要性采样重采样方法是一种以粒子滤波的方式实现贝叶斯滤波的具体方法。重要性采样是当蒙特卡罗采样中所需样本服从的概率分布难以直接采样时使用的一种解决办法。蒙特卡罗积分是利用随机采样得到的样本点来计算复杂积分的方法。利用蒙特卡罗采样方法可以求解定义在多维空间的概率分布的数学期望。

设 $\pi(\boldsymbol{x})$ 为定义在空间 χ 的一个概率密度函数，则 $\pi(\boldsymbol{x})$ 的数学期望可以表示为

$$E_\pi(\boldsymbol{x})=\int_\chi \boldsymbol{x}\pi(\boldsymbol{x})\mathrm{d}\boldsymbol{x}\tag{6-26}$$

可以利用蒙特卡罗采样思想求解如式（6-26）所示的积分，首先对 $\pi(\boldsymbol{x})$ 进行大量随机采样，得到样本集 $\{\boldsymbol{x}^1,\boldsymbol{x}^2,\cdots,\boldsymbol{x}^N\}$，得到概率分布函数 $\pi(\boldsymbol{x})$ 的近似估计为

$$\hat{\pi}(\boldsymbol{x})=\frac{1}{N}\sum_{i=1}^{N}\delta(\boldsymbol{x}-\boldsymbol{x}^i)\tag{6-27}$$

将式（6-27）代入式（6-26），即可得到数学期望的估计值。

$$\hat{E}_\pi(\boldsymbol{x})=\int_\chi \boldsymbol{x}\hat{\pi}(\boldsymbol{x})\mathrm{d}\boldsymbol{x}=\frac{1}{N}\sum_{i=1}^{N}\boldsymbol{x}^i\tag{6-28}$$

式（6-28）为式（6-26）的无偏估计，即当 N 为无穷大时，可得

$$P\left(\lim_{N\to\infty}E_\pi(\boldsymbol{x})=\hat{E}_\pi(\boldsymbol{x})\right)=1\tag{6-29}$$

然而，由于 $\pi(\boldsymbol{x})$ 定义在高维空间，对 $\pi(\boldsymbol{x})$ 直接进行采样可能难以实现，重要性采样可以解决复杂分布难以直接采样的问题。重要性采样引入了一个容易采样的概率分布 $q(\boldsymbol{x})$，将对 $\pi(\boldsymbol{x})$ 的采样转化为对 $q(\boldsymbol{x})$ 的采样，计算得到每个样本的权值，使用样本集及样本的权值近似 $\pi(\boldsymbol{x})$，再对 $\pi(\boldsymbol{x})$ 的数学期望进行估计。

式（6-26）可以改写为

$$E_{\pi}(\boldsymbol{x})=\int_{\chi}\boldsymbol{x}\pi(\boldsymbol{x})\mathrm{d}\boldsymbol{x}=\int_{\chi}\boldsymbol{x}\frac{\pi(\boldsymbol{x})}{q(\boldsymbol{x})}q(\boldsymbol{x})\mathrm{d}\boldsymbol{x} \tag{6-30}$$

其中，$q(\boldsymbol{x})$ 为引入的概率分布，也称作建议分布。假设样本集 $\{\boldsymbol{x}^1,\boldsymbol{x}^2,\cdots,\boldsymbol{x}^N\}$ 为服从概率分布 $q(\boldsymbol{x})$ 的独立同分布样本，想通过此样本集代表 $\pi(\boldsymbol{x})$，那么可以定义每个样本的重要性权值为

$$\tilde{w}(\boldsymbol{x}^i)=\frac{\pi(\boldsymbol{x}^i)}{q(\boldsymbol{x}^i)} \tag{6-31}$$

对权值进行归一化处理得到

$$w(\boldsymbol{x}^i)=\frac{\tilde{w}(\boldsymbol{x}^i)}{\sum\limits_{i=1}^{N}\tilde{w}(\boldsymbol{x}^i)} \tag{6-32}$$

于是得到 $\pi(\boldsymbol{x})$ 的近似估计为

$$\hat{\pi}(\boldsymbol{x})=\sum_{i=1}^{N}w(\boldsymbol{x}^i)\delta(\boldsymbol{x}-\boldsymbol{x}^i) \tag{6-33}$$

$\pi(\boldsymbol{x})$ 的数学期望的估计为

$$\hat{E}_{\pi}(\boldsymbol{x})=\sum_{i=1}^{N}\boldsymbol{x}^i\tilde{w}(\boldsymbol{x}^i) \tag{6-34}$$

在重要性采样中，对概率分布的选择十分重要。在粒子滤波中通常选择次优的概率分布，即系统状态的转移概率密度函数 $p(\boldsymbol{x}_k|\boldsymbol{x}_{k-1})$，当样本数量足够大时，所得的概率分布近似后验概率分布。在粒子滤波中称样本为“粒子”，以加权粒子集代表概率分布，前一时刻的加权粒子集经过粒子状态的转移和权重更新递归地得到新的粒子集，这种序贯地获得每一时刻加权粒子集的做法就是序贯重要性采样（Sequential Importance Sampling，SIS）。

设 $z_{1:K}=\{z_1,z_2,\cdots,z_K\}$ 为观测集合，$\{\boldsymbol{x}_{0:1},\boldsymbol{x}_{0:2},\cdots,\boldsymbol{x}_{0:K}\}$ 为各个时刻目标状态的集合，粒子的初始分布为 $p(\boldsymbol{x}_0)$，k 时刻的粒子集为 $\{\boldsymbol{x}_{0:k}^1,\boldsymbol{x}_{0:k}^2,\cdots,\boldsymbol{x}_{0:k}^N\}$，其归一化权重为 $\{w_k^1,w_k^2,\cdots,w_k^N\}$，则将目标状态后验概率密度函数近似表示为

$$\hat{p}(\boldsymbol{x}_{0:k}|z_{1:k})=\sum_{i=1}^{N}w_k^i\delta(\boldsymbol{x}_{0:k}-\boldsymbol{x}_{0:k}^i) \tag{6-35}$$

其中，权重 w_k^i 的定义为

$$w_k^i\propto\frac{p(\boldsymbol{x}_{0:k}^i|z_{1:k})}{q(\boldsymbol{x}_{0:k}^i|z_{1:k})} \tag{6-36}$$

根据条件概率公式，可对重要性概率密度函数做如下分解。

$$
\begin{aligned}
q(\boldsymbol{x}_{0:k}^{i} | z_{1:k}) &= q(\boldsymbol{x}_{k}^{i} | \boldsymbol{x}_{0:k-1}^{i}, z_{1:k}) q(\boldsymbol{x}_{0:k-1}^{i} | z_{1:k}) \\
&= q(\boldsymbol{x}_{k}^{i} | \boldsymbol{x}_{0:k-1}^{i}, z_{1:k}) q(\boldsymbol{x}_{0:k-1}^{i} | z_{1:k-1})
\end{aligned}
\tag{6-37}
$$

假设目标的状态转移为一阶马尔可夫过程，而且每帧观测相互独立同分布，可对目标状态的后验概率密度函数进行如下分解。

$$
\begin{aligned}
p(\boldsymbol{x}_{0:k}^{i} | z_{1:k}) &= \frac{p(z_{1:k} | \boldsymbol{x}_{0:k}^{i}) p(\boldsymbol{x}_{0:k}^{i})}{p(z_{1:k})} \\
&= \frac{p(z_k, z_{1:k-1} | \boldsymbol{x}_{0:k}^{i})}{p(z_k, z_{1:k-1})} \\
&= \frac{p(z_k | \boldsymbol{x}_{0:k}^{i}, z_{1:k-1}) p(z_{1:k-1} | \boldsymbol{x}_{0:k}^{i}) p(\boldsymbol{x}_{0:k}^{i})}{p(z_k | z_{1:k-1}) p(z_{1:k-1})} \\
&= \frac{p(z_k | \boldsymbol{x}_{k}^{i}, z_{1:k-1}) p(\boldsymbol{x}_{k}^{i} | \boldsymbol{x}_{0:k-1}^{i}, z_{1:k-1}) p(\boldsymbol{x}_{0:k-1}^{i} | z_{1:k-1})}{p(z_k | z_{1:k-1})} \\
&= \frac{p(z_k | \boldsymbol{x}_{k}^{i}) p(\boldsymbol{x}_{k}^{i} | \boldsymbol{x}_{k-1}^{i}) p(\boldsymbol{x}_{0:k-1}^{i} | z_{1:k-1})}{p(z_k | z_{1:k-1})}
\end{aligned}
\tag{6-38}
$$

将式（6-37）和式（6-38）代入式（6-36），可得粒子权值更新方程为

$$
w_k^i \propto w_{k-1}^i \frac{p(z_k | \boldsymbol{x}_k^i) p(\boldsymbol{x}_k^i | \boldsymbol{x}_{k-1}^i)}{q(\boldsymbol{x}_k^i | \boldsymbol{x}_{0:k-1}^i, z_{1:k})} \tag{6-39}
$$

其中，$p(z_k | \boldsymbol{x}_k^i)$ 是假设目标状态为 $\boldsymbol{x}_k^i$ 时的测量矩阵 z_k 的概率分布，称为似然函数；通常取次优分布 $q(\boldsymbol{x}_k^i | \boldsymbol{x}_{0:k-1}^i, z_{1:k}) = q(\boldsymbol{x}_k^i | \boldsymbol{x}_{k-1}^i, z_k) = p(\boldsymbol{x}_k^i | \boldsymbol{x}_{k-1}^i)$，即系统的状态转移分布，所以式(6-39)可以表示为

$$
w_k^i \propto w_{k-1}^i p(z_k | \boldsymbol{x}_k^i) \tag{6-40}
$$

由此得到 SIS 方法中的权值更新方程。基于以上推导，k 时刻的目标状态的后验概率密度函数可以近似表示为

$$
p(\boldsymbol{x}_k | z_{1:k}) \approx \sum_{i=1}^{N} w_k^i \delta(\boldsymbol{x}_k - \boldsymbol{x}_k^i) \tag{6-41}
$$

其中，w_k^i 为第 i 个样本 $\boldsymbol{x}_k^i$ 的权值，每次采样所得样本权值可以按照式（6-39）递推计算。

SIS 的缺点是当重要性概率密度选择不当时，粒子退化很快，经过若干次迭代，大多数粒子都分布在低似然比区域，粒子的权值很小，加权粒子集并不能很好地代表后验概率分布。除此之外，在加权粒子集更新的过程中，还会耗费资源来计算这些退化粒子的权值。有 3 种方法可以解决粒子退化问题：①增加粒子数；②选择合适的重要性概率密度；③加入重采样步骤。通常采用第三种方法来解决粒子退化问题。

一般采用有效粒子数来描述粒子退化程度，有效粒子数的定义为

$$
N_{\text{eff}} = \frac{N}{1 + \operatorname{var}(w_k^{*i})} \tag{6-42}
$$

其中，N 为粒子数；$\mathrm{var}(\cdot)$ 为求方差；w_k^{*i} 为“真实”权重。可以利用加权粒子集对有效粒子数进行估计。

$$\hat{N}_{\mathrm{eff}} = \frac{1}{\sum_{i=1}^{N}(w_k^i)^2} \tag{6-43}$$

其中，w_k^i 为归一化权重，有效粒子数越少，当前加权粒子集对分布的近似越差。

图 6-1 为重采样原理，根据加权粒子集中每个粒子的权值进行重采样，对权值大的粒子进行复制，对权值小的粒子予以舍弃，重采样后得到的粒子集为等权粒子集，大部分粒子位于高似然比区域，在进行下一时刻状态搜索时，将集中在高似然比区域进行搜索。

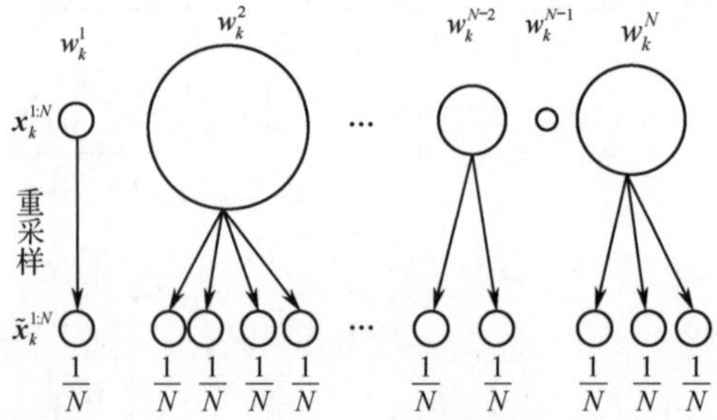

图 6-1　重采样原理

重采样的步骤如下。

步骤 1：构造累积权重和。

$$c_n = \begin{cases} 0, & n = 0 \\ c_{n-1} + w_k^n, & n = 1, 2, \cdots, N \end{cases} \tag{6-44}$$

步骤 2：产生 $(0,1]$ 区间内均匀分布的随机数 μ_j。

步骤 3：按照从小到大的顺序遍历 $\{c_n\}$，找到 $c_i \leqslant \mu_j < c_{i+1}$，重采样后的粒子 $\tilde{x}_k^j = x_k^i$，权值为 $1/N$。

步骤 4：若 $j < N$，则跳至步骤 2 重复；若 $j = N$，则重采样结束。

在实际操作中，可以设置有效粒子数的阈值，对于每次迭代得到的加权粒子集，计算其有效粒子数，当有效粒子数小于设置的阈值时，进行重采样操作；也可以对每次迭代都进行重采样操作，每次迭代都进行重采样的方法称为序贯重要性重采样（Sequential Importance Resampling，SIR）方法，即通常所说的粒子滤波实现方法。

由于重采样会对粒子集的多样性造成破坏，有学者研究了改进的重采样方法，在模型完全匹配的情况下，这些方法可以提高在低信噪比下的检测性能，但是会提高算法的复杂度。

粒子滤波是通过寻找一组在状态空间中传播的随机样本，对概率密度函数 $p(\boldsymbol{x}_k|\boldsymbol{z}_k)$ 进行近似，以样本均值代替积分运算，从而获得状态最小方差估计的过程，这些样本称为粒子。SPF-TBD 方法是由 Salmond 最早提出的检测前跟踪框架，后来将目标幅度加入

目标状态向量中，将 SPF-TBD 扩展至未知幅度目标的检测前跟踪场景。SPF-TBD 框架中目标的联合状态写为 $\{\boldsymbol{x}_k, E_k\}$，把加权粒子集分为存活粒子（ $E_k^i=1$ ）和死亡粒子（ $E_k^i=0$ ），并人为设置两种粒子之间的转移概率 P_b 与 P_d。

目标联合状态的转移概率密度函数 $p(\boldsymbol{x}_{k+1}, E_{k+1} | \boldsymbol{x}_k, E_k)$ 可以分解为

$$p(\boldsymbol{x}_{k+1}, E_{k+1} | \boldsymbol{x}_k, E_k) = p(\boldsymbol{x}_{k+1} | \boldsymbol{x}_k, E_k, E_{k+1}) p(E_{k+1} | \boldsymbol{x}_k, E_k) \tag{6-45}$$

假设目标的辅助变量 E_{k+1} 取值与上一时刻的目标状态 $\boldsymbol{x}_k$ 无关，只受到转移概率矩阵为 Π_{ij} 的马尔可夫过程的影响，则式（6-45）等号右边的第二项 $p(E_{k+1} | \boldsymbol{x}_k, E_k)$ 可由如图 6-2 所示的辅助变量状态转移关系确定。由于当目标不存在（ $E_{k+1}=0$ ）时，目标状态 $\boldsymbol{x}_k$ 的分布无意义，所以下面只讨论 $E_{k+1}=1$ 的情况，按照 $E_k=1$ 和 $E_k=0$ 可将式（6-45）等号右边的第一项 $p(\boldsymbol{x}_{k+1} | \boldsymbol{x}_k, E_k, E_{k+1})$ 拆分如下。

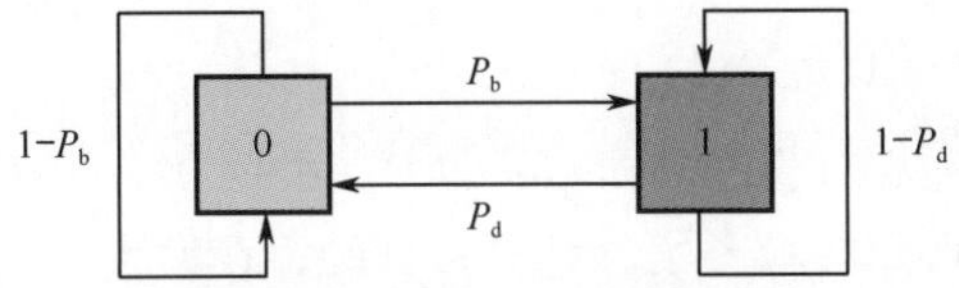

图 6-2　辅助变量状态转移关系

$$p(\boldsymbol{x}_{k+1} | \boldsymbol{x}_k, E_k, E_{k+1}=1) = \begin{cases} p(\boldsymbol{x}_{k+1} | \boldsymbol{x}_k), & E_k = 1 \\ p_{\mathrm{B}}(\boldsymbol{x}_{k+1}), & E_k = 0 \end{cases} \tag{6-46}$$

其中，$p(\boldsymbol{x}_{k+1} | \boldsymbol{x}_k)$ 由系统的动态方程给出；$p_{\mathrm{B}}(\boldsymbol{x}_{k+1})$ 为目标出现的初始分布，一般可取为监视区域内的均匀分布。

假设测量值的每个像素点的分布相互独立，似然函数 $p(\boldsymbol{z}_k | \boldsymbol{x}_k^i, E_k^i=1)$ 可以表示为

$$p(\boldsymbol{z}_k | \boldsymbol{x}_k^i, E_k^i) = \begin{cases} \prod\limits_{x,y} p_{\mathrm{S+n}}(z_k^{(x,y)} | \boldsymbol{x}_k^i), & E_k^i = 1 \\ \prod\limits_{x,y} p_{\mathrm{n}}(z_k^{(x,y)}), & E_k^i = 0 \end{cases} \tag{6-47}$$

其中，$p_{\mathrm{n}}(\cdot)$ 是背景噪声的概率密度函数；$p_{\mathrm{S+n}}(\cdot | \boldsymbol{x}_k)$ 是目标状态为 $\boldsymbol{x}_k^i$ 时目标与信号同时存在情况下的测量值概率密度函数；$z_k^{(x,y)}$ 是 (x,y) 像素处的测量值。

式（6-45）假设目标的存在会影响整个监视区域的观测值。实际上，目标可能只影响一小片区域的观测值，记这一片区域为 $C(\boldsymbol{x}_k^i)$，目标状态为 $\boldsymbol{x}_k^i$ 时的似然函数可以写作

$$p(\boldsymbol{z}_k | \boldsymbol{x}_k^i, E_k^i=1) = \prod_{(x,y)\in C(\boldsymbol{x}_k^i)} p_{\mathrm{S+n}}(z_k^{(x,y)} | \boldsymbol{x}_k^i) \prod_{(x,y)\notin C(\boldsymbol{x}_k)} p_{\mathrm{n}}(z_k^{(x,y)}) \tag{6-48}$$

选择状态转移概率分布作为粒子滤波的建议分布，得到未归一化的粒子权值为

$$w_k^i \propto w_{k-1}^i p(\boldsymbol{z}_k | \boldsymbol{x}_k^i, E_k^i) \tag{6-49}$$

如果上一时刻进行了重采样，那么 $w_{k-1}^i = 1/N$。定义似然比函数为

$$l(z_k^{(x,y)} | \boldsymbol{x}_k^i, E_k^i) = \frac{p(z_k^{(x,y)} | \boldsymbol{x}_k^i, E_k^i)}{p(z_k^{(x,y)} | E_k=0)} \tag{6-50}$$

则可以得到未归一化的粒子权值为

$$w_k^i \propto \begin{cases} \prod\limits_{(x,y)\in C(\boldsymbol{x}_k^i)} l(z_k^{(x,y)} \big| \boldsymbol{x}_k^i, E_k^i), & E_k^i = 1 \\ 1, & E_k^i = 0 \end{cases} \tag{6-51}$$

通过引入似然比函数，可以降低粒子权值的计算量，对于存活粒子，其未归一化权值只需计算粒子状态邻近空间；对于死亡粒子，可以直接将其未归一化权值设置为 1。

以下给出 SPF-TBD 算法的完整步骤。

步骤 1：初始化参数，设置粒子数为 N，新生概率为 P_{b}，死亡概率为 P_{d}。

步骤 2：初始化粒子集 $\{[\boldsymbol{x}_0^{1:N}, E_0^{1:N}], 1/N\}$，设置 $P_{\mathrm{b}}N$ 个粒子代表目标存在，$E_0^i = 1$，$\boldsymbol{x}_0^i \sim p_{\mathrm{B}}(\boldsymbol{x}_0), i = 1:NP_{\mathrm{b}}$，其余粒子代表目标不存在，$E_0^i = 0$，状态向量 $\boldsymbol{x}_0^i$ 为零向量。

步骤 3：按照系统的动态方程对粒子集进行转移，得到新的粒子集 $\{[\boldsymbol{x}_k^{1:N}, E_k^{1:N}]\}$，对每个粒子按照式（6-51）计算得到未归一化的粒子权值 $\{w_k^{1:N}\}$。

步骤 4：归一化粒子权值。

步骤 5：对加权粒子集进行重采样，得到等权重粒子集 $\{[\boldsymbol{x}_k^i, E_k^i], 1/N\}$。

步骤 6：根据重采样得到的粒子集，计算目标的存在概率。

$$p_{\mathrm{e}k} = \frac{1}{N}\sum_{i=1}^{N} E_k^i \tag{6-52}$$

按照最小方差准则对目标状态进行估计。

$$\hat{\boldsymbol{x}}_k = E[\boldsymbol{x}_k \big| E_k = 1] = \frac{1}{N}\sum_{i=1}^{N} \boldsymbol{x}_k^i E_k^i \tag{6-53}$$

6.1.3 多普勒扩散高阶补偿方法

当相参积累时间较长时，二阶项造成的多普勒扩散主要由两个原因造成：第一个原因是积累时间越长，多普勒频率变换的可能越大；第二个原因是相参积累时间越长，多普勒频率分辨率越高，多普勒频率分辨单元越小，对多普勒频率的变化越敏感。当将长时间监测信号进行分帧处理后，一个相参积累时间内多普勒频率的变化量有所减少，同时多普勒频率分辨单元会变大，由此与长时间相参积累相比，二阶项造成的多普勒频率扩散影响要小得多。此外，考虑在积累时间为几百毫秒的情况下，二阶项系数对距离造成的影响十分微弱，二阶项系数只有极大才能表现出距离单元的走动。

外辐射源雷达信号经过相参积累后测量分布于距离-多普勒二维平面上，当信噪比较高时，可以通过求最大值得到目标的双基距离差和多普勒频率估计。记 k 时刻目标状态 $\boldsymbol{x}_k$ 由以下 5 个变量表示。

$$\boldsymbol{x}_k = [r_k \quad d_k \quad a_k \quad A_k \quad E_k]^{\mathrm{T}} \tag{6-54}$$

其中，r_k 为双基距离差；d_k 为目标的多普勒频率；a_k 为双基距离差随时间变化的二阶项系数，主要影响相关峰多普勒频率的扩散与帧间多普勒频率的变化；A_k 为目标相关峰的幅度值；E_k 为标注目标是否存在的辅助二元变量。以带有过程噪声的匀加速运动对目标的运动

情况进行建模，可以得到 r_k 、d_k 与 a_k 的动态转移关系为

$$[r_{k+1} \quad d_{k+1} \quad a_{k+1}]^{\mathrm{T}} = \begin{bmatrix} 1 & \lambda T & T^2/2 \\ 0 & 1 & -T/\lambda \\ 0 & 0 & 1 \end{bmatrix} \begin{bmatrix} r_k \\ d_k \\ a_k \end{bmatrix} + \begin{bmatrix} \lambda T^3/6 \\ \lambda T^2/2 \\ \lambda T \end{bmatrix} v_k^{(1)} \tag{6-55}$$

其中，T 为两次测量间隔的时间，即一个相参积累时间（Coherent Integration Time，CIT）的长度；λ 为信号的波长；$v_k^{(1)}$ 为过程噪声，假设 $v_k^{(1)}$ 服从零均值高斯分布，其方差为 σ_1^2，表示目标加速度的变化。

假设目标相关峰高度在帧间几乎不发生变化，建立 A_k 的动态转移关系如下。

$$A_{k+1} = A_k + v_k^{(2)} \tag{6-56}$$

其中，$v_k^{(2)}$ 服从零均值方差为 σ_2^2 的高斯噪声，表示两次测量之间由于离散化等原因引起的目标幅度变化，$v_k^{(1)}$ 与 $v_k^{(2)}$ 相互独立。

在检测前跟踪框架中，为了描述目标存在与否，需要引入辅助变量 E_k， E_k 取值为 1 代表目标存在，E_k 取值为 0 代表目标不存在。假设辅助变量随时间的变化可以由马尔可夫过程描述，马尔可夫转移概率矩阵定义为

$$\mathbf{\Pi}_{ij} = \begin{pmatrix} 1-P_{\mathrm{b}} & P_{\mathrm{b}} \\ P_{\mathrm{d}} & 1-P_{\mathrm{d}} \end{pmatrix} \tag{6-57}$$

其中，$P_{\mathrm{b}} = P(E_k = 1 | E_{k-1} = 0)$ 为粒子在第 k 帧的新生概率；$P_{\mathrm{d}} = P(E_k = 0 | E_k = 1)$ 为粒子在第 k 帧的死亡概率。

综上所述，使用 SPF-TBD 理论对机动弱小目标进行长时间积累的检测方法的步骤如下。

步骤 1：对长时间观测信号进行分帧操作，对单帧信号进行带有一阶距离走动补偿的相参积累，并通过平方律检波。

步骤 2：初始化参数，设置粒子数、新生概率与死亡概率，设置双基距离差、多普勒频率、目标信噪比、多普勒频率扩散范围，初始化粒子集 $\{[\boldsymbol{x}_0^{1:N}, a_0^{1:N}, E_0^{1:N}], 1/N\}$。

步骤 3：对于时刻 k，按照系统动态模型［式（6-54）～式（6-56）］对粒子集进行动态转移，得到新的粒子集 $\{[\boldsymbol{x}_k^{1:N}, a_k^{1:N}, E_k^{1:N}]\}$，计算粒子权值。

步骤 4：对粒子权值进行归一化，进行重采样得到等权粒子集。

步骤 5：进行目标状态估计，跳转至步骤 3。

下面通过仿真实验验证多普勒扩散高阶补偿方法的有效性。设置辐射源卫星信号的等效全向辐射功率（Equivalent Isotropically Radiated Power，EIRP）为 52dBW，其星下点为 110.5°E，载波频率为 12.5GHz，信号带宽为 40MHz，调制方式为 QPSK。接收端位于北纬 40°、东经 115° 的地面，采样频率为 100MHz，目标初始位置为北纬 39.6°、东经 115.6°，距离地面 8km。目标的 BCS 取为 $10\mathrm{m}^2$，计算得到监视信号的信噪比约为 -59.46dB，在一个波束内目标持续时间为 1.2s，在目标持续时间内其双基距离差为随时间的变化关系。

$$r(t) = r_0 + v_{\mathrm{r}} t + 0.5 a_{\mathrm{r}} t^2 \tag{6-58}$$

其中，初始双基距离差 r_0 为 56998m，一阶项系数 v_r 为 -225.33m/s，二阶项系数 a_r 为 -1.8m/s^2。对监视信号进行一阶 RFT 补偿的相参积累，积累时间为 1.2s，积累点数为 1.2 亿个，搜索距离范围为 $[57636,57825]\text{m}$，搜索间隔为 3m，搜索多普勒频率范围为 $[9152,9647]\text{Hz}$，搜索间隔为 5Hz，长时间积累结果及距离侧视图如图 6-3 所示，其中箭头所指处为目标。从图中可以看出，由于目标多普勒频率的扩散，相关峰被湮没在噪声中。

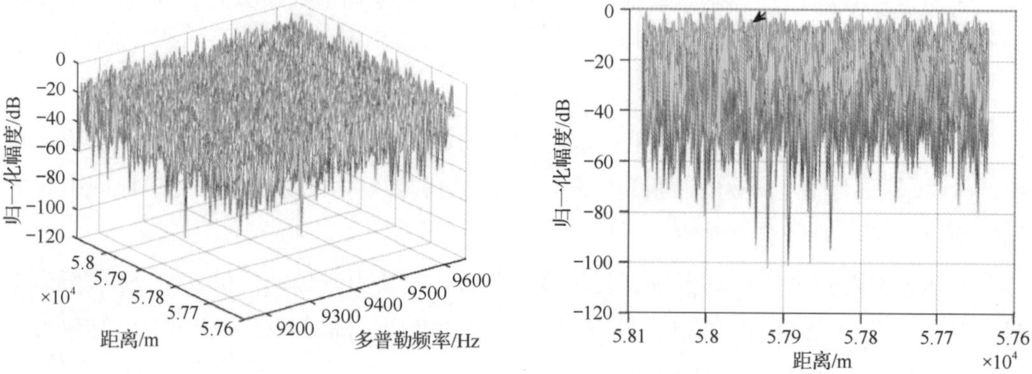

（a）长时间相参积累结果　　（b）距离侧视图

图 6-3　长时间相参积累结果及距离侧视图

对相参积累后的结果分别进行虚警概率为 10^{-6} 和虚警概率为 10^{-4} 的二维单元平均恒虚警率（Cell Average Constant False Alarm Rate，CA-CFAR）检测，结果如图 6-4 所示。从图中可以看出，由于目标相关峰相对高度较低，当虚警概率为 10^{-6} 时，不能检测出目标；当虚警概率为 10^{-4} 时，虽然检测出了目标，但是目标的时延、多普勒频率都估计错误，因此应该被视为虚警。

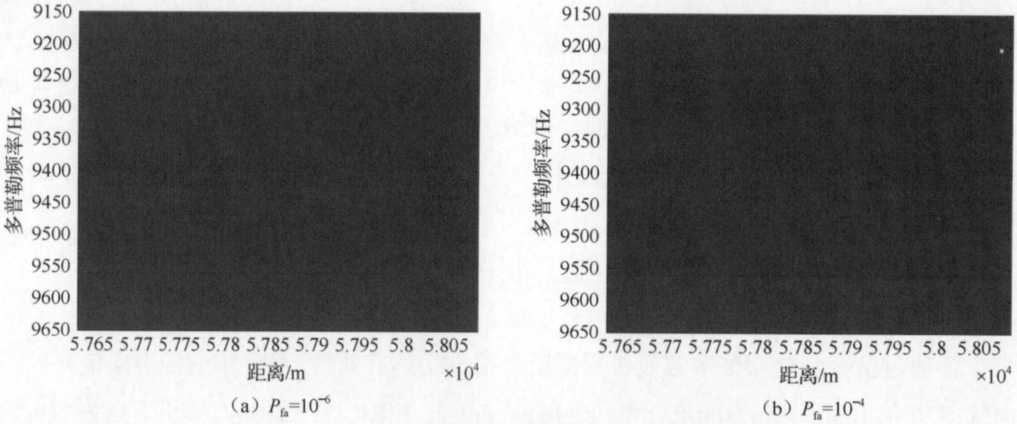

（a）$P_\text{fa}=10^{-6}$　　（b）$P_\text{fa}=10^{-4}$

图 6-4　长时间相参积累二维 CA-CFAR 检测结果

对信号进行不重叠分帧操作，每帧为 2000 万个采样点，共 12 帧数据。目标在第 4 帧出现，持续到第 10 帧消失，对每帧信号进行一阶 RFT 补偿的相参积累操作，距离与多普勒频率的搜索范围同前文。单帧相参积累结果如图 6-5 所示。

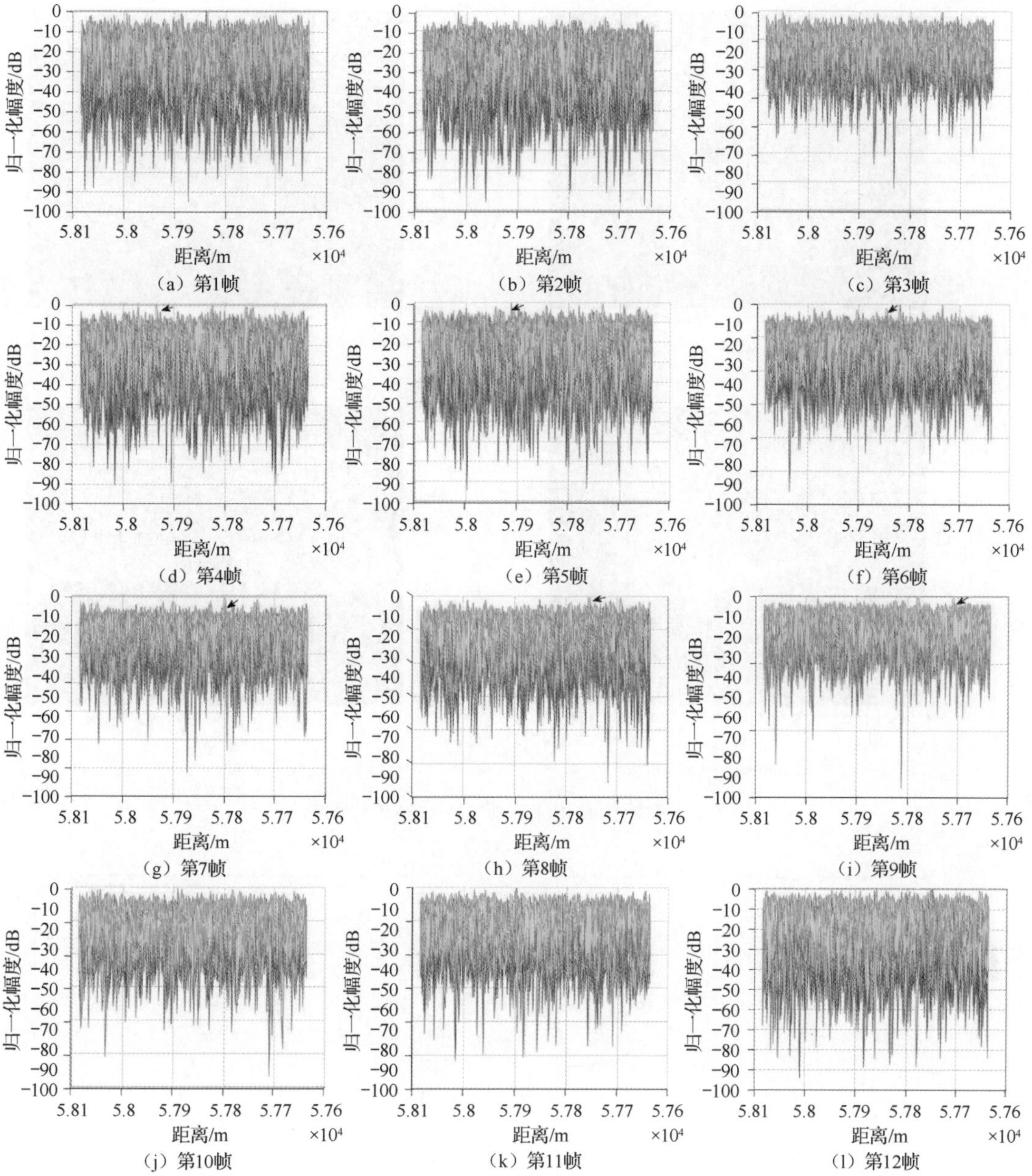

图 6-5　单帧相参积累结果（1～12 帧）

由图 6-5 可以看出，短时间单帧相参积累后的相关峰高度高于长时间积累的结果，对第 1 帧与第 4 帧进行虚警概率为10^{-6}和虚警概率为10^{-4}的二维 CA-CFAR 检测，结果如图 6-6 所示。由图 6-6 可以看出，当虚警概率为10^{-6}时，第 1 帧与第 4 帧均无目标检出；当虚警概率为10^{-4}时，第 1 帧产生了虚警，第 4 帧虽然检出了目标，但同样产生了虚警。

对相参积累处理得到的 12 帧数据进行检测前跟踪处理，设置粒子数为 40000 个，信噪比为 7～13dB，二阶项系数初始化为-2～2m/s^2，取测量模型为多普勒扩散测量函数模型，设置检测门限为 0.5，单次实验结果如图 6-7 所示。

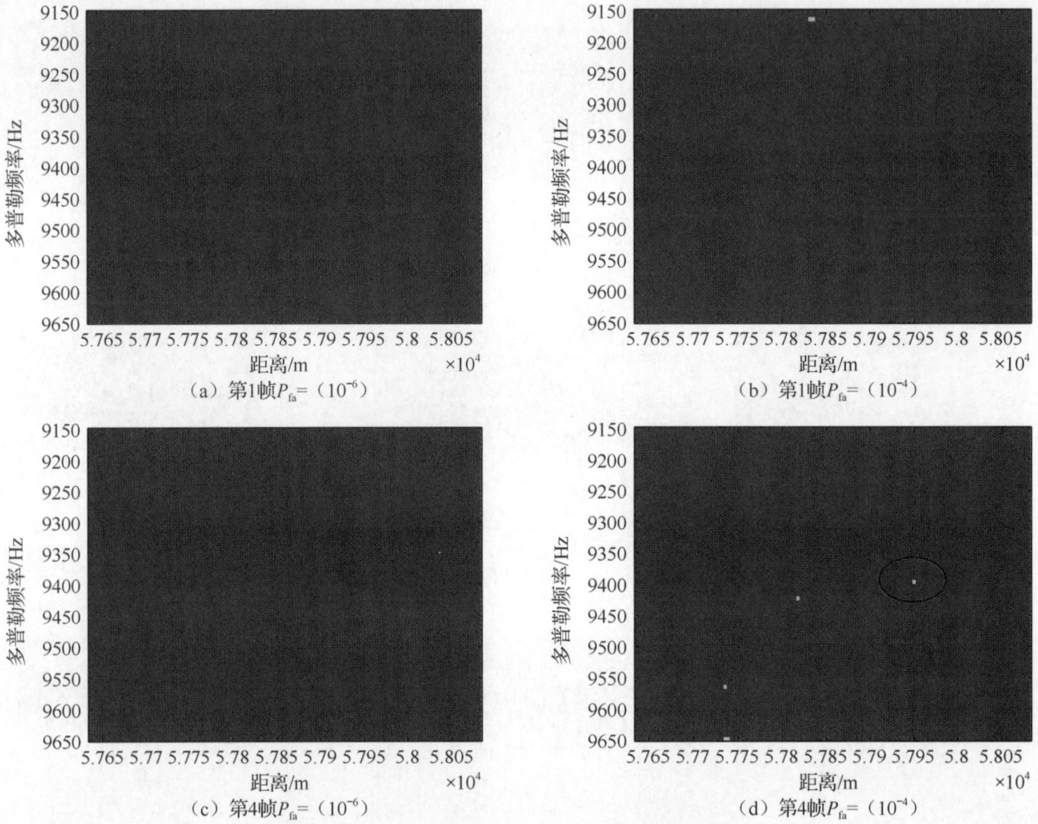

（a）第1帧P_{fa}=（10^{-6}）
（b）第1帧P_{fa}=（10^{-4}）
（c）第4帧P_{fa}=（10^{-6}）
（d）第4帧P_{fa}=（10^{-4}）

图 6-6　单帧相参积累二维 CA-CFAR 检测结果

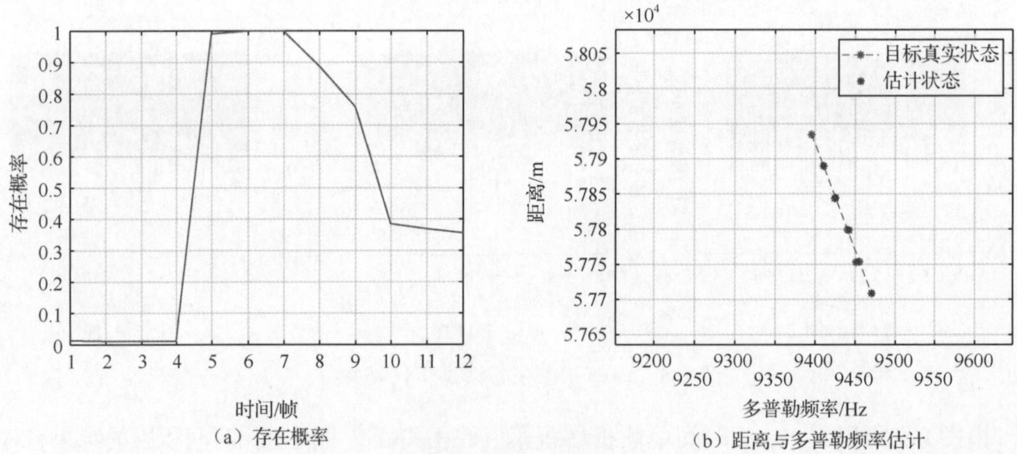

（a）存在概率
（b）距离与多普勒频率估计

图 6-7　单次实验结果

由图 6-7 可见，滤波后在第 5～9 帧检测出了目标，且对目标的距离与多普勒频率估计精度较高。1000 次重复实验的结果如图 6-8 所示。按照式（6-59）计算距离与多普勒频率的均方根误差（Root Mean Squard Error，RMSE），结果如图 6-9 所示。

$$\mathrm{RMSE}=\sqrt{\frac{1}{m}\sum_{i=1}^{m}(y_i-\hat{y}_i)^2} \tag{6-59}$$

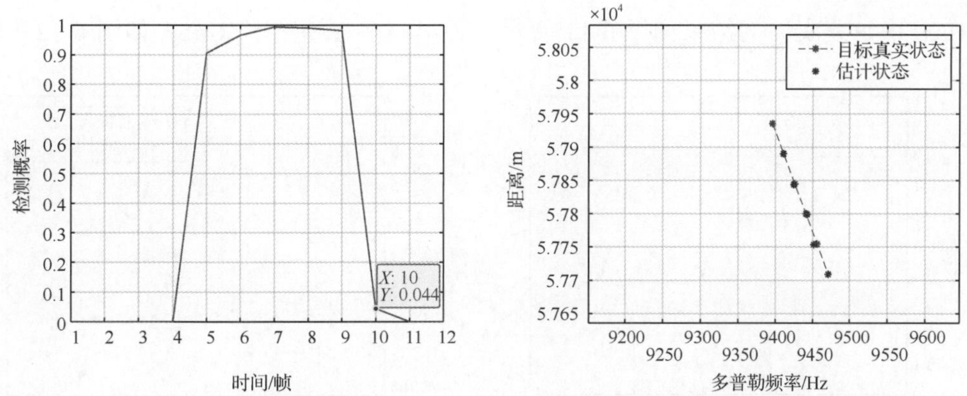

（a）检测概率　（b）距离与多普勒频率估计

图 6-8　1000 次重复实验的结果

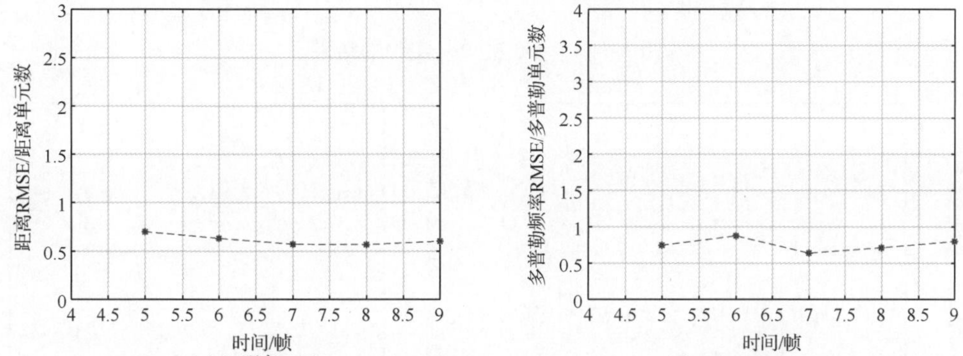

（a）距离RMSE　（b）多普勒频率RMSE

图 6-9　1000 次重复实验计算的距离 RMSE 与多普勒频率 RMSE

由图 6-8 可知，在第 5～9 帧对目标的检测概率在 0.9 以上，在目标消失后一帧，即第 10 帧，有较小的概率出现虚警。由图 6-9 可知，在第 5～9 帧对距离与多普勒频率的平均估计误差都在一个处理单元内。

其他参数保持不变，设置测量函数为点扩散函数模型，单次实验结果如图 6-10 所示，单次实验结果在第 5～11 帧的存在概率大于设置的门限，但是结合距离与多普勒频率的估计值可以看出，仅在第 5～7 帧的估计值是准确的，其余全部应该被视为虚警。

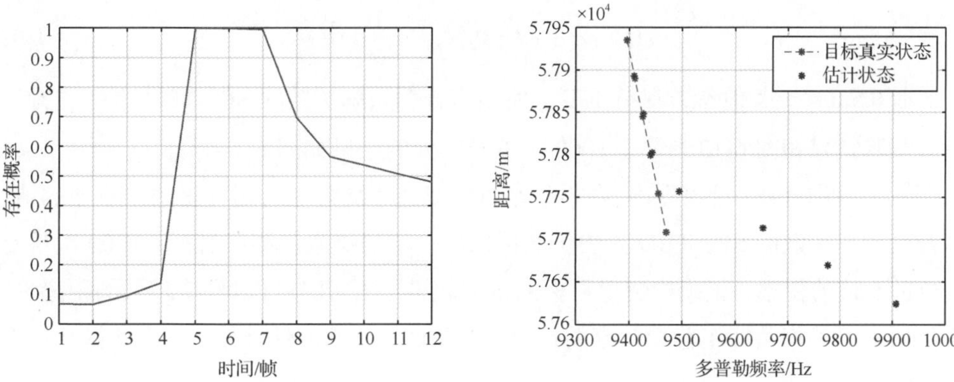

（a）存在概率　（b）距离与多普勒频率估计

图 6-10　单次实验结果

1000 次重复实验的结果如图 6-11 所示，距离与多普勒频率 RMSE 如图 6-12 所示。

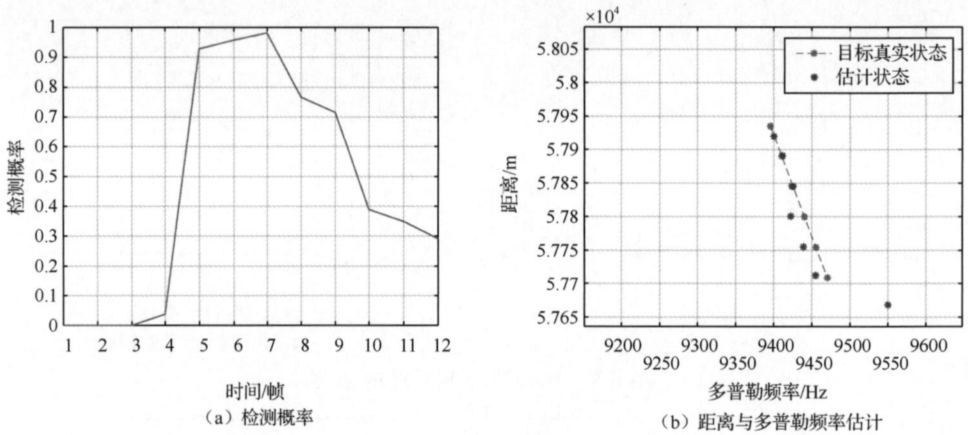

图 6-11 1000 次重复实验的结果

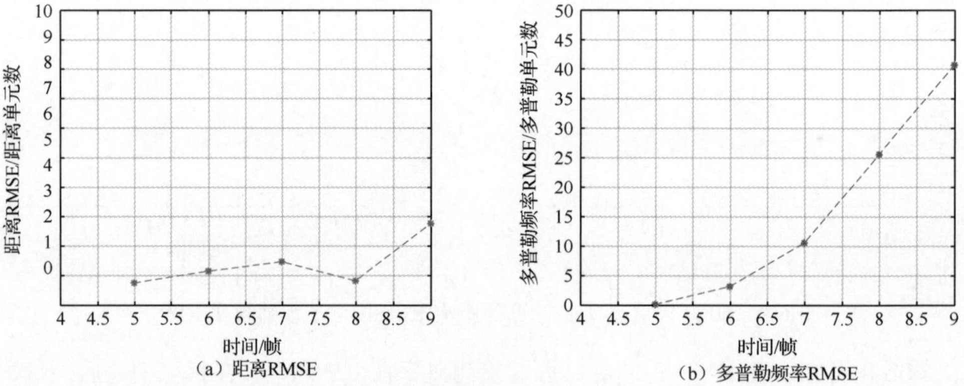

图 6-12 1000 次重复实验计算的距离 RMSE 与多普勒频率 RMSE

由图 6-11 与图 6-12 可知，经过 1000 次重复实验，平均来看，在第 5～7 帧对目标的检测概率超过 0.9，但是距离与多普勒频率的 RMSE 比多普勒扩散高阶补偿方法大，除此之外，在第 10～12 帧表现为较大概率的虚警。

设置目标的双基距离差变化关系为

$$r(t)=r_0+v_{\mathrm{r}}t+0.5a_{\mathrm{r}}t^2+\frac{1}{6}\dot{a}_{\mathrm{r}}t^3 \tag{6-60}$$

其中，$\dot{a}_{\mathrm{r}}$ 取 0.5m/s^3，其他参数保持不变。使用多普勒频率扩散的 SPF-TBD 方法进行目标检测，单次实验结果如图 6-13 所示。1000 次重复实验的结果如图 6-14 所示。

由图 6-13 和图 6-14 可以看出，在不忽略目标双基距离差随时间变化的三阶项的情况下，运用多普勒频率扩散的 SPF-TBD 方法仍然可以以一定的概率检测出目标。1000 次重复实验表明，经过 5 帧的积累，正确检测出目标的概率超过 0.7，并且可以保持较低的距离 RMSE，由于高阶项加重了相关峰多普勒频率的扩散，因此对加速度的估计偏大，由此提高了多普勒频率的 RMSE。

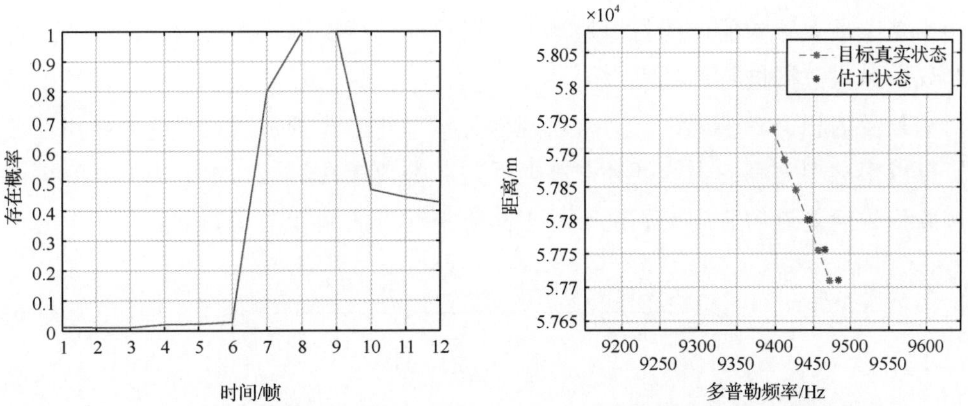

（a）存在概率　（b）距离与多普勒频率估计

图 6-13　单次实验结果

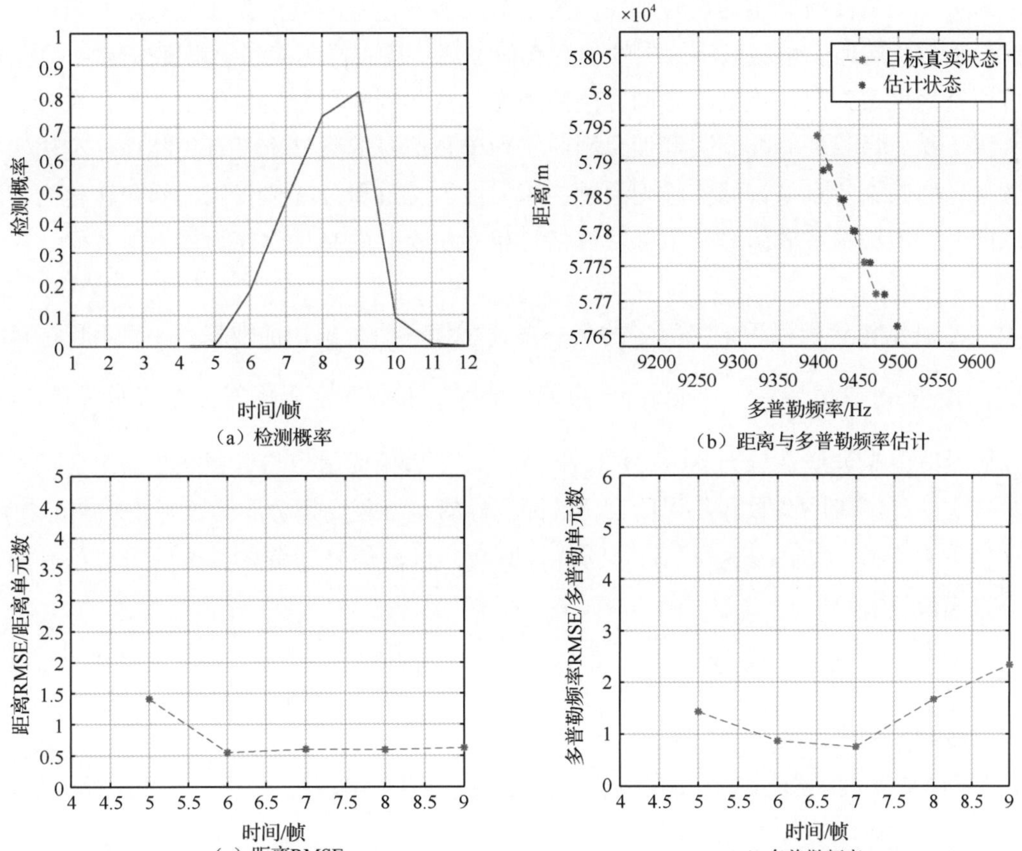

（a）检测概率　（b）距离与多普勒频率估计

（c）距离RMSE　（d）多普勒频率RMSE

图 6-14　1000 次重复实验的结果

6.2 基于最大后验估计的目标检测方法

当辐射源探测远距离目标时，积累信噪比往往较低，难以达到传统方法的检测门限。

本节利用基于最大后验估计的目标检测方法对目标进行检测。在检测目标之前，首先利用高阶统计量对数据进行预处理。

对积累后的相关峰来说，其通常表现为尖峰，并与背景杂波功率的分布相互独立。因此，可以根据相关峰的尖峰性和非高斯性判断是否存在目标。本节通过高阶统计量峭度来判断积累后能量的非高斯程度。基于高阶统计量的峭度定义如下。

$$\kappa=\frac{E\{(\|z\|-\mu)^4\}}{\sigma^4}=\frac{\frac{1}{N}\sum_{i=1}^{N}(\|z_i\|-\mu)^4}{\left(\frac{1}{N}\sum_{i=1}^{N}(\|z_i\|-\mu)^2\right)^2} \tag{6-61}$$

其中，$E\{\}$ 表示期望；$\|\cdot\|$ 表示复幅度；z 表示待检测的输入信号；z_i 表示 z 的第 i 个采样；μ 表示 $\|z\|$ 的均值；σ 表示 $\|z\|$ 的标准差；N 表示参与计算的样本数。

对近似服从高斯分布的信号来说，通常情况下该信号峭度值为 3 左右。而当信号中混有较强的尖峰时，峭度值将因尖峰的存在而变大。且尖峰越尖锐，峭度值越大。因此，可以通过峭度值判断待检测信号的非高斯程度，从而判断积累后信号中是否存在目标。

由于积累后相关峰具有尖峰性，因此实际单频信号的频谱也具有尖峰性。利用实际单频信号的频谱特点与该峰值检测问题的相似性，通过积分变换将探测问题转化为特征提取问题。考虑将参考信号与目标回波信号相参积累后的结果建模为如下形式。

$$\boldsymbol{X}=\boldsymbol{AS}+\boldsymbol{N} \tag{6-62}$$

其中，$\boldsymbol{X}$ 表示相参积累后结果固定的某一多普勒频率的时延切面数据；$\boldsymbol{S}$ 表示目标信号幅度；$\boldsymbol{A}=\exp\left[\mathrm{j}2\pi t\left(-\frac{N}{2}:\frac{N}{2}+1\right)f_{\mathrm{s}}\right]$ 表示积分变换后的频率字典矩阵；$\boldsymbol{N}$ 表示背景杂波。

假设背景杂波服从分布 $\boldsymbol{N}\sim\mathcal{CN}(\boldsymbol{N}|0,\boldsymbol{\Sigma}_N)$，那么目标信号与背景杂波的组合信号服从分布 $\boldsymbol{X}\sim\mathcal{CN}(\boldsymbol{X}|\boldsymbol{AS},\boldsymbol{\Sigma}_N)$，并且假设目标信号的多维复高斯分布为 $\boldsymbol{S}\sim\mathcal{CN}(\boldsymbol{S}|0,\boldsymbol{\Sigma}_S)$，其中协方差矩阵为 $\boldsymbol{\Sigma}_S=\mathrm{diag}(\sigma_1,\sigma_2,\cdots,\sigma_k)$。那么，目标信号与背景杂波的组合信号的具体分布函数为

$$p(\boldsymbol{X}|\boldsymbol{AS},\boldsymbol{\Sigma}_N)=\frac{1}{\pi^n|\boldsymbol{\Sigma}_N|}\exp(-(\boldsymbol{X}-\boldsymbol{AS})^{\mathrm{H}}\textstyle\sum_N^{-1}(\boldsymbol{X}-\boldsymbol{AS})) \tag{6-63}$$

目标信号的概率密度函数可以表示为

$$p(\boldsymbol{S}|\boldsymbol{\Sigma}_S)=\frac{1}{\pi^k|\boldsymbol{\Sigma}_S|}\exp(-\boldsymbol{S}^{\mathrm{H}}\textstyle\sum_S^{-1}\boldsymbol{S}) \tag{6-64}$$

为约束目标信号 $\boldsymbol{S}$ 满足稀疏条件，引入超参数 α,β，使 σ_i（$i=1,2,\cdots,k$）满足伽马分布 $\boldsymbol{\Sigma}_S\sim\mathrm{Gamma}(\boldsymbol{\Sigma}_S|\alpha,\beta)$，那么 $\boldsymbol{\Sigma}_S$ 的概率密度函数可具体表示为

$$\begin{aligned}p(\boldsymbol{\Sigma}_S|\alpha,\beta)&=\mathrm{Gamma}(\boldsymbol{\Sigma}_S|\alpha,\beta)\\&=\frac{\beta^{k\alpha}}{\Gamma^k(\alpha)}|\boldsymbol{\Sigma}_S|^{\alpha-1}\exp(-\beta\mathrm{Tr}(\boldsymbol{\Sigma}_S))\end{aligned} \tag{6-65}$$

其中，$\Gamma(\cdot)$ 表示伽马函数；$\mathrm{Tr}(\cdot)$ 表示求矩阵的迹。将参数集表示为

$$\Theta=\{\boldsymbol{S},\boldsymbol{\Sigma}_N,\boldsymbol{\Sigma}_S\} \tag{6-66}$$

根据贝叶斯定律，目标信号 $\boldsymbol{S}$ 的后验概率分布可以由背景杂波概率分布和目标信号的先验概率分布表示，即

$$p(\boldsymbol{S},\boldsymbol{\Sigma}_S,\boldsymbol{\Sigma}_N|\boldsymbol{X}) \propto p(\boldsymbol{X}|\boldsymbol{S},\boldsymbol{\Sigma}_N)p(\boldsymbol{S}|\boldsymbol{\Sigma}_S)p(\boldsymbol{\Sigma}_S|\alpha,\beta) \tag{6-67}$$

对式（6-67）取对数，分别对参数集的各变量求导，令其等于 0。交替迭代后得到最终的 $\boldsymbol{S}$，得到对数最大似然函数为

$$\begin{aligned}\ln p(\boldsymbol{X},\Theta) &= -n\ln\pi - \ln|\boldsymbol{\Sigma}_N| - (\boldsymbol{X}-\boldsymbol{AS})^{\mathrm{H}}\boldsymbol{\Sigma}_N^{-1}(\boldsymbol{X}-\boldsymbol{AS}) - \\ &\quad k\ln\pi - \ln|\boldsymbol{\Sigma}_S| - \boldsymbol{S}^{\mathrm{H}}\boldsymbol{\Sigma}_S^{-1}\boldsymbol{S} + \\ &\quad k\alpha\ln\beta - k\ln\Gamma(\alpha) + (\alpha-1)\ln|\boldsymbol{\Sigma}_S| - \beta\mathrm{Tr}(\boldsymbol{\Sigma}_S) \\ &= -(\boldsymbol{X}-\boldsymbol{AS})^{\mathrm{H}}\boldsymbol{\Sigma}_N^{-1}(\boldsymbol{X}-\boldsymbol{AS}) - \boldsymbol{S}^{\mathrm{H}}\boldsymbol{\Sigma}_S^{-1}\boldsymbol{S} - \\ &\quad \ln|\boldsymbol{\Sigma}_N| + (\alpha-2)\ln|\boldsymbol{\Sigma}_S| - \beta\mathrm{Tr}(\boldsymbol{\Sigma}_S) + \mathrm{const.}\end{aligned} \tag{6-68}$$

其中，$\mathrm{const.} = -(n+k)\ln\pi + k\alpha\ln\beta - k\ln\Gamma(\alpha)$，则参数集的解为

$$\begin{aligned}\Theta_{\mathrm{MAP}} = \underset{\theta}{\arg\max} &-(\boldsymbol{X}-\boldsymbol{AS})^{\mathrm{H}}\boldsymbol{\Sigma}_N^{-1}(\boldsymbol{X}-\boldsymbol{AS}) - \boldsymbol{S}^{\mathrm{H}}\boldsymbol{\Sigma}_S^{-1}\boldsymbol{S} - \ln|\boldsymbol{\Sigma}_N| + \\ &(\alpha-2)\ln|\boldsymbol{\Sigma}_S| - \beta\mathrm{Tr}(\boldsymbol{\Sigma}_S) + \mathrm{const.}\end{aligned} \tag{6-69}$$

利用式（6-69）对参数集求梯度，可以分别获得目标信号 $\boldsymbol{S}$、背景杂波协方差矩阵 $\boldsymbol{\Sigma}_N$ 和目标信号协方差矩阵 $\boldsymbol{\Sigma}_S$，并且通过迭代求解可以获得参数集的最大似然估计，具体求解过程如式（6-70）～式（6-72）所示。

更新 $\boldsymbol{S}$，令 $\dfrac{\partial \ln p(x,\boldsymbol{\Theta})}{\partial \boldsymbol{S}} = 0$，可得

$$\hat{\boldsymbol{S}}^{(m+1)} = (\boldsymbol{A}^{\mathrm{H}}\boldsymbol{\Sigma}_N^{-1(m)}\boldsymbol{A} + \boldsymbol{\Sigma}_S^{-1(m)})^{-1}\boldsymbol{A}^{\mathrm{H}}\boldsymbol{\Sigma}_N^{-1(m)}\boldsymbol{X} \tag{6-70}$$

更新 $\boldsymbol{\Sigma}_N$，令 $\dfrac{\partial \ln p(x,\boldsymbol{\Theta})}{\partial \boldsymbol{\Sigma}_N} = 0$，可得

$$\hat{\boldsymbol{\Sigma}}_N^{(m+1)} = (\boldsymbol{X} - \boldsymbol{A}\hat{\boldsymbol{S}}^{(m)})(\boldsymbol{X} - \boldsymbol{A}\hat{\boldsymbol{S}}^{(m)})^{\mathrm{H}} \tag{6-71}$$

更新 $\boldsymbol{\Sigma}_S$，令 $\dfrac{\partial \ln p(x,\boldsymbol{\Theta})}{\partial \boldsymbol{\Sigma}_S} = 0$，可得

$$\hat{\boldsymbol{\Sigma}}_S^{(m+1)} = \left(\frac{\hat{\boldsymbol{S}}^{(m)}\hat{\boldsymbol{S}}^{(m)\mathrm{H}}}{\beta}\right)^{\frac{1}{2}} \tag{6-72}$$

通过多次迭代对目标信号 $\boldsymbol{S}$ 进行估计，根据相邻两步的参数之差来判断是否收敛，并作为是否满足终止条件的判断，最终获得目标信号 $\boldsymbol{S}$ 的最大后验估计，从而提取到目标信息。

基于最大似然估计的目标检测方法流程如图 6-15 所示。首先判断相参积累时延切片数据是否需要进行最大似然估计目标提取。若不需要，则直接输出结果；否则，求取相参积累切片数据的频率字典矩阵。然后将数据进行傅里叶逆变换并进行多次迭代直至收敛，从而求得参数集 Θ。接着进行傅里叶变换，利用求得的参数对目标特征进行提取。最后输出提取后的目标信号。

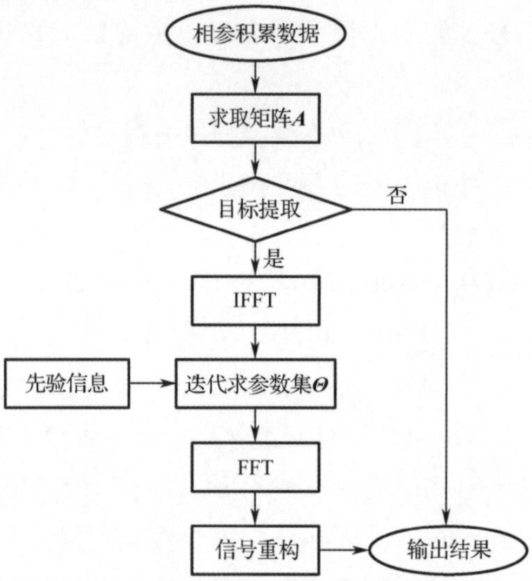

图 6-15　基于最大似然估计的目标检测方法流程

以参考信号与回波信号的积累结果作为检测部分的输入进行目标检测。将三维积累图按照固定多普勒频率的方式分解为一个个时延切片，在时延切片上进行目标检测。利用基于最大似然估计的目标检测方法对目标进行检测。其中，目标检测结果（有目标）如图 6-16 所示。目标信噪比 SNR =11.28dB，κ=4。图 6-16（a）为原始积累结果，图 6-16（b）为基于最大似然估计的目标检测方法的检测结果。

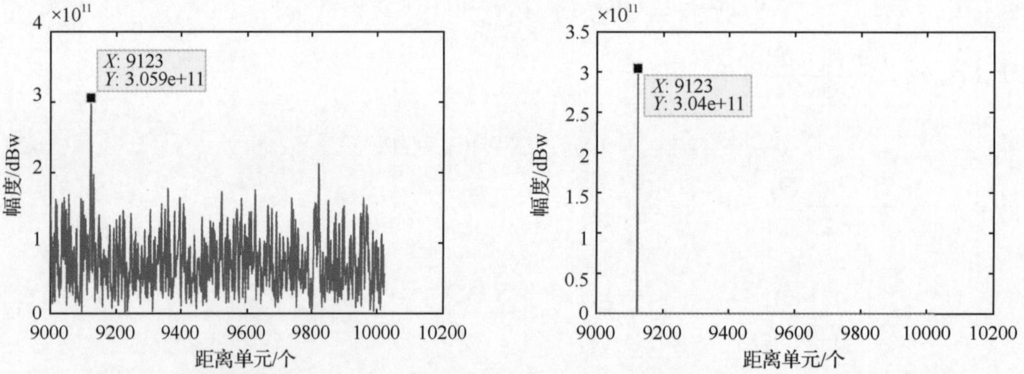

（a）原始积累结果　　（b）基于最大似然估计的目标检测方法的检测结果

图 6-16　目标检测结果（有目标）

可以看出，在目标积累信噪比较低的情况下，基于最大似然估计的目标检测方法能够对目标的位置及幅度实现精确的恢复，恢复出目标位于第 9123 个距离单元，与目标位置一致，恢复出目标幅度为 3.04e+11，与原目标 3.059e+11 基本一致。由此可见，基于最大似然估计的目标检测方法能够实现对目标的精确恢复，在一定程度上降低了检测门限。

同样以跨距离单元走动补偿后的积累结果进行实验，目标检测结果（无目标）如图 6-17 所示。其中图 6-17（a）为原始积累结果，图 6-17（b）为基于最大似然估计的目标检测方法的检测结果。可以看出，在没有目标的情况下，基于最大似然估计的目标检测方法并没有输出目标。实验结果说明了基于最大似然估计的目标检测方法在低信噪比的情况下能够准确地检测到目标，验证了该方法的有效性。

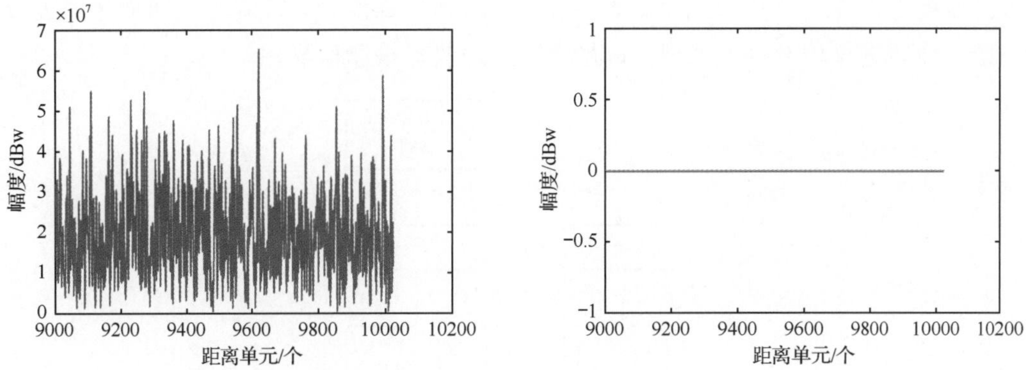

（a） 原始积累结果　　（b）基于最大似然估计的目标检测方法的检测结果

图 6-17　目标检测结果（无目标）

6.3 基于同源多频合成的微弱目标信号合成方法

6.3.1　同源多频信号模型

不同于常规的有源雷达，外辐射源雷达的回波信噪比通常较低，为了实现远距离目标检测，往往需要进行信号合成。通常一个数字电视发射端会搭载数个信号转发器，各信号转发器之间空间位置相近，排列方式规则、发射信号调制样式相似，载波频率邻近，可以建立多通道的接收模型对数字电视的各信号转发器发射的信号进行同步接收，通过相位补偿的方式对各通道输出的信号进行相参合成,从而提高外辐射源信号的积累增益，提高系统对空中目标的检测能力。外辐射源一般距空中运动目标和地面接收端极远，且经目标二次散射后的目标回波信号功率相较于杂波干扰信号功率极低，需要在相位补偿前对各通道的杂波进行有效抑制，从而降低杂波干扰对目标检测的不利影响。此外，针对同源多频信号积累问题，建立同源多频信号模型，分析信号转发器之间的位置关系和发射信号的形式，计算各接收通道的相位项，分析计算通道之间存在的相位差并对其进行精确补偿，然后对经过相位补偿的信号进行相参合成，最后通过仿真结果验证该方法的可行性。

利用外辐射源进行空中目标检测具有诸多优势，但是受制于单个发射源发射功率有限、目标双程距离较远、空中隐身运动目标的双站 RCS 小、接收信噪比低等客观现实条件，实现远距离运动目标的稳健检测面临极大的挑战，迫切需要在信号处理环节提高检测信噪比。

同源多频信号处理流程如图 6-18 所示。该方法旨在联合利用同一个辐射源搭载的多个信号转发器发射的信号进行目标检测，其信号处理流程与普通外辐射源雷达系统类似，不同的是在接收端增加了频道分离步骤，频道分离后对各通道数据分别进行杂波对消、强干扰抑制、二维互模糊运算以提取多普勒信息和时延信息，接着对各通道分别进行相位补偿，最后进行相参合成处理，以最大限度地改善检测信噪比。

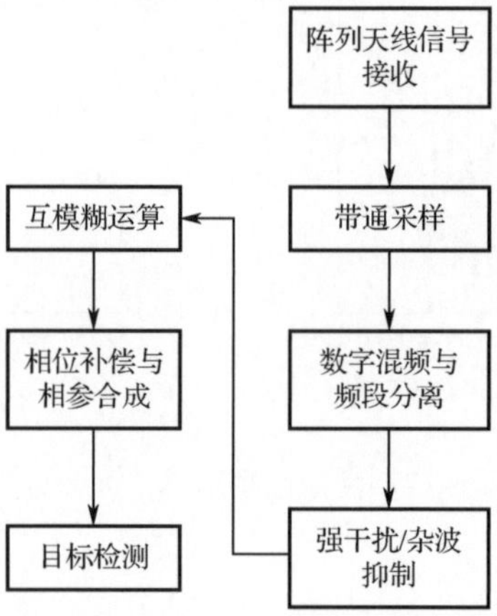

图 6-18　同源多频信号处理流程

在多目标检测场景下，不同载频的信号的发射空间位置邻近，且调制形式相同。设信号转发器个数为 N，以两个目标为例，同源多频结构下外辐射源雷达目标检测场景如图 6-19 所示。

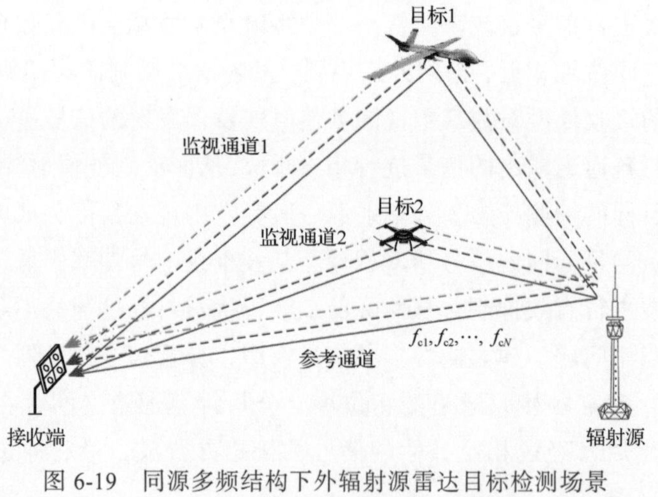

图 6-19　同源多频结构下外辐射源雷达目标检测场景

在图 6-19 中，$f_{c1}, f_{c2}, \cdots, f_{cN}$ 为 N 个转发器对应的 N 个直达波的载频。忽略 N 个信号转发器发射阵元的间距，则 N 组直达波和同一目标的 N 个目标回波对应的时延相同，多普勒频率与载频大小 f_{cn} 有关。

因此，对同源多频结构下的外辐射源雷达目标检测场景而言，接收端接收的直达波 $x(t)$ 和目标回波 $y(t)$ 的复包络形式为

$$\begin{cases} x(t)=\sum_{n=1}^{N}x_n(t)+w_x=\sum_{n=1}^{N}\beta_n u_n(t-\tau_r)\mathrm{e}^{-\mathrm{j}2\pi f_{cn}\tau_r}+w_x(t) \\ y(t)=\sum_{n=1}^{N}y_n(t)+w_y=\sum_{n=1}^{N}\sum_{p=1}^{P}y_{np}(t)+w_y=\sum_{n=1}^{N}\sum_{p=1}^{P}\sigma_{np}u_n(t-\tau_{ep})\mathrm{e}^{-\mathrm{j}2\pi f_{cn}\tau_{ep}}\mathrm{e}^{\mathrm{j}2\pi f_{dnp}t}+w_y(t) \end{cases} \tag{6-73}$$

其中，$x_n(t)$ 为接收端对第 n 个信号转发器接收的信号的复包络；$u_n(t)$ 为第 n 个转发器的发射端对应的复包络；$y_n(t)$ 为第 n 个信号转发器对应的第 p 个目标回波的复包络的叠加；$y_{np}(t)$ 为第 n 个信号转发器对应的第 p 个目标回波的复包络；τ_r、τ_{ep} 分别为辐射源到接收端之间的传输时延和第 p 个目标对应的双程距离带来的传输时延；σ_{np}、f_{dnp} 分别为接收端对第 n 个信号转发器接收的目标回波中，第 p 个目标回波的复增益和多普勒频率；$w_x(t)$、$w_y(t)$ 分别为接收端的直达波和目标回波的噪声。

6.3.2　同源多频信号相参合成方法

忽略噪声 $w_x(t)$ 和 $w_y(t)$ 的影响，第 n 个载频对应的互模糊函数表达式为

$$\chi_n(\tau,f_d)=\int_0^T x_n^*(t-\tau)y_n(t)\mathrm{e}^{-\mathrm{j}2\pi f_d t}\mathrm{d}t \tag{6-74}$$

将式（6-73）中 $y_n(t)$ 的表达式代入式（6-74），得

$$\chi_n(\tau,f_d)=\sum_{p=1}^{P}\chi_{np}(\tau,f_d)=\sum_{p=1}^{P}\int_0^T x_n^*(t-\tau)y_{np}(t)\mathrm{e}^{-\mathrm{j}2\pi f_d t}\mathrm{d}t \tag{6-75}$$

式（6-75）表明，第 n 个载频的互模糊函数可以表示为直达波与各个目标回波的互模糊函数的线性组合。

对 N 组具有不同载频的互模糊函数而言，虽然相同的目标对应的时延是相同的，但同一目标具有不同载频的目标回波的多普勒频率与载频的大小成正比，即 $f_{dnp}=v_p f_{cn}/c$，其中 v_p 为第 p 个目标的径向速度，c 为光速。因此，无法直接对不同载频的互模糊函数进行合成，需要对多普勒域的采样间隔进行控制。设第 n 个信号转发器所发射信号的载频为 f_{cn}，其对应的互模糊函数多普勒域的采样间隔为 F_n。以第一个载频 f_{c1} 为基准，若满足以下关系

$$\frac{F_n}{F_1}=\frac{f_{dnp}}{f_{d1p}}=\frac{f_{cn}}{f_{c1}} \tag{6-76}$$

即

$$F_n=\frac{F_1 f_{cn}}{f_{c1}} \tag{6-77}$$

当目标速度的大小和方向一定时，目标的多普勒频率与信号载频的大小成正比，所以式（6-76）成立。因此，当多普勒域的采样间隔 F_n 按照式（6-77）进行取值时，令每个互模糊函数的频点数相同，则同一目标峰值出现在不同互模糊函数同一顺序的频点处，以便于不同载频的互模糊函数进行合成。

由式（6-73）和式（6-75）可以看出，当$\tau=\tau_{ep}-\tau_{r}$，$f_{d}=f_{dnp}$时，$\chi_{np}(\tau,f_{d})$为

$$\chi_{np}(\tau_{ep}-\tau_{r},f_{dnp})=e^{-j2\pi f_{cn}(\tau_{ep}-\tau_{r})}\beta_{n}^{*}\sigma_{np}\int_{0}^{T}\left|u_{n}(t-\tau_{ep})\right|^{2}dt \quad (6-78)$$

由式（6-78）可知，当不同信号的载频$f_{c1},f_{c2},\cdots,f_{cN}$相近时，$\beta_{n}^{*}\sigma_{np}$的相位在接收的频率范围内随载频大小的变化可以忽略，同一目标不同载频的互模糊函数在该目标峰值处的相位只与f_{cn}有关。因此，对于不同载频的互模糊函数，可以在进行相位补偿后，在目标峰值处实现相参叠加以提高信噪比。

设相位补偿并叠加后的互模糊函数值为$A(\tau,f_{d})$，则

$$A(\tau,f_{d})=\sum_{n=1}^{N}e^{j2\pi f_{cn}\tau}\chi_{n}\left(\tau,\frac{f_{cn}}{f_{c1}}f_{d}\right)=\sum_{n=1}^{N}\sum_{p=1}^{P}e^{j2\pi f_{cn}\tau}\chi_{np}\left(\tau,\frac{f_{cn}}{f_{c1}}f_{d}\right) \quad (6-79)$$

式（6-79）表明，在同源多频场景下，经过叠加的互模糊函数值$A(\tau,f_{d})$的目标能量为各个载频的互模糊函数的目标能量之和，因此信噪比得到了提高。

为了应对实时处理要求比较高的场景，也可以对不同载频的互模糊函数进行非相参合成，以节省计算量。设非相参合成的互模糊函数值为$\tilde{A}(\tau,f_{d})$，则

$$\tilde{A}(\tau,f_{d})=\sum_{n=1}^{N}\left|\chi_{n}\left(\tau,\frac{f_{cn}}{f_{c1}}f_{d}\right)\right| \quad (6-80)$$

本节分别对五通道仿真信号和十通道仿真信号进行相参合成，多通道相参合成结果如图6-20所示。仿真采用的信号源为DVB-S信号，采用QPSK调制方式，信号载频在12.25GHz和12.75GHz之间随机变化，调制带宽为20MHz，时延为16.67μs，多普勒频率为-5000Hz，相参积累时间为0.018s。图6-20（a）～（c）分别为单通道、五通道相参合成和十通道相参合成输出模糊函数的时延切片，可以看出目标峰值均出现在时延轴的16.67μs处，与仿真参数一致。图6-20（d）～（f）分别为单通道、五通道相参合成和十通道相参合成输出模糊函数的多普勒频率切片，可以看出目标峰值均出现在多普勒频率轴的-5000Hz处，与仿真参数相同。可以看出，采用同源多频模型进行多通道相参积累后，信噪比有了较为明显的提高，随着通道数的增加，信噪比改善情况越来越好。

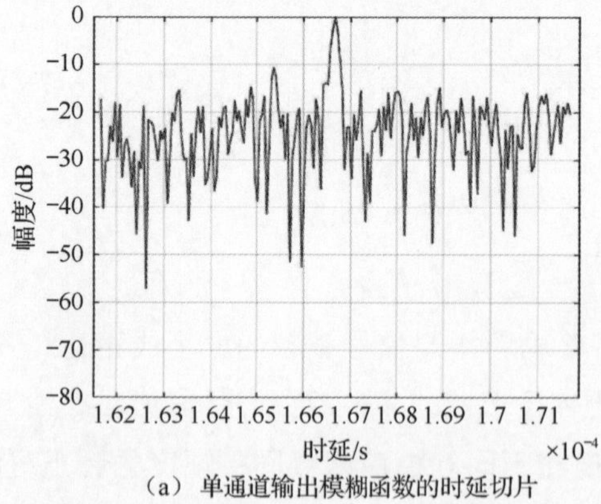

（a）单通道输出模糊函数的时延切片

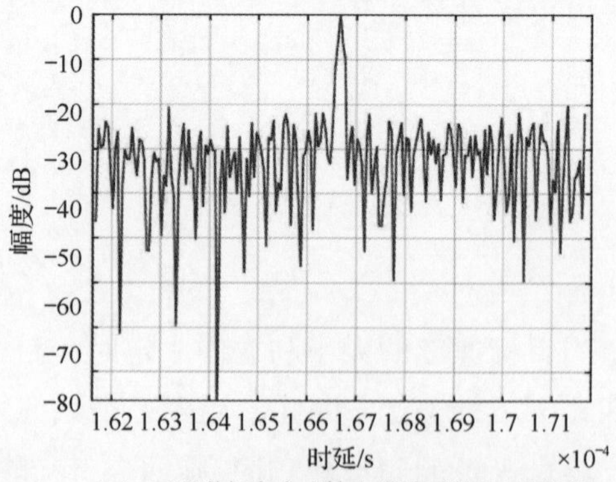

（b）五通道相参合成输出模糊函数的时延切片

图6-20　多通道相参合成结果

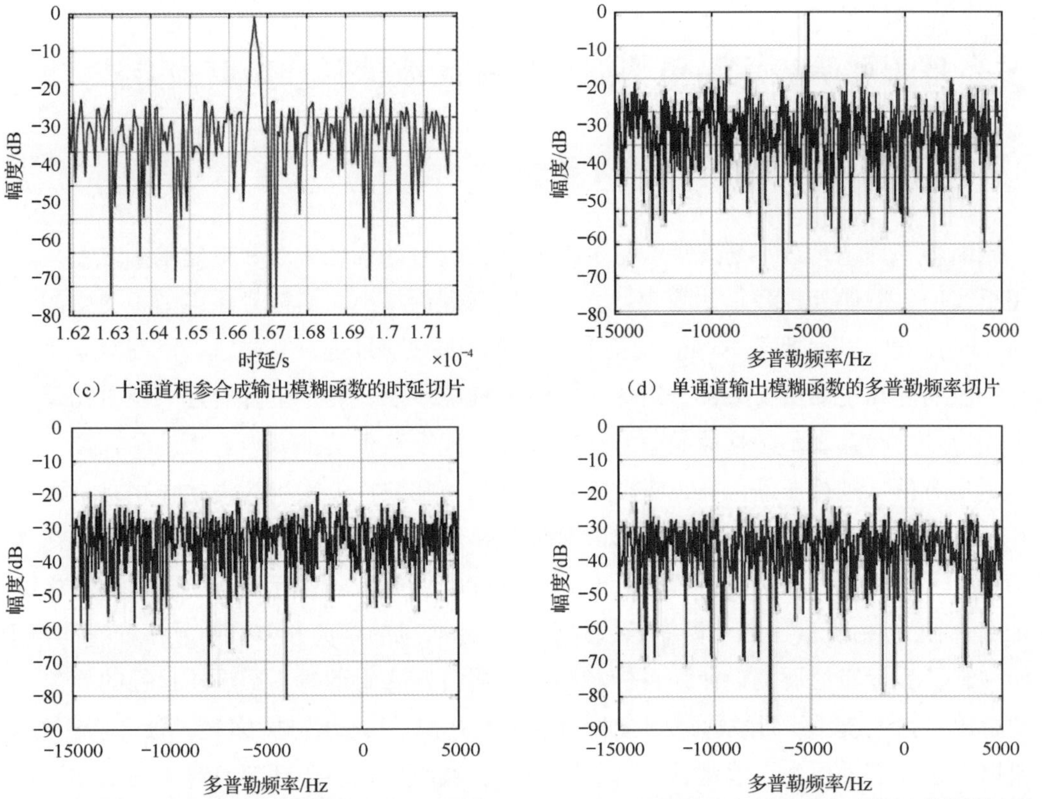

（c）十通道相参合成输出模糊函数的时延切片　（d）单通道输出模糊函数的多普勒频率切片

（e）五通道相参合成输出模糊函数的多普勒频率切片　（f）十通道相参合成输出模糊函数的多普勒频率切片

图 6-20　多通道相参合成结果（续）

多通道相参合成前，各信号转发器的单通道输出信噪比如表 6-1 所示，多通道相参合成输出信噪比如表 6-2 所示。可以看出，相参合成前各通道输出信噪比平均值为 22.20dB，五通道相参合成后输出信噪比为 28.12dB，十通道相参合成后输出信噪比为 30.57dB。计算可得，五通道相参合成使输出信噪比改善了 5.92dB，十通道相参合成使输出信噪比改善了 8.37dB。理论分析的五通道相参合成信噪比改善值为 10lg5=6.99dB，十通道相参合成信噪比改善值为 10lg10=10.00dB。仿真得到的信噪比改善结果同理论分析接近。考虑到实际运动目标的非点源效应、通道不均衡现象等非理想因素，仿真得出的信噪比改善程度略低于理论值，这是合理的。

表 6-1　单通道输出信噪比

通道	1	2	3	4	5	6	7	8	9	10
信噪比/dB	22.07	23.12	21.97	21.68	23.01	21.91	21.56	21.87	22.57	22.19

表 6-2　多通道相参合成输出信噪比

通道数	单通道	五通道相参合成	十通道相参合成
信噪比/dB	22.20（平均值）	28.12	30.57

6.4 基于稀疏表示与重构的多目标回波信号分离增强方法

6.4.1 互模糊函数的稀疏表示模型

压缩感知理论是近年来发展起来的，建立在信号的稀疏表示和重建基础之上，广泛应用于通信、图像处理和雷达等领域。压缩感知理论指出，当信号在某个正交空间具有稀疏性时，就能以远低于 Nyquist 采样频率的频率对信号进行采样，并以高概率重建该信号。压缩感知主要由三大部分组成：信号的稀疏表示、测量矩阵的选取及重构算法。其中，信号的稀疏表示是指原始信号满足稀疏性或在某个变换域内是稀疏的；测量矩阵的作用是对信号进行压缩采样，需要满足一定的不相关性；重构算法的作用是将测量值恢复至原始信号。当空间中存在多个目标时，由于每个目标的 RCS 值不同，因此在互模糊函数中，当两个目标峰的位置临近时，强目标峰会掩盖弱目标峰，给弱目标的检测造成困难。而经过稀疏重构的互模糊函数只会在目标对应的距离和多普勒频率处有非零值，从而抑制了目标峰的展宽，使强目标峰存在于弱目标峰附近时不影响弱目标的检测。在外辐射源雷达系统中，回波通道的接收信号由直达波、目标回波、多径杂波和噪声组成。如果以直达波信号作为一组基，则目标检测范围内的距离-多普勒频率对应的目标回波信号可以表示为这组基的线性组合，且线性组合的系数在检测范围内的距离-多普勒频率上是稀疏的，即只存在少数非零值。因此，可以利用稀疏重构算法对非零系数进行求解，根据非零系数在距离-多普勒空间的位置，即可得到目标的距离和速度信息。

对互模糊函数而言，其峰值在距离-多普勒频率上是稀疏的，因此可以对互模糊函数进行稀疏表示。不失一般性，为了使稀疏重构方法应用到同源多频合成后的互模糊函数中，本节针对 6.3 节提出的同源多频合成方法进行稀疏表示。当载频个数 $N=1$ 时，该稀疏表示方法即适用于单载波情形。

假设在载频为 f_{cn} 的互模糊函数的计算中，时延 τ 和多普勒频率 f_d 的取值范围分别为 $\{\tau_1,\tau_2,\cdots,\tau_L\}$ 和 $\{f_{\mathrm{d}n1},f_{\mathrm{d}n2},\cdots,f_{\mathrm{d}nM}\}$，可能出现目标的时延和多普勒频率的集合分别为 $\Omega_\tau=\{\tau_{p1},\tau_{p2},\cdots,\tau_{pK}\}$ 和 $\Omega_{f,n}=\{f_{pn1},f_{pn2},\cdots,f_{pnI}\}$，其中 $L\geqslant K$，$M\geqslant I$。根据前文的推导，可知

$$\begin{aligned}\{f_{\mathrm{d}n1},f_{\mathrm{d}n2},\cdots,f_{\mathrm{d}nM}\}&=\frac{f_{cn}}{f_{c1}}\{f_{\mathrm{d}11},f_{\mathrm{d}12},\cdots,f_{\mathrm{d}1M}\}\\ \{f_{pn1},f_{pn2},\cdots,f_{pnI}\}&=\frac{f_{cn}}{f_{c1}}\{f_{p11},f_{p12},\cdots,f_{p1I}\}\end{aligned} \tag{6-81}$$

则式（6-79）表示的相参合成后的互模糊函数值 $A(\tau,f_\mathrm{d})$ 可以表示为

$$A(\tau,f_\mathrm{d})=\sum_{n=1}^{N}\sum_{i=1}^{I}\sum_{k=1}^{K}\sigma_{n,f_{pni},\tau_{pk}}\mathrm{e}^{\mathrm{j}2\pi f_{cn}\tau}\chi_{n,f_{pni},\tau_{pk}}\left(\tau,\frac{f_{cn}}{f_{c1}}f_\mathrm{d}\right) \tag{6-82}$$

其中，$\chi_{n,f_{pni},\tau_{pk}}(\tau, f_{cn}f_d/f_{c1})$ 表示信号 $x_n(t)$ 与 $x_n(t-\tau_{pk})e^{-j2\pi f_{cn}\tau_{pk}}e^{j2\pi f_{pni}t}$ 的互模糊函数；$\sigma_{n,f_{pni},\tau_{pk}}$ 表示在载频为 f_{cn}、时延为 τ_{pk}、多普勒频率为 f_{pni} 时目标回波下的幅度增益，其值为

$$\sigma_{n,f_{pni},\tau_{pk}} = \begin{cases} \dfrac{\sigma_{np}}{\beta_n}, & (\tau_{pk}, f_{pni}) = (\tau_{ep}-\tau_r, f_{dnp}) \\ 0, & \text{其他} \end{cases} \tag{6-83}$$

为了对同源多频场景下经过合成的互模糊函数进行稀疏表示，设 $\boldsymbol{a} \in \mathbb{C}^{LM\times 1}$ 为对 $A(\tau, f_d)$ 沿每个多普勒频率单元切片进行划分并按列排列形成的列向量，其具体形式为

$$\boldsymbol{a} = [A(\tau_1, f_{d11})\ A(\tau_2, f_{d11})\ \cdots\ A(\tau_L, f_{d11})\ A(\tau_1, f_{d12})\ \cdots\ A(\tau_l, f_{d1m})\ \cdots\ A(\tau_L, f_{d1M})]^T \tag{6-84}$$

对于第 n 个载频对应的互模糊函数 $\boldsymbol{\chi}_n \in \mathbb{C}^{LM\times 1}$，有

$$\boldsymbol{\chi}_n = \begin{bmatrix} \chi_n(\tau_1, f_{dn1})\ \chi_n(\tau_2, f_{dn1})\ \cdots\ \chi_n(\tau_L, f_{dn1})\ \chi_n(\tau_1, f_{dn2}) \\ \cdots\ \chi_n(\tau_l, f_{dnm})\ \cdots\ \chi_n(\tau_L, f_{dnM}) \end{bmatrix}^T = \boldsymbol{B}_n\boldsymbol{\sigma}_n \tag{6-85}$$

其中，$\boldsymbol{B}_n \in \mathbb{C}^{LM\times KI}$ 为第 n 个载频对应的测量矩阵，其具体形式为

$$\boldsymbol{B}_n = [\boldsymbol{\chi}_{n,f_{pn1},\tau_{p1}}\ \boldsymbol{\chi}_{n,f_{pn1},\tau_{p2}} \cdots \boldsymbol{\chi}_{n,f_{pn1},\tau_{pK}}\ \boldsymbol{\chi}_{n,f_{pn2},\tau_{p1}} \cdots \boldsymbol{\chi}_{n,f_{pni},\tau_{pk}} \cdots \boldsymbol{\chi}_{n,f_{pnI},\tau_{pK}}] \tag{6-86}$$

其中，构成 $\boldsymbol{B}_n$ 的列向量 $\boldsymbol{\chi}_{n,f_{pni},\tau_{pk}}$ 为第 n 个载频下对直达波施加时延为 τ_{pk}、多普勒频率为 f_{pni} 的互模糊函数副本，可以表示为

$$\boldsymbol{\chi}_{n,f_{pni},\tau_{pk}} = \begin{bmatrix} \chi_{n,f_{pni},\tau_{pk}}(\tau_1, f_{dn1})\ \chi_{n,f_{pni},\tau_{pk}}(\tau_2, f_{dn1})\ \cdots\ \chi_{n,f_{pni},\tau_{pk}}(\tau_L, f_{dn1})\ \chi_{n,f_{pni},\tau_{pk}}(\tau_1, f_{dn2}) \\ \cdots\ \chi_{n,f_{pni},\tau_{pk}}(\tau_l, f_{dnm})\ \cdots\ \chi_{n,f_{pni},\tau_{pk}}(\tau_L, f_{dnM}) \end{bmatrix}^T \tag{6-87}$$

$\boldsymbol{\sigma}_n \in \mathbb{C}^{KI\times 1}$ 为第 n 个载频的稀疏向量，其非零值的位置对应第 n 路直达波和目标回波的距离-多普勒信息。$\boldsymbol{\sigma}_n$ 的表达式为

$$\boldsymbol{\sigma}_n = [\sigma_{n,f_{pn1},\tau_{p1}}\ \ \sigma_{n,f_{pn1},\tau_{p2}}\ \ \cdots\ \sigma_{n,f_{pn1},\tau_{pK}}\ \ \sigma_{n,f_{pn2},\tau_{p1}}\ \ \cdots\ \sigma_{n,f_{pni},\tau_{pk}}\ \ \cdots\ \sigma_{n,f_{pnI},\tau_{pK}}]^T \tag{6-88}$$

为了对 $\boldsymbol{a}$ 进行稀疏表示，由式（6-82）可知，$\boldsymbol{a}$ 的元素 $A(\tau_l, f_{d1m})$ 可以表示为

$$\begin{aligned} A(\tau_l, f_{d1m}) &= \sum_{n=1}^{N}\sum_{i=1}^{I}\sum_{k=1}^{K}\sigma_{n,f_{pni},\tau_{pk}} e^{j2\pi f_{cn}\tau_l}\chi_{n,f_{pni},\tau_{pk}}(\tau_l, f_{dnm}) \\ &= \sum_{i=1}^{I}\sum_{k=1}^{K}\bar{\sigma}_{i,k}\sum_{n=1}^{N} e^{j2\pi f_{cn}\tau_l}\chi_{n,f_{pni},\tau_{pk}}(\tau_l, f_{dnm}) \end{aligned} \tag{6-89}$$

因此，$\boldsymbol{a}$ 可以表示为

$$\boldsymbol{a} = \boldsymbol{B}\bar{\boldsymbol{\sigma}} \tag{6-90}$$

其中，$\boldsymbol{B} \in \mathbb{C}^{LM\times KI}$ 为 n 个载频对应的互模糊函数相参合成后的测量矩阵，其每列为相参合成后的一个距离-多普勒频率的互模糊函数副本，可以表示为

$$\boldsymbol{B} = \sum_{n=1}^{N}\boldsymbol{\Phi}_n\boldsymbol{B}_n \tag{6-91}$$

其中，$\boldsymbol{\Phi}_n \in \mathbb{C}^{LM\times LM}$ 为相位补偿矩阵，可以表示为

$$\boldsymbol{\Phi}_n = \operatorname{diag}\Big(\underbrace{\boldsymbol{\varphi}_n\ \boldsymbol{\varphi}_n\ \cdots\ \boldsymbol{\varphi}_n}_{M}\Big) \tag{6-92}$$

其中，$\boldsymbol{\varphi}_n = [e^{j2\pi f_{cn}\tau_1}\ \ e^{j2\pi f_{cn}\tau_2}\ \cdots\ e^{j2\pi f_{cn}\tau_L}]$。

$\bar{\boldsymbol{\sigma}} \in \mathbb{C}^{KI\times 1}$ 可以表示为

$$\bar{\boldsymbol{\sigma}} = [\bar{\sigma}_{1,1}\ \bar{\sigma}_{1,2}\ \cdots\ \bar{\sigma}_{1,K}\ \bar{\sigma}_{2,1}\ \cdots\ \bar{\sigma}_{i,k}\ \cdots\ \bar{\sigma}_{I,K}\ ]^{\mathrm{T}} \tag{6-93}$$

因此，对于式（6-91）定义的测量矩阵 $\boldsymbol{B} \in \mathbb{C}^{LM\times KI}$，以及目标对应的时延和多普勒频率的测量值 $\hat{\tau} \in \Omega_{\tau}$、$\hat{f}_{\mathrm{d}} \in \Omega_{f,1}$，如果考虑理想环境，即 $w_x(t) = w_y(t) = 0$，则向量 $\bar{\boldsymbol{\sigma}} \in \mathbb{C}^{KI\times 1}$ 可通过 l_0 范数最小化进行恢复。令目标对应的向量 $\bar{\boldsymbol{\sigma}}$ 中的元素为 $\bar{\sigma}_{i,k}$，则 $\hat{\tau}$ 和 $\hat{f}_{\mathrm{d}}$ 的值为

$$\begin{cases} \hat{\tau} = \tau_{pk} \\ \hat{f}_{\mathrm{d}} = f_{p1i} \end{cases} \tag{6-94}$$

因此，只要能够求解得到稀疏向量 $\bar{\boldsymbol{\sigma}}$，即可根据 $\bar{\boldsymbol{\sigma}}$ 的峰值在距离-多普勒域的位置确定目标回波的时延和多普勒频率。

6.4.2 互模糊函数的稀疏重构

模型的求解对应压缩感知中的稀疏重构。目前，压缩感知领域的重构算法主要分为两大类：一类是基于 l_1 范数最小化的凸优化算法，以基追踪（Basis Pursuit，BP）算法为典型代表；另一类是基于迭代的贪婪算法，解决的是 l_0 范数最小化问题，以迭代的方式找出局部最优解，从而逐步逼近原始信号，典型算法有正交匹配追踪（Orthogonal Matching Pursuit，OMP）算法。这两类算法各有优缺点，凸优化算法重构精度高、鲁棒性好，但复杂度高；贪婪算法运算速度快，但重构精度不如凸优化算法，性能不够稳定。

对于 P-稀疏（只有 P 个非零元素）的信号 $\bar{\boldsymbol{\sigma}}_S$，互模糊函数 $\boldsymbol{a}_S$ 是稀疏基矩阵 $\boldsymbol{B}_S$ 中 P 个原子的线性组合，也就是说 $\boldsymbol{B}_S$ 中只有 P 列对互模糊函数有贡献。利用 OMP 算法，经过 P 次迭代就能找出这 P 个原子。每次迭代时，从 $\boldsymbol{B}_S$ 中选出与当前残差最匹配的原子，然后滤除它对 $\boldsymbol{a}_S$ 的贡献，继续迭代，重复 P 次后，迭代终止。

然而，对互模糊函数的稀疏重构结果而言，OMP 算法的稀疏度对应恢复的目标个数，而目标个数在检测前是未知的。因此，为了解决该问题，本节使用基于 l_0 伪范数的迭代求解算法。由于 l_0 范数的求解是 NP 难问题，因此本节使用以下伪范数替换 l_0 范数。

$$\|\boldsymbol{x}\|_{g_r} = \sum_{i=1}^{\mathrm{len}(\boldsymbol{x})} g_r(x_i) \tag{6-95}$$

其中，$\mathrm{len}(\boldsymbol{x})$ 为列向量 $\boldsymbol{x}$ 的元素个数，x_i 为 $\boldsymbol{x}$ 的第 i 个元素。其中 $g_r(x)$ 为

$$g_r(x) = \frac{2}{1+\mathrm{e}^{-|x|/r}} - 1 \tag{6-96}$$

$g_r(x)$ 与 x 和 r 的关系如图 6-21 所示。显然，当 r 趋近于 0 时，$g_r(x)$ 的性质趋近于 0 范数。

为了便于稀疏重构计算，式（6-90）需要被转化为实数形式。令

$$\boldsymbol{a} = \begin{bmatrix} \mathrm{Re}(\boldsymbol{a}_S) \\ \mathrm{Im}(\boldsymbol{a}_S) \end{bmatrix} \tag{6-97}$$

$$\boldsymbol{B}=\begin{bmatrix}\mathrm{Re}(\boldsymbol{B}_S) & -\mathrm{Im}(\boldsymbol{B}_S)\\ \mathrm{Im}(\boldsymbol{B}_S) & \mathrm{Re}(\boldsymbol{B}_S)\end{bmatrix} \tag{6-98}$$

$$\overline{\boldsymbol{\sigma}}=\begin{bmatrix}\mathrm{Re}(\overline{\boldsymbol{\sigma}}_S)\\ \mathrm{Im}(\overline{\boldsymbol{\sigma}}_S)\end{bmatrix} \tag{6-99}$$

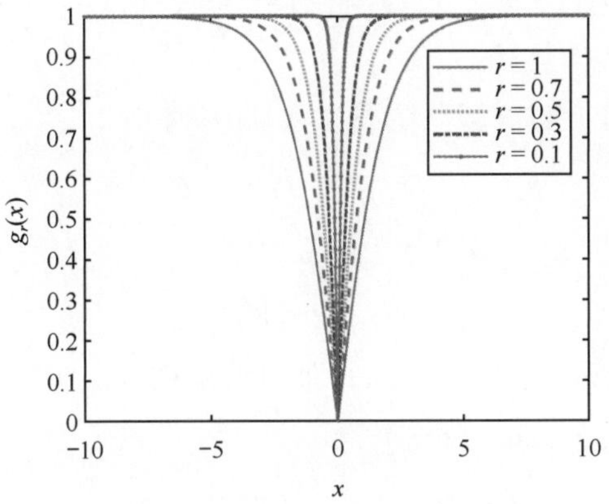

图 6-21　$g_r(x)$与 x 和 r 的关系

综上，根据式（6-90）和式（6-97）～式（6-99），有

$$\boldsymbol{a}=\boldsymbol{B}\overline{\boldsymbol{\sigma}} \tag{6-100}$$

因此，对于式（6-100），只要能够求解得到稀疏向量 $\overline{\boldsymbol{\sigma}}\in\mathbb{R}^{2KI\times 1}$，将 $\overline{\boldsymbol{\sigma}}$ 恢复为 $\overline{\boldsymbol{\sigma}}_S$ 后，即可根据 $\overline{\boldsymbol{\sigma}}_S$ 中非零值的位置确定存在回波的距离-多普勒单元。

为了对稀疏向量 $\overline{\boldsymbol{\sigma}}$ 进行估计，引入以下两个定理并进行证明，以显示通过 l_{g_r} 范数最小化的求解对向量 $\overline{\boldsymbol{\sigma}}$ 进行稀疏重构的合理性。

定理 6.1：当目标个数 $P\geqslant 1$时，对于 $\overline{\boldsymbol{\sigma}}\in\mathbb{R}^{2KI\times 1}$，其满足

$$\overline{\boldsymbol{\sigma}}=\boldsymbol{\Gamma}(\overline{\boldsymbol{\sigma}})\boldsymbol{B}^{\mathrm{T}}\left(\boldsymbol{B}\boldsymbol{\Gamma}(\overline{\boldsymbol{\sigma}})\boldsymbol{B}^{\mathrm{T}}\right)^{\dagger}\boldsymbol{a} \tag{6-101}$$

其中，$\boldsymbol{\Gamma}(\overline{\boldsymbol{\sigma}})\in\mathbb{R}^{2KI\times 2KI}$ 为对角矩阵，其第 i 行第 i 列的元素 $\Gamma(\overline{\boldsymbol{\sigma}})_{i,i}$ 为

$$\Gamma(\overline{\boldsymbol{\sigma}})_{i,i}=\frac{|\overline{\sigma}_i|}{g_r'(\overline{\sigma}_i)}=\frac{\overline{\sigma}_i(\mathrm{e}^{-|\overline{\sigma}_i|/r}+1)^2\mathrm{e}^{|\overline{\sigma}_i|/r}r}{2} \tag{6-102}$$

其中，$\overline{\sigma}_i$ 为 $\overline{\boldsymbol{\sigma}}$ 的第 i 个元素。

证明：考虑以下问题。

$$\begin{cases}\min\limits_{\overline{\boldsymbol{\sigma}}\in\mathbb{R}^{2KI\times 1}} \ \|\overline{\boldsymbol{\sigma}}\|_{g_r}\\ \text{s.t. } \boldsymbol{B}\overline{\boldsymbol{\sigma}}=\boldsymbol{a}\end{cases} \tag{6-103}$$

显然，对于式（6-103），存在常数 η，当 $\|\overline{\boldsymbol{\sigma}}-\boldsymbol{\sigma}\|_2\leqslant\eta$ 时，函数 $\|\overline{\boldsymbol{\sigma}}\|_{g_r}$ 在 $\overline{\boldsymbol{\sigma}}=\boldsymbol{\sigma}$ 处可微。因此，此处可使用 KKT 条件。定义拉格朗日函数 $L(\overline{\boldsymbol{\sigma}},\boldsymbol{\lambda})$ 为

$$L(\overline{\boldsymbol{\sigma}},\boldsymbol{\lambda})=\|\overline{\boldsymbol{\sigma}}\|_{g_r}-\boldsymbol{\lambda}^{\mathrm{T}}(\boldsymbol{B}\overline{\boldsymbol{\sigma}}-\boldsymbol{a}) \tag{6-104}$$

因此，$\overline{\boldsymbol{\sigma}}$ 一定为以下方程组的解。

$$\begin{cases}\dfrac{\partial L}{\partial \overline{\boldsymbol{\sigma}}}=0\\ \boldsymbol{B}\overline{\boldsymbol{\sigma}}=\boldsymbol{a}\end{cases} \tag{6-105}$$

对式（6-105）进行求解并整理，即可得到式（6-101）。

通过对式（6-101）进行分析，可以看出该式被表示为一种不动点迭代的形式。下面的定理给出了该式的收敛性结论。

定理 6.2：当 $P \geqslant 1$ 时，具有以下递推关系的序列 $\{\overline{\boldsymbol{\sigma}}_k\}$

$$\overline{\boldsymbol{\sigma}}_{k+1}=\boldsymbol{\Gamma}(\overline{\boldsymbol{\sigma}}_k)\boldsymbol{B}^{\mathrm{T}}\left(\boldsymbol{B}\boldsymbol{\Gamma}(\overline{\boldsymbol{\sigma}}_k)\boldsymbol{B}^{\mathrm{T}}\right)^{\dagger}\boldsymbol{a} \tag{6-106}$$

满足以下不等式。

$$\left\|\overline{\boldsymbol{\sigma}}_{k+1}\right\|_{g_r} \leqslant \left\|\overline{\boldsymbol{\sigma}}_{k}\right\|_{g_r} \tag{6-107}$$

且当 $k\to\infty$ 时，$\overline{\boldsymbol{\sigma}}_k$ 趋向于极限值 $\overline{\boldsymbol{\sigma}}^*$，该值即为满足式（6-101）的关于 $\overline{\boldsymbol{\sigma}}$ 的解。

证明：根据式（6-106），可以得到

$$\begin{cases}\boldsymbol{\Gamma}(\overline{\boldsymbol{\sigma}}_k)^{\dagger}\overline{\boldsymbol{\sigma}}_{k+1}=\boldsymbol{B}^{\mathrm{T}}\left(\boldsymbol{B}\boldsymbol{\Gamma}(\overline{\boldsymbol{\sigma}}_k)\boldsymbol{B}^{\mathrm{T}}\right)^{\dagger}\boldsymbol{a}\\ \boldsymbol{B}\overline{\boldsymbol{\sigma}}_{k+1}=\boldsymbol{a}\end{cases} \tag{6-108}$$

因此，可知 $\overline{\boldsymbol{\sigma}}_{k+1}$ 是如下问题的解。

$$\begin{cases}\min\limits_{\overline{\boldsymbol{\sigma}}\in\mathbb{R}^{2KI\times 1}} \overline{\boldsymbol{\sigma}}^{\mathrm{T}}\boldsymbol{\Gamma}(\overline{\boldsymbol{\sigma}}_k)^{\dagger}\,\overline{\boldsymbol{\sigma}}\\ \text{s.t. } \boldsymbol{B}\overline{\boldsymbol{\sigma}}=\boldsymbol{a}\end{cases} \tag{6-109}$$

即

$$\sum_{\overline{\sigma}_{ik}\neq 0}\frac{g_r(\overline{\sigma}_{ik})}{\left|\overline{\sigma}_{ik}\right|}\overline{\sigma}_{i(k+1)}^2 \leqslant \sum_{\overline{\sigma}_{ik}\neq 0} g_r(\overline{\sigma}_{ik})\left|\overline{\sigma}_{ik}\right| \tag{6-110}$$

其中，$\overline{\sigma}_{ik}$ 为 $\overline{\boldsymbol{\sigma}}_k$ 中的第 i 个元素。根据 $g_r(\cdot)$ 的表达式，可以得到

$$g_r(\overline{\sigma}_{i(k+1)})-\frac{\overline{\sigma}_{i(k+1)}^2 g_r'(\overline{\sigma}_{ik})}{2\left|\overline{\sigma}_{ik}\right|} \leqslant g_r(\overline{\sigma}_{ik})-\frac{\left|\overline{\sigma}_{ik}\right| g_r'(\overline{\sigma}_{ik})}{2} \tag{6-111}$$

根据式（6-110）和式（6-111）可以得到式（6-107）的结论。由于 $\|\cdot\|_{g_r}\geqslant 0$，以及当且仅当 $\overline{\boldsymbol{\sigma}}=0$ 时，$\|\overline{\boldsymbol{\sigma}}\|_{g_r}=0$，因此序列 $\{\|\overline{\boldsymbol{\sigma}}_{k+1}\|_{g_r}\}$ 收敛，且其极限 $\overline{\boldsymbol{\sigma}}^*$ 是如下问题的解。

$$\begin{cases}\min\limits_{\overline{\boldsymbol{\sigma}}\in\mathbb{R}^{2KI\times 1}} \overline{\boldsymbol{\sigma}}^{\mathrm{T}}\boldsymbol{\Gamma}(\overline{\boldsymbol{\sigma}}^*)^{\dagger}\,\overline{\boldsymbol{\sigma}}\\ \text{s.t. } \boldsymbol{B}\overline{\boldsymbol{\sigma}}=\boldsymbol{a}\end{cases} \tag{6-112}$$

通过式（6-112）的拉格朗日函数，可以对该定理进行证明。

前文的实验验证了同源多频合成算法的有效性，为了进一步验证其在不同辐射源类型及多目标场景下的有效性，以及互模糊函数的稀疏重构算法的有效性，使用基于地面数字电视辐射源的多目标场景进行验证。以 DVB-T 信号作为辐射源，设目标回波中包含两个目标，仿真参数如表 6-3 所示。其中信号源的模式为 2*k* 模式，符号映射方式为 QPSK，包含 6 组具有不同载频的信号，其载频分别为 600MHz、610MHz、620MHz、630MHz、640MHz、650MHz。

表 6-3　仿真参数

参　　数	值
采样频率/MHz	20
积累时间/s	0.4
辐射源位置/km	(200, 0, 0.15)
接收端位置/m	(0, 0, 5)
目标 1 位置/km	(70, 120, 10)
目标 2 位置/km	(69.96, 119.61, 13.88)
目标 1 速度/（m/s）	(−120, −80, 0)
目标 2 速度/（m/s）	(−120, −81.5, 0)
目标 1RCS/m^2	0.24
目标 2RCS/m^2	0.12
发射功率/kW	2
发射增益/dB	12.5
接收增益/dB	16
接收端带宽/MHz	10
接收端温度/K	298.15

根据表 6-3 中的参数，可得到两个目标的时延均为 388.25μs，目标 1 在载频为 600MHz 的信号下多普勒频率为 190.74Hz，目标 2 在载频为 600MHz 的信号下多普勒频率为 194.47Hz。因此，两个目标的时延相同，多普勒频率相近。仿真得到每组信号的互模糊函数结果如图 6-22 所示。

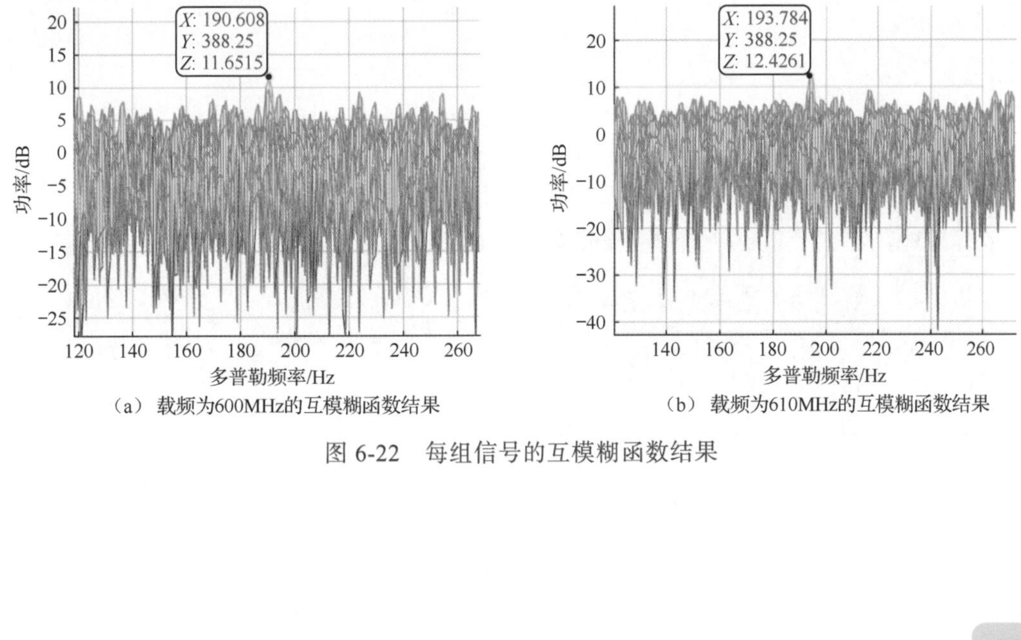

（a） 载频为600MHz的互模糊函数结果　　（b） 载频为610MHz的互模糊函数结果

图 6-22　每组信号的互模糊函数结果

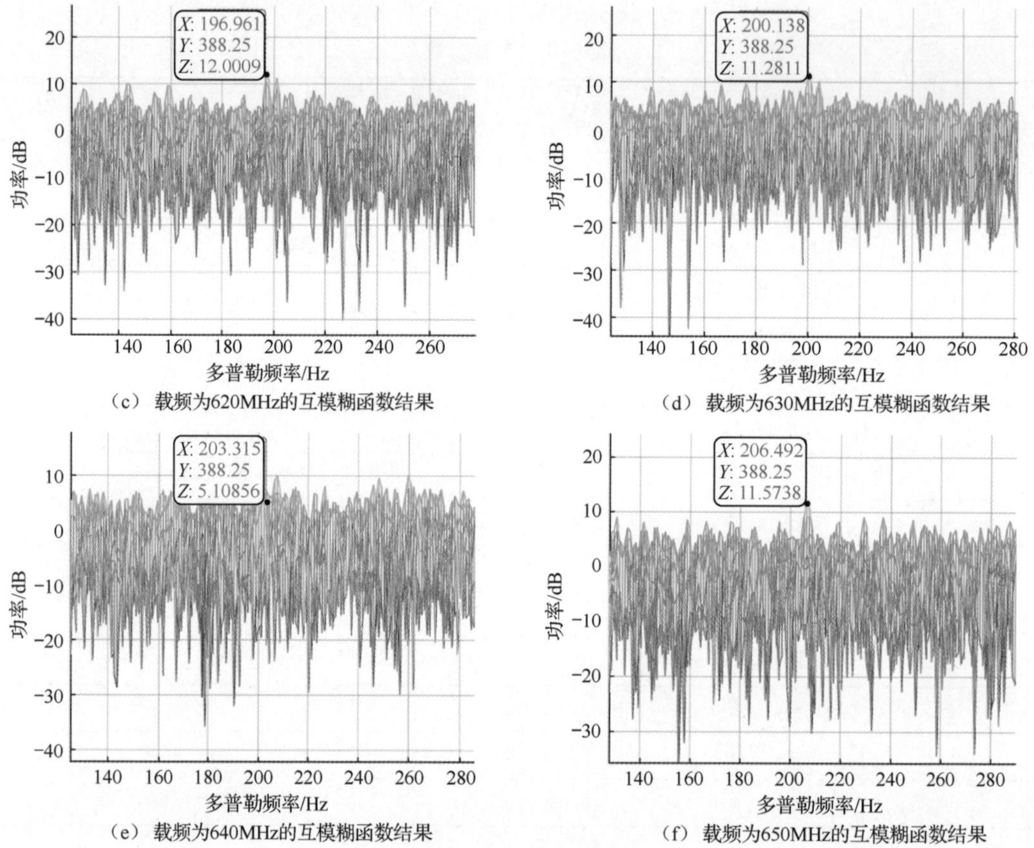

图 6-22　每组信号的互模糊函数结果（续）

由图 6-22 可知，在进行同源多频合成之前，目标 1 和目标 2 的峰值均较低，其中目标 2 的峰值被湮没在噪声基底内，因此需要对同源多频信号的互模糊函数进行合成，以提高信噪比。对图 6-22 的互模糊函数结果分别进行相参合成和非相参合成，结果如图 6-23 所示。

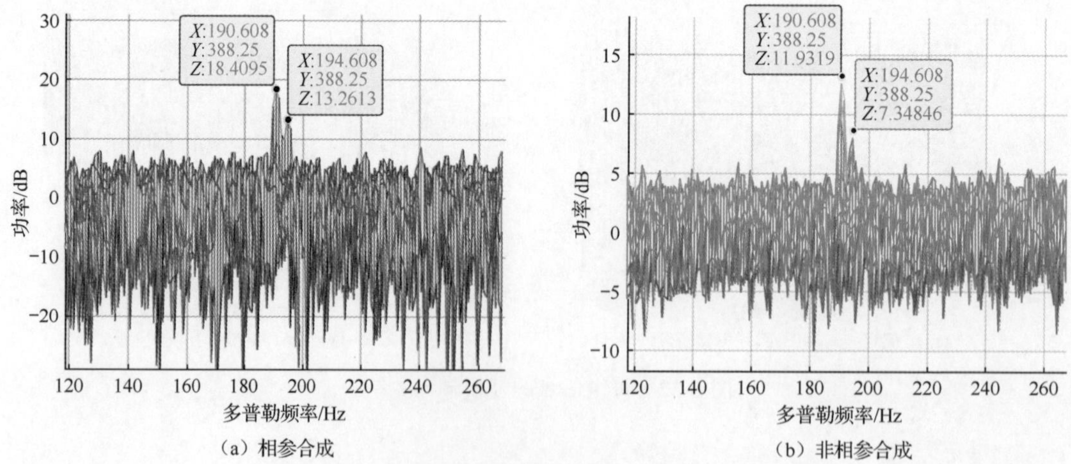

图 6-23　同源多频信号的互模糊函数合成结果

在图 6-23（a）中，对目标 1 信噪比最高的一组互模糊函数结果而言，信噪比提高了 5.98dB；目标 2 的信噪比由合成前被噪声基底湮没提高至合成后的 13.26dB。虽然图 6-23（b）对应的非相参合成方法更加节省计算量，适应实时计算的要求，但合成增益远没有相参合成高。因此，该同源多频信号的互模糊函数合成实验证明了同源多频合成算法可对同源多频结构辐射源的信号加以利用，有效解决目标回波能量弱及信噪比低的问题。

以上实验验证了在仿真信号下同源多频合成算法的有效性，下面使用实测信号对该算法进行验证。实测信号来源为某同步轨道数字电视卫星，对民航目标进行观测。对具有 7 组信号的中频直达波和目标回波进行实验，其载频 $f_{c0}=12.5\text{GHz}$，采样频率 $f_{s0}=1600\text{MHz}$，降采样后的采样频率 $f_s=100\text{MHz}$，积累时间 $T_p=0.32\text{s}$。在中频信号中，7 组信号的频率范围为 205.67～643.26MHz。7 个载频下的互模糊函数距离维如图 6-24 所示。

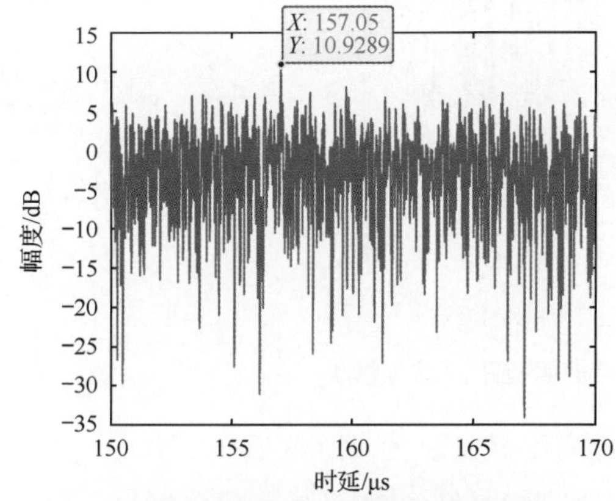

（a）载频1的互模糊函数距离维

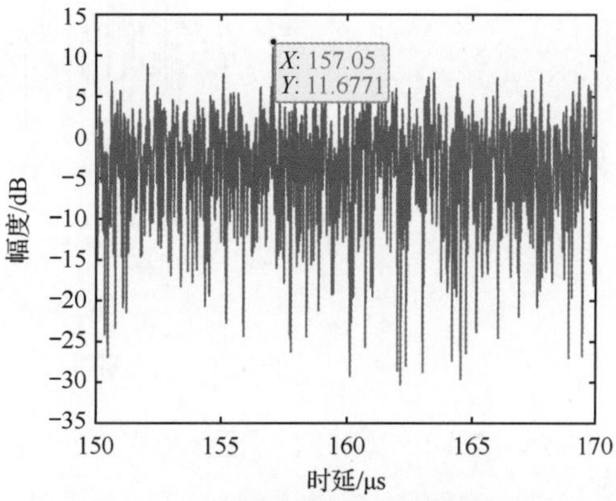

（b）载频2的互模糊函数距离维

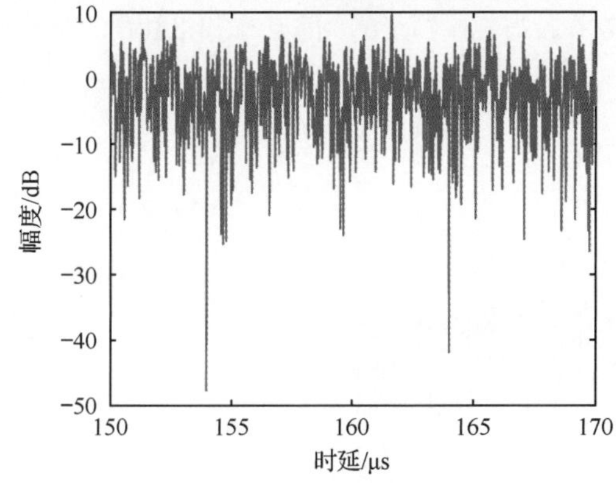

（c）载频3的互模糊函数距离维

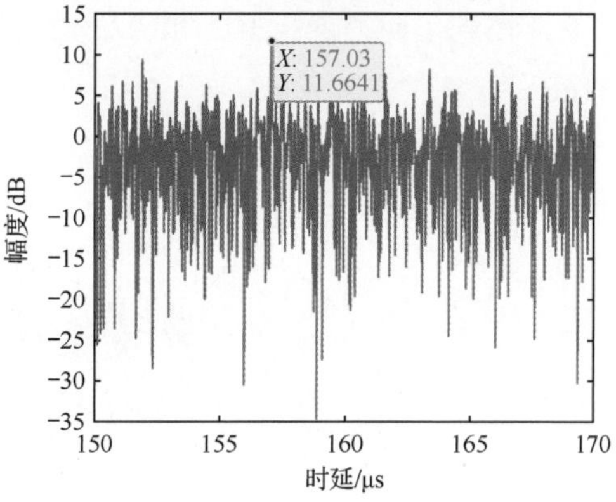

（d）载频4的互模糊函数距离维

图 6-24　7 个载频下的互模糊函数距离维

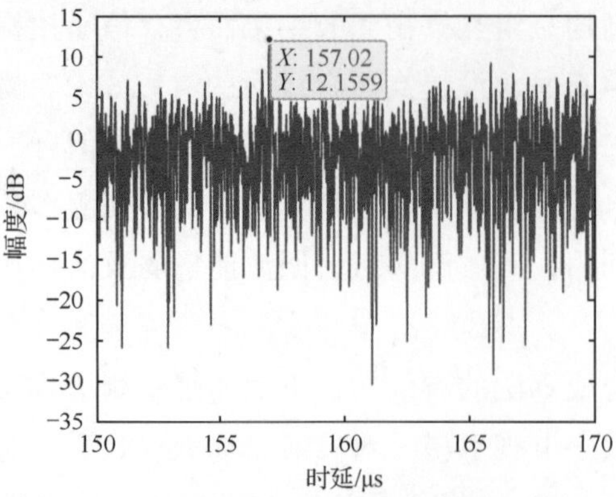

（e）载频5的互模糊函数距离维

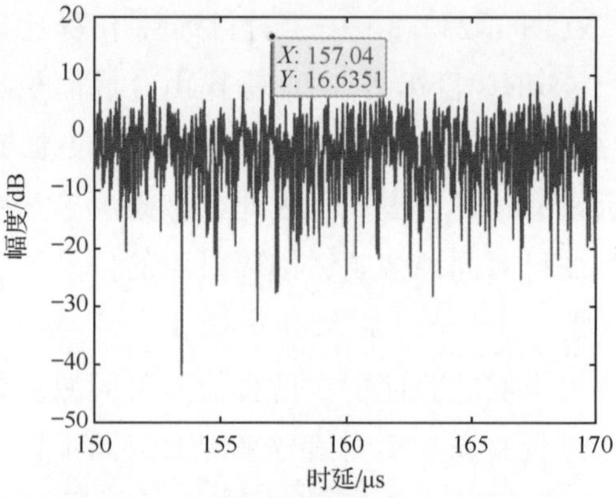

（f）载频6的互模糊函数距离维

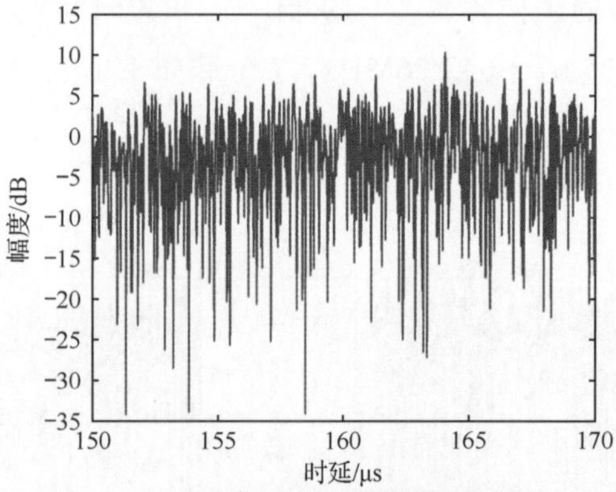

（g）载频7的互模糊函数距离维

图 6-24　7 个载频下的互模糊函数距离维（续）

由图 6-24 可以看出，载频 6 的信号目标峰高度最高，为 16.64dB。

对 7 个载频的结果进行合成，合成结果的距离维如图 6-25 所示。可以看出，合成结果的峰值得到了明显的提升，相较于合成前效果最好的载频 6，提升了 3.87dB，提升至 20.51dB。

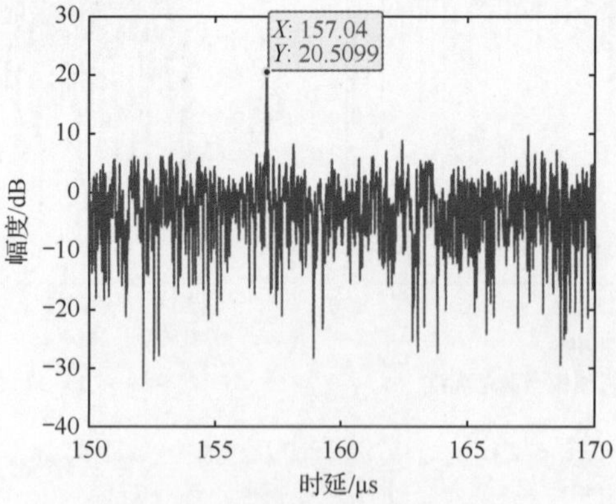

图 6-25　合成结果的距离维

虽然实验通过仿真信号与实测信号对同源多频合成算法在提高互模糊函数信噪比

方面的作用进行了验证，但是由图 6-25 中的合成结果可以看出，由于目标 1 的 RCS 值大于目标 2 的 RCS 值，且两者的目标峰在距离维的位置相同，在多普勒维的位置相邻，因此在合成后，目标 1 的峰值展宽会覆盖目标 2 峰值的一部分，导致目标 2 的检测存在困难。对图 6-25 的合成结果进行二维 CA-CFAR 检测，检测结果的多普勒维如图 6-26 所示。

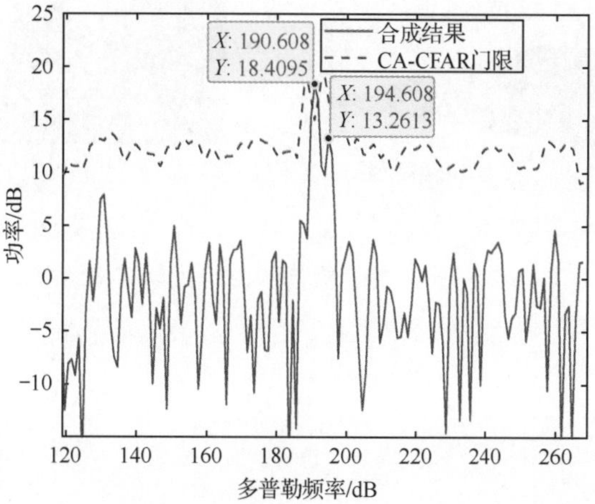

图 6-26　多目标合成结果的二维 CA-CFAR 检测结果的多普勒维

由图 6-26 可知，虽然目标 1 的信噪比超过了 CA-CFAR 门限，目标 2 的信噪比超过了 13dB，但由于目标 2 的峰值在多普勒维紧邻目标 1，且目标 1 的信噪比高于目标 2，因此对目标 2 进行检测时，其参考单元被抬高，使目标 2 的峰值低于 CA-CFAR 门限，导致漏警。因此，传统的 CFAR 检测方法无法适用于群体小目标的检测，需要对合成结果进行稀疏重构以检测弱目标。

分别使用 OMP 算法和基于 l_0 伪范数的迭代求解算法对图 6-22（a）中的相参合成结果根据式（6-90）进行稀疏重构，其中 OMP 算法的稀疏度设为 2，基于 l_0 伪范数的迭代求解算法的迭代次数设为 2，伪范数参数 $r = 0.1$。由于 13dB 的检测门限可以保证 90%的检测概率和 10^{-6} 的虚警概率，因此该算法的迭代初值 $\bar{\boldsymbol{\sigma}}_0$ 设为

$$\bar{\boldsymbol{\sigma}}_0 = \begin{bmatrix} \bar{\boldsymbol{\sigma}}_{S0} \\ 0^{KI\times 1} \end{bmatrix} \tag{6-113}$$

其中，$\bar{\boldsymbol{\sigma}}_{S0}$ 的元素为 1 的位置与 $\boldsymbol{a}_S$ 中大于 13dB 的值对应的位置相同，其余 $\bar{\boldsymbol{\sigma}}_{S0}$ 的元素为 0。得到的重构结果如图 6-27 所示。

由图 6-27 可以看出，虽然两种算法得到的经过稀疏重构的互模糊函数都仅在目标对应的距离-多普勒单元上有极大值，但 OMP 算法得到正确结果的前提是稀疏度的设置与可检测目标个数相同，而基于 l_0 伪范数的迭代求解算法只需要在足够的迭代次数下，就可以自适应地恢复出正确的目标个数。因此，互模糊函数的稀疏表示与重构方法能够有效抑制强目标的峰值展宽，实现微弱目标的检测。

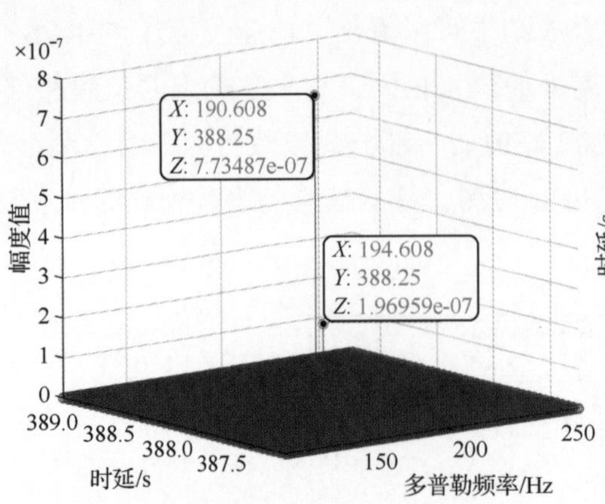

（a）OMP算法

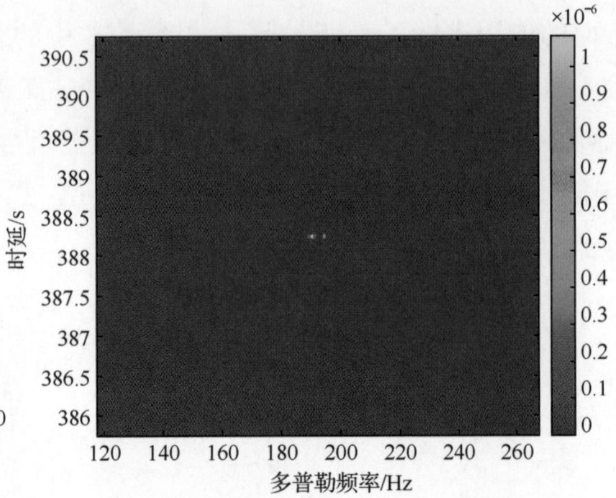

（b）基于l_0伪范数的迭代求解算法

图 6-27　多目标互模糊函数的稀疏重构结果

目标检测、定位与跟踪 第7章

本章针对外辐射源雷达的目标检测、定位与跟踪方法展开研究。第 6 章介绍了目标回波信号的能量积累算法，提升目标能量是为了目标检测，因此本章首先介绍常见的目标检测算法——恒虚警率（Constant False Alarm Rate，CFAR）检测。该检测方式通过对背景杂波功率水平的估计生成检测阈值，从而实现对目标的检测。然后介绍常见的外辐射源雷达目标定位算法。经典的能量积累方法可以得到目标的时延与多普勒频率。除此之外，雷达系统还可以对目标到达角（Direction of Arrival，DOA）进行测量，从而实现目标的定位。本章通过介绍阵列 DOA 估计的基本模型，深入讨论基于空间谱和稀疏恢复的 DOA 估计方法，以及几种不同的定位算法。最后研究外辐射源雷达目标跟踪算法，分别分析目标在飞行时做匀速直线运动和机动运动两种运动情况。

7.1 CFAR 检测算法

7.1.1 外辐射源雷达目标检测理论

一般情况下，对接收到的参考信号和回波信号进行能量积累后，雷达系统将进行目标检测。外辐射源雷达的目标检测通常是基于距离-多普勒二维能量积累实现的，即在每个距离-多普勒对所对应的位置进行阈值检测。该检测算法本质上是求解一个二元假设检验问题。

$$\begin{cases} H_0 : x = n \\ H_1 : x = s + n \end{cases} \tag{7-1}$$

其中，x表示积累后的信号；s表示目标信号；n表示背景杂波信号。假设H_0表示在对应的分辨单元中不存在目标回波；假设H_1表示在对应的分辨单元中存在目标回波。

目标检测通常是基于接收信号的阈值来实现的。简单来说，如果信号超过阈值，则判断为检测到目标；若信号未超过阈值，则判断为未检测到目标。由于观测信号的随机性，目标检测的结果是一个概率性结果，所以可能会做出错误的判断。错误的判断可以分为两类：一是目标回波存在于分辨率单元中，但检测结果为不存在，该事件发生的概率称为漏警概率P_{miss}，其与检测概率P_{d}的和始终为 1；二是目标回波在分辨单元中不存在，但检测结果为存在，该事件发生的概率称为虚警概率 P_{fa}。

在雷达中最常用的方法是将虚警概率保持在一个恒定的水平，同时最大限度地提高检测概率。在检测理论中，这种方法称为奈曼-皮尔逊检测器。

一般地，虚警概率 P_{fa} 可以表示为

$$P_{\mathrm{fa}}=\int_{D}^{+\infty} f_0(z)\,\mathrm{d}z \tag{7-2}$$

其中，$f_0(z)$ 为无目标回波情况下信号的 PDF；D 为检测阈值。如果噪声 $f_0(z)$ 的 PDF 已知，则通过设置所需的 P_{fa}，计算积分并反推关系，即可利用式（7-2）计算出检测阈值。可以看出，检测阈值只与背景杂波特性有关，与回波信号特性无关。

设定检测阈值 D，则检测概率 P_{d} 可计算为

$$P_{\mathrm{d}}=\int_{D}^{+\infty} f_1(z)\,\mathrm{d}z \tag{7-3}$$

其中，$f_1(z)$ 为包含目标回波和杂波的回波信号 PDF 值。函数 $f_1(z)$ 取决于信号与杂波的比值。因此，检测概率是目标回波信噪比的函数。

外辐射源雷达的检测是基于互模糊函数实现的。与大多数雷达检测原理类似，当互模糊函数值超过某一阈值时，判断为检测到目标。根据中心极限定理，互模糊函数值的实部和虚部都将趋近于高斯分布，所以互模糊函数的绝对值将趋向于瑞利分布。根据互模糊函数的上述性质可以看出，外辐射源雷达检测问题是一个检测复高斯杂波中的复常量的经典问题。

根据假设，杂波信号的振幅服从瑞利分布。

$$f_0(z)=\frac{z}{\sigma^2}\exp\left(-\frac{z^2}{2\sigma^2}\right),\quad z>0 \tag{7-4}$$

其中，σ 表示特征参数。包含回波的信号 PDF 服从莱斯分布。

$$f_1(z)=\frac{z}{\sigma^2}\exp\left(-\frac{z^2+|A|^2}{2\sigma^2}\right)I_0\left(\frac{z|A|}{\sigma^2}\right),\quad z>0 \tag{7-5}$$

其中，A 为互模糊函数幅值；$I_0(\cdot)$ 为贝塞尔函数。

因此，虚警概率的计算公式为

$$P_{\mathrm{fa}}=\int_{D}^{+\infty}\frac{z}{\sigma^2}\exp\left(-\frac{z^2}{2\sigma^2}\right)\mathrm{d}z=\exp\left(-\frac{D^2}{2\sigma^2}\right) \tag{7-6}$$

在实际操作中，也可以根据假设的 P_{fa} 计算检测阈值 D，将上述关系重新改写可得

$$D=\sqrt{-2\sigma^2\ln P_{\mathrm{fa}}}=\sigma\sqrt{-2\ln P_{\mathrm{fa}}} \tag{7-7}$$

其中，检测阈值 D 与瑞利分布的特征参数 σ 呈线性关系，可以表示为

$$D=\sigma\alpha_D \tag{7-8}$$

其中，$\alpha_D=\sqrt{-2\ln P_{\mathrm{fa}}}$ 是阈值因子，绝对检测阈值 D 通过噪声参数 σ 乘阈值因子获得。

这种情况下的检测概率可由式（7-9）计算得到。

$$P_{\mathrm{d}}=\int_{D}^{+\infty}\frac{z}{\sigma^2}\exp\left(-\frac{z^2+|A|^2}{2\sigma^2}\right)I_0\left(\frac{z|A|}{\sigma^2}\right)\mathrm{d}z$$
$$=Q(\sqrt{2\mathrm{SNR}},\sqrt{-2\ln P_{\mathrm{fa}}})=Q\left(\frac{A}{\sigma},\sigma_D\right) \tag{7-9}$$

其中，$Q(\cdot)$ 为 Marcum$Q$ 函数；$\mathrm{SNR}=|A|^2/(2\sigma^2)$ 为相关器输出的信噪比。当 P_{fa} 取得经典值 $P_{\mathrm{fa}}=10^{-4}$ 、$P_{\mathrm{fa}}=10^{-5}$ 和 $P_{\mathrm{fa}}=10^{-6}$ 时，在15dB的信噪比条件下都能够得到非常接近 1 的检测概率。

7.1.2　一维 CFAR 检测算法

本节主要介绍常见的一维 CFAR 检测算法。通常情况下，目标检测是在互模糊函数的距离维切面进行的。首先接收辐射源发射的参考信号和经目标反射的回波信号，然后对参考信号和回波信号计算互模糊函数得到距离维切面，最后进行目标检测。

一维 CFAR 检测算法原理如图 7-1 所示。在该算法的单次迭代中，目标检测结果是基于参考单元来确定待检测单元（Cell Under Test，CUT）的检测阈值。待检测单元处于保护单元中间，在待检测单元每一边设置 N_{w} 个参考单元窗口和 N_{g} 个保护单元。之所以这样设置，是因为目标回波可能会扩散到多个分辨单元中，目标回波附近的噪声强度估计可能会受到回波本身的影响，因此使用保护单元来避免目标扩散对杂波功率估计的影响，保护单元不参与杂波强度的估计。在实际应用中，具体的保护单元数量应该根据实际情况中目标回波的宽度选择。

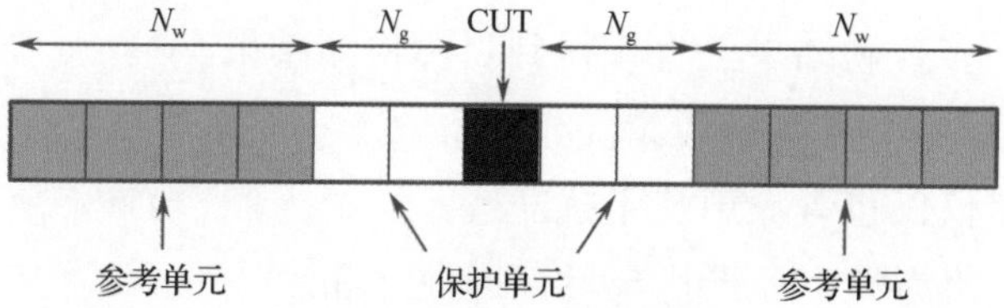

图 7-1　一维 CFAR 检测算法原理

如果杂波是独立同分布的，其特性不随距离的变化而变化，则参考单元的数目越多，杂波参数的估计越准确。但在实际情况中，这样分布的杂波很少。杂波特性随距离的变化而变化。因此，必须增强一维 CFAR 检测算法的自适应特性，参考窗口不能太长，忽略局部扰动，使杂波强度估计可以遵循一定的趋势。

通过参考单元估计背景杂波功率水平的方法有很多，CA-CFAR 是最简单也最常用的方法之一。在 CA-CFAR 方法中，背景杂波功率水平的估计通过计算两个窗口的参考单元的平均值得到，具体表示为

$$\hat{\sigma}(n)=\frac{1}{2}\left(\frac{1}{N_{\mathrm{w}}}\sum_{i=n-N_{\mathrm{w}}-N_{\mathrm{g}}}^{n-N_{\mathrm{g}}-1}x(i)+\frac{1}{N_{\mathrm{w}}}\sum_{i=n+N_{\mathrm{g}}+1}^{n+N_{\mathrm{w}}+N_{\mathrm{g}}}x(i)\right) \tag{7-10}$$

对于背景杂波功率水平的估计值 $\hat{\sigma}$，不同的一维 CFAR 检测算法有不同的计算方式。

在不同的检测场景中，背景杂波功率的平均水平不一定是阈值的最佳选择。因此，对于每种 CFAR 检测算法，阈值因子 α_D 的选择都是不同的。

另一种常见的方法是单元平均选小 CFAR（Smallest of Cell Average Constant False Alarm Rate，SOCA-CFAR）方法。在该方法中，通过两个窗口计算平均值，并取其中最小的值作为背景杂波功率水平的估计值，具体表示为

$$\hat{\sigma}(n)=\min\left(\frac{1}{N_{\mathrm{w}}}\sum_{i=n-N_{\mathrm{w}}-N_{\mathrm{g}}}^{n-N_{\mathrm{g}}-1}x(i),\frac{1}{N_{\mathrm{w}}}\sum_{i=n+N_{\mathrm{g}}+1}^{n+N_{\mathrm{w}}+N_{\mathrm{g}}}x(i)\right) \tag{7-11}$$

其中，$x(i)$ 表示第 i 个信号样本。

还有一种方法是单元平均选大 CFAR（Greagest of Cell Average Constant False Alarm Rate，GOCA-CFAR）方法。在该方法中，杂波功率估计值为两个窗口对应的平均值中最大的一个，具体表示为

$$\hat{\sigma}(n)=\max\left(\frac{1}{N_{\mathrm{w}}}\sum_{i=n-N_{\mathrm{w}}-N_{\mathrm{g}}}^{n-N_{\mathrm{g}}-1}x(i),\frac{1}{N_{\mathrm{w}}}\sum_{i=n+N_{\mathrm{g}}+1}^{n+N_{\mathrm{w}}+N_{\mathrm{g}}}x(i)\right) \tag{7-12}$$

以上 3 种 CFAR 检测算法都基于算术平均值的计算，可以根据实际情况选取不同的算法来实现更有效的检测。

7.1.3　二维 CFAR 检测算法

在现代雷达系统中，通常使用 CFAR 检测器来估计噪声功率并实现自适应信号检测。对外辐射源雷达系统而言，检测是在距离-多普勒二维平面上进行的，因此二维 CFAR 检测算法可以在距离-多普勒结果上直接得到目标检测结果。

在雷达假设检验理论中有两个假设。

- 假设 H_0：测量值仅包含噪声与干扰。
- 假设 H_1：测量值为噪声、干扰与目标回波之和。

假设已知目标不存在时测量值的概率密度函数 $p_y(y|H_0)$，目标存在时测量值的概率密度函数 $p_y(y|H_1)$。设置检测阈值为 V_{T}，可以得到以下几个概率表达式。

检测概率表达式为

$$P_{\mathrm{d}}=\int_{V_{\mathrm{T}}}^{+\infty}p_y(y|H_1)\mathrm{d}y \tag{7-13}$$

虚警概率表达式为

$$P_{\mathrm{fa}}=\int_{V_{\mathrm{T}}}^{+\infty}p_y(y|H_0)\mathrm{d}y \tag{7-14}$$

漏警概率表达式为

$$P_{\mathrm{miss}}=1-P_{\mathrm{d}} \tag{7-15}$$

在标准的雷达阈值检测中，假设干扰功率与噪声功率为常数且已知，但事实上干扰功率与噪声功率是未知的，并且可能随时间变化。在已知干扰功率与噪声功率分布的情

况下，对干扰功率与噪声功率进行估计，并给出预期虚警概率下的自适应检测门限，从而实现所谓的 CFAR 检测。

雷达设计者通常需要设计具有恒定虚警概率的雷达检测系统，为了达到这个目标，系统必须从数据中实时估计出干扰功率与噪声功率，并相应地调整检测阈值以获得恒定的虚警概率。二维 CFAR 检测算法处理的参考窗设置如图 7-2 所示，在待检测单元的周围设置保护单元，防止目标回波影响对干扰功率与噪声功率的估计结果；在保护单元外圈出参考单元区域，用来估计干扰功率与噪声功率。这种估计方法的准确性依赖以下两个假设。

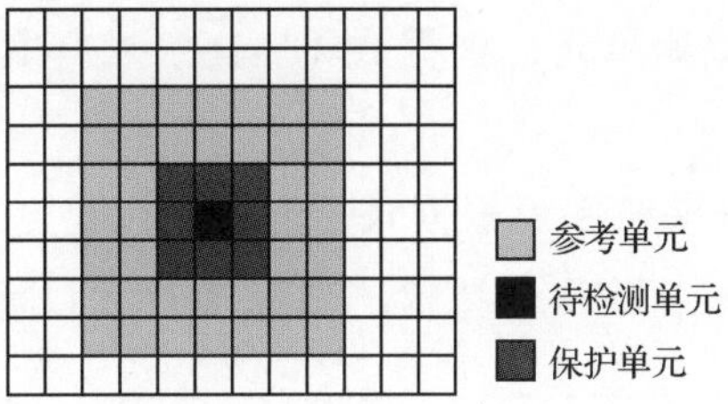

图 7-2　二维 CFAR 检测算法处理的参考窗设置

- 参考单元和待检测单元的干扰与噪声具有相同的统计特性。
- 参考单元仅为干扰和噪声。

在上述假设下，可以从参考单元中获得干扰与噪声的估计值。假设在观测区域内，干扰与噪声服从相互独立的复高斯分布，那么两者的功率之和服从参数为 σ_{w}^2 的指数分布。设参考单元共有 N 个样本，将其功率记为 $x_i, i=1,2,\cdots,N$，那么干扰功率与噪声功率之和 σ_{w}^2 的最大似然估计为

$$\hat{\sigma}_{\mathrm{w}}^2 = \frac{1}{N}\sum_{i=1}^{N} x_i \tag{7-16}$$

自适应阈值可相应地设置为

$$\hat{V}_{\mathrm{T}} = \alpha \hat{\sigma}_{\mathrm{w}}^2 \tag{7-17}$$

其中，α 为根据所要求的虚警概率 P_{fa} 设置的系数。以参考单元功率的均值作为干扰功率与噪声功率之和的估计值的 CFAR 检测算法称为二维 CA-CFAR 检测算法。

在复高斯白噪声且为平方律检波器的条件下，检波后的噪声服从指数分布。定义 $z_i = \alpha x_i / N$，将检测阈值表示为

$$\hat{V}_{\mathrm{T}} = \frac{\alpha}{N}\sum_{i=1}^{N} x_i = \sum_{i=1}^{N} z_i \tag{7-18}$$

其中，z_i 服从参数为 $\alpha\sigma_{\mathrm{w}}^2/N$ 的指数分布。由此可以得到检测阈值 $\hat{V}_{\mathrm{T}}$ 服从埃尔朗分布，其概率密度函数为

$$p_{\hat{V}_{\mathrm{T}}}(\hat{V}_{\mathrm{T}}) = \begin{cases} \left(\dfrac{N}{\alpha\sigma_{\mathrm{w}}^2}\right)^N \dfrac{\hat{V}_{\mathrm{T}}^{N-1}}{(N-1)!}\exp\left(-\dfrac{N\hat{V}_{\mathrm{T}}}{\alpha\sigma_{\mathrm{w}}^2}\right), & \hat{V}_{\mathrm{T}} > 0 \\ 0, & \hat{V}_{\mathrm{T}} \leqslant 0 \end{cases} \tag{7-19}$$

此时，虚警概率 P_{fa} 为一随机变量，其均值近似为

$$\bar{P}_{\mathrm{fa}}=\left(1+\frac{\alpha}{N}\right)^{-N} \tag{7-20}$$

可以得到平均虚警概率为 $\bar{P}_{\mathrm{fa}}$ 时阈值系数的取值，即

$$\alpha=N(\bar{P}_{\mathrm{fa}}^{-1/N}-1) \tag{7-21}$$

外辐射源雷达信号的处理流程如图 7-3 所示。经由以上分析，可以得到二维 CA-CFAR 检测算法的计算步骤如下。

步骤 1：初始化距离维与多普勒维的保护单元窗和参考单元窗的大小。

步骤 2：对于每个待检测单元，根据式（7-16）求得其干扰功率与噪声功率之和的估计值 $\hat{\sigma}_{\mathrm{w}}^{2}$。

步骤 3：根据设置的虚警概率，根据式（7-18）与式（7-21）求得其自适应阈值 $\hat{V}_{\mathrm{T}}$，对待检测单元进行阈值检测，给出该待检测单元中有无目标的结论。

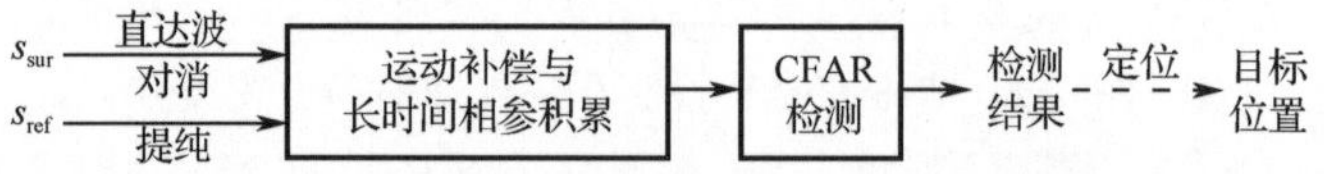

图 7-3　外辐射源雷达信号的处理流程

7.2 外辐射源雷达目标定位算法

7.2.1 DOA 估计模型与算法

1. DOA 估计模型

得到目标检测结果后，为了实现目标定位，往往还需要目标的角度信息。本书以窄带远场入射信号照射的均匀线性阵列作为研究对象，一般的均匀线性阵列天线模型如图 7-4 所示。该阵列天线的阵元数为 M；阵列天线的间距用 d 来表示且一般为半波长；入射信号波长表示为 λ。

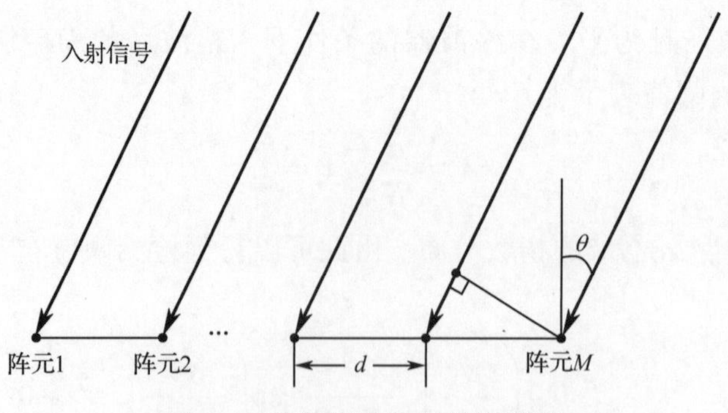

图 7-4　均匀线性阵列天线模型

假设在远场空间有 K 个平稳窄带信号 $s_i(t)$ 入射到此阵列天线上，其中 $i=1,2,\cdots,K$。

此时目标相对各个阵列的方位角可以看作近似相等，这样可以将信号入射波近似成平面波，入射的目标信号的角度表示为 $\boldsymbol{\theta}^*=[\theta_1,\theta_2,\cdots,\theta_K]$。

根据模型的物理几何关系，对于任一给定的 $\theta\in\mathbb{R}$，不同阵元间的空间相位差为 $2\pi(m-1)d\sin\theta/\lambda$。定义向量 $\boldsymbol{A}(\theta)\in\mathbb{R}^M$，其第 m 个阵元则可以表示为

$$\boldsymbol{A}(\theta)_m=\exp(-\mathrm{j}2\pi(m-1)d\sin\theta/\lambda) \tag{7-22}$$

其中，$m\in[1,2,\cdots,M]$；λ 为入射信号波长。则第 m 个阵元接收到的信号可以表示为

$$y_m(t)=\sum_{i=1}^{K}s_i(t)\boldsymbol{A}(\theta_i)_m+n_m(t) \tag{7-23}$$

其中，t 表示采样时刻；$n_m(t)$ 为第 m 个阵元中的噪声分量；$s_i(t)$ 表示第 i 个入射信号，那么整个阵列在 t 时刻的输出可以表示为

$$\boldsymbol{y}(t)=\boldsymbol{A}(\boldsymbol{\theta}^*)\boldsymbol{s}(t)+\boldsymbol{n}(t) \tag{7-24}$$

其中，$\boldsymbol{y}(t)=[y_1(t),y_2(t),\cdots,y_M(t)]^{\mathrm{T}}$ 表示天线接收的数据；$\boldsymbol{s}(t)=[s_1(t),s_2(t),\cdots,s_K(t)]^{\mathrm{T}}$ 表示行维度为 K 的信号向量；$\boldsymbol{n}(t)=[n_1(t),n_2(t),\cdots,n_M(t)]^{\mathrm{T}}$ 表示行维度为 M 的噪声向量；$\boldsymbol{A}(\boldsymbol{\theta}^*)=\left[\boldsymbol{A}(\theta_1),\boldsymbol{A}(\theta_2),\cdots,\boldsymbol{A}(\theta_K)\right]$ 表示维度为 $M\times K$ 的矩阵，通常称为阵列流形，$\boldsymbol{A}(\theta_i)$ 通常称为导向矢量。

对信号进行多次采样后接收到的 L 次快拍数据的阵列输出矩阵表示为

$$\boldsymbol{Y}=\boldsymbol{A}(\boldsymbol{\theta}^*)\boldsymbol{S}+\boldsymbol{N} \tag{7-25}$$

其中，$\boldsymbol{Y}$、$\boldsymbol{S}$、$\boldsymbol{N}$ 分别表示为

$$\boldsymbol{Y}=[\boldsymbol{y}(1),\boldsymbol{y}(2),\cdots,\boldsymbol{y}(L)] \tag{7-26}$$

$$\boldsymbol{S}=[\boldsymbol{s}(1),\boldsymbol{s}(2),\cdots,\boldsymbol{s}(L)] \tag{7-27}$$

$$\boldsymbol{N}=[\boldsymbol{n}(1),\boldsymbol{n}(2),\cdots,\boldsymbol{n}(L)] \tag{7-28}$$

在式（7-26）～式（7-28）中，阵列输出矩阵 $\boldsymbol{Y}$ 和噪声矩阵 $\boldsymbol{N}$ 均是维度为 $M\times L$ 的矩阵，接收信号矩阵 $\boldsymbol{S}$ 是维度为 $K\times L$ 的矩阵。因为接收的数据为多次采样数据，所以 L 不为 1，此时称为多快拍的情形。如果只接收单次数据，即 $L=1$，则称为单快拍的情形，通常表示为

$$\boldsymbol{y}=\boldsymbol{A}(\boldsymbol{\theta}^*)\boldsymbol{s}+\boldsymbol{n} \tag{7-29}$$

2. 子空间类 DOA 估计算法

本节将对传统的子空间类 DOA 估计算法中的多信号分类（Multiple Signal Classification，MUSIC）算法和旋转不变技术（Estimation of Signal Parameters via Rotational Invariance Techniques，ESPRIT）算法进行介绍与分析。这两类典型算法都是在接收信号协方差矩阵特征分解的基础上进行 DOA 估计的，其中 MUSIC 算法主要利用了信号子空间与噪声子空间的正交性；ESPRIT 算法则以信号子空间的旋转不变性作为算法依据。

1）MUSIC 算法

MUSIC 算法主要用于解决阵列天线的多重信号参数估计与分类等问题，且对于波达

方向估计的发展具有重要的意义。该算法主要根据信号子空间与噪声子空间的正交性，对空间的角度进行遍历搜索来实现波达方向的估计，适用范围较广，对线阵和圆阵都具有较好的 DOA 分辨率和良好的测向性能。

对于式（7-26）中的阵列输出矩阵 $\boldsymbol{Y}$，计算其协方差矩阵 $\boldsymbol{R}$ 为

$$\begin{aligned}\boldsymbol{R}=E[\boldsymbol{YY}^{\mathrm{H}}]&=E[(\boldsymbol{A}(\boldsymbol{\theta}^{*})\boldsymbol{S}+\boldsymbol{N})(\boldsymbol{A}(\boldsymbol{\theta}^{*})\boldsymbol{S}+\boldsymbol{N})^{\mathrm{H}}]\\&=E[\boldsymbol{A}(\boldsymbol{\theta}^{*})\boldsymbol{SS}^{\mathrm{H}}\boldsymbol{A}^{\mathrm{H}}(\boldsymbol{\theta}^{*})]+E[\boldsymbol{NN}^{\mathrm{H}}]\\&\quad+E[\boldsymbol{A}(\boldsymbol{\theta}^{*})\boldsymbol{SN}^{\mathrm{H}}]+E[\boldsymbol{NS}^{\mathrm{H}}\boldsymbol{A}^{\mathrm{H}}(\boldsymbol{\theta}^{*})]\end{aligned} \tag{7-30}$$

其中，$[\cdot]^{\mathrm{H}}$ 表示共轭转置。因为信号与噪声是相互独立的，故有

$$E[\boldsymbol{s}_k(t)\boldsymbol{n}_m^{*}(t)]=0,\ k=1,2,\cdots,K;m=1,2,\cdots,M \tag{7-31}$$

因此，式（7-30）可以写作

$$\begin{aligned}\boldsymbol{R}&=E[\boldsymbol{A}(\boldsymbol{\theta}^{*})\boldsymbol{SS}^{\mathrm{H}}\boldsymbol{A}^{\mathrm{H}}(\boldsymbol{\theta}^{*})]+E[\boldsymbol{NN}^{\mathrm{H}}]\\&=\boldsymbol{A}(\boldsymbol{\theta}^{*})E[\boldsymbol{SS}^{\mathrm{H}}]\boldsymbol{A}^{\mathrm{H}}(\boldsymbol{\theta}^{*})+E[\boldsymbol{NN}^{\mathrm{H}}]\\&=\boldsymbol{A}(\boldsymbol{\theta}^{*})\boldsymbol{R}_{\mathrm{N}}\boldsymbol{A}^{\mathrm{H}}(\boldsymbol{\theta}^{*})+\sigma^2\boldsymbol{I}\end{aligned} \tag{7-32}$$

其中，随机噪声的自相关矩阵写作 $\boldsymbol{R}_{\mathrm{N}}=\sigma^2\boldsymbol{I}$，$\sigma^2$ 为噪声功率。

在实际的工程应用中快拍数有限，通常利用如下表达式来估计信号的协方差矩阵。

$$\hat{\boldsymbol{R}}=\frac{1}{L}\boldsymbol{YY}^{\mathrm{H}} \tag{7-33}$$

因为 $\boldsymbol{R}$ 的特征向量展开的空间可以分解为两个子空间的和，这里将 $\boldsymbol{R}$ 进行特征分解，得到其信号子空间与噪声子空间。

$$\boldsymbol{R}=\boldsymbol{U}_{\mathrm{S}}\Sigma_{\mathrm{S}}\boldsymbol{U}_{\mathrm{S}}^{\mathrm{H}}+\boldsymbol{U}_{\mathrm{N}}\Sigma_{\mathrm{N}}\boldsymbol{U}_{\mathrm{N}}^{\mathrm{H}} \tag{7-34}$$

式（7-34）与式（7-32）等价，根据信号子空间与噪声子空间的正交性，在式（7-34）等号两边同时右乘以矩阵 $\boldsymbol{U}_{\mathrm{N}}$，有

$$\boldsymbol{RU}_{\mathrm{N}}=\boldsymbol{U}_{\mathrm{S}}\boldsymbol{S}_{\mathrm{S}}\boldsymbol{U}_{\mathrm{S}}^{\mathrm{H}}\boldsymbol{U}_{\mathrm{N}}+\sigma^2\boldsymbol{U}_{\mathrm{N}}=\sigma^2\boldsymbol{U}_{\mathrm{N}} \tag{7-35}$$

因此，在式（7-32）等号两边右乘 $\boldsymbol{U}_{\mathrm{N}}$，得到

$$\boldsymbol{RU}_{\mathrm{N}}=\boldsymbol{A}(\boldsymbol{\theta}^{*})\boldsymbol{R}_{\mathrm{s}}\boldsymbol{A}^{\mathrm{H}}(\boldsymbol{\theta}^{*})\boldsymbol{U}_{\mathrm{N}}+\sigma^2\boldsymbol{U}_{\mathrm{N}}=\sigma^2\boldsymbol{U}_{\mathrm{N}} \tag{7-36}$$

联合式（7-35）和式（7-36）可知

$$\boldsymbol{A}(\boldsymbol{\theta}^{*})\boldsymbol{R}_{\mathrm{s}}\boldsymbol{A}^{\mathrm{H}}(\boldsymbol{\theta}^{*})\boldsymbol{U}_{\mathrm{N}}=0 \tag{7-37}$$

由于式（7-37）中的矩阵 $\boldsymbol{R}_{\mathrm{s}}$ 为可逆矩阵，故有 $\boldsymbol{A}^{\mathrm{H}}(\boldsymbol{\theta}^{*})\boldsymbol{U}_{\mathrm{N}}=0$，即方向矩阵的每个列向量与噪声子空间具有正交性，所以有

$$\boldsymbol{U}_{\mathrm{N}}^{\mathrm{H}}\boldsymbol{a}(\theta_i)=0,\quad i=1,2,\cdots,K \tag{7-38}$$

其中，$\boldsymbol{a}(\theta_i)$ 是 $\boldsymbol{A}(\boldsymbol{\theta}^{*})$ 的列向量。因此，噪声子空间对应的特征向量与信号向量也是正交的，可以采用如下的谱函数来估计 DOA。

$$P_{\mathrm{MUSIC}}(\theta)=\frac{1}{\boldsymbol{a}^{\mathrm{H}}(\theta)\boldsymbol{U}_{\mathrm{N}}\boldsymbol{U}_{\mathrm{N}}^{\mathrm{H}}\boldsymbol{a}(\theta)} \tag{7-39}$$

通过在变化的 θ 范围内遍历搜寻谱峰位置，对应的角度为待估计求解的 DOA，即

$$\hat{\theta}_i=\arg\min_{\theta}\boldsymbol{a}^{\mathrm{H}}(\theta)\boldsymbol{U}_{\mathrm{N}}\boldsymbol{U}_{\mathrm{N}}^{\mathrm{H}}\boldsymbol{a}(\theta) \tag{7-40}$$

当导向矢量指向信号子空间时，$\boldsymbol{a}^{\mathrm{H}}(\theta)\boldsymbol{U}_{\mathrm{N}}$ 的值比较小，故 $P_{\mathrm{MUSIC}}(\theta)$ 的值比较大；当导向矢量不再指向信号子空间时，$\boldsymbol{a}^{\mathrm{H}}(\theta)\boldsymbol{U}_{\mathrm{N}}$ 的值比较大，故 $P_{\mathrm{MUSIC}}(\theta)$ 的值比较小，所以真实的 DOA 应当对应几个较大值处，即谱峰处。

MUSIC 算法的计算步骤如下。

步骤 1：根据阵列天线接收到的数据信号来估算其协方差矩阵 $\hat{\boldsymbol{R}}$，一般通过式（7-34）的自相关处理得到。

步骤 2：对得到的协方差矩阵 $\hat{\boldsymbol{R}}$ 进行特征值分解，$\hat{\boldsymbol{R}}=\boldsymbol{U}\sum\boldsymbol{U}^{\mathrm{H}}$。

步骤 3：将分解得到的特征值按从大到小的顺序进行排序，分别依次对应信号与噪声，确定 K 个较大的特征值，与之对应的为信号子空间 $\boldsymbol{U}_{\mathrm{S}}$，将其余较小的特征值对应的特征向量构造为噪声子空间 $\boldsymbol{U}_{\mathrm{N}}$。

步骤 4：根据实际情况与探测需求确定搜索角度的范围及步长，然后根据式（7-39）遍历得到空间谱的结果，其谱峰位置所在的角度为待估计的 DOA。

传统 MUSIC 算法对于非相干信号具有良好的性能，而在更复杂的情况下，会接收到相干信号，此时传统的 MUSIC 算法处理得到的 DOA 估计性能比较差，谱峰的分辨率很低。针对相干信号的情况，近年来很多学者研究了其他改进算法，主要是通过预处理办法在估计之前进行去相关。预处理方法主要有两类，一类是对接收的数据做降维处理，如平滑技术、数据矩阵分解法等，另一类是采用阵列移动或频率平滑来处理相干信号，如频率平滑法、加权子空间拟合法等。

2）ESPRIT 算法

Roy 等在 1986 年提出了 ESPRIT 算法，该算法要求在阵列天线上具有至少两个响应性质相同的子阵，即在物理空间具有旋转不变的性质，而且该算法相比多重信号分类算法运算量较小，不需要对谱进行遍历搜索。鉴于其在参数估计等其他方面的良好特性，ESPRIT 算法在近年来被广泛应用于理论与实践研究中，还发展出了最小二乘 ESPRIT（Least Square-ESPRIT，LS-ESPRIT）算法、整体最小二乘 ESPRIT（Total Least Square-ESPRIT，TLS-ESPRIT）算法等变形算法。

ESPRIT 算法要求阵列天线上存在具有相同响应特性的子阵。这里假设一个阵列天线存在两个具有相同响应特性的子阵 $\boldsymbol{Z}_x$ 和 $\boldsymbol{Z}_y$，每个子阵包含 M 个阵元，且这两个子阵物理位置的相位差为 d。假设有 $K\leqslant M$ 个独立的远场窄带信号入射到阵列天线上，子阵 $\boldsymbol{Z}_x$ 和 $\boldsymbol{Z}_y$ 的接收信号分别为 $\boldsymbol{X}$ 和 $\boldsymbol{Y}$，每个阵元上的信号分别用 $x_1,x_2,\cdots,x_M$ 和 $y_1,y_2,\cdots,y_M$ 表示，因此有

$$\boldsymbol{x}_i(t)=\sum_{k=1}^{K}\boldsymbol{s}_k(t)\boldsymbol{A}(\theta_k)_i+\boldsymbol{n}_{xi}(t),\quad i=1,2,\cdots,M \tag{7-41}$$

$$\boldsymbol{y}_i(t)=\sum_{k=1}^{K}\boldsymbol{s}_k(t)\mathrm{e}^{\mathrm{j}\phi_k}\boldsymbol{A}(\theta_k)_i+\boldsymbol{n}_{yi}(t),\quad i=1,2,\cdots,M \tag{7-42}$$

其中，$\boldsymbol{s}_k(t)$ 表示阵元上接收到的第 k 个输入信号；θ_k 表示第 k 个目标的波达方向；ϕ_k 表

示两个子阵关于第 k 个信号的相位之差；$\boldsymbol{n}_{xi}(t)$ 和 $\boldsymbol{n}_{yi}(t)$ 分别表示两个子阵在第 i 个阵元上的噪声信号，然后分别将这两个子阵每个阵元的输出写成矢量形式，有

$$\boldsymbol{x}(t)=\boldsymbol{A}(\boldsymbol{\theta}^*)\boldsymbol{s}(t)+\boldsymbol{n}_x(t) \tag{7-43}$$

$$\boldsymbol{y}(t)=\boldsymbol{A}(\boldsymbol{\theta}^*)\boldsymbol{\Phi}\boldsymbol{s}(t)+\boldsymbol{n}_y(t) \tag{7-44}$$

其中，

$$\boldsymbol{x}(t)=[x_1(t),x_2(t),\cdots,x_M(t)]^{\mathrm{T}} \tag{7-45}$$

$$\boldsymbol{y}(t)=[y_1(t),y_2(t),\cdots,y_M(t)]^{\mathrm{T}} \tag{7-46}$$

$$\boldsymbol{s}(t)=[s_1(t),s_2(t),\cdots,s_K(t)]^{\mathrm{T}} \tag{7-47}$$

$$\boldsymbol{n}_x(t)=[n_{x1}(t),n_{x2}(t),\cdots,n_{xM}(t)]^{\mathrm{T}} \tag{7-48}$$

$$\boldsymbol{n}_y(t)=[n_{y1}(t),n_{y2}(t),\cdots,n_{yM}(t)]^{\mathrm{T}} \tag{7-49}$$

$\boldsymbol{A}(\boldsymbol{\theta}^*)=[\boldsymbol{A}(\theta_1),\boldsymbol{A}(\theta_2),\cdots,\boldsymbol{A}(\theta_K)]$，其维度为 $M\times K$，通常称该矩阵为阵列流形，$\boldsymbol{A}(\theta_i)$ 通常称为导向矢量。$\boldsymbol{\Phi}$ 为一个 $K\times K$ 的对角矩阵，其对角元素表示信号的相位延迟信息，具体如下。

$$\boldsymbol{\Phi}=\mathrm{diag}\{\mathrm{e}^{\mathrm{j}\succ_1},\mathrm{e}^{\mathrm{j}\succ_2},\cdots,\mathrm{e}^{\mathrm{j}\succ_k}\} \tag{7-50}$$

其中，

$$\succ_k=\frac{2\pi d\sin\theta_k}{\lambda} \tag{7-51}$$

矩阵 $\boldsymbol{\Phi}$ 可以视作子阵 $\boldsymbol{Z}_x$ 和 $\boldsymbol{Z}_y$ 之间的纽带，是重要的待求变量，通常称其为两个子阵之间的旋转算子，对该变量求解即可得到目标信号角度。要想求解矩阵 $\boldsymbol{\Phi}$，首先将两个子阵的输出写到一个大的矩阵中，得到

$$\boldsymbol{z}(t)=\begin{bmatrix}\boldsymbol{x}(t)\\ \boldsymbol{y}(t)\end{bmatrix}=\bar{\boldsymbol{A}}\boldsymbol{s}(t)+\boldsymbol{n}_z(t) \tag{7-52}$$

其中，

$$\bar{\boldsymbol{A}}=\begin{bmatrix}\boldsymbol{A}(\boldsymbol{\theta}^*)\\ \boldsymbol{A}(\boldsymbol{\theta}^*)\boldsymbol{\Phi}\end{bmatrix},\ \boldsymbol{n}_z(t)=\begin{bmatrix}\boldsymbol{n}_x(t)\\ \boldsymbol{n}_y(t)\end{bmatrix} \tag{7-53}$$

当 t 取 N 个时刻的值时，即在多快拍情况下，$\bar{\boldsymbol{A}}$ 为一个 $2M\times N$ 的矩阵，那么可以扩展式（7-52）中列的维数，得到

$$\boldsymbol{Z}=\begin{bmatrix}\boldsymbol{X}\\ \boldsymbol{Y}\end{bmatrix}=\bar{\boldsymbol{A}}\boldsymbol{S}+\boldsymbol{N}_z \tag{7-54}$$

其中，

$$\boldsymbol{Z}=[z(t_1),z(t_2),\cdots,z(t_N)] \tag{7-55}$$

$$\boldsymbol{S}=[s(t_1),s(t_2),\cdots,s(t_N)] \tag{7-56}$$

$$\boldsymbol{N}_z=[n_z(t_1),n_z(t_2),\cdots,n_z(t_N)] \tag{7-57}$$

鉴于ESPRIT算法的核心是利用信号子空间的旋转不变性，信号子空间是由式（7-54）中的子阵数据 $\boldsymbol{X}$ 和 $\boldsymbol{Y}$ 矩阵张成的维数为 K 的空间，即由矩阵 $\boldsymbol{A}$ 的列向量张成的空间。因

为目标信号源的信号辐射到不同的子阵上具有一定的波程差，因此 $\boldsymbol{Y}$ 张成的信号子空间相对于 $\boldsymbol{X}$ 张成的信号子空间有一个空间相位为 ϕ_k 的旋转。

接下来计算式（7-54）中 $\boldsymbol{Z}$ 的协方差矩阵，并对协方差矩阵进行特征值分解，有

$$\boldsymbol{R}_z = E[\boldsymbol{Z}\boldsymbol{Z}^{\mathrm{H}}] = \boldsymbol{U}_{\mathrm{S}}\boldsymbol{\Lambda}\boldsymbol{U}_{\mathrm{S}}^{\mathrm{H}} + \boldsymbol{U}_{\mathrm{N}}\boldsymbol{\Lambda}_{\mathrm{N}}\boldsymbol{U}_{\mathrm{N}}^{\mathrm{H}} \tag{7-58}$$

与 MUSIC 算法一样，由于在实际的工程应用中快拍数有限，通常对阵列的输出采样值做自相关运算以估计信号的协方差矩阵。

$$\hat{\boldsymbol{R}}_z = \frac{1}{N}\boldsymbol{Z}\boldsymbol{Z}^{\mathrm{H}} \tag{7-59}$$

因为存在一个唯一的、非奇异的 $K \times K$ 维满秩矩阵 $\boldsymbol{T}$，所以下式成立。

$$\boldsymbol{U}_{\mathrm{S}} = \bar{\boldsymbol{A}}\boldsymbol{T} \tag{7-60}$$

根据阵列的移不变特性，将 $\boldsymbol{U}_{\mathrm{S}}$ 分解为 $\boldsymbol{U}_x$ 和 $\boldsymbol{U}_y$，式（7-60）可写为

$$\boldsymbol{U}_{\mathrm{S}} = \begin{bmatrix} \boldsymbol{U}_x \\ \boldsymbol{U}_y \end{bmatrix} = \begin{bmatrix} \boldsymbol{A}\boldsymbol{T} \\ \boldsymbol{A}\boldsymbol{\Phi}\boldsymbol{T} \end{bmatrix} \tag{7-61}$$

由式（7-61）可得

$$\boldsymbol{U}_y = \boldsymbol{U}_x\boldsymbol{T}^{-1}\boldsymbol{\Phi}\boldsymbol{T} = \boldsymbol{U}_x\boldsymbol{\Psi} \tag{7-62}$$

其中，$\boldsymbol{\Psi} = \boldsymbol{T}^{-1}\boldsymbol{\Phi}\boldsymbol{T}$，表明矩阵 $\boldsymbol{\Phi}$ 的对角元素就是 $\boldsymbol{\Psi}$ 的特征值。

因此，ESPRIT 算法的计算步骤如下。

步骤 1：利用阵列的输出采样值做自相关运算，作为信号的协方差矩阵 $\hat{\boldsymbol{R}}_z$。

步骤 2：对协方差矩阵进行特征值分解。

步骤 3：对特征值的大小按降序排列，确定 K 个较大的特征值作为主特征值，并确定它们对应的特征向量，再将其按行划分，得到信号的特征矩阵 $\tilde{\boldsymbol{U}}_x$ 和 $\tilde{\boldsymbol{U}}_y$。

步骤 4：根据式（7-62）求得 $\boldsymbol{\Psi}$ 矩阵，对此矩阵进行特征值分解，得到矩阵 $\boldsymbol{\Phi}$（对角元素已知）。

步骤 5：由于波长已知，可根据主特征值计算出波达方向，计算时可依据式（7-50）和式（7-51）。

在实际应用中，$\boldsymbol{U}_x$ 和 $\boldsymbol{U}_y$ 的估计值 $\tilde{\boldsymbol{U}}_x$ 与 $\tilde{\boldsymbol{U}}_y$ 无法一直满足式（7-62）中的关系。针对这一问题，人们又发展出了最小二乘 ESPRIT 算法和整体最小二乘 ESPRIT 算法等，在此不再赘述。

3）仿真实验与分析

为了进一步理解 DOA 估计算法的本质及特征，下面进行仿真实验，并通过改变实验条件和参数，仿真并对比不同参数下基于特征空间的 DOA 估计算法的误差与性能。除了前文介绍的 MUSIC 算法、ESPRIT 算法，实验还加入了经典的 Capon 算法作为对比，并根据对比结果来分析各算法的优点与不足。

考虑在均匀线性阵列天线条件下，分别在入射信号为非相干信号和相干信号两种情

况下进行仿真分析，仿真条件及参数设置如下。存在 2 个远场窄带信号入射到阵元数目为 8 的阵列天线上，接收数据的快拍数为 200 个，信号源目标角度分别为 6°和 30°，设置角度搜索区间为-90°～90°，搜索间距步长为 1°，信噪比为 6dB。

实验 1：入射信号为非相干信号，其他参数保持默认设置，对目标角度的单次估计结果如图 7-5 所示。从图中可以看出，此时 3 种算法估计曲线的峰值位置或估计结果都能够达到或接近真实 DOA，均有良好的估计性能，都能够以较大的概率估计出目标角度。相比之下，ESPRIT 算法的估计性能略差。

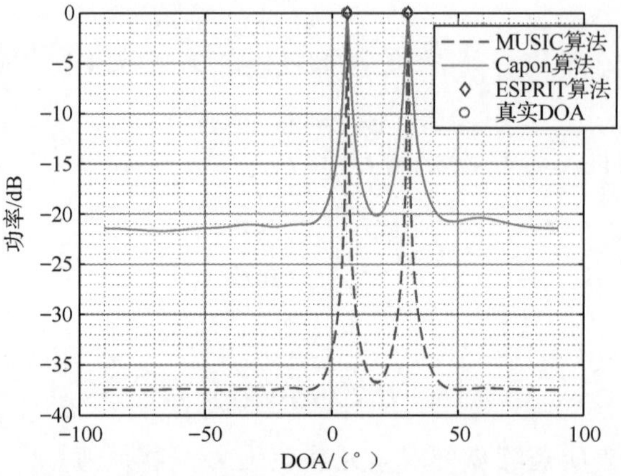

图 7-5　非相干信号入射时不同算法的估计结果

接下来通过统计实验来分析各个算法的性能。对各个算法进行多次独立实验，蒙特卡罗次数为 200 次，结果如图 7-6 所示。设定自变量为信噪比，由图 7-6（a）可知，当信噪比较低时（-10～0dB），Capon 算法与 MUSIC 算法相比 ESPRIT 算法误差更小，故具有更好的抗噪性能。设定自变量为快拍数，由图 7-6（b）可知，当快拍数较少时，Capon 算法与 MUSIC 算法的整体估计误差都低于 ESPRIT 算法。

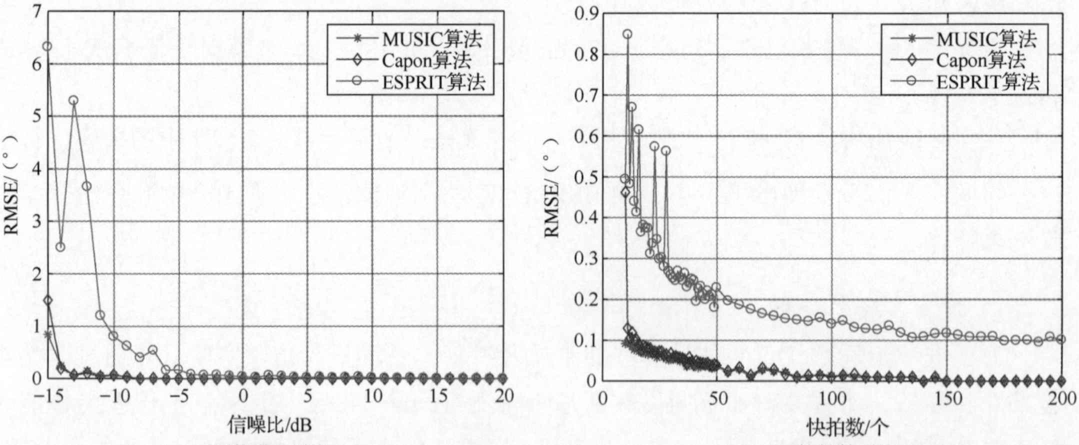

（a）不同信噪比下的RMSE　　（b）不同快拍数下的RMSE

图 7-6　非相干信号入射时不同算法的 RMSE

实验 2：入射信号为相干信号，其他参数保持默认设置，3 种算法对目标的单次估计结果如图 7-7 所示。从图中可以看出，ESPRIT 算法的估计效果最差，已经偏离了真实 DOA。当信号源目标角度相距较近时，设置信号源目标角度分别为 20°和 30°，其单次估计结果如图 7-8 所示。此时这 3 种算法均难以分辨出目标角度，因而难以对目标进行准确的估计。

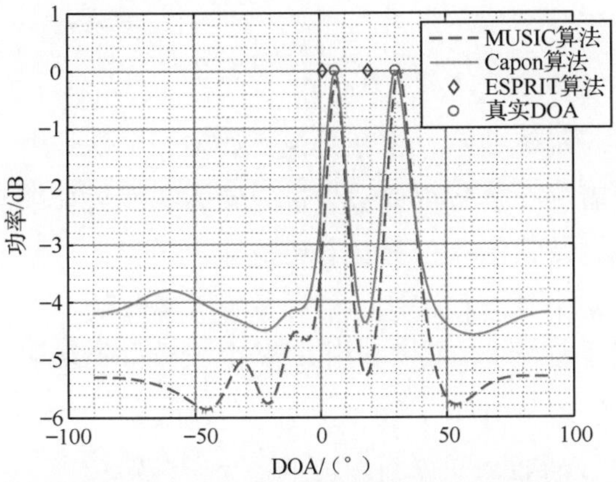

图 7-7 相干信号入射时不同算法的估计结果

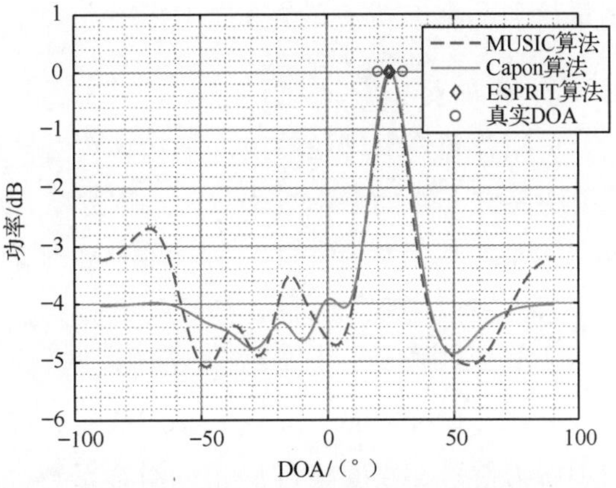

图 7-8 相近角度下相干信号入射时的估计结果

与实验 1 相似，对相干信号做同样的处理，得到 3 种算法在不同信噪比和不同快拍数下的 RMSE，如图 7-9 所示。从图中可以看出，无论信噪比和快拍数如何变化，这 3 种算法的 RMSE 都较大，因此这 3 种算法对相干信号的估计能力较差。

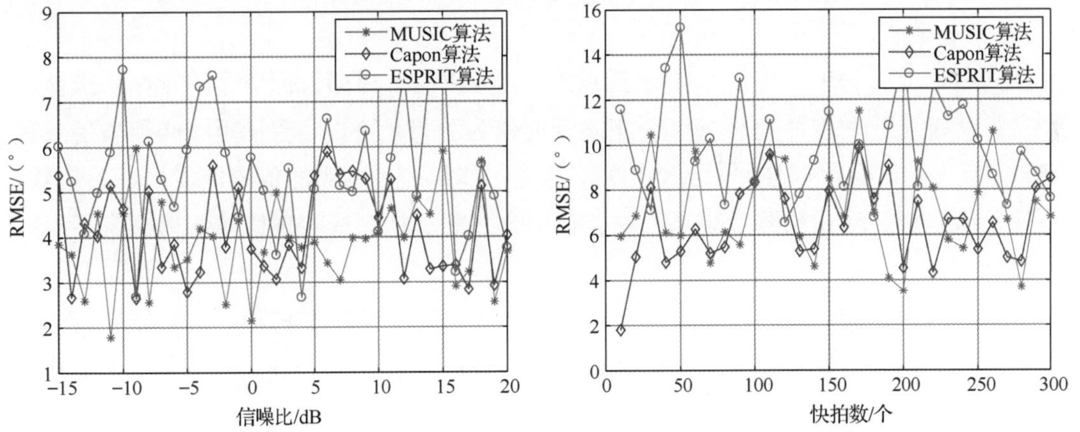

（a）不同信噪比下的RMSE　　（b）不同快拍数下的RMSE

图 7-9 相干信号入射时不同算法的 RMSE

3. 基于稀疏恢复的 DOA 估计算法

近年来，随着稀疏恢复理论的迅速发展，其在阵列信号处理领域的应用越来越广泛与深入，并且逐渐形成了一系列关于信号处理与稀疏恢复的相关研究成果。这些研究成果在解决 DOA 估计问题的过程中也展现出了极强的生命力。

稀疏恢复问题即压缩感知问题。在实际工程应用中，面对海量的数据，所需采样的数据量很大，虽然近年来计算机处理能力进步神速，但显然还不够。针对此问题，人们引入了稀疏恢复的概念。稀疏恢复的本质思想是：对于信号长度为 N 的原始信号，通过感知测量，可以用 M（$M \ll N$）个非零稀疏量来表示原来的信号。这里有两个重要的问题：第一，如何设计感知矩阵（测量矩阵），从而使其尽可能包含恢复信号的信息；第二，如何从观测信号和测量矩阵中进行重构得到信号。针对这两个问题，接下来将从稀疏表示、测量矩阵、重构算法 3 个方面来介绍。

1）稀疏表示

应用稀疏恢复理论的前提是能够对信号进行稀疏表示，也就是说，如果一个信号中只有少量的非零元素，大多数元素均为零，或者一个信号可以被少量元素的线性组合来近似，而这些元素均来自一个已知的字典矩阵，就认为该信号具有稀疏性。

通常用稀疏度作为描述信号的指标，如果某个具有稀疏性的信号 $\boldsymbol{x}$ 是 k 稀疏的，那么这个信号只有 k 个非零元素，即 $\|\boldsymbol{x}\|_0 \leqslant k$。对于信号 $\boldsymbol{x}$，可以利用其 M 个采样得到观测值，并通过矩阵 $\boldsymbol{\Psi}$ 的元素进行稀疏表示，即 $x = \boldsymbol{\Psi} s$，其中 s 的长度为 N（$M \ll N$），可以理解为信号 $\boldsymbol{x}$ 在变换域 $\boldsymbol{\Psi}$ 下的组合系数，且 s 的非零元素个数远小于 N。

信号 x 在投影矩阵 $\boldsymbol{\Phi}$ 下的线性测量 $\boldsymbol{y}$ 可以表示为

$$\boldsymbol{y} = \boldsymbol{\Phi x} = \boldsymbol{\Phi \Psi} s = \tilde{\boldsymbol{\Phi}} s \tag{7-63}$$

其中，$\tilde{\boldsymbol{\Phi}}$ 是 $M \times N$ 的矩阵，表示感知矩阵或测量矩阵；$\boldsymbol{y}$ 为感知矩阵 $\tilde{\boldsymbol{\Phi}}$ 下的稀疏信号 s 的 $M \times 1$ 的观测向量。

2）测量矩阵

在稀疏恢复过程中，将信号稀疏表示之后，通常需要根据目标信号的特性来选择基底（或者说测量矩阵），不是任何一个矩阵都能作为测量矩阵的，测量矩阵必须满足一定的条件，使其能够保留信号的大部分信息，这样才能从较少的观测值中恢复出原始信号。只有选取了合理、合适的测量矩阵，才能利用合适的重构算法实现信号的稀疏恢复，因此该部分显得尤为重要。

在式（7-63）中，通常无法进行直接求解。对于稀疏度为 K 的信号 $\boldsymbol{x}$，研究表明，当测量矩阵 $\tilde{\boldsymbol{\Phi}}$ 满足有限等距条件（Restricted Isometry Property，RIP）时，存在一个常数 $\delta_k \in (0,1)$，满足

$$(1-\delta_k \|\boldsymbol{x}\|_2^2) \leqslant \|\tilde{\boldsymbol{\Phi}}\boldsymbol{x}\|_2^2 \leqslant (1+\delta_k \|\boldsymbol{x}\|_2^2) \tag{7-64}$$

此时测量矩阵的任意 M 个列向量组成的子阵均为满秩矩阵，这样便能充分保证从少量观测值中重建稀疏信号。

RIP 作为检验测量矩阵的重要条件，可以用来判断所选择的测量矩阵是否合理，从而保证原始信号空间与稀疏后的信号空间满足一一映射的关系，进而最大限度地恢复出原始信号。目前一些研究中经常采用的测量矩阵为随机高斯矩阵，其他测量矩阵包括局部傅里叶矩阵、部分哈达玛矩阵、随机托普利兹矩阵等。

3）重构算法

在稀疏恢复理论中，重构算法是完成信号重建的关键步骤，目的是通过少量的观测信号恢复出稀疏信号 $\boldsymbol{x}$，要求解的问题如下。

$$\begin{cases}\hat{\boldsymbol{x}} = \arg\min\|\boldsymbol{x}\|_0 \\ \text{s.t. } \boldsymbol{y} = \tilde{\boldsymbol{\Phi}}\boldsymbol{x}\end{cases} \tag{7-65}$$

由于 l_0 范数的非凸性，上述问题是一个 NP 难问题，即使求其近似解也十分困难。针对此问题，近年来涌现了大量关于重构算法的研究，目前的研究算法主要有以下几类。

（1）l_1 范数最小化算法。因为 l_0 范数问题是非凸的，所以 l_1 范数最小化算法通过将其凸松弛为 l_1 范数进行求解。

$$\begin{cases}\hat{\boldsymbol{x}} = \arg\min\|\boldsymbol{x}\|_1 \\ \text{s.t. } \boldsymbol{y} = \tilde{\boldsymbol{\Phi}}\boldsymbol{x}\end{cases} \tag{7-66}$$

这样一来，问题就转化为凸优化问题，因为凸优化问题存在一个准确的数值解，所以式（7-66）就转变为一个具有二次曲线约束的凸规划问题，可以通过相关软件求解。目前 l_1 范数最小化算法主要包括内点法、同伦法、梯度投影法、增广拉格朗日乘子法等。通常情况下这类算法精度比较高，但计算复杂度也较高。

（2）贪婪算法。贪婪算法通过迭代的方式一步步地近似信号的支撑集，直至其达到某个收敛准则，或者在迭代过程中逐渐获取较为近似的估计。目前最具代表性的贪婪算法主要为 OMP 算法和迭代阈值（Iterative Thresholding，IT）算法。OMP 算法主要是寻找与测量矩阵的列最相关的测量值，一直重复此过程，直到达到收敛准则。CoSaMP 算法、ROMP 算法、分段 OMP 算法等都属于 OMP 算法。迭代阈值算法则是将信号初始化为零元素，根据硬阈值条件，利用梯度下降法来迭代，直至其收敛。

OMP 算法和 IT 算法都满足与 l_1 范数最小化方法相同的保证条件，而且依赖迭代的步数，一般情况下计算速度快，但无法保证准确度。

DOA 估计的稀疏表示模型可以这样描述：在实际的目标探测过程中，只有较少数的目标信号入射到阵元天线上，即所求角度信息在整个方位空间上是稀疏的，本节考虑以大量网格点的集合 $\Omega = \{\alpha_1, \alpha_2, \cdots, \alpha_n\} \in \mathbb{R}^n$ 来代表所要观测的角度的区间，重新构造矩阵 $\boldsymbol{A}(\Omega)$，$\boldsymbol{A}(\Omega)$ 中的每个列向量都对应不同角度的导向矢量，即 $\boldsymbol{A}(\alpha_i)$。所构造的测量矩阵包含网格点的集合，即考虑从网格点集合中恢复 $\boldsymbol{\theta}^*$。

（3）典型算法介绍。接下来分别介绍用于 DOA 估计的 l_1-SVD 方法、迭代软阈值算法和 OMP 算法。

① l_1-SVD 算法。l_1-SVD 算法是一种基于稀疏恢复的用于 DOA 估计的算法，其思想是通过对接收数据矩阵进行奇异值分解（Singular Value Decomposition，SVD），将其划分为信号子空间和噪声子空间，将问题降维为一种稀疏谱估计问题。

问题背景是 K 个信号源照射到 M 个阵元的间距为半波长的均匀线性阵列上，其中式（7-25）可以写为 $\boldsymbol{Y} = \boldsymbol{A}\boldsymbol{S} + \boldsymbol{N}$，对观测数据矩阵进行奇异值分解，得到

$$Y = ULV^{-1} \tag{7-67}$$

将式（7-67）降维，可以得到

$$Y_{SV} = ULD_K = YVD_K \tag{7-68}$$

其中，$D_K = [I_K \quad 0]^T$，I_K 为一个 $K \times K$ 的单位阵，0 为一个 $K \times (L-K)$ 的零元素的矩阵；L 表示快拍数。另外，令 $S_{SV} = SVD_K$，$N_{SV} = NVD_K$，那么观测数据矩阵可以表示为

$$Y_{SV} = AS_{SV} + N_{SV} \tag{7-69}$$

对于式（7-69），每列的表示如下所示。

$$y^{SV}(k) = As^{SV}(k) + n^{SV}(k), \quad k = 1,2,\cdots,K \tag{7-70}$$

每列对应一个信号空间奇异向量，并非之前的以时间采样的数据样本，也就是将处理的数据矩阵在列上的维度从 L 变为 K，而在一般情况下，信号源数量要远远少于快拍数，因此大幅降低了计算复杂度。

S_{SV} 是一个 $N_\theta \times K$ 维的矩阵，其中 N_θ 表示在空间中划分的搜索角度的数量，S_{SV} 的每行都代表不同的角度信息，根据其在空间上的稀疏性，定义

$$\tilde{s}_i^{(l_2)} = \sqrt{\sum_{k=1}^{K} (s_i^{SV}(k))^2} \tag{7-71}$$

对待求向量 $N_\theta \times 1$ 的 $\tilde{s}^{(l_2)}$ 而言，其稀疏信息与空间谱的稀疏性一致，因此 DOA 估计的问题可以通过最小化如下带约束的式子来求解，其中，λ 表示正则化参数，$\|\cdot\|_F$ 表示 Frobenius 范数。

$$\min \|Y_{SV} - AS_{SV}\|_F^2 + \lambda \|\tilde{s}^{(l_2)}\|_1 \tag{7-72}$$

对于上述问题，为了使式（7-72）的目标函数是线性的，这里引入辅助变量 p 和 q，通过重写式（7-72）将非线性放入约束中，如下所示。

$$\begin{cases} \min p + \lambda q \\ \text{s.t.} \quad \|Y_{SV} - AS_{SV}\|_F^2 \leqslant p, \quad \|\tilde{s}^{(l_2)}\| \leqslant q \end{cases} \tag{7-73}$$

进一步可以得到

$$\begin{cases} \min p + \lambda q \\ \text{s.t.} \quad \|(z_1', z_2', \cdots, z_K')\|_2^2 \leqslant p, \quad \|\tilde{s}^{(l_2)}\| \leqslant q \end{cases} \tag{7-74}$$

其中，$z_k' = y^{SV}(k) - As^{SV}(k)$，$k = 1,2,\cdots,K$。对于这样的二阶锥规划问题，可以直接利用 MATLAB 软件中的 CVX 凸优化工具包来处理，该工具包的本质是利用内点算法来求解。

② 迭代软阈值算法。大多数 l_1 范数最小化算法考虑以下无约束条件的情形，即

$$\min_x \frac{1}{2}\|y - \Phi x\|_2^2 + \lambda \|x\|_1 \tag{7-75}$$

其中，λ 为未知的待调整参数。针对上述问题，迭代软阈值（Iterative Soft Thresholding, IST）算法的迭代过程通过

$$x_{i+1} = \Psi_\lambda[x_i + \Phi^T(y - \Phi x_i)] \tag{7-76}$$

来实现。

其中，

$$\Psi_{\lambda}(x_i)=\begin{cases}x_i+\lambda, & x_i\leqslant -\lambda\\ 0, & |x_i|\leqslant \lambda\\ x_i-\lambda, & x_i\geqslant \lambda\end{cases} \tag{7-77}$$

由上述表达式更新 x_i 的值，这种算法称为 IST 算法，这里要求 $\|\boldsymbol{\Phi}\|_2<1$。

③ OMP 算法。对于稀疏恢复问题的求解，除了基于 l_1 范数最小化的凸优化算法，还有一类计算速度快、实现便捷且恢复性能较好的贪婪算法。“贪婪”一词意味着算法在每一步的迭代中都要做出一种能达到某个局部最优条件的行为。贪婪算法的主要过程是原子选择与原子集合的更新，原子表示测量矩阵的列向量。在信号处理中，最基本的贪婪算法是匹配追踪（Matching Pursuit，MP）算法。基本的稀疏恢复问题如下。

$$\boldsymbol{y}=\boldsymbol{A}\boldsymbol{x} \tag{7-78}$$

也就是在已知观测向量 $\boldsymbol{y}$ 的前提下，通过设计测量矩阵与重构算法恢复一个稀疏的向量 $\boldsymbol{x}$，且对于测量矩阵 $\boldsymbol{A}$，要满足有限等距条件。MP 算法以零值作为初始估计、以初始残差作为观测向量开始迭代，在迭代过程中，每次选择测量矩阵与残差内积最大的一列。每次迭代过程都要更新所选列的系数，也就是估计的稀疏向量。一直迭代，直到符合迭代停止准则（一般为残差的范数达到某个值）。

OMP 算法相比 MP 算法更加复杂，其在初始化时加入了一个初始的集合 T 用来存放字典列号。OMP 算法更新估计向量的系数的方法与 MP 算法不同，前者在每次迭代中将观测向量 $\boldsymbol{y}$ 正交投影到集合 T 中所对应的测量矩阵的列，这种做法使每次迭代时都会更新集合 T 所对应的估计向量的系数。OMP 算法流程如表 7-1 所示，其中上标 i 代表第 i 步迭代过程中的量；† 代表广义逆运算操作；下标 j 代表向量的第 j 个元素或矩阵的第 j 个列向量。

表 7-1　OMP 算法流程

输入：$\boldsymbol{y}$、$\boldsymbol{A}$、k。
输出：$\boldsymbol{r}^i$、$\hat{\boldsymbol{x}}^i$。
1．初始参数设置：残差 $\boldsymbol{r}^0=\boldsymbol{y}$，初始估计量 $\hat{\boldsymbol{x}}^0=0$，集合 $T^0=\varnothing$。
2．循环迭代 i=1，直到满足停止条件。
3．令 $g^i=\boldsymbol{A}^{\mathrm{T}}\boldsymbol{r}^{i-1}$，$j^i=\arg\max\limits_j \lvert g_j^i\rvert/\|\boldsymbol{A}_j\|_2$，$T^i=T^{i-1}\cup j^i$，$\hat{\boldsymbol{x}}_{T^i}^i=\boldsymbol{A}_{T^i}^{\dagger}\boldsymbol{y}$，$\boldsymbol{r}^i=\boldsymbol{y}-\boldsymbol{A}\hat{\boldsymbol{x}}^i$。
4．结束循环。

相比 MP 算法，OMP 算法不会反复选择同一个原子，而且每次迭代后计算的残差都要保证正交于当前集合中已选的元素，这种选择策略得到的结果具有更好的近似误差。

4）仿真实验与分析

下面对基于稀疏恢复的 DOA 估计算法进行仿真实验，并通过统计实验来分析各种算法的性能。由于 l_1-SVD 主要针对接收信号为多快拍的情形，故将其与子空间类 DOA 估计算法进行对比分析，而将其他基于稀疏恢复的 DOA 估计算法用于分析单快拍条件下的 DOA 估计性能。实验中还加入了迭代硬阈值（Iterative Hard Thresholding，IHT）算法来做对比分析。

首先对 l_1-SVD 算法的性能进行仿真分析。

实验 1：假设接收天线是阵元数为 8 的均匀线性阵列天线，存在 2 个远场窄带信号入射到阵列天线上，角度分别为 6°和 30°，设置角度搜索区间为-90°～90°，步长间距为 1°，信噪比为 5dB，接收信号的快拍数为 200 个，单次估计结果如图 7-10 所示。

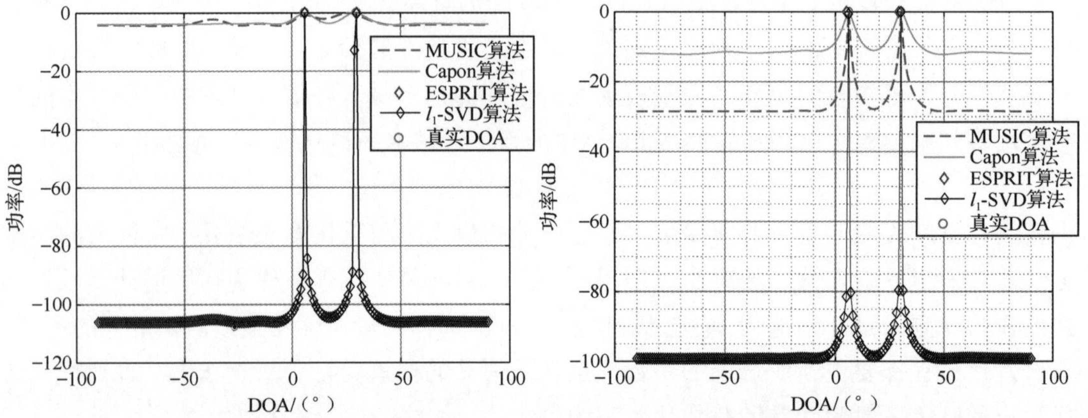

（a）相干信号条件下的估计结果　　（b）非相干信号条件下的估计结果

图 7-10　l_1-SVD 算法与子空间类 DOA 估计算法的估计结果对比

从图 7-10 中可以看出，l_1-SVD 算法对相干信号和非相干信号均有较好的估计性能。图中各算法的峰值位置基本与真实 DOA 的位置相吻合。相比其他几种算法，l_1-SVD 算法的谱峰最窄，性能最优。

考虑离网情况，将信号源目标角度设置为 16.6°和 30.3°，其他参数不变，单次结果如图 7-11 所示。由图可知，l_1-SVD 算法相比其他算法谱峰最窄，因此在离网条件下具有较好的估计性能。

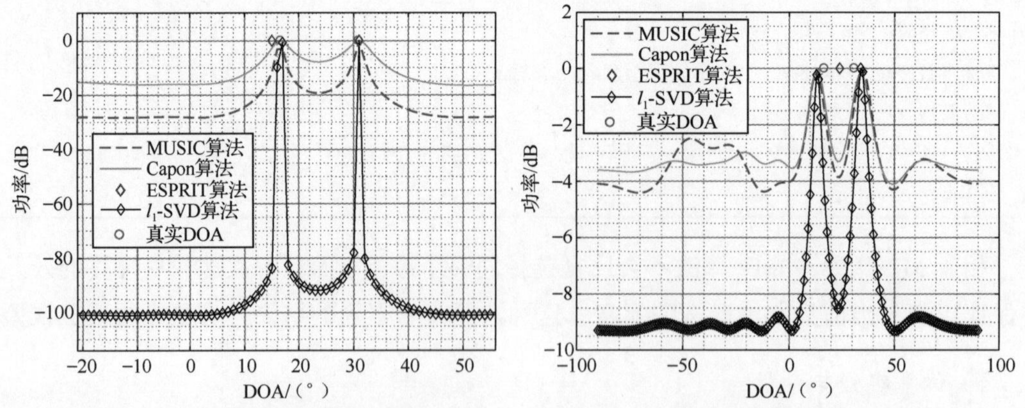

（a）相干信号条件下的估计结果　　（b）非相干信号条件下的估计结果

图 7-11　离网条件下 l_1-SVD 算法与子空间类 DOA 估计算法的估计结果对比

接下来对 l_1-SVD 算法与其他算法分别做 200 次蒙特卡罗独立实验，并计算和比较每种算法的 RMSE。首先以信号的信噪比为自变量，快拍数为 600 个，其余参数不变，实验结果如图 7-12 所示。由图可知，在相干信号条件下，l_1-SVD 算法在不同的信噪比下 RMSE 均优于其他算法。

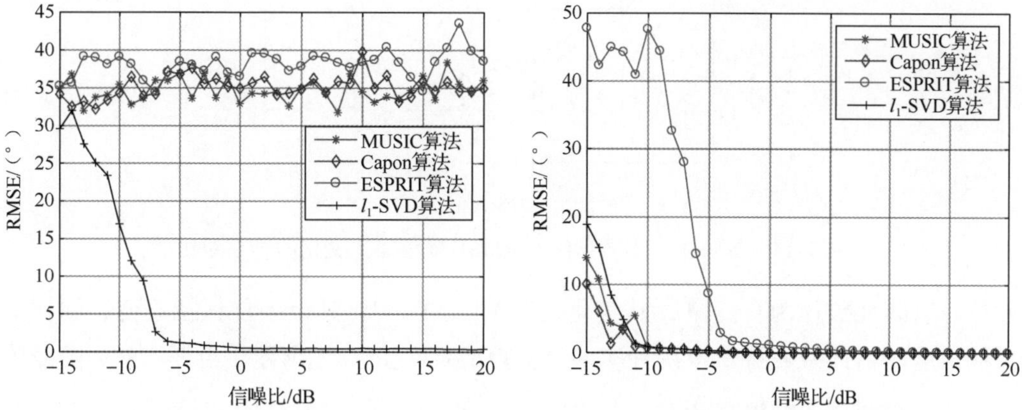

（a）相干信号条件下的RMSE　　（b）非相干信号条件下的RMSE

图 7-12　不同信噪比下 l_1-SVD 算法与子空间类 DOA 估计算法的 RMSE 对比

然后以快拍数为自变量进行统计实验，其他参数不变，实验结果如图 7-13 所示。由图可知，无论是在相干信号条件下还是在非相干信号条件下，l_1-SVD 算法都能在达到一定快拍数后具有稳定的性能，尤其是在相干信号条件下，其性能明显好于其他算法。

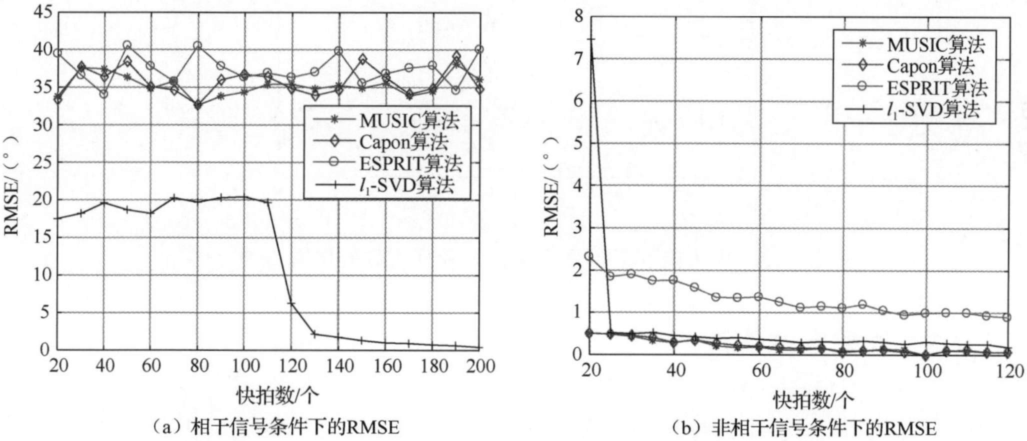

（a）相干信号条件下的RMSE　　（b）非相干信号条件下的RMSE

图 7-13　不同快拍数下 l_1-SVD 算法与子空间类 DOA 估计算法的 RMSE 对比

实验 2：针对单快拍的情况，实验采用传统的稀疏恢复方法。实验默认在单快拍条件下，即快拍数为 1，信噪比为 15dB，阵元数为 20 个，设置两个目标角度，分别为−45°和 16°。首先以信号的信噪比为自变量，信噪比变化范围为−5～20dB，间隔为 1dB，图 7-14 为各种算法的 RMSE。总体来说，随着信噪比的增加，各算法的估计误差逐渐下降，但 OMP 算法的性能最差，抗噪能力不如其他两种算法。

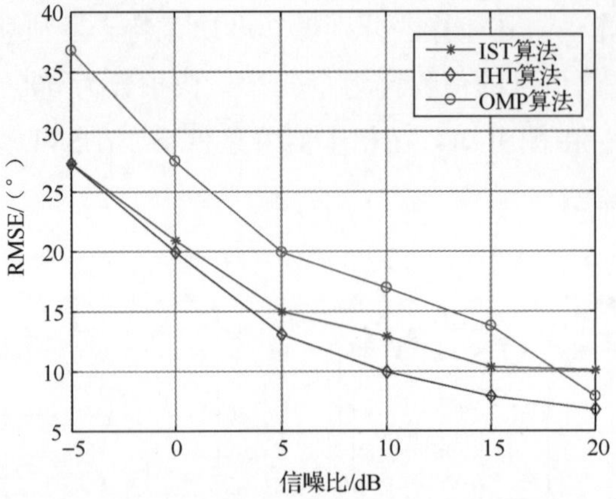

图 7-14　单快拍下不同算法的 RMSE 随信噪比变化的结果对比

然后以阵元数作为自变量，其变化范围为[3 : 1 : 9]，其余条件保持不变，同样对两个目标角度的估计做蒙特卡罗统计实验，实验结果如图 7-15 所示。由图可知，随着阵元数的增加，不同算法的估计误差逐渐下降，当阵元数为 3～6 个时，OMP 算法的估计结果好于其他两种算法；当阵元数大于 6 个时，这几种算法的性能比较接近。

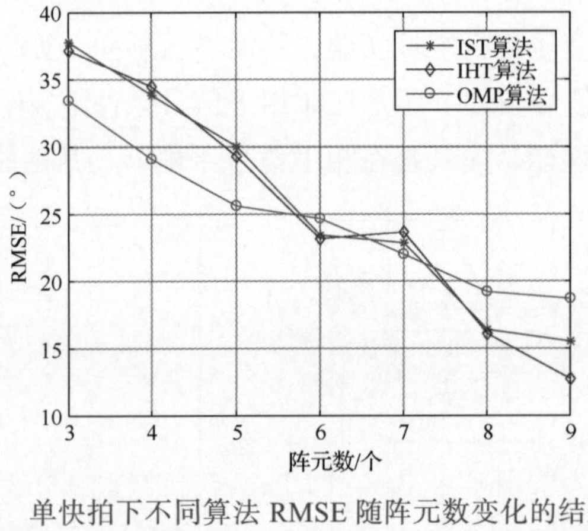

图 7-15　单快拍下不同算法 RMSE 随阵元数变化的结果对比

7.2.2　时差定位方法

通过目标能量积累和目标检测，雷达系统往往可以得到目标的时差值，如果此时接收多个辐射源的信号，便可以利用多源测量的形式对目标进行定位。图 7-16 为多外辐射源雷达系统示意。多外辐射源雷达系统由多个外辐射源与一个地面接收端构成。由于各外辐射源的空间位置差异，在接收端对每个外辐射源独立设置参考天线接收直达波信号，监视天线指向监视空域。多个外辐射源具有不同的空间位置，可以从不同的角度照射监视区域，因此多个外辐射源的目标回波具有不同的时频参数。每个外辐射源都可以独立检测目标，从而降低单个外辐射源故障对整个系统的影响。此外，将多个外辐射源的信息融合，有望提升系统的检测性能。

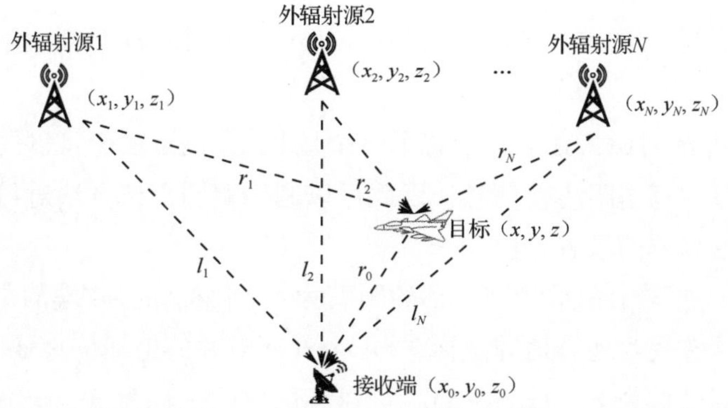

图 7-16　多外辐射源雷达系统示意

对于每个外辐射源接收端，都有一根参考天线专门接收其发射的直达波信号。设共有 N 个外辐射源，第 i 个外辐射源发射的信号表示为 $s_{\text{source}i}(t)$，第 i 个外辐射源与接收端组成的双基距离为 l_i，那么接收端接收到的直达波信号可以表示为

$$s_{\text{ref}i}(t) = A_{\text{ref}i} s_{\text{source}i}\left(t - \frac{l_i}{c}\right) + n_i(t) \tag{7-79}$$

其中，$A_{\text{ref}i}$ 为电磁波空间传播损耗；$n_i(t)$ 为接收端的热噪声，其功率只与接收端的环境温度有关。由于外辐射源距离监视区域较远，当目标存在时，监视天线接收到的信号可以表示为

$$s_{\text{sur}}(t) = \sum_{i=1}^{N} A_{\text{sur}i} s_{\text{source}i}\left(t - \frac{R_i(t)}{c}\right) + n_{\text{sur}}(t) \tag{7-80}$$

其中，$A_{\text{sur}i}$ 为电磁波传播的空间损耗与目标反射的损失；$n_{\text{sur}}(t)$ 为监视天线的热噪声；$R_i(t)$ 为第 i 个外辐射源信号从发射天线经目标反射后被接收天线接收的路径长度；N 为外辐射源数目。当目标不存在时，监视通道中只存在接收端的热噪声，监视天线信号可以表示为

$$s_{\text{sur}}(t) = n_{\text{sur}}(t) \tag{7-81}$$

由于不同外辐射源传输的节目信息不同，因此来自不同外辐射源的信号相参积累之后并不会出现相关峰，并且监视通道中每个外辐射源经目标反射后的回波功率较接收端的热噪声极低，因此对整体的信噪比不会造成大的影响。对每个参考天线接收到的信号与监视信号进行处理，即可得到对应机会辐射源的积累与检测结果。

外辐射源雷达目标定位方法可以分为单站定位方法和多站定位方法两种。单站定位方法有将 DOA 信息与双基距离差信息相结合的定位方法及差分多普勒定位法。将 DOA 信息与双基距离差信息相结合的定位方法首先解“外辐射源—目标—接收端”组成的三角形，得到目标与接收端之间的距离，然后结合 DOA 信息得到目标在笛卡儿坐标系中的位置，定位精度受外辐射源、接收端与目标相对位置的影响。差分多普勒定位法通常需要进行长时间观测，而外辐射源雷达的波束宽度较窄，难以满足长时间观测。多站定位法主要有依据多站 DOA 信息的三角定位方法、依据多站双基距离差信息的椭圆定位方法及依据多站到达时间差（Time Difference of Arrival，TDOA）信息的双曲线定位方法。

图 7-16 中的外辐射源雷达中只设置了一个接收端，但是由于可以同时精确获得目标相对多个外辐射源的双基距离差信息，因此可以利用椭圆定位方法对目标的空间位置进行求解。下面介绍具体的求解方法。

在图 7-16 中，外辐射源信号到目标的距离为 r_i，目标到接收端的距离为 r_0，将外辐射源的经纬高坐标转换为地心地固坐标，第 i 个外辐射源的坐标记为 $\boldsymbol{p}_i=(x_i,y_i,z_i)$，同理得到接收端的空间坐标为 $\boldsymbol{p}_0=(x_0,y_0,z_0)$，设目标的空间坐标为 $\boldsymbol{p}_t=(x,y,z)$。记信号处理得到的目标相对于外辐射源 i 及外辐射源雷达接收端的双基距离差为 Δr_i，由此可以获得外辐射源 i 的电磁信号经目标反射到达接收天线的传播路径 r_{si}。据此可以得到以下关系。

$$\begin{cases} r_{si}=r_0+r_i \\ r_0^2=\left\|\boldsymbol{p}_t-\boldsymbol{p}_0\right\|^2 \\ r_i^2=\left\|\boldsymbol{p}_t-\boldsymbol{p}_i\right\|^2 \end{cases} \tag{7-82}$$

为简单起见，只使用 3 个椭球面对目标进行定位，对式（7-82）进行变形，得到关于目标空间坐标的线性方程组为

$$(x_0-x_i)x+(y_0-y_i)y+(z_0-z_i)z=b_i-r_0r_{si},\ \ i=1,2,3 \tag{7-83}$$

其中，$b_i=(r_{si}^2-x_i^2-y_i^2-z_i^2+x_0^2+y_0^2+z_0^2)/2$。将式（7-83）写为矩阵形式，即

$$\boldsymbol{A}\boldsymbol{p}_t^{\mathrm{T}}=\boldsymbol{B} \tag{7-84}$$

其中，

$$\boldsymbol{A}=\begin{bmatrix} x_0-x_1 & y_0-y_1 & z_0-z_1 \\ x_0-x_2 & y_0-y_2 & z_0-z_2 \\ x_0-x_3 & y_0-y_3 & z_0-z_3 \end{bmatrix},\ \boldsymbol{B}=\begin{bmatrix} b_1-r_0r_{s1} \\ b_2-r_0r_{s2} \\ b_3-r_0r_{s3} \end{bmatrix} \tag{7-85}$$

假设 r_0 已知，可以得到

$$\boldsymbol{p}_t^{\mathrm{T}}=(\boldsymbol{A}^{\mathrm{T}}\boldsymbol{A})^{-1}\boldsymbol{A}^{\mathrm{T}}\boldsymbol{B} \tag{7-86}$$

设

$$(\boldsymbol{A}^{\mathrm{T}}\boldsymbol{A})^{-1}\boldsymbol{A}^{\mathrm{T}}=\begin{bmatrix} a_{11} & a_{12} & a_{13} \\ a_{21} & a_{22} & a_{23} \\ a_{31} & a_{32} & a_{33} \end{bmatrix} \tag{7-87}$$

那么目标的空间坐标可以表示为

$$\begin{cases} x=c_1-d_1r_0 \\ y=c_2-d_2r_0 \\ z=c_3-d_3r_0 \end{cases} \tag{7-88}$$

其中，

$$\begin{cases} c_i=a_{i1}b_1+a_{i2}b_2+a_{i3}b_3 \\ d_i=a_{i1}r_{s1}+a_{i2}r_{s2}+a_{i3}r_{s3} \end{cases},\ i=1,2,3 \tag{7-89}$$

将式（7-89）代入式（7-82），可以得到一元二次方程

$$Ar_0^2 + Br_0 + C = 0 \tag{7-90}$$

其中，

$$\begin{cases} A = 1 - d_1^2 - d_2^2 - d_3^2 \\ B = 2[(c_1 - x_0)d_1 + (c_2 - y_0)d_2 + (c_3 - z_0)d_3] \\ C = -(c_1 - x_0)^2 - (c_2 - y_0)^2 - (c_3 - z_0)^2 \end{cases} \tag{7-91}$$

求解式（7-90）所示的一元二次方程，若能得到唯一的大于 0 的解 r_0，那么将其代入式（7-88），即可得到目标在笛卡儿空间的位置。如果得到了两个大于 0 的解，就需要分别求解目标位置，然后结合接收天线的方位角或目标高度信息对解进行筛选。仿真参数如表 7-2 所示，时差定位方法的仿真结果如图 7-17 所示。

表 7-2　仿真参数

参　　数	值
接收端位置/m	(0,0,0)
外辐射源 1 位置/m	(0,10000,100)
外辐射源 2 位置/m	(8000,0,120)
外辐射源 3 位置/m	(8000,8000,80)
目标位置/m	(4000,4000,8000)

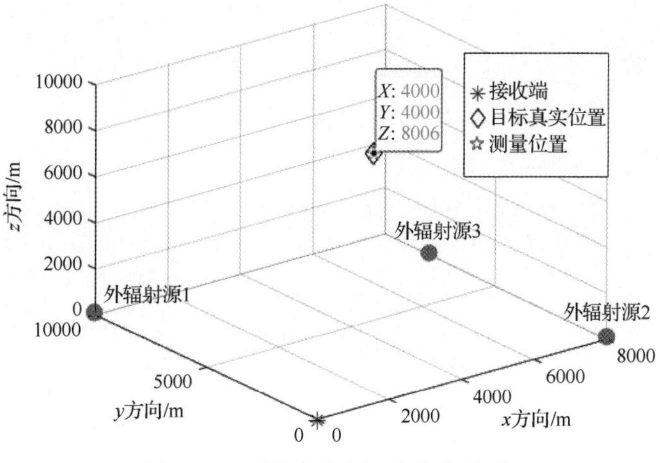

图 7-17　时差定位方法的仿真结果

由图 7-17 可以看出，时差定位方法实现了对目标的定位，测量结果与真实目标的位置几乎一致。

7.2.3　测向交叉定位算法

测向交叉定位算法通过目标在不同观测站上的到达方向进行定位，利用观测站和目标之间的角度与空间位置关系计算目标的位置。外辐射源雷达系统对多目标进行测向交叉定位的前提是各观测站的测向数据与目标的对应关系已知，即需要完成测向数据和多个目标之间的关联匹配，该条件称为数据关联。假设数据关联已经完成，则可根据各观测站对应于同一目标的一组测向数据实现目标定位。如果各观测站的观测数据与目标的对应关系未知，则需要先完成数据关联，然后才能进行目标定位。

测向交叉定位算法的原理如图 7-18 所示。假设有 M 个观测站，其坐标用 $\boldsymbol{S}=[\boldsymbol{s}_1,\boldsymbol{s}_2,\cdots,\boldsymbol{s}_M]$ 表示，其中第 i 个观测站的坐标为 $\boldsymbol{s}_i=[x_i,y_i]^{\mathrm{T}},i=1,2,\cdots,M$，目标位置为 $[x,y]^{\mathrm{T}}$。设 M 个观测站对于同一目标的一组角度测量值为 $\tilde{\boldsymbol{\theta}}=[\tilde{\theta}_1,\tilde{\theta}_2,\cdots,\tilde{\theta}_M]^{\mathrm{T}}$，$\tilde{\theta}_i$ 为从方位基线逆时针旋转到目标的角度，方位基线通常定义为 x 轴正方向。第 i 个观测站对目标的测量值为 $\tilde{\theta}_i=\theta_i+\Delta\theta_i$，$i=1,2,\cdots,M$，$\theta_i$ 表示真实的方位角，$\Delta\theta_i$ 表示方位角的测量误差，误差均服从零均值、方差为 σ^2 的独立正态分布。

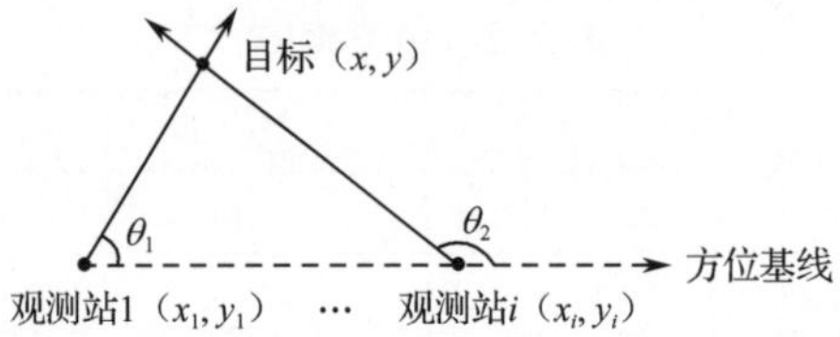

图 7-18　测向交叉定位算法的原理

第 i 个传感器所测量的目标的到达角表达式为

$$\tilde{\theta}_i=\arctan\frac{y-y_i}{x-x_i},\quad i=1,2,\cdots,M \tag{7-92}$$

由场景几何关系可得

$$(x-x_i)\tan\tilde{\theta}_i=y-y_i,\quad i=1,2,\cdots,M \tag{7-93}$$

将式（7-93）转化为矩阵形式可得

$$\boldsymbol{AX}=\boldsymbol{B} \tag{7-94}$$

其中，各矩阵的含义为

$$\boldsymbol{A}=\begin{bmatrix}\tan\tilde{\theta}_1 & -1\\ \tan\tilde{\theta}_2 & -1\\ \vdots & \\ \tan\tilde{\theta}_M & -1\end{bmatrix} \tag{7-95}$$

$$\boldsymbol{X}=\begin{bmatrix}x\\ y\end{bmatrix} \tag{7-96}$$

$$\boldsymbol{B}=\begin{bmatrix}x_1\tan\tilde{\theta}_1-y_1\\ x_2\tan\tilde{\theta}_2-y_2\\ \vdots\\ x_M\tan\tilde{\theta}_M-y_M\end{bmatrix} \tag{7-97}$$

由式（7-94）可得目标解为

$$\boldsymbol{X}=\boldsymbol{A}^{-1}\boldsymbol{B} \tag{7-98}$$

根据式（7-98），只要给出各观测站的位置坐标 $\boldsymbol{S}=[\boldsymbol{s}_1,\boldsymbol{s}_2,\cdots,\boldsymbol{s}_M]$ 和已经完成数据关联的一组 DOA 测量值 $\tilde{\boldsymbol{\theta}}=[\tilde{\theta}_1,\tilde{\theta}_2,\cdots,\tilde{\theta}_M]^{\mathrm{T}}$，即可求解该目标位置 $[x,y]^{\mathrm{T}}$。

当观测站数量为 3 个及以上时，由于存在角度测量误差，每个观测站发出的方向射线不一定会相交于同一点，此时需要用特定的准则和算法来求解目标的位置估计，最小二乘（Least Squares，LS）法与加权最小二乘（Weighted Least Squares，WLS）法可以解决此问题。最小二乘法的主要思想是通过最小化残差平方和来拟合数据，并求出拟合函数的系数。最小二乘法计算观测值和拟合值之间的残差，对残差求平方和，然后寻找一个能使这个平方和最小化的系数向量，使拟合函数与实际观测值最接近。设矩阵 $\boldsymbol{AX}$ 与 $\boldsymbol{B}$ 的差值为损失函数 $J(\boldsymbol{X})$，$J(\boldsymbol{X})$ 可表示为

$$J(\boldsymbol{X})=\|\boldsymbol{AX}-\boldsymbol{B}\|_2^2=(\boldsymbol{AX}-\boldsymbol{B})^{\mathrm{T}}(\boldsymbol{AX}-\boldsymbol{B}) \tag{7-99}$$

通过对 $J(\boldsymbol{X})$ 求导，得到待定目标点的位置为

$$\hat{\boldsymbol{X}}=\arg\min_x J(\boldsymbol{X})=\arg\min_x(\boldsymbol{AX}-\boldsymbol{B})^{\mathrm{T}}(\boldsymbol{AX}-\boldsymbol{B})=(\boldsymbol{A}^{\mathrm{T}}\boldsymbol{A})^{-1}\boldsymbol{A}^{\mathrm{T}}\boldsymbol{B} \tag{7-100}$$

通过式（7-100）可得出基于最小二乘法的测向交叉定位解。在最小二乘法中，默认各观测站的测向数据都存在独立同分布的零均值误差。

加权最小二乘法是最小二乘法的一种扩展方法，其主要思想是为不同的数据点分配不同的权重，以反映数据点的重要性或可靠性。加权最小二乘法的目标是最小化加权残差平方和，优化的是每个数据点残差平方与其对应权重的乘积之和，而不是简单的残差平方和。加权最小二乘法可以处理存在异方差的数据，或者处理具有不同精度的数据集。在实际应用中，加权最小二乘法可以通过给每个数据点分配权重调整拟合模型的偏差和方差，从而得到更准确和可靠的结果。在实际观测中，如果不同观测站的测向误差不相同，则需要应用加权最小二乘法求解。采用对误差加权的方式优化损失函数 $J(\boldsymbol{X})$，设权重系数矩阵为 $\boldsymbol{W}$，则加权最小二乘法的损失函数 $J(\boldsymbol{X})$ 可表示为

$$J(\boldsymbol{X})=\boldsymbol{E}^{\mathrm{T}}\boldsymbol{WE}=(\boldsymbol{B}-\boldsymbol{AX})^{\mathrm{T}}\boldsymbol{W}(\boldsymbol{B}-\boldsymbol{AX}) \tag{7-101}$$

其中，$\boldsymbol{B}=\boldsymbol{AX}+\boldsymbol{E}$；$\boldsymbol{E}$ 为误差矩阵；$\boldsymbol{W}$ 为加权矩阵。通过求解向量 $\boldsymbol{X}$ 使 $J(\boldsymbol{X})$ 最小，可以得到加权最小二乘法解的表达式为

$$\hat{\boldsymbol{X}}=\arg\min_x(\boldsymbol{AX}-\boldsymbol{B})^{\mathrm{T}}\boldsymbol{W}(\boldsymbol{AX}-\boldsymbol{B})=(\boldsymbol{A}^{\mathrm{T}}\boldsymbol{WA})^{-1}\boldsymbol{A}^{\mathrm{T}}\boldsymbol{WB} \tag{7-102}$$

加权矩阵 $\boldsymbol{W}$ 的值可由式（7-103）获得。

$$\boldsymbol{W}=\boldsymbol{C}^{-1}=E[\boldsymbol{\varepsilon\varepsilon}^{\mathrm{T}}]^{-1} \tag{7-103}$$

其中，$\boldsymbol{C}$ 是残差的协方差矩阵。若各残差是独立同分布、均值为零、方差为 σ_i^2 的随机向量，则有

$$\boldsymbol{W}=\mathrm{diag}(\sigma_1^2,\sigma_2^2,\cdots,\sigma_M^2)^{-1} \tag{7-104}$$

其中，σ_i^2 为第 i 个观测站观测到的残差的方差。由式（7-102）可求得目标位置的加权最小二乘估计，若各观测站的误差都是独立同分布的零均值误差，则加权最小二乘法的解和最小二乘法的解形式相同。

设在 $100\text{km}\times100\text{km}$ 的监测区域内，有 5 个外辐射源雷达观测站对 5 个目标进行定位，观测站环绕监测区域布置，观测站数据存在 $\sigma^2=1$ 的测向误差。测向交叉定位算法仿真

参数如表 7-3 所示。

表 7-3　测向交叉定位算法仿真参数

观测站数量/个	目标数量/个	观测站坐标/km	目标坐标/km
5	5	(0,0),(25,100),(50,0),(75,100),(100,0)	(15,37),(87,34),(64,72),(59,41),(37,64)

测向交叉定位算法定位场景示意如图 7-19 所示，该算法输出的结果给出了观测站的测向线。

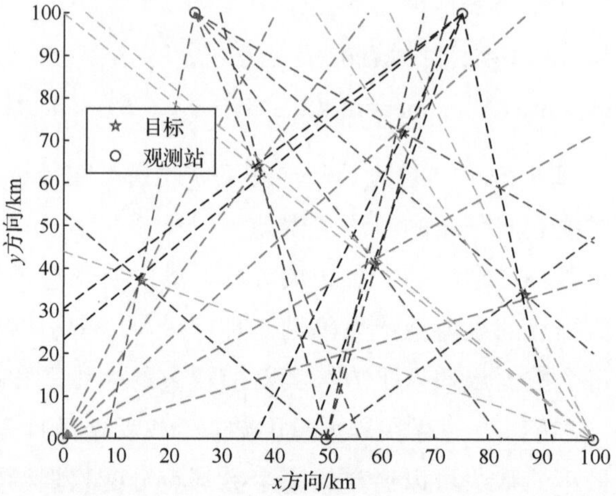

图 7-19　测向交叉定位算法定位场景示意

在各观测站的观测数据与目标的对应关系已知的前提下进行目标定位，定位结果如图 7-20 所示。

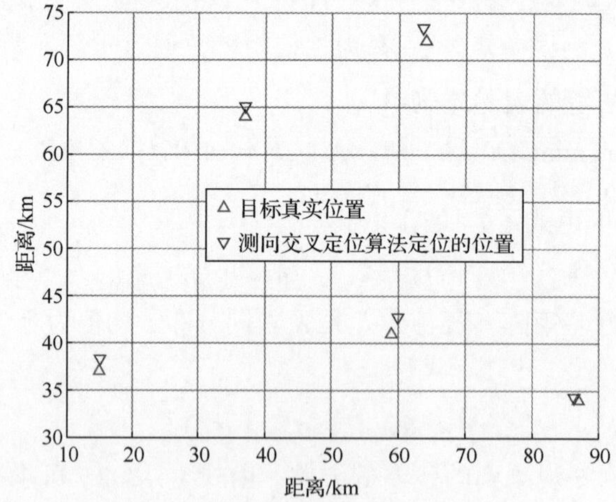

图 7-20　测向交叉定位算法定位结果

将测向交叉定位算法估计的目标位置坐标与真实的目标位置坐标进行对比，并计算平均误差，结果如表 7-4 所示。

表 7-4　测向交叉定位算法估计的目标位置坐标与真实的目标位置坐标对比

目　　标	真实的目标位置坐标/km	估计的目标位置坐标/km
目标 1	(15.00,37.00)	(15.12,38.30)
目标 2	(87.00,34.00)	(86.36,34.30)
目标 3	(64.00,72.00)	(63.55,73.43)
目标 4	(59.00,41.00)	(59.95,42.79)
目标 5	(37.00,64.00)	(37.03,65.08)
平均误差/km	1.3277	

实验结果表明，外辐射源雷达对目标进行位置估计时，在获得目标 DOA 数据且目标数据关联已经完成的前提下，通过测向交叉定位算法可以实现目标定位。

7.3 外辐射源雷达目标跟踪算法

7.3.1 目标跟踪

无论是在军事领域还是在民用领域，对目标进行精确的定位与跟踪都有重要意义。在军事领域，能否实时地对敌方目标位置进行准确的估计决定了能否最终实现对敌方高价值目标的精确打击，直接影响战争的走势。在民用领域，目标定位与跟踪可以为广大群众提供可靠的服务，如位置查询、车辆导航、智能交通，因此对目标的准确定位与跟踪具有广泛的应用前景。最常见、应用范围最广泛的目标定位与跟踪系统当属 GPS。

根据传感器是否向目标发射高功率信号，可以从原理上将外辐射源定位与跟踪系统分为两种：主动（有源）定位系统和被动（无源）定位系统。有源定位与跟踪系统的原理是首先利用可以发射信号的传感器，如雷达、红外等设备，向目标发射高功率的能量信号并接收目标反射回来的信号，然后处理分析得到的回波信号以实现对目标的定位，它的优点体现在全天候、高精度等方面。然而，传统的有源定位与跟踪系统容易暴露自己，不可避免地受到来自反辐射导弹的威胁，成为导弹优先打击的目标。面对敌方电磁压制、隐身技术的发展，如何对目标实现悄无声息的有效探测是各国高度重视和探索的共同课题，因此如何利用目标自身发射的信号来实现对目标的被动定位与跟踪成为现代高技术战争系统中的一个热门研究方向。外辐射源定位与跟踪系统本身不发射信号，而是利用目标自身辐射的电磁波进行定位与跟踪。可以通过测量目标辐射的信号到达多个基站的时间差，或者通过测量信号到达基站的方向角，也可以通过测量信号到达多个基站的多普勒频差实现对目标的定位。由于外辐射源定位与跟踪系统不易被发现，隐蔽性能好，因此不易被针对性地施放电磁干扰，从而大幅改善了其在战争中的存活能力和作战效能，使其在现代作战体系中发挥着越来越重要的作用。不仅如此，时差定位技术在移动通信中的应用也是一个热门课题。1999 年，美国联邦通信委员会要求电信运营商的信号基站对发出紧急呼叫的手机的定位满足在 100m 以内概率达到 67%、在 300m 以内概率达到 95%的精度要求，因此研究外辐射源定位与跟踪技术在军事领域和民用领域的应用是一件很有意义的事情。

可以根据参与定位的基站个数将外辐射源定位与跟踪系统分为单站外辐射源定位与跟踪系统和多站外辐射源定位与跟踪系统。单站外辐射源定位与跟踪系统不需要进行各站之间的数据融合和时间空间对准，成本较低、系统简便。为了获得方位、距离之外的信息，单站外辐射源定位与跟踪系统通常要求基站在一定时间内有较大的机动，这导致及时获取战场信息的难度大大增加。多站外辐射源定位与跟踪系统利用所获得的信息来确定多个定位曲面，这些曲面的交点就是目标的位置。尽管多站外辐射源定位与跟踪系统有着相对复杂的结构，并且各个基站之间需要将获得的信息进行传播和融合，但是由于其能够对多个基站接收的信息进行充分、综合的利用，因此拥有较强的定位能力和容错能力，逐渐成为定位方法的重要研究方向。

也可以根据目标的运动特性将外辐射源定位与跟踪系统划分为对固定目标的定位和对运动目标的跟踪，运动目标又可以分为机动运动目标和非机动运动目标两类。外辐射源定位与跟踪技术因其在战场上的重要作用而受到各国的重视。研究时差定位技术，将对推动我国被动探测定位与跟踪技术的发展、提高无线电监测定位能力等起到至关重要的作用。

7.3.2 基于时差与角度信息的外辐射源雷达定位与跟踪方法

目标定位与跟踪就是根据量测信息，选择合适的滤波算法来对目标的运动状态进行估计，进而定位与跟踪目标。定位与跟踪的目标包括静止目标和运动目标，对运动目标的定位就是目标跟踪，事实上，跟踪属于定位，因此，下文用定位指代跟踪。常用的外辐射源雷达定位技术有测向定位技术、频差定位技术及时差定位技术。时差定位技术具有定位精度高、组网能力强、抗打击能力强等优点，时差定位系统已成为目前最重要且应用最广泛的外辐射源定位系统之一。本节将在时差定位系统中引入角度信息，从而实现目标定位与跟踪。

1. 时差与角度定位原理

时差定位主要通过测量外辐射源信号到达不同接收端的时差估计信号源的运动特性，如信号源的距离、方位、速度和移动方向等，这种定位方法的关键是估计时差值，它是一种重要的定位方法。在平面中，利用外辐射源直达波与目标反射的时差信息可以确定一个椭圆曲线，如图 7-21 所示。以接收端位置与外辐射源位置为焦点，3 个接收端可以形成 3 个椭圆曲线，三者的交点就是目标的位置。在空间中用来确定外辐射源位置的接收端的数量最少是 4 个。

在平面内，当引入目标观测角度信息后，即可画出目标相对于观测站角度方向的一条射线，该射线与椭圆曲线的交点为目标的位置。在此情况下，即可实现单个观测站对目标的定位。将该方法推广到空间平面，可以大幅降低系统的复杂程度。

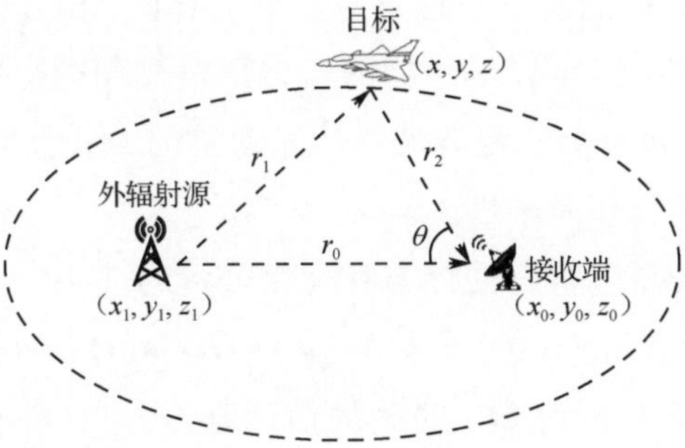

图 7-21　时差与角度定位原理

2. 目标跟踪基本理论

目标跟踪是利用探测器（如雷达、红外、声呐等）所得到的运动目标的量测信息，对运动目标的运动状态（如位置、速度、加速度等）进行估计的方法。量测信息含有许多干扰信息，有必要处理量测数据，所以说目标跟踪的过程就是一个消除干扰的过程。根据目标运动的复杂性，目标被分成非机动目标与机动目标两类，对应的目标跟踪被分为非机动目标跟踪与机动目标跟踪两类。非机动目标跟踪是指跟踪目标做匀速运动，机动目标跟踪是指跟踪目标在运动过程中发生机动。这里的机动是指运动目标的速度和方向发生变化（如蛇行、滑翔、爬行等）。在进行机动目标跟踪时需要建立运动模型，所建立的运动模型不仅要符合目标的实际机动方式，又要方便计算处理。运动模型描述目标的运动变化状况，实际上就是一个表示跟踪滤波中目标状态的方程。应用比较广泛的机动目标运动模型有匀速（Constant Velocity，CV）模型、匀加速（Constant Acceleration，CA）模型、协同转弯（Coordinate Turn，CT）模型等。确定运动模型之后，还要选择合适的滤波算法，这样才有可能实现精确的目标跟踪。常用的滤波算法有卡尔曼滤波（Kalman Filtering，KF）算法、扩展卡尔曼滤波（Extended Kalman Filter，EKF）算法、无迹卡尔曼滤波（Unscented Kalman Filter，UKF）算法等。本节针对以上几种机动目标运动模型和滤波算法展开详细描述。

卡尔曼滤波属于线性滤波，扩展卡尔曼滤波和无迹卡尔曼滤波属于非线性滤波，因此下面先介绍卡尔曼滤波算法，在此基础上引入几种机动目标运动模型，介绍线性滤波理论，最后介绍扩展卡尔曼滤波算法和无迹卡尔曼滤波算法，并演示如何使用这两种算法来改善滤波效果。

3. 卡尔曼滤波算法

经典最优滤波算法包括维纳滤波算法和卡尔曼滤波算法。前者采用频域方法，后者采用时域状态空间方法。

卡尔曼滤波算法是一种时域滤波算法。它把状态空间的概念引入随机估计理论，把被估计的信号视为白噪声作用下一个随机线性系统的输出，用状态方程来描述这种输入-输出关系，在估计过程中利用了系统状态估计方程、观测估计方程和白噪声激励（系统过程噪声和观测噪声），它们的统计特性形成了滤波算法。由于所用的信息都是时域内的量，所以卡尔曼滤波算法不但可以对平稳的一维随机过程进行估计，也可以对非平稳的多维随机过程进行估计。同时卡尔曼滤波算法是递推的，便于在计算机上实现实时应用，克服了维纳滤波算法的缺点和局限性。

使用卡尔曼滤波算法时，状态估计方程可以表示为

$$\hat{\boldsymbol{X}}(k+1|k)=\boldsymbol{F}(k)\hat{\boldsymbol{X}}(k|k)+\boldsymbol{G}(k)\boldsymbol{u}(k)+\boldsymbol{w}(k) \tag{7-105}$$

其中，$\hat{\boldsymbol{X}}(k+1|k)$ 表示在 k 时刻对 $k+1$ 时刻的估计值。

观测估计方程可以表示为

$$\hat{\boldsymbol{Z}}(k+1|k)=\boldsymbol{H}(k+1)\hat{\boldsymbol{X}}(k+1|k)+\boldsymbol{V}(k) \tag{7-106}$$

定义状态估计误差为

$$\tilde{\boldsymbol{X}}(k+1|k)=\boldsymbol{X}(k+1)-\hat{\boldsymbol{X}}(k+1|k) \tag{7-107}$$

定义观测估计误差为

$$\tilde{\boldsymbol{e}}(k+1)=\boldsymbol{Z}(k+1)-\tilde{\boldsymbol{Z}}(k+1|k) \tag{7-108}$$

基于以上公式，定义状态误差协方差矩阵为

$$\boldsymbol{P}(k+1|k)=\mathrm{cov}\{\tilde{\boldsymbol{X}}(k+1|k)\} \tag{7-109}$$

观测误差协方差矩阵为

$$\boldsymbol{S}(k+1)=\mathrm{cov}\{\tilde{\boldsymbol{e}}(k+1)\} \tag{7-110}$$

最终目的是得到一个能够基于误差不断修正的迭代式估计表达式，其具体形式为

$$\hat{\boldsymbol{X}}(k+1|k+1)=\hat{\boldsymbol{X}}(k+1|k)+\boldsymbol{W}(k+1)\tilde{\boldsymbol{e}}(k+1) \tag{7-111}$$

采用 MMSE 准则，当预测值和实际差值的平方的均值（均方误差）最小时，认为其是最优估计。其中，$\boldsymbol{W}$ 是使状态误差的平方和最小的权重向量，这里可以使用 $\boldsymbol{P}$ 的迹对 $\boldsymbol{W}$ 求导，令其为 0，得到最优的 $\boldsymbol{W}$ 为

$$\boldsymbol{W}_{k+1}=\boldsymbol{P}(k+1|k)\boldsymbol{H}^{\mathrm{T}}{}_{k+1}\boldsymbol{S}^{-1}{}_{k+1} \tag{7-112}$$

图 7-22 为卡尔曼滤波算法流程。在实际运用中，往往离散地获取一个个观测量，如雷达观测飞机的运动轨迹、传感器捕获被测物的某个物理量变化。首先建立量测系统模型，运用初始值（当前值）来估计下一状态值，同时比较下一状态的实际量测值。估计值可能不准确（被测物的状态不可能一成不变），量测值也未必有完美的精度（存在噪声），因此究竟应该更相信哪个值？卡尔曼滤波可以回答这个问题（不确定性问题），计算一个结果，使其更接近被测物的真实状态，依次递归下去。

卡尔曼滤波算法具有如下特点。

（1）由于卡尔曼滤波算法将被估计的信号看作在白噪声作用下一个随机线性系统的输出，并且其输入-输出关系是由状态方程和输出方程在时间域内给出的，因此其不仅适

用于平稳随机过程的滤波，更适用于非平稳/平稳马尔可夫序列或高斯-马尔可夫序列的滤波，应用范围十分广泛。

（2）卡尔曼滤波算法是一种时域滤波算法，采用状态空间描述系统。系统的过程噪声和量测噪声并不是需要被滤除的对象，它们的统计特性是估计过程中需要利用的信息，而被估计量和观测量在不同时刻的一阶矩、二阶矩不是必须知道的。

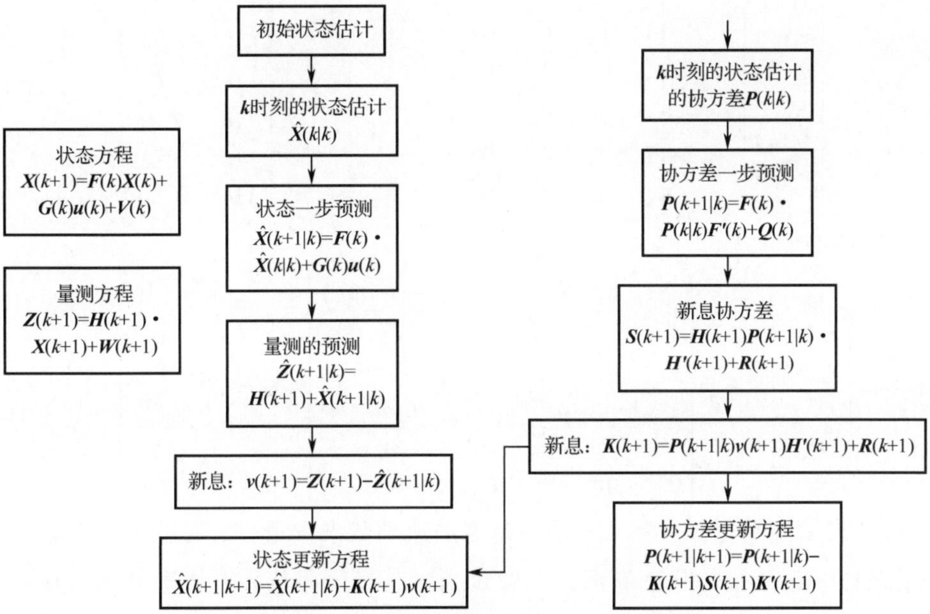

图 7-22　卡尔曼滤波算法流程

（3）卡尔曼滤波算法的计算过程是一个不断预测、修正的过程，在求解时不要求存储大量数据，并且一旦观测到了新的数据，即可算出新的滤波值，因此非常适用于实时处理和计算机实现。

（4）由于滤波器增益矩阵与观测无关，因此可将其预先离线算出，从而降低实时在线计算量。在求滤波器增益矩阵时，要求一个矩阵的逆，它的阶数只取决于观测方程的维数，而该维数通常很小，这样求逆运算就比较方便。另外，在求解滤波器增益矩阵的过程中，随时可以算出滤波器的精度指标 P，其对角线上的元素就是滤波误差向量各分量的方差。

4. 机动目标运动模型

机动目标运动模型一般包括匀速模型、匀加速模型和协同转弯模型。匀速模型是指目标运动的加速度为 0、速度不变的模型；匀加速模型是指目标运动的加速度不变、速度随时间变化的模型；协同转弯模型是指目标运动的加速度为 0、速度不变、速度方向随时间变化的模型。无论哪种模型，其状态方程都由式（7-105）给出，但 $\boldsymbol{X}(k)$、$\boldsymbol{F}$、$\boldsymbol{G}$ 在不同的模型中形式不同。以二维情况为例，在匀速模型中，

$$\boldsymbol{X}(k)=\begin{bmatrix}x(k)\\v_x(k)\\y(k)\\v_y(k)\end{bmatrix},\ \boldsymbol{F}=\begin{bmatrix}1&T&0&0\\0&1&0&0\\0&0&1&T\\0&0&0&1\end{bmatrix},\ \boldsymbol{G}=\begin{bmatrix}T&0\\T^2/2&0\\0&T\\0&T^2/2\end{bmatrix} \tag{7-113}$$

在匀加速模型中，

$$\boldsymbol{X}(k)=\begin{bmatrix}x(k)\\v_x(k)\\\dot{v}_x(k)\\y(k)\\v_y(k)\\\dot{v}_y(k)\end{bmatrix},\ \boldsymbol{F}=\begin{bmatrix}1&T&T^2/2&0&0&0\\0&1&T&0&0&0\\0&0&1&0&0&0\\0&0&0&1&T&T^2/2\\0&0&0&0&1&T\\0&0&0&0&0&1\end{bmatrix},\ \boldsymbol{G}=\begin{bmatrix}T^3/6&0\\T^2/2&0\\0&T\\0&T^3/6\\0&T^2/2\\0&T\end{bmatrix} \tag{7-114}$$

在协同转弯模型中，

$$\boldsymbol{X}(k)=\begin{bmatrix}x(k)\\v_x(k)\\y(k)\\v_y(k)\end{bmatrix},\ \boldsymbol{F}=\begin{bmatrix}1&\dfrac{\sin\omega T}{\omega}&0&\dfrac{-(1-\cos\omega T)}{\omega}\\0&\cos\omega T&0&-\sin\omega T\\0&\dfrac{1-\cos\omega T}{\omega}&1&\dfrac{\sin\omega T}{\omega}\\0&\sin\omega T&0&\cos\omega T\end{bmatrix},\ \boldsymbol{G}=\begin{bmatrix}T&0\\\dfrac{T^2}{2}&0\\0&T\\0&\dfrac{T^2}{2}\end{bmatrix} \tag{7-115}$$

其中，$\boldsymbol{X}(k)$表示低空目标在第k个采样时刻的运动状态向量；T表示采样周期；$\boldsymbol{V}(k)$表示第k个采样时刻系统的状态噪声，一般认为状态噪声服从高斯概率分布，其数学期望为$E[\boldsymbol{V}(k)]=0$，协方差矩阵为$\boldsymbol{Q}(k)=E[\boldsymbol{V}(k)\boldsymbol{V}^{\mathrm{T}}(j)]=q_{kj}\delta_{kj}$。其中，

$$\delta_{kj}=\begin{cases}0, & k=j\\1, & k\neq j\end{cases} \tag{7-116}$$

5．扩展卡尔曼滤波算法

扩展卡尔曼滤波算法是处理非线性目标运动分析的常用目标跟踪算法。其本质是将观测方程的非线性函数线性化，所使用的方法是将观测方程的非线性函数进行泰勒级数展开，略去二阶及以上的高阶分量。扩展卡尔曼滤波算法的优点是每次目标运动状态更新的运算时间很少，适用于对系统实时性要求较高的目标跟踪问题；其缺点是在对非线性函数的线性化过程中略去了泰勒级数二阶及以上的高阶分量，导致目标跟踪精度不高，在系统强非线性情况下，将出现滤波发散的现象。

首先，将状态方程中的非线性函数$f(\cdot)$在状态估计值x_{k-1}处进行泰勒级数展开，略去二阶及以上的高阶分量后可得

$$x_k=f[\hat{x}_{k-1}]+\frac{\partial f}{\partial\hat{x}_{k-1}}[x_{k-1}-\hat{x}_{k-1}]+\Gamma[\hat{x}_{k-1}]\omega_{k-1} \tag{7-117}$$

若令$F=\dfrac{\partial f}{\partial\hat{x}_{k-1}}$，$\varPhi_{k-1}=f[\hat{x}_{k-1}]-\dfrac{\partial f}{\partial\hat{x}_{k-1}}\hat{x}_{k-1}$，则可以得到以下状态方程。

$$x_k=Fx_{k-1}+\Gamma[x_{k-1}]\omega_{k-1}+\varPhi_{k-1} \tag{7-118}$$

类似地，将观测方程中的非线性函数 $h(\cdot)$ 在状态估计值 x_{k-1} 处进行泰勒级数展开，略去二阶及以上的高阶分量后可得

$$z_k = h[\hat{x}_{k|k-1}] + \frac{\partial h}{\partial \hat{x}_k}[x_k - \hat{x}_{k|k-1}] + v_k \tag{7-119}$$

若令 $H = \frac{\partial h}{\partial \hat{x}_k}$，$y_k = h[\hat{x}_{k|k-1}] - \frac{\partial h}{\partial \hat{x}_k}\hat{x}_{k|k-1}$，则可以得到以下状态方程。

$$z_k = Hx_k + y_k + v_k \tag{7-120}$$

认定目标在 x、y、z 方向的速度是恒定的，假设通过接收端可以探测得到每个采样时刻的目标与接收端之间的角度信息，则它们与目标的位置和速度的关系分别为

$$\alpha(k) = \arctan\frac{y(k)}{x(k)} = \arctan\frac{Y_0 - v_y t}{X_0 - v_x t} \tag{7-121}$$

$$\beta(k) = \arctan\frac{z(k)}{\sqrt{x^2(k) + y^2(k)}} = \arctan\frac{Z_0 - h - v_z t}{\sqrt{(X_0 - v_x t)^2 + (Y_0 - v_y t)^2}} \tag{7-122}$$

其中，$\alpha(k)$ 表示每个采样时刻的目标与接收端之间的方位角；$\beta(k)$ 表示每个采样时刻的目标与接收端之间的俯仰角；$x(k)$、$y(k)$、$z(k)$ 分别表示目标与接收端之间在 x、y、z 方向的相对距离；X_0、Y_0、Z_0 分别表示目标的初始坐标；v_x、v_y、v_z 分别表示目标与接收端之间在 x、y、z 方向的相对速度。

用矩阵形式表示低空目标运动状态方程为

$$\boldsymbol{X}(k+1) = \boldsymbol{F}\boldsymbol{X}(k) + \boldsymbol{G}\boldsymbol{V}(k) \tag{7-123}$$

其中，

$$\boldsymbol{X}(k) = \begin{bmatrix} x(k) \\ v_x(k) \\ y(k) \\ v_y(k) \\ z(k) \\ v_z(k) \end{bmatrix},\ \boldsymbol{F} = \begin{bmatrix} 1 & T & 0 & 0 & 0 & 0 \\ 0 & 1 & 0 & 0 & 0 & 0 \\ 0 & 0 & 1 & T & 0 & 0 \\ 0 & 0 & 0 & 1 & 0 & 0 \\ 0 & 0 & 0 & 0 & 1 & T \\ 0 & 0 & 0 & 0 & 0 & 1 \end{bmatrix},\ \boldsymbol{G} = \begin{bmatrix} T & 0 & 0 \\ T^2/2 & 0 & 0 \\ 0 & T & 0 \\ 0 & T^2/2 & 0 \\ 0 & 0 & T \\ 0 & 0 & T^2/2 \end{bmatrix} \tag{7-124}$$

$\boldsymbol{X}(k)$ 表示低空目标在第 k 个采样时刻的运动状态向量；T 表示采样周期；$\boldsymbol{V}(k)$ 表示第 k 个采样时刻系统的状态噪声，一般认为状态噪声服从高斯概率分布，其数学期望为 $E[\boldsymbol{V}(k)] = 0$，协方差矩阵为 $\boldsymbol{Q}(k) = E[\boldsymbol{V}(k)\boldsymbol{V}^{\mathrm{T}}(j)] = q_{kj}\delta_{kj}$，其中

$$\delta_{kj} = \begin{cases} 0, & k = j \\ 1, & k \neq j \end{cases} \tag{7-125}$$

接收系统的观测方程为

$$\boldsymbol{Z}(k) = \boldsymbol{\Phi}(\boldsymbol{X}(k)) + \boldsymbol{W}(k) \tag{7-126}$$

其中，

$$\boldsymbol{Z}(k) = \begin{bmatrix} \alpha(k) \\ \beta(k) \end{bmatrix},\ \boldsymbol{\Phi}(\boldsymbol{X}(k)) = \begin{bmatrix} \arctan\frac{y(k)}{x(k)} \\ \arctan\frac{z(k)}{\sqrt{x^2(k) + y^2(k)}} \end{bmatrix} \tag{7-127}$$

$\boldsymbol{Z}(k)$ 表示探测系统在第 k 个采样时刻的观测向量；$\boldsymbol{W}(k)$ 表示第 k 个采样时刻的观测噪声，一般认为观测噪声服从高斯概率分布，其数学期望为 $E[\boldsymbol{W}(k)]=0$，协方差矩阵为 $\boldsymbol{R}(k)=E[\boldsymbol{W}(k)\boldsymbol{W}^{\mathrm{T}}(j)]=q_{kj}\delta_{kj}$。

由式（7-127）可以看出，观测向量是目标运动状态向量的非线性函数。

假设在第 k 个采样时刻，目标运动状态的估计值为 $\hat{\boldsymbol{X}}(k)$，估计误差协方差矩阵为 $\boldsymbol{P}(k)$。通过预测得到下一个采样时刻（第 $k+1$ 个采样时刻）的目标运动状态及其误差协方差矩阵的估计值分别为 $\hat{\boldsymbol{X}}(k+1|k)$ 和 $\boldsymbol{P}(k+1|k)$。经过一次滤波算法更新后，最终得到第 $k+1$ 个采样时刻目标运动状态及其误差协方差矩阵的估计值为 $\hat{\boldsymbol{X}}(k+1)$ 和 $\boldsymbol{P}(k+1)$。$\boldsymbol{P}(k+1)$ 反映了在第 k 个采样时刻目标运动状态的估计值与目标运动状态的真实值之间的偏差，则第 $k+1$ 个采样时刻的观测方程可以表示为

$$\boldsymbol{Z}(k+1)=\boldsymbol{\Phi}(\boldsymbol{X}(k+1))+\boldsymbol{W}(k+1) \tag{7-128}$$

6. 无迹卡尔曼滤波算法

为了提高目标跟踪的精度，2000 年，Julier S 等提出了无迹变换并将其应用于非线性滤波问题中，形成了无迹卡尔曼滤波算法。无迹卡尔曼滤波算法在目标运动状态的估计值附近进行采样，得到一些采样点，这些采样点称为 Sigma 点。不同于扩展卡尔曼滤波算法，无迹卡尔曼滤波算法不是对非线性函数的近似，而是对状态随机变量分布的近似，它使用了真实的非线性模型。在无迹卡尔曼滤波算法中，状态分布仍然用高斯随机变量（Gaussian Random Variable，GRV）表示，采用一些确定的 Sigma 点来描述 GRV 的特征。Sigma 点集合具有与 GRV 相同的均值和方差。这些采样点通过非线性函数传播后，后验均值和方差可以达到二阶精度，而通常扩展卡尔曼滤波算法只能达到一阶精度。两种算法原理对比如图 7-23 所示。很多文献指出，在计算代价相当的情况下，无迹卡尔曼滤波算法的精度和鲁棒性都强于扩展卡尔曼滤波算法，但无迹卡尔曼滤波算法的缺点是每次目标运动状态更新的时间较长，大约是扩展卡尔曼滤波算法的 $2n+1$ 倍，n 为目标运动状态的维数。

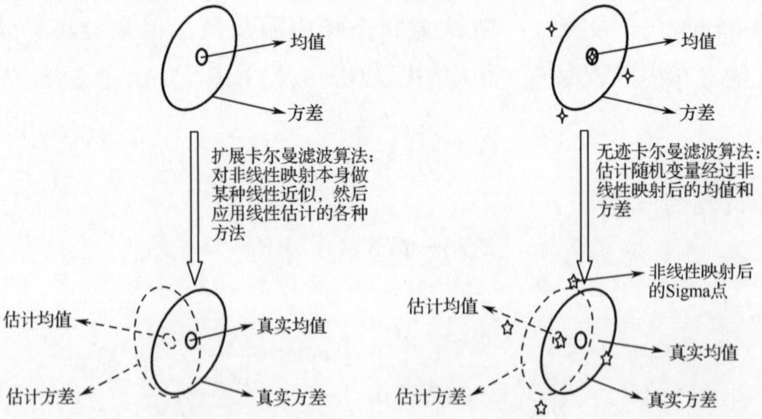

图 7-23　扩展卡尔曼滤波算法和无迹卡尔曼滤波算法原理对比

无迹变换的基本思想是由 Julier 等首先提出的，是用于计算经过非线性变换的随机变量统计特性的一种新方法。无迹变换不需要对非线性状态和量测模型进行线性化，而需要对状态向量的 PDF 进行近似化。近似化后的 PDF 仍然呈高斯分布，但它表现为一系列选取好的 δ 采样点。

假设 $\boldsymbol{X}$ 为一个 n_x 维随机向量，$g:R^{n_x}\rightarrow R^{n_y}$ 为一个非线性函数，且 $\boldsymbol{y}=g(x)$。$\boldsymbol{X}$ 的均值和协方差分别为 $\bar{\boldsymbol{X}}$、$\boldsymbol{P}_x$。无迹卡尔曼滤波算法的计算步骤可简单叙述如下。

首先计算 $2n_x+1$ 个 δ 采样点的 ξ_i 和对应的权值 W_i。

$$\begin{cases}\xi_0=\bar{\boldsymbol{X}}, & i=0\\ \xi_i=\bar{\boldsymbol{X}}+(\sqrt{(n_x+\kappa)\boldsymbol{P}_x})_i, & i=1,2,\cdots,n_x\\ \xi_{i+n_x}=\bar{\boldsymbol{X}}-(\sqrt{(n_x+\kappa)\boldsymbol{P}_x})_i, & i=1,2,\cdots,n_x\end{cases} \tag{7-129}$$

这种形式所要求的 δ 采样点集共有 $2n_x$ 个，并关于 x 的均值呈对称分布，它在处理以高斯分布为主的各种单峰对称形式分布的随机量时具有更高的精度。κ 是一个尺度参数，可以是任何数值，只要 $n_x+\kappa\neq 0$。$(\sqrt{(n_x+\kappa)\boldsymbol{P}_x})_i$ 是 $(n_x+\kappa)\boldsymbol{P}_x$ 均方根矩阵的第 i 行或第 i 列，n_x 为状态向量的维数。

每个 δ 采样点通过非线性函数传播，得到

$$y_i=g(\xi_i),\quad i=0,1,\cdots,2n_x \tag{7-130}$$

其中，y_i 为信号采样值。

$\boldsymbol{y}$ 的估计均值和估计协方差分别如下。

$$\bar{\boldsymbol{y}}=\sum_{i=0}^{2n_x}W_i y_i \tag{7-131}$$

$$\boldsymbol{P}_y=\sum_{i=0}^{2n_x}W_i(y_i-\bar{\boldsymbol{y}})(y_i-\bar{\boldsymbol{y}})' \tag{7-132}$$

对于非线性系统，无迹卡尔曼滤波算法不需要对雅可比行列式求偏导运算，当被估计的向量参数个数很少时，运用无迹卡尔曼滤波算法可以有效降低运算量，缩短计算时间，改善系统的实时性。扩展卡尔曼滤波算法与无迹卡尔曼滤波算法都是在卡尔曼滤波算法的基础上改善的，两者所处理的噪声都是高斯噪声。与扩展卡尔曼滤波算法相比，无迹卡尔曼滤波算法拥有更好的估计性能，因为扩展卡尔曼滤波算法在将非线性系统转换成线性系统的过程中会引起较大的误差，并且这种转换方式只能精确到一阶泰勒级数，而无迹卡尔曼滤波算法至少可以精确到二阶泰勒级数，还可以通过增加 Sigma 点的采样点数进一步减小滤波误差，提高滤波质量。

7.3.3 仿真实验与分析

下面在噪声为高斯假设的条件下对 2D 雷达的目标跟踪问题进行仿真分析。目标假设为飞机，场景 1：x 方向初始速度为 100m/s，y 方向初始速度为 50m/s。场景 2：x 方向初始速度为 100m/s，y 方向初始速度为 20m/s；x 方向加速度为 0.5m/s^2，y 方向初始加速度为 0.5m/s^2；距离测量误差的标准差为 50m。对相同环境下扩展卡尔曼滤波算法和无迹卡尔曼滤波算法对同一目标的跟踪误差进行了比较。这里选取匀速模型与匀加速模型进行对比分析。

1. 仿真模型构建

状态变量法是描述动态系统的一种很有价值的方法，采用这种方法，系统的输入-输出关系是利用状态转移模型和输出观测模型在时域描述的，输入可以由确定的时间函数和代表不可预测的变量或噪声的随机过程组成的状态方程来描述，输出是状态向量的函数，通常受到随机观测误差的扰动，可由观测方程描述。

1）匀速模型

状态方程是目标运动规律的假设。假设目标在二维平面做匀速直线运动，则离散时间系统下 t 时刻目标的状态 (x_k, y_k) 可表示为

$$x_k = x_0 + v_x t_k = x_0 + v_x kT \tag{7-133}$$

$$y_k = y_0 + v_y t_k = y_0 + v_y kT \tag{7-134}$$

其中，(x_0, y_0) 为初始时刻目标的位置；v_x 和 v_y 分别为目标在 x 轴和 y 轴的速度；T 为采样间隔。

式（7-133）和式（7-134）用递推形式可表示为

$$x_{k+1} = x_k + v_x T = x_k + \dot{x}_k T \tag{7-135}$$

$$y_{k+1} = y_k + v_y T = y_k + \dot{y}_k T \tag{7-136}$$

考虑不可能获得目标的精确模型及许多不可预测的问题，换句话说，目标不可能做绝对匀速运动，其速度必然有一些小的随机波动。例如，在目标的匀速运动过程中，驾驶员或环境扰动等可能造成速度出现不可预测的变化；飞机在飞行过程中，云层和阵风会对飞行速度造成影响，等等。这些速度的小变化可被看作过程噪声来建模，所以在引入过程噪声后，式（7-135）和式（7-136）应表示为

$$x_{k+1} = x_k + \dot{x}_k T + \frac{1}{2} v_x T^2 \tag{7-137}$$

$$y_{k+1} = y_k + \dot{y}_k T + \frac{1}{2} v_y T^2 \tag{7-138}$$

这里要特别强调的是，v_x、v_y 分别表示目标在 x 轴和 y 轴速度的随机变化。目标的速度可表示为

$$\dot{x}_{k+1} = \dot{x}_k + v_x T \tag{7-139}$$

$$\dot{y}_{k+1} = \dot{y}_k + v_y T \tag{7-140}$$

在匀速模型中，描述系统动态特性的状态向量为 $\boldsymbol{X}(k) = [x_k \quad \dot{x}_k \quad \ddot{x}_k \quad y_k \quad \dot{y}_k \quad \ddot{y}_k]^{\mathrm{T}}$，则式（7-137）～式（7-140）用矩阵形式可表示为

$$\begin{bmatrix} x(k+1) \\ \dot{x}(k+1) \\ \ddot{x}(k+1) \\ y(k+1) \\ \dot{y}(k+1) \\ \ddot{y}(k+1) \end{bmatrix} = \begin{bmatrix} 1 & T & 0 & 0 & 0 & 0 \\ 0 & 1 & 0 & 0 & 0 & 0 \\ 0 & 0 & 1 & 0 & 0 & 0 \\ 0 & 0 & 0 & 1 & T & 0 \\ 0 & 0 & 0 & 0 & 1 & 0 \\ 0 & 0 & 0 & 0 & 0 & 1 \end{bmatrix} + \begin{bmatrix} \frac{1}{2}T^2 & 0 \\ T & 0 \\ 0 & 0 \\ 0 & \frac{1}{2}T^2 \\ 0 & T \\ 0 & 0 \end{bmatrix} \tag{7-141}$$

目标状态方程为

$$X(k+1)=FX(k)+GV(k) \tag{7-142}$$

其中，

$$G=\begin{bmatrix} \frac{1}{2}T^2 & 0 \\ T & 0 \\ 0 & 0 \\ 0 & \frac{1}{2}T^2 \\ 0 & T \\ 0 & 0 \end{bmatrix} \tag{7-143}$$

为驱动矩阵；

$$F=\begin{bmatrix} 1 & T & 0 & 0 & 0 & 0 \\ 0 & 1 & 0 & 0 & 0 & 0 \\ 0 & 0 & 1 & 0 & 0 & 0 \\ 0 & 0 & 0 & 1 & T & 0 \\ 0 & 0 & 0 & 0 & 1 & 0 \\ 0 & 0 & 0 & 0 & 0 & 1 \end{bmatrix} \tag{7-144}$$

为系统的状态转移矩阵。

2）匀加速模型

假设目标在二维平面做匀加速直线运动，并考虑速度的随机变化，则目标的位置和速度用递推形式可表示为

$$x_{k+1}=x_k+\dot{x}_kT+\frac{1}{2}\ddot{x}_kT^2+\frac{1}{2}v_xT^2 \tag{7-145}$$

$$y_{k+1}=y_k+\dot{y}_kT+\frac{1}{2}\ddot{y}_kT^2+\frac{1}{2}v_yT^2 \tag{7-146}$$

$$\dot{x}_{k+1}=\dot{x}_k+\ddot{x}_kT+v_xT \tag{7-147}$$

$$\dot{y}_{k+1}=\dot{y}_k+\ddot{y}_kT+v_yT \tag{7-148}$$

$$\ddot{x}_{k+1}=\ddot{x}_k+v_x \tag{7-149}$$

$$\ddot{y}_{k+1}=\ddot{y}_k+v_y \tag{7-150}$$

则式（7-145）～式（7-150）用矩阵形式可表示为

$$\begin{bmatrix} x(k+1) \\ \dot{x}(k+1) \\ \ddot{x}(k+1) \\ y(k+1) \\ \dot{y}(k+1) \\ \ddot{y}(k+1) \end{bmatrix}=\begin{bmatrix} 1 & T & \frac{1}{2}T^2 & 0 & 0 & 0 \\ 0 & 1 & T & 0 & 0 & 0 \\ 0 & 0 & 1 & 0 & 0 & 0 \\ 0 & 0 & 0 & 1 & T & \frac{1}{2}T^2 \\ 0 & 0 & 0 & 0 & 1 & T \\ 0 & 0 & 0 & 0 & 0 & 1 \end{bmatrix}+\begin{bmatrix} \frac{1}{2}T^2 & 0 \\ T & 0 \\ 1 & 0 \\ 0 & \frac{1}{2}T^2 \\ 0 & T \\ 0 & 1 \end{bmatrix} \tag{7-151}$$

目标状态方程与式（7-142）相同，相应的状态转移矩阵和过程噪声分布矩阵分别为

$$F=\begin{bmatrix} 1 & T & \frac{1}{2}T^2 & 0 & 0 & 0 \\ 0 & 1 & T & 0 & 0 & 0 \\ 0 & 0 & 1 & 0 & 0 & 0 \\ 0 & 0 & 0 & 1 & T & \frac{1}{2}T^2 \\ 0 & 0 & 0 & 0 & 1 & T \\ 0 & 0 & 0 & 0 & 0 & 1 \end{bmatrix} \tag{7-152}$$

$$G=\begin{bmatrix} \frac{1}{2}T^2 & 0 \\ T & 0 \\ 1 & 0 \\ 0 & \frac{1}{2}T^2 \\ 0 & T \\ 0 & 1 \end{bmatrix} \tag{7-153}$$

2. 算法流程

1）卡尔曼滤波算法流程

预测状态向量为

$$\hat{X}(k+1|k)=F\hat{X}(k)+G\Gamma(k) \tag{7-154}$$

预测协方差矩阵为

$$P(k+1|k)=FP(k)F^{\mathrm{T}}+GQ(k)G^{\mathrm{T}} \tag{7-155}$$

令

$$S(k+1)=H(k+1)P(k+1|k)H^{\mathrm{T}}(k+1)+R(k+1) \tag{7-156}$$

计算卡尔曼增益为

$$K(k+1)=P(k+1|k)H^{\mathrm{T}}S^{-1}(k+1) \tag{7-157}$$

状态向量的进一步更新为

$$\hat{X}(k+1|k+1)=\hat{X}(k+1|k)+K(k+1)(Z(k+1)-\hat{X}(k+1|k)) \tag{7-158}$$

预测协方差矩阵的进一步更新为

$$P(k+1|k+1)=(I-K(k+1)H(k+1))P(k+1|k) \tag{7-159}$$

其中，$H(k+1)$ 表示观测矩阵，可以写成

$$\begin{aligned} H(k+1)&=\left.\frac{\partial H}{\partial X}\right|_{X=\hat{X}(k+1|k)} \\ &=\begin{bmatrix} -\frac{y(k)-y_{\mathrm{r}}}{D_1} & 0 & 0 & \frac{x(k)-x_{\mathrm{r}}}{D_1} & 0 & 0 \\ \frac{x(k)-x_{\mathrm{r}}}{cD_1}+\frac{x(k)-x_{\mathrm{s}}}{cD_2} & 0 & 0 & \frac{y(k)-y_{\mathrm{r}}}{cD_1}+\frac{y(k)-y_{\mathrm{s}}}{cD_2} & 0 & 0 \end{bmatrix} \end{aligned} \tag{7-160}$$

其中，$D_1=(x(k)-x_{\mathrm{r}})^2+(y(k)-y_{\mathrm{r}})^2$ 表示目标与接收端在 xy 平面的距离；$D_2=(x(k)-x_{\mathrm{s}})^2+$

$(y(k)-y_s)^2$ 表示目标与发射端在 xy 平面的距离；c 为电磁波传播速度。

2）扩展卡尔曼滤波算法流程

预测状态向量为

$$\hat{\boldsymbol{X}}(k+1|k)=f[k,\hat{\boldsymbol{X}}(k|k)] \tag{7-161}$$

预测协方差矩阵为

$$\boldsymbol{P}(k+1|k)=f_{\boldsymbol{x}}(k)\boldsymbol{P}(k|k)f_{\boldsymbol{x}}'(k)+\boldsymbol{GQ}(k)\boldsymbol{G}^{\mathrm{T}} \tag{7-162}$$

观测向量的一步预测为

$$\hat{\boldsymbol{Z}}(k+1|k)=\boldsymbol{h}[k+1,\hat{\boldsymbol{X}}(k+1|k)] \tag{7-163}$$

新息协方差矩阵为

$$\boldsymbol{S}(k+1)=\boldsymbol{h}_{\boldsymbol{x}}(k+1)\boldsymbol{P}(k+1|\boldsymbol{k})\boldsymbol{h}_{\boldsymbol{x}}'(k+1)+\boldsymbol{R}(k+1) \tag{7-164}$$

计算卡尔曼增益为

$$\boldsymbol{K}(k+1)=\boldsymbol{P}(k+1|\boldsymbol{k})\boldsymbol{h}_{\boldsymbol{x}}'(k+1)\ \boldsymbol{S}^{-1}(k+1) \tag{7-165}$$

状态向量的进一步更新为

$$\hat{\boldsymbol{X}}(k+1|k+1)=\hat{\boldsymbol{X}}(k+1|k)+\boldsymbol{K}(k+1)(\boldsymbol{Z}(k+1)-\boldsymbol{h}[k+1,\hat{\boldsymbol{X}}(k+1|k)]) \tag{7-166}$$

预测协方差矩阵进一步更新为

$$\begin{aligned}\boldsymbol{P}(k+1|k+1)=&[\boldsymbol{I}-\boldsymbol{K}(k+1)\boldsymbol{h}_x(k+1)]\boldsymbol{P}(k+1|k)\\&[\boldsymbol{I}-\boldsymbol{K}(k+1)\boldsymbol{h}_x(k+1)]'-\boldsymbol{K}(k+1)\boldsymbol{R}(k+1)\boldsymbol{K}'(k+1)\end{aligned} \tag{7-167}$$

观测矩阵可以写成

$$\begin{aligned}\boldsymbol{h}_x(k+1)&=\left.\frac{\partial \boldsymbol{h}}{\partial \boldsymbol{X}}\right|_{X=\hat{X}(k+1|k)}\\&=\begin{bmatrix}-\dfrac{y(k)-y_{\mathrm{r}}}{D_1} & 0 & 0 & \dfrac{x(k)-x_{\mathrm{r}}}{D_1} & 0 & 0\\ \dfrac{x(k)-x_{\mathrm{r}}}{cD_1}+\dfrac{x(k)-x_{\mathrm{s}}}{cD_2} & 0 & 0 & \dfrac{y(k)-y_{\mathrm{r}}}{cD_1}+\dfrac{y(k)-y_{\mathrm{s}}}{cD_2} & 0 & 0\end{bmatrix}\end{aligned} \tag{7-168}$$

3）无迹卡尔曼滤波算法流程

利用无迹变换取一组采样点，确定 Sigma 点和各 Sigma 点的权重。

$$\begin{cases}\boldsymbol{X}^{(i)}(k|k)=\hat{\boldsymbol{X}}(k|k), & i=0\\ \boldsymbol{X}^{(i)}(k|k)=\hat{\boldsymbol{X}}(k|k)+(\sqrt{(n+\lambda)\boldsymbol{P}(k|k)})_i, & i=1,2,\cdots,n\\ \boldsymbol{X}^{(i)}(k|k)=\hat{\boldsymbol{X}}(k|k)-(\sqrt{(n+\lambda)\boldsymbol{P}(k|k)})_i, & i=n+1,n+2,\cdots,2n\end{cases} \tag{7-169}$$

$$\begin{cases}w_{\mathrm{m}}^i=\dfrac{\lambda}{n+\lambda}, & i=0\\ w_{\mathrm{c}}^i=\dfrac{\lambda}{n+\lambda}+1-\alpha^2+\beta, & i=0\\ w_{\mathrm{m}}^i=w_{\mathrm{c}}^i=\dfrac{\lambda}{2(n+\lambda)}, & i=1,2,\cdots,2n\end{cases} \tag{7-170}$$

其中，n 表示目标运动状态向量的维数；$\lambda=\xi^2(n+\kappa)-n$，$\xi$、$\kappa$、$n$ 为待选参数。ξ 控

制采样点的分布状态，调节ξ可以使高阶项的影响达到最小。ξ应该是一个较小的值，以避免状态方程非线性严重时受到采样点的非局域性影响。κ的具体取值没有界限，对于高斯分布的情况，当状态向量为单变量时，选择$\kappa=2$；当状态向量为多变量时，一般选择$\kappa=3-n$。n可以合并方程中高阶项的动差，调节n可以提高方差的精度。

2n+1 个 Sigma 点集的计算进一步预测为

$$\boldsymbol{X}(k+1|k)=f[k,\boldsymbol{X}^{(i)}(k|k)],\quad i=0,1,\cdots,2n \tag{7-171}$$

分别计算预测状态向量和预测协方差矩阵为

$$\hat{\boldsymbol{X}}(k+1|k)=\sum_{i=0}^{2n}w_{\mathrm{m}}^{(i)}\boldsymbol{X}^{(i)}(k+1|k) \tag{7-172}$$

$$\begin{aligned}\boldsymbol{P}(k+1|k)=\sum_{i=0}^{2n}w_{\mathrm{c}}^{(i)}&[\hat{\boldsymbol{X}}(k+1|k)-\boldsymbol{X}^{(i)}(k+1|k)]\\&[\hat{\boldsymbol{X}}(k+1|k)-\boldsymbol{X}^{(i)}(k+1|k)]^{\mathrm{T}}+\boldsymbol{GQG}^{\mathrm{T}}\end{aligned} \tag{7-173}$$

根据预测，利用无迹变换产生新的 Sigma 点为

$$\begin{cases}\boldsymbol{X}^{(i)}(k+1|k)=\hat{\boldsymbol{X}}(k+1|k), & i=0\\ \boldsymbol{X}^{(i)}(k+1|k)=\hat{\boldsymbol{X}}(k+1|k)+(\sqrt{(n+\lambda)\boldsymbol{P}(k+1|k)})_i, & i=1,2,\cdots,n\\ \boldsymbol{X}^{(i)}(k+1|k)=\hat{\boldsymbol{X}}(k+1|k)-(\sqrt{(n+\lambda)\boldsymbol{P}(k+1|k)})_i, & i=n+1,n+2,\cdots,2n\end{cases} \tag{7-174}$$

由上一步的预测值得到预测的观测向量为

$$\boldsymbol{Z}^{(i)}(k+1|k)=\boldsymbol{h}[\boldsymbol{X}^{(i)}(k+1|k)] \tag{7-175}$$

加权得到均值与预测协方差矩阵分别为

$$\bar{\boldsymbol{Z}}(k+1|k)=\sum_{i=0}^{2n}w_{\mathrm{m}}^{(i)}\boldsymbol{Z}^{(i)}(k+1|k) \tag{7-176}$$

$$\boldsymbol{P}_{ZZ}=\sum_{i=0}^{2n}w_{\mathrm{c}}^{(i)}(\boldsymbol{Z}^{(i)}(k+1|k)-\bar{\boldsymbol{Z}}(k+1|k))(\boldsymbol{Z}^{(i)}(k+1|k)-\bar{\boldsymbol{Z}}(k+1|k))^{\mathrm{T}}+\boldsymbol{R} \tag{7-177}$$

$$\boldsymbol{P}_{XZ}=\sum_{i=0}^{2n}w_{\mathrm{c}}^{(i)}(\boldsymbol{X}^{(i)}(k+1|k)-\hat{\boldsymbol{X}}(k+1|k))(\boldsymbol{Z}^{(i)}(k+1|k)-\bar{\boldsymbol{Z}}(k+1|k))^{\mathrm{T}} \tag{7-178}$$

计算卡尔曼增益为

$$\boldsymbol{K}(k+1)=\boldsymbol{P}_{XZ}\boldsymbol{P}_{ZZ}^{-1} \tag{7-179}$$

状态向量的进一步更新及预测协方差矩阵的进一步更新分别为

$$\hat{\boldsymbol{X}}(k+1|k+1)=\hat{\boldsymbol{X}}(k+1|k)+\boldsymbol{K}(k+1)(\boldsymbol{Z}(k+1)-\bar{\boldsymbol{Z}}(k+1)) \tag{7-180}$$

$$\boldsymbol{P}(k+1|k+1)=\boldsymbol{P}(k+1|k)-\boldsymbol{K}(k+1)P_{ZZ}\boldsymbol{K}^{\mathrm{T}}(k+1) \tag{7-181}$$

3. 仿真结果分析

仿真参数如表 7-5 所示。

表 7-5　仿真参数

参　　数	值
接收平台坐标	(1000,0)m
辐射源坐标	(10000,0)m
采样周期	1s
采样时长	300s
笛卡儿坐标量测标准差	50m
无迹变换参数 κ	1
无迹变换参数 α	0.01
无迹变换参数 β	2
状态噪声协方差 Q	10eye (2)
观测噪声协方差 R	10eye (2)
初始误差协方差 P	eye (6)

场景 1 的目标运动轨迹与跟踪结果如图 7-24 所示。从图中可以看出，目标由初始位置做匀速直线运动，其中绿色轨迹为扩展卡尔曼滤波算法的跟踪结果，红色轨迹为无迹卡尔曼滤波算法的跟踪结果，从中可以看出，两者均有不错的跟踪效果。

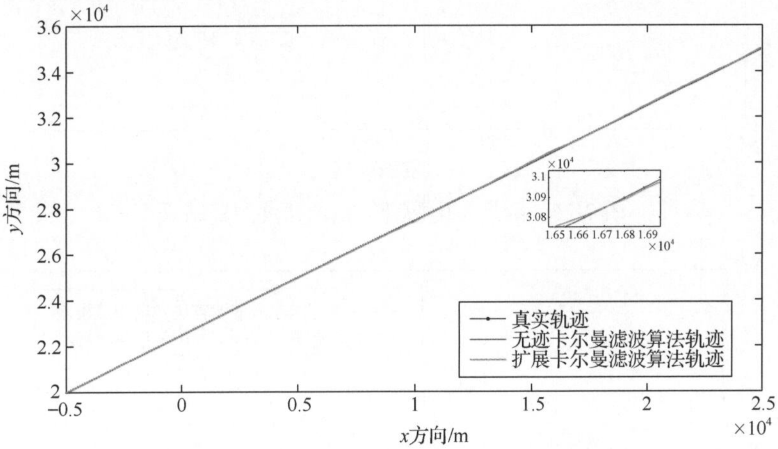

图 7-24　场景 1 的目标运动轨迹与跟踪结果

对两种算法的位置均方误差进行计算，结果如图 7-25 所示。从图中可以明显看出，无迹卡尔曼滤波算法比扩展卡尔曼滤波算法有更好的跟踪效果，与理论预期相符。

场景 1 中两种算法的角度跟踪结果如图 7-26 所示。从图中可以明显看出，在观测角度偏差较大的情况下，两种算法的滤波处理结果均比观测值好，符合理论预期。两种算法的角度跟踪误差结果如图 7-27 所示。

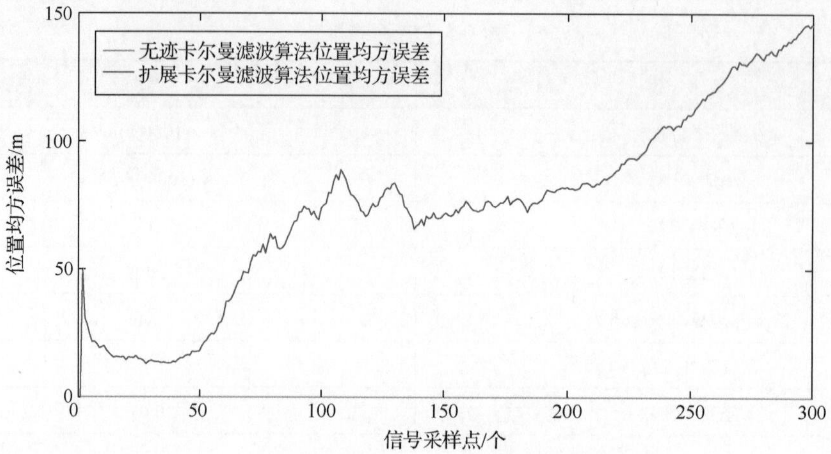

图 7-25　场景 1 中两种算法的位置均方误差结果

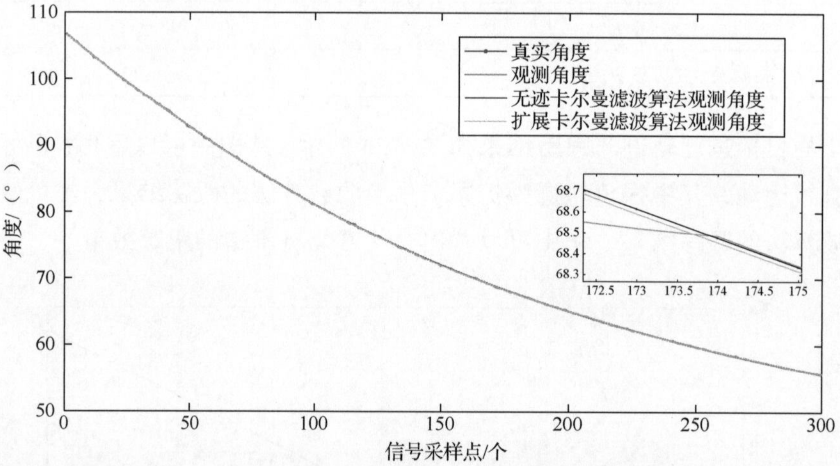

图 7-26　场景 1 中两种算法的角度跟踪结果

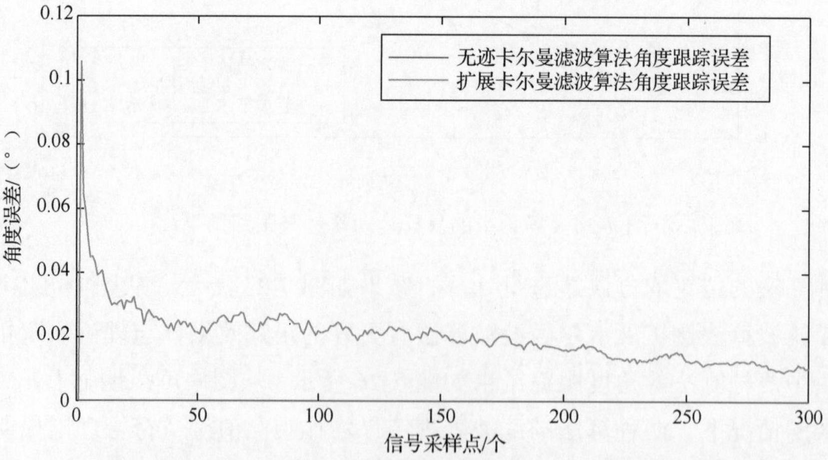

图 7-27　场景 1 中两种算法的角度跟踪误差结果

场景 2 的目标运动轨迹与跟踪结果如图 7-28 所示。

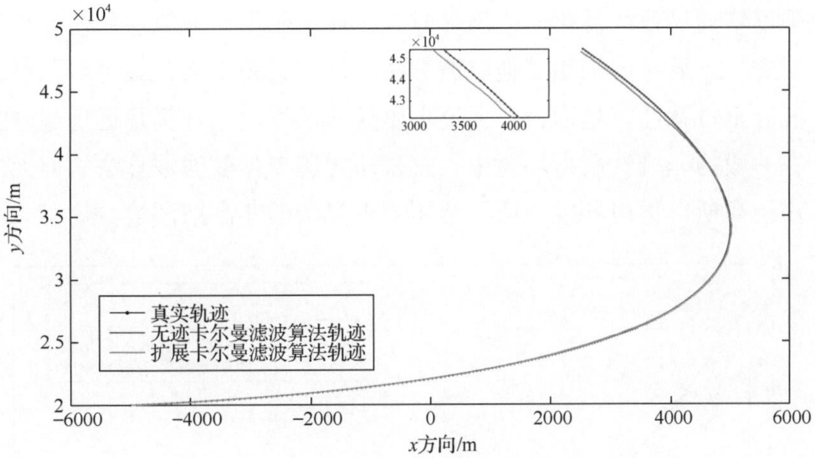

图 7-28　场景 2 的目标运动轨迹与跟踪结果

目标由初始位置做匀加速运动，其中绿色轨迹为扩展卡尔曼滤波算法的跟踪结果，红色轨迹为无迹卡尔曼滤波算法的跟踪结果。由图 7-28 可以看出，两者均有不错的跟踪效果。但在跟踪后期，扩展卡尔曼滤波算法的跟踪结果逐渐出现较大的偏差，而无迹卡尔曼滤波算法依然有较好的跟踪结果，观测量方程的非线性化越来越严重，模型的线性化误差也逐渐增大，从而导致一阶扩展卡尔曼滤波算法的估计精度下降并发散。对无迹卡尔曼滤波算法来说，由于不需要对系统观测方程进行线性化，因此其估计精度不受线性化误差的影响。

对两种算法的位置均方误差进行计算，结果如图 7-29 所示。从图中可以明显看出，无迹卡尔曼滤波算法比扩展卡尔曼滤波算法拥有更好的跟踪效果，与理论预期相符。

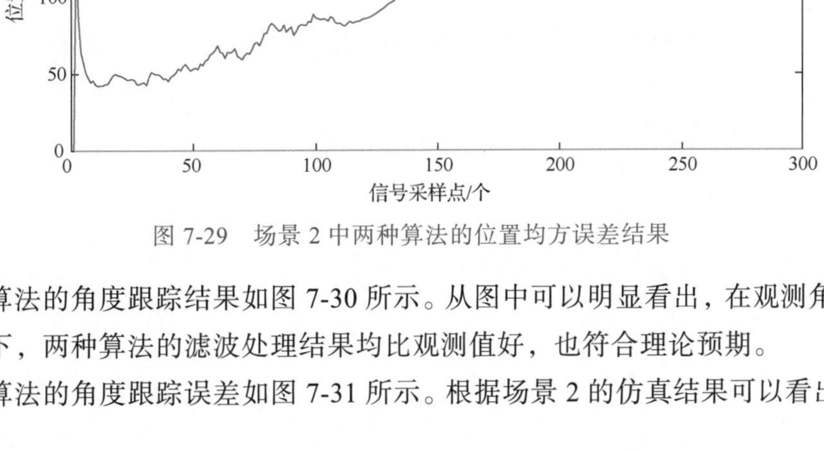

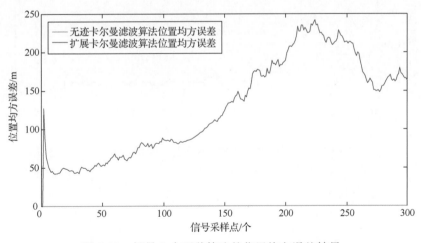

图 7-29　场景 2 中两种算法的位置均方误差结果

两种算法的角度跟踪结果如图 7-30 所示。从图中可以明显看出，在观测角度偏差较大的情况下，两种算法的滤波处理结果均比观测值好，也符合理论预期。

两种算法的角度跟踪误差如图 7-31 所示。根据场景 2 的仿真结果可以看出，当系统的非线性化强度增大导致线性化误差增大时，扩展卡尔曼滤波算法的估计精度明显下降甚至发散。对此，需要考虑采用其他滤波方法。从估计精度看，无迹卡尔曼滤波算法具有较好的性能。不过就计算量而言，无迹卡尔曼滤波算法的计算量远远超过扩展卡尔曼滤波算法。在一般的非线性高斯环境中，宜采用无迹卡尔曼滤波算法。但无迹卡尔曼滤波算法只适用于高斯白噪声环境，而不适用于更复杂的非高斯环境。

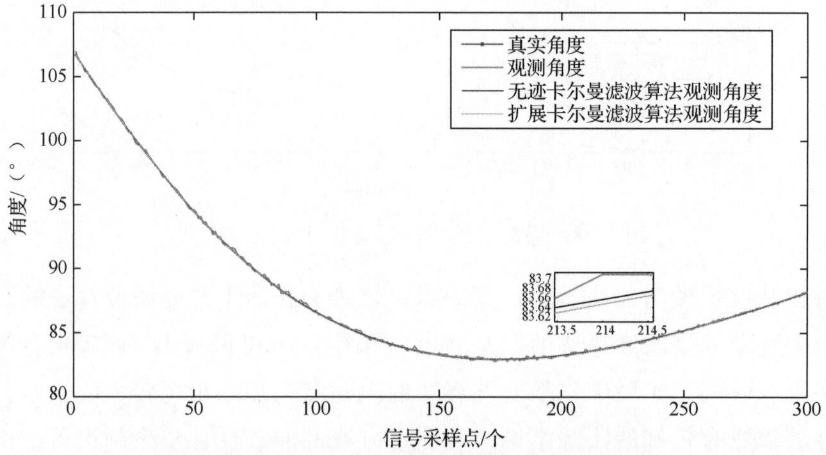

图 7-30　场景 2 中两种算法的角度跟踪结果

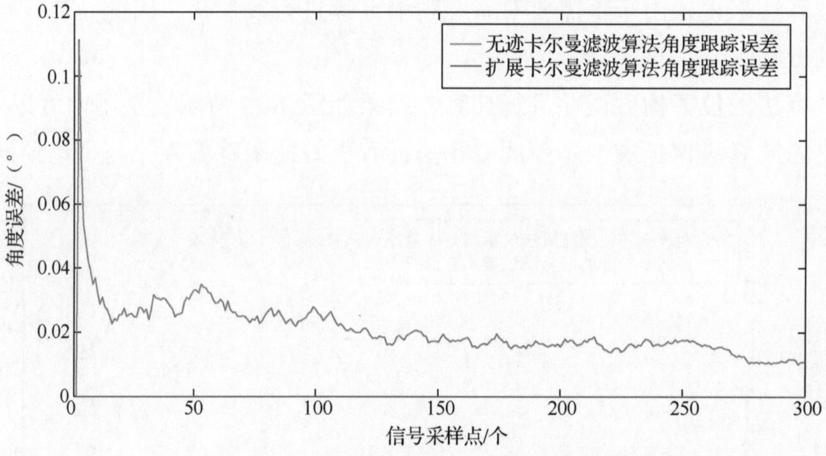

图 7-31　场景 2 中两种算法的角度跟踪误差结果

第8章 电波传播对外辐射源雷达探测性能的影响

由于电波在大气层传播时会发生折射、反射、吸收、散射等现象，产生大气折射效应和能量衰减等，因此需要考虑卫星信号传播到地面或经目标散射到地面所经历的大气环境及影响因素。卫星信号下行传播时，主要受电离层和对流层的影响。本章首先讨论星地链路电波传播效应，然后介绍电离层环境和对流层环境建模方法，最后讨论电波传播效应计算方法，包括星地链路传播衰减计算方法和空地链路传播衰减计算方法等，并讨论大气折射误差修正方法。

8.1 星地链路电波传播效应

对于星地链路雷达，信号传播链路主要包括卫星发射信号到地面接收端的链路、卫星发射信号到飞机目标的链路、信号经飞机目标散射到地面接收端的链路。卫星信号传播到地面主要受电离层和对流层的影响，当链路仰角较低时，还会受到地面、海面、地形地物的反射、干涉等效应影响。

电离层是距地面 50～2000km 范围内的大气层部分，存在大量自由电子和离子，将对电波的传播产生如下效应。

- 额外时延。电离层存在大量的自由电子，能够使电波发生折射、衍射、反射，这些自由电子的存在会减缓无线电波的传播速度，从而产生相对于真空传播的额外传播时延。这种信号通过电离层的时延与信号频率和信号传播路径上的电离层电子密度有关。例如，当仰角为 40°时，可产生 5～10m 的距离误差。
- 电波衰减。电波穿过电离层会引起吸收衰减和闪烁衰减。但当电波频率为 300MHz 以上时，一般情况下吸收衰减小到可以被忽略；3GHz 以上也可以不考虑电离层闪烁衰减的影响。

对流层处于大气层的最低层，从地面向上 12km 左右，含有整个大气层中几乎所有的水蒸气和气溶胶，雨、雪等众多天气现象均发生在对流层。对流层将对电波的传播产生如下效应。

- 大气折射效应。对流层的介电特性随时间和空间变化，无线电波在对流层传播和在自由空间传播不一样，前者会导致传播路径发生弯曲，且传播速度小于光速，从而产生大气折射效应（雷达测得的目标仰角、距离、高度与多普勒频率等视在参量相比目标相应的真实参量产生偏差）。因此，大气折射效应的大小只与对流层的环境参数（如大气湿度、压强、温度）有关，而与电波频率无关。
- 大气衰减效应。对流层的气体分子及水汽凝结物（如云、雾、雨等）、对流层闪烁对电波具有吸收和散射作用，造成电波的衰减。衰减量与频率密切相关，频率越大，衰减越大。对于 Ku 频段，对流层产生的衰减可达 10dB 以上。

通过以上分析可知，对于 Ku 频段的信号，可以只考虑电离层带来的额外时延的影响，而忽略衰减效应，而对流层的环境影响需要考虑大气折射效应和大气衰减效应。电离层引起的额外时延与电离层的电子密度密切相关，对流层引起的额外时延与对流层的温度、湿度、压强有关，引起的衰减取决于温度、湿度、压强和降雨率等参数。因此，要想获得高精度的电波传播效应校正结果，对电离层环境和对流层环境的精确建模及对电波传播效应的精确计算是关键。下面将围绕这两个方面展开介绍。

8.2 电波传播环境建模

8.2.1 电离层环境建模

传统的电离层预报技术主要基于电离层经验模型。1999 年，美国国防部把基于物理模型的电离层数值预报技术定为 12 个综合大学优先研究计划之一。2003 年前后，美国国防部基于物理模型建立了具备同化全球天地基数据能力的全球电离层同化模型，并于 2006 年正式在美国空军气象局运行该模型，开展电离层现报及数值预报服务，为短波通信、卫星导航定位等提供服务。基于物理模型的电离层多源数据同化已经成为电离层天气数值现报/预报、事件成因分析最具潜力的途径之一，也是技术发展的必然趋势。

1. 电离层物理模型

物理模型又称第一原理模型，基于连续性方程、动量方程和能量方程等，通过模拟电离层中的各种物理及化学过程，揭示电离层的行为机理。相比经验模型，物理模型不依赖观测数据，能够从理论上洞察何种因素影响电离层的变化，如太阳活动、气象活动等；能够研究输运过程（如中性风、$E \times B$ 漂移）对电离层的影响；也能够研究磁暴期间中性大气成分、温度的改变对电离层的影响；等等。物理模型的另一个优点是能够非常容易地耦合到其他理论模型中。近年来，随着计算机技术的飞速发展，基于物理模型的电离层天气数值现报/预报技术开始成为实现电离层精确感知与预报的有力工具。

我国的电离层物理模型研究开始于 20 世纪 90 年代。1995 年，Zhang 等建立了一个求解 4 种离子的中纬度电离层物理模型。2008 年，中国科学院地质与地球物理研究所在一维中纬度电离层物理模型的基础上建立了 TIME-IGGCAS 模型。1998 年，中国电波传播研究所建立了 5 离子（O^+、N^+、N_2^+、NO^+ 和 O_2^+）一维时变中纬度电离层物理模型。2009 年，该模型增加了光电子次级电离和夜间电离层源，并增加了 He^+ 离子。近期，中国电波传播研究所在前期工作的基础上，参考 SAMI2 模型（由美国海军实验室开发的电离层物理模型）和英国的谢菲尔德大学等离子电离层模型（Sheffield University Plasmasphere Ionosphere Model，SUPIM），考虑复杂离子光化学框架，建立了求解 7 种离子的中低纬度电离层物理模型 TIM-LEME。

中国电波传播研究所建立的电离层物理模型计算的电子密度和电子温度分布如图 8-1 所示。此次模拟以太阳活动高年 2000 年、地理经度 120°E、地磁活动平静条件为例，展示了该模型再现中低纬度电离层形态学特征的能力。图中给出了中午 12:00 LT（Local Time，本地时间）4 个季节电子密度和电子温度的变化。可以看出电离层呈现显著的赤道电离层异常（Equatorial Ionization Anomaly，EIA）特征，南北驼峰位于地磁纬度±15°附近。同时可以看出电离层呈现显著的季节变化特征。春秋季节，太阳日下点位于赤道，此时赤道电离层东向电场最强，因此春秋季节 EIA 发展一般强于夏冬季节，且相对赤道对称性更好。此外，电子温度也呈现较强的季节变化。图 8-2 给出了电子密度和电子温度随高度的分布。可以看出，低高度区域以双原子分子离子 O_2^+、NO^+及 N_2^+为主，电离层 F 区以 O^+为主。随着高度的增加，H^+和 He^+的密度逐渐增加，约在 1000km 以上，成为电离层的主要成分。O^+、H^+、He^+的电子温度差别较小，电子温度高于离子温度。

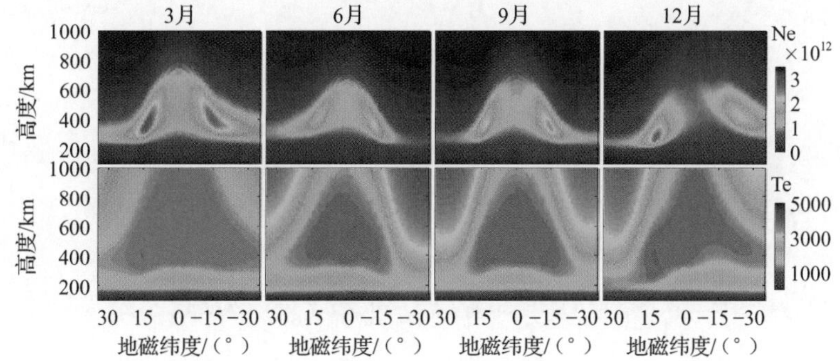

图 8-1　电离层物理模型计算的电子密度和电子温度分布（12:00 LT）

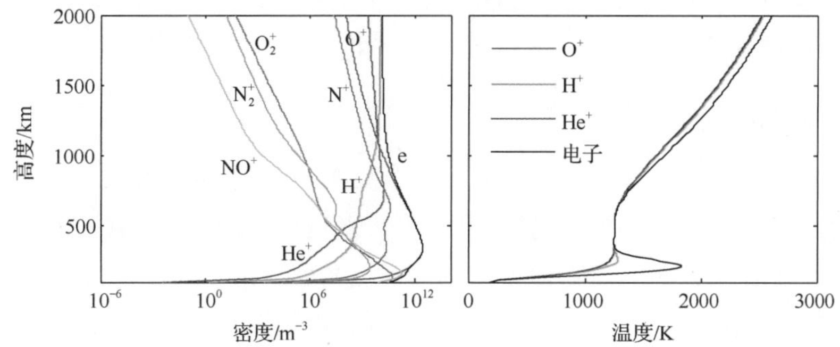

图 8-2　电子密度和电子温度随高度的分布（12:00 LT）

2. 电离层同化建模

集合卡尔曼滤波（Ensemble Kalman Filter，EnKF）是卡尔曼滤波的蒙特卡罗近似，由 Evensen 于 1994 年提出，目前成为气象学和海洋学领域一种比较流行的数据同化方法，广泛应用于电离层物理模型的数值同化。EnKF 使用统计方法求解滤波方程组中的分析误差协方差和背景场误差协方差。它的主要思路是根据背景场和观测值的特征误差分布来对背景场与观测值添加一系列扰动，然后用这些添加了不同扰动的背景场和观测场进行分析，得到一组分析值，将这组分析值的差异作为分析误差的统计样本来进行分析误差协方差的估计，从而避免高阶矩阵的求逆。总体来说，EnKF 算法包括预测和更新两个步骤。

假设有 N 个集合，在 $k=0$ 时刻对每个集合进行初始化，再将集合代入电离层物理模型，通过模型的前向积分，可得到 k+1 时刻电子密度分布的预测值。

$$X_{i,k+1}^{\mathrm{f}} = M_{k,k+1}(X_{i,k}^{\mathrm{a}}) + w_{i,k},\quad w_{i,k} \sim N(0,\boldsymbol{Q}_k) \tag{8-1}$$

其中，$X_{i,k}^{\mathrm{a}}$ 为 k 时刻第 i 个集合的状态分析值，$X_{i,k+1}^{\mathrm{f}}$ 为 $k+1$ 时刻的状态预测值；$M_{k,k+1}$ 为 k 到 $k+1$ 时刻的状态变化关系，一般为非线性模型算子，此处为电离层物理模型；$w_{i,k}$ 为模型误差，服从均值为 0、协方差为 $\boldsymbol{Q}_k$ 的正态分布。

若 $k+1$ 时刻有观测值，则利用观测值对每个集合的状态进行更新。

$$X_{i,k+1}^{\mathrm{a}} = X_{i,k+1}^{\mathrm{f}} + \boldsymbol{K}_{k+1}[Y_{k+1}^{\mathrm{o}} - \boldsymbol{H}_{k+1}(X_{i,k+1}^{\mathrm{f}}) + v_{i,k}],\quad v_{i,k} \sim N(0,\boldsymbol{Q}_k) \tag{8-2}$$

$$\bar{X}_{i,k+1}^{\mathrm{a}} = \frac{1}{N}\sum_{i=1}^{N} X_{i,k+1}^{\mathrm{a}} \tag{8-3}$$

$$\boldsymbol{K}_{k+1} = \boldsymbol{P}_{k+1}^{\mathrm{f}}\boldsymbol{H}^{\mathrm{T}}(\boldsymbol{H}\boldsymbol{P}_{k+1}^{\mathrm{f}}\boldsymbol{H}^{\mathrm{T}} + \boldsymbol{R}_k)^{-1} \tag{8-4}$$

$$\boldsymbol{P}_{k+1}^{\mathrm{f}} = \frac{1}{N-1}\sum_{i=1}^{N}(X_{k+1}^{\mathrm{f}} - \bar{X}_{k+1}^{\mathrm{f}})(X_{k+1}^{\mathrm{f}} - \bar{X}_{k+1}^{\mathrm{f}})^{\mathrm{T}} \tag{8-5}$$

$$\boldsymbol{P}_{k+1}^{\mathrm{f}}\boldsymbol{H}^{\mathrm{T}} = \frac{1}{N-1}\sum_{i=1}^{N}(X_{k+1}^{\mathrm{f}} - \bar{X}_{k+1}^{\mathrm{f}})[\boldsymbol{H}(X_{k+1}^{\mathrm{f}}) - \boldsymbol{H}(\bar{X}_{k+1}^{\mathrm{f}})]^{\mathrm{T}} \tag{8-6}$$

$$\boldsymbol{H}\boldsymbol{P}_{k+1}^{\mathrm{f}}\boldsymbol{H}^{\mathrm{T}} = \frac{1}{N-1}\sum_{i=1}^{N}[\boldsymbol{H}(X_{k+1}^{\mathrm{f}}) - \boldsymbol{H}(\bar{X}_{k+1}^{\mathrm{f}})][\boldsymbol{H}(X_{k+1}^{\mathrm{f}}) - \boldsymbol{H}(\bar{X}_{k+1}^{\mathrm{f}})]^{\mathrm{T}} \tag{8-7}$$

其中，$X_{i,k+1}^{\mathrm{a}}$ 为第 i 个集合在 $k+1$ 时刻的状态分析值；$\boldsymbol{K}_{k+1}$ 为增益矩阵；Y_{k+1}^{o} 为 $k+1$ 的观测值，如电子密度等；$\boldsymbol{H}_{k+1}$ 为 $k+1$ 时刻的观测算子；$v_{i,k}$ 为观测误差；$\bar{X}_{i,k+1}^{\mathrm{a}}$ 为所有集合的均值，即状态的最优估计值；$\boldsymbol{P}_{k+1}^{\mathrm{f}}$ 为状态预测值的误差协方差矩阵。

3. 电离层同化实验

以 2000 年 1 月 1 日、时间 12:00 LT、地理经度 30°N、地理纬度 120°E 为例，开展同化实验。运行 IRI2016，计算电离层的电子密度和离子密度，提取 550km 高度处的离子密度 Ni_ub，将其作为电离层物理模型的边界条件；提取前一时间步（11:54 LT）的电离层电子密度 Ne_initial、离子密度 Ni_initial 将其作为电离层物理模型的初始条件。对边界条件（550km 处的离子密度 Ni_ub）和背景参数（包括太阳活动指数、中性风、中性温度、氧原子密度）增加扰动，生成扰动集合，集合数为 N。假设误差是正态分布的，增加扰动时使扰动的集合平均为 0，而方差与变量的平方成正比。设 x 是一个要增加扰动的变量，增加扰动后生成的集合记为 X，则 X 可以表达为

$$X = x + \varepsilon \tag{8-8}$$

其中，ε 的均值 $\overline{\varepsilon} = 0$，$\sigma(\varepsilon) = r \times \varepsilon^2$。$r$ 的取值如下：等离子体和中性密度是 0.1，等离子体和中性温度是 0.05，中性风及边界条件是 0.01。把这 N 个不同的初始条件、边界条件、背景参数分别输入电离层物理模型并向前独立运行，生生集合样本并用于电离层数据同化，同化结果如图 8-3 所示。可以看出，同化后模型预测值与观测值误差较大，但是经过 EnKF 同化后，分析值与观测值比较一致。

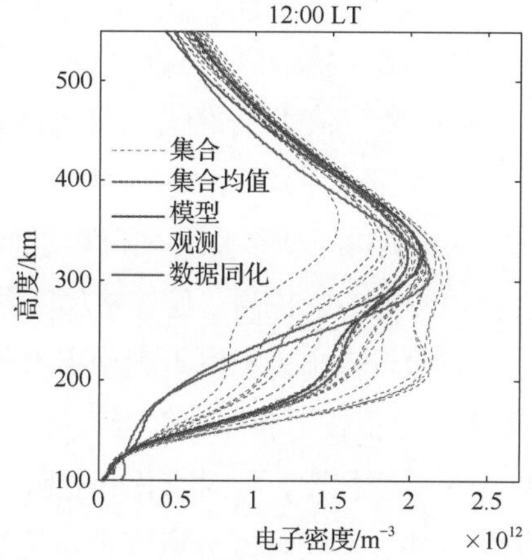

图 8-3　电子密度数据同化结果

8.2.2　对流层环境建模

大气数值模式是目前研究天气过程的重要方法。数值预报的历史很短，真正意义上的数值预报开始于 20 世纪初期，随着计算机技术的不断发展，数值预报的时效性和准确率不断提高。20 世纪 80 年代，美国组织实施了“中尺度外场观测实验 STORM 计划”，先后研制成功了 MM 系列及 ARPS、RAMS、WRF 等中尺度数值预报模式，此后中尺度模式迅猛发展。同时，新的资料处理和客观分析方法得到应用，资料分析效果明显改善。随着计算性能的提高，各种数值模式的发展和运用日益成为科研与业务的基础及目标，数值模拟成为研究大气过程的主要方法，也是构建和评估、预报精细化对流层电波传播环境的重要发展方向。

大气电波环境数值模拟和预报以一定的大气方程组为核心，考虑各种边界条件和气象方案的影响，在给定其他条件下，综合应用 NCEP 背景场、GTS 等气象数据，加入并同化中尺度气象信息，以构造较准确的初始场，从而得到较准确的数值模拟和预报结果。

大气电波环境数值模拟和预报模型总体实现框架如图 8-4 所示。

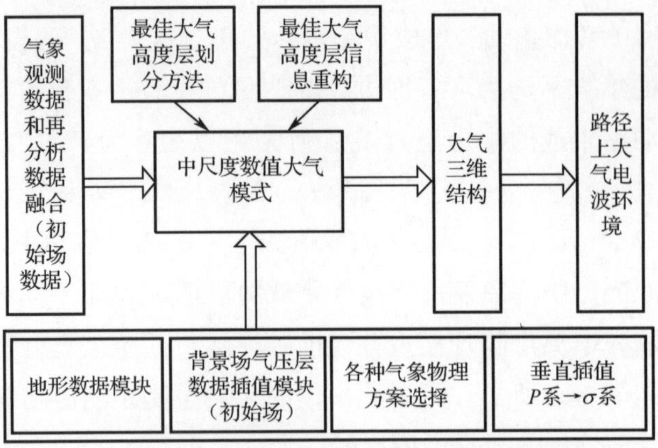

图 8-4　大气电波环境数值模拟和预报模型总体实现框架

在背景场的基础上，同化中尺度气象信息，实现气象观测数据和再分析数据融合，以构造较准确的初始场。通过中尺度数值大气模式，将关注区域划分成若干小区域（如1km×1km），给出每个小区域的电波环境要素。

单点大气剖面测量数据时空分辨率低，难以满足实际电波传播预测对传播环境参数的需求，限制了相关无线电系统性能预测能力的提高。随着中尺度数值天气预报技术的不断发展和计算能力的不断提高，大气模式可以输出模拟参数和预报参数，如大气折射率、温度、湿度、风向、风速等，使利用数值天气预报技术获取大气折射指数三维空间分布具备的可行性。目前，模拟参数和预报参数与实测数据相比，相对变化和趋势较准确，但绝对值有一定的误差，可利用滤除奇异点、最优化方法、系统偏差分析等手段提高精度。

基于上述方法得出的大气折射率剖面预测结果，预测精度较高，均方根误差小于5N，达到国际先进水平。图8-5给出了数值模拟大气折射率剖面与探空大气折射率剖面的对比情况，可以看出，两者之间的一致性非常好，具备对流层电波环境模拟能力。

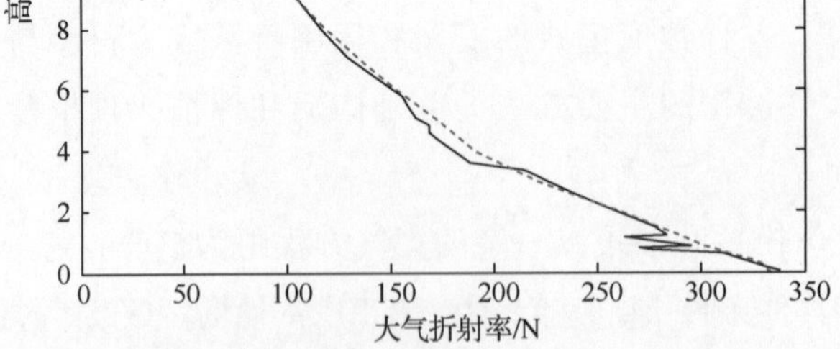

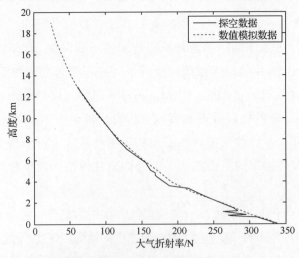

图 8-5　大气折射率结果对比

8.3 电波传播效应计算

8.3.1 电波传播衰减计算

1. 星地链路传播衰减计算

星地固定传播时间概率不超过 $p\%$ 的传播衰减 A（单位 dB）的计算公式为

$$A = A_{\mathrm{bs}} + A_{\mathrm{sc}}(p\%) + A_{\mathrm{gas}} + \sqrt{A_{\mathrm{st}}^2(p\%) + [A_{\mathrm{rain}}(p\%) + A_{\mathrm{cloud}}(p\%)]^2} \tag{8-9}$$

其中，A_{bs} 为天线波束展宽衰减因子，其计算方法可以参考 ITU-R P.619-3 建议书；$A_{\mathrm{sc}}(p\%)$ 表示时间概率不超过 $p\%$ 的电离层闪烁衰减深度，其计算方法可以参考 ITU-R P.531-14 建议书；A_{gas} 为大气衰减，其计算方法可以参考 ITU-R P.676-11 建议书；$A_{\mathrm{st}}(p\%)$ 为时间概率不超过 $p\%$ 的对流层闪烁衰减深度，其计算方法可以参考 ITU-R P.618-13 建议书；$A_{\mathrm{rain}}(p\%)$ 为时间概率不超过 $p\%$ 的降水衰减因子，其计算方法可以参考 ITU-R P.618-13 建议书；$A_{\mathrm{cloud}}(p\%)$ 为时间概率不超过 $p\%$ 的云雾衰减因子，其计算方法可以参考 ITU-R P.840-5 建议书。

时间概率不超过 $p\%$ 的星地航空移动传播衰减 A（单位 dB）的计算公式为

$$A = A_{\mathrm{sc}}(p\%) + A_{\mathrm{gas}} + \sqrt{A_{\mathrm{st}}^2(p\%) + [A_{\mathrm{rain}}(p\%) + A_{\mathrm{cloud}}(p\%)]^2} + A_{\mathrm{srm}}(p\%) \tag{8-10}$$

其中，$A_{\mathrm{srm}}(p\%)$ 为时间概率不超过 $p\%$ 的海面反射的多径衰落深度，当工作频率为 1～2GHz 时，

$$A_{\mathrm{srm}}(p\%) = 10\lg[1 + p_{\mathrm{r}}/10] \tag{8-11}$$

其中，p_{r} 为相对于直达波的海面反射波非相干功率，计算公式为

$$p_{\mathrm{r}} = G + R + C_\theta + D \tag{8-12}$$

其中，R 为海面极化反射系数，定义为式（8-13），R_i 等于 R_{H}、R_{V} 或 R_{C}，详见星地海事移动业务中的公式；G 为天线增益因子（单位 dBi）；C_θ 为修正因子，定义为式（8-14）；D 为地球曲率发散因子，定义为式（8-15）。

$$R = 20\lg R_i \tag{8-13}$$

$$C_\theta = \begin{cases} 0, & \theta_{\mathrm{sp}} \geqslant 7^\circ \\ \dfrac{\theta_{\mathrm{sp}} - 7}{2}, & \theta_{\mathrm{sp}} < 7^\circ \end{cases} \tag{8-14}$$

$$D = -10\lg\left[1 + \frac{2\sin\gamma_{\mathrm{sp}}}{\cos\theta_{\mathrm{sp}}\sin(\gamma_{\mathrm{sp}} + \theta_i)}\right] \tag{8-15}$$

其中，θ_{sp} 为镜面反射点的入射余角，两者的定义可分别表示为式（8-16）和式（8-17）。

$$\theta_{\mathrm{sp}} = 2\gamma_{\mathrm{sp}} + \theta_i \tag{8-16}$$

$$\gamma_{\mathrm{sp}} = \frac{7.2\times10^{-3} H_{\mathrm{a}}}{\tan\theta_i} \tag{8-17}$$

其中，H_a 为天线高度（单位 km）。

图 8-6 给出了一组 Ku 频段星地链路传播衰减效应随频率、仰角、时间百分比变化的仿真结果，其中参数设置如下：地面位置为北纬 40°、东经 120°，仰角为 15°，时间百分比为 0.1%，天线直径为 1m，天线效率为 0.5，极化方式为水平极化，卫星高度为 35786km。可以看出，Ku 频段星地链路的传播衰减量级在 200dB 以上，电波传播环境对传播衰减效应影响的量级在 10dB 左右，其中降雨的影响最大，云雾、对流层闪烁、大气吸收的影响之和与降雨的影响相当。

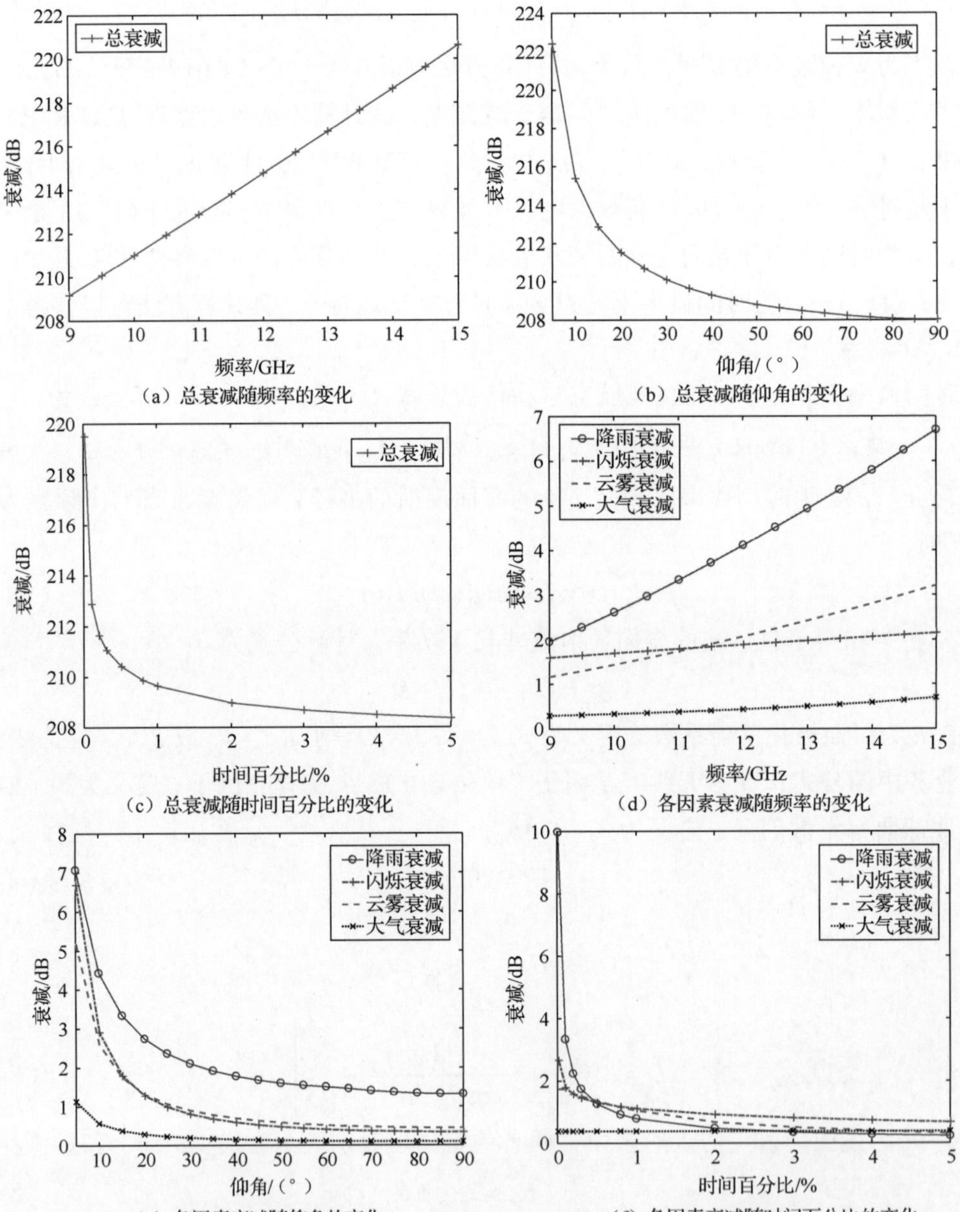

(a) 总衰减随频率的变化

(b) 总衰减随仰角的变化

(c) 总衰减随时间百分比的变化

(d) 各因素衰减随频率的变化

(e) 各因素衰减随仰角的变化

(f) 各因素衰减随时间百分比的变化

图 8-6　星地链路传播衰减计算结果

2. 空地链路传播衰减计算

空地链路传播衰减的计算可以采用抛物线方程（Parabolic Equation，PE）模型。PE 模型是一种基于理论的确定性传播模型，它充分考虑复杂大气环境及不规则地形（如粗糙的海面）的影响，具有较好的预测精度。其基本原理及实现流程如下。

设时谐因子为 $\mathrm{e}^{-\mathrm{i}wt}$，在直角坐标系下，假设波函数 ψ 与 y 无关，$\psi(x,z)$ 可以用二维的 Helmholtz 方程描述为

$$\frac{\partial^2\psi}{\partial x^2}+\frac{\partial^2\psi}{\partial z^2}+k^2n^2\psi=0 \tag{8-18}$$

其中，假设媒质具有缓变的折射指数 $n=n(x,z)$；$k=w/c$ 为真空中的波数。对于沿 x 轴正向传播的电波，场 u 可以表示为

$$u(x,z)=\mathrm{e}^{-\mathrm{i}kx}\psi(x,z) \tag{8-19}$$

将 u 代入式（8-18）可得

$$\frac{\partial^2 u}{\partial x^2}+\frac{\partial^2 u}{\partial z^2}+2\mathrm{i}k\frac{\partial u}{\partial x}+k^2(n^2-1)u=0 \tag{8-20}$$

将式（8-20）分解因式，忽略后向传播（散射）的波，仅考虑前向传播的波，就可以得到波传播的 PE，即

$$\frac{\partial u}{\partial x}=\mathrm{i}k(Q-1)u \tag{8-21}$$

它是 u 关于 x 的一阶偏微分方程，其理论解为

$$u(x+\Delta x,z)=\exp\{\mathrm{i}k\Delta x(Q-1)\}u(x,z) \tag{8-22}$$

其中，Δx 为水平步进。根据式（8-22），由当前的场 $u(x,z)$ 可以得到下一步进的场 $u(x+\Delta x,z)$。Q 是伪微分算子，其具体形式为

$$Q=\sqrt{\frac{1}{k^2}\frac{\partial^2}{\partial z^2}+n^2} \tag{8-23}$$

对伪微分算子 Q 取不同的形式，可得到不同形式的 PE。令 $\varepsilon=n^2(x,z)-1$，$\mu=\frac{1}{k^2}\frac{\partial^2}{\partial z^2}$，将 Q 表示为

$$Q=\sqrt{1+\mu}+\sqrt{1+\varepsilon}-1 \tag{8-24}$$

将 Q 代入式（8-22），即可得到宽角形式的 PE。

$$u(x+\Delta x,z)=\exp[ik\Delta x(10^{-6}M)]\Im^{-1}\{\exp[\mathrm{i}\Delta x(\sqrt{k_0^2-p^2}-k_0)]U(x,p)\} \tag{8-25}$$

该方程可以通过快速傅里叶变换技术实现快速求解，$U(x,p)$ 为 $u(x,z)$ 的傅里叶变换，M 为修正折射指数。

定义传播因子 F 为实际场强和自由空间场强之比，F 和 u 之间的关系为

$$F^2=x|u(x,z)|^2 \tag{8-26}$$

则路径的传播衰减 L（单位 dB）可以表示为

$$L=20\lg f+20\lg x-10\lg F^2-27.6 \tag{8-27}$$

其中，x为距离（单位 m）；f为频率（单位 MHz）。

PE 模型可以模拟不规则地形上的电波传播，不规则地形的 PE 模型与坐标系和地形表示方法有关。最简单的不规则地形处理方法是地形遮蔽法，也可以采用共形变换法或边界平移法等计算。要求解 PE 模型，不仅需要利用分步傅里叶变换的步进算法，还需要设定初始条件和边界条件，输入环境数据，如大气剖面和高程剖面。PE 模型实现框架如图 8-7 所示。

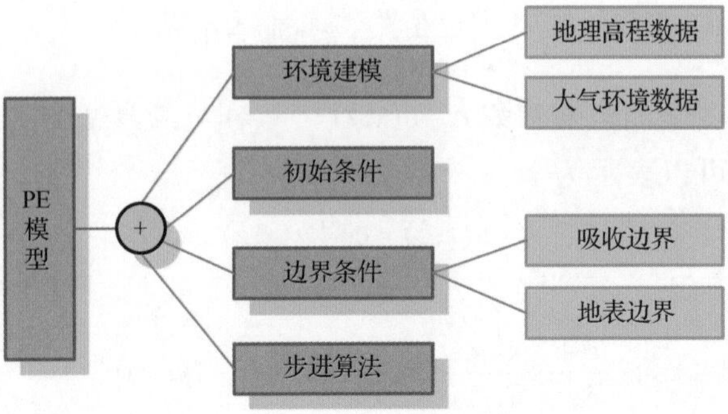

图 8-7　PE 模型实现框架

图 8-8 给出了一组 Ku 频段空地链路传播衰减随仰角和地面距离变化的仿真结果。其中，图 8-8（a）参数设置如下：频率为 12GHz，地面距离为 200km，时间百分比为 50%，地面天线架高为 2m。图 8-8（b）参数设置如下：频率为 12GHz，飞机高度为 10km，时间百分比为 50%，地面天线架高为 2m。可以看出，对于空地链路，传播衰减随仰角的增大而减少，当传播距离超出视距范围时，传播方式为绕射+散射，导致传播衰减大幅增加。

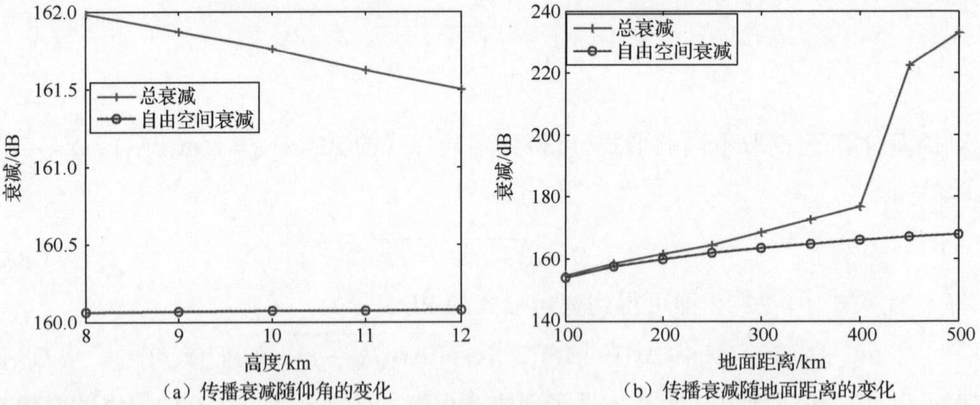

（a）传播衰减随仰角的变化　　（b）传播衰减随地面距离的变化

图 8-8　空地链路传播衰减计算结果

8.3.2　大气折射误差修正

1. 大气折射误差修正方法

在电波传播过程中，由大气折射引起的高度误差、仰角误差和距离误差可利用射线描迹法、线性分层法和等效地球半径法来计算。射线描迹法是一种严谨的方法；线性分层法是一种较准确的近似方法；等效地球半径法是一种简单的近似方法（主要适用于目标在 60km 以下的低层大气内的情况）。下面详细介绍基于射线描迹法的大气折射误差修正方法。电波传播折射效应几何图形如图 8-9 所示。

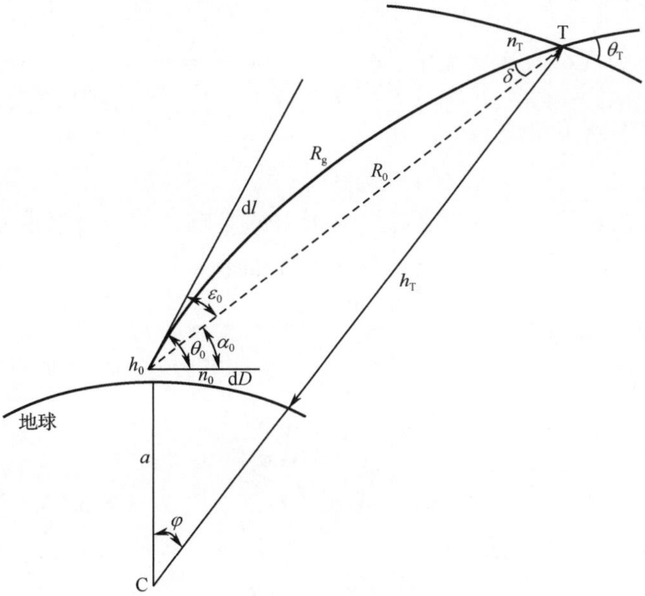

图 8-9　电波传播折射效应几何图形

1）高度折射误差修正

雷达天线至 60km 高度的视在距离为

$$R_{at}=\int_{h_0}^{h_t}\frac{n^2(a+h)\mathrm{d}h}{\sqrt{n^2(a+h)^2-n_0^2(a+h_0)^2\cos^2\theta_0}} \tag{8-28}$$

式中，h_t 为低层大气与电离层分界的海拔，60km；a 为地球平均半径；h_0 为雷达天线海拔；n_0 为 h_0 处的折射指数；θ_0 为目标的视在仰角；h 为电波射线上某点的海拔；n 为 h 处的折射指数。

目标的视在距离为 R_a，当 $R_a \leqslant R_{at}$ 时，目标在低层大气内，由

$$R_a=\int_{h_0}^{h_T}\frac{n^2(a+h)\mathrm{d}h}{\sqrt{n^2(a+h)^2-n_0^2(a+h_0)^2\cos^2\theta_0}} \tag{8-29}$$

确定目标的真实海拔 h_T。当 $R_a > R_{at}$ 时，目标在电离层内，由

$$R_a=\int_{h_0}^{h_t}\frac{n^2(a+h)\mathrm{d}h}{\sqrt{n^2(a+h)^2-n_0^2(a+h_0)^2\cos^2\theta_0}}+\int_{h_t}^{h_T}\frac{n^2(a+h)\mathrm{d}h}{\sqrt{n^2(a+h)^2-n_0^2(a+h_0)^2\cos^2\theta_0}} \tag{8-30}$$

确定 h_T。

确定 h_T 后，可得高度折射误差为

$$\Delta h = h_a - h_T \tag{8-31}$$

其中，h_a 为目标的视在高度，由目标的视在仰角与视在距离通过几何关系得到。

2）仰角折射误差修正

目标的真实仰角为

$$\alpha_0 = \arctan\left(\cot\varphi - \frac{a+h_0}{a+h_\mathrm{r}}\csc\varphi\right) \tag{8-32}$$

其中，φ 为地心张角（单位 rad），

$$\succ = n_0(a+h_0)\cos(\theta_0)\int_{h_0}^{h_\mathrm{T}} \frac{\mathrm{d}h}{(a+h)\sqrt{n^2(a+h)^2 - n_0^2(a+h_0)^2\cos^2\theta_0}} \tag{8-33}$$

由此可得仰角折射误差（单位 rad）为

$$\varepsilon_0 = \theta_0 - \alpha_0 \tag{8-34}$$

当目标的视在仰角 $\theta_0 \geqslant 5^\circ$ 时，忽略电离层对折射的影响，仰角折射误差可按下式计算。

$$\varepsilon_0 = N_\mathrm{s} \times 10^{-6} c\tan\theta_0 \tag{8-35}$$

3）距离折射误差修正

目标的真实距离为

$$R_0 = \frac{(a+h_\mathrm{T})\sin\succ}{\cos\alpha_0} \tag{8-36}$$

其中，h_T、α_0、φ 分别由式（8-29）[或式（8-30）]、式（8-32）、式（8-33）算得。由式（8-36）可得距离折射误差为

$$\Delta R = R_\mathrm{a} - R_\mathrm{T} \tag{8-37}$$

对于高仰角（$\theta_0 \geqslant 3^\circ$），求距离折射误差时可以忽略路径弯曲引起的误差，只考虑电波传播速度减小引起的误差，因此当目标在低层大气内时，距离折射误差为

$$\Delta R \approx 10^{-6}\int_{R_\mathrm{g}} N\mathrm{d}R_\mathrm{g} = 10^{-6}\int_{h_0}^{h_\mathrm{T}} N\csc\theta\mathrm{d}h \tag{8-38}$$

当目标在电离层内时，对于已调波测距，距离折射误差为

$$\begin{aligned} \Delta R &\approx 10^{-6}\int_{R_{\mathrm{g}1}} N\mathrm{d}R_\mathrm{g} + \frac{40.364\times10^{-12}}{f^2}\int_{R_{\mathrm{g}2}} N_\mathrm{e}\mathrm{d}R_\mathrm{g} \\ &= 10^{-6}\int_{h_0}^{h_\mathrm{t}} N\csc\theta\mathrm{d}h + \frac{40.364\times10^{-12}}{f^2}\int_{h_\mathrm{t}}^{h_\mathrm{T}} N_\mathrm{e}\csc\theta\mathrm{d}h \end{aligned} \tag{8-39}$$

其中，h_t 为低层大气与电离层的分界海拔，60km；N 为沿射线低层大气折射率；N_e 为沿射线电离层电子密度；$R_\mathrm{g} = R_{\mathrm{g}1} + R_{\mathrm{g}2}$ 为射线路径；$R_{\mathrm{g}1}$ 为低层大气内射线路径；$R_{\mathrm{g}2}$ 为电离层内射线路径；θ 为高度 h 处的射线本地仰角；h_0 为雷达天线海拔；h_T 为目标的真实海拔；f 为载波频率。

受电波环境的空间（如经纬度、高度）不均匀分布特性的影响，雷达覆盖区内的各位置点（如距离、方位、仰角）、不同频率的电波折射误差不尽相同，折射效应修正设备依据雷达坐标体系的距离 R、方位 θ、仰角 E 这 3 个维度进行等间隔栅格划分，图 8-10 给出了电波传播效应修正栅格划分示意。折射效应修正设备计算不同频率下雷达覆盖区所有栅格对应的电波距离折射误差修正值和仰角折射误差修正值。举例来说，当雷达测量距离为 R_j、测量方位为 θ_i、测量仰角为 E_k 时，对应的电波距离折射误差修正值和仰角折射误差修正值分别为 $\Delta R_{(i,j,k)}$、$\Delta E_{(i,j,k)}$。

射线描迹法的折射修正方法基于电离层电子密度、对流层折射率剖面，计算每个栅格区的折射效应修正值。基于上述描述的折射修正算法对 14GHz 频率下距离折射误差和仰角折射误差进行仿真，结果分别如图 8-11 和图 8-12 所示。

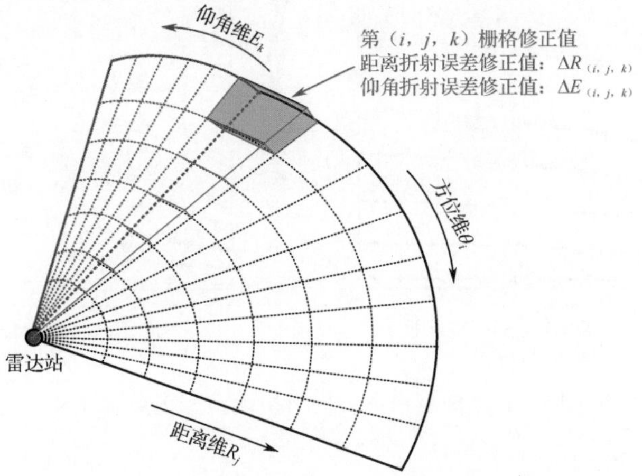

图 8-10　电波传播效应修正栅格划分示意

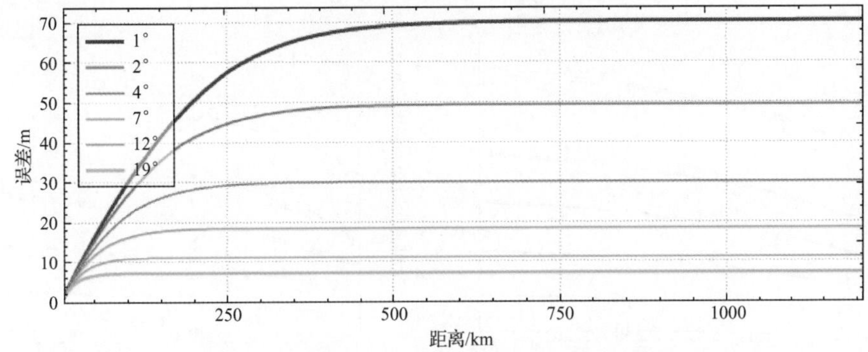

图 8-11　14GHz 频率下距离折射误差随距离的变化

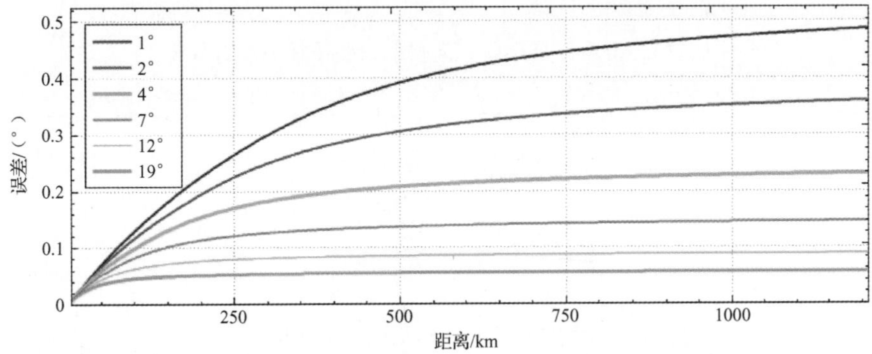

图 8-12　14GHz 频率下仰角折射误差随距离的变化

2. 大气折射误差仿真计算

1）按高度计算

以石家庄和威海为例，按高度计算，两座城市春、夏、秋、冬四季各方向折射误差分别如图 8-13～图 8-20 所示。

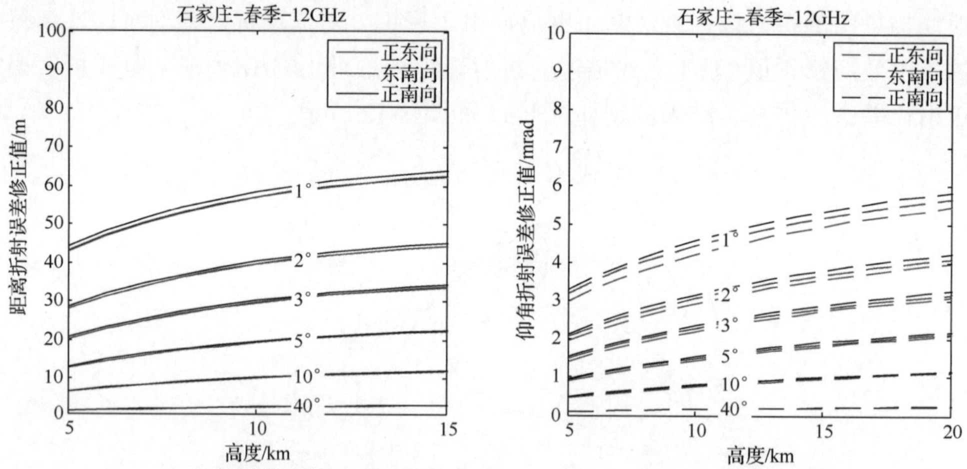

（a）距离折射误差　　（b）仰角折射误差

图 8-13　石家庄春季各方向折射误差（按高度计算）

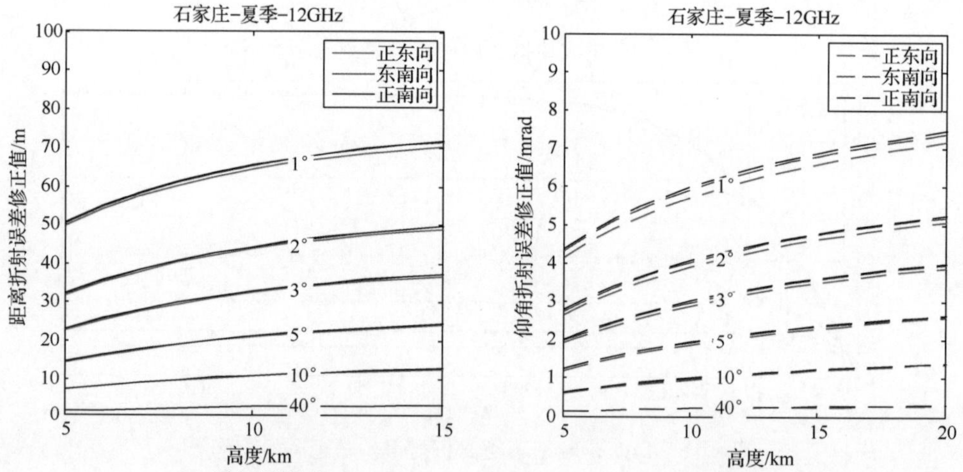

（a）距离折射误差　　（b）仰角折射误差

图 8-14　石家庄夏季各方向折射误差（按高度计算）

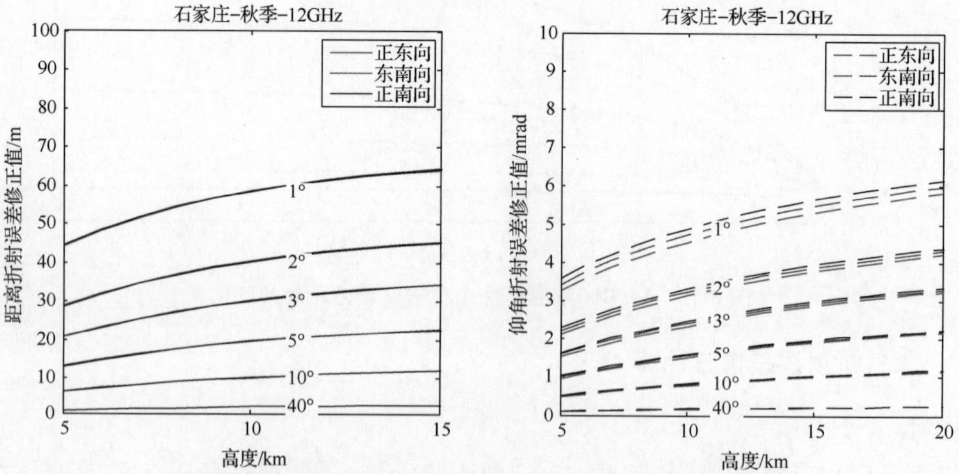

（a）距离折射误差　　（b）仰角折射误差

图 8-15　石家庄秋季各方向折射误差（按高度计算）

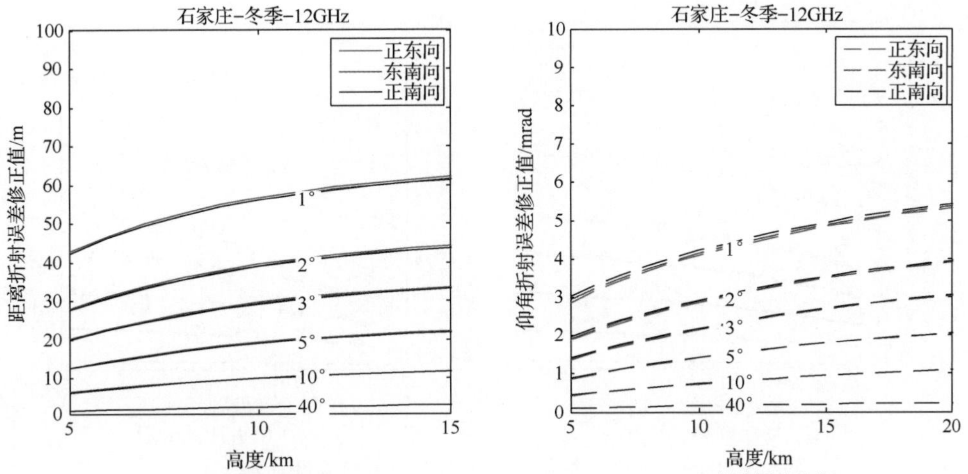

（a）距离折射误差　　（b）仰角折射误差

图 8-16　石家庄冬季各方向折射误差（按高度计算）

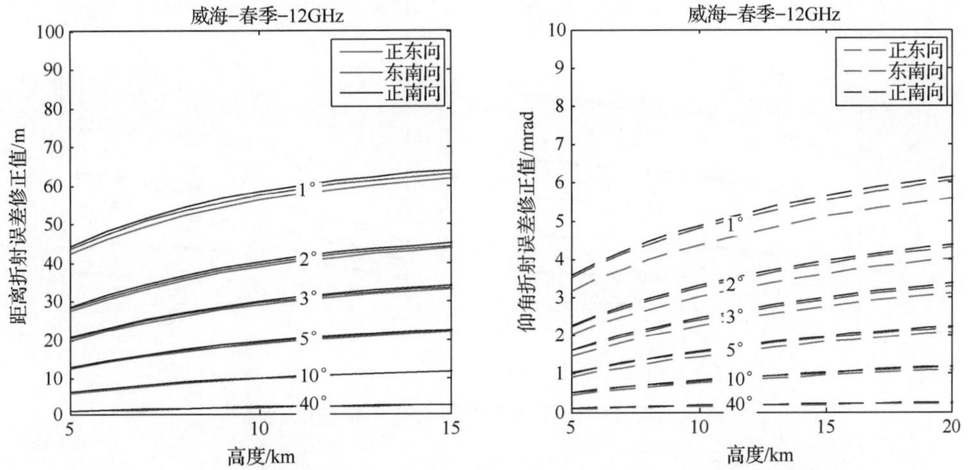

（a）距离折射误差　　（b）仰角折射误差

图 8-17　威海春季各方向折射误差（按高度计算）

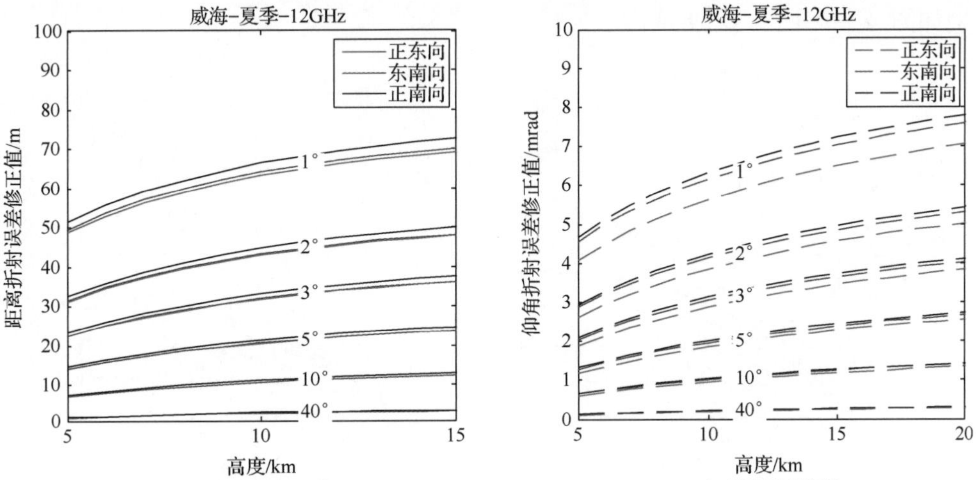

（a）距离折射误差　　（b）仰角折射误差

图 8-18　威海夏季各方向折射误差（按高度计算）

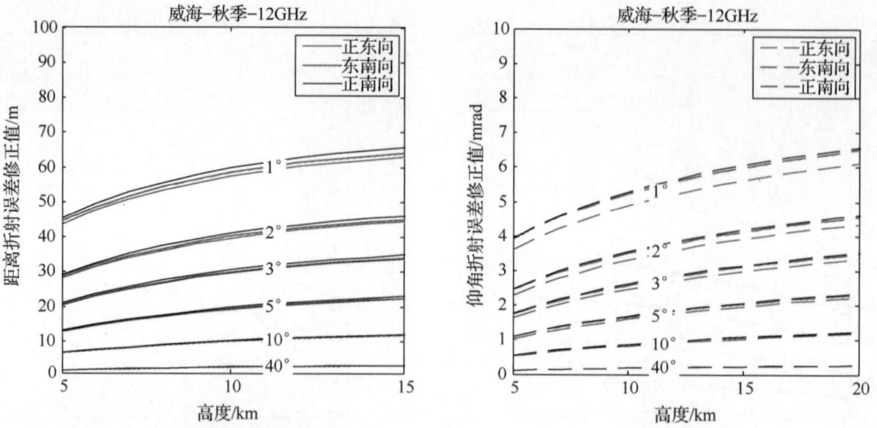

（a）距离折射误差　　（b）仰角折射误差

图 8-19　威海秋季各方向折射误差（按高度计算）

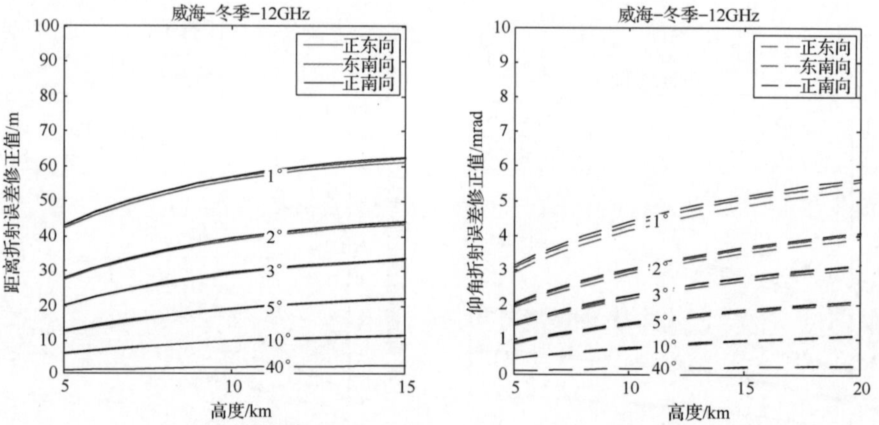

（a）距离折射误差　　（b）仰角折射误差

图 8-20　威海冬季各方向折射误差（按高度计算）

2）按距离计算

仍以石家庄和威海为例，按距离计算，两座城市春、夏、秋、冬四季各方向折射误差分别如图 8-21～图 8-28 所示。

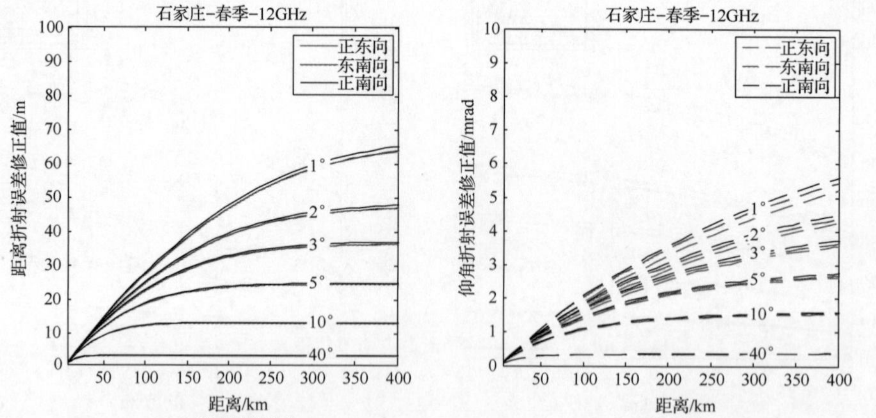

（a）距离折射误差　　（b）仰角折射误差

图 8-21　石家庄春季各方向折射误差（按距离计算）

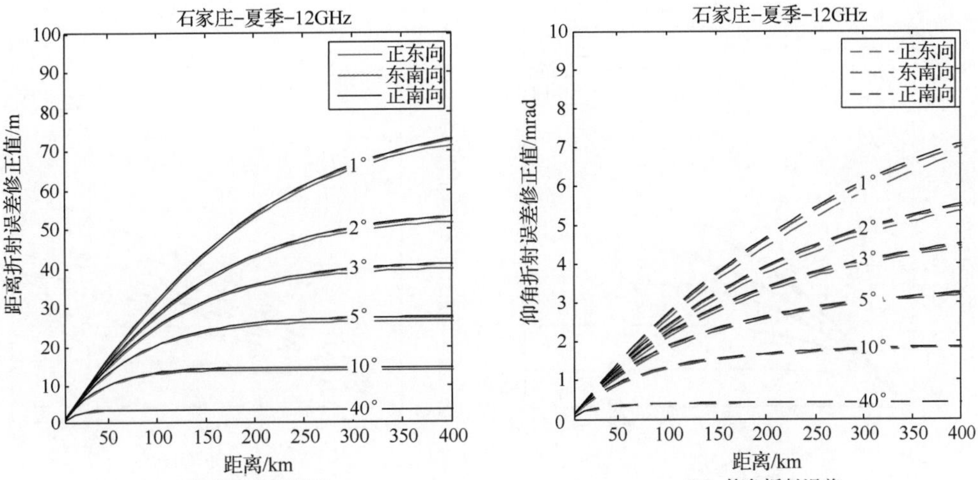

（a）距离折射误差　　（b）仰角折射误差

图 8-22　石家庄夏各方向折射误差（按距离计算）

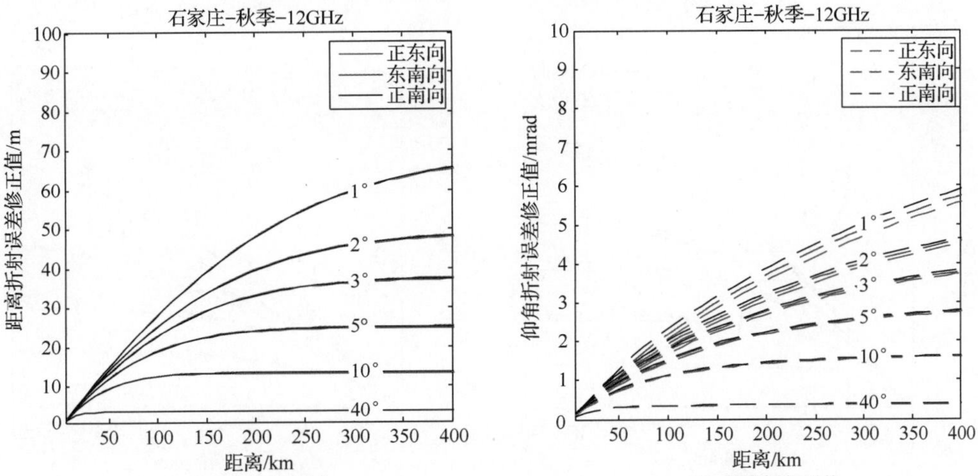

（a）距离折射误差　　（b）仰角折射误差

图 8-23　石家庄秋季各方向折射误差（按距离计算）

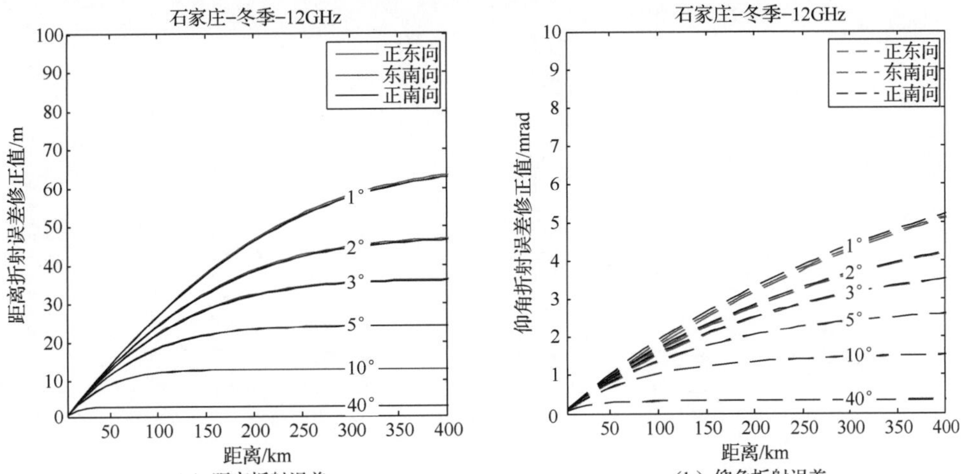

（a）距离折射误差　　（b）仰角折射误差

图 8-24　石家庄冬季各方向折射误差（按距离计算）

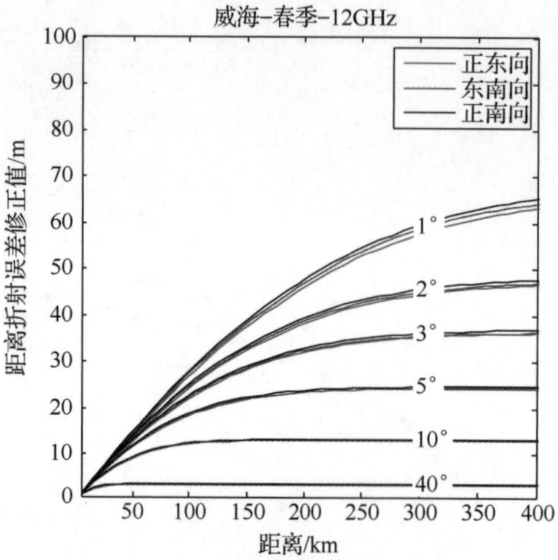

（a）距离折射误差

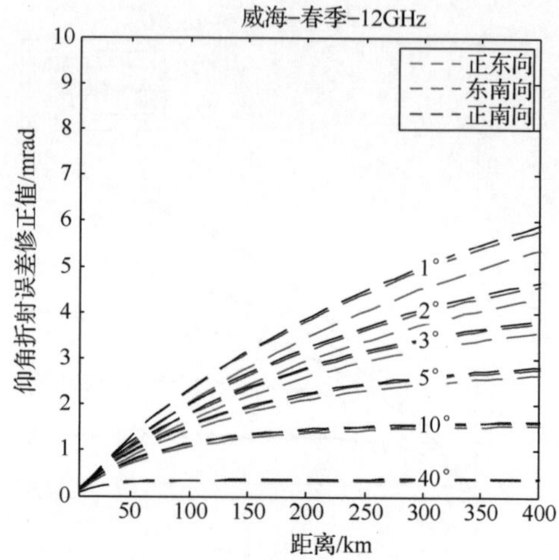

（b）仰角折射误差

图 8-25　威海春季各方向折射误差（按距离计算）

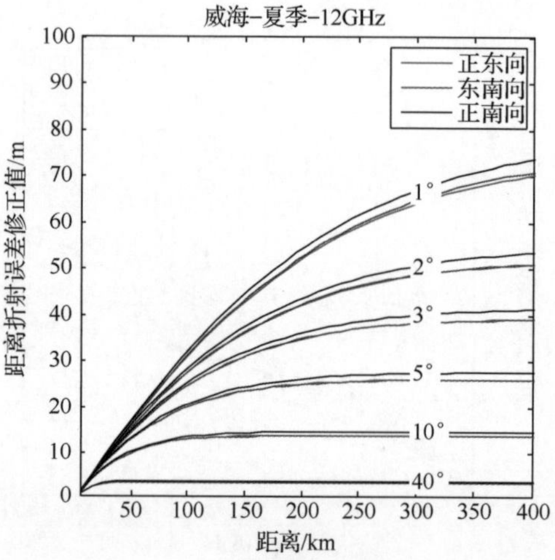

（a）距离折射误差

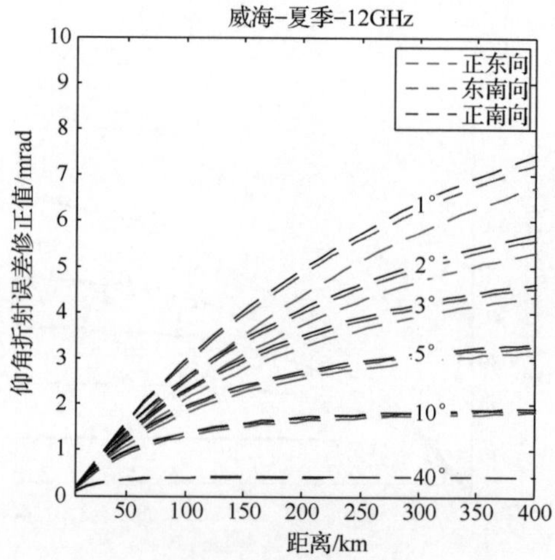

（b）仰角折射误差

图 8-26　威海夏季各方向折射误差（按距离计算）

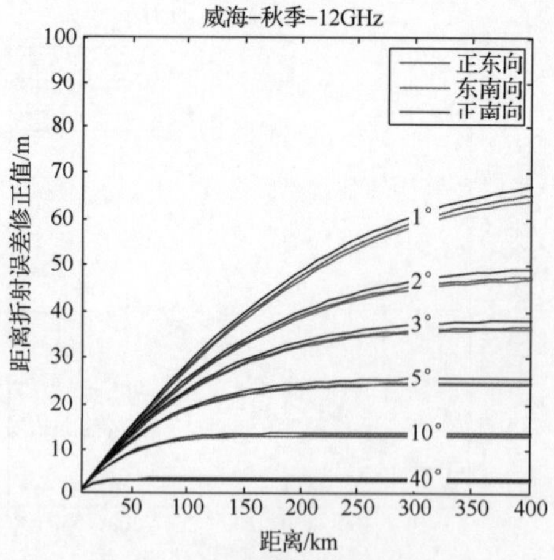

（a）距离折射误差

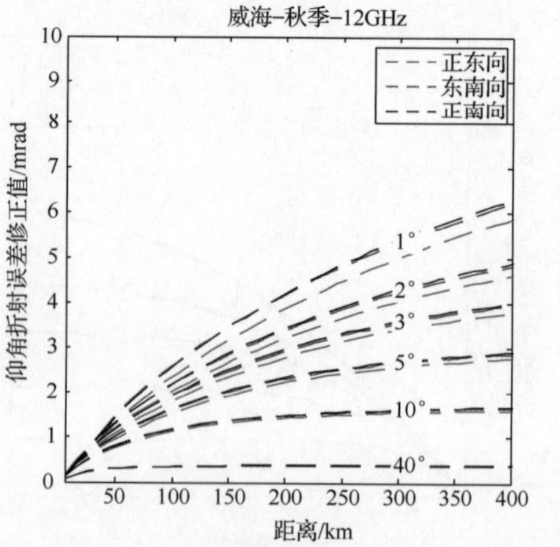

（b）仰角折射误差

图 8-27　威海秋季各方向折射误差（按距离计算）

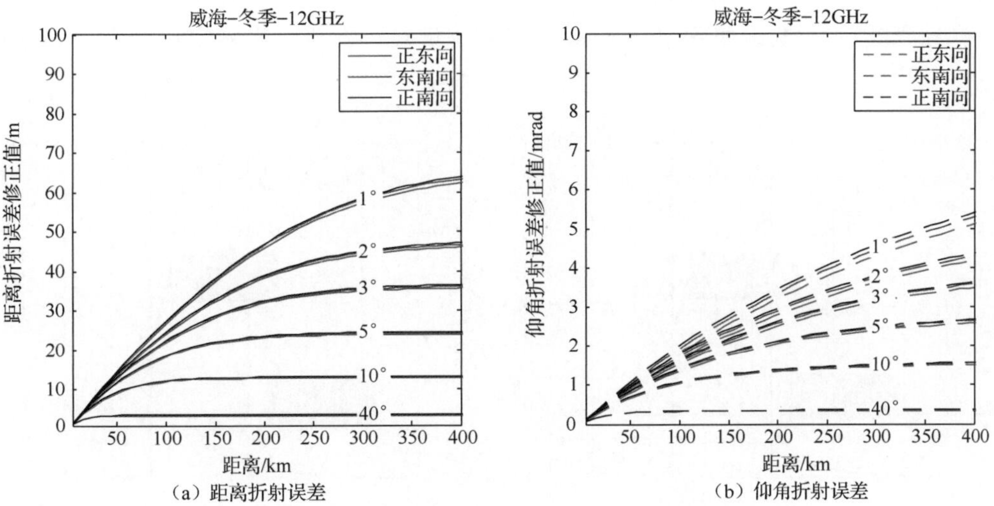

（a）距离折射误差　　　（b）仰角折射误差

图 8-28　威海冬季各方向折射误差（按距离计算）

3. 大气折射误差修正实例

在某次实验中，利用本章建立的模型方法，开展了电波折射误差修正工作，具体如下。

首先，实验时间为 2021 年 9 月 3 日，接收端位置为东经 114.6665°、北纬 28.32°、高度 130m，对实验期间的对流层和电离层环境参数进行预测，预测结果如图 8-29 所示。

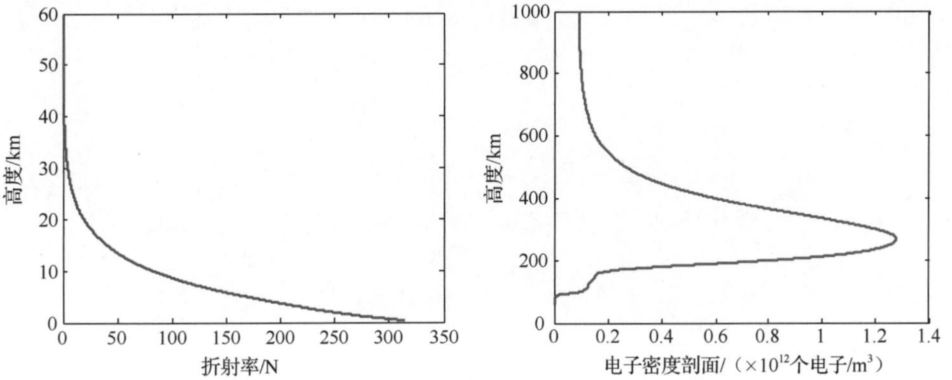

（a）对流层折射率剖面　　　（b）电离层电子密度剖面

图 8-29　对流层、电离层环境参数预测结果

其次，根据工作频率、接收端经纬度信息，给出目标距接收端不同距离时环境带来的距离折射误差和仰角折射误差的计算结果，如图 8-30 所示，其中绿色虚线表示探测距离 28km 时的误差，对应本次实验的目标距离；红色虚线表示探测距离 200km 时的误差。

针对本次实验参数进行大气折射误差估算，并最终给出修正后目标所处位置，修正结果如图 8-31 所示。本次实验参数为：工作频率 12.63GHz，探测群距离 28.97km，探测仰角 1.5°。可知，由环境引起的距离折射误差是 8.57m，仰角折射误差是 0.673mrad。从图中还可以看出，当探测目标距离远至 200km 时，环境引起的距离折射误差和仰角折射误差分别达到了 40m 量级和 5mrad（0.25°）量级，将严重影响定位精度，必须加以消除。

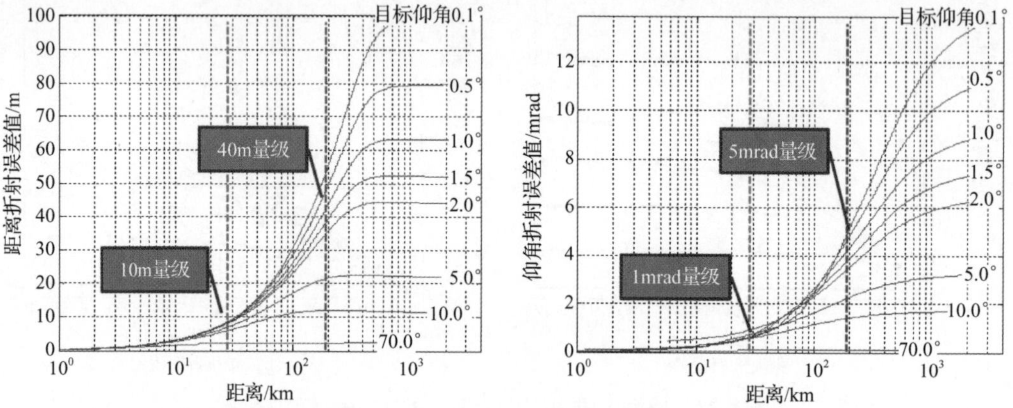

（a）距离折射误差　　（b）仰角折射误差

图 8-30　电波折射误差计算结果

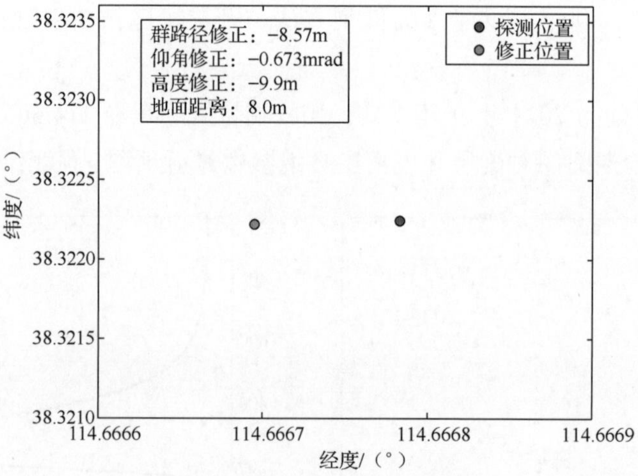

图 8-31　目标定位修正结果

第9章 基于卫星外辐射源的目标探测定位技术

9.1 概述

9.1.1 天基卫星外辐射源探测技术的提出背景

调频广播、广播电视等地面辐射源信号具有辐射功率大、辐射源固定及与探测目标距离相对较近等优点，是经典外辐射源探测技术的首选辐射源，已经得到了广泛的研究和应用。但受覆盖范围、工作频段和信号带宽等特性的影响，地面辐射源信号难以覆盖海上、沙漠、戈壁等区域，且难以获得较高的定位精度。随着民用广播通信体制的发展，传统的收音机、模拟电视等电器已从大众的生活中消失，传统大功率模拟广播和电视信号逐渐被低功率、小区域、多节点的数字广播电视和移动 4G/5G 通信所替代，以后可能仅作为应急使用，而不再作为常态化辐射信号，因此需要拓展可利用的外辐射源信号的类型。

随着天基卫星通信、感知和导航技术的发展，由天基信息获取网、天基信息传输分发网和天基时空基准网等电磁波构成的天基电磁辐射源具有全天候存在、频率超宽带覆盖、电磁场准稳态分布等特点，同时具有覆盖范围广、传播环境简单、直达波信号接收处理受地杂波和多径影响小、辐射源数量大等优点，并且携带巨大的能量和信息，能够源源不断地向地面辐射，为探索新型目标探测手段提供了丰富的电磁环境。天基电磁辐射源如图 9-1 所示。

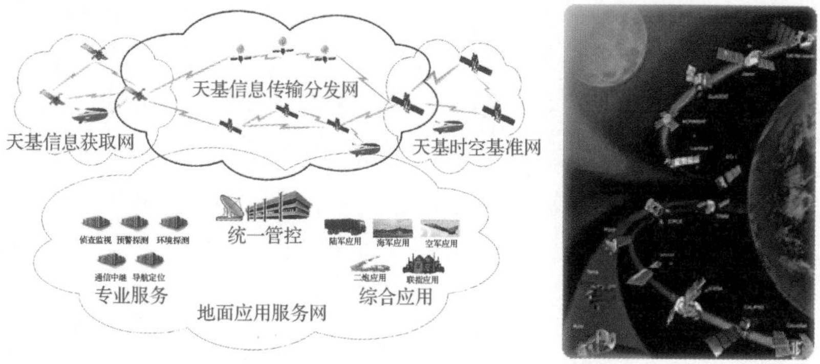

图 9-1　天基电磁辐射源

高轨卫星外辐射源体制与典型地面外辐射源体制对比分析如表 9-1 所示。

表 9-1　高轨卫星外辐射源体制与典型地面外辐射源体制对比分析

对　比　项	高轨卫星外辐射源体制	典型地面外辐射源体制
照射功率	小，但一定区域内变化较小	大，但随目标距离变化大
频段	UHF/L/C/X/Ku 频段	不高于 0.8GHz
带宽	宽	窄
定位精度	高	低
未来发展趋势	未来卫星资源、信号资源和辐射功率会进一步提升	地面调频和广播电视信号未来可能被网络电台和电视淘汰
技术成熟度	不成熟，技术和工程难度大	成熟，已实现型号列装

9.1.2　卫星外辐射源选择分析

1. 导航卫星信号

导航卫星信号具有扩频调制和伪随机噪声编码，与现代雷达信号具有相似性与兼容性，适用于低功率雷达。导航卫星系统满足时间同步和相位同步，可以提供多个发射端、单个或多个接收端的精确位置。

由于发射端和接收端不在同一地点，所以在双/多基地雷达中需要解决收发端之间的空间、时间和相位的“三大同步”难题，而导航卫星信号可以巧妙、有效地解决这一难题，与其他非合作信号相比具有独特的优势。GPS 自身带有精确的时间系统，可以解决时间同步问题，泛光发射、接收天线使空间得以同步，相位则可以通过信号的相关得出。但 GPS 作为机会辐射源也存在严重的问题。一是信号可检测性问题。一方面信号非常弱，经目标反射的回波信号更弱；另一方面存在严重的干扰，包括直接路径干扰和临近信道干扰。二是杂波的多普勒问题。卫星运动引起地面反射杂波，发生多普勒频移。在某些空间结构下，杂波的多普勒可能会与目标的多普勒冲突。

2. 低地球轨道通信卫星信号

低地球轨道通信卫星与导航卫星信号相比，在地球表面有较高的功率谱密度。低地球轨道通信卫星系统的特点为：第一，发射端的位置时变，导致系统的几何机构时变，但可以在一定的精度下预测其位置；第二，发射端在杂波中运动引起了直接路径干扰和杂波很大的多普勒频移，由于干扰和杂波的多普勒很强，不适合采用传统的二维相关方法；第三，高轨道速度使相对运动非常大，且变化快速，给运动补偿处理带来很大的难度。

3. 星载雷达

与其他星载外辐射源相比，星载雷达的优点在于：第一，辐射功率很大，星载雷达的辐射功率必须大到能够检测其发射的回波信号，因此采用地面接收端相当于电波传播路径减少了一半；第二，星载雷达发射的是雷达信号，所以从辐射强度和信号形式来看，星载雷达是最好的机会辐射源。然而其缺点也很明显，在任何给定的地面接收端，每个地球轨道周期内雷达的可用时间仅有几秒。

4. 电视转发卫星

电视转发卫星是按照国际电信联盟广播卫星业务（Broadcast Satellite Service，BSS）AP30 和 AP30A 文件所规范的各项系统要求进行设计制造的，卫星频率使用国际电信联盟规定的 BSS 频段，定位于地球同步轨道。直接向公众传送电视和声音广播的人造地球卫星称为直播卫星。直播卫星是由通信卫星发展而来的，是通信卫星的一个特殊分支，属于专用卫星。直播卫星定位于地球静止轨道，具有较大的空域覆盖面，辐射功率较大，较适合作为星载外辐射源。

9.1.3 静止轨道卫星外辐射源体制的优点

相比地面外辐射源和低轨卫星外辐射源，静止轨道卫星外辐射源受益于其地球静止轨道分布、卫星数量、信号体制和工作频段等特点，具备以下优势。

1. 信号覆盖范围广，可用卫星数量大

以地球同步轨道卫星电视信号为例，如图 9-2 所示，仅东经 76°～170°区域，就有 58 颗位于 C 频段和 Ku 频段的电视卫星。每颗卫星拥有多个信号转发器，长期、不间断地向地面发射信号，发射功率大，典型 EIRP 值通常在 50dBW 以上，覆盖陆地、海上、空中和临近空间等广大空间，对空间中的物体形成多源、长基线、稳定的照射。

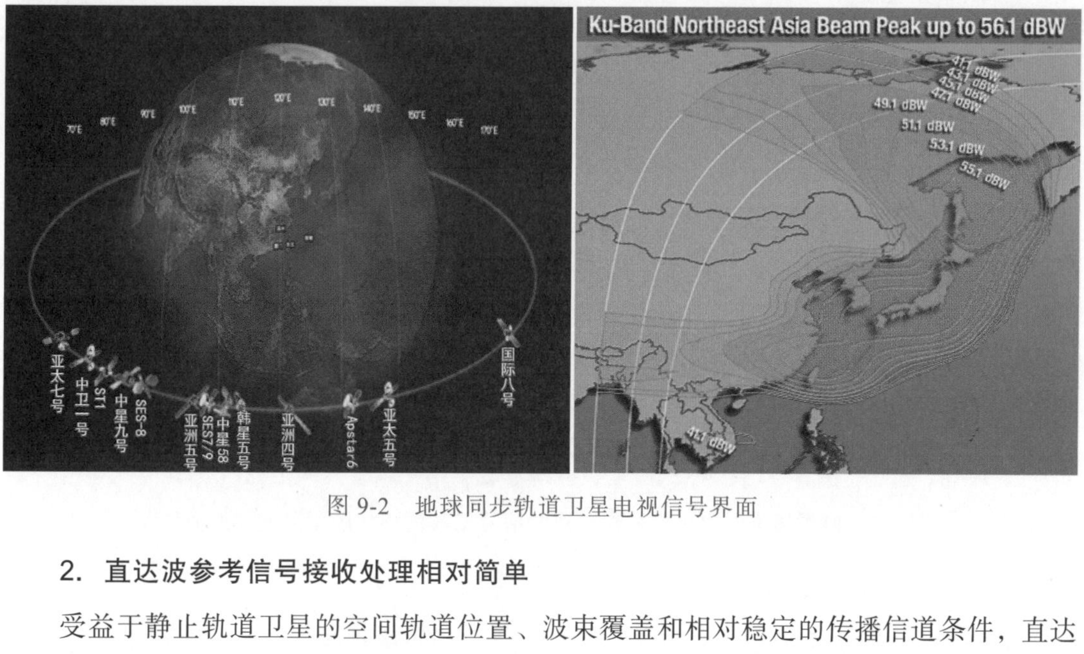

图 9-2　地球同步轨道卫星电视信号界面

2. 直达波参考信号接收处理相对简单

受益于静止轨道卫星的空间轨道位置、波束覆盖和相对稳定的传播信道条件，直达

波参考信号可利用定向天线被直接、高质量地接收。一般情况下，直达波和散射波具有较大的夹角，可利用散射波天线的旁瓣抑制绝大部分直达波混入能量，无须再进行复杂的直达波抑制处理。

3. 频率高、带宽宽，易于获得较高的参数测量和定位精度

相比调频电台、电视广播等地面低频辐射源，Ku 频段广播电视信号频率高、带宽宽，理论上可以获得更高的方向（如方位和俯仰）和时差测量精度，可精确获取包括高度信息在内的目标位置。

9.1.4 静止轨道卫星外辐射源体制的缺点

1. 照射功率小，远距离/小目标探测困难

受限于卫星平台自身的质量和供电能力，大部分静止轨道卫星的等效辐射功率均不大，一般 Ku 频段卫星信号转发器的 EIRP 在 50～60dBW，考虑到 36000km 以上的传播距离，照射到目标表面的信号强度仅为-144～-134dBW，远低于地面辐射源和雷达信号，因此对散射信号的接收增益和相关处理增益的要求都很高。

以电视转发卫星为例，其典型的 EIRP 约为 52dBW，卫星下行载波频率为 12.5GHz，载波带宽为 30MHz，散射信号接收天线的接收增益为 60dB，噪声温度为 180K，系统接收损耗为 5dB（含大气吸收、极化损耗、天线接收损耗等），则针对双站 RCS 为 $10m^2$ 的目标，其散射信号接收信噪比随距离变化的曲线如图 9-3 所示。可以看出，当目标距离为 100km 时，接收信噪比约为-68.7dB；当目标距离为 200km 时，接收信噪比约为-74.7dB，非常低。

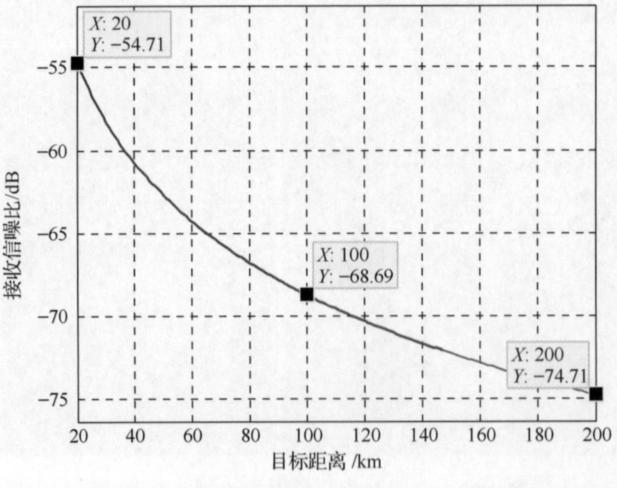

图 9-3　典型场景下卫星外辐射源散射信号接收信噪比随距离变化的曲线

2. 空域快速搜索困难

高天线接收增益使接收波束非常窄。例如，60dB 的接收增益对应的圆点波束宽度仅

约为 0.15°，即使采用多波束接收相关体制，由于波束过窄，理论上需要 10×10 个波束才能瞬时覆盖 1.5°×1.5°的空域；同时高相关处理增益需求要求增加相关处理的积累时间，进而要求目标在波束内的驻留时间尽量长，波束扫描速度不能太快。高增益窄波束和低波束扫描速度这两项要求导致难以对大范围空域进行快速扫描搜索。

3. 相关处理运算量很大，宽带数据实时处理难度大，工程实现设备规模大

卫星外辐射源体制对相关处理增益的需求达到 76～80dB，考虑到实际使用场景下目标搜索所需的时频差搜索范围，对应的相关处理运算量达到几十 TFLOPS，远远超过一般的 FPGA、DSP 等实时嵌入式硬件系统的处理能力。同时考虑到多波束并行宽带的接收处理需求，实际工程实现面临极大的数据流量和计算量，使设备接收和处理规模很大。

9.2　典型电视转发卫星外辐射源信号分析

一般情况下，商用电视转发卫星的下行信号具有能量大、带宽宽、覆盖范围广、信号连续稳定等优点，是进行卫星外辐射源目标探测与定位的首选信号。下面对亚太地区商用电视转发卫星及其信号体制进行简要介绍。

9.2.1　中国广播电视卫星

目前，我国 31 个省、自治区、直辖市利用卫星进行全国或区域性覆盖。很多节目除覆盖国内各地区外，还覆盖亚太、美洲和欧洲等海外地区。广播电视传输的管理与运营可分为地面段和空间段。其中，在地面段，全国共有 37 座广播电视卫星地球站，其中总局直属地球站 4 座，业务量占全国业务总量的 50%；在空间段，我国广播电视专用卫星共有 3 颗，并设置有非专用卫星，用于补充传输资源。空间段的运营主体主要包括中国卫通集团股份有限公司、亚太卫星控股有限公司和亚洲卫星控股有限公司，其经营的广电专用卫星信号转发器资源由广电部门分配安排，不对外经营。

在我国在轨运行的 C/Ku 频段卫星中，中国卫通集团股份有限公司有 9 颗，亚太卫星控股有限公司有 5 颗，亚洲卫星有限公司有 5 颗。这些卫星主要为国内用户服务，也为覆盖区内其他国家和地区的用户服务。中国广播电视卫星如表 9-2 所示。

表 9-2　中国广播电视卫星

序号	卫星名称	定轨位置	工作频段	信号转发器数量/个	大陆地区可接收的 EIRP 值/dBW
1	中星 6A	125°E	C	24	41
			Ku	8	50
2	中星 6B	115.5°E	C	38	42

续表

序号	卫星名称	定轨位置	工作频段	信号转发器数量/个	大陆地区可接收的 EIRP 值/dBW
3	中星 6C（备份）	130°E	C	25	41
4	中星 9 号	92.2°E	Ku（BSS）	22	58
5	中星 9A	101.4°E	Ku（BSS）	24	54
6	中星 10 号	110.5°E	C	30	41
			Ku	16	54
7	亚太 5C	138°E	C	34	38
			Ku	32	56
8	亚太 6 号	134°E	C	38	40
			Ku	12	58
9	亚太 6C	134°E	C	32	40
			Ku	20	54
10	亚洲 7 号	105.5°E	C	28	—
			Ku	17	—

中国台湾地区广播电视卫星主要采用 C 频段和 Ku 频段，其中 C 频段主要采用 ABS-2、中星 10 号 2 颗卫星；Ku 频段主要采用亚太 7 号、中新二号、SES-9、亚洲 5 号 4 颗卫星。中国台湾地区广播电视卫星信号参数如表 9-3 所示。

表 9-3 中国台湾地区广播电视卫星信号参数

序 号	卫 星 名 称	定 轨 位 置	下 行 频 段	信 号 体 制
1	ABS-2	75.0°E	C	DVB-S2
2	中星 10 号	110.5°E	C	DVB-S2
3	亚太 7 号	76.5°E	Ku	DVB-S2
4	中新二号	88.0°E	Ku	DVB-S2
5	SES-9	108.2°E	Ku	DVB-S2
6	亚洲 5 号	138.0°E	Ku	DVB-S2

9.2.2 周边地区和国家广播电视卫星

1. 日本

日本广播电视卫星主要采用 C 频段和 Ku 频段，其中 C 频段主要采用国际 20 号、国际 19 号 2 颗卫星；Ku 频段主要采用百合花 3A/3C、日本通信 4B 2 颗卫星。日本广播电视卫星信号参数如表 9-4 所示。

表 9-4　日本广播电视卫星信号参数

序　号	卫 星 名 称	定 轨 位 置	下 行 频 段	信 号 体 制
1	国际 20 号	68.5°E	C	DVB-S2
2	国际 19 号	166°E	C	DVB-S2
3	百合花 3A/3C	110°E	Ku	ISDB-S
4	日本通信 4B	124°E	Ku	DVB-S2

2. 越南

越南广播电视卫星为越星 1 号，主要工作于 C 频段和 Ku 频段。越南广播电视卫星信号参数如表 9-5 所示。

表 9-5　越南广播电视卫星信号参数

卫 星 名 称	定 轨 位 置	下 行 频 段	信 号 体 制
越星 1 号	132°E	C /Ku	DVB-S2

3. 菲律宾

菲律宾广播电视卫星使用 SES-7、SES-9、韩星 5 号 3 颗卫星，主要采用 Ku 频段。菲律宾广播电视卫星信号参数如表 9-6 所示。

表 9-6　菲律宾广播电视卫星信号参数

序　号	卫 星 名 称	定 轨 位 置	下 行 频 段	信 号 体 制
1	SES-7	108.2°E	Ku	DVB-S
2	SES-9	108.2°E	Ku	DVB-S2
3	韩星 5 号	113°E	Ku	DVB-S

4. 印度

印度广播电视卫星主要有 C 频段 5 颗卫星、Ku 频段 5 颗卫星。印度广播电视卫星信号参数如表 9-7 所示。

表 9-7　印度广播电视卫星信号参数

序　号	卫 星 名 称	定 轨 位 置	下 行 频 段	信 号 体 制
1	国际 17 号	66°E	C	DVB-S2
2	印度 G-sat10	83.5°E	C	DVB-S2
3	Insat-4A	83°E	C	DVB-S/S2
4	Insat-4B	93.5°E	C	DVB-S
5	亚洲 7 号	105.5°E	C	DVB-S2
6	ABS-2	75°E	Ku	DVB-S2

续表

序　号	卫星名称	定轨位置	下行频段	信号体制
7	G-sat10	83.5°E	Ku	DVB-S2
8	G-sat15	93.5°E	Ku	DVB-S
9	新天 6 号	95.0°E	Ku	DVB-S
10	亚洲 5 号	100.5°E	Ku	DVB-S2

9.3 典型卫星外辐射源探测定位系统的组成及工作原理

典型卫星外辐射源探测定位系统的组成如图 9-4 所示，主要包括散射波接收天线（含 LNA）、直达波参考接收天线（含 LNA）、模拟下变频设备、同步采集及相关处理设备、定位处理设备、控制及态势显示席位等。

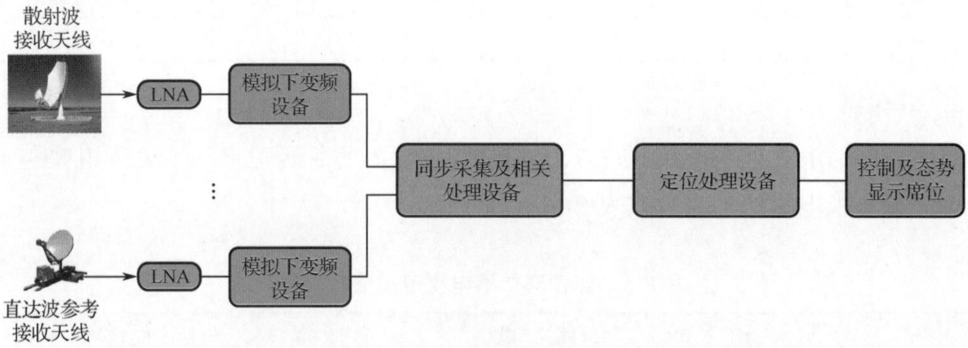

图 9-4　典型卫星外辐射源探测定位系统的组成

（1）散射波接收天线主要完成微弱目标散射信号的搜索、接收和放大，考虑到单个高增益波束的覆盖范围较窄，不利于跨域快速高效搜索和运动目标稳定跟踪，可采用瞬时多波束接收体制。同时，为了降低天线的接收噪声温度，天线波束设计应尽量抑制地杂波的混入，同时馈源和 LNA 可采用低温超导制冷设计。

（2）直达波参考接收天线一般采用定向天线设计，完成卫星下行直达波信号的定向波束接收和放大，作为微弱散射信号相关检测的参考。当需要利用多颗卫星外辐射源进行目标探测时，可同时布设多部直达波参考接收天线。

（3）模拟下变频设备完成多波束散射信号和直达波参考信号的模拟下变频、滤波和放大，输出可直接进行采样的模拟中频信号。为保证多波束散射信号和直达波参考信号的相位相参特性，两路信号的模拟下变频应保证参考时钟共源，且尽量采用高稳定度、低相噪的参考时钟。

（4）同步采集及相关处理设备完成多波束散射信号和直达波参考中频信号的同步采集、信道化预处理，进而进行散射信号接收数据和直达波参考信号接收数据的时频二维高增益相参积累及运动补偿处理，实现微弱散射信号的检测判决和时频差参数（相对直达波参考信号）的测量。

（5）定位处理设备利用已知的卫星辐射源轨道星历，结合散射波天线窄波束指向信息和目标散射信号的时频差参数，完成目标位置点的解算，进而利用连续定位点迹的滤波平滑，并控制散射信号接收天线对目标进行跟踪测量，实现航迹的连续跟踪和预测。

静止轨道卫星外辐射源探测信号接收处理及定位跟踪流程如图 9-5 所示。同步采集及相关处理设备完成星上信号的接收、直达波参考信号和多波束散射信号的同步采集处理，通过运动补偿、高增益相关累积处理和高灵敏峰值检测判决，实现目标微弱散射信号的高灵敏检测和时频差参数估计。

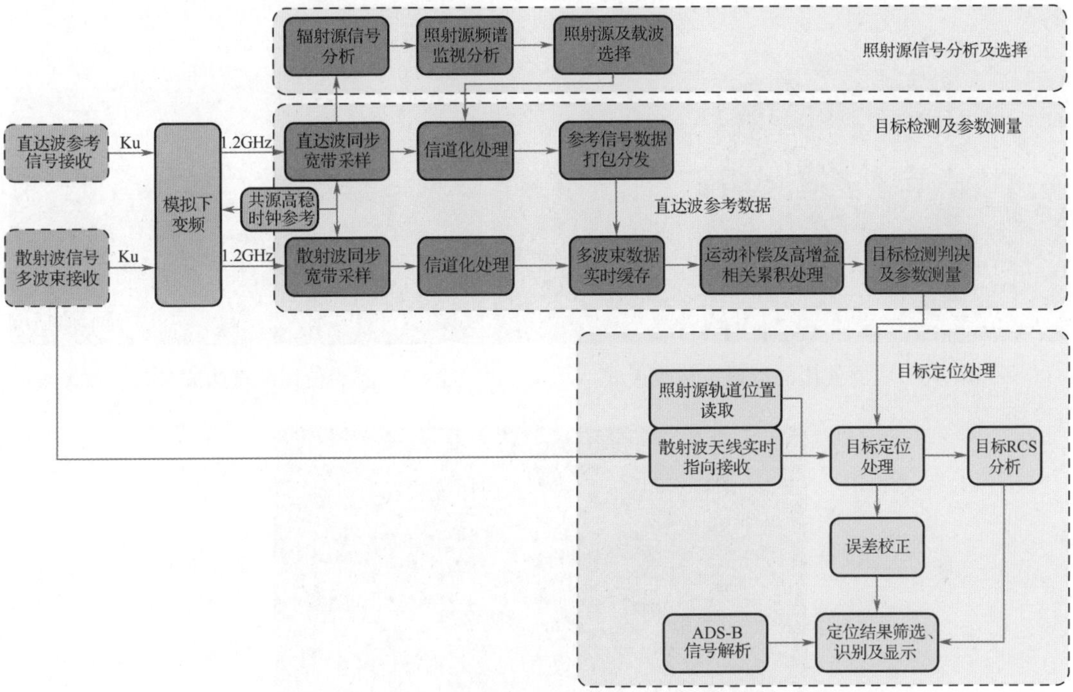

图 9-5　静止轨道卫星外辐射源探测信号接收处理及定位跟踪流程

定位处理利用目标检测测量结果和散射波天线实时空间三维指向数据，实现目标散射波来波方位和俯仰角估计；已知卫星辐射源轨道星历、散射波天线位置和直达波天线位置，利用时差测向交会定位方法，单站可实现目标三维位置初解算；综合任务区域的气候因素，利用传播模型对低仰角场景下大气折射引起的时延和方向偏差进行校正，进一步提高定位精度；综合多波束目标测量定位结果，完成目标速度估计，利用目标位置和速度测量数据引导多波束天线对目标进行跟踪，进而实现连续定位跟踪；利用目标距离和相关处理输出检测信噪比，结合辐射源功率和设备接收处理增益等参数，实现目标 RCS 估计。

9.4 实验与结果

9.4.1 实验设置

选择商用广播电视卫星作为辐射源，开展对实际空中目标的探测和定位实验，实验卫星辐射源选择多颗不同位置的商用广播电视卫星，利用一部大口径的抛物面天线作为散射波接收天线，如图 9-6 所示。直达波参考接收天线选择一部 1.8m 口径的抛物面天线，如图 9-7 所示。实验民航目标航线如图 9-8 所示。

图 9-6 实验使用的散射波接收天线

图 9-7 实验使用的直达波参考接收天线

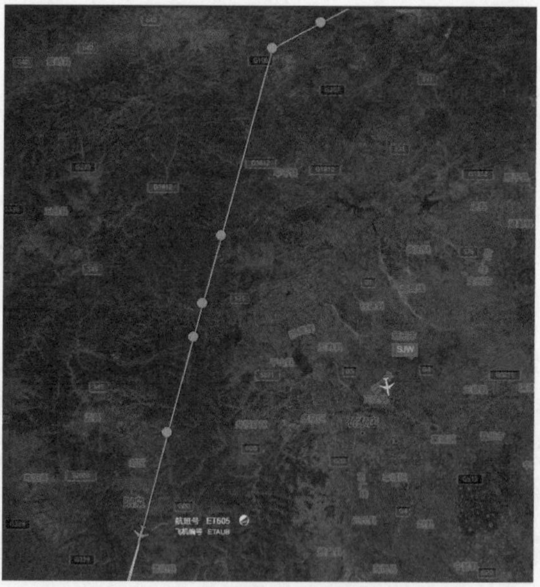

图 9-8 实验民航目标航线

实验对象选用民航客机，其航向角为 15°，飞行高度为 11030m，距离为 49～55km。辐射源星上采用星上宽带大功率载波。在实验中，系统可实现对民航客机部分航段的稳定探测和跟踪，最远探测与定位距离达到 100km。图 9-9 和图 9-10 分别为根据目标航线、速度和航向计算的散射信号理论时差与理论频差随时间变化的曲线，可以看出目标时频差参数快速变化。图 9-11 为卫星辐射源星上载波频谱分布（变频至 1.2GHz 中频）。

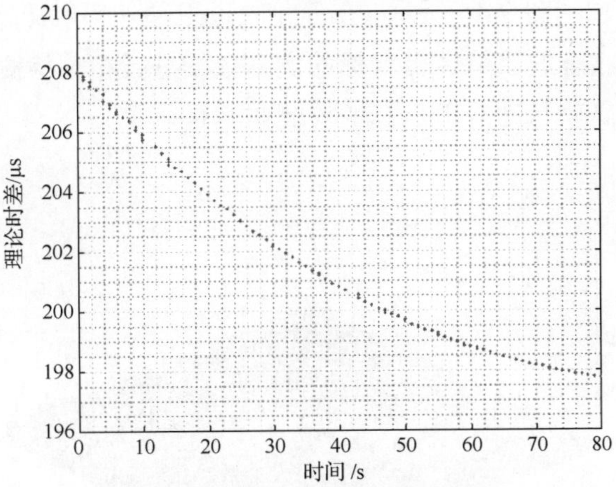

图 9-9　理论时差随时间变化的曲线

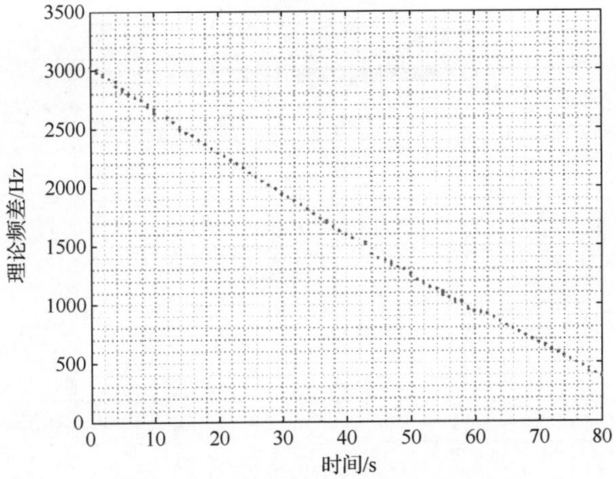

图 9-10　理论频差随时间变化的曲线

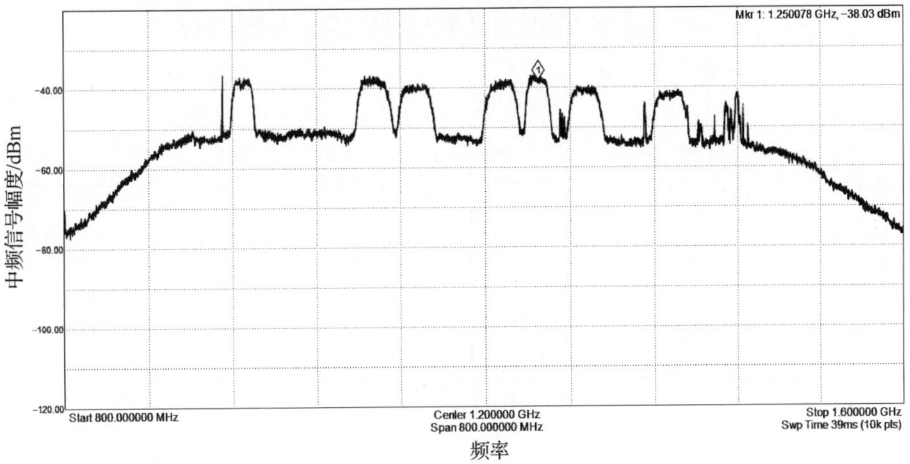

图 9-11　卫星辐射源星上载波频谱分布（变频至 1.2GHz 中频）

9.4.2 实验结果

实验结果如图 9-12～图 9-15 所示，在静止轨道卫星外辐射源实验中，对实验场周边处于巡航状态和起飞状态的民航客机目标的实采数据进行相关检测与测量。由图可知，该实验可实现对实际高速运动空中目标的检测与测量。

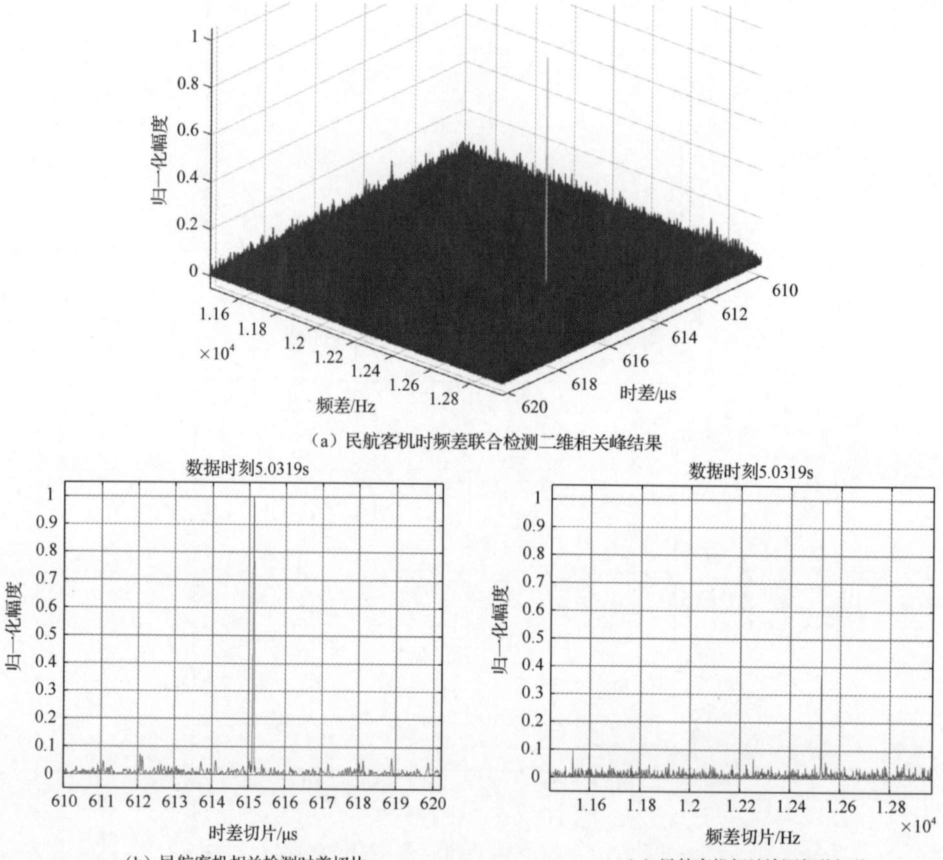

（a）民航客机时频差联合检测二维相关峰结果

（b）民航客机相关检测时差切片

（c）民航客机相关检测频差切片

图 9-12　巡航状态民航客机相关检测结果（距离 110km）

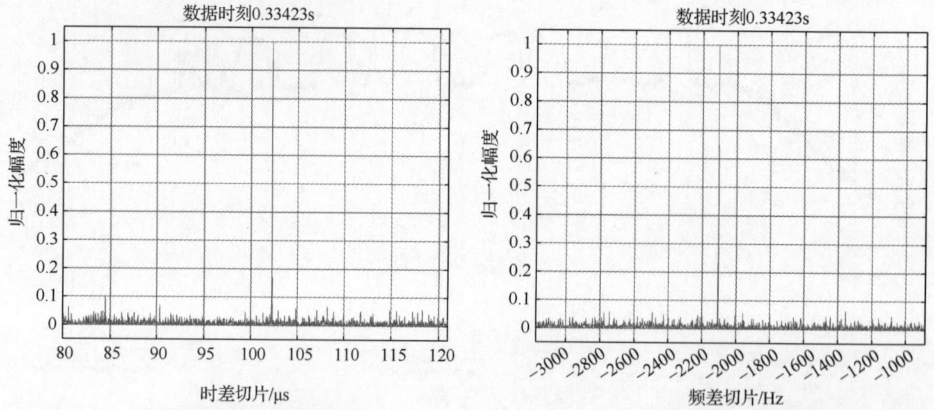

（a）民航客机相关检测时差切片

（b）民航客机相关检测频差切片

图 9-13　巡航状态民航客机相关检测结果（距离 51km）

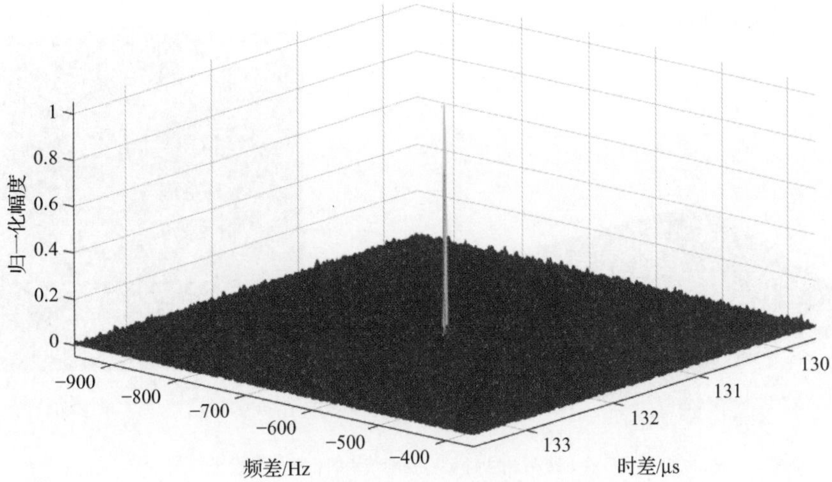

（a）起飞状态民航客机时频差联合检测二维相关峰结果

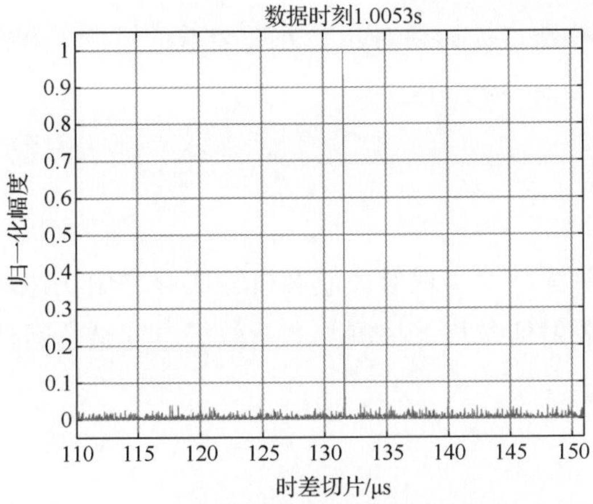

（b）起飞状态民航客机相关检测时差切片

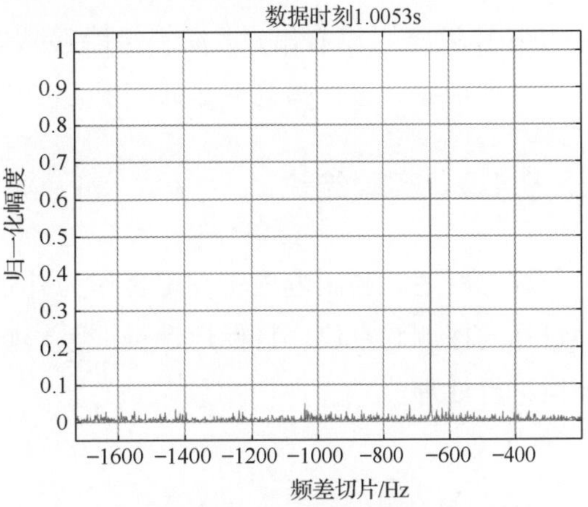

（c）起飞状态民航客机相关检测频差切片

图 9-14　起飞状态民航客机相关检测结果（距离 30.1km）

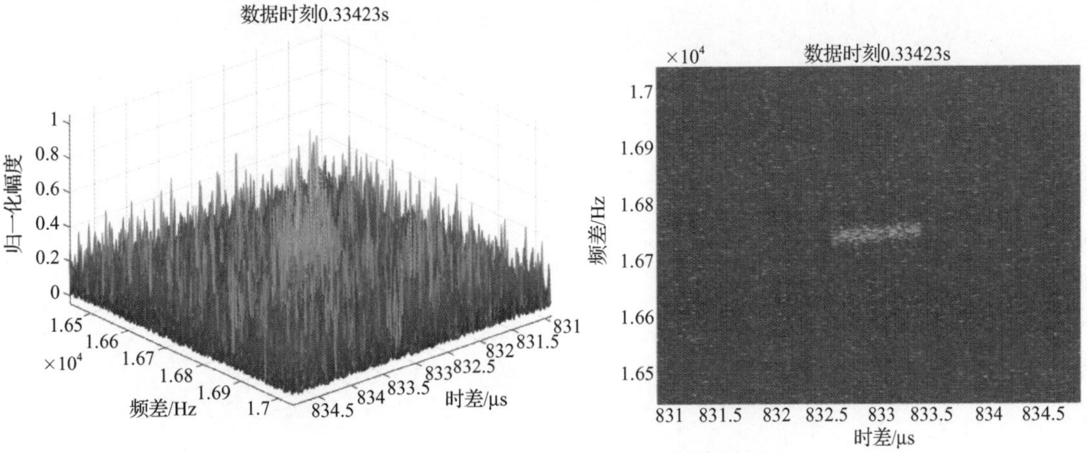

（a）进行运动补偿前处理结果的相关峰及投影

图 9-15　民航客机目标实采数据运动补偿前后处理效果

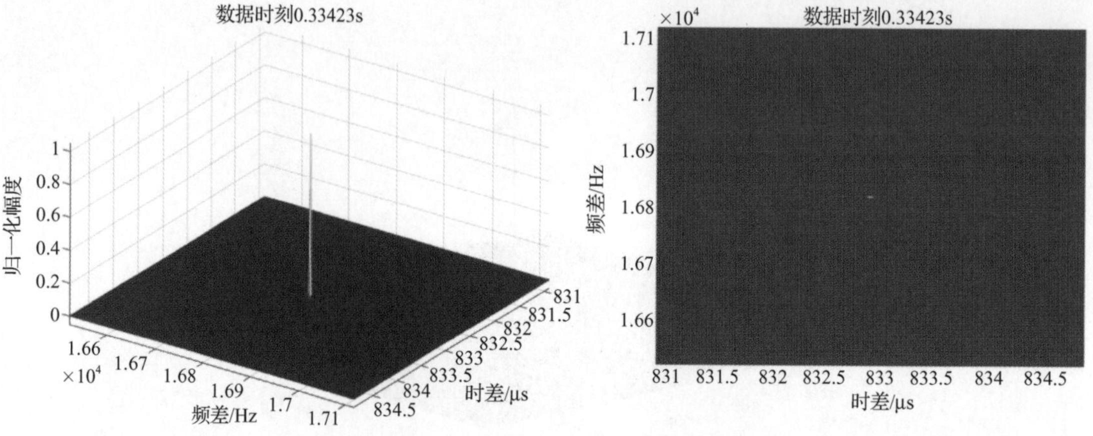

（b）进行运动补偿后处理结果的相关峰及投影

图 9-15　民航客机目标实采数据运动补偿前后处理效果（续）

由图 9-15 可以看出，运动补偿能够有效补偿目标运动对相关处理增益的影响，提高相关处理增益，进而提高对远距离和小 RCS 目标的检测能力。

9.4.3　实验结论

综上所述，利用电视转发卫星作为外辐射源，可实现对民航客机等实际空中快速运动目标的探测和定位。目标运动会严重影响散射信号相关检测与测量效果，需结合运动补偿进行处理。

第10章 总结与展望

10.1 本书内容总结

本书全面地总结了外辐射源雷达现有的技术，对外辐射源雷达的系统结构进行了较为深入的分析，对外辐射源雷达信号处理的主要技术进行了比较详细的介绍，同时对目标电磁散射特性和电磁传播特性进行了分析，对天基外辐射源雷达系统进行了全面的描述，并通过实验进行了验证。

10.2 未来展望

作为新型雷达的代表，外辐射源雷达在静默电子战、低零功率作战等未来战场环境中发挥着越来越重要的作用。本书的研究内容与成果在外辐射源雷达领域具有参考和应用价值。然而，由于时间和篇幅有限，本书中仍有一些方面需要进行更深入、更系统的研究。对于外辐射源雷达未来的发展，本书从以下几个方面进行展望。

10.2.1 非合作雷达辐射源的利用

根据公开的新闻报道，在我国沿海地区周边存在大量的陆基雷达、舰载雷达、机载雷达、星载雷达等先进体制的雷达辐射源。这些雷达辐射源本身就是为进行目标检测而设计的，具备较好的目标检测能力。但是，由于这些雷达辐射源脉冲信号的非合作工作方式，再加上这些雷达辐射源的波形种类繁多，敏捷变化规律复杂，传统的非合作双站雷达数字信号处理方法难以适用。因此，如何实现非合作双站雷达目标检测基础理论的突破，利用这些辐射源实现静默电子战下的目标稳健检测具有重要的研究价值。

同时，非合作双站雷达系统采用的辐射源多为相控阵雷达，具有波束指向敏捷和波形参数捷变等特点，拥有更高的距离分辨率和速度分辨率，且不存在距离模糊和速度模糊问题。然而，这些特点也为非合作双站雷达系统的信号处理带来了一些亟待解决的技术问题。

第一个问题是同步问题。非合作相控阵雷达辐射源具有波束指向和波束形状快速变化的特点，而只有收发波束同时覆盖目标，才能够实现目标探测。由于辐射源的信号发射方向对接收系统来说是未知的，目标回波的方向难以预测，因此要实现非合作双站雷达系统的空间同步比较困难。

由于非合作相控阵雷达辐射源的时频参数捷变，并且每个脉冲中存在多个不同频段的线性调频信号分量，为了获得精确的目标信息，接收系统在进行信号处理时必须与辐射源发射信号的所有参数相匹配。而非合作相控阵雷达只能通过提取直达波的参数实现时频参数同步。由于雷达的辐射源和接收端空间分置，因此接收端收到的直达波信号不可避免地会受到地物杂波和多径效应等的干扰,这为直达波参数的准确提取带来了困难。

第二个问题是相参积累问题。为了提高非合作相控阵雷达的探测性能和杂波抑制能力，往往需要对回波信号进行相参积累。而由于外辐射源雷达采用波形参数捷变信号，其中载频捷变会破坏不同回波信号相位的一致性。脉冲重复周期捷变会导致脉冲对齐后回波信号的慢时间呈非线性,从而导致非线性的距离走动和慢时间维的非均匀相位波动。带宽和脉宽捷变会导致不同回波脉冲之间出现严重的距离-多普勒耦合现象。因此，波形参数捷变的复杂调制形式给回波信号的相参积累带来了较大的挑战。

10.2.2 分布式多站观测

分布式多站观测是一种基于分布式网络的雷达观测方式，可以提高对目标区域内目标的探测、跟踪和定位能力。在分布式外辐射源雷达多站观测技术方面，可以从以下几个方面进行研究。

（1）算法优化和集成。目前分布式外辐射源雷达多站观测技术在信号处理、目标跟踪和定位算法等方面已经取得了一定的进展。但是，在分布式外辐射源雷达多站观测系统中，不同站点的观测设备和环境条件不同，导致数据质量不同，算法的鲁棒性和通用性需要进一步提高。因此，未来的研究重点是多站数据融合算法优化和集成等，以提高分布式外辐射源雷达多站观测系统的整体性能和稳定性。

（2）软件平台开发。分布式外辐射源雷达多站观测技术需要通过软件平台实现数据的集中管理和共享、数据的处理和分析等操作。因此，未来需要开发一套适合分布式外辐射源雷达多站观测系统的软件平台，以实现数据的实时传输和处理，提高系统的可靠性和性能。

（3）多源数据集成。分布式外辐射源雷达多站观测技术需要集成多种数据源，如气象数据、卫星遥感数据等，以提高观测效果和目标识别的准确率。因此，未来需要开发一套适合多源数据集成的系统，将分布式外辐射源雷达多站观测系统与其他数据源进行集成，提高数据的综合利用效率。

（4）优化布站方法。在布站过程中，很多因素都会对定位精度等造成影响，如布站位置、布站数目、布站误差等。当前主要使用规则布站，当定位基站在可设置的区域无法满足规则布站的位置要求，或者使用规则布站不能达到对目标区域定位精度的要求时，如何通过改进布站方法确定基站最优布局位置就成了需要解决的问题。因此，需要对布站方法进行深入研究，选择最优布站方式，为后续的检测、定位与跟踪奠定基础。

总之，分布式外辐射源雷达多站观测技术发展前景广阔，在未来的发展中需要不断提高算法的鲁棒性和通用性，开发合适的软件平台，集成多种数据源，选择最优布站方法。

10.2.3　主、被动方式信息综合

在战场态势瞬息万变的现代战争中，依靠单一传感器提供信息已无法满足作战需要，必须采用不同类型的多传感器提供观测数据，并进行多传感器信息融合，只有这样才能掌握准确的战略、战术情报，获得最佳作战效果。近年来，随着电子战的日趋激烈，由不同类型的传感器组成的多传感器综合系统越来越受到人们的重视，并得到广泛的应用，其中就包括由主动雷达和被动雷达组成的多传感器综合系统。

与其他传感器相比，雷达具有全天候、全天时及作用距离远等特点，它既是各种精确制导兵器的主要配装系统，也是电子战的主要作战对象，在现代战争中发挥着举足轻重的作用。因此，如何提高雷达在现代战争中的生存能力和抗干扰能力已成为国内外学者研究的重要方向，对此，人们提出了许多解决办法。其中利用主动雷达和被动雷达所提供信息的互补性对它们进行数据融合就是一种有效的解决办法。主动雷达作为传感器，能提供目标完整的位置信息和多普勒信息，因此在目标探测与跟踪方面发挥了重要的作用。但是，主动雷达在工作时要向空中辐射大功率电磁波，因而易遭受电子干扰和反辐射导弹的攻击。

被动雷达通过接收目标辐射的电磁波进行探测和定位，不辐射能量，因此不易被侦察或定位，具有较强的抗干扰能力。但是，被动雷达也存在一些不足，如不能提供目标的距离信息、测量精度有限等。在大多数情况下，主动雷达与被动雷达配合使用，可以成为相互独立又彼此补充的探测与跟踪手段，如主/被动雷达双模复合制导系统。当主动雷达需要保持无线电静默或受到敌方干扰而不能工作时，被动雷达可独立地进行搜索、探测和跟踪。在飞机等武器平台上，还可以利用被动雷达对主动雷达进行引导，以减少主动雷达的辐射时间。把主动雷达和被动雷达组合使用构成主/被动雷达多传感器系统，能够提高系统的抗干扰性能，提高系统的可靠性；利用主动雷达高精度的距离测量和被动雷达高精度的角度测量进行信息互补，通过数据融合技术可以给出目标位置的精确估计，改善对目标的跟踪和识别性能。

参考文献

[1] HUBA J D, JOYCE G, FEDDER J A. Sami2 is another model of the ionosphere (SAMI2): a new low-latitude ionosphere model[J]. Journal of Geophysical Research: Space Physics, 2000, 105(A10): 23035-23053.

[2] ROBLE G R, RIDLEY C E. A thermosphere-ionosphere-mesosphere-electrodynamics general circulation model (time-GCM): equinox solar cycle minimum simulations (30-500 km)[J]. Geophysical Research Letters, 1994, 21(6): 417-420.

[3] ZHANG S, HUANG X. An ionospheric numerical model and some results for the electron density structure below the F_2 peak[J]. Advances in Space Research, 1995, 16(1): 119-120.

[4] YUE X, WAN W, LIU L, et al. TIME-IGGCAS model validation: comparisons with empirical models and observations[J]. Science in China Series E: Technological Sciences, 2008, 51(3): 308-322.

[5] 朱明华，TAIEB C，曹冲，等. 中纬电离层理论模式研究[J]. 空间科学学报，1998, 18（1）: 23-31.

[6] 徐彤. 中低纬电离层模型及其异常现象相关研究[D]. 西安：西安电子科技大学，2009.

[7] BAILEY G, BALAN N, SU Y. The Sheffield University plasmasphere ionosphere model: a review[J]. Journal of Atmospheric and Solar-Terrestrial Physics, 1997, 59(13): 1541-1552.

[8] RICHARDS G P, FENNELLY A J, TORR G D. EUVAC: a solar EUV flux model for aeronomic calculations[J]. Journal of Geophysical Research: Space Physics, 1994, 99 (A5): 8981-8992.

[9] RICHARDS P G, VOGLOZIN D. Reexamination of ionospheric photochemistry[J]. Journal of Geophysical Research: Space Physics, 2011, 116, A08307. DOI:10.1029/2011JA016613.

[10] TITHERIDGE J E. Model results for the ionospheric E region: solar and seasonal changes [J]. Annales Geophysicae, 1997, 15(1): 63-78.

[11] HIERL P M, DOTAN I, SEELEY J V, et al. Rate constants for the reactions of O^+ with

N_2 and O_2 as a function of temperature (300-1800 K) [J]. CHEM PHYS, 1997, 106: 3540- 3544.

[12] PAVLOV A V, BUONSANTO M J. Using steady state vibrational temperatures to model effects of N_2^* on calculations of electron densities[J]. Journal of Geophysical Research: Space Physics, 1996, 101(A12): 26941-26945.

[13] DROB P D, EMMERT T J, MERIWETHER W J, et al. An update to the horizontal wind model (HWM): the quiet time thermosphere[J]. Earth and Space Science, 2015, 2(7): 301-319.

[14] 郭立新，弓树宏，吴振森，等. 对流层传播与散射及其对无线系统的影响[M]. 西安：西安电子科技大学出版社，2018.

[15] 吴薇. 隐身飞机的杀手："塔马拉"无源雷达[J]. 现代军事，2000（1）：53-54.

[16] 张永顺，童宁宁，龙戈农，等. 雷达电子对抗[M]. 西安：西北工业大学出版社，2019.

[17] 郭帅. 外辐射源雷达干扰与杂波抑制算法研究[D]. 西安：西安电子科技大学，2020.

[18] 赵健. 无源雷达在电子对抗中的作用及其发展趋势[J]. 甘肃科技，2013，39（23）：80-81.

[19] 张财生，张涛，唐小明，等. 无源相干定位技术及应用[M]. 北京：电子工业出版社，2022.

[20] 王雪松，肖顺平，冯德军，等. 现代雷达电子战系统建模与仿真[M]. 北京：电子工业出版社，2010.

[21] 万显荣. 基于低频段数字广播电视信号的外辐射源雷达发展现状与趋势[J]. 雷达学报，2012（2）：109-123.

[22] 马井军，马维军，赵明波，等. 低空/超低空突防及其雷达对抗措施[J]. 国防科技，2011，32（3）：26-35.

[23] 张杰. 电磁环境频谱感知与管理技术研究[D]. 西安：西安电子科技大学，2018.

[24] 万显荣，易建新，占伟杰，等. 基于多照射源的被动雷达研究进展与发展趋势[J]. 雷达学报，2020，9（6）：939-958.

[25] 饶云华，朱华梁，郑志杰. 基于合作目标的外辐射源雷达发射端直接定位[J]. 系统工程与电子技术，2023，45（2）：394-400.

[26] 王俊，保铮，张守宏. 无源探测与跟踪雷达系统技术及其发展[J]. 雷达科学与技术，2004（3）：129-135.

[27] 李奇峰. 雷达目标散射中心的精确建模方法研究[D]. 北京：北京理工大学，2018.

[28] 丁金闪. 双基合成孔径雷达成像方法研究[D]. 西安：西安电子科技大学，2009.

[29] 贾玉贵. 现代对空情报雷达[M]. 北京：国防工业出版社，2004.

[30] 吴昊，苏卫民，顾红. 基于简化 RLS 算法的无源雷达杂波抑制[J]. 宇航学报，2011，32（10）：2216-2221.

[31] 朱庆明，吴曼青. 一种新型无源探测与跟踪雷达系统——“沉默哨兵”[J]. 现代电子，2000（1）：1-6，16.

[32] 高志文，陶然，单涛. DVB-T 辐射源雷达信号模糊函数的副峰分析与抑制[J]. 电子学报，2008，36（3）：505-509.

[33] 吴海洲，陶然，单涛. 基于 DTTB 照射源的无源雷达直达波干扰抑制[J]. 电子与信息学报，2009，31（9）：2033-2038.

[34] 赵红燕. 被动多基站雷达目标检测算法研究[D]. 西安：西安电子科技大学，2017.

[35] 万显荣，易建新，程丰，等. 单频网分布式外辐射源雷达技术[J]. 雷达学报，2014，3（6）：623-631.

[36] 万显荣，刘同同，易建新，等. LTE 外辐射源雷达系统设计及目标探测实验研究[J]. 雷达学报，2020，9（6）：967-973.

[37] 户盼鹤，苏晓龙，刘振，等. 一种基于雷达外辐射源的低空目标无源测向方法：CN113093095A [P]. 2021-07-09.

[38] 张直中. 雷达信号的选择与处理[M]. 北京：国防工业出版社，1979.

[39] 杨振起，张永顺，骆永军. 双（多）基地雷达系统[M]. 北京：国防工业出版社，1998.

[40] 袁春姗，郭骏，唐济远. DTTB 的双基地雷达模糊函数及目标分辨力分析[J]. 太赫兹科学与电子信息学报，2013，11（5）：741-746.

[41] 丁鹭飞，耿富录. 雷达原理[M]. 西安：西安电子科技大学出版社，2003.

[42] 张永顺，童宁宁，赵国庆.雷达电子战原理[M]. 北京：国防工业出版社，2006.

[43] 黄培康. 雷达目标特征信号[M]. 北京：电子工业出版社，2005.

[44] 陈伯孝，等. 现代雷达系统分析与设计[M]. 西安：西安电子科技大学出版社，2012.

[45] 焦培楠，张忠台. 雷达环境与电波传播特性[M]. 北京：电子工业出版社，2005.

[46] 严文发，贾全，刘诗虎，等. 未校准天线阵列对其覆盖性能的影响分析[J]. 通信技术，2014，47（10）：1144-1148.

[47] 刘培国，毛钧杰，林俊贵. 电波与天线[M]：长沙：国防科技大学出版社，2004.

[48] 高芳. 调频广播及发射端的特点[J]. 黑龙江科技信息，2009（26）：8.

[49] 王珂，张扬. 虚拟极化增强雷达目标信号接收的原理和实现[J]. 世界科技研究与发展，2009（1）：46-48.

[50] 王书林. 小波变换在信号去噪中的应用[J]. 弹箭与制导学报，2006，26（4）：3.

[51] 孙泽月. 基于 DVB-S 信号特性分析的无源检测技术研究[D]. 合肥：中国科学技术大学，2014.

[52] 宋杰，何友，蔡复青，等. 基于非合作雷达辐射源的无源雷达技术综述[J]. 系统工程与电子技术，2009（9）：48-52.

[53] 李唐，王峰，杨新宇，等. GNSS 外辐射源空中目标探测研究现状及发展[J]. 无线电工程，2023，53（7）：1639-1651.

[54] 冯坤菊，王春阳，郑甲子，等. 杂波环境下机载双基地雷达作用距离分析[J]. 探测与控制学报，2009，31（S1）：69-73.

[55] 公富康. 基于多发多收体制的分布式外辐射源雷达成像方法[D]. 成都：电子科技大学，2020.

[56] 赵利凯. 雷达目标恒虚警率检测算法研究[D]. 北京：北京理工大学，2016.

[57] 王经鹤. 组网雷达多帧检测前跟踪技术研究[D]. 成都：电子科技大学，2019

[58] 于若男. 基于低秩恢复和稀疏重构的 DOA 估计方法研究[D]. 大连:大连大学,2020.

[59] 汪晋宽，刘志刚. 波达方向估计[M]. 北京：北京邮电大学出版社，2013.

[60] 张小飞，汪飞，陈伟华. 阵列信号处理的理论与应用[M]. 北京：国防工业出版社，2013.

[61] 理查兹. 雷达信号处理基础（第二版）[M]. 刑孟道，等译. 北京：电子工业出版社，2008.

[62] 王程英. 多发单收外辐射源雷达定位跟踪及其实现技术[D]. 西安：西安电子科技大学，2011.

[63] MALANOWSKI M. Signal processing for passive bistatic radar[M]. Fitchburg: Artech, 2019.

[64] TSAO T, SLAMANI M, VARSHNEY P, et al. Ambiguity function for a bistatic radar[J]. IEEE Transactions on Aerospace and Electronic Systems, 1997, 33(3): 1041-1051.

[65] POPLETEEV A. Indoor positioning using FM radio signals[J]. University of Trento, 2011.